평면정복

공간을 구성하는
거의 모든 법칙

더 하우스 편저
박승희 옮김

마티

CONTENTS

1장
평면과 대지의 관계

특수대지

번호	제목	쪽
001	변형지에 맞추되 최대한의 넓이를 확보한 집	10
002	스킵으로 변화를 만들고 공간을 넓게	11
003	변형지의 안뜰이 만들어낸 빛과 바람의 통로	12
004	기능을 한데 모아 삼각 협소지를 극복하다	13
005	대지를 꽉 채워 지은 좌우가 비대칭인 집	14
006	깃대부지의 '장대' 부분을 남김없이 사용	15
007	부채꼴 부지에 세운 부채꼴 주택	16
008	깃대부지의 '장대'에서 2층으로 바로 진입	17
009	초록 공간으로 가는 진입로	18
010	협소 깃대부지지만 사생활을 보호하고 채광과 통풍을 확보	19
011	단면으로 변화를 준 개방적인 2층 원룸	20
012	변형지만의 특별한 외부공간	21
013	경사지를 테라스로 활용	22
014	매실 밭 전경을 집 안으로 끌어들인 거실	23
015	경사지에 지은 톱니 모양 지붕의 집	24
016	원통형으로 길게 뻗은 진입로	25
017	위에서 아래로 경사지를 잇는 '공중 정원'	26

변형건물

번호	제목	쪽
018	변형대지에 맞춘 둥근 거실	27
019	소음과 프라이버시는 외피를 씌워 해결하다	28
020	건물을 구부려 정원을 두 개 만들다	29
021	경사진 벽으로 넓이를 조정하다	30
022	스킵형 원룸	31
023	6차선 교차로 코너에 지은 투구게 모양의 집	32
024	공간 활용이 유연한 넓은 집	33
025	변형대지, 고저 차, 외벽 후퇴 등의 난제를 풀다	34
026	외벽의 각과 방향이 살아 있는 집	35
027	세 개 동으로 나누고 연결하다	36
028	'상자'를 연속해 만든 공간	37
029	타원의 삶을 즐기다	38
030	방이 물 흐르듯 이어지는 곡면 구성	39

협소지

번호	제목	쪽
031	13평 대지에 차고와 정원이 딸린 집	40
032	고령자에게도 편리한 모퉁이 땅의 협소 주택	41
033	3층 LDK와 옥상으로 최고의 생활공간을 만들다	42
034	스킵 플로어로 7.5평에 7층을 만들다	43
035	11평 집 안에 차고를 들이다	44
036	지하를 효과적으로 활용한 도시 주택	45
037	건물 배치와 모양을 연구해 협소함을 극복	46
038	충실한 수납 계획으로 방을 넓게 사용	47
039	거실과 다다미방으로 공간을 넉넉하게	48
040	교차로의 삼각형 18평에 실속 있게 짓다	49
041	19평 대지에 지은 임대 겸용 주택	50
042	단차를 이용한 욕실과 수납공간	51
043	보이드의 하이사이드 라이트로 북쪽 LDK도 밝게	52
044	스킵의 위아래층을 원룸으로	53
045	바닥 단차로 분위기를 바꾸다	54
046	주거의 의미를 돌아보게 하는 작은 주택	55

좁고 긴 집

번호	제목	쪽
047	4층을 여덟 개 스킵플로어로 연결하다	56
048	계단으로 방을 나누고 스킵으로 넓게	57
049	대지의 안길이를 살려 방음구역을 만들다	58
050	아름다운 계단이 여덟 개 층을 연결하다	59
051	루버와 안뜰로 외부와의 거리를 유지하다	60
052	집 안을 비스듬히 관통하는 골목 공간	61

분류	번호	제목	쪽
좁고 긴 집	053	중정과 보이드로 통풍과 채광을 확보	62
	054	공중의 데크 테라스로 빛, 바람, 나무, 공간을 누리다	63
	055	1, 2층의 중정과 발코니가 공간을 풍요롭게 만든다	64
	056	단차와 구부러짐으로 변화를 주다	65
	057	소귀나무를 살리기 위해 동서로 길게 지은 집	66
	058	안쪽으로 긴 대지는 안길이와 방향성이 중요하다	67
	059	ㄷ자 숲으로 둘러싸인 집	68
단층집	060	기둥으로 칸막이한 단층집	69
	061	큰 지붕으로 감싼 단층집	70
	062	나선형 동선을 그리는 코트 하우스	71
	063	거실을 중심에 배치해 동선이 짧아진 단층집	72
	064	넓지만 동선은 짧은 단층집	73
	065	열여섯 개의 정방형으로 만든 단층집	74
	066	전망 좋은 고지대의 단층집	75
	067	모든 방이 중정과 연결되는 집	76
보이드	068	보이드와 회유동선으로 개방적인 공간	77
	069	지하에서 다락까지 보이드로 연결하다	78
	070	계단실의 굴뚝 효과로 에어컨이 필요 없는 집	79
	071	아빠와 아이가 친해지는 보이드 앞의 서재	80
	072	거실과 식당은 보이드 공간으로	81
	073	거실 보이드에 설치한 다리	82
	074	옥외 보이드로 채광을 확보한 2세대 주택	83
	075	3층 보이드의 패시브 하우스	84
	076	정원 같은 거실이 있는 집	85
	077	공중에 떠 있는 2층짜리 친환경 주택	86
스킵	078	스킵으로 적당한 거리감과 소통의 창구를 만들다	87
	079	45°로 벽을 파 정원과 창을 만든 스킵 플로어 주택	88
	080	스킵 플로어로 약동감 있는 건물을 만들다	89
	081	2층의 프라이버시 공간을 스킵으로 잇다	90
	082	층마다 방을 어긋나게 배치하다	91
	083	차고의 천장고를 낮춰 스킵을 만들다	92
	084	풍경을 바꾸는 스킵	93
	085	반층 높은 루프 테라스로 실내를 밝게	94
	086	스킵 플로어를 따라 중정에서 옥상 테라스까지	95
	087	대지의 고저 차를 이용한 스킵 플로어	96
	088	어디에서도 가족의 인기척을 느끼다	97
	089	공간의 넓이를 알뜰하게 체감하다	98
	090	칸막이가 없는 5층 원룸	99
	091	3단 바닥으로 커튼 없이 생활하는 집	100
	092	칸막이를 최소한으로	101
	093	건물 아래쪽을 얇게 만들어 주차공간을 확보하다	102
	094	단차와 층고의 변화로 분위기를 혁신하다	103
	095	스킵하는 거실	104
조망	096	벚꽃을 독점할 수 있는 거실 벤치	105
	097	절경을 감상할 수 있는 천공의 데크 테라스	106
	098	깃대부지를 이용해 시야를 확보하다	107
	099	기초를 띄워 조망을 얻다	108
	100	위층 개구부는 천장 디자인이 중요	109
	101	깊은 차양이 풍경화를 만들다	110
	102	2층 LDK에서 세토나이카이를 한눈에	111
	103	멀리 보이는 산세를 감상하다	112
	104	세 구역으로 나눈 전망 좋은 산장	113

2장
공간별 디자인 포인트

진입로·출입구·현관

번호	제목	쪽
001	봉당에 기능을 집중시키다	116
002	출입구를 2층에 두어 마을과의 거리감을 조절하다	117
003	봉당으로 공과 사의 성격을 바꾸다	118
004	정면 폭 2.7m 현관에 입구는 두 개	119
005	봉당에서 보내는 시간이 즐거워지다	120
006	넓은 현관 봉당을 갤러리 겸 작업장으로	121
007	봉당이 2층으로 안내하는 집	122
008	도로와의 접점을 디자인하다	123
009	할머니, 할아버지와의 거리를 좁히는 현관 봉당	124
010	좁은 골목 같은 긴 진입로	125
011	골목 같은 봉당이 집 중앙을 관통하다	126
012	아름다운 정원을 지나는 진입로	127
013	함께 또 따로 사는 2세대 주택	128
014	바닥 높이를 15cm 올린 봉당	129

LDK

번호	제목	쪽
015	층간을 활용한 단차 거실	130
016	아이들이 뛰어노는 봉당 거실	131
017	아웃도어 라이프를 즐길 수 있는 LDK	132
018	이상적인 LDK 레이아웃	133
019	리조트 분위기의 2층 LDK	134
020	다채로운 공간 활용으로 LDK를 넓게	135
021	아일랜드 키친을 중심으로 만든 LDK	136
022	'상자'를 연결해 공간을 만들다	137
023	보이드의 하이사이드 라이트로 1층 LDK를 환하게	138
024	마루방과 다다미방으로 영역을 나누다	139
025	실내 발코니로 외부공간을 끌어들이다	140
026	북쪽 하이사이드 라이트로 빛이 드는 집	141
027	넓은 LDK에 장작 난로를 놓다	142
028	선술집 분위기가 나는 DK	143
029	식당을 중심에 두고 집을 짓다	144
030	거실과 회랑으로 실내가 된 중정	145
031	보이드와 회유동선의 절묘한 조합	146
032	부엌을 중심에 둔 전통적인 평면	147
033	지하에 있어도 환한 거실	148
034	넓은 테라스를 통해 대자연이 집 안으로	149
035	회유할 수 있는 부엌과 바닥을 높인 식당	150

부엌

번호	제목	쪽
036	부엌과 카운터가 핵심	151
037	사람이 모이는 꼭대기층에 부엌을 두다	152
038	가족의 인기척이 느껴지는 부엌	153
039	가족이 모이는 부엌	154
040	차고에 맞춘 레이아웃으로 바닥을 낮춘 부엌	155
041	파티를 열 수 있는 부엌	156
042	세 방향이 정원으로 둘러싸인 부엌	157

침실·아이방 / 가사실 / 파우더룸 / 플레이룸 / 세면실

번호	제목	쪽
043	개인 방을 스킵으로 나누다	158
044	지하와 다목적 가사실로 공간 활용	159
045	기능을 한곳에 모은 파우더룸	160
046	LDK 옆 아이를 위한 공간	161
047	아일랜드식 세면대를 놓다	162

다다미방

번호	제목	쪽
048	낮은 쪽문으로 들어가는 스킵 다다미방	163
049	2층에 떠 있는 별채	164

욕실

번호	제목	쪽
050	별채 같은 욕실을 만들다	165
051	테라스를 지나 들어가는 욕실	166
052	루프 테라스에 욕조가 있는 집	167
053	미닫이문을 열면 노천탕	168
054	중정 테라스를 욕실정원으로	169
055	전망 좋은 욕실	170

계단

번호	제목	쪽
056	나선계단의 곡선이 만드는 공간감	171
057	집의 중심에서 빛을 전달하는 계단	172
058	계단으로 공간을 부드럽게 나누다	173

분류	번호	제목	쪽
계단	059	스킵과 미닫이문으로 넓게 살기	174
	060	아이들의 놀이공간	175
	061	나선계단으로 빛을 끌어들이다	176
	062	두 세대를 잇는 나선계단과 보이드	177
수납	063	LDK 옆의 큰 팬트리	178
	064	방마다 수납공간이 가득한 집	179
	065	깔끔하게 정리하는 다기능 수납공간	180
차고	066	차를 위한 집	181
	067	톱라이트로 빛을 받는 일체형 차고	182
	068	토지의 고저 차를 이용한 빌트인 차고	183
	069	동선을 고려한 주차공간	184
	070	건물 형태와 배치로 확보한 넉넉한 주차공간	185
	071	차고와 진입로를 하나로 디자인하다	186
옥상	072	애마가 보이는 거실의 작은 창	187
	073	스카이트리를 볼 수 있는 옥상의 작은 전망대	188
	074	플러스알파의 루프 테라스	189
	075	협소지의 주택은 옥상에 정원을	190
	076	두 세대가 공유하는 옥상정원	191
외부공간	077	반옥외 회랑으로 바람이 지나가다	192
	078	대지를 덮은 데크로 외부공간을 끌어들이다	193
	079	LDK와 일체화된 테라스	194
	080	벽으로 둘러싼 가족 전용 외부공간	195
	081	반옥외 거실과 회랑이 있는 집	196
	082	큰 개구부와 L자형 테라스로 바람과 빛을 끌어들이다	197
	083	위아래층의 어긋남이 만들어낸 안길이	198
	084	한 바퀴 돌 수 있는 반옥외 테라스	199
	085	외부 테라스를 LDK의 일부로	200
	086	테라스에서 식사를 즐기다	201
	087	물결 이는 테라스와 정원	202
	088	큰 개구부와 테라스가 건물과 대지를 하나로	203
	089	전망대가 있는 집	204
	090	층마다 정원을 만들다	205
	091	LDK가 남북의 정원을 잇다	206
중정	092	중정을 감싼 세 개의 직방체	207
	093	중정을 통해 빛을 전하는 ㅁ자 배치	208
	094	두 개의 중정과 회유동선이 낳는 공간감	209
	095	중정과 실외 통로가 지하로 바람과 빛을 들이다	210
	096	다락과 보이드를 바둑판 모양으로 배치	211
	097	별채로 외부 시선을 차단하고 중정을 거실처럼 만들다	212
	098	중정 여섯 개가 2세대를 느슨하게 연결하다	213
	099	중정으로 프라이버시를 보호하는 동거형 2세대	214
	100	중정을 연결해 싱그러움을 두 배로	215
	101	터널을 빠져나가면 중정 현관	216
	102	부모님을 신경 쓰지 않고 쉴 수 있는 중정	217
	103	연못과 테라스 사이에 있는 거실	218
	104	포치를 사이에 둔 테라스와 중정	219
	105	빌딩가에서도 빛을 끌어들이는 중정	220
	106	중앙의 나무를 둘러싸는 입체적인 중정	221
정원	107	큰 테라스로 정원과 만나다	222
	108	곳곳에 정원이 있는 코트 하우스	223
	109	방의 성격에 맞춘 정원들	224
	110	잡목림과 죽림 정원 사이에 낀 H형 2세대 주택	225
	111	건물을 돌출시켜 네 개의 정원을 만들다	226
	112	나무가 많은 정원들이 있는 집	227
	113	북쪽과 남쪽의 정원을 잇는 만(卍)자형 집	228
	114	부모는 정원을 가꾸고 아이는 발코니에 꽃을 심는 집	229
	115	30년을 가꾸어온 정원	230
	116	전망을 즐기는 큰 개구부가 있는 집	231

3장
특별한 용도에 맞춘 설계

동선

001	그리드와 회유동선으로 공간을 자유롭게 쓰다	234
002	일직선으로 연결되는 효율적인 가사동선	235
003	'오두막'과 연결된 바깥 복도가 회유동선을 만들다	236
004	단차를 즐기는 동선으로 공간에 변화를 만들다	237
005	조각보와 기둥벽으로 LDK를 원룸처럼	238
006	부엌으로 이어지는 편리한 세 동선	239
007	집안일에 도움이 되는 테라스의 회유동선	240
008	가사 효율을 높이는 욕실과 세면실 동선	241
009	튜브형 통로로 이어지는 세 개의 동	242
010	아래위층 모두 기능공간을 일렬로 배치	243

취미

011	현관 위에 떠 있는 취미실	244
012	실내에서 클라이밍을 즐기다	245
013	모든 외부공간을 연결한 개방적인 집	246
014	기둥을 없애고 당구와 영화를 즐기다	247
015	오토바이와 자전거를 위한 공방	248
016	오토바이 정비를 책임지는 내외일체형 봉당	249
017	스킵되는 갤러리	250
018	가족 도서실의 나선계단으로 1, 2층을 잇다	251
019	현관 옆 수족관	252
020	1층은 갤러리, 2층은 생활공간	253
021	계단 중간에 도서실이 있는 집	254
022	반지하의 취미공간	255
023	아틀리에와 생활공간을 따로	256
024	영화관과 필름 창고를 갖춘 집	257
025	지하에 탁구장을 만들다	258

프라이버시

026	채광과 프라이버시를 폴리카보네이트로 잡다	259
027	독신 여성에게 알맞은 코트 하우스	260
028	동판 루버로 안은 가리고 빛은 들이고	261
029	두 동으로 나누어 개인공간은 더 은밀하게	262
030	야외 루버로 시선과 빛을 조절하다	263
031	도로 쪽은 막고 빛은 중정으로 해결하다	264
032	바깥에서는 모르는 나만의 정원이 두 개	265
033	들여다보이는 울타리로 느슨하게 막다	266
034	주택 밀집 지역에 정원을 만드는 노하우	267

분류	번호	제목	페이지
프라이버시	035	티 나지 않게 프라이버시를 지켜주는 격자벽	268
반려동물	036	반려동물과 사는 완벽한 방법	269
	037	반려동물이 뛰어다니는 봉당	270
	038	반려동물을 위한 공간을 곳곳에	271
	039	넓은 정원에 반려견 훈련 교실을 열다	272
	040	반려견 열 마리를 거뜬히 키울 수 있도록	273
일본풍	041	지면보다 낮은 서재로 빠져들다	274
	042	다다미를 깐 거실	275
	043	내려가는 방향으로 건물을 개방한 외쪽지붕의 단층집	276
	044	깊은 차양과 장지문으로 북쪽에서 빛을 받다	277
	045	깊은 처마 지붕이 있는 집	278
	046	일본식 화덕이 있는 공간을 별채에 두다	279
	047	전통과 현대가 어우러진 일본식 주택	280
	048	가족실 한가운데 있는 이로리	281
2세대	049	아래위를 따로 쓰는 완전 분리형 2세대 주택	282
	050	정원으로 거리감을 만들고 3세대가 모여 사는 집	283
	051	보이드로 가족의 인기척을 주고받다	284
	052	서로 독립적인 동거형 2세대 주택	285
	053	고령자 돌봄에 최적화된 집	286
	054	나누어진 듯 만나는 분리형 2세대 주택	287
	055	가깝지도 멀지도 않은 두 세대의 거실	288
	056	타일을 깐 중정으로 연결되는 2세대	289
	057	느슨하게 연결된 동거형 2세대	290
	058	복도에서 마주치는 부모 세대와 자녀 세대	291
	059	자매를 연결하는 툇마루가 인상적인 2세대 주택	292
	060	나란히 살지만 현관은 따로	293
	061	현관을 지나며 서로의 인기척을 느끼다	294
	062	좁고 긴 현관 봉당으로 분리된 동을 연결하다	295
	063	서로의 생활 소음에 신경 쓰다	296
	064	내부 계단이 거리를 만드는 상하 분리형 2세대	297
	065	마주보기보다 같은 방향을 보는 두 세대	298
	066	분리된 두 동을 연결하는 유일한 정원	299
	067	동서로 뻗은 복도에서 서로를 느끼다	300
	068	중정과 유공벽돌로 나누고 연결하다	301

1장

평면과 대지의 관계

'이런 땅에 집을 지을 수 있을까?' 특수대지, 극협소지, 경사지, 극단적인 변형지, 매립지, 고지대 등….
대지의 약점, 주변 환경의 열악함 등 각양각색의 땅 위에 평화롭게 들어선 104채 단독주택의 설계 비밀을 350여 개의 평면으로 빈틈없이 들여다본다.

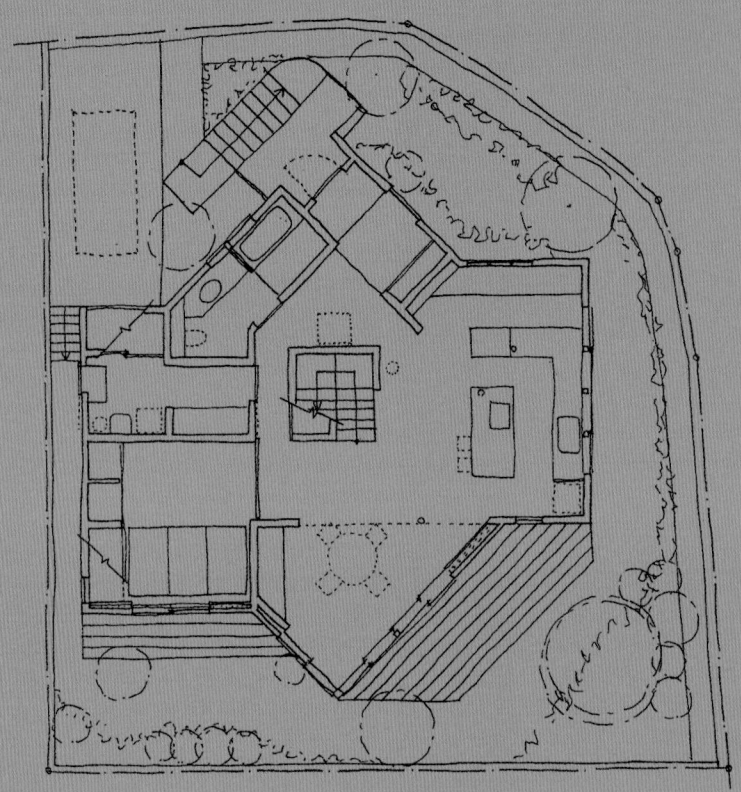

chapter 1

1 평면과 대지의 관계

2 공간별 디자인 포인트

3 특별한 용도에 맞춘 설계

001: 특수대지

변형지에 맞추되
최대한의 넓이를 확보한 집

밀집 지역에 위치한 15평 정도의 변형 협소지. 건물 배치에 선택의 여지가 없으므로 대지 모양에 맞춰 최대한의 볼륨을 얻을 수 있는 평면형으로 만들었다. 톱라이트로 빛을 끌어들이고 주변 건물들을 고려해 개구부의 위치를 정하되 빛과 바람이 잘 들도록 설계했다. 건축주의 요청에 따라 2층의 LDK를 생활의 중심으로 설정했다.

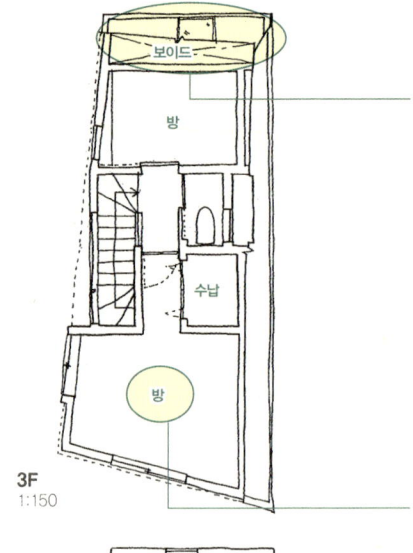

3F 1:150

2F 1:150

1F 1:150

규제를 역이용
북쪽 사선 제한으로 비스듬히 잘린 부분을 보이드로 처리했더니 공간에 깊이감이 생겼다. 위에서 들어온 빛이 보이드를 지나 아래층까지 쏟아진다.

톱라이트

가장 크게
도로 쪽으로 넓어지는 건물 모양 탓에 가장 넓은 방이 되었다. 꼭대기층인 점을 이용해 만든 구배천장 덕분에 높은 천장고를 확보했다.

효과적으로 활용
계단실 쪽으로 난 창호에 유리를 끼워 들어온 빛을 실내로 끌어들인다.

2층 LDK에 유리를 끼워 넣은 창호

콤팩트 키친
L자형으로 만들어 작업공간 확보. 싱크대 상부장을 없애고 LDK를 연결했다.

L자형 콤팩트 키친. 사진 오른쪽으로 발코니가 이어진다.

다용도 발코니
도로 쪽 발코니는 도로와 실내의 완충 부분. 외부의 시선과 소음을 차단하면서 실내를 넓고 환하게 만든다. 부엌 옆에 있어 다용도실 역할도 겸한다.

대지에 맞춰
최대한의 볼륨을 확보할 수 있도록 건물을 변형대지 모양으로 만들었다. 경사진 벽은 사용하기 어렵다고들 생각하는데 모양에 맞춰 수납공간을 만들면 깔끔하게 사용할 수 있다.

남쪽 외관. 이웃집 주차공간에 맞춰 3층에 커다란 창을 내고 그 부분을 오목하게 만들어 도로에서 살짝 가렸다.

주변을 살펴 결정
서쪽의 도로는 주차공간. 이쪽을 향하도록 위층에 커다란 개구부를 만들어 빛을 받아들인다. 이 부분을 오목하게 만들어 도로에서 개구부를 가렸다.

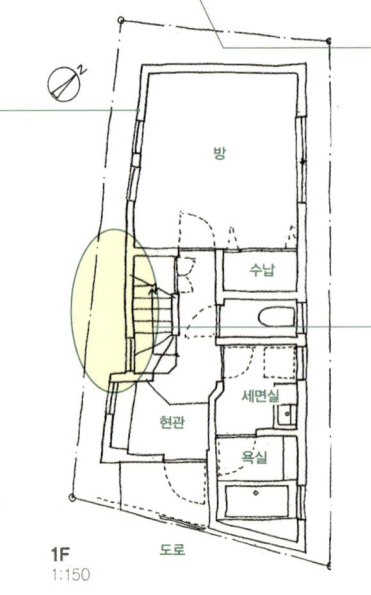

대지면적 47.91㎡ (14.49평)
연면적 83.63㎡ (25.29평)

002: 특수대지

스킵으로 변화를 만들고 공간을 넓게

15평 대지에 변화무쌍한 공간을 만들었다. 동서남 3방향이 높은 건물에 둘러싸여 있어 주변 시선을 차단하면서도 통풍과 간접광을 확보해야 했다. 벚나무 산책로 쪽으로 난 천창과 도로 북쪽면의 조망을 활용해 개방적이고 환한 집이 되었다.

시야를 너무 가로막지 않도록 나선형 계단을 중앙에 배치하고 반지하층에서 1,2,3층, 다락, 펜트하우스, 옥상의 텃밭까지 스킵 플로어로 연결해 공간의 연속성을 살렸다.

1 평면과 대지의 관계

거실. 반층 아래의 식당과 반층 위의 스터디 공간이 계단 너머로 보인다.

반층 위에서 본 거실.
발코니 너머로 벚꽃길이 보인다.

2 공간별 디자인 포인트

스터디 코너
식당 보이드와 마주보고 있는 스터디 코너. 뒤쪽 벽면은 책꽂이.

층계참에도 개성을
계단 층계참은 조금씩 디자인을 달리했다. 여기는 사진과 소품을 장식하는 갤러리로 꾸몄다.

비행기 조종실처럼
두 사람이 설 수 있으면서 잡다한 물건이 보이지 않도록 수납공간을 갖춘 부엌. 싱크대 앞에 서면 반층 아래의 세면실과 반층 위의 거실을 볼 수 있어 비행기 조종실 같은 느낌이다.

스킵 플로어로 넓어지다
계단을 집의 중심에 배치하고 양쪽 공간을 스킵 플로어로 만들었다. 시선이 수평뿐 아니라 상하로도 연결돼 공간이 넓게 느껴진다.

화분으로 텃밭 만들기
꼭대기층에 큰 창이 있어 계단을 통해 통풍이 잘 된다.

니치형 다락
반려동물을 위한 다락이다.

RF 1:250

벚꽃길 쪽으로 오픈된 거실
다른 층보다 천장도 높고 톱라이트와 유리블록의 효과로 하루 종일 밝다.

3F 1:250

앞쪽의 벚꽃길을 조망
욕실에서 발코니 너머로 벚꽃길이 보인다. 세면대와 욕조 사이에 유리 칸막이를 달아 답답해 보이지 않는다.

계단의 개구부
계단에서 굴뚝 효과를 내기 위해 곳곳에 개구부를 만들었다. 창 밑은 수납공간이다.

2F 1:250

현관에서 반층 올라간 침실
너무 가깝지도 멀지도 않은 거리.

작은 현관
현관은 단차 없이 평평하게. 한정된 공간을 효과적으로 사용했다.

1F 1:250

반지하
방음이 되는 반지하의 음악실.

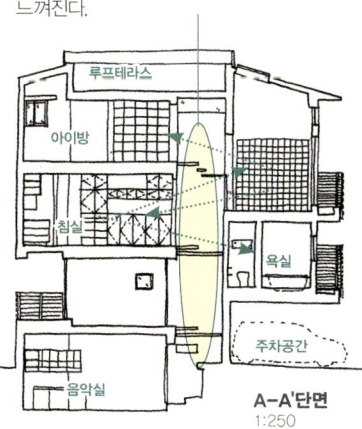

A-A'단면 1:250

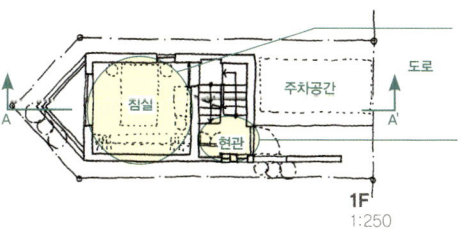

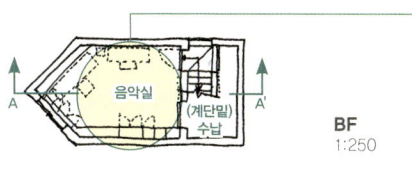

BF 1:250

3 특별한 용도에 맞춘 설계

대지면적 51.23㎡ (15.49평)
연면적 100.61㎡ (30.43평)

11

003: 특수대지

변형지의 안뜰이 만들어낸 빛과 바람의 통로

주변이 3층짜리 건물로 둘러싸인 깃대 변형 협소지다. 이웃집 흰 외벽의 반사광을 안뜰로 끌어들이고 작은 보이드를 통해 채광과 통풍을 해결했다. 각 방을 안뜰과 마주보게 연결해 널찍한 공간을 만들었다.

2층 LD에서 안뜰 상부의 외부 보이드와 부엌 방향을 본 것. 안뜰 덕분에 이웃집과의 간격이 생겨 빛이 들어온다.

위로부터 채광
높은 위치에 개구부를 만들어 거실로 빛을 끌어들인다.

계단 상부의 하이사이드 라이트

안뜰을 중심으로
2층의 각 방이 안뜰을 향하도록 배치하고 LDK를 유리문으로 일체화해 최대한의 넓이를 확보했다.

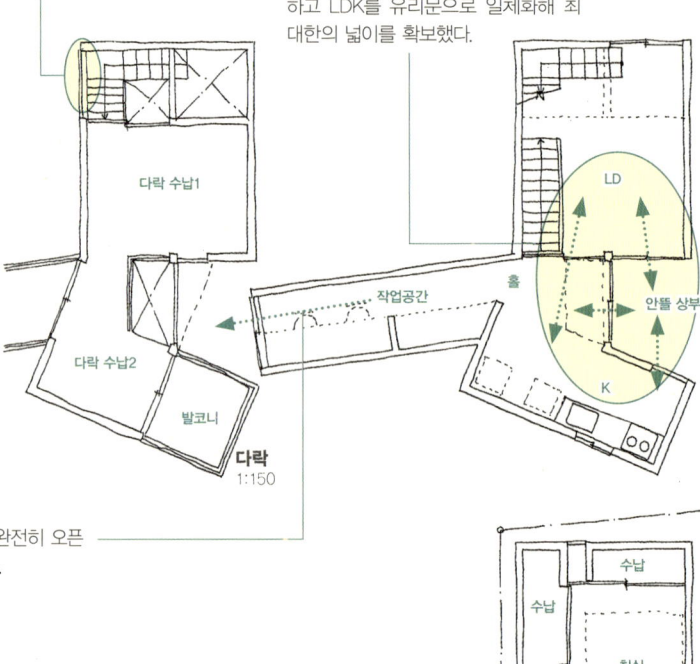

오픈할 공간은 오픈한다
깃대 부지의 장대 부분은 완전히 오픈해 시야가 트이도록 만든다.

도로에서 본 것. 깊숙이 들어간 곳에 출입구가 있다.

안뜰을 향해 배치
유일하게 오픈된 장소에 안뜰을 두고, 각 방이 안뜰을 향하도록 배치해 채광과 통풍을 확보했다.

욕실정원
안뜰을 내다볼 수 있도록 욕실을 설계해 밖을 보면서 목욕할 수 있다.

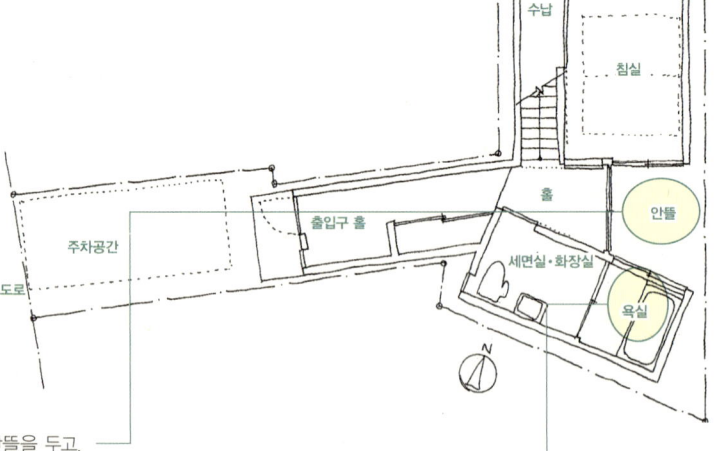

대지면적 61.92㎡ (18.73평)
연면적 65.24㎡ (19.73평)

004: 특수대지

기능을 한데 모아
삼각 협소지를 극복하다

막다른 골목길 끝에 있는 삼각형 협소지. 북쪽에 산책로가 있다는 점이 매력이다. 대지 모양 때문에 어쩔 수 없이 삼각형으로 지었고, 구석의 '데드 스페이스'를 없애는 데 중점을 뒀다.

1 평면과 대지의 관계

왼쪽: 현관에서 올려다 본 것. 나무로 된 마루가 2층의 프리 스페이스
오른쪽: 삼각형 코너 부분에 식탁과 세트로 만들어 콤팩트하게 완성된 부엌

2 공간별 디자인 포인트

모아서 수납
다락을 수납공간으로 활용해 1, 2층의 부족한 수납공간을 보충한다.

만능 침실
공간을 최소화하기 위해 침실은 다다미방으로 하면 세탁물을 개는 장소로도 좋다. 옆방에는 이불을 수납하는 벽장도 있다.

상황에 따라 사용
프리 스페이스는 아이의 놀이방이나 작업공간으로 이용한다. 계단 위쪽에 세면기를 설치해 공간을 효과적으로 활용한다.

다락
1:200

2F
1:200

외관 야경. 발코니에는 유리 차양을 달았다.

3 특별한 용도에 맞춘 설계

바짝 말린다
주차공간 위쪽으로 튀어나온 발코니. 많은 양의 빨래를 기분 좋게 말릴 수 있다.

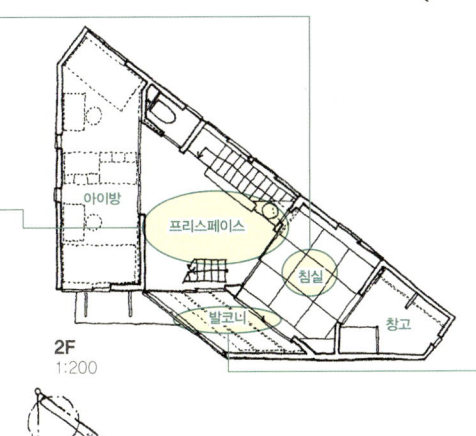

바깥의 녹음
정원이 거의 없다시피 하므로 산책로의 녹음을 내 집 정원처럼 이용한다.

시각적으로 넓게
2층에 화장실이 있으므로 1층은 화장실·세면실 일체형으로. 작은 안뜰을 욕실 바깥에 배치해 욕실정원으로 활용한다.

콤팩트한 식당
식탁을 부엌과 연결해 공간을 효과적으로 활용한다.

현관도 일체로
현관은 닫힌 형태로 만들었지만 두 개의 미닫이를 열면 '모두의 방'과 연결된다.

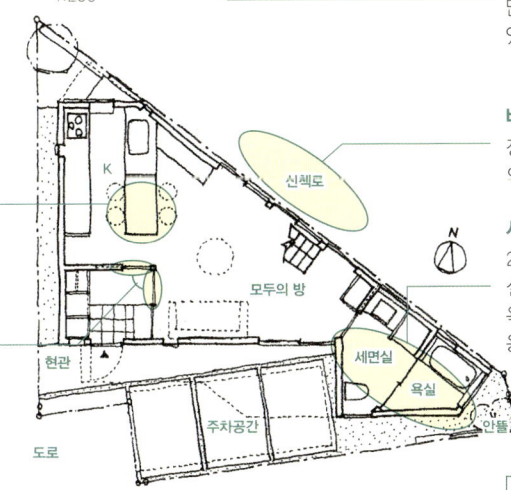

1F
1:200

대지면적 73.08㎡ (22.10평)
연면적 80.89㎡ (24.46평)

005: 특수대지

대지를 꽉 채워 지은 좌우가 비대칭인 집

남쪽은 전면도로와 접해 있고 북쪽은 좌우 다른 각도로 폭이 좁아지는 대지다. 대지를 꽉 채워 지으면 좌우 모두 대지와 평행으로 건물 벽을 맞추게 되므로 건물의 평면도 좌우 각도가 불균등해진다. 인위적인 디자인으로 만들어진 불균등은 쉽게 익숙해지지 않지만 대지 모양 때문에 생긴 불균등은 자연스레 익숙해진다.

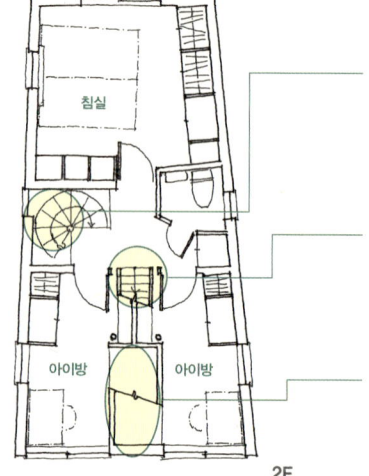

1층의 나선계단 안쪽에는 부엌, 욕실, 세면실이 콤팩트하게 배치되어 있다.

거실과 붙박이 수납공간 건너편이 바로 현관이다. 천장은 연결되어 있다.

톱라이트로 채광
남북의 양쪽 방 때문에 좁아진 계단실은 톱라이트를 통해 채광한다. 톱라이트는 화장실 위까지 연결되어 있다.

방과 방 사이를 통해 다락으로
다락으로 올라가는 계단 밑은 아이의 책장으로 이용한다.

붙박이 2층 침대
두 아이방 중간에 붙박이 2층 침대를 놓고 각 방에서 사용하도록 했다.

2F 1:150

계단 밑도 활용
나선계단 밑에 붙박이 책상을 만들어 가사 공간으로 사용한다.

칸막이 수납
수납 선반을 달아 거실과 현관 사이를 막았다. 선반의 상부는 거실 쪽에서, 하부는 현관 쪽에서 사용한다.

현관을 열고 반층 올라오는 구조이다.

야외 계단을 올라와서
바닥이 반층 높기 때문에 야외 계단을 올라가야 현관이 나타나고 다시 3계단을 올라야 1층 바닥이다.

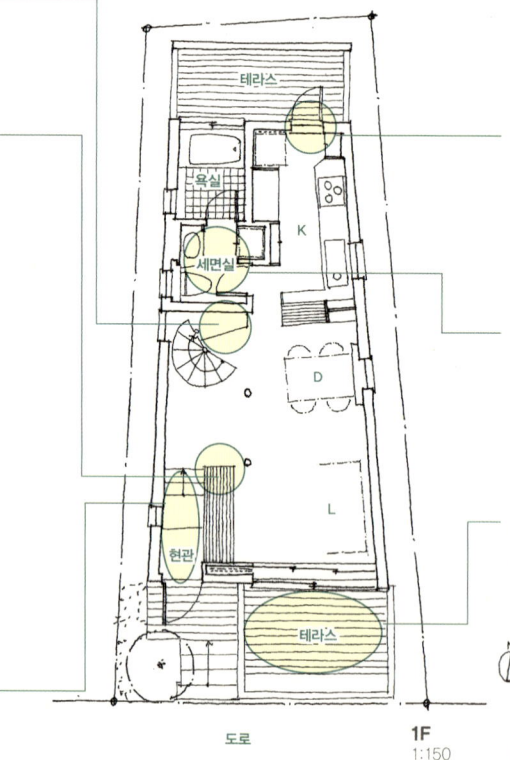

바람이 통하도록
북쪽 테라스로 나가는 문에 방충망을 설치하고 항상 열어 둘 수 있도록 했다. 방충문은 냉장고 옆의 벽에서 잡아당긴다.

작게 사용
세면, 화장실, 세탁의 3가지 기능을 최소한의 크기로 완성.

입구 위에 테라스
반지하의 주차공간 입구 위에 목제 테라스를 만들어 거실에서 나갈 수 있게 했다.

1F 1:150

대지면적 74.92m² (22.66평)
연면적 92.21m² (27.89평)

006: 특수대지

깃대부지의 '장대' 부분을 남김없이 사용

대지를 분할해 판매하는 전형적인 협소부지다. 접도를 확보하기 위한 2m의 장대 부분에 현관 봉당과 서재를 만들어 효과적으로 활용했다. 현관을 들어서면 바닥 부분이 부엌까지 연결되고, 마주 보는 부엌이 원룸의 중심이 되어 공간을 구성한다. 좁은 대지지만 작은 보이드를 만들어 채광과 통풍을 확보했다.

미닫이문을 넣으면 원룸
협소주택은 원룸 플랜이 효과적이지만 방을 나눠야 할 필요가 있을 때는 미닫이문을 벽에 삽입할 수 있도록 만든다. 문을 꺼내면 방이 나뉘고 집어넣으면 원룸이 된다.

2층 침실 쪽에서 다다미방을 본 것. 왼쪽 구석이 '장대' 부분에 해당한다.

틈새가 보이는 마루
좁은 집에서 바닥과 아래층의 빛을 확보하기 위해 격자형 바닥을 선택했다. 격자는 밑에서 보면 일본식 천장이고 위에서 내려다보면 우주에 떠 있는 느낌이라 재미있다.

장대 부분의 방
장대 부분은 폭이 너무 좁아서 일반적인 방은 만들 수 없다. 그러나 방의 용도를 제한하면 좁아도 효과적으로 사용할 수 있다.

변형 코너 계단
변형 공간에 나선계단을 만들어 대지를 효과적으로 활용했다. 삼각형 방은 활용하기 어렵지만 나선계단이라면 무난하다.

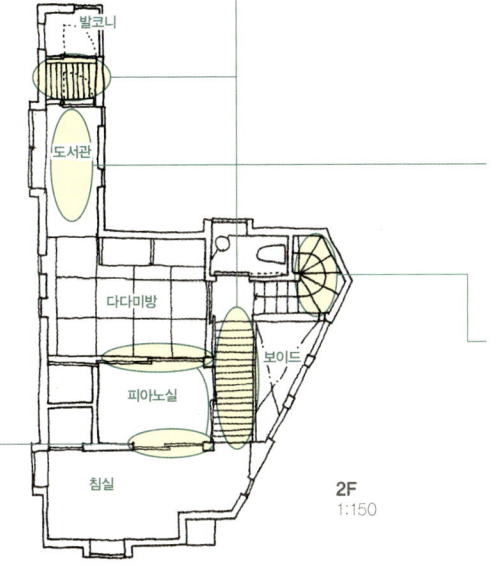

2F
1:150

전면도로에서 장대 부분의 현관을 본 것. 벽으로 현관문을 반쯤 가려 도로에서는 훤히 들여다보이지 않는다.

좁고 긴 현관과 부엌
장대 부분 중간에 현관을 배치하고 안쪽의 부엌까지 타일로 바닥을 깔았다. 최소한의 동선으로 정리했다.

돌아나갈 수 있는 틈
막다른 곳을 만들지 않았다. 아주 약간의 틈만 확보해도 회유동선이 생긴다. 좁은 공간도 회유할 수 있으면 훨씬 더 편리해진다.

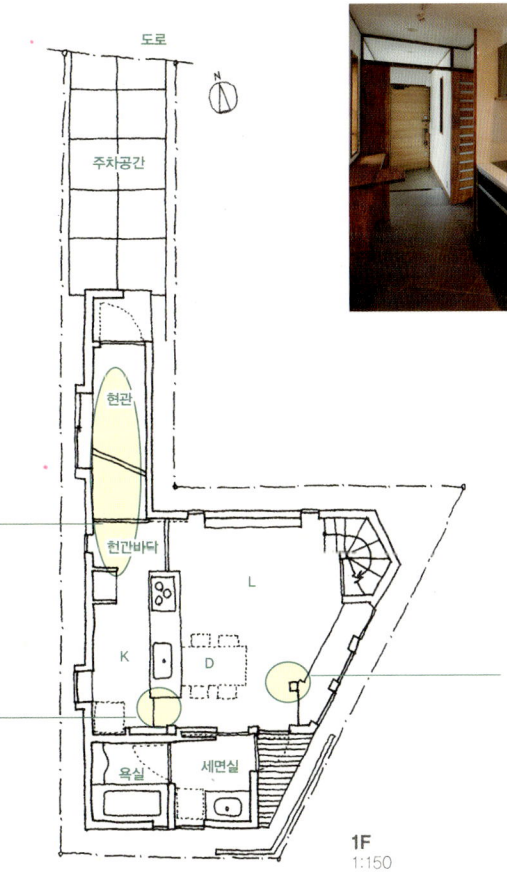

부엌 구석에서 현관 쪽을 본 것. 현관에서 부엌까지 바닥을 연결했다.

속까지 타지 않는 큰 기둥
이 주택은 특별지역에 속해 있어서 2층 주택이지만 준내화 성능을 갖추어야 했다. 목조 기둥은 연소되어 표면이 탄화되어도 속까지는 타지 않아야 하므로 가로 세로 21㎝ 두께의 큰 기둥을 세웠다.

1F
1:150

대지면적 76.89㎡ (23.26평)
연면적 74.41㎡ (22.51평)

1 평면과 대지의 관계

2 공간별 디자인 포인트

3 특별한 용도에 맞춘 설계

007: 특수대지

부채꼴 부지에 세운 부채꼴 주택

30대 부부와 어린 두 자매를 위한 집. 협소 변형 경사지인데다 조례에 따라 대지 전반에 걸쳐 벽면을 대폭 후퇴시켜야 했기 때문에 건축 가능한 평수가 고작 12평 남짓이었다. 일반적인 배치로는 원하는 방들을 만들기 어려워 대지의 모양과 고저 차이 등의 약점을 보완하기 위해 부채꼴 평면을 만들었다.

비용 절약을 위해 토지의 경사에 맞춰 건물 북쪽 바닥을 한 단 올렸다. 이 바닥의 단차는 2층에도 반영되어 남쪽으로 높아지는 경사천장과 방사형으로 퍼지는 대들보가 공간에 리듬감을 준다. 또한 방과 방의 연결과 트임, 외부환경 등을 고려해 개구부 배치를 검토한 결과 넉넉한 내부 공간을 만들 수 있었다.

위: 들보가 부채꼴로 퍼지는 2층. 방과 DK는 거실보다 바닥이 35cm 정도 높지만 하나로 연결된 공간이다.
아래: 대지에 꽉 채워 지은 집은 오른쪽 구석이 꼭지각이 되어 부채꼴로 퍼진다.

26.5도의 모듈
26.5도의 모듈이 만드는 규칙성과 깊이감이 부채꼴 공간을 형성한다.

입체적으로 수납 확보
북쪽은 높이 제한이 엄격하지만 도로 쪽은 비교적 여유가 있기 때문에 남쪽으로 높아지는 지붕 구배를 선택해 다락에 수납공간을 확보했다.

부엌
부엌에서는 2층의 생활을 한눈에 볼 수 있다. 안주인이 활동하는 화려한 무대다.

개구부에 리듬감을
맞은편 건물과 도로 쪽은 가리고 시야가 뚫려 있는 쪽에는 커다란 개구부를 설치했다.

단차를 살리다
바닥의 단차를 살려 1층 복도의 채광에 이용한다.

임기응변으로 공간 분리
한정된 면적을 최대한 살리기 위해 하나로 이어지는 공간을 만들었지만 창호를 이용해 구분할 수 있도록 했다.

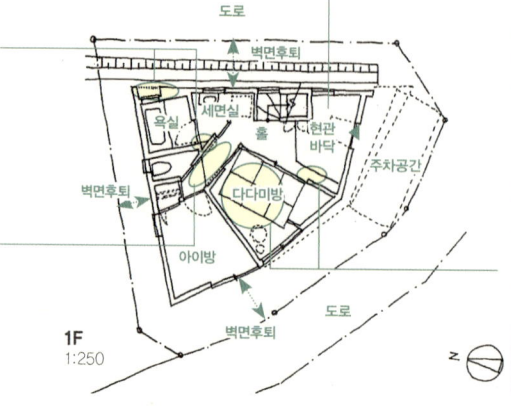

현관, 현관홀, 다다미방. 현관 마루의 왼쪽 아래에 벗은 신발을 넣어둔다.

실제 이상의 안길이
생활의 주 공간인 2층은 다락까지 포함해 원룸이다. 바닥의 단차와 천장 구배, 부채꼴로 퍼지는 들보, 부채의 손잡이에 해당되는 부위에 크게 낸 개구부를 통해 녹색 구릉지가 보인다. 이런 요소들로 인해 실제 이상의 길이감을 느낄 수 있다.

여유 있는 현관 주변
현관이 넓직해서 좋아하는 가구를 놓거나 유모차 등을 보관할 수 있다. 중문을 열면 방과 현관 바닥이 이어지는 형태다. 현관 공간이 여유 있으면 협소주택이라는 사실을 잊게 된다.

데드 스페이스를 만들지 않는다
구성상 생기는 잉여 공간을 활용해 욕실을 위한 완충공간(안뜰)과 PS(pipe shaft), 붙박이 선반 등을 설치했다.

빛을 끌어들이다
2층의 단차 부분에 유리를 끼워 넣어 어두워지기 쉬운 1층 복도에 자연광을 끌어들였다.

바닥 밑 활용
바닥 밑도 활용했다. 다다미 밑을 수납공간으로, 현관의 마루 밑을 신발장으로 만들었다.

대지면적	88.19㎡ (26.67평)
연면적	74.32㎡ (22.48평)

008: 특수대지

깃대부지의 '장대'에서 2층으로 바로 진입

깃대부지의 모양을 살려 배치했다. 지하 1층, 지상 2층의 볼륨은 지하의 용적률 완화를 이용해 높이 제한 속에서도 최대한의 면적을 확보한 것. 대지의 골목 부분에 현관을 만들어 2층 거실로 곧장 들어갈 수 있게 했다. 그래서 이웃집으로 둘러싸여 있지만 거실이 밝다. 1층과 지하는 2층 천창에서 계단실을 통해 빛이 들어와 자연광만으로도 밝다.

'장대' 부분을 활용
폭이 좁은 대지에 계단을 설치해 효과적으로 활용한다.

현관에서 2층으로
부지가 주변 건물에 둘러싸여 있으므로 밝은 2층에 거실을 배치했다. 현관에서 2층으로 직통하는 계단을 설치해 가족 모두가 거실을 거치도록 했다.

계단 밑 서재
계단 아래 좁은 공간에 서재 책상과 의자를 두기에 안성맞춤이다. 침실 사이에 문을 달고 서재 너머 침실로 채광을 보충했다.

계단을 따라 수납
벽면 수납을 계단을 따라 만들면 높은 곳의 물건도 쉽게 꺼낼 수 있다.

천장은 연결
부엌과 계단을 구분하는 거실 칸막이를 2미터 높이로 낮게 만들었다. 공간은 나누면서 천장은 하나로 연결되어 넓게 느껴진다.

시야 확보
도로까지 어느 정도 거리가 있으므로 커다란 유리로 고창을 냈다. 이웃에 둘러싸인 집이지만 시야가 넓게 트여 기분이 좋다.

긴 동선이라는 착각
계단을 따라 집의 양끝 벽을 볼 수 있고 계단 보이드로는 집의 고저 차이를 느낄 수 있다. 작은 대지만 최대의 공간 체험을 할 수 있어 넓게 느껴진다.

톱라이트와 하이사이드 라이트를 활용한 밝은 2층 거실. 칸막이벽을 낮게 만들어 지붕의 연속감을 강조했다.

세탁공간
탈의실을 줄이기 위해 복도에 세탁기 놓을 공간을 만들었다.

유백색 유리벽
좁은 화장실을 넓게 쓰기 위해 두께 5mm 유리로 벽을 만들고 욕실 너머로 자연광을 들였다. 유백색 유리를 쓰면 다른 사람의 시선을 신경 쓰지 않아도 된다.

계단을 통해 채광
남쪽에 계단을 배치하고 그 위로 천창을 달았다. 외벽창과 천창의 빛이 계단을 따라 지하까지 내려와 매우 환하다.

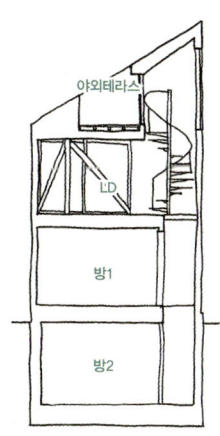
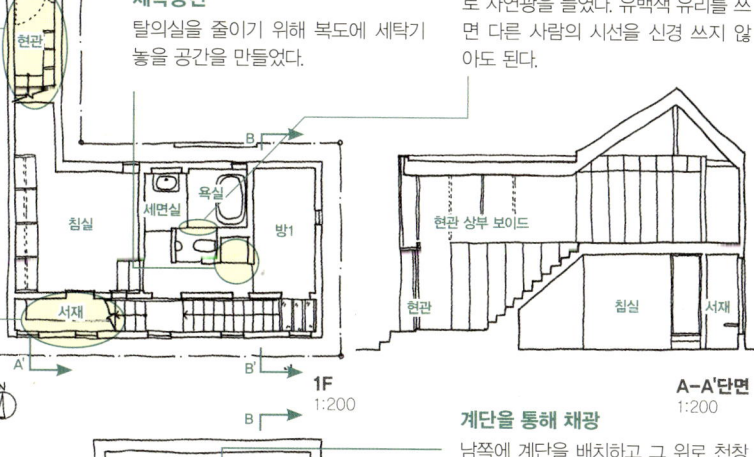

2층 서남쪽 구석에서

대지면적 89.78㎡ (27.15평)
연면적 111.35㎡ (33.68평)

1 평면과 대지의 관계
2 공간별 디자인 포인트
3 특별한 용도에 맞춘 설계

009: 특수대지

초록 공간으로 가는 진입로

장대 부분을 제외하면 20평의 협소지다. 서쪽 인접지에 공원의 나무들이 보이지만, 공원 너머로는 공동주택의 발코니가 보인다. 그래서 건물의 길이를 3등분하여 중앙에 중정을 배치하고 중정 방향으로 커다란 개구부를 만들었다. 공원 쪽 벽면에는 환기를 위한 최소한의 창만 내어 녹음을 즐기면서 커튼 없이 살고 있다.

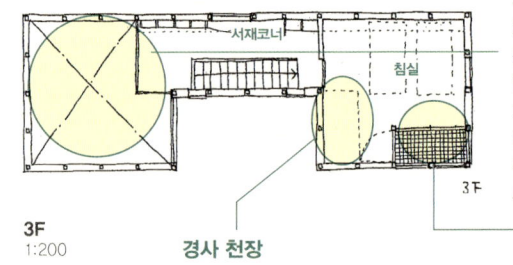

3F
1:200

경사 천장
거실에 직사광선이 들어오도록 천장을 경사로 만들었다.

보이드 연출과 공기 조절 기능
3층 서재 코너는 동쪽 벽면을 가득 채운 책장이 거실 공간과 연결되어 있다. 남쪽으로 낸 고창이 구배 천장과 함께 개방감을 연출한다. 거실 위쪽 보이드의 돌출된 3층 바닥에는 공기 순환용 팬을 두 개 설치해 겨울과 여름에 기류의 방향을 바꿀 수 있도록 했다.

반옥외 테라스
볕이 잘 드는 위치에 썬 테라스를 만들었다. 빨래 건조 외에도 계절과 날씨에 따라 다용도로 사용한다.

회유 플랜
주 생활공간인 2층은 옥외 테라스로 연결되는 회유 플랜이다.

개구부의 연출
각 방은 중정을 향해서만 커다란 개구부를 내고 그 외에는 환기를 위한 작은 창과 벽으로 둘러싸여 있다. 사생활을 보호하기 위한 배려가 개구부의 리듬감을 만든다.

2F
1:200

빛을 아래로 보내다
옥외 테라스 바닥은 그레이팅으로 만들어 아래층 중정으로 향하는 채광을 막지 않았다.

거실 공간. 옥외 테라스와 3층의 바닥면이 공간에 다양성을 준다.

시야가 트인 진입로
깃대 모양의 진입로에서는 유리 현관문을 통해 건너편의 공원 녹지를 볼 수 있다. 시야가 트여 있어 깃대의 막다른 골목이 아니라 깊숙한 정원으로 초대하는 것 같은 진입로가 되었다. 유리는 방범유리를 사용.

탈의실과 인접
침실과 욕실이 떨어져 있어 탈의실 근처에 드레스룸을 설치했다. 현관 옆이라 외출 시에 편리하다. 주 생활공간을 심플하게 만들려면 수납공간을 한곳에 모아야 효과적이다.

완충지대를 만들다
불특정 다수가 사용하는 공원이 바로 앞에 있으므로 욕실과 화장실 창은 안뜰을 향해 냈다.

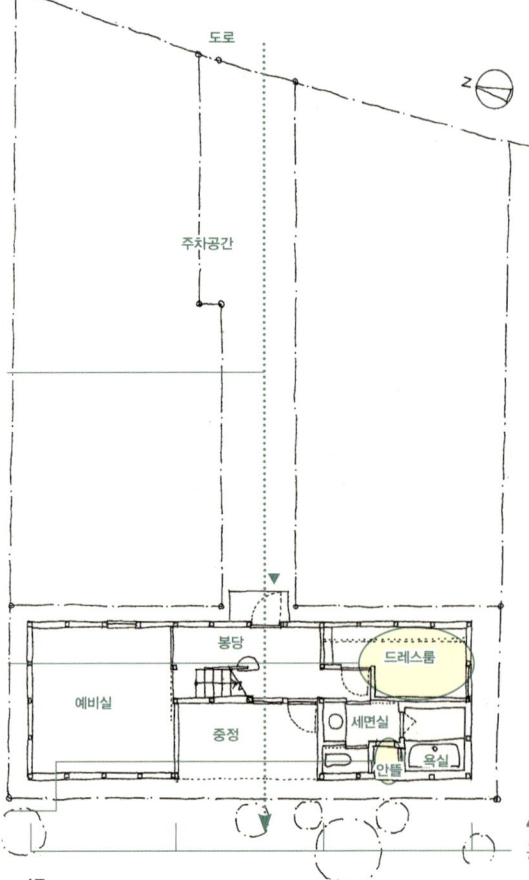

1F
1:200

식당은 옥외 테라스를 사이에 두고 거실과 연결된다.

공원 녹지가 보이는 현관.

4m의 모듈
공간을 4m 단위로 구성했다.

| 대지면적 | 100.74㎡ (30.47평) |
| 연면적 | 106.00㎡ (32.07평) |

010: 특수대지

협소 깃대부지지만 사생활을 보호하고 채광과 통풍을 확보

주변에 이웃집이 붙어 있어 채광에 불리하고 남쪽 면이 짧은 대지. 여기에 사생활이 보호되는 밝고 통풍 잘되는 집을 짓고 싶어했다. 1층 채광을 확보하기 위해 볕이 가장 잘 드는 남동쪽에 테라스를 설치하고 빛과 바람이 통하도록 격자 바닥을 만들었다. 대지의 중간 정도까지 진입로를 만들어 현관을 건물 중앙에 배치하고 복도 면적을 최대한 줄여 좁은 남쪽 면에 방과 테라스를 확보했다.

현관에 서면 테라스 너머로 산딸나무가 보인다.

효율적인 진입로 설계
건축 가능한 남쪽 면의 폭이 좁아서 대지 남쪽에 현관을 두기 어렵다. 대지 중간에 건물 입구를 만들면 남쪽 방과 1층 채광에 효과적인 외부 테라스를 확보할 수 있다.

탁 트인 시야
현관에 들어서면 우선 테라스의 심벌 트리가 반겨준다. 복도 끝에도 계단 너머 외부로 시선이 통하는 개구부를 만들었다.

1층에 빛을 들이다
2층 테라스의 FRP 그레이팅을 통해 내려온 빛이 1층의 방까지 들어온다. 남쪽 방향으로 낸 1, 2층 외부 테라스는 주변이 밀집된 환경에서 1층까지 빛을 들이는 효과적인 수단이다.

다락방을 이용
대용량의 다락 수납공간을 만들었다.

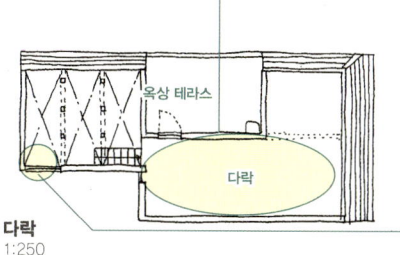

다락
1:250

진입로를 확인
손님이 오는 것을 확인할 수 있도록 진입로를 볼 수 있는 창을 냈다.

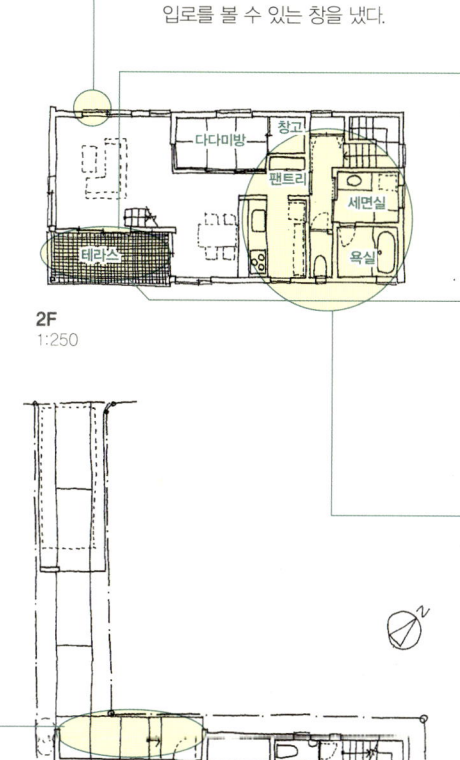

2F 1:250

1F 1:250

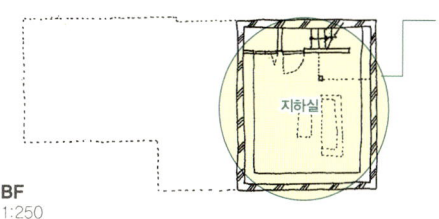

BF 1:250

LD와 테라스

동쪽의 하이사이드 라이트
여름철에도 석양의 온실효과 영향을 받지 않고 항상 안정된 빛을 제공하는 동쪽의 하이사이드 라이트는 공간을 밝게 유지하는 데 효과적이다. 흐린 날 낮에도 조명이 필요 없다.

빛과 바람을 끌어들이다
주변 건물들 사이로 가장 해가 잘 드는 위치에 테라스를 만들고 빛과 바람이 통하는 격자형 FRP 그레이팅 바닥재를 선택해 1층 테라스의 채광과 통풍이 확보되었다.

시선을 조정
이웃집의 시선을 차단하면서 테라스를 통해 외부를 내다볼 수 있도록 목제 루버의 횡단면에 각도를 만들고 주변 건물의 영향을 받지 않도록 남쪽과의 높이에 차이를 두었다.

가사 기능을 한곳에
2층에는 부엌, 욕실, 세면실, 팬트리, 수납공간을 북쪽으로 몰아 가사동선을 효율화했다. 남쪽은 테라스와 접해 개방적이고 밝다. 다다미방 바닥 밑에는 다용도 서랍, 큰 창고를 만들었다.

밀폐된 공간에도 빛을 들이나
동쪽으로 빌라가 인접해 있으므로 사생활을 고려해 침실을 북쪽 끝에 배치하고 고창을 달아 방범 효과를 높이면서 주변 건물들 사이로 아침 해가 들도록 했다.

은둔을 위한 지하공간
남편의 사무실 겸 서재. 짙은 감색 천장과 깊은 색조의 바닥, 벽면 대부분이 책장으로 이루어져 있어 위층의 밝은 생활공간과 대조를 이룬다.

대지면적	115.64㎡ (34.98평)
연면적	135.07㎡ (40.86평)

1 평면과 대지의 관계

2 공간별 디자인 포인트

3 특별한 용도에 맞춘 설계

011: 특수대지

단면으로 변화를 준 개방적인 2층 원룸

변형대지에 적은 비용으로 지은 주택. 부엌과 식당을 집의 중심에 두고 남쪽에 넓은 발코니를 연결했다. 방3은 가족실이면서 방4와 DK 사이에서 완충 역할을 한다.

왼쪽: 부엌에서 오른쪽으로 가족실(방3), 왼쪽으로 보이드가 보인다.
오른쪽: 보이드의 계단. 외부 테라스와 연결되는 넓은 공간이다.

전망 좋은 가족실
동쪽은 발코니 너머로, 서쪽은 보이드 너머로 경치를 감상할 수 있다. DK보다 두 계단 높아 전망이 좋다.

부엌을 약간 비스듬하게
싱크대를 비스듬히 배치해 방3과 보이드를 볼 수 있다. 왼편의 넓은 발코니가 개방감을 준다.

가장 구석진 방
침실인 다다미방. 집의 구석에 위치해 미닫이를 닫으면 조용하다. 다락방 창고와도 연결된다.

보이드로 연결
1, 2층을 이어주는 보이드 쪽에 커다란 개구부가 있어 2층을 외부와 이어준다.

외부공간에 지붕을
DK와 연결된 발코니는 나무 울타리와 유리지붕을 설치해 실내와 다름없다.

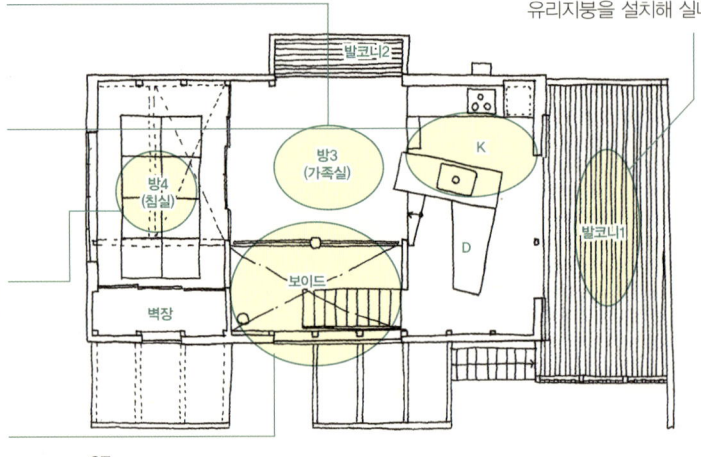

2F 1:150

방 구분을 느슨하게
1층은 방을 확실하게 구분하지 않고 유동적으로 분리할 수 있도록 했다.

욕실과 세면실을 한곳에
보이드 공간에서 한 계단 내려가는 공간에 욕실과 세면실을 함께 두었다. 아침햇살도 들어온다.

편하게 실내로
차고에서 데크 테라스로 연결되는 계단을 통해 곧장 실내로 들어갈 수 있다.

1F 1:150

도로 쪽 정면 외관

대지면적 139.41㎡ (42.17평)
연면적 124.58㎡ (37.69평)

012: 특수대지

변형지만의 특별한 외부공간

매우 특수한 모양의 변형대지에 지은 3대가 함께 사는 문턱 없는 주택. 도로 쪽 앞마당, 거실에 딸린 우드 데크 테라스, 옥상 테라스의 잔디 지붕 등 다양한 정원을 계절에 따라 즐길 수 있다.

개방감을 만끽할 수 있는 널찍한 옥상 테라스와 잔디 지붕

1 평면과 대지의 관계

2 공간별 디자인 포인트

3 특별한 용도에 맞춘 설계

앞마당과 현관 포치. 도로에서 보이는 것에 비해 안쪽은 훨씬 넓다.

빨래 건조는 옥상에서
넓은 옥상 테라스. 대가족의 빨래를 말릴 여유로운 공간을 만들었다.

공중의 오아시스
정원을 꾸민 옥상에서 차를 마시며 쉴 수 있다.

2F 1:250

단층의 여유
LDK 위에는 2층도 루프 테라스도 없기 때문에 구배 천장으로 만들어 넓은 공간을 확보했다.

부엌에 딸린 가사실
재봉틀대와 다림질대가 비치되어 있고 식품 저장고로도 쓰인다.

느긋한 목욕 시간
욕실에서 투명 유리창 너머로 테라스가 보여 한층 느긋한 목욕을 즐길 수 있다.

테라스도 방의 일부
플랫 새시를 이용해 데크 테라스를 '바깥에 있는 방'처럼 실내와 위화감 없이 연결했다.

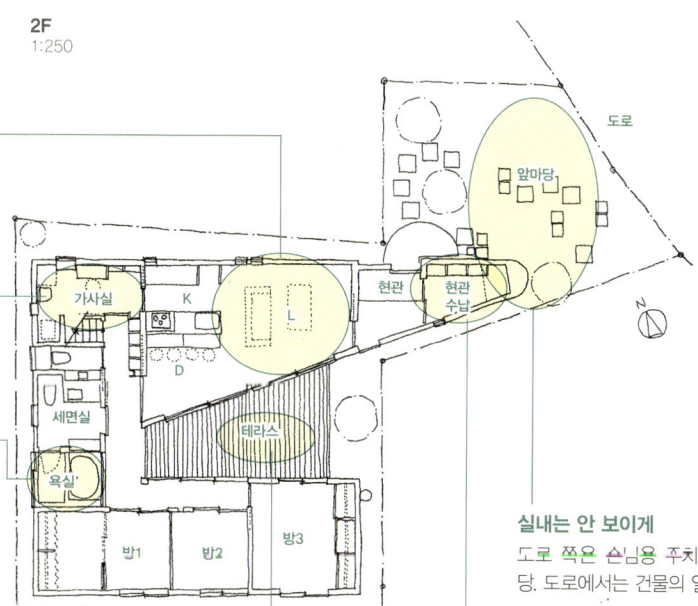

실내는 안 보이게
도로 쪽은 손님용 주차공간 겸 앞마당. 도로에서는 건물의 일부만 보인다.

넉넉한 수납공간
현관의 데드 스페이스를 활용해 구두와 코트 등을 수납할 수 있는 공간을 마련했다.

1F 1:250

2층에서 본 LDK. 창밖으로 1층의 중정 테라스가 보인다.

대지면적 233.92㎡ (70.76평)
연면적 120.97㎡ (36.59평)

013: 특수대지

경사지를 테라스로 활용

도로와의 높낮이 차가 2m 이상인 변형 경사지의 단점을 역이용해 LDK와 연결된 전망 좋은 데크 테라스를 만들었다. 부엌의 시야를 고려한 다다미방, LDK, 데크의 레이아웃을 고심한 끝에 실제 면적보다 넓어 보이는 효과를 냈다.

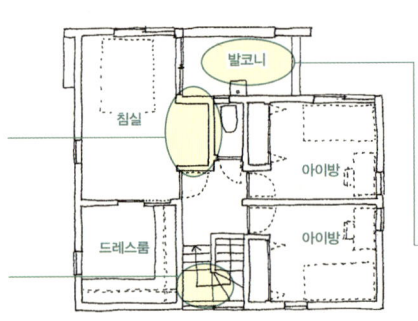

도로에서 보면 하얀색의 좁은 집처럼 보이지만 테라스 쪽은 2층 발코니까지 나무를 이용한 전혀 다른 외관이다.

널찍한 침실
한쪽에 드레스룸을 만들고 부부가 함께 시간을 보낼 수 있는 여유 공간을 두었다.

편리한 층계참
서둘러 오르기 쉬운 나선형 계단에 층계참을 만들면 편하다.

세탁물을 숨기다
빨래를 말릴 수 있는 발코니가 도로 쪽에 있다. 통풍을 고려해 벽을 세우고 반투명 지붕을 달았다.

2F 1:200

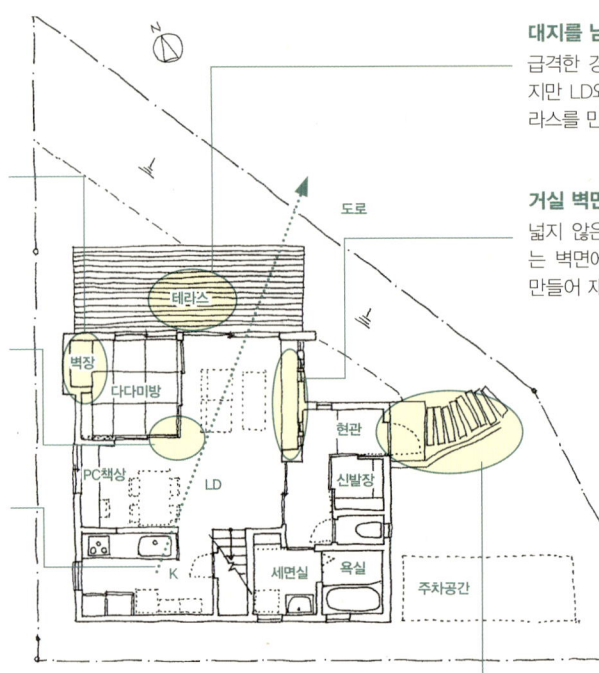

좁지만 재미있는 방
좁은 공간이지만 벽장과 장식 공간을 어떻게 배치하느냐에 따라 재미있는 방이 된다.

장지문으로 변화를
다다미방과 LD 사이의 코너에 기둥 없는 장지문을 달아 다다미방의 독립성을 확보했다.

부엌에서의 시야
부엌에서 아이들이 노는 모습을 보거나 가족과 같은 공간에 있다는 느낌을 받을 수 있도록 시야를 확보했다.

대지를 남김없이 쓰다
급격한 경사지라 건물을 짓기 어려웠지만 LD와 연결된 전망 좋은 목제 테라스를 만들었다.

거실 벽면의 활용
넓지 않은 거실이지만 텔레비전이 있는 벽면에 붙박이 가구와 작은 창을 만들어 재미있고 넓게 사용한다.

진입로를 즐겁게
오르내리기 힘든 경사진 진입로에 단조롭지 않은 방식과 소재를 사용해 재미를 더했다.

1F 1:200

왼쪽: 테라스 쪽에서 본 부엌. 계단 중간의 창으로 빛이 들어온다.
오른쪽: 부엌에서 거실, 테라스, 바깥을 볼 수 있다.

대지면적 166.66㎡ (50.41평)
연면적 105.17㎡ (31.81평)

014: 특수대지

매실 밭 전경을 집 안으로 끌어들인 거실

조금 높은 언덕에 지어진 이 주택은 이웃한 본가의 중정을 공유하면서 집 앞쪽에 펼쳐진 매실 밭의 전경을 실내에서 볼 수 있다. RC 구조의 기단을 땅 속에 일부 묻고 위층의 철골조 볼륨을 가볍게 공중에 띄워 도로 쪽으로 돌출시켰기에 가능한 일이다. 돌출된 발코니는 전면도로의 시선을 차단하면서 깊이감을 연출하는 반옥외 공간이 되었다.

도로에서 올려다 본 것. 테라스가 툭 튀어나온 외관이 특징이다.

부엌 앞에서 본 것. 세 계단 너머로 공간이 리드미컬하게 이어진다.

바람길을 만들다
남북으로 바람길을 내어 자연적인 통풍이 가능해졌고 대지와의 연속성도 확보되었다.

슬릿 새시
현관이 도로로부터 안쪽으로 깊숙이 들어와 있어 LDK에서도 인기척을 느낄 수 있게 슬릿 새시를 달아 방범 효과를 고려했다.

방과 방을 연결하다
침실과 아이방 사이에 있는 테라스는 두 방의 채광을 좋게 하고 중정을 공유하는 본기와 공간을 나누는 역할을 한다.

아래층으로 빛을 보내다
상부에 설치한 톱라이트로 들어온 빛이 보이드를 통해 1층 현관까지 떨어진다.

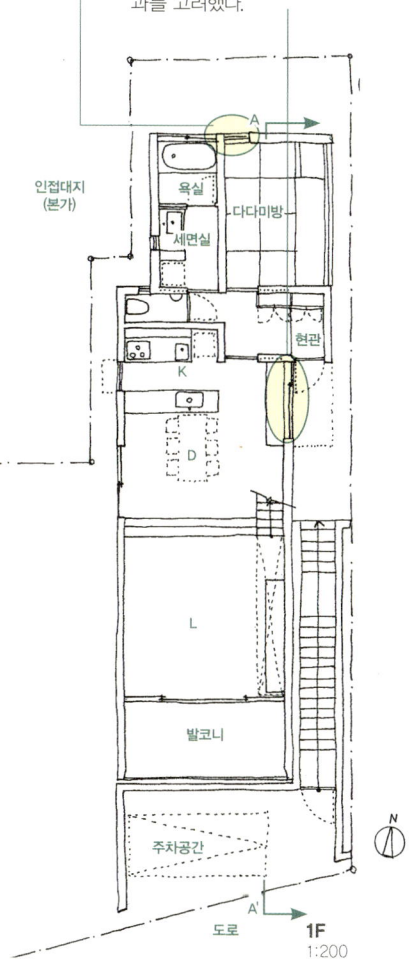

1F 1:200

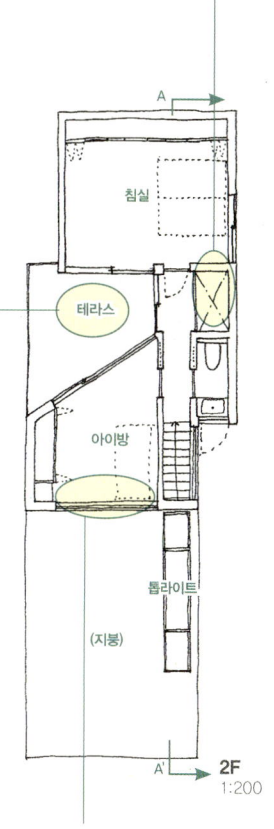

2F 1:200

안팎의 연결
아이방에는 밖을 내다볼 수 있는 창과 1층의 인기척을 느낄 수 있는 내부 창을 달았다.

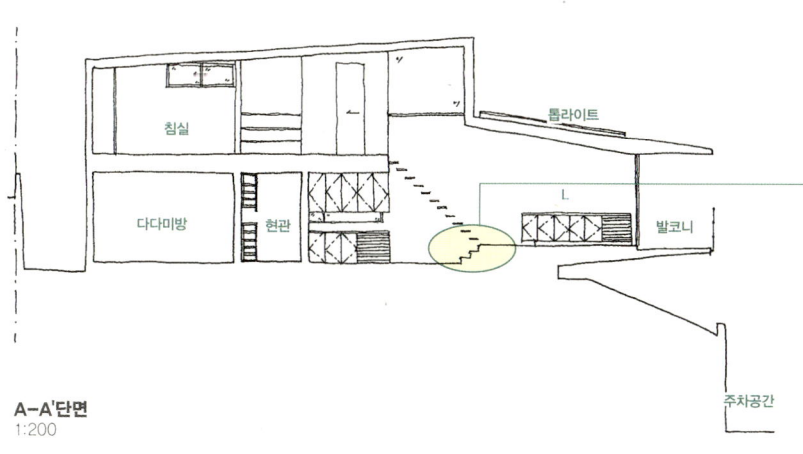

A-A'단면 1:200

단차로 공간을 확실히 구분
DK와 거실에 단차를 두고 바닥의 마감재를 달리해 공간의 용도를 확실히 구분했다. 부엌, 거실, 발코니까지 공간에 리드미컬한 깊이감이 생겼다.

대지면적 215.06㎡ (65.06평)
연면적   109.89㎡ (33.24평)

1 평면과 대지의 관계

2 공간별 디자인 포인트

3 특별한 용도에 맞춘 설계

015: 특수대지

경사지에 지은 톱니 모양 지붕의 집

멀리 오사카 시내가 보이는 경사면에 지은 집. 대형 토목 공사 없이 지형에 맞춘 바닥에 3×3m 그리드로 철골 골조를 쌓았다. 지붕은 남쪽으로 45도 기울기로 뻗어 있고, 하이사이드 라이트는 건물 중앙으로 자연을 끌어들인다. 지형에 따라 달라지는 바닥 높이, 직각으로 이어지는 방들, 비스듬히 연결된 톱니 모양 지붕의 조화로 변화무쌍한 공간이 탄생했다.

왼쪽: 경사를 따라 바닥이 3층으로 전개된다. 밑에서부터 식당과 세면실, 거실과 서재, 다다미방.
오른쪽: 지붕 위에 하이사이드 라이트가 두 줄로 늘어서 있다.

다다미방을 열면 거실, 식당과 하나의 공간이 된다.

지붕과 천장
톱니 모양의 지붕과 그것을 받치는 가느다란 철골 골조가 숲 속의 나무를 연상시킨다.

단면 투시도
1:200

지붕의 단차
광창 남쪽을 향한 하이사이드 라이트. 자연광이 건물 중앙으로 들어와 실내에서도 야외 느낌을 받을 수 있다.

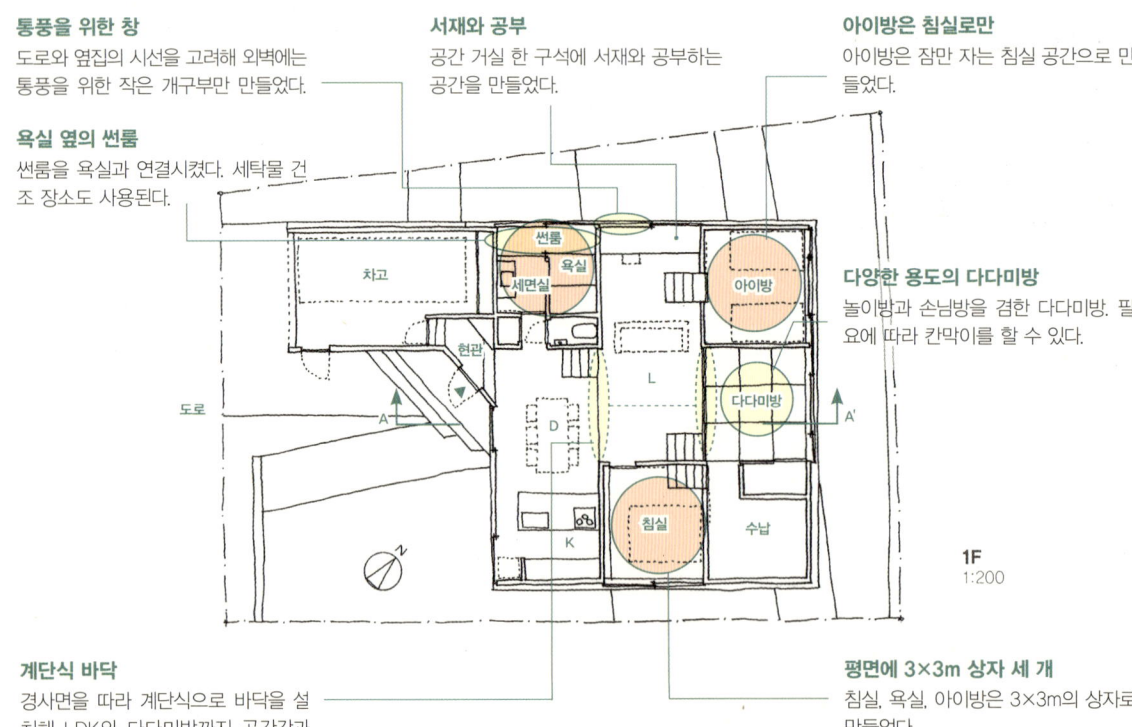

통풍을 위한 창
도로와 옆집의 시선을 고려해 외벽에는 통풍을 위한 작은 개구부만 만들었다.

욕실 옆의 썬룸
썬룸을 욕실과 연결시켰다. 세탁물 건조 장소로도 사용된다.

서재와 공부
공간 거실 한 구석에 서재와 공부하는 공간을 만들었다.

아이방은 침실로만
아이방은 잠만 자는 침실 공간으로 만들었다.

다양한 용도의 다다미방
놀이방과 손님방을 겸한 다다미방. 필요에 따라 칸막이를 할 수 있다.

1F
1:200

계단식 바닥
경사면을 따라 계단식으로 바닥을 설치해 LDK와 다다미방까지 공간감과 깊이감이 생겼다.

평면에 3×3m 상자 세 개
침실, 욕실, 아이방은 3×3m의 상자로 만들었다.

대지면적 232.32㎡ (70.27평)
연면적 99.76㎡ (30.18평)

016: 특수대지

원통형으로 길게 뻗은 진입로

대지는 경사지. 도로에서 보이는 독특한 원통형 진입로를 지나 안으로 들어간다. 내부는 여섯층의 스킵 플로어로 구성되어 각 층마다 서로 다른 공기와 경치를 느낄 수 있다.

왼쪽: 도로 쪽에서 본 외관. 경사지라서 2층 현관으로 들어간다./ 오른쪽: 진입로 내부

1 평면과 대지의 관계

2 공간별 디자인 포인트

3 특별한 용도에 맞춘 설계

변형 가능하도록
거실 보이드와 연결된 개방적인 아이 방은 아이의 성장에 맞춰 방을 다르게 나눌 수 있다.

경치 좋은 욕실
옆집과는 비스듬하게, 앞집보다는 6m 위에 있어 창을 열어두고 바깥 경치를 즐길 수 있다.

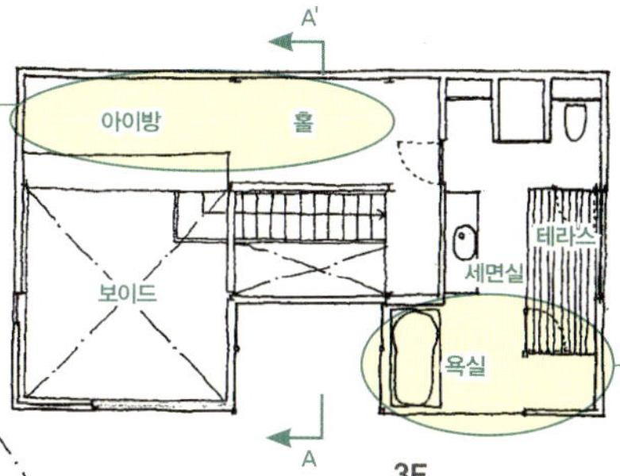

바닥을 높인 서재
바닥을 한 단 높인 서재. 실내 전체가 보여 가족과 유대감을 느낄 수 있다. 서재 밑은 부엌 팬트리로 활용한다.

터널을 지나
진입로를 들어서면서 보이는 야외 전경이 내부공간에 대한 기대를 높인다.

시끌벅적한 부엌
아일랜드 키친이라 음식을 나르기 편하다. 싱크대는 옆에서도 사용할 수 있어 여럿이 부엌에 둘러앉아 놀 수 있다.

거실의 절경
경사지의 특성상 천장 높이가 5.5m인 거실에서 멀리 오사카 평야를 내려다 볼 수 있다. 매일 다른 모습의 경치가 일상의 풍요로움을 선사한다.

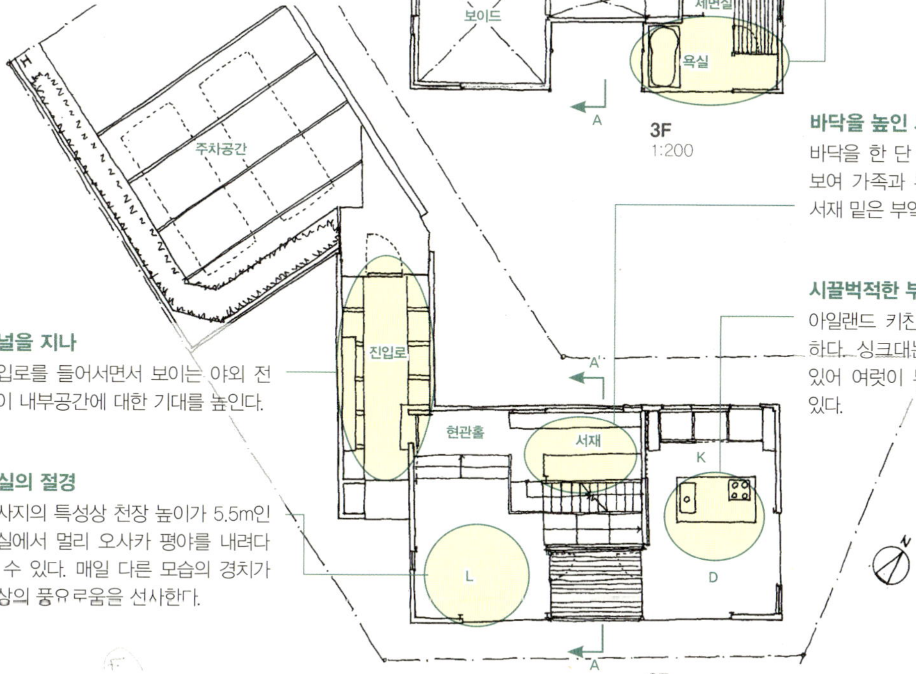

거실에서 DK 쪽을 본 것

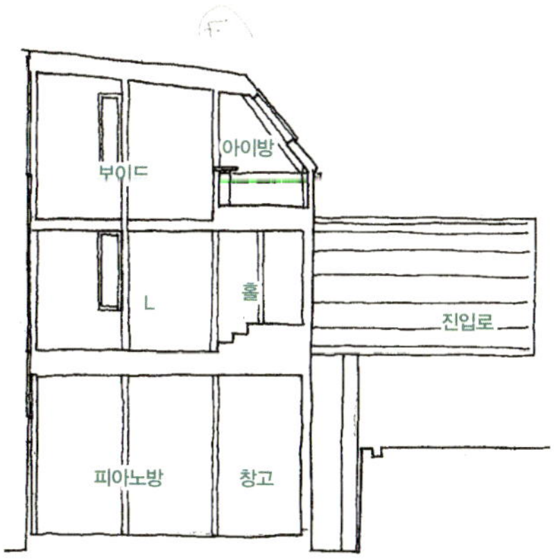

콘서트홀 문을 열면
그랜드피아노 소리가 울려 퍼지면서 콘서트홀에 있는 듯한 느낌이 든다.

녹음으로 둘러싸인 침실
침실 창 전면에 울창한 산이 보인다. 침실은 다다미방과도 연결되어 있다.

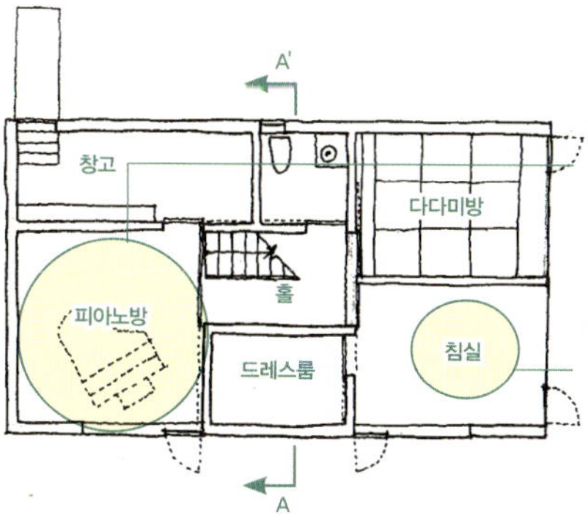

대지면적 232.81㎡ (70.43평)
연면적 157.85㎡ (47.75평)

017: 특수대지

위에서 아래로 경사지를 잇는 '공중 정원'

고후 분지가 한눈에 내려다보이는 경사지에 지은 집. 도로와 접해 있는 2층에 현관을 만들어 브리지를 통해 집으로 들어간다. 실내에서 연결된 수직 계단으로 곧바로 대지로 내려갈 수 있게 했다. 2층에는 가족과의 시간을 즐길 33㎡ 크기의 거실과 41㎡ 규모의 루프 테라스를 만들었다. 1층 속복도에는 위층 테라스와의 스킵 단차 때문에 빛과 바람이 들어온다.

숨길 수 있는 공간
식품창고와 가전제품 선반은 미닫이로 열고 닫는다. 문을 닫으면 실내를 깔끔하게 연출할 수 있다.

활짝 열 수 있는 폴딩도어
LDK의 폴딩도어를 열면 테라스와 연결돼 넓은 공간이 된다.

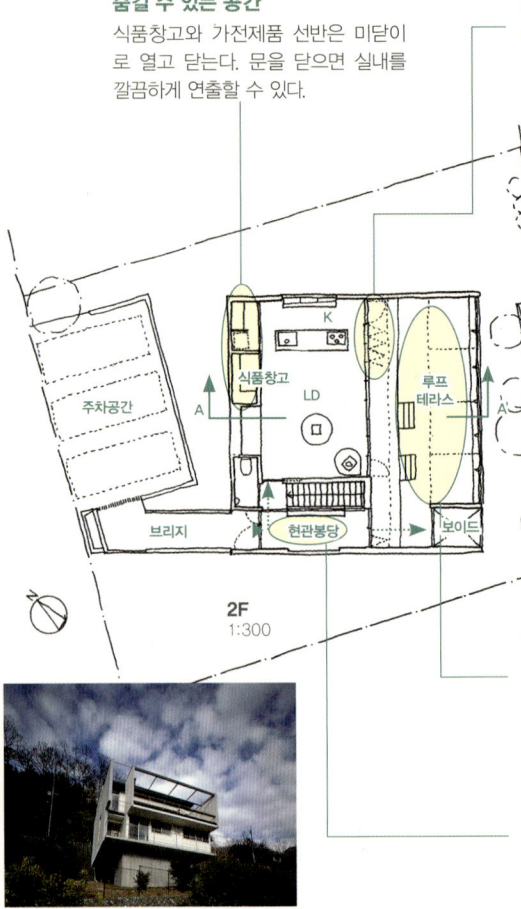

정원 같은 테라스
1층 지붕 위 볕 좋은 테라스에 '공중 정원'을 만들었다. 여름에는 이동식 차광 시트를 설치해 그늘을 만든다.

외부 테라스로 직통
넓은 현관 봉당은 루프 테라스와 연결돼 유리문을 열면 눈앞에 절경이 펼쳐진다. 테라스로 물건을 옮기기 쉽다.

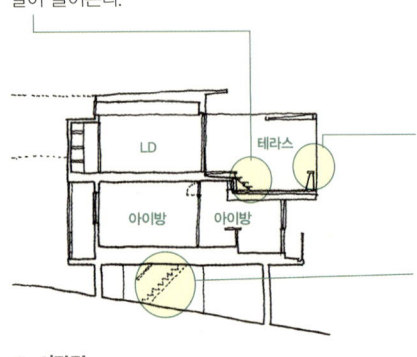

왼쪽: 루프 테라스 '공중 정원'. 계단의 단차는 1층으로 빛을 끌어들이는 창
오른쪽: 남쪽 외관. 경사지에 기초를 세운 모습이 잘 보인다.

복도 한구석은 학교처럼
속복도 끝에 아이와 남편이 함께 쓸 수 있는 책상과 책장을 짜 넣었다.

칸막이로 방 만들기
좌우 대칭으로 출입구를 만들어 칸막이를 하면 두 개의 방으로 나눌 수 있다.

서비스 발코니
설비 등을 위한 발코니.

단차를 빛의 통로로
루프 테라스와 LD의 단차가 생긴 부분에 유리문을 만들어 1층 복도로 햇살이 들어온다.

건조장의 통풍
보이드 때문에 생기는 상승 기류를 이용한 건조장.

난간 아이디어
테라스에 테이블로 쓸 수 있는 폭이 넓은 난간을 설치했다.

대지와 이어지는 외부 계단
이 계단으로 스토브에 필요한 장작을 바깥 창고에서 실내로 들여올 수 있다.

대지면적 412.02㎡ (124.64평)
연면적 126.7㎡ (38.33평)

018: 변형건물

변형대지에 맞춘 둥근 거실

변형대지에 맞게 건물의 일부를 둥글게 만들어 1층에서는 거실로, 2층에서는 발코니로 활용했다. 1층 거실에서는 가족들이 단란한 시간을 보내고, 2층에 만든 홈시어터룸에서는 영상과 음향을 실컷 즐길 수 있다.

홈시어터룸 내부

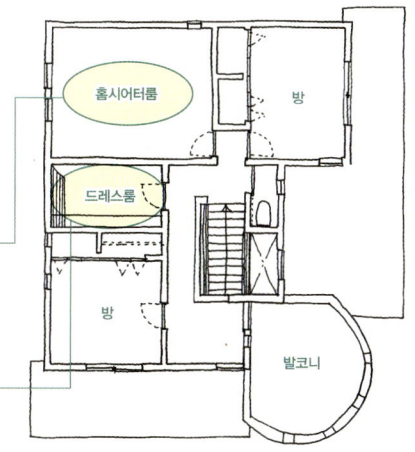

2F 1:200

위: 1층의 둥근 거실. 특정한 방향 없는 둥근 모습에 가족관계까지 원만해질 것 같다.
아래: 건물 외관. 둥근 부분만 색을 달리해 외형적 특징을 살렸다. 바깥 구조물들에도 곡선을 활용했다.

홈시어터룸
큰 화면의 영상과 힘 있는 음향을 마음껏 즐길 수 있다.

방을 넓게
가족 공용 드레스룸을 만들었다. 각 방마다 수납 가구를 둘 필요가 없어져 개인 방을 넓게 쓸 수 있다.

할머니 방
사생활이 보호되고 화장실이 가까우면서 정원을 내다보이도록 배치했다.

테라스에서 식사를
부엌과 정원을 잇는 네크 테라스는 날씨가 좋으면 가볍게 밖에서 식사를 할 수 있도록 LDK와 연결했다.

둥근 공간
대지의 둥근 부분에 1층은 거실, 2층은 발코니를 만들었다. 1층의 둥근 거실은 테라스, DK와 한 공간처럼 느껴지며 가족 생활의 중심 공간이 된다.

둥글게 둥글게
건물 곡면에 맞추어 외부 구조물에도 곡선을 도입해 전반적으로 부드러운 분위기를 만들었다.

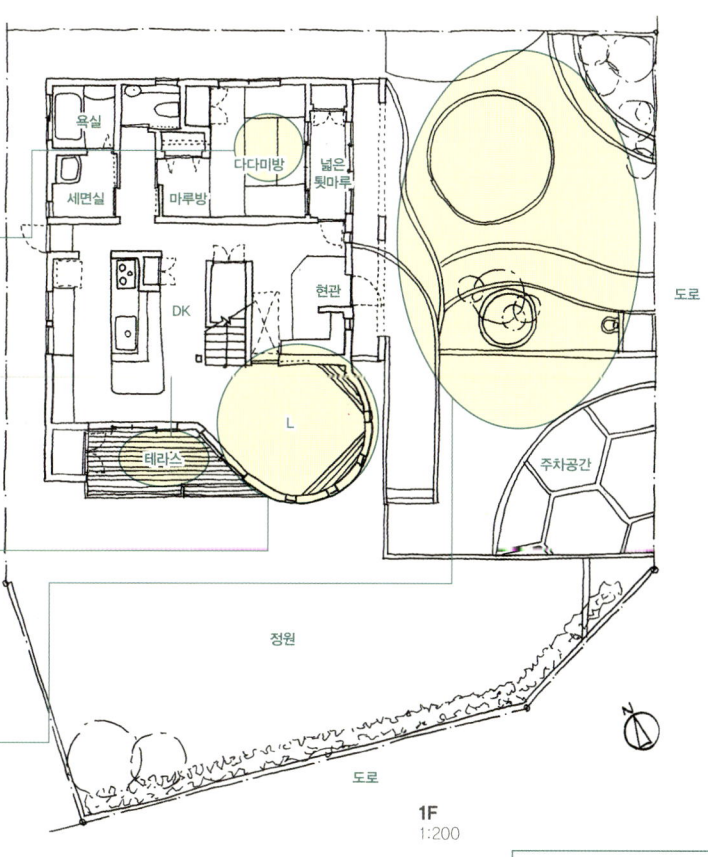

1F 1:200

대지면적 331.98㎡ (100.42평)
연면적 82.55㎡ (24.97평)

1 평면과 대지의 관계
2 공간별 디자인 포인트
3 특별한 용도에 맞춘 설계

019: 변형건물

소음과 프라이버시는 외피를 씌워 해결하다

주택이 밀집되어 있는 좁은 골목 안쪽, 간선도로와 가까운 대지라 소음을 차단하고 사생활을 보호하기 위해 외피를 씌웠다. 거대한 외피 안쪽으로 1층 거실과 식당, 2층 서재, 옥상 빈터와 하늘까지 수직으로 이어지면서 역동적인 공간을 만든다.

서쪽 외관. 단단한 껍질로 보호되는 느낌. 틈새로 들어온 빛이 외피 내부 벽을 따라 집안 구석까지 전해진다.

안에서 즐기다
널찍한 캣워크(cat walk)는 비오는 날에도 옥상 정원을 볼 수 있는 장소다.

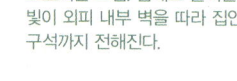

1층 거실에서 남쪽을 본 것. 꼭대기층까지 시야가 트여 있다.

인상적인 빛
창은 보이지 않고 빛만 들어오게 만들었다. 석양빛이 부드럽게 방을 감싼다.

모임 공간
서재의 한쪽 벽에 프로젝터를 설치하고 영상을 보며 이야기 나눌 수 있는 공간을 마련했다.

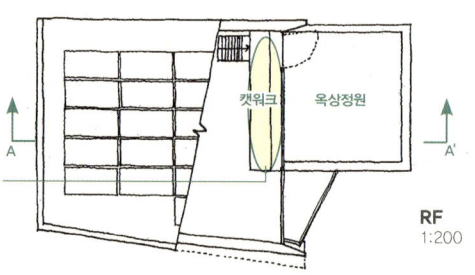

스크린 설치
거실 벽에 스크린을 설치했다. 서재의 프로젝터를 이용해 영화를 감상할 수 있다.

가사동선은 단순하게
부엌에서 직선으로 가사동선을 만들어 회유할 수 있는 공간이 되었다.

재미있는 연결
벽걸이 선반의 문을 열면 부엌과 현관 봉당이 연결된다.

현관 밖도 실내처럼
커다란 유리문을 열면 진입로까지 이어지는 반옥외 공간이 된다.

껍질 속의 안정감
외피가 넓어지는 쪽 벽면에 창을 집중시켜 채광을 확보하면서 벽으로 둘러싸인 아늑한 공간이 만들어졌다.

수직으로 연결
보통은 수평적으로 연결되는 거실, 식당, 서재, 정원을 입체적으로 연결시켜 협소하지만 하늘로 뻗어나가는 듯한 공간감을 주었다.

공중 정원
1층 거실에서도 옥상의 녹음을 볼 수 있다.

대지면적 97.68㎡ (29.55평)
연면적 85.87㎡ (25.98평)

020: 변형건물

건물을 구부려 정원을 두 개 만들다

대지에 맞춰 가늘고 길게 두 지점을 구부려 앞뜰과 중정을 만들고 구부린 부분의 지붕 단차를 이용해 하이사이드 라이트를 설치했다. 고창과 통풍용 창을 함께 달아 자연광이 충분히 들어오면서 온도 변화는 적은 쾌적한 원룸을 만들었다. 두 군데의 봉당은 자전거와 유모차 보관, 간단한 작업, 아이들 놀이공간으로 활용되며 안과 밖을 잇는다.

1 평면과 대지의 관계

2 공간별 디자인 포인트

3 특별한 용도에 맞춘 설계

깃대모양 대지를 따라 꺾어지며 이어진다. 꺾어지는 지점에서 지붕 구배에 변화를 주고 그 단차를 이용해 고창을 내 빛을 실내로 끌어들인다.

지붕의 단차를 채광창으로
지붕의 단차를 이용한 남쪽의 하이사이드 라이트로 자연광이 들어온다.

천장이 높은 편인 LDK
원룸의 LDK는 1.5층 정도 높아서 더 넓어 보인다.

계단 아래 서재 공간
계단 아래 공간을 이용해 아늑한 서재 공간을 만들었다.

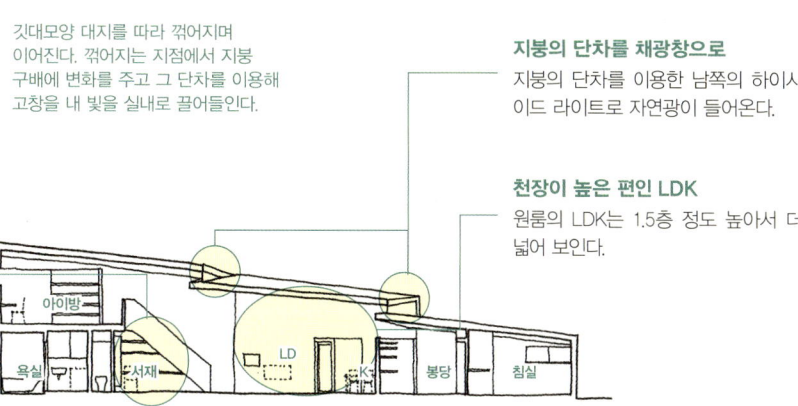

A-A'단면
1:250

2층 아이방
2층에는 아이방만 있기 때문에 고립된 느낌이 들지 않도록 LDK와의 사이에 벽을 만들지 않았다.

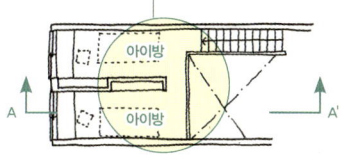

2F
1:250

앞뜰과 연결된 봉당
뒷문이 있는 봉당은 앞뜰과 이어져 주로 아이들 놀이터로 사용된다.

중정이 보이는 거실
거실에 하나밖에 없는 창을 통해 중정이 보인다.

식당에서 서재를 본 모습. 벽이 45° 꺾여 있다.

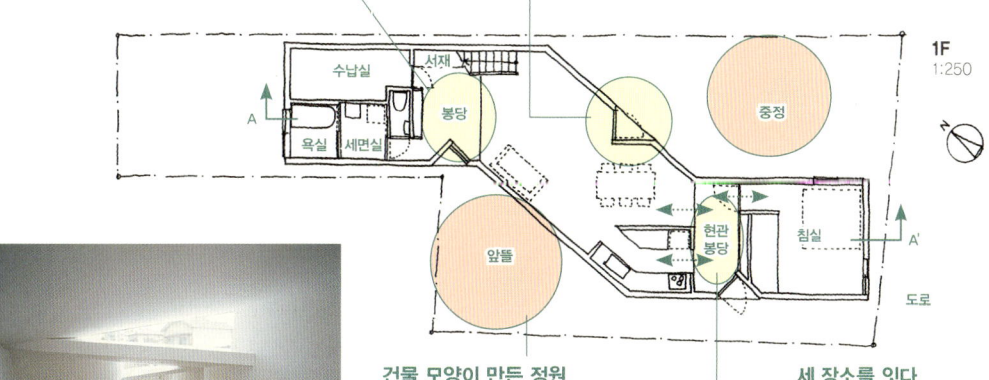

1F
1:250

건물 모양이 만든 정원
대지에 맞춰 구부러진 건물 때문에 생긴 공간을 정원으로 만들었다.

세 장소를 잇다
현관 봉당은 침실, 식당, 부엌으로 직접 갈 수 있게 설계했다.

2층에서 LDK를 내려다 본 모습. 정면에 지붕 단차로 생긴 높은 창이 보인다.

대지면적　184.76㎡ (55.80평)
연면적　99.83㎡ (30.20평)

29

021: 변형건물

경사진 벽으로 넓이를 조정하다

대지 동쪽과 서쪽에 정원을 만들고, 벽으로 집 전체를 이등분했다. 1층은 주차를 위해 대각선상으로, 3층은 욕실과 침실을 효율적으로 배치하기 위해 평행으로 평면을 나눴다. 1층과 3층에 각도가 다른 분할선을 만들기 위해 분할벽 전체를 3차원의 대각선으로 구부림으로써 평면과 단면이 연속해서 변하는 공간이 탄생했다.

테라스를 바라보는 침실
테라스에 심은 나무를 볼 수 있는 창

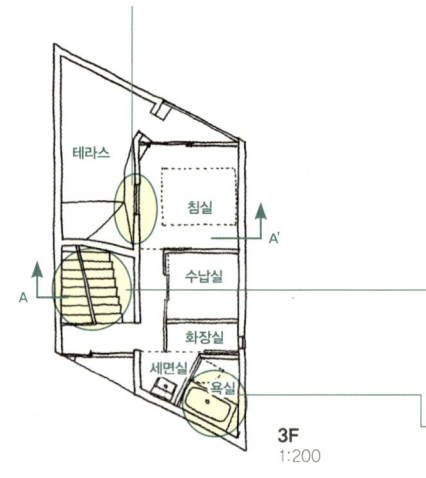

3F 1:200

DK에서 구부러진 벽을 따라 올라가는 계단. 계단은 위로 열리는 역삼각형의 세로로 긴 창과 접하고 있다. 벽 왼쪽은 거실이다.

구부러진 벽을 따라 올라가다
1층에서 2층, 2층에서 3층으로 구부러진 벽을 따라 계단이 있다.

욕실에는 톱라이트
사생활 보호를 위해 외부로는 창을 만들지 않고 톱라이트로만 빛을 받는다.

모양에 맞춘 부엌
건물 모양에 맞춰 부엌을 짜 넣었다.

구부러진 벽
건물 전체를 둘로 나누는 구부러진 벽. 이 벽을 지날 때마다 조금씩 변하는 공간을 느낄 수 있다.

정원으로 열리는 창
1층에서 3층을 관통하는 역삼각형 창은 정원을 향해 나뭇잎 사이로 들어오는 햇볕을 즐길 수 있다.

고양이 전용 통로
구부러진 벽에 작은 창을 만들었다.

구부러진 벽으로 둘러싸인 거실
구부러진 벽 위의 창으로 빛이 들어와 거실이 환하다.

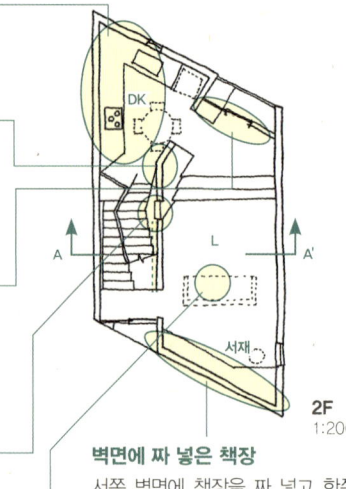

2F 1:200

왼쪽: 벽과 천장이 3차원적인 대각선을 그리는 거실
오른쪽: 외관. 세로로 긴 역삼각형 창은 동서 대칭으로 배치되어 있다.

벽면에 짜 넣은 책장
서쪽 벽면에 책장을 짜 넣고 한쪽 모퉁이를 서재로 쓴다.

자유롭게 사용하는 예비 공간
예비실은 취미생활을 위해 쓰거나 손님이 묵을 수 있도록 독립적으로 배치했다.

삼각형 마당
외부로부터 적당한 거리를 유지하기 위해 건물 외형을 평행사변형으로 놓아서 생긴 공간이다.

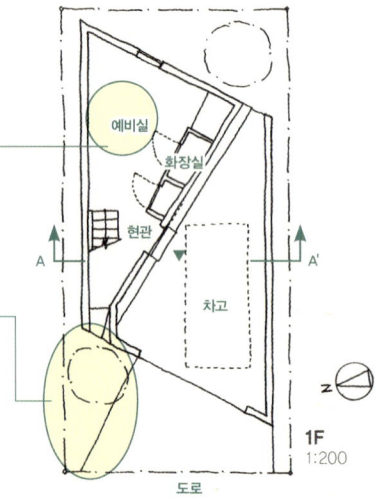

1F 1:200

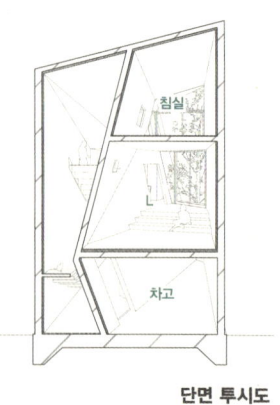

단면 투시도
1:200

대지면적 75.93㎡ (22.97평)
연면적 102.03㎡ (30.86평)

022: 변형건물

스킵형 원룸

좁은 대지에 주차공간은 물론 곡면을 살린 디자인까지 고려한 집. 1층에 차고와 수납공간, 욕실 및 세면실을 모으고, 넓은 원룸인 2층 생활공간과는 스킵 플로어로 연결했다. 부엌, 거실, 침실은 단차로 자연스럽게 분리된다.

느슨하게 칸을 막아두다
2층은 부엌, LD, 침실의 바닥이 조금씩 달라지는 원룸이다. 점선 부분은 나중에 칸을 막아 아이방으로 쓸 수 있다.

부엌과 LD의 단차
부엌과 LD는 바닥 높이에 변화를 줘 부엌에 서 있는 사람과 LD에 앉아 있는 사람의 눈높이를 맞췄다. 단차만으로는 구분이 어려워 바닥 마감을 다르게 했다.

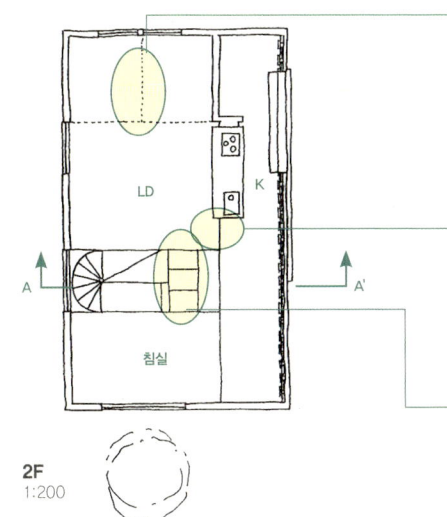

2F 1:200

계단으로 이동
LDK와 침실은 원룸이지만 바닥 면이 분리되어 있어 이동 시 브리지 계단을 지나야 한다. 시각적인 연결을 중시해 브리지 계단은 LD, 침실과 같은 바닥재(오동나무)를 썼다.

외부까지 활용한 회유 동선
차고, 현관, 외부 진입로를 하나로 활용해 차와 자전거 정비 공간이나 아이들 놀이터로 사용한다.

현관에서 차고 방향을 본 것. 차고 입구와 현관을 열면 회유 동선이 생긴다.

세 계단 올라가면 세면실
1층도 바닥의 단차가 있는 구성. 계단은 4.5mm의 얇은 발판으로 만들어 섬세하고 경쾌해 보인다.

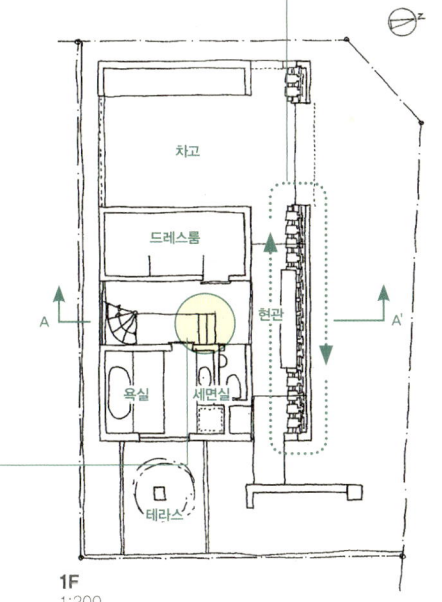

1F 1:200

2층 침실에서 거실을 본 것. 건물 내부도 곡면 형상. 마감재와 구조재가 같다.

사진 오른쪽이 계단 중간에 있는 세면실과 욕실. 정면은 현관이다.

벽과 지붕이 연결
지붕과 벽의 경계선이 없는 디자인이다. 지붕과 벽에 대한 법률 규제 기준이 다르므로 기준에 따라 사양을 맞춘다.

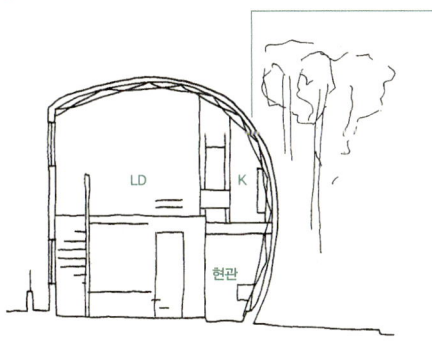

A-A'단면 1:200

곡면 형상의 건물 외관

대지면적 123.45㎡ (37.34평)
연면적 107.79㎡ (32.61평)

---

1 평면과 대지의 관계

2 공간별 디자인 포인트

3 특별한 용도에 맞춘 설계

6차선 교차로 코너에 지은 투구게 모양의 집

교차로 코너의 삼각형 대지에 맞춰 평면도 삼각형인 이 집은 3대가 대대로 살 집이다. 2층에서 다락까지 용적을 꽉 채워 하나의 박스로 만들고, 부엌을 중심으로 좌식 LD가 이어진다. 투구게 모양의 셸 지붕 안쪽에는 뼈대가 고스란히 노출되는 공간이 펼쳐진다.

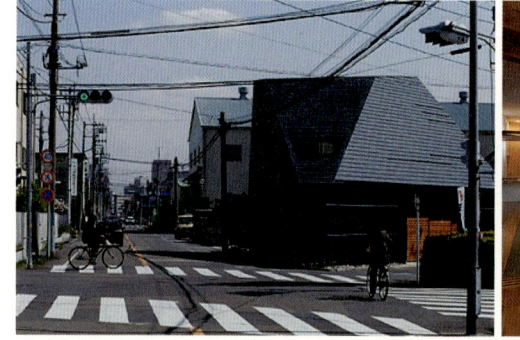

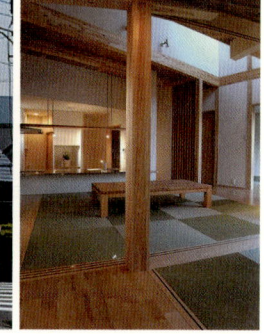

왼쪽: 주변 환경으로부터 내부를 지키는 투구게 모양
오른쪽: 다다미를 깐 LD와 계단을 내려가면 시야가 탁 트인 널찍한 부엌이 있다.

교차로 위에 지은 집

사고 가능성을 고려해 외벽이 직접 도로에 노출되는 것을 피하기 위해 담장을 하나 더 만들었다. 담장과 건물 디자인은 통일하는 것이 좋다.

자유로운 평면

2층에는 작업실과 아이방이 단차를 두고 이어질 뿐 칸막이가 없다. 형식에 구애받지 않고 자유롭게 사용한다.

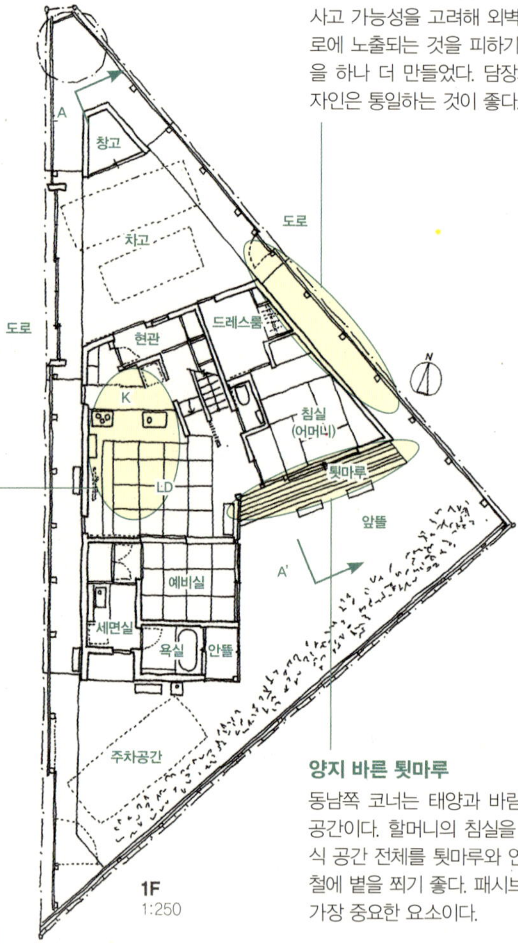

1F
1:250

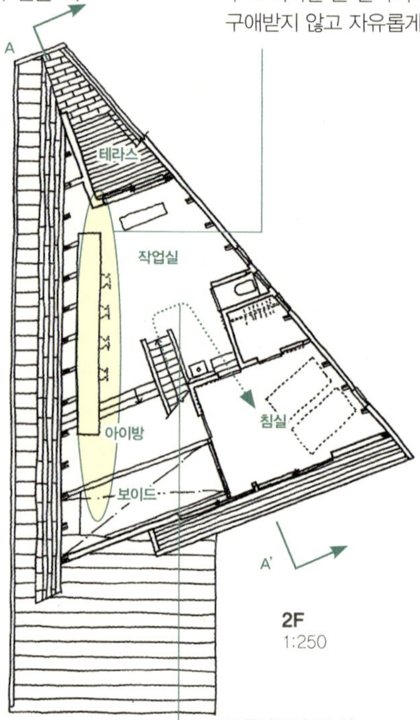

2F
1:250

양지 바른 툇마루

동남쪽 코너는 태양과 바람에 개방된 공간이다. 할머니의 침실을 포함한 좌식 공간 전체를 툇마루와 연결해 겨울철에 볕을 쬐기 좋다. 패시브 디자인의 가장 중요한 요소이다.

모든 곳이 동선

1층 현관에서 거실을 지나 2층 아이방과 작업실을 거쳐야 침실로 갈 수 있다.

좌식 거실

부엌과 LD의 바닥 높이에 차이를 주어 부엌에 서 있는 사람과 LD에 앉아 있는 사람의 눈높이를 맞췄다. 대면식 부엌이지만 거부감이 없다.

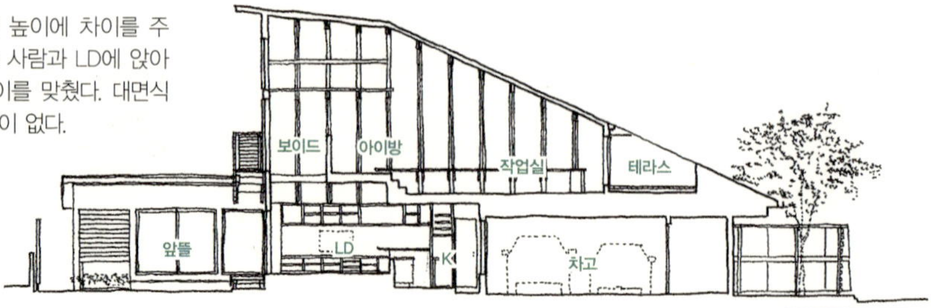

A-A'단면
1:250

대지면적 257.62㎡ (77.93평)
연면적 150.39㎡ (45.49평)

024: 변형건물

공간 활용이 유연한 넓은 집

대지는 전면도로에서 조금 들어간 곳에 집들로 둘러싸여 있지만 부부가 살기에는 충분한 넓이다. 그 넓이를 최대한 살려 천장이 높고 큰 단층집을 지었다. 칸막이벽을 필요한 높이만큼만 확보하고 향후 바닥을 만들거나 트여 있는 곳을 칸으로 막아 방의 수를 늘릴 수 있도록 설계했다. 가족과 함께 집도 성장할 수 있게 변화의 여지를 남겼다.

1 평면과 대지의 관계

정원1에서 본 야경. 독립된 두 건물이 서로를 받쳐준다. 비스듬한 벽 때문에 내부가 넓어졌다.

2 공간별 디자인 포인트

다섯 개의 정원
집 안 어디에서도 개방감이 느껴지며 각 방의 창으로 각각 다른 정원을 볼 수 있다. 칸막이가 없는 원룸의 평면을 나누는 역할도 한다.

정리를 위한 수납공간
아일랜드 키친이 지저분해지지 않도록 커다란 팬트리를 뒤쪽에 설치했다.

LDK → LKD
부엌을 중심으로 거실과 식당을 나누었다. 지그재그 형태라 바라보는 정원의 경치가 달라 다양한 분위기를 연출한다.

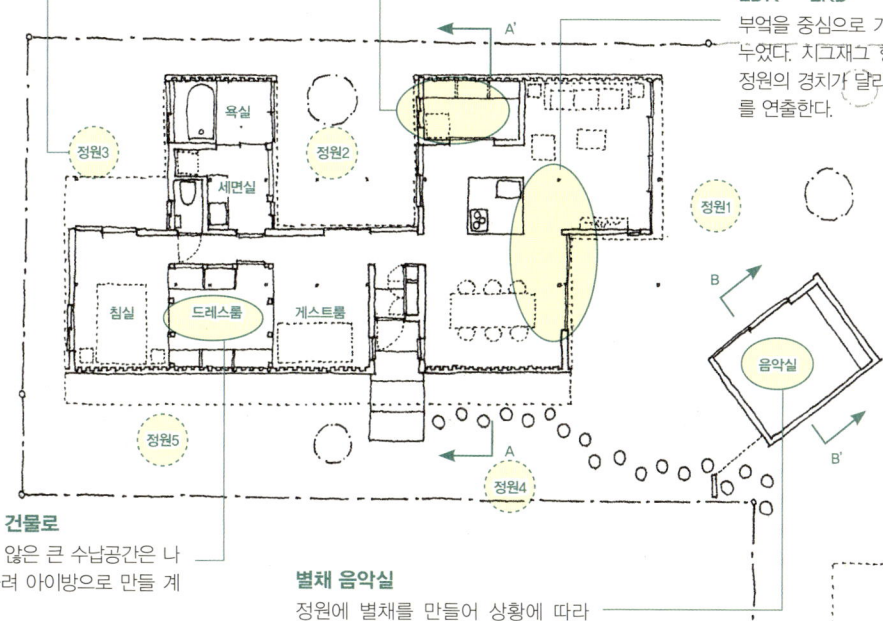

1F 1:200

3 특별한 용도에 맞춘 설계

나중에는 2층 건물로
천장을 만들지 않은 큰 수납공간은 나중에 2층을 올려 아이방으로 만들 계획이다.

별채 음악실
정원에 별채를 만들어 상황에 따라 LDK와 정원과 음악실이 다양한 관계로 사용된다.

식당 쪽에서 본 부엌. 부엌 구석에 보이는 것이 대용량 팬트리

가족의 변화를 품다
수직 벽이 없는 공간은 바닥 면적보다 넓어 보인다.

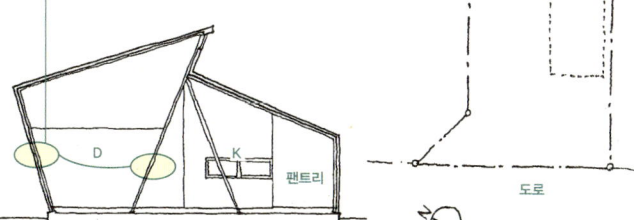

B-B'단면 1:200

A-A'단면 1:200

대지면적 352.54㎡ (106.64평)
연면적 112.20㎡ (33.94평)

025: 변형건물

변형대지, 고저 차, 외벽 후퇴 등의 난제를 풀다

사다리꼴 대지와 1.5m의 외벽 후퇴라는 조건 때문에 도출된 지그재그형 평면의 집이다.
단차를 만들고 남북으로 각도를 달리 연결해 좁고 긴 집이 되었다.
높이가 다른 창과 튀어나온 유리 상자는 깊이감과 시시각각 변하는 풍경을 느끼게 한다.

북쪽 도로에서 본 외관

지그재그형 바람길
지그재그형 평면의 양 끝에 개구부를 설치해 내부 모양을 따라 바람이 흐른다.

다양한 창의 높이
높이가 다른 개구부를 통해 변하는 녹음과 가로수의 풍경을 즐긴다.

큰 창을 통해
식당 옆의 큰 창을 통해 시가지가 내다보인다. 북쪽이라 강한 햇볕은 걱정하지 않아도 된다.

유리 상자
중정 위에 튀어나온 유리 상자는 두 번째 거실이 된다. 핑크색 내벽이 내부 공간과 외관에 변화를 준다.

2F 1:250

DK와 유리 상자로 된 L2(왼쪽)

들어오면 야외 느낌
도로에서 진입로 계단을 올라와 현관을 열면 안쪽 유리 너머로 바깥의 나무가 보인다.

올라가고 돌아가고
바닥에 단차를 만들고 남북으로 각도를 달리해 연속된 공간을 만들었기 때문에 개구부가 좁다는 사실이 잊힌다.

지그재그 모양
사다리꼴 대지에서 1.5m의 외벽을 후퇴시켜 주차공간과 중정을 만들었기 때문에 자연스럽게 지그재그 모양이 되었다.

1F 1:250

지하를 활용하다
지하에 영어 회화교실을 만들었다. 외부에서 곧장 이어지는 출입구는 이 방의 채광을 담당한다. 문을 열면 정면에 나무가 보인다.

BF 1:250

부엌 옆에서 본 거실

원룸을 나누다
서재는 거실보다 두 계단 바닥을 높여 원룸이지만 공간이 구분된다.

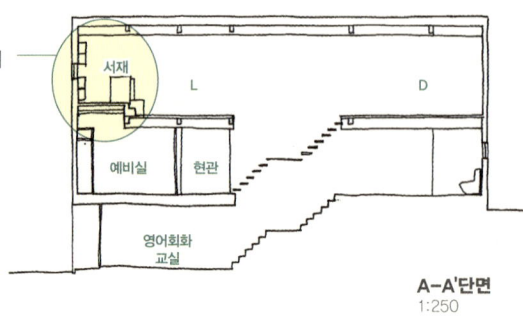

A-A'단면 1:250

대지면적 194.34m² (58.79평)
연면적 114.29m² (34.57평)

026: 변형건물

외벽의 각과 방향이 살아 있는 집

전직 조각가였던 건축주가 조소 작품 같은 집을 짓고 싶어 했다. 발포스티롤을 잘라 깎아가면서 외형을 먼저 정하고 이에 맞춰 내부 공간을 채워 넣었다. 여러 방향의 라인으로 구성되어 신비함을 느낄 수 있는 공간이 되었다.

왼쪽: 정면 외관. 정면의 사다리꼴 면과 그 옆의 완만한 벽면. 이웃한 벽이 평면 방향으로 비스듬한 선을 그리고 있다. 이 각도와 방향은 조각처럼 잘라낸 오브제를 바탕으로 만들었다.
오른쪽: 테라스를 정면으로 본 거실. 벽과 창이 완만한 각도로 연결된다. 삼각형으로 뚫린 보이드가 채광을 담당한다.

1 평면과 대지의 관계

바닥 높이에 따른 변화
동일한 공간에 바닥의 단차를 만들면 공간에 변화를 줄 수 있다.

넓은 창고
부엌 옆의 넓은 창고는 팬트리로도 사용되는 다목적 수납공간이다.

비스듬한 벽면
비스듬한 벽면이 실내 공간에 재미를 준다. 아래를 향해 조금씩 줄어드는 느낌이 침실에 안정감을 준다.

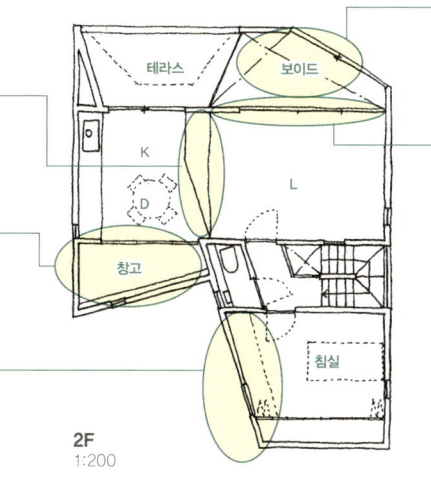

2F 1:200

보이드로 연결
커다란 보이드는 1층에 빛을 보내는 역할을 하면서 1층과 2층을 잇는다.

빛을 부드럽게
보이드와의 사이에 설치된 불투명 유리가 남쪽의 직사광선을 적당히 차단해 부드러운 빛이 들어온다.

2층 거실과 장방형으로 연결되는 식당은 바닥을 높여 변화를 줬다. 오른쪽 앞이 보이드와 접한 불투명 유리다.

2 공간별 디자인 포인트

LD와 일체형인 다다미방
미닫이를 열면 거실과 다다미방은 하나가 된다. 남쪽에 테라스와 연결된 툇마루 덕분에 실내와 실외가 수평으로 이어진다.

부엌으로 가는 지름길
주차장에서 최단거리로 이어지는 뒷문을 부엌에 달았다.

주차공간
비스듬히 잘린 두 개의 벽 때문에 생긴 외부공간에는 차량 두 대를 주차할 수 있다.

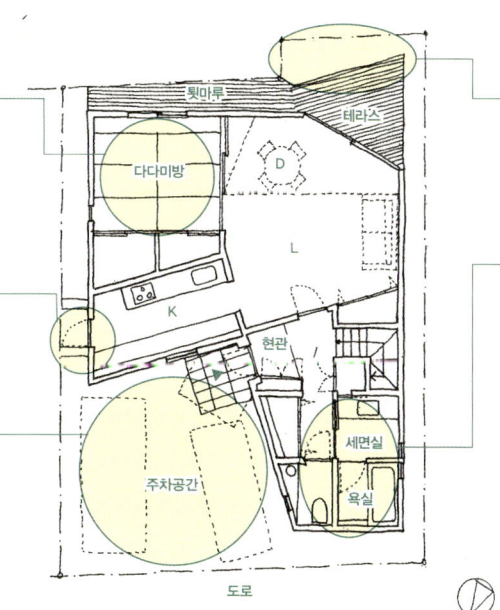

1F 1:200

벽이 만든 중정
건물을 비스듬히 잘라내 생긴 여분의 외부공간은 건물에 둘러싸여 있어도 실내 채광에 효과적인 중정이 된다.

알찬 공간 활용
작지만 편리하게 만들어진 욕실과 세면실은 공사비를 줄이는 장점이 있다.

3 특별한 용도에 맞춘 설계

대지면적 133.74㎡ (40.46평)
연면적 123.09㎡ (37.23평)

027: 변형건물

세 개 동으로 나누고 연결하다

변형된 대지에 압박감이 덜하도록 동을 나누었다. 상자 세 개가 붙으면서 만들어진 틈새 공간은 적당한 거리감을 주는 '사이'가 되는가 하면, 접해 있는 각 상자의 개구부를 통해 같은 공간으로도 해석되어 옥내와 옥외 양쪽의 기능을 한다.

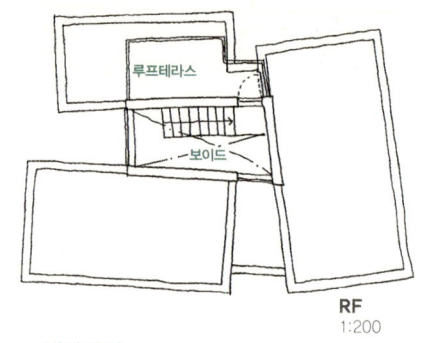
RF 1:200

건물의 외관. 오른쪽, 왼쪽, 안쪽의 세 개 동 모두 양면에 창을 달아 채광과 통풍을 좋게 했다.

시야 확보
시야가 트여 있지만 정원의 나무들 덕분에 사생활이 보호된다. 정원수 사이로 부드러운 빛과 바람이 들어온다.

적당한 거리감
테라스를 사이에 두고 거실과 식당이 시각적으로 연결된다.

뱅뱅 돌다
거실과 식당에서 보이는 아이방. 회유할 수 있어 아이들이 구김살 없이 지낸다.

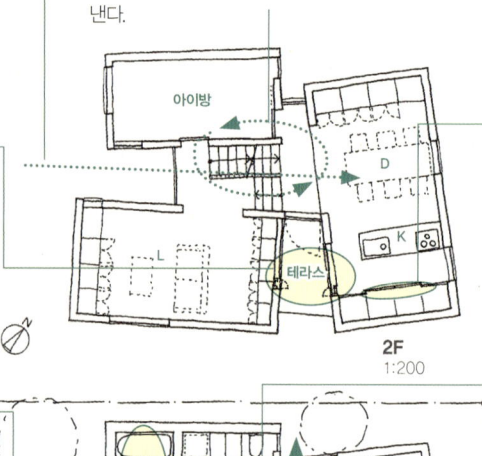
2F 1:200

생활의 흔적을 감추다
문을 달아 부엌 살림살이가 보이지 않도록 했다.

중정과 연결된 욕실
지창(地窓)으로 중정의 녹음을 즐길 수 있다. 나무로 둘러싸인 구석진 곳에 있어 외부 시선은 걱정할 필요가 없다.

진입로
안쪽까지 시야가 트여 있는 골목길. 안과 밖의 연속성이 높은 현관홀을 만들었다. 밤에는 블라인드로 시선을 차단한다.

멀지도 않고 가깝지도 않은 관계
세 상자의 틈새 공간을 계단홀로 만들어 각 방에 적당한 거리감을 확보했다. 마감을 외벽과 연결시켜 내외 구별이 없는 공간으로 만들었다.

널찍한 차고
남편의 취미인 자동차 튜닝을 위한 공간. 바닥에 리프트 장치를 설치했다.

채광과 통풍을 확보
사선 제한과 용적률 완화로 반지하에 만든 침실. 하이사이드 라이트로 채광과 통풍을 확보했다.

1F 1:200

BF 1:200

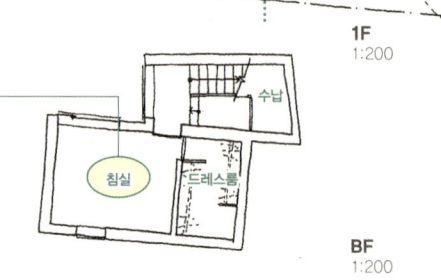
식당에서 계단 너머 거실과 오른쪽의 아이방을 본 것. 개구부의 위치, 크기, 각도를 조정해 직접 보이지 않아도 인기척을 느낄 수 있게 했다.

거실에서 아이방 쪽을 본 것. 2층에는 거실, 아이방, 식당이 있다.

대지면적 118.00㎡ (35.70평)
연면적 137.70㎡ (41.65평)

028: 변형건물

'상자'를 연속해 만든 공간

숲과 번화가가 공존하는 주변 환경과의 다양한 관계성을 '상자'의 연속으로 구현했다. 중정을 중심으로 상자들을 연이어 배치해 변화무쌍한 집합체 공간을 구성했다. 기분에 따라 공간을 선택해 이용할 수 있다.

앞에서부터 '숲의 공간', '빛의 공간', '물의 공간'을 담은 상자가 숲을 마주보고 서 있다.

1 평면과 대지의 관계

높고 큰 개구부
'물의 공간'인 욕실동은 약 4m 높이로 외관만 보면 2층 건물처럼 보인다. 건물 높이의 개구부로 경치를 감상할 수 있다.

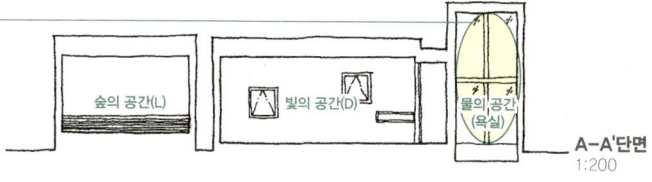

A-A'단면
1:200

빛의 공간
식당과 부엌. '하늘 공간'과 접해 있는 남쪽 개구부로 빛이 들어온다. 실내 툇마루에서 중정을 보며 일광욕을 할 수 있다. 툇마루 밑은 수납공간.

물의 공간
창문 가득 북쪽의 산벚꽃을 볼 수 있는 욕실동. 세면실 남쪽 벽 높이 약 3m 위치에 있는 창이 환기를 담당한다.

하늘 공간
옥외 테라스. 옆방 창을 이곳과 중정을 향해 내어 사생활을 지키고 개방감을 주는 한편 채광을 해결했다.

숲의 공간
폭 3.6m짜리 창으로 숲을 감상할 수 있는 깊이감 있는 거실. 다른 동과 분리되는 조용한 공간이다.

2 공간별 디자인 포인트

'결계 공간'. 중정을 향해 난 창에서 빛이 들어온다. 네 칸 낮은 단차가 안정감을 준다.

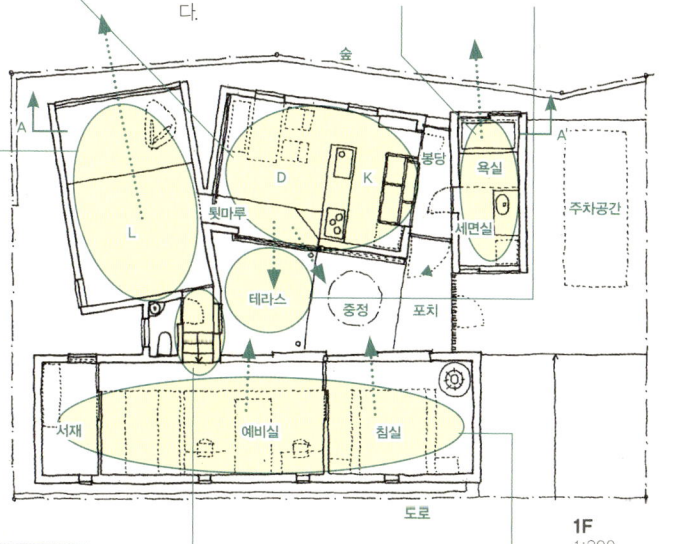

1F
1:200

'숲의 공간'의 전망창. 다다미 밑은 수납공간이다.

구역을 나누고 연결하다
네 개의 계단이 내밀한 구역인 '결계 공간'과 LDK 및 욕실이 있는 개방적인 구역을 나누고 연결한다.

결계 공간
주택기와 숲 사이에 있는 서재와 침실. 바닥 높이는 숲 쪽 동보다 70cm 낮추고 도로 쪽으로 창을 작게 냈다. 채광과 개방감은 중정을 향해 낸 개구부로 해결했다.

3 특별한 용도에 맞춘 설계

대지면적 197.09㎡ (59.62평)
연면적 92.03㎡ (27.84평)

029: 변형건물

타원의 삶을 즐기다

가구 하나를 선택할 때도 건축주는 시간을 들여 공간에 맞는 것을 고르려고 애쓴다. 마땅한 게 없으면 제작도 마다하지 않는다. 그 정도 애착은 필수다. 그렇게 탄생한 이 독특한 집은 방문객을 즐겁게 해준다.

연결된 계단
지상에서 옥상까지 올라가 옥상 중앙의 나선계단으로 지하까지 내려가면 드라이 에어리어에서 다시 지상으로 갈 수 있는 계단이 있다.

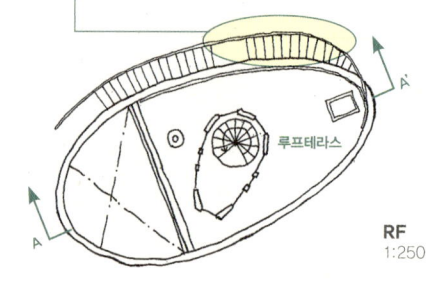

도로 쪽 외관의 야경. 타원 모양을 휘감듯 계단이 위층으로 이어진다. 2층과 지하에 출입구가 있어 네 개 층을 회유할 수 있다.

밝은 식당
평면도에는 창이 없는 것처럼 보이지만 북쪽 상부에 하이사이드 라이트가 있어 방이 밝다.

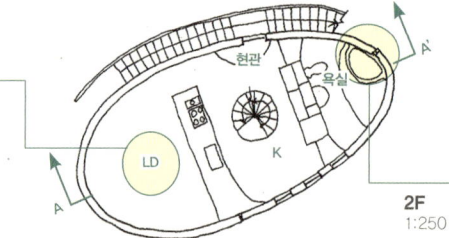

부정형의 욕실
방의 모양에 맞춰 FRP 방수로 욕조를 제작했다.

문이 없어도
달걀형 벽면과 최대한 접촉하지 않도록 했다. 문이 없어도 구분된 느낌이 든다.

멋진 다다미방
이런 평면에도 멋진 다다미방을 만들 수 있다. 주위는 마룻바닥을 깔았다.

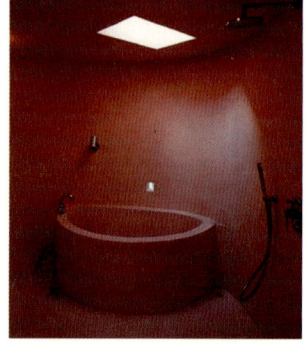

맞춤 제작한 욕조

콘크리트로 만든 책장
콘크리트 벽이 부분적으로 돌출되어 선반이 되었다.

테이블도 콘크리트로
벽에서 돌출된 책장의 일부를 테이블로 쓴다.

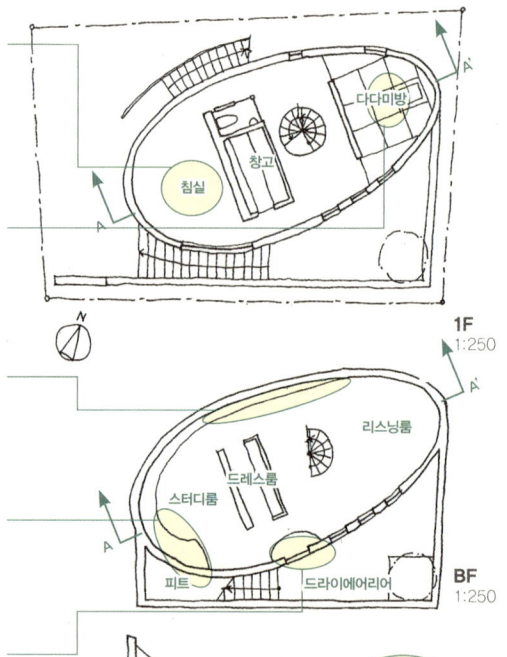

지하 출입구
2층의 입구와는 별개로 지하에 출입구가 있다.

어디서든 생활이 가능
2층 LDK뿐 아니라 옥상, 1층 다다미방, 지하의 스터디룸과 리스닝룸 등 각 층마다 생활공간이 있어 집안 곳곳에서 생활을 즐긴다.

2층의 나선계단과 부엌. 나선계단이 지하에서 옥상까지 관통한다.

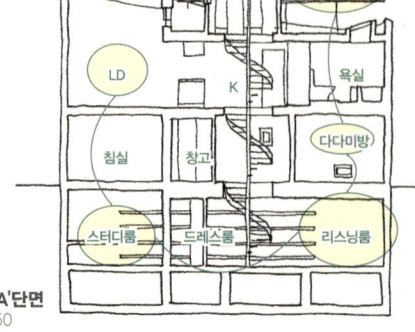

| 대지면적 | 131.55㎡ (39.79평) |
| 연면적 | 154.37㎡ (46.69평) |

030: 변형건물

방이 물 흐르듯 이어지는 곡면 구성

변형지에 지은 3층 건물의 2세대 주택. 1층은 주차공간과 현관, 2, 3층은 각 세대 주거공간이다. 현관에서 옥상까지 이어지는 나선계단은 두 세대가 공유한다.

앞으로의 세대 수나 가족 수의 변화를 고려해 구조체를 바깥쪽으로 몰았다. 중앙에 기둥의 제약이 없어져 자유롭게 방을 배치할 수 있었다.

욕실과 테라스를 최소한의 크기로 바깥쪽에서 도려내듯 배치하고, 나머지 공간은 물 흐르듯 이어지도록 코너를 둥글게 처리해 침실과 LDK를 느슨하게 배치했다.

테라스
2, 3층 모두 평면 일부를 도려내듯 외부를 끼워 넣어 빛을 받아들이고 내부에 거리감을 만들었다.

나선계단
1층에서 옥상까지 이어지는 나선계단은 각 층의 동선이자 위에서 빛을 전달하는 역할도 한다.

자유로운 배치
구조체를 외벽 쪽으로 모으면 방 배치가 자유로워지는 특징을 살려 2, 3층의 방 배치를 달리했다. 침실 위치는 부모와 자녀 사이의 생활리듬 차이를 고려했다.

2층(위)과 3층(아래). 바닥과 천장의 판재(板材)와 곡면 벽으로 공간이 물 흐르듯 이어지게 했다.

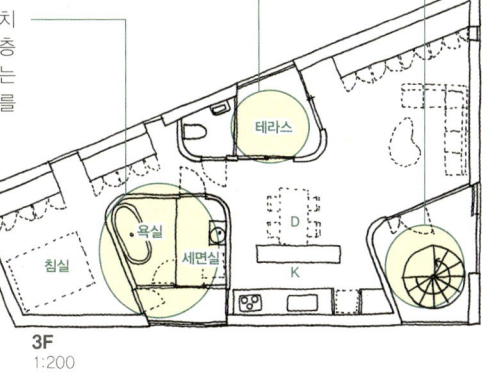

3F 1:200

모서리 없는 벽
곡면의 벽이 공간을 부드럽게 만들어 안쪽까지 빛이 들어온다. 칸막이가 없지만 곡면 벽의 간격 때문에 공간이 좁아졌다 넓어졌다 하면서 자연스럽게 바뀐다.

대지에 맞춘 아이디어
방으로는 쓰기 불편한 모양의 공간을 드레스룸으로 활용한다.

창호를 없애 비용 절감
방의 칸막이에 창호를 사용하지 않는 유동적이고 자유로운 설계가 비용 절감에 도움을 주었다.

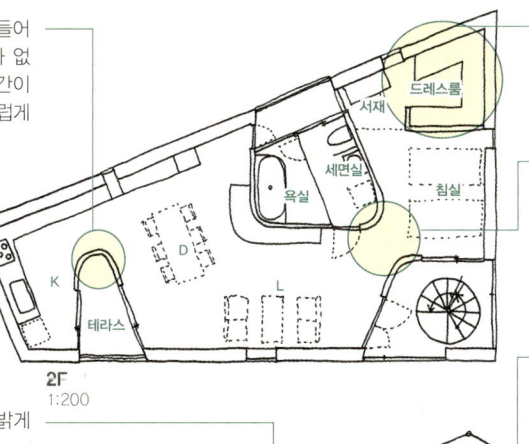

2F 1:200

공용 현관
두 세대가 공동으로 자전거와 골프백 등의 물건을 둘 수 있도록 조금 넓게 만들었다.

환한 창고
반투명의 큰 문을 달아 내부를 밝게 했다. 문이 가벼워 열고 닫기 쉽다.

기둥 없는 주차공간
1층 주차공간에 기둥을 내리지 않고 돌출된 구조를 만들어 두 세대가 사용할 공간을 확보했다.

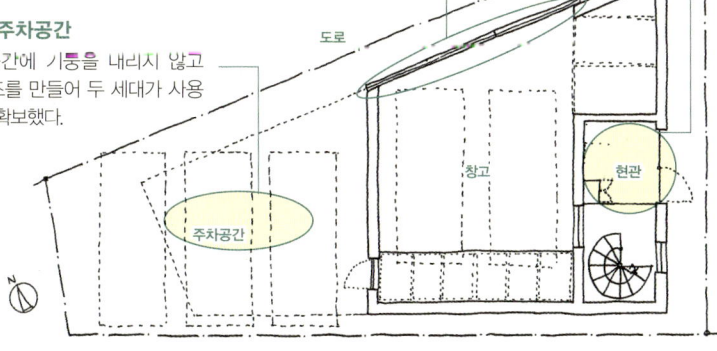

1F 1:200

건물의 저녁 풍경. 1층 창고에서도 빛이 새어나온다.

대지면적 130.77㎡ (39.56평)
연면적 220.27㎡ (66.63평)

031: 협소지

13평 대지에 차고와 정원이 딸린 집

건평 8평에 각 층의 계단과 화장실 등 필요한 공간을 빼고 나면 층마다 약 6평씩의 공간이 남는다. 이 공간을 과감히 활용해 실제 면적보다 훨씬 넓어 보이는 공간을 확보했다. 서쪽 3층 보이드에 배치한 중정이 이 평면의 핵심이다.

거의 원룸에 가까운 LDK. 부엌까지 오픈형으로 꾸며 답답함을 줄였다.

옥상은 넓은 잔디밭
옥상에 잔디를 깔면 도심에서는 보기 드문 넓은 정원을 얻을 수 있다.

원룸처럼
3층을 거의 원룸으로 만들어 동서로 빛과 바람을 통하게 했더니 실제보다 넓어 보인다.

침실을 지나 아이방
아이방으로 가려면 침실을 지나야 한다. 이 때문에 침실 계단을 작게 만들 수 있었다.

작은 욕조
욕실, 세면실, 탈의실을 최대한 작게 만들어 LDK 공간을 확보했다.

칸막이 커튼
미래를 대비해 방을 나눌 수 있도록 만들었다. 커튼으로 칸막이를 할 수도 있다.

침실에서 본 아이방

트여 있는 현관
1층에는 차고와 현관뿐이다. 중정에서 빛이 들어와 어둡지 않다.

중정이 포인트
현관 앞에 중정이 있으면 기분을 좋게 하고, 집 전체에 빛과 바람을 통하게 한다.

정면 외관

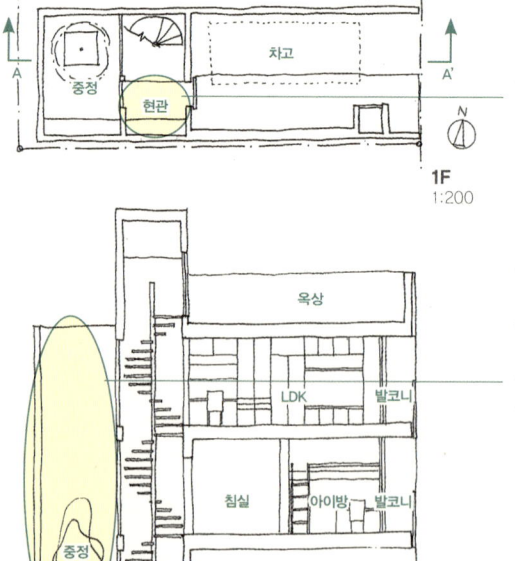

A-A'단면 1:200

대지면적 45.28㎡ (13.70평)
연면적   80.68㎡ (24.41평)

032: 협소지

고령자에게도 편리한 모퉁이 땅의 협소 주택

조모와 함께 지내는 3인 가족을 위해 14평 협소 대지에 지은 목조 3층 주택이다.
콤팩트하지만 팬트리와 책상 공간 등을 넣어 편리함을 추구했다. 내장과 가구의 포인트는 밝은 색 창호와 페퍼민트 그린 색의 화장실, 거실의 소파라고 할 수 있다. 모던한 분위기가 연출됐다.

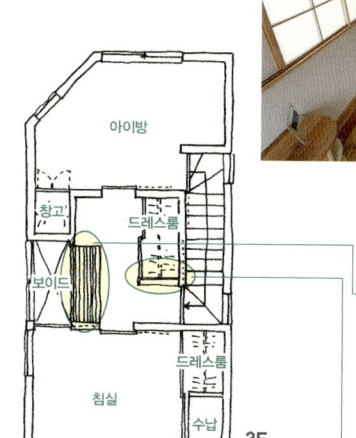

2층 발코니에서 본 LDK. 오른쪽 문이 낙하 사고와 냉기를 막아준다.

통로 겸용
침실과 아이방을 연결하는 복도에 책상을 놓았다. 단순한 통로가 아니라 일할 수 있는 공간이 되었다.

자리를 양보하다
드레스룸의 일부를 할애해 CD와 책을 수납했다. 서재로도 쓰인다.

작고 아늑한 공간
소파를 짜 넣어 휴식공간을 확보했다. 벽으로 둘러싸인 모양새라 안정감이 느껴진다.

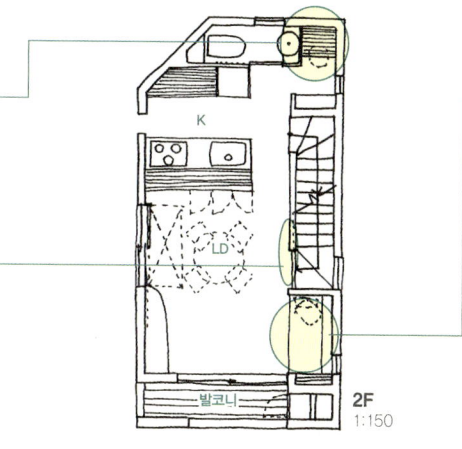

LD 구석에 짜 넣은 소파

코너 이용
좁은 코너는 책상 겸 팬트리로 쓴다. 계단과 화장실로 둘러싸여 있어 조용한 작업공간이다.

낙하 방지 겸 냉기 차단
계단 입구에 키가 낮은 문을 달아 아이의 낙하 사고를 방지하고 냉기를 차단한다. 위쪽이 뚫려 있어 압박감이 없다.

담장을 세우다
현관 포치 앞에 우체통을 설치할 수 있는 낮은 목제 담장을 세웠다. 도로에서 현관까지 꺾어 들어가도록 만들어 에워싸인 느낌을 주었다.

우리 집 자전거 보관소
좁은 공간을 활용해 자전거 보관소를 만들었다. 외벽에는 자전거 핸들이 닿아도 상처가 나지 않도록 부분적으로 판자를 덧댔다.

모퉁이 세면실
모퉁이 모양에 맞춰 다각형이 된 세면실에는 수납장을 짜 넣고 코너에 벤치를 설치해 앉아서 편하게 옷을 갈아입을 수 있다.

문턱 없는 현관
고령자를 위해 현관 문턱을 낮췄기 때문에 앉아서 신을 신거나 벗을 수 없다. 그래서 벽 안에 접이식 의자를 마련해두었다.

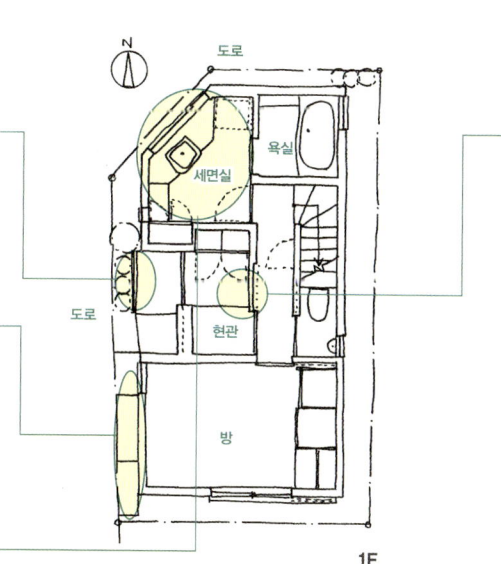

건물 외관. 전봇대 뒤로 작은 울타리를 세워 영역을 구분했다.

대지면적 46.23㎡ (13.98평)
연면적 89.69㎡ (27.13평)

033: 협소지

3층 LDK와 옥상으로 최고의 생활공간을 만들다

네 개 층으로 구성된 공간에는 방뿐 아니라 복도와 계단 등의 중간 영역에도 이야기가 있으며, 그것들이 하나로 연결되면서 기분 좋은 공간감을 낳는다. 젊은 건물주의 라이프스타일에 어울리는 규모와 감각이 도시형 협소주택의 매력이라고 할 수 있다.

도로 쪽 외관. 2층까지는 개구부를 줄이고 상부의 창으로 빛을 받는다.

높이로 협소함을 극복
보이드로 천장고를 확보하면 시야가 위로 트이고 자연광 효과가 어우러져 협소한 느낌이 없어진다.

지붕까지 이용
루프 발코니를 설치하면 사생활이 보호되는 외부공간을 얻을 수 있다.

오브제로서의 계단
루프 발코니로 가는 계단은 가벼운 느낌으로 설계해 거실의 오브제 역할도 한다.

계단으로 칸막이
동선 공간을 중앙에 배치하면 칸막이 없이 부드럽게 구획된다.

거실. 대들보와 오브제 같은 계단이 특징이다.

난간에 기능을
난간 위치에 설치한 세면대와 수납함이 낙하 방지 역할을 한다.

칸막이 없는 다목적 공간
미래의 아이방은 당분간 칸막이 없이 널찍한 다목적 공간으로 이용한다.

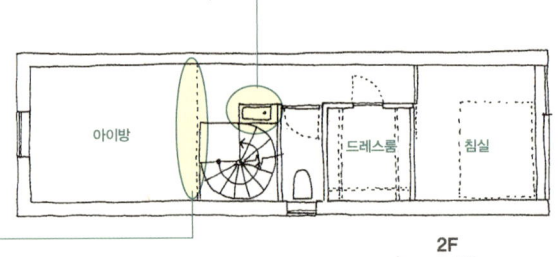

투명 유리로 시원하게
욕실 벽면을 투명 유리로 만들어 욕실과 세면실에 통일감을 주고 도시 주택 특유의 답답함을 없앴다.

계단 아래 신발장
데드 스페이스가 되기 쉬운 나선계단의 아래 공간에 허리 높이의 신발장을 배치해 공간을 활용했다.

한 공간인 듯한 욕실과 세면실. 시각적으로 연결돼 넓어 보인다.

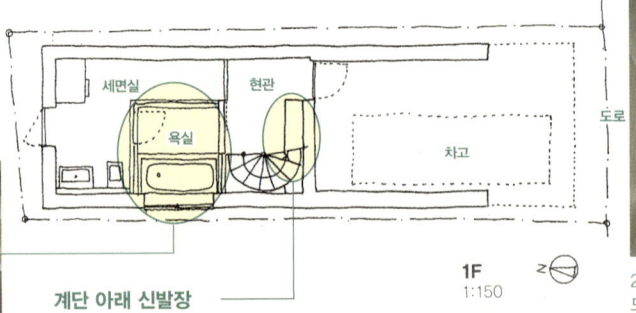

2층 아이방에서 침실을 본 모습. 계단 옆의 세면대가 난간 역할을 한다.

대지면적 47.84㎡ (14.47평)
연면적 97.20㎡ (29.40평)

034: 협소지

스킵 플로어로 7.5평에 7층을 만들다

대지 15평에 건폐율과 용적률이 100분의 50이면 상당히 협소한 설계다. 높이 제한도 있어 지하를 활용하고 다락을 포함시키는 등 면적 완화책을 최대한 활용했다. 지하 1층, 지상 2층 건물 안에 보이드 계단의 회전축을 중심으로 일곱 개 층을 배치했다. 한 층이 7.5평이지만 답답함이 없고 어디서든 빛과 바람을 느낄 수 있다.

만능 판자
바닥에서 70cm 높이에 설치된 판자는 평상 위에서는 좌식 책상, 식탁 옆에서는 보조 테이블, 끄트머리 좁은 부분은 텔레비전 받침대로 쓴다.

침실과 서재
반지하의 침실 상부에 만든 서재는 보이드를 통해 침실과 이어진다. 보이드 앞쪽 난간 겸용 좌식 책상은 발을 내려뜨리고 앉아서 사용한다.

반지하 침실
2평 남짓한 작은 침실. 나중에는 아이 방으로 쓸 예정이다.

길 건너편 풍경 감상
창 너머 정원수와 도로 건너편 나무들이 한데 어울려 창을 통해 깊이감 있는 풍경을 감상할 수 있다.

틈새를 노리다
이웃집과의 틈새를 이용해 햇볕이 잘 드는 동남쪽 구석에 계단실을 배치하고 계단의 보이드를 활용해 일곱 개 층에 빛을 전한다.

자유로운 지하공간 활용
2평 남짓한 창고가 있는 지하는 자유 공간이다. 지금은 비디오 감상실로 사용 중.

도로 쪽에서 본 외관

거실의 확장
2층 거실은 5평이지만 창 너머 데크 테라스로 확장돼 개방감이 느껴진다.

동남쪽 구석의 계단실. 보이드 공간이라 각 층에 빛과 바람을 전달하고 넓어 보인다.

다다미 평상
거실 바닥보다 35cm 높여 다다미를 깐 평상은 방석만 놓으면 식탁 의자로도 안성맞춤이다.

2층 LDK와 테라스. 테라스 바깥쪽에 가리개를 쳐서 내부화했다.

욕실이 좁으면 NG
집이 좁아도 욕실 면적만은 철저히 확보할 것. 욕실이 좁으면 생활하면서 답답함을 느끼게 된다.

다락 바닥에 판자 깔기
꼭대기층 다락은 1평 크기로 낮잠 자기 딱 좋다. 바닥에 약간의 간격을 띄워 판자를 깔면 환기와 채광 효과가 확실히 좋다.

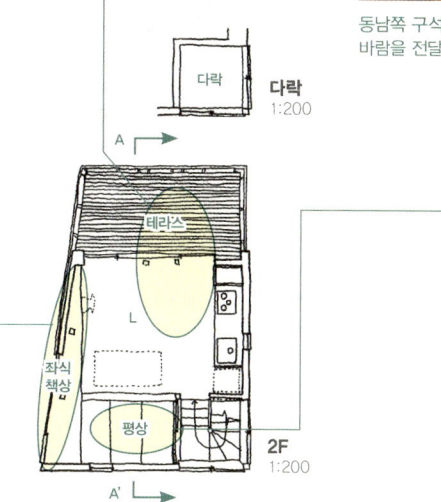

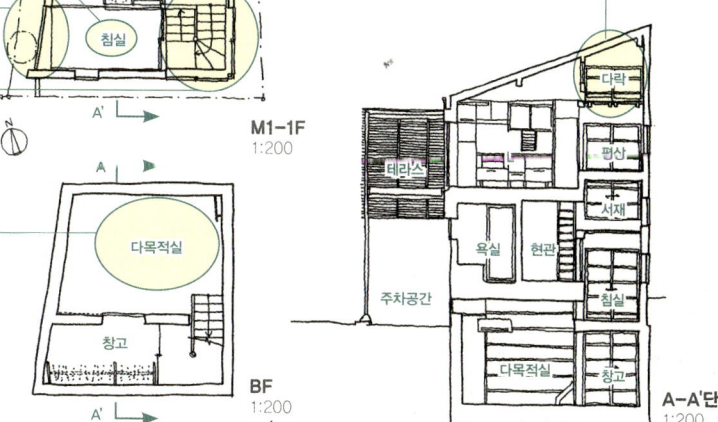

대지면적 50.46㎡ (15.26평)
연면적   72.87㎡ (22.04평)

1 평면과 대지의 관계
2 공간별 디자인 포인트
3 특별한 용도에 맞춘 설계

035: 협소지

11평 집 안에 차고를 들이다

대지는 좁은데 차고, 방 세 개, 넓은 LDK, 루프 발코니, 정원 등을 원하는 상황. 모든 요청을 담아내기 위해 스킵 플로어로 공간을 짰다. 좁은 LDK는 천장을 높여 널찍하게 설계하고 욕실 창으로는 중정을 볼 수 있게 했다. 차고는 아슬아슬한 크기라 운전석 문이 닿는 벽을 헐어서 타고 내릴 수 있게 했다. 곳곳에 아이디어가 담긴 재미있는 집이다.

거실에서 부엌을 본 것.

도로 쪽 외관. 2층 LDK의 커다란 고정창이 포인트

유리 칸막이
공간을 구분하면서도 넓고 환한 느낌을 준다. 중앙 계단은 어둡기 쉬운데 여기를 통해 빛이 들어온다.

옥상에서 하늘 보기
외부공간이 부족한 협소지에서는 옥상이 소중한 탈출 공간이다. 경치를 즐기며 쉴 수 있는 데크 테라스.

유비무환
가족 구성원 변화에 대비해 만든 예비실. 단순한 공간 확보 차원이 아니라 드레스룸 등 제대로 된 설비를 갖추었다.

차고 벽을 헐다
차 문이 열리는 부분의 벽을 헐어 차고 밖으로 문을 열고 내린다.

아담한 욕실
정원 외벽 쪽 좁은 통로에 안뜰을 만들었다. 관리상의 문제로 조화를 두었지만 욕실의 전망으로는 충분하다.

커다란 수납공간
차고의 천장 높이를 낮춰 스킵을 구성했다. 차고와 침실 사이에 중간층을 만들어 넓은 수납공간이 생겼다. 서재로도 사용할 수 있다.

실제보다 넓은 느낌
넓지 않은 LDK지만 구배 천장으로 시선이 트여 있기 때문에 실제보다 넓게 느껴진다.

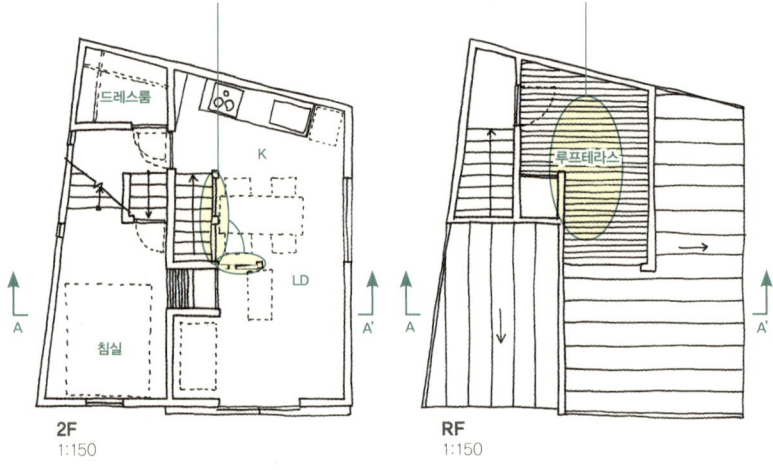

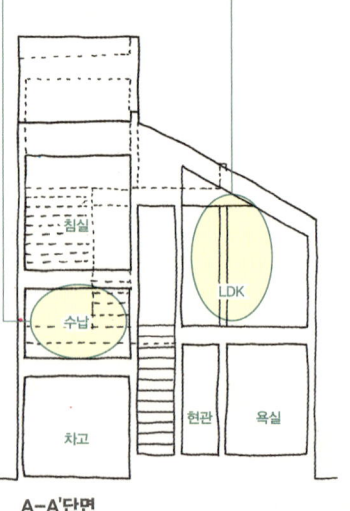
욕실 옆의 욕실 정원

대지면적 51.00㎡ (15.43평)
연면적 70.00㎡ (21.18평)

036: 협소지

지하를 효과적으로 활용한 도시 주택

16평의 좁은 대지. 좁은 면적은 지하를 활용해 보완하고 새로운 도시 주택의 형태를 만들어 보자는 생각으로 설계했다. 약 8평×3층으로 4인 가족을 위한 집이다. 옥외공간을 실내와 일체화하기 위해 창의 배치와 크기에 신경 썼다. 데크 발코니와 벽면 녹화가 공간감 표현에 한몫했다. 공간과 소재를 살려 '작아도 풍요로운 삶'을 연출했다.

1 평면과 대지의 관계
2 공간별 디자인 포인트
3 특별한 용도에 맞춘 설계

붙박이 부엌
모자이크 타일이 포인트. 설비와 수납을 편하게 만들었다. 뒤쪽의 큰 미닫이 수납장이 요긴하게 쓰인다.

금속 꺾쇠
지주 공간을 연속시키기 위해 금속 꺾쇠를 사용. 칸막이벽은 높이를 낮추고 소파 뒤에 CD장을 만들었다.

코너 창
동쪽 정원수를 볼 수 있다. 장지문을 열면 시야가 넓어지고, 창가의 화초를 보는 재미가 있다.

데크 발코니
LDK와 연결된 넓은 데크 발코니에는 벤치가 있어 느긋하게 시간을 보낼 수 있다. 자연의 바람과 소리, 빛을 느끼며 와인을 마시기에 좋다.

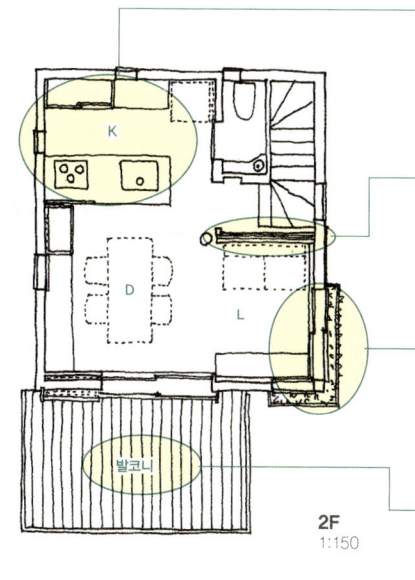

2F 1:150

코너창과 데크 발코니

작은 정원
대지의 틈새라 할 수 있는 곳에 정원을 만들었다. 작은 화초가 생활을 아름답게 만든다.

넓게 느껴지는 현관
좁은 공간이지만 칸막이 격자로 빛이 들어와 실제보다 넓게 느껴진다. 고저차를 활용한 현관 마루가 특징.

부드러운 분위기의 방
장지문과 천연 벽지, 시나 베니어를 마감재로 사용해 부드러움이 느껴지는 공간이다.

드라이 에어리어
우드 데크와 벽면 녹화로 기분 좋은 공간. 콘크리트 노출의 무기질적인 이미지를 상쇄해준다.

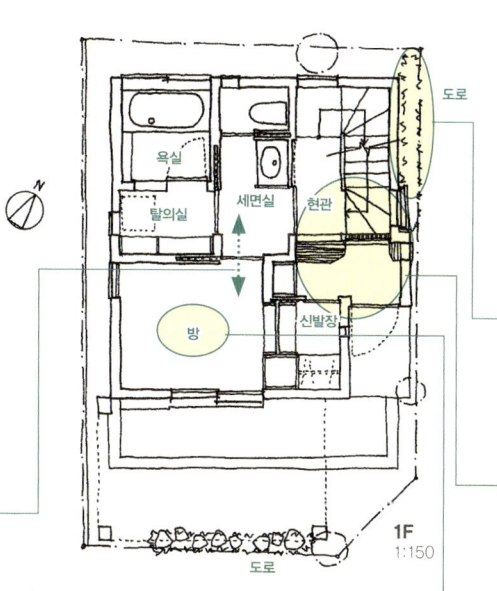

건물 외관

침실과 욕실을 가깝게
나이가 들었을 때를 생각해 침실과 욕실의 동선을 최소화했다.

지하 수납공간
눅눅함이 우려되는 지하 수납공간에는 결로 대책을 철저히 세우는 것이 중요하다.

지하실 기본 내장재
지하실 내장재는 원목 마루+통기성 벽지+시나 베니어 창호를 썼다. 심플해서 항상 만족감을 주는 조합이다.

1F 1:150

BF 1:150

대지면적 53.41㎡ (16.16평)
연면적 80.04㎡ (24.21평)

037: 협소지

건물 배치와 모양을 연구해 협소함을 극복

변형 협소지에 지은 목조 3층짜리 OM 솔라 주택. 도로 쪽 경치를 실내에서 볼 수 있도록 건물을 배치했다. 빈 대지 안쪽에는 동청목을 심어 도로와 안쪽 정원까지 긴 시야를 확보했다.

도로 쪽의 스틸 골조로 인한 변형 발코니, 준내화 구조로 설계한 노출 보, 구조 계산을 통한 반복 검증 등 치밀한 설계와 시공으로 작지만 쾌적한 집을 완성했다.

왼쪽: 2층 LDK. 부엌을 자체 제작해 가구처럼 배치했다. 벽 쪽의 긴 테이블, 3층으로 이어지는 보이드, 발코니로의 확장 등 작지만 넓게 살 수 있는 아이디어로 가득하다.
오른쪽: 3층 아이방

은신처처럼
3층은 다락방 같은 은신처 느낌으로 아이들의 '비밀 기지'가 될 것 같다.

위를 뚫다
계단 위에 톱라이트를 설치해 통풍과 채광을 해결한다. 톱라이트는 계단 높이 확보에도 한몫 한다.

의도적인 빈 공간
좁지만 일부러 보이드를 만들었다. 외부공간을 끼워 넣어 개방감을 얻을 수 있고, 옆집이 붙어 있는 남쪽으로도 빛과 바람이 잘 들어온다.

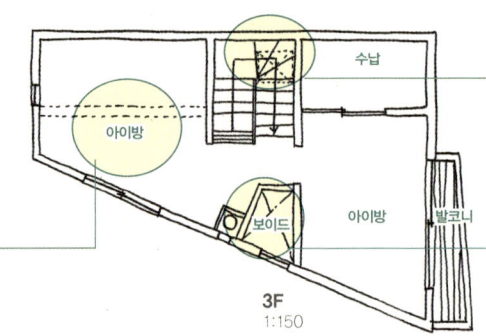

한곳에 모아
세면대와 탈의공간, 변기와 세탁기를 한곳에 배치하면 공간을 넓게 쓸 수 있다.

넓은 시야확보
협소한 주택은 시야 확보가 중요하다. 이 집은 대지 안쪽 정원에서 보행자 도로까지 넓게 트인 시야를 확보했다.

길이로 넓이를 느끼다
긴 테이블은 다양한 용도로 쓸 수 있고 시각적으로도 넓어 보인다.

LDK를 하나로
자체 제작한 아일랜드 키친으로 LDK를 일체화. 발코니는 부엌의 서비스 발코니 역할도 한다.

발코니로 넓어 보이게
변형된 모양에 맞춰 스틸 골조로 발코니를 제작했다. 외부 공간이 조금만 있어도 실내가 넓어 보인다.

좁을수록 정리정돈
좁을수록 쓸데없는 물건이 밖으로 나오지 않도록 더 신경 써서 수납공간을 마련해야 한다.

알뜰하게 활용
계단 밑을 이용해 서랍식 수납공간을 만들었다. 모든 공간을 알뜰하고 효과적으로 활용했다.

작은 오아시스
건물을 도로 쪽으로 붙인 덕분에 생긴 중정은 밀집된 주택의 완충공간이다. 상록수인 동청목을 시선 차단용 나무로 심었다.

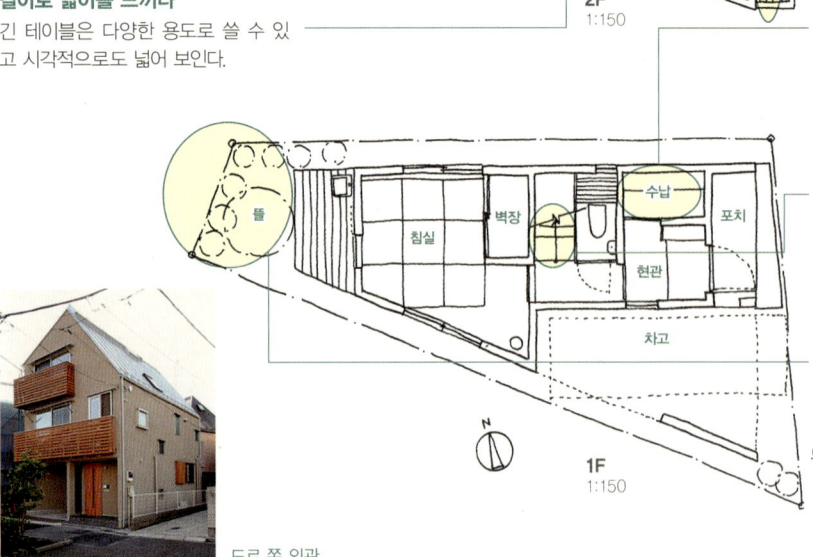

도로 쪽 외관

대지면적 56.86㎡ (17.20평)
연면적 85.51㎡ (25.87평)

038: 협소지

충실한 수납 계획으로 방을 넓게 사용

17.5평의 작은 땅에 할머니, 어머니, 딸, 3대 여성이 사는 3층 집이다. 남북으로 옆집이 붙어 있기 때문에 동쪽으로 큰 창을 내 동서로 통풍이 되도록 설계했다. 부엌 배치에 신경을 쓰고 계단과 보이드를 거실과 일체화해 넓은 느낌을 준다.

대면 부엌
비효율적이라 생각할 수도 있지만 동선, 수납, 식사 등 모든 면에서 가장 효율적인 선택이었다.

거실에서 대면식 부엌을 본 것

다른 모양의 계단
직선계단과 나선계단 두 종류를 썼다. 계단을 타고 동쪽에서 들어온 빛이 1층까지 떨어진다.

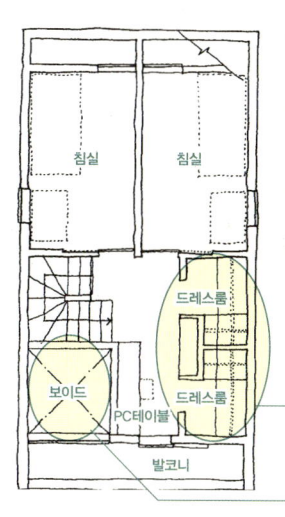

3층 동쪽의 보이드

수납은 드레스룸에
어머니와 딸의 물건을 방에서 꺼내 드레스룸 정리했다. 각 방이 넓어지고 수납 효율도 더 좋다.

과감히 보이드로
좁은 집이라 아깝게 생각할 수도 있지만 보이드를 만들면 각 층이 환하고 넓게 느껴진다.

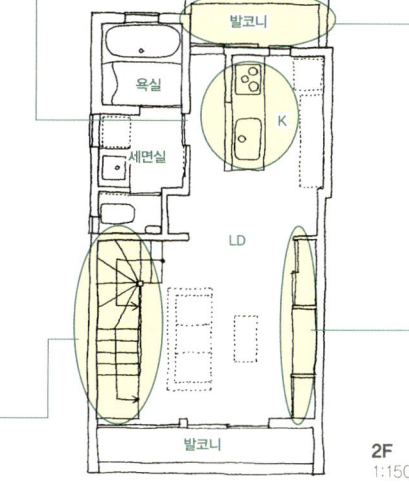

빨래 건조는 발코니에
차고 위에 발코니를 내고 차단벽을 둘러 빨래 건조공간으로 쓴다. 바깥에서 뿐 아니라 안에서도 잘 보이지 않는다.

벽면을 알차게 활용
텔레비전, 소품 등을 정리할 수 있도록 벽면을 낭비 없이 사용해 좁은 거실을 조금이라도 여유 있게 만들었다.

미래를 대비하다
간병이 필요해졌을 때 편리하도록 현관과 화장실 공간을 넉넉하게 잡았다.

좁기 때문에 더 많이
충분한 수납공간은 생활공간에 여유를 만든다. 좁기 때문에 수납공간을 더 많이 갖춰야 한다.

바깥으로 이어지다
1층 다다미방은 할머니 방. 옆집 정원을 볼 수 있는 널찍한 테라스를 만들어 밝고 넓은 느낌이 든다.

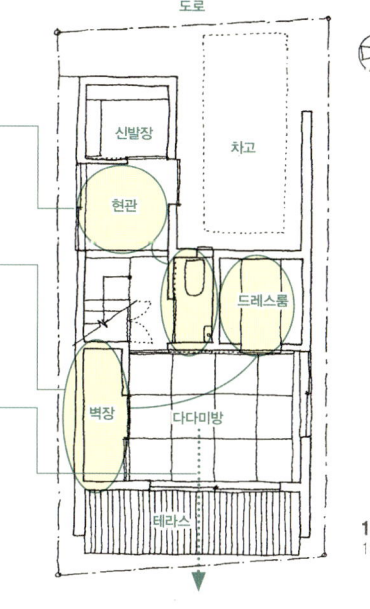

도로 쪽 외관. 가운데가 부엌 발코니. 차단벽 안쪽에 건조대가 있다.

대지면적 57.92㎡ (17.52평)
연면적 91.29㎡ (27.62평)

1 평면과 대지의 관계

2 공간별 디자인 포인트

3 특별한 용도에 맞춘 설계

039: 협소지

거실과 다다미방으로 공간을 넉넉하게

빌라, 아파트, 주택이 섞여 있는 도시의 협소지에 지은 목조 3층 집. 거실 옆에 바닥을 파고 좌식 탁자를 짜 넣은 다다미방이 특징이다. 다다미 바닥을 깔고 서랍식 수납장을 짜는 등 편리한 아이디어로 가득하다.

왼쪽: 2층 LD. 바닥을 높인 다다미방과 일체가 된 독특한 공간. 위쪽은 작업공간과 연결된 보이드.
오른쪽: 도로 쪽 외관. 2층의 울타리가 디자인을 살려준다.

넓은 작업공간
아이방은 작게, 작업공간은 넓게 잡았다. 보이드로 LD와 연결돼 가족의 인기척을 느끼며 공부할 수 있다.

나눌 수 있는 공간
방을 두 개로 나누고 싶을 때를 대비해 출입구를 두 곳에 설치했다.

조금이라도 넓게
발코니를 조금이라도 넓게 만들기 위해 난간을 외벽면에 설치했다. 이불을 말리거나 화분을 놓기 편하다.

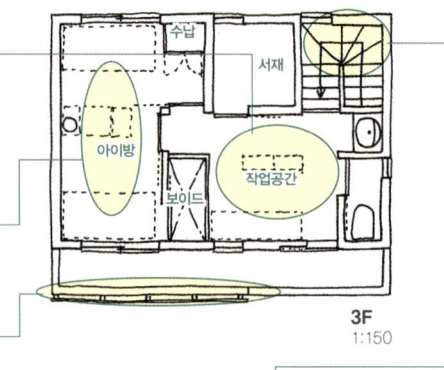

3F 1:150

톱라이트로 밝게
상부에 톱라이트를 설치해 위에서 빛이 내리쬐는 밝은 계단실이 되었다.

PC 코너
바닥을 판 좌식 책상에 컴퓨터를 두었다. 상부에는 선반. 전면에는 계단실로 통하는 장지문이 있다. 피곤하면 그대로 누울 수 있다.

다다미 코너
바닥을 한 단 높인 다다미 코너는 LD와 한 공간에 있으면서도 다른 장소처럼 느껴진다. 다다미 밑은 서랍식 수납공간이다.

부엌을 한쪽에
LD와 부엌이 접하는 면이 적어 안정감을 준다. 발코니 일부만 울타리를 쳐 사생활을 방해받지 않고 햇볕을 쬘 수 있다.

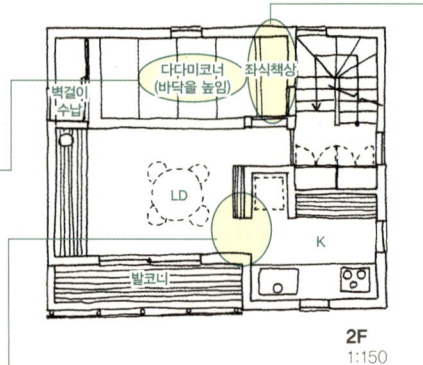

2F 1:150

바닥을 판 좌식 책상을 둔 작업공간

위에서 채광
1층 계단실은 방범과 사생활을 고려해 천장 부근 벽에 창을 내 채광을 해결했다.

돌출시켜 확보
2층 발코니와 부엌을 돌출시켜 주차공간을 확보했다. 돌출된 부엌은 포치 부분의 차양 역할도 한다.

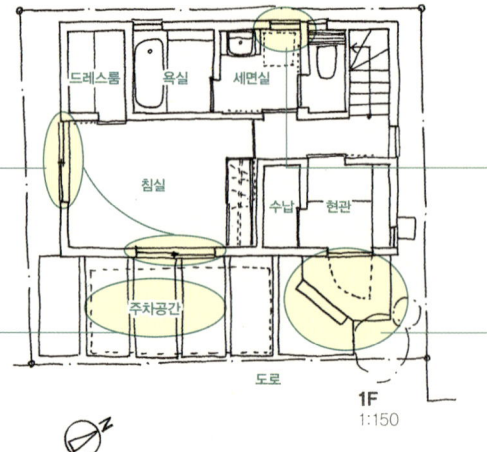

1F 1:150

빛이 들어오는 수납공간
유리 앞쪽에 투과성 소재로 선반을 달아 채광창을 수납공간으로도 활용할 수 있도록 변신시켰다.

기분 전환을 위한 포치
좁은 대지라 진입로가 충분치 못했는데 현관 포치를 무대처럼 꾸몄다.

대지면적	58.01㎡ (17.55평)
연면적	91.92㎡ (27.81평)

040: 협소지

교차로의 삼각형 18평에 실속 있게 짓다

두 도로 사이에 낀 18평 면적의 삼각형 대지. 전면도로에 사람과 차가 많이 다닌다.
창이나 장지문을 활용해 외부의 소음과 시선을 차단하고 LDK와 욕실은 2층에 콤팩트하게 배치했다. 붙박이 가구로 낭비 없이 공간을 사용한 집이다.

울타리 겸 난간
울타리를 겸한 나무 난간. 차가운 인상의 외벽에 따뜻함을 준다. 2층도 마찬가지.

다다미방
뒹굴뒹굴 누워서 쉴 수 있는 다다미방. 평소에는 문을 열어 거실과 하나로 사용한다.

2층 LD와 다다미방

예비 침실
당분간 수납실로 쓸 넓은 창고. 향후 침실로도 사용할 수 있는 크기를 확보했다.

시선을 조정
장지문에는 아래쪽에 유리를 끼워 넣고 부분적으로 열고 닫을 수 있도록 만들어 문을 닫은 채 바깥을 볼 수 있다.

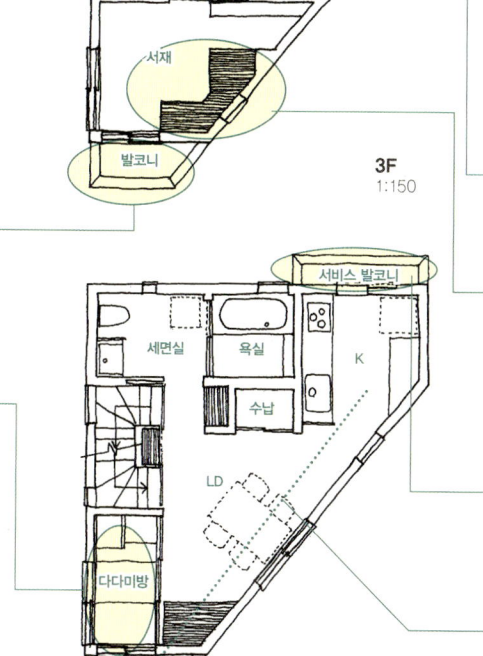

3F 1:150
2F 1:150
1F 1:150

3층 서재의 붙박이 책상

하늘을 볼 수 있는 창
채광과 통풍을 위해 톱라이트를 설치했다. 하늘이 보여 기분 좋다.

붙박이로 딱 맞게
다각형 방에 딱 맞게 넣을 수 있도록 모든 가구는 붙박이로 제작해 편리하게 사용.

서비스 발코니
부엌 옆의 작은 발코니. 넓지는 않지만 쓰레기를 보관하기에는 충분한 공간이다.

넓은 느낌
부엌에 서서 텔레비전을 볼 수 있다. 대각선으로 시야가 뚫려 있어 넓게 느껴진다.

삼각형의 공간
대지 모양 때문에 데드 스페이스가 될 뻔한 공간을 작은 드레스룸으로 활용했다.

현관 수납장
신발뿐 아니라 우산이나 공구상자 등을 정리할 수 있는 대용량 수납장이다.

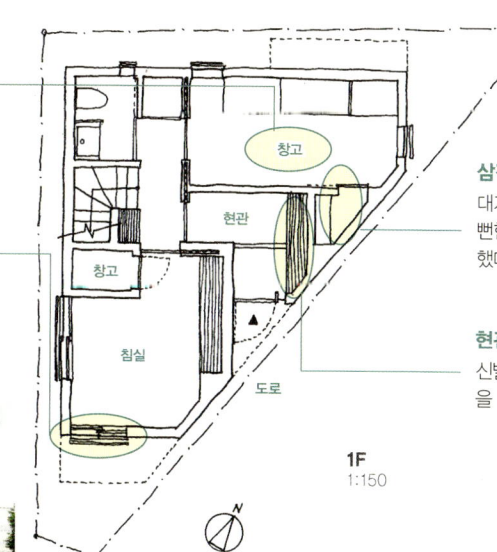

외관. 교통량이 많은 교차로에 지은 건물. 차량의 진입을 방지하는 보호벽도 발코니의 울타리와 모양을 맞췄다.

대지면적	60.07㎡ (18.17평)
연면적	102.27㎡ (30.94평)

1 평면과 대지의 관계
2 공간별 디자인 포인트
3 특별한 용도에 맞춘 설계

041: 협소지

19평 대지에 지은 임대 겸용 주택

중년 부부가 도심에서 여유롭게 살기 위한 집. 임대를 위한 공간도 함께 지었다. 건축면적 11평의 위아래 층 평면을 이으려면 가정용 엘리베이터가 필수다. 도로와 높이가 같은 법률상 지하에서 다락까지 실질적인 4층을 효과적으로 연결했다. 각 방을 완전히 오픈하지 않으면서 빛이 들어오는 중정 발코니와 접하도록 배치해 적당한 개방감과 폐쇄감을 추구했다.

다락에서 내려다본 식당. 계단 난간 겸 수납 선반인 텔레비전 받침대는 공간을 방해하지 않도록 높이를 낮췄다.

위로 높이다
2층의 작은 DK는 보이드로 천장고를 높여 답답함을 줄였다. 다락은 주택의 여백으로서 소중한 공간이다.

칸막이 대신 중정
테라스와 엘리베이터 사이에 낀 공간이 복도가 되었다. 하나로 연결된 LDK를 시각적으로 분리해 거리감을 만든다.

나선계단의 느낌
엘리베이터를 돌아 오르는 계단은 나선형 느낌으로 이동의 거리감을 없애 준다.

손님용 세면대
세면실을 사적인 공간에 두었기 때문에 손님용 세면대를 따로 설치했다.

2층 부엌 앞에서 본 거실. 위로 뚫린 보이드와 긴 복도로 넓어 보인다.

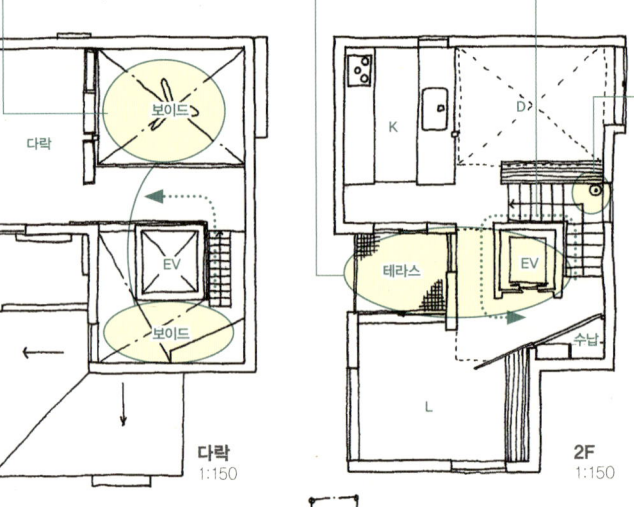

계단 층계참의 세면대

1층부터 목조
맨 아래층이 법규상 지하에 속해 지상 2층, 지하 1층인 이 집은 준내화 건축물에 해당돼 비용을 절감할 수 있었다.

빛의 우물
각 층 테라스는 그레이팅 바닥이라 빛이 통과되므로 지하까지 빛이 내려간다. 중정 공간으로서 실내를 넓어 보이게 한다.

실제로는 1층
임대 공간은 1 LDK. 드라이 에어리어에 중정이 딸려 있다. 법규상 지하지만 실제로는 도로와 같은 높이의 1층이다.

현관은 따로
주인집과 임대용 공간의 현관은 같은 방향을 바라보며 비스듬히 배치해 시선의 마주침을 피했다.

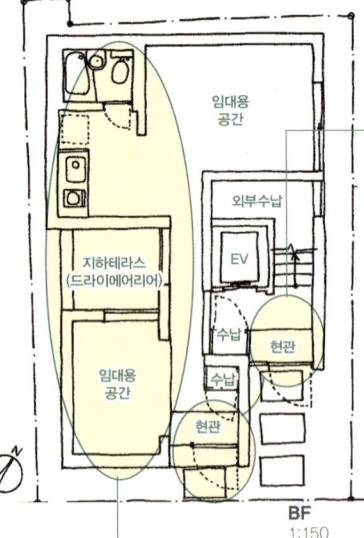

도로 쪽 외관. 왼쪽이 임대 세대용 현관

대지면적 63.47㎡ (19.20평)
연면적 83.98+28.81㎡ (34.12평)

042: 협소지

단차를 이용한 욕실과 수납공간

사생활을 보호하면서 외부와 개방적으로 지낼 수 있고, 적당한 채광과 통풍이 가능한 집을 구상했다. 3층 건물이며, 계단 주변의 단차를 활용해 욕실과 수납공간을 확보했다. 3층보다 반 층 위에 있는 세면실과 욕실에서 옥상 테라스를 볼 수 있다. 단차를 활용해 만든 LD와 다다미방 상부의 보이드는 위층의 보조 거실과 아이방 사이에 연속감을 주고, 고창과 톱라이트로 들어오는 빛은 가족 공간에 시시각각 새로운 변화를 선물한다.

거실 느낌의 식당
소파처럼 앉을 수 있는 식당 세트. LD를 하나로 합쳐 공간을 넓게 쓴다.

다다미방
LD보다 한 칸 낮은, 칸막이 문이 없는 휴식 공간. 이웃집은 보이지 않고 뜰을 감상할 수 있도록 아래쪽에 유리를 끼운 장지문을 달았다.

스켈레톤 계단
수직판을 없앤 열린 구조의 스켈레톤 계단. 톱라이트의 빛을 아래층으로 보내고 통풍에도 효과적이다.

단차를 이용한 수납
반층 올린 세면실 밑에 높이 1.2m의 수납공간을 확보.

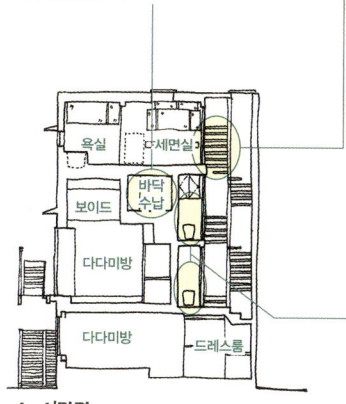

A-A'단면
1:250

옥상 테라스
적당한 크기의 개방적인 옥외공간은 정원을 대신한다. 아래층 톱라이트를 관리하는 데도 사용된다.

욕실과 세면실
3층보다 반층 높아 창이 옥상 테라스와 연결돼 밝고 통풍이 잘된다.

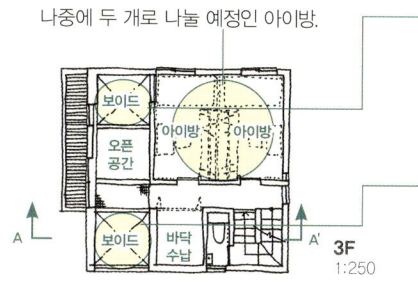

3.5F 1:250

아이방
나중에 두 개로 나눌 예정인 아이방.

보이드 위로 빛을 받아들이다
LD 위의 보이드. 옆집이 붙어 있는 남쪽으로는 창을 내지 않고 보이드의 톱라이트를 채광에 이용.

다다미방의 보이드
보이드의 고창에 장지문을 달아 부드러운 간접광이 들어온다.

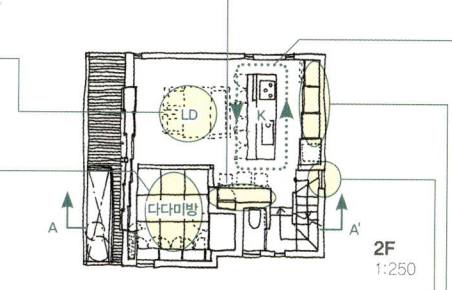

3F 1:250

아래쪽에 유리를 끼운 장지문을 단 2층 다다미방

부엌 옆에 PC룸
부엌 근처의 편리한 공부공간.

회유할 수 있는 부엌
부엌 카운터는 회유동선이라 편하다. 통풍도 잘된다.

수납벽
냉장고 등 가전제품, 식기 선반, 팬트리를 한데 모은 벽면 수납공간.

통풍창
도로 쪽과 반대편에 일직선상으로 나 있는 창은 통풍이 매우 잘된다.

2F 1:250

주차장 겸 진입로
철평석을 깔아 진입로를 강조. 자전거 보관소는 처음부터 계획했다.

넓은 수납
계단 아래 공간에 드레스룸을 만들어 수납공간을 확보.

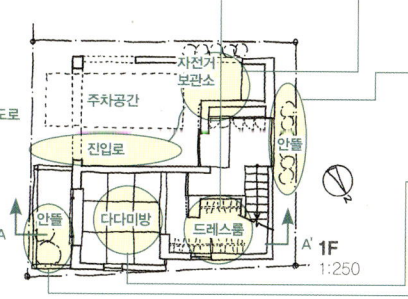

1F 1:250

현관에서 보이는 안뜰
현관 정면에서 전망창으로 북쪽의 안뜰을 볼 수 있다.

다다미 침실
35cm 정도 바닥을 높였다. 바닥 밑 일부는 수납공간.

1, 2층이 공유하는 안뜰
조금 높은 판자로 울타리를 친 안뜰. 맹종죽을 1층 침실과 2층 거실에서 감상할 수 있다.

중간층에
화장실에 1층과 2층, 2층과 3층 사이에 화장실을 배치. 천장고는 최소(중2층은 2.07m, 중3층은 2.2m)지만 계단 중간에 있어 방들과는 거리감이 있다.

대지면적 69.48㎡ (21.02평)
연면적 119.75㎡ (36.22평)

1 평면과 대지의 관계
2 공간별 디자인 포인트
3 특별한 용도에 맞춘 설계

043: 협소지

보이드의 하이사이드 라이트로 북쪽 LDK도 밝게

도로의 고저 차가 1.5m인 대지의 반지하+목조 2층 건물. 지하에는 욕실과 침실을 배치하고 1층에 LDK를 만들었다. 지하와 1층을 잇는 나선계단은 창이 없는 현관홀에 환한 빛을 전달한다. 1층은 주문 제작한 아일랜드 키친으로 LDK를 일체화하고 부엌 앞에 2층으로 가는 계단과 보이드를 만들어 2층에서 빛을 받아들인다. 협소지에서는 공간 절약을 위해 계단을 한군데로 모으는 것이 보통인데, 이 집은 과감히 각 층의 계단 위치를 다르게 잡아 계단으로 다양한 효과를 냈다.

위: 거실에서 북쪽 DK 방향을 본 것.
아래: 거실과 계단실 앞의 유리블록 칸막이

2층에서 빛
보이드 상부의 북쪽 창을 통해 온종일 안정된 빛이 1층으로 들어온다. 덕분에 1층 북쪽 공간도 환해졌다.

낭비 없는 활용
복도와 보이드의 칸막이를 책장으로 만들었다. 복도에 서서 책을 꺼내기 때문에 공간적으로 낭비가 없다.

집안일을 한 곳에서
부엌 카운터, PC, 세탁기를 함께 두어 집안일을 한 자리에서 처리할 수 있다.

일체형 부엌
아일랜드 키친으로 LDK를 일체화. 부엌을 회유할 수 있는 동선이라 지하와 2층으로도 가기 쉽다. 부엌은 주문 제작했다.

계단 위치를 바꾸다
2층으로 가는 계단을 지하에서 올라오는 계단과 다른 위치에 설치. 이 때문에 생긴 보이드로 북쪽 상부에서 안정된 빛이 들어온다.

나선계단으로 밝게
현관홀에는 창이 없지만 나선계단을 통해 위에서 빛이 내려오므로 어둡지 않다.

지하도 밝게
반지하라서 채광을 위해 천장 가까이에 창을 달았다.

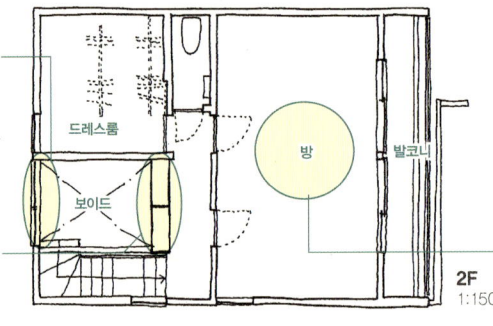

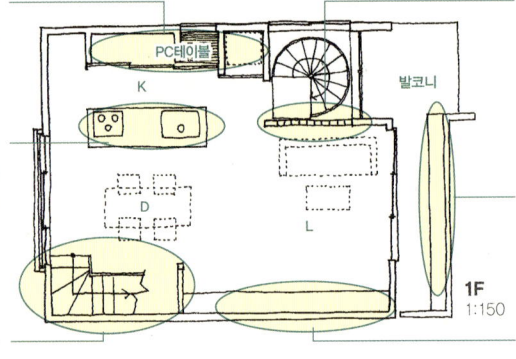

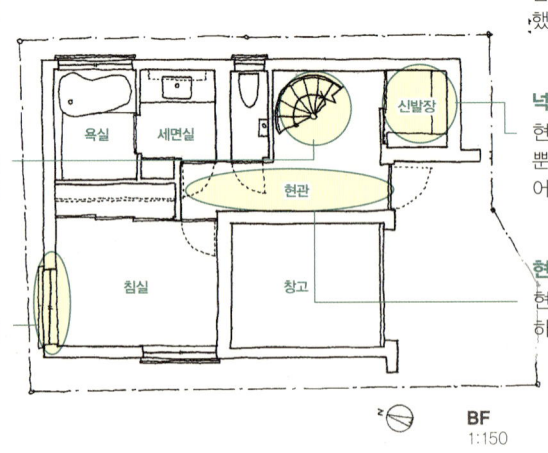

성장에 맞춰
아이방은 아이가 자라 방이 필요해지면 칸막이를 할 예정. 문은 미리 두 개를 달았다.

공간의 특징
나선계단과 거실 사이는 유리블록으로 막아 공간은 구분하고 빛은 통과시킨다. 소재가 공간의 특징이 된다.

작은 공중정원
화초는 LDK에서도 볼 수 있고 이웃집의 시선을 막는 데도 효과적이다.

홈시어터
붙박이로 텔레비전 받침대를 만들어 완성. 천장에는 매립식 스피커를 설치했다.

넉넉한 수납공간
현관 옆에 넉넉한 신발장을 설치. 신발뿐 아니라 유모차 등도 정리할 수 있어 현관이 깔끔하다.

현관 바닥의 연장
현관에서 욕실까지 같은 타일로 마감하면 일체감이 생겨 넓게 느껴진다.

대지면적	70.10㎡ (21.21평)
연면적	118.42㎡ (35.82평)

044: 협소지

스킵의 위아래층을 원룸으로

사생활 보호 때문에 2층 거실 방향은 이미 정해진 상태. 1층과 2층을 벽 없이 잇기 위해 반층씩 올라가는 스킵 플로어를 만들었다. 그 결과 높이가 낮아져 주변에 대한 압박감이 사라지고 거실에서 다른 장소로 이동하는 동선이 짧아져 편리한 평면이 되었다.

1 평면과 대지의 관계

2 공간별 디자인 포인트

3 특별한 용도에 맞춘 설계

남쪽 외관

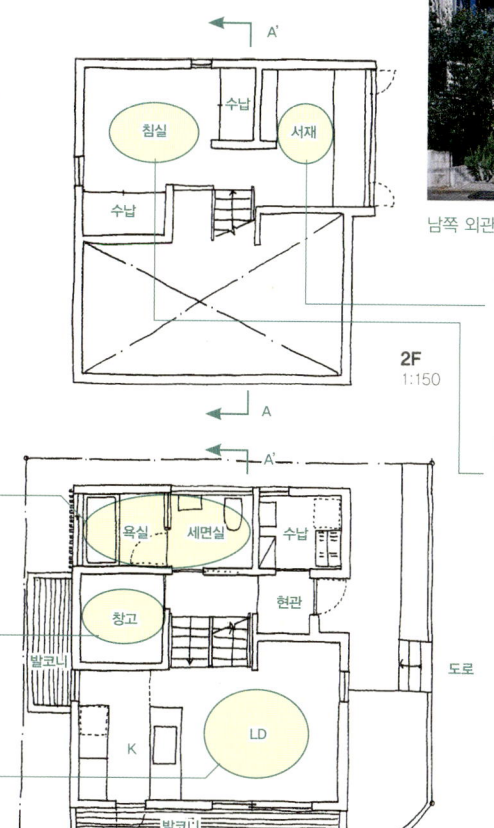

사령탑 꼭대기층
서재에서 아래층 LDK가 보인다. 난간 벽 없이 연결되므로 LDK와의 거리도 가깝다.

아늑한 수면 공간
원룸이라 문은 없지만 침실을 다소 닫힌 공간으로 구성해 다른 방에서 침실이 보이지 않게 만들었다.

호텔 욕실처럼
바닥과 벽에 타일을 깔고 욕실과 세면실 사이에 투명 강화유리를 달았다.

탈의공간
외출 후 돌아와 실내복으로 갈아입는 곳. 편안한 분위기로 변신하는 공간.

주요 생활공간
도로보다 반층 높기 때문에 커튼을 열어두어도 바깥 시선을 신경 쓸 필요가 없다. 일도 하고 책도 읽고 텔레비전도 본다.

다다미방의 꿈
지금은 창고이지만 다다미를 깔아 방으로 만들 예정이다.

깊이 들어간 침실
침실은 LDK와 연결되어 있지만, 앞쪽 서재와 달리 낮은 벽으로 둘러싸여 있어 안정감이 느껴진다.

서재에서 오른쪽으로 침실, 왼쪽으로 부엌

서비스 발코니
반투명 지붕과 판자벽을 설치해 갑자기 비가 내려도 걱정할 필요 없다. 도로 쪽에서 빨래 건조대가 보이지 않는다.

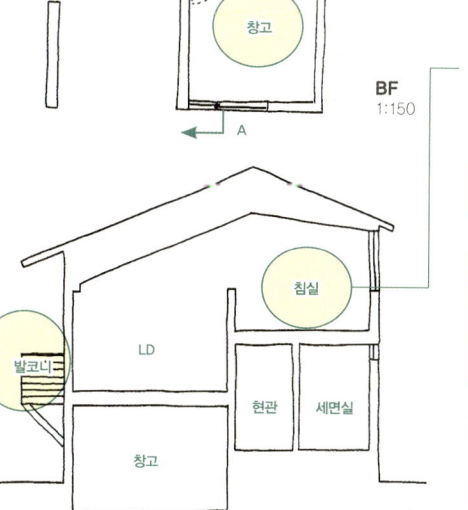

LDK 전경. 계단을 올라가 오른쪽이 서재. 안쪽이 침실

대지면적 71.75㎡ (21.70평)
연면적 60.87㎡ (18.41평)

045: 협소지

바닥 단차로 분위기를 바꾸다

건평 9평 반, 연면적 20평이 안 되는 매우 좁은 태양열 주택. 1층에 욕실과 LDK, 2층에 방을 배치하는 등, 기능을 집중시켜 작아서 편한 집이 되도록 만들었다.
집의 중심인 LD는 두 계단을 높여 좁은 가운데서도 공간을 구분했다. 1층 테라스로 바깥이 훤히 내다보여 LD가 더 넓게 느껴진다.

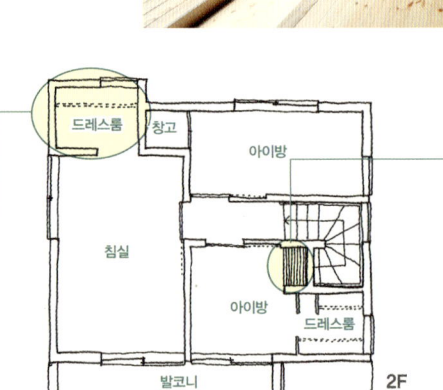

1층 LDK. 두 계단 높은 LD는 좌식공간. 복도 같은 1층 바닥이 테라스와 연결된다.

알찬 수납
2층 방에는 수납공간을 완비. 작은 방일수록 붙박이 수납장을 설치해 방을 넓게 사용한다.

PC 책상
서랍식 키보드 받침대를 달아 만든 PC 책상. 용도에 맞춘 제작 가구로 공간을 효율적으로 사용한다.

따뜻한 바닥
좌식 생활을 하는 거실과 식당에는 바닥 난방을 설치해 따뜻하다.

탁 트인 경치를 집 안에서 볼 수 있다.

무대 위 생활
거실과 식당은 1층 바닥에서 두 계단 높아 1층에서 보면 무대 같은 공간이다. 이 계단 두 개가 부엌과 분리된 느낌이 주고 통로 같은 1층 바닥과 바깥 테라스, 야외까지 시야를 트이게 한다.

가까워진 2층
계단이 두 칸 올라간 상태나 마찬가지이므로 거실과 식당에서 2층으로 갈 때 한결 가깝게 느껴져 1, 2층을 한 공간처럼 사용할 수 있다.

꽉 찬 수납
단차가 있는 거실과 식당의 바닥 밑에 수납공간을 짜 넣으면 불필요한 물건들을 깔끔하게 정리할 수 있다.

1층은 통로
거실과 식당을 2단 올렸기 때문에 1층 바닥은 현관에서 부엌으로 가는 통로처럼 보인다. 현관, 통로, 거실, 식당으로 장소가 바뀌면서 넓은 느낌을 준다.

무대 같은 LD와 계단의 관계. 두 계단 높인 바닥 밑 수납공간

대지면적 81.76㎡ (24.73평)
연면적 65.40㎡ (19.78평)

046: 협소지

주거의 의미를 돌아보게 하는 작은 주택

한신 대지진 피해자를 위해 지은 저비용 주택으로, 부부가 살 작은 공간. 검소하고 실속 있는 이 평면은 '주거의 기본'이 무엇인가를 돌아보게 한다는 점에서 의미가 깊다. 단순한 구성이지만 2.83㎡의 침실은 특기할 만하다. 가치관을 라이프스타일에 적용시키면 주택도 변한다는 것을 이 작은 집을 통해 느낄 수 있다.

보이는 구조재
상자형 구조로 동서남북으로 뻗은 보가 안정감을 준다.

전체를 조망하는 서재
실내 전체를 위에서 내려다볼 수 있는 서재. 낮은 다락은 안정감을 줘 독서나 글쓰기에 최적의 장소.

오브제처럼
보이드가 있는 거실 계단은 경쾌한 디자인으로 만들었다. 오르기 편하도록 난간을 설치했다.

유리 칸막이
욕실과 세면실은 프레임 없는 유리로 칸막이를 해 좁은 공간이지만 넓게 느껴진다.

방풍 현관
방풍실을 겸하는 현관홀은 거실로 향하는 기대감을 불러일으키도록 어둡게 만들었다.

정원과 심벌트리
정원은 담장 안쪽뿐 아니라 바깥까지 고려. 심벌트리는 담장의 안과 밖을 잇는 역할을 한다.

정면 외관

다락 서재에서 1층을 내려다본 것. 오른쪽과 중앙에 보이는 것이 벽장 같은 침실. 크고 작은 변화를 준 공간 구성이다.

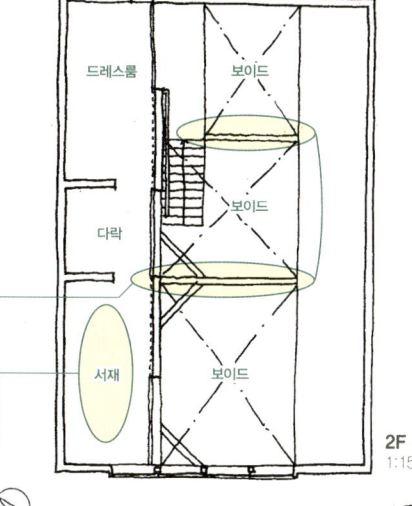

북쪽에서 거실을 본 것

터널 같은 거실
단정한 보의 리듬감과 남쪽 유리 스크린으로 내다보이는 정원. 빛과 바람 덕분에 여유를 느낄 수 있는 공간이다.

정리는 한곳에
평소 생활에 필요한 소품부터 이불까지 한데 정리한다.

벽장 침실
지진 당시 가장 안전했던 벽장을 형상화했다. 어릴 적 숨바꼭질 하던 추억을 떠올릴 수 있는 조용한 공간. 미닫이를 열면 거실과 연결된다.

정원과 연결
거실에서 평평하게 연결되는 테라스는 정원을 친근하게 만들고, 실내에서 바깥으로 이어져 안팎이 모두 넓게 느껴진다.

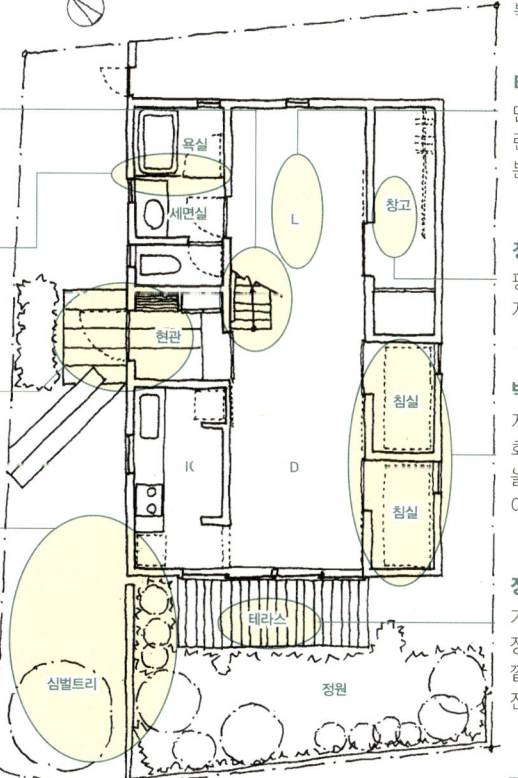

대지면적 121.18㎡ (36.66평)
연면적 69.44㎡ (21.01평)

1. 평면과 대지의 관계
2. 공간별 디자인 포인트
3. 특별한 용도에 맞춘 설계

047: 좁고 긴 집

4층을 여덟 개 스킵플로어로 연결하다

정면 폭 3m에 안쪽은 1m가량 더 좁은, 매우 좁고 길쭉한 대지다. 전면도로 쪽으로만 개방할 수 있어, 도로 쪽 시선을 차단하면서 유리를 넣어 개구부를 만들었다. 안쪽의 좁아지는 병목 부분은 스킵 플로어로 만들어 빛이 안쪽까지 전달되도록 했다.

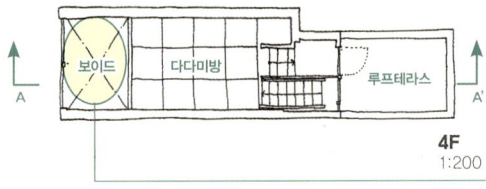

3층 LD. 도로 쪽 벽면을 가득 채운 유리창을 통해 빛이 들어온다.

보이드의 빛
효과적인 채광을 위해 거실 위를 보이드로 만들어 뚫린 공간을 확보. 연면적보다 공간의 쾌적함을 우선했다.

좁은 코너에
대지가 좁아지는 접점 코너에 세면기를 두었다. 앞에 롤 커튼을 달아 거실에서 보이지 않는다.

스킵 플로어로 잇다
4층까지 여덟 개 스킵 플로어로 연결. 조금씩 층을 올려 위아래층 간 이동을 가깝게 하고 전체 공간을 부드럽게 연결해 넓어 보인다.

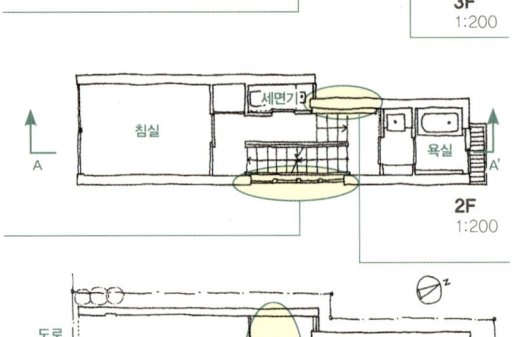

1인 부엌
폭이 2m 정도라 혼자 서면 꽉 차는 공간. 하지만 손이 닿는 범위 내에 모든 수납공간이 있어 효율적으로 일할 수 있다.

빛이 들어오는 계단
건물이 빽빽이 들어선 대지라 양쪽 옆으로는 채광과 통풍을 기대할 수 없다. 계단 전면에 창을 달고 스트립 계단을 설치해 빛이 들어오게 했다.

조금이라도 수납을
복도도 만들 수 없을 정도로 좁은 스킵 계단의 연결 부분이지만 그 벽면에 책장을 만들어 수납공간을 확보했다.

외부와의 연결점
건물 정면 폭이 매우 좁아서 외부와의 접점은 현관뿐이다. 그래서 폭 전체를 봉당으로 만들어 밖과 안의 중간 영역이 되도록 했다.

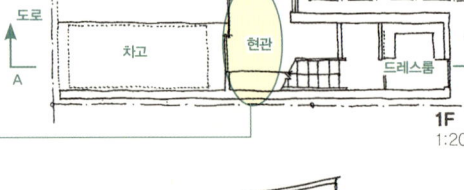

조금이라도 바깥을
욕실과 접한 공간에 가림벽을 세우고 작은 발코니를 설치해 욕실정원을 확보. 빛과 바람을 느끼며 바깥을 볼 수 있다.

도로 쪽 외관. 도로의 시선이 닿지 않는 2층 상부부터 꼭대기까지 유리를 넣어 채광 확보했다.

A-A'단면
1:200

스킵으로 연결되는 LD와 부엌

대지면적	37.18㎡ (11.25평)
연면적	79.85㎡ (24.15평)

048: 좁고 긴 집

계단으로 방을 나누고 스킵으로 넓게

건축주는 폭 4m 부지에 차고와 성인 세 명의 공간이 있는 집을 원했다. 폭 3m 건물에 연면적을 조금이라도 더 늘리기 위해 지하를 계획하고 지상도 3층의 스킵 플로어를 만들어 각 층을 연결시켜 넓게 느껴지도록 했다.

지하실에는 남편을 위한 오디오룸과 수납 창고가 있다. 협소 주택이지만 큰 음량으로 음악을 즐길 수 있는 공간이 생겼다.

도로 쪽 정면 외관. 슬릿 창은 3층에서 차고까지 연결된 느낌을 준다.

원룸 LD
폭 3m의 연속된 공간인 LD에는 남쪽에 창을 내 시야를 틔워 좁다는 느낌을 지웠다. 식당에서는 위층 거실과 아래층 부모님 방이 한눈에 보여 넓게 느껴진다.

식당과 단차를 두고 연결되는 거실

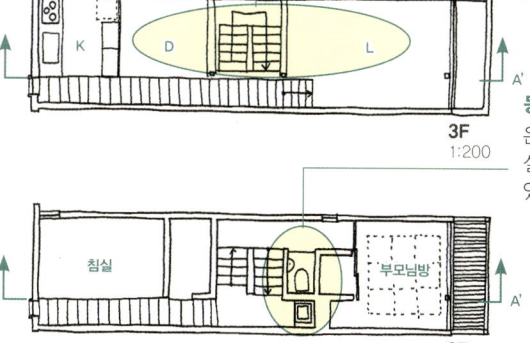

동선을 고려한 편리한 배치
온 가족이 쓰는 세면대 계단 층계참에 설치. 화장실은 부모님 방 근처에 만들었다.

차고가 현관
차고를 현관홀로 만들고 미닫이문을 달아 현관문 느낌을 냈다.

차고 현관

취미실
차고에 서핑 용구를 수납. 용구를 세척하는 장소도 있다.

탈의실
복도의 벽을 파고 수건 등을 수납해 공간을 절약했다.

천장이 낮은 거실
높이 제한 때문에 거실 천장은 지붕 모양으로 낮게 만들고 바닥에 앉아 쉴 수 있게 카펫을 깔았다. 식당에서 스킵한 높은 위치라 쾌적하다.

계단으로
공간을 나누다 계단을 한가운데 배치해 공간을 나누었다. 지하는 큰 음량으로 오디오를 즐기기에 최적의 장소.

발코니 가림벽
발코니에 가림벽을 설치하고 방을 바깥으로 확장했다. 이웃집을 신경 쓰지 않고 창을 열 수 있다.

반투명 칸막이
부엌과 식당은 반투명 칸막이로 막았다. 빛이 어렴풋이 통과해 원근감이 모호해지면서 넓어 보인다.

지하에 채광
1층 바닥을 조금 높여 창을 달았다. 폐쇄적이기 쉬운 지하실도 자연광이 들어오면 개방적으로 변한다.

투명 바닥
바닥 일부를 투명하게 만들어 차고를 내려다볼 수 있다. 수직으로 연결돼 협소함을 해소하는 효과가 있다.

A-A'단면 1:200

대지면적 56.74㎡ (17.16평)
연면적 101.10㎡ (30.58평)

049: 좁고 긴 집

대지의 안길이를 살려 방음구역을 만들다

남북으로 길고 도로보다 약 1m 낮은 대지. 북쪽 바로 옆으로 전철이 지나기 때문에 차고, 취미실, 옥상 테라스 등 일상적으로 사용하지 않는 방을 북쪽에 배치해 전철의 소음과 외부 시선을 차단했다. 생활공간은 남쪽으로 몰아 스킵 플로어로 연결시키고 각 층의 남쪽에 방을 배치해 채광을 해결하고 계단을 통한 공기 순환을 노렸다.
전철 소음을 신경 쓰지 않고 롯코 산과 고베 항의 경치를 즐길 수 있다.

북쪽 외관. 생활공간은 최대한 안으로 배치해 도로 쪽 소음을 피했다.

잘 보이지 않는 부엌
L형 부엌은 오픈 부엌이지만 안쪽으로 들어가 있어 잘 보이지 않고 효율성이 높다.

빛의 전달
3층 남쪽 창에서 스트립 계단을 지나 스튜디오로 들어온 빛을 스튜디오 벽의 아크릴 거울에 반사시켜 2층 중앙까지 빛을 보낸다.

3층 가족실에서

골목길을 걷듯
좁은 진입로는 골목길 같다. 진입로 안쪽의 키 큰 나무들이 계절의 변화를 느끼게 한다.

생활을 확장시키다
대지의 경사에 맞춘 천장구배로 최대한 매끄럽게 풍경을 이어 롯코 산에서 고베 항까지 조망할 수 있다.

소음과 시선 고려
1층 주차장, 2층 스튜디오, 3층 옥상 테라스를 도로 쪽으로 배치해 전철 소음과 외부 시선을 차단했다.

격자로 각 층을 잇다
1층에서 이어지는 나무 격자는 기초재를 마감재로 사용. 기초재의 틈새는 계단 조명으로, 3층에서는 식기 선반으로 사용되면서 스킵 플로어와 더불어 각 층을 잇는 역할을 한다.

기능을 모으다
세면, 탈의, 세탁, 건조, 수납공간을 한 곳에 모아 작업 효율을 높였다.

열었다가 닫았다가
욕실 문을 열면 세면실이 탈의실로 변한다. 문을 닫으면 욕실은 보이지 않는다. 루버형 문이라 통풍이 잘된다.

외부 수납공간
진입로가 좁기 때문에 외부 수납공간이 더욱 필요하다.

반옥외 공간의 활용
편하게 물건을 반출입하는 문. 문을 열면 반옥외 공간이 되어 반지하 방과 반층 위의 욕실로 연결된다.

자연 순환
수직으로 모인 남쪽 방들. 각 층 바닥의 루버를 통해 따뜻한 공기는 위로, 차가운 공기는 계단으로 내려가 자연스러운 공기 흐름이 만들어진다.

스킵 플로어를 적극 활용
도로보다 1.5m 낮은 대지에 맞춰 스킵 플로어로 반층씩 어긋나게 방을 연결했다. 모든 층에서 사생활이 보호되고 건물 밖으로 시야가 트여 있다.

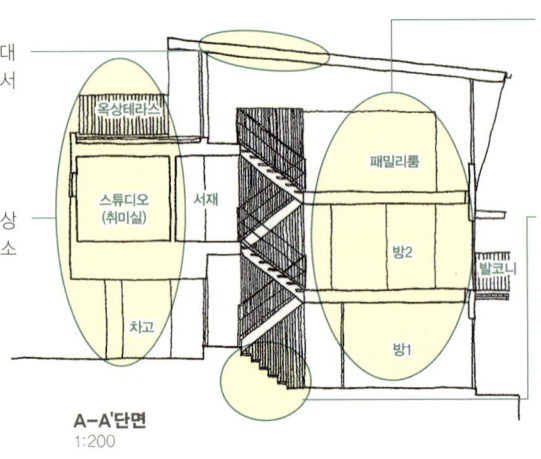
A-A'단면
1:200

대지면적 60.13㎡ (18.19평)
연면적 94.31㎡ (28.53평)

050 : 좁고 긴 집

아름다운 계단이 여덟 개 층을 연결하다

대지는 정면 폭이 좁고 안길이가 깊다. 대지 양쪽은 주택이 밀집되어 있기 때문에 상부에서 빛을 받아 계단 보이드를 통해 아래층으로 빛을 떨어뜨리기로 했다. 스킵 플로어 내부는 중앙 계단이 지하 1층에서 지상 3층까지 공간을 부드럽게 연결했다. 또한 각 공간이 어떤 형태로든 외부와 연결되도록 만들었다. 꼭대기 층에는 다다미 방과 루프테라스를 만들어 수직으로 산책할 수 있다.

왼쪽: 도로 쪽 외관. 발코니의 목제 루버는 디자인적 효과가 있다
가운데: 꼭대기층 예비실에서 계단실 너머의 루프 테라스 방향을 본 것
오른쪽: 거실에서 위로 욕실, 아래로 DK를 본 것. 빛이 계단 사이로 고루 퍼진다.

정면 방향으로 개방성을
옆집과 접한 벽면에는 개구부를 없애고 정면에 전면적으로 개구부를 내 충분한 채광과 공간의 안길이 및 넓이를 확보했다.

빛은 통과, 시선은 차단
목제 루버는 빛을 충분히 받아들이면서 보행자의 시선을 차단하는 역할을 한다.

수납벽의 변신
에어컨 등과 함께 벽 한 면을 수납공간으로 활용해 수납량을 늘렸고 깔끔하고 예쁘게 장식하는 효과를 주었다.

동선에 중심성을 부여
동선을 최소화하는 데 신경 쓰고 상징적인 구조물로 공간에 힘을 주고 구심력을 만들었다.

좌식공간은 천장을 낮게
낮은 천장 높이는 좌식공간에 안정감을 준다.

계단으로 리듬감을 살리다
각 층의 스킵 공간을 잇는 스트립 계단이 건물 전체를 리듬감 있고 쾌적하게 만든다.

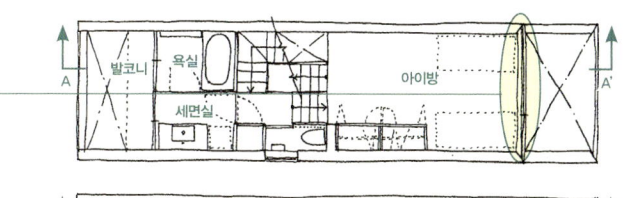

3-R'F 1:200

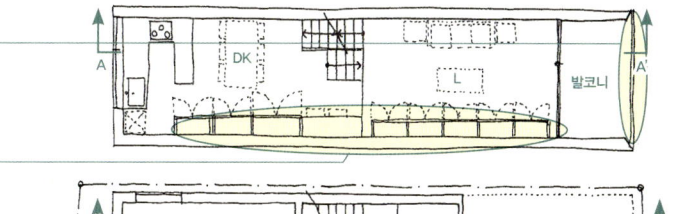

2-3'F 1:200

1-2'F 1:200

B-1'F 1:200

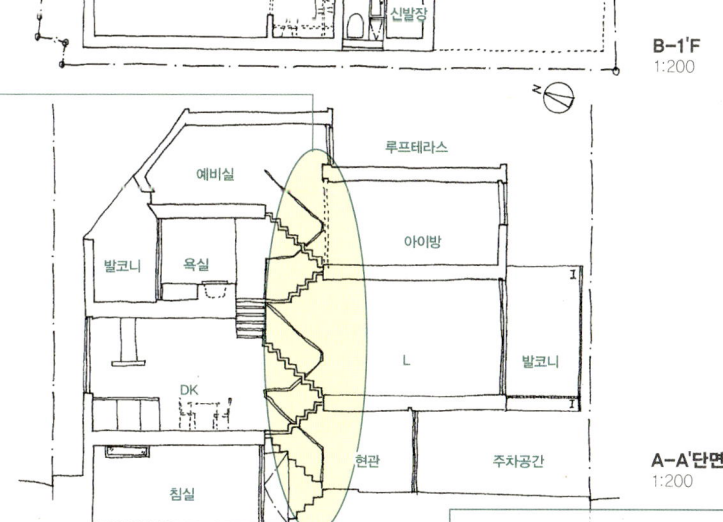

A-A' 단면 1:200

대지면적 62.65㎡ (18.95평)
연면적 90.04㎡ (27.35평)

DK에서 거실 방향을 본 것

1 평면과 대지의 관계

2 공간별 디자인 포인트

3 특별한 용도에 맞춘 설계

051: 좁고 긴 집

루버와 안뜰로 외부와의 거리를 유지하다

좁고 긴 대지지만 모퉁이 땅이라 채광에 대한 걱정은 없다. 다만 긴 방향이 도로와 접해 있고 대지가 좁아 보행자의 시선이 신경 쓰이는 상황. 목제 루버를 활용해 시선을 가리고 1층 욕실과 다다미방의 마루에 작은 안뜰을 만들어 사생활을 보호하기로 했다.
오래된 가구와 조명기구를 많이 소장하고 있는 건축주의 취향에 따라 1층은 일본풍으로, 2층은 앤티크풍으로 완성했다.

외관. 목제 루버(격자)를 활용해 도로와의 거리감을 확보. 현관은 중앙의 미닫이 부분. 벽을 돌아 들어간다.

톱라이트 안뜰
상부와 접한 천장에 톱라이트를 설치해 실내 채광과 안뜰로의 햇빛을 확보했다.

굽힌 반자(coved ceiling)
2층 LD는 지붕 구배에 맞춰 굽힌 반자 천장을 만들었다. 반자틀을 앤티크 분위기로 연출해 기존 가구와 어울리는 공간이 되었다.

일본풍의 1층. 기둥 하나를 남긴 개방성도 일본적이다.

2층 계단 옆 공간. 책장 앞은 서서 읽는 도서관

툇마루를 사이에 두고
약 3.5m의 좁은 폭이지만 도로와의 경계에 작은 안뜰을 만들었다. 다다미방, 툇마루, 안뜰로 이어지는 훌륭한 일본풍 공간이 되었다.

꺾어지는 진입로
좁은 대지에 진입로를 길게 낼 수 없어 현관문 정면에 벽을 세워 옆에서 꺾어지듯 들어오게 했다. 밖에서 보였다 안 보였다 하므로 안길이가 있어 보인다.

작은 서비스 동선
밖으로 나가는 동선. 작은 테라스를 만들어 건조공간을 확보하고 바깥쪽으로 뒷문을 달아 작은 서비스 동선을 만들었다.

조명 달린 책장
좁은 복도의 벽면에 책장을 만들고 브래킷을 달아 서서 읽을 수 있는 도서관으로 이용한다.

모퉁이의 욕실정원
목욕할 때 바깥을 내다보거나 통풍이 되도록 정원을 만들었다. 격자를 안과 밖에 이중으로 달아 시선을 차단하면서 빛과 바람을 들인다.

대지면적 80.86㎡ (24.46평)
연면적 96.66㎡ (29.24평)

052: 좁고 긴 집

집 안을 비스듬히 관통하는 골목 공간

도로 쪽 외관

정면의 폭이 좁고 동서로 긴 협소지. 남쪽에 철도 건널목이 있고 전면도로가 좁다. 남자아이 셋이 집 안에서 뛰어놀기에 넓은 집은 아니지만 이 집을 베이스로 가족 모두 적극적으로 이웃과 교류하며 도시 생활을 즐기고 있다.
도로와 가까운 쪽에 가족 공동 공간을 배치하고 안쪽으로 갈수록 개인적인 이용도가 높아지도록 설계했다.

LD에서 보이드를 올려다 본 것. 이 천장 위는 '아이들의 거실'

빛을 전달하고, 빛과 놀다
북쪽 톱라이트의 부드러운 간접광이 큰 벽을 따라 1층 안쪽까지 전달돼 구름의 움직임이나 유리창의 빗방울 그림자, 달빛이 벽에 어른거린다.

시선은 막고, 빛은 받아들이고
둘러싸인 테라스 공간에 큰 개구부를 설치해 프라이버시와 채광을 동시에 확보했다.

아이들 거실
남자아이 셋을 위한 프리 스페이스를 만들어 실컷 놀 수 있도록 했다. 나중에 칸막이를 할 수 있도록 만들었다.

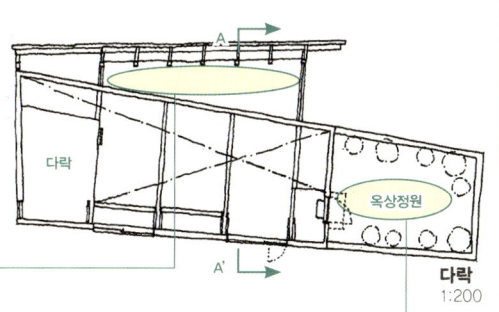

다락
1:200

옥상정원

공중 정원
실내와도 지상과도 단절되어 있어 혼자만의 시간을 보내기 좋다.

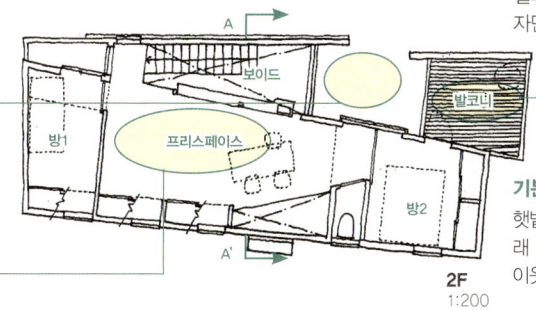

2F
1:200

기분 좋게 야외 건조
햇볕이 가장 잘 드는 장소에 넓은 빨래 건조공간을 만들었다. 벽을 높여 이웃집의 시선을 막았다.

집 안의 골목길
거실과 접해 있는 테라스, 유리 지붕 밑, 욕실과 연결된 중정을 일직선으로 연결해 골목길 같은 느낌으로 외부와 이어진다.

넓은 욕실
욕실, 세면실, 중정을 일직선으로 연결해 넓게 연출. 욕조에서 중정이 보인다.

커뮤니케이션 테라스
이웃의 친구가 잠시 들렀을 때 집에 들어오지 않고 서서 이야기할 수 있는 장소.

에어컨 위치
에어컨을 외부로 내보내 거실과 식당 벽을 깔끔하게 만들었다.

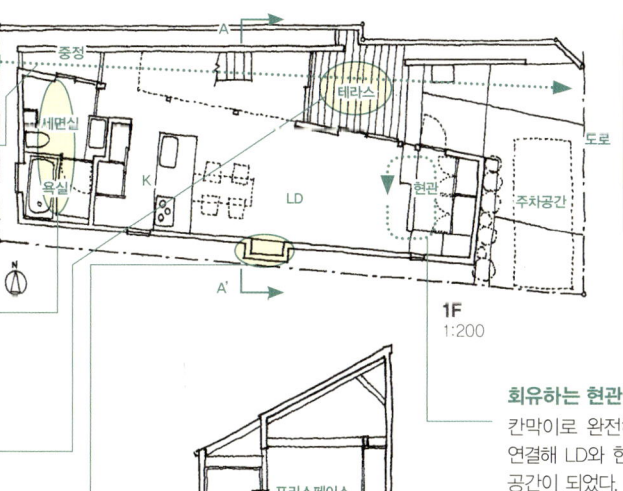

도로 쪽에서 테라스를 본 것. 이웃 아이들도 뛰어논다.

회유하는 현관
칸막이로 완전히 막지 않고 양 끝을 연결해 LD와 현관이 이어지면서 넓은 공간이 되었다.

1F
1:200

A-A'단면
1:200

대지면적 100.06㎡ (30.27평)
연면적 90.56㎡ (27.39평)

---

1 평면과 대지의 관계

2 공간별 디자인 포인트

3 특별한 용도에 맞춘 설계

053: 좁고 긴 집

중정과 보이드로 통풍과 채광을 확보

남북으로 건물이 있는 좁고 긴 대지라서 남쪽과 북쪽은 창을 줄이고 중정을 통해 채광과 통풍을 확보했다. 중정은 프라이버시를 지키기 위한 완충공간이면서, 거실, 침실, 욕실 주변의 거리감을 적당히 조정하는 역할도 한다.
'헌책방 카페' 콘셉트로 내부는 낙엽송 바닥재, 천장의 화장보, 6m가 넘는 테이블과 장식 선반 등으로 디자인했다.

위: 2층 응접실에서 중정을 내려다본 것. 작은 데크 테라스지만 건물과 접하는 세 방향(침실, 복도, LD)에 개구부를 만들어 외부의 빛을 안으로 받아들인다.
아래: 보이드로 된 LD. 오른쪽에 부엌, 안쪽으로 중정이 보인다.

다다미방
골방 혹은 다실 같은 다다미방. 작은 창을 열면 보이드로 1층 LDK와 연결된다.

채광 확보
이웃집 방향의 개구부를 외부 시선과 상관없는 통로나 높은 곳에 설치해 채광을 확보했다.

응접실로 쓰는 다다미방

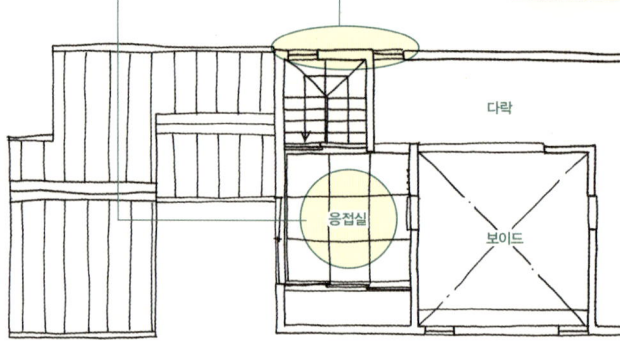

2F
1:150

다용도로 사용
세면실, 탈의실, 화장실, 세탁실을 한 곳에 두어 공간을 넓게 쓴다.

사이를 띄우다
LDK가 한 공간에 있지만, 부엌을 벽면으로 배치하고 테이블을 이용해 자연스럽게 공간을 구분했다.

카페 같은 LD
보이드로 천장이 높아진 넓은 LD는 부엌과도 조금 떨어져 있어 포근하게 감싸는 듯한 편안함이 느껴진다. 앞뜰에서 중정으로 바람이 지나간다.

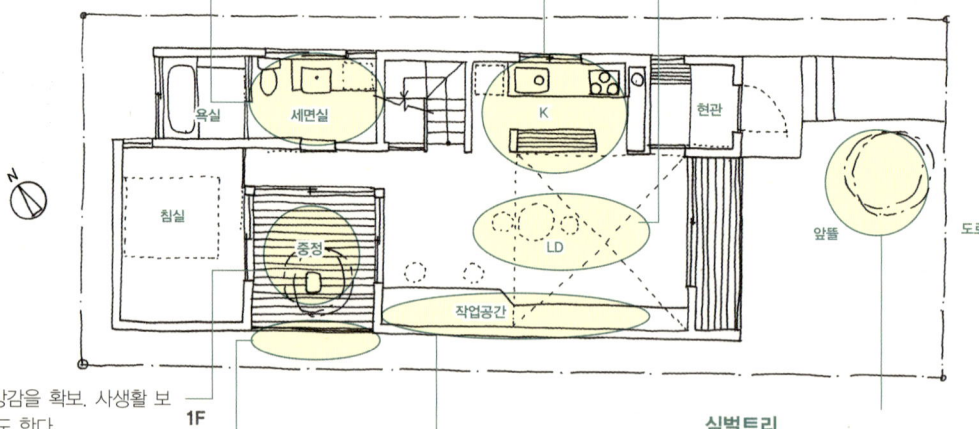

1F
1:150

중정의 효용
채광, 통풍, 개방감을 확보. 사생활 보호를 위한 역할도 한다.

와이어 메시(wire mesh) 울타리
채광과 통풍을 확보하고 방범 효과를 높였다. 울타리로 중정이 내부화되고 울타리의 촘촘한 정도에 따라 외부와의 거리감이 달라진다.

6m가 넘는 테이블과 장식 선반은 '헌책방 카페' 분위기를 내기 위해 사용한 가구.

심벌트리
앞뜰에 단풍나무를 심었다. 계절에 따라 모습을 바꾸는 낙엽수가 보행자에게도 사계절을 느끼게 한다.

대지면적 122.74㎡ (37.13평)
연면적 83.62㎡ (25.30평)

054: 좁고 긴 집

공중의 데크 테라스로 빛, 바람, 나무, 공간을 누리다

목조 3층 건물. 2층과 3층 파사드에는 사생활 보호, 채광, 통풍을 위해 격자를 설치했다. 계단실도 바람 길이 되어 자연스러운 환기를 돕는다. 사계절 내내 정원의 나무와 주변 경치를 보며 자연의 풍요를 느낄 수 있다. 실내도 그에 걸맞게 차분한 색조로 마감했다. 빛과 바람, 나무향이 감도는 환경이 마음을 편하게 한다.

왼쪽: 2층 거실에서 DK 쪽을 본 것. 데크 테라스를 끼고 있어 멀게 느껴진다.
오른쪽: 도로 쪽 외관. 도로 쪽 대문과 2, 3층 전면에 격자를 설치했다.

1 평면과 대지의 관계

2 공간별 디자인 포인트

3 특별한 용도에 맞춘 설계

바람의 계단
각 층에서 문을 열면 굴뚝 효과 때문에 밑에서 바람이 부는 쾌적한 공간이 된다.

격자로 감싸다
사생활 보호를 위해 2층과 3층 전면을 격자로 덮었다. 시선은 차단하고 빛과 바람은 받아들인다.

화장실은 조금 멀리
평면도상으로는 거실 옆에 있는 것처럼 보이지만 입구가 계단 층계참에 있어 조금 멀다. 생활공간과 적당한 거리를 두었다.

2층 중정
건물 동쪽은 기본적으로 막고 데크 테라스 부분만 개방해 바람, 햇빛, 옆집 나무를 끌어들이고 공간에 안길이를 만든다.

대형 수납공간
현관 근처 넓은 수납공간에는 큰 물건도 정리할 수 있다. 차고로 연결된 출입구가 있어 자동차 용품도 수납 가능.

여유공간
손님용 주차공간. 건물에는 격조를, 거리에는 여유를 선물한다.

보이드를 향하다
옆집 시선을 고려해 북쪽에는 개구부를 만들지 않고 보이드 쪽으로 개방해 빛을 받아들인다.

밝은 공용공간
알코브(alcove) 모양의 홀은 겨울에도 기분 좋은 햇살이 들어온다. 가족 모두 다목적으로 사용한다.

보이드와 테라스
테라스를 사이에 두고 DK와 반대편에 있는 거실은 통로 끝의 방 같다. 외부 보이드와 테라스를 접하고 있어 두 종류의 외부공간을 느낄 수 있다.

별채 느낌
다다미방 입구 앞의 일부를 외부적인 느낌으로 마감해 별채 같은 분위기를 냈다.

바람길
보이드와 테라스 쪽으로 개구부를 설치해 동서남북으로 바람길이 생기면서 수직으로도 수평으로도 바람이 잘 통한다.

물의 공간
수조와 정원을 한곳에 두었다. 도로에서 가장 안쪽에 있지만 진입로와 다다미방에서 보인다.

격자 파사드
일본의 전통 격자를 파사드로. 빛과 바람을 통과시키고 외부 시선을 차단한다.

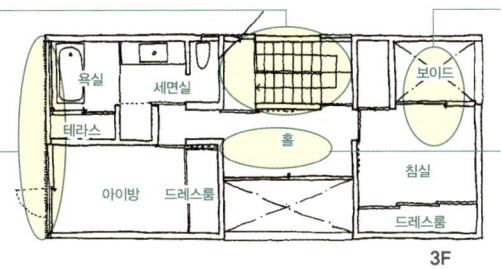

3F 1:200
2F 1:200
1F 1:200

1층 다다미방. 낮은 창을 통해 수조와 나무를 즐긴다.

대지면적 142.54㎡ (43.12평)
연면적 138.38㎡ (41.86평)

63

055: 좁고 긴 집

1, 2층의 중정과 발코니가 공간을 풍요롭게 만든다

택지 분양으로 쪼개진 좁고 긴 대지는 옆집과의 간격이 좁아서 채광이나 통풍을 위해 중정을 배치했다. 1층에 방(침실)들을 두고 2층은 LDK와 욕실 등을 배치해 생활공간으로 만들었다. 중정은 2층에서는 LDK로 둘러싸여 있고 1층에서는 두 아이방 사이에 끼여 있어 일체감과 함께 거리감과 공간감을 만들어준다.

중정으로 공간 구분
LDK는 원룸이지만 중간에 중정 위 보이드를 끼워 넣어 공간이 확실하게 구분되고 넓게 느껴진다.

보이드로 이어지다
두 개의 아이방은 중정을 사이에 두고 마주보고 있어 서로를 창 너머로 볼 수 있다. 외부 보이드로 2층 LDK와도 연결된다.

마주보는 아이방과 중정 데크 테라스. 채광과 함께 적당한 거리감을 만든다.

신발장으로 더 넓게
신발장을 만들어 현관을 깔끔하게. 좁은 현관이 더 좁아질 것 같지만 수납을 잘하면 오히려 더 넓게 쓸 수 있다.

1층 현관홀. 위에서 떨어지는 빛이 계단 사이를 빠져나와 집안 구석까지 들어온다. 오른쪽으로 보이는 것이 신발장이다.

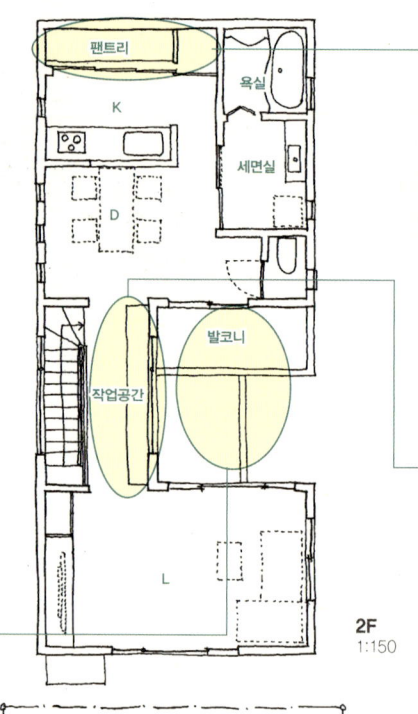

넉넉한 수납공간
부엌 뒷면은 미닫이 네 짝 크기의 넓은 수납공간. 식재료와 식기류는 물론 냉장고도 들어간다. 식당과 합쳐진 오픈 키친이지만 깔끔하다.

부엌과 뒷면의 팬트리

통로도 알뜰하게 활용
좁은 통로가 될 수밖에 없는 중정 옆 공간은 테이블을 놓아 작업공간으로 활용했다.

통로의 테이블. 선반은 장식 선반 역할도 한다.

알찬 수납
침실에 넉넉한 크기의 드레스룸을 만들었다. 방 안에 수납가구를 둘 필요 없어 방을 넓게 쓸 수 있다.

침실 드레스룸. 서랍이 있어 실용적이다.

대지면적	165.33㎡ (50.01평)
연면적	115.31㎡ (34.88평)

056: 좁고 긴 집

단차와 구부러짐으로 변화를 주다

폭 2.7m, 안길이 23m의 대지에 맞춰 구불거리는 좁고 긴 집을 지었다. 단조로운 직사각형을 피하고 구부러짐, 스킵 플로어, 중정을 이용해 공간을 느슨하게 나누었다. 내부 벽에는 검게 스테인을 칠한 삼나무 판을 덧대 창으로 보이는 형형색색의 산들이 더 아름답게 강조되도록 했다.

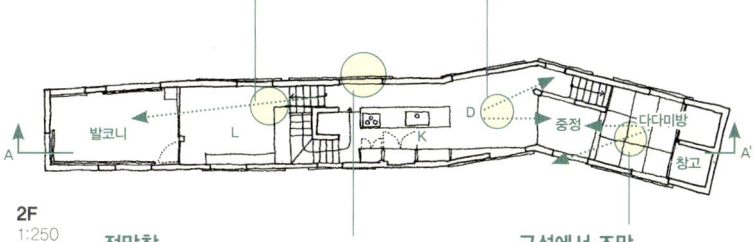

A-A'단면
1:250

풍경이 펼쳐지다
2층에서 반 층 높은 천장이 낮은 아늑한 방. 안쪽에는 넓은 발코니가 있다. 앞쪽은 지붕이 달린 반옥외공간이고, 끝부분은 하늘이 탁 트인 옥외공간이라 생활방식이나 계절에 따라 선택적으로 이용할 수 있다.

가깝지만 먼 거리감
식당의 큰 창은 중정을 사이에 두고 반층 올라간 다다미방과 마주하고 있는데, 밝은 중정과 바닥의 단차가 거리감을 만들어 안정감을 준다. 다다미방으로 가는 계단도 구부러져 있어 직접 보이지 않아 문을 달지 않았다.

완만하게 굽은 1층 통로. 통로 끝에 중정의 빛이 보인다.

2F
1:250

전망창
계단을 올라가면 보이는 2층 정면의 창은 문틀을 없애 열려 있어도 닫혀 있어도 경치를 보는 데 방해가 되지 않는다. 집 곳곳에 크기와 높이가 다른 창이 많이 설치되어 있다.

구석에서 조망
가장 안쪽에 있는 다다미방에 앉으면 집의 굴곡을 이용한 전망창으로 중정 너머 나무들을 볼 수 있다. 식당 쪽 개구부로 발코니까지 볼 수 있어 안길이를 느낄 수 있다.

가지런한 신발
봉당 통로에서는 신을 신지만, 한 계단 올라간 화장실과 세면실에는 신발을 벗고 들어가므로 통로에 신발이 있으면 사람이 안에 있다는 뜻이다.

구부러진 통로
대지 모양을 반복하듯 길게 구부러진 봉당 통로는 창고, 화장실, 세면실, 중정을 이으며 가장 안쪽의 침실로 연결된다. 통로가 구부러져 침실 입구는 보이지 않는다.

중정을 공유
침실과 욕실과 통로가 둘러싸고 있는 1평짜리 중정. 개인공간들이 중정을 공유한다. 대나무와 풀들이 자연광을 퍼뜨려 빛과 그림자를 실내로 드리우면서 마주보는 공간들을 부드럽게 나눈다.

좁고 긴 대지를 따라 지은 집. 앞쪽은 발코니의 전망대

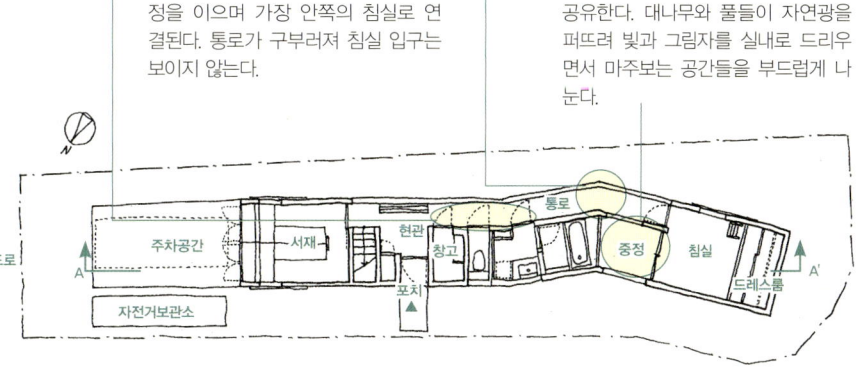

1F
1:250

대지면적 173.92㎡ (52.61평)
연면적 108.06㎡ (32.69평)

1 평면과 대지의 관계
2 공간별 디자인 포인트
3 특별한 용도에 맞춘 설계

057: 좁고 긴 집

소귀나무를 살리기 위해 동서로 길게 지은 집

대지 남쪽에 전 땅주인이 심어놓은 소귀나무의 예쁜 분홍색 꽃이 흐드러지게 피어 있었다. 이 소귀나무를 남겨두기 위해 건물을 가능한 한 북쪽으로 배치하고 남쪽 자연광이 최대한 실내로 들어오도록 했다. 남북이 짧고 동서로 긴 모양이 된 건물의 모든 방에서 소귀나무를 볼 수 있다.

다다미방에서 DK를 본 것. 남향의 전면 개구부로 소귀나무를 볼 수 있는 개방적인 공간이다.

소귀나무가 보이도록
실내 어디서든 소귀나무가 보이도록 배치하면 동서로 길고 남북으로 짧은 건물이 되는데, 결과적으로 자연광이 들어오고 바람이 잘 통하는 평면이 되었다.

정원을 즐기는 테라스
봄에는 꽃구경을 할 수 있다. 평소에는 빨래를 말리는 공간이다.

현관 앞 중정
욕실과 현관 양쪽에서 볼 수 있다.

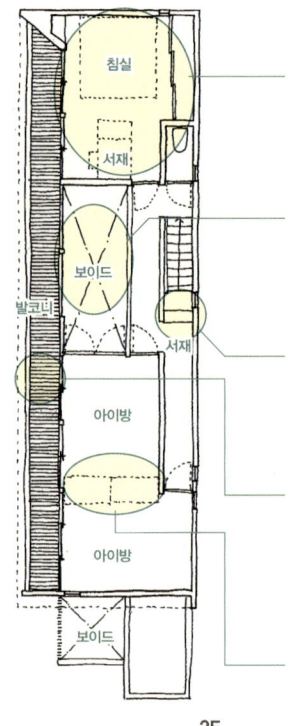

2F 1:200

서재가 있는 침실
서재 코너가 있는 널찍한 침실은 구석진 곳에 있는 조용한 공간이다.

남쪽으로 향한 보이드
겨울철에는 1층 깊숙한 곳까지 자연광이 들어온다.

계단 난간을 서재로
계단 난간을 이용해 계단 보이드와 가까운 서재 코너를 만들었다.

긴 발코니
아이들이 뛰어노는 회랑 같은 발코니. 이불을 말리기 딱 좋다. 여름철에는 아래층의 차양 역할도 겸한다.

이동식 수납장으로 공간 구분
이동식 수납장으로 방을 두 개로 나누었다. 수납장을 옮기면 방이 하나로 합쳐져 다양한 용도로 쓸 수 있다.

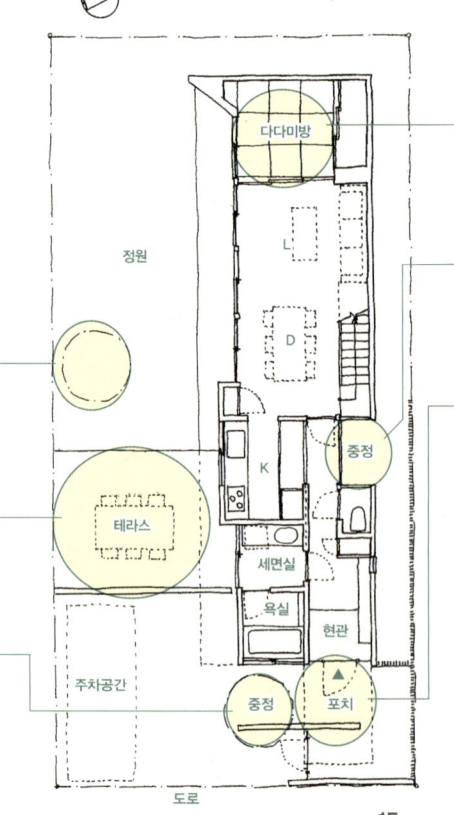

1F 1:200

거실과 연결된 다다미방
거실과 연결된 다다미방은 미닫이를 닫아 사용할 수도 있다. 다용도로 쓰기 편하고 거실에 개방감을 준다는 장점이 있다.

화장실을 위한 중정
화장실에도 경치를 감상할 수 있는 중정을 만들었다.

현관 포치의 차양
커다란 차양이 있는 현관 포치는 비를 피할 수 있어 편리하다.

남쪽에 정원을 배치해 소귀나무를 살렸다.

대지면적 195.59㎡ (59.17평)
연면적 105.31㎡ (31.86평)

058: 좁고 긴 집

안쪽으로 긴 대지는 안길이와 방향성이 중요하다

안길이가 있는 대지의 모양을 살려 건축했다. 도로에서 뒤로 물러나 있는 모습이 안정감을 준다. 거실과 식당, 부엌, 중정이 일체화된 보이드 공간에서는 2층의 인기척도 느낄 수 있어 가족 모두가 하루의 대부분을 함께 지내는 셈이 된다.

도로 쪽 외관. 건물을 대지 안쪽에 배치하고 현관을 안으로 끌어들여 긴 진입로를 만들었다.

1 평면과 대지의 관계

2 공간별 디자인 포인트

3 특별한 용도에 맞춘 설계

아이방을 위한 칸막이
아이가 성장해 방이 필요해지면 칸막이를 할 수 있도록 출입구를 두 군데에 만들었다.

보이드를 사이에 두고 연결
거실과 다다미방에 보이드를 만들어 중심을 낮춘 공간에 개방감을 줬다. 보이드를 사이에 두고 하나가 된 공간에서 위아래층의 인기척을 주고받을 수 있다.

중정의 테라스와 LD

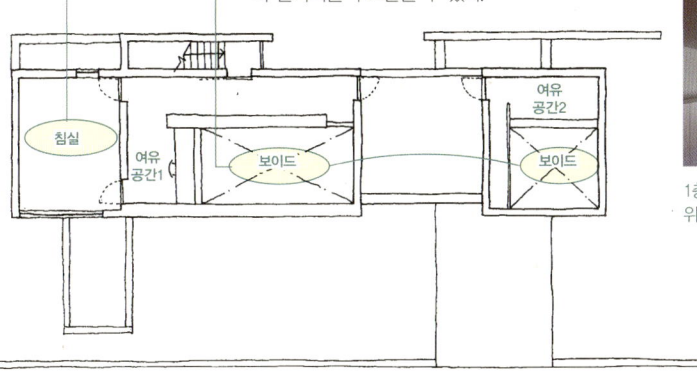

1층 LD. 보이드된 넓은 공간에 개구부 위치를 낮춰 방 전체의 중심을 낮췄다.

2F 1:250

주변을 가리다
오픈 키친이지만 테이블 때문에 LD에서 부엌 주변이 보이지 않는다.

두 종류의 테라스
부분적으로 지붕을 달아 반옥외와 옥외 공간을 함께 즐긴다.

건축선 후퇴
안길이가 있는 대지의 특징을 살려 건물을 후퇴시키고 주차공간을 확보해 이웃에 여유로운 공간을 제공했다.

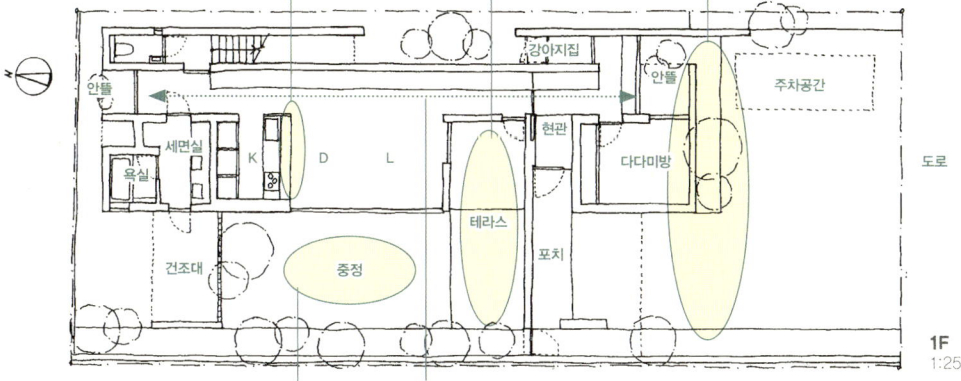

1F 1:250

자연을 느끼다
중정과 바싹 붙어 지어진 건물은 집안 어디서든 개구부를 통해 빛과 바람, 외부의 자연을 즐길 수 있다.

방향성이 있는 공간
안길이가 있는 대지에 방향성 있는 동선을 만들어 집에 통일감을 만들었다. 대지의 방향성을 따라 붙박이 가구도 설치했다.

대지면적 335.25㎡ (101.41평)
연면적 169.17㎡ (51.17평)

67

059: 좁고 긴 집

ㄷ자 숲으로 둘러싸인 집

남북으로 긴 대지. 건물을 대지 중앙에 놓고 그 주위에 키 큰 나무를 심어 2층 창에서도 경치를 즐길 수 있도록 계획했다. 내부에는 남북으로 긴 2층짜리 상자 안에 1층짜리 상자를 세 개 놓고 두 개의 다리로 연결했다. 세 개의 상자는 각각 침실, 서비스 공간, 차고. 그 밖의 공간은 거주자가 필요에 따라 쓸 수 있도록 특정한 기능을 부여하지 않았다.

2층의 방3에서 DK를 본 것. 2층은 1층의 '상자' 위가 방이다. DK로 이동하려면 다다미방(침실) 위에서 기능 공간 위로 다리를 건넌다.

스킵 플로어의 무대
방3을 음악실로 사용할 때는 무대가 된다. 이때 식당은 관객석.

집에 다리를 놓다
2층은 공간적으로는 원룸이지만 바닥 면은 1층의 '상자' 위다. 상자 위에서 다른 상자 위로 다리를 놓았다.

반옥외 공간인 테라스
단열재가 없는 반옥외적 내부공간. 아웃도어 제품이 가득하다.

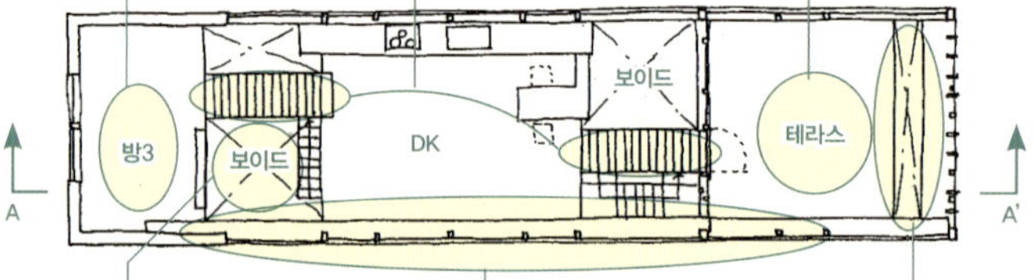

보이드로 연결하다
방2의 책상 코너와 식당은 보이드로 연결되어 있어 작업 중에도 가족의 인기척을 느낄 수 있다.

20m짜리 선반
압도적인 수용량의 20m짜리 선반. 책과 취미 용품으로 채워져 있다.

짐 운반
보이드는 카누와 자동차 등을 테라스로 올리는 데 이용된다.

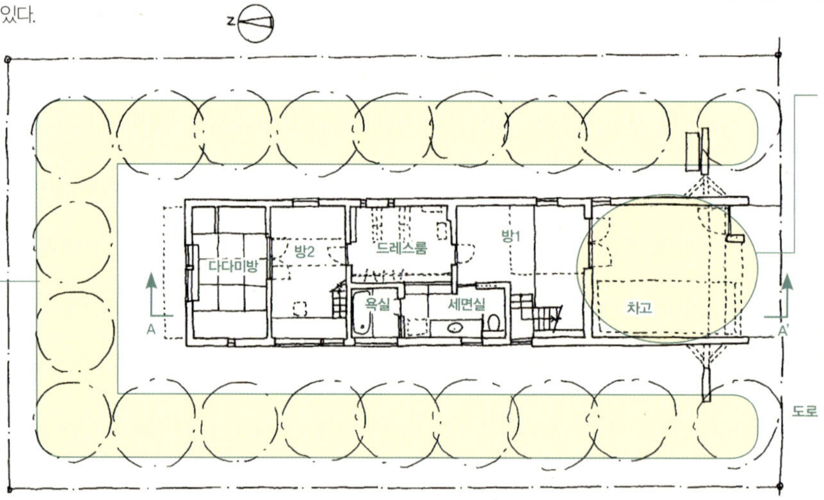

2F 1:250

제설을 위한 배려
겨울철 제설 작업을 최소한으로 줄일 수 있도록 차고 배치에 신경 썼다.

방3에서 보이드를 내려다본 것

1F 1:250

초록으로 둘러싸인 집
주택가 안에 '초록으로 둘러싸인 집'을 실현했다.

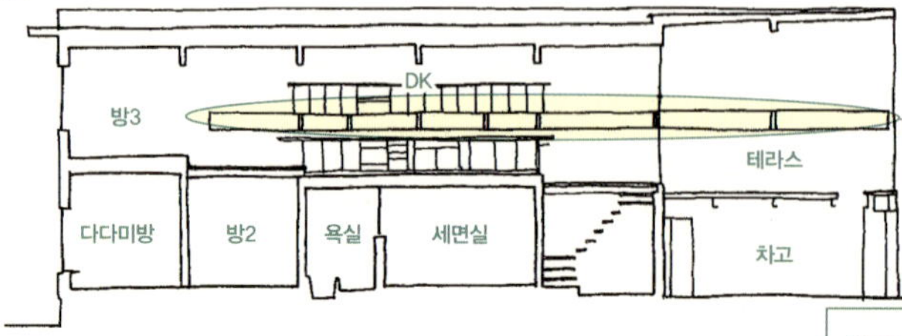

수평으로 이어진 창
건물을 둘러싼 나무들을 한눈에 감상할 수 있는 옆으로 긴 창. 창의 길이 때문에 실내의 넓이가 느껴진다.

키 큰 나무로 둘러싸인 외관

A-A' 단면 1:250

대지면적 381.43㎡ (115.47평)
연면적 152.76㎡ (46.21평)

060: 단층집

기둥으로 칸막이한 단층집

3대가 살던 집이 하천 확장 정비 사업 때문에 퇴거되었다. 조부모는 같은 대지 안에 기존 건물을 이축하고, 젊은 손자 부부는 그 정원 앞에 새집을 지었다.

훌륭한 일본식 가옥인 모옥(母屋)에 경의를 표하는 의미로, 새집의 존재감을 최대한 줄이고 마치 모옥의 아래채인양 목조 단층의 현대식 '별채'를 지었다. 향후 생활의 변화에 맞춰 바꿀 수 있도록 방을 만들지 않고 회유할 수 있는 평면을 구상했다.

현관 봉당에서 LD 방향을 본 것. 현관, LD, 부엌으로 이어진다. 안쪽에 보이는 것이 키친 카운터. 편평하게 늘어선 기둥이 칸막이이자 수납장이다. 기둥 뒤로 욕실과 침실이 있다.

안과 밖을 잇는 부엌
부엌 카운터가 거실과 부엌의 봉당공간을 구분하는 역할을 한다. 큰 개구부를 열면 부엌의 봉당과 테라스가 이어져 야외 부엌처럼 쓸 수 있다.

봉당과 이어지는 부엌 카운터. 외부로 연결돼 청소도 쉽다.

거실에서는 보이지 않는 곳
냉장고와 세탁기 등의 가전제품을 부엌 옆 가사실에 넣어 거실에서는 보이지 않게 했다. 겨울철이나 비 오는 날 빨래를 말리는 공간이기도 하다.

곧장 들어갈 수 있는 욕실
밖에서 놀다 들어온 아이가 곧장 욕실로 들어갈 수 있다. 욕실, 세면실, 가사실, 부엌이 연결되어 있어 가사동선이 효율적이다.

북쪽 외관. 낙엽송 판자벽을 검게 칠해 마감했다. 오른쪽이 모옥이다.

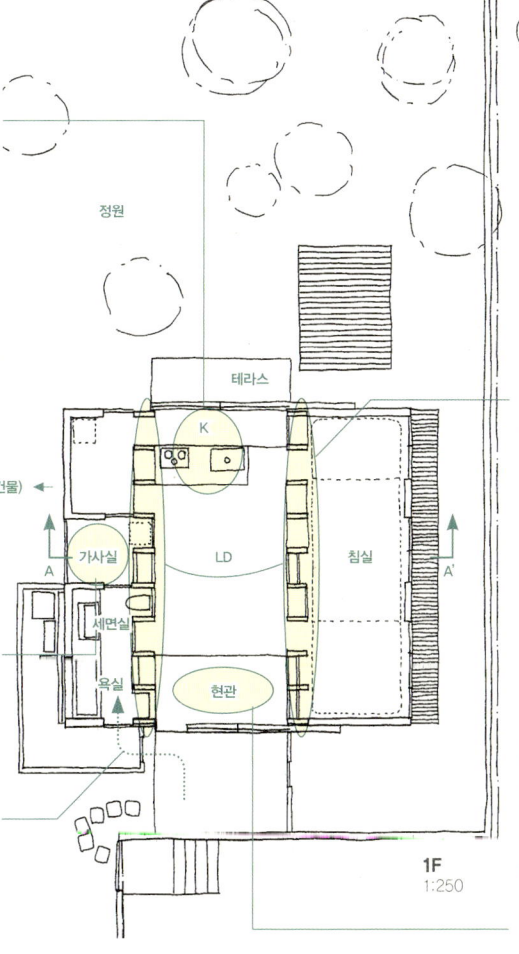

1F 1:250

120×600mm 편평한 기둥
하부는 수납공간, 상부는 기둥처럼 보이게 만들었다. 옆방과 연결해 더 넓게 느껴진다.

건축 당시 편평한 기둥의 모습. 기둥 단면이 넓고 바닥 높이 조정이 어려워 전용 철물을 사용했다.

넓은 현관 봉당
부엌과 대조되듯 넓은 현관 봉당. 창을 다 열면 반옥외공간이 되어 야외작업이 가능하다.

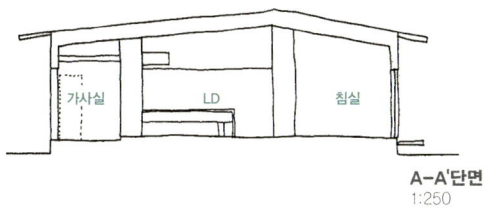

A-A'단면 1:250

대지면적	1460.93㎡ (441.93평)
연면적	74.52㎡ (22.54평)

1 평면과 대지의 관계

2 공간별 디자인 포인트

3 특별한 용도에 맞춘 설계

061: 단층집

큰 지붕으로 감싼 단층집

남으로 논 풍경이 펼쳐지고 햇볕이 잘 드는 텃밭도 만들 수 있는 대지다. 남쪽 경관이 생활공간에 녹아들도록 북쪽에 진입로를 만들고 북쪽 정원과 남쪽 풍경 사이에 건물을 배치했다. 현관 수납공간, 서재, 가사동선을 고려한 욕실 등 잘 짜인 간결한 공간과, 남쪽으로 확 트인 시야와 보이드로 넓게 느껴지는 LDK가 구배천장의 큰 지붕에 싸여 있다.

남쪽 외관. 대지 남쪽에는 논이 펼쳐져 있다.

작업장으로도 사용
다락은 큰 물건을 둘 수 있는 넓은 수납공간. 천장고가 높은 용마루 부근에 재봉틀대를 설치해 작업공간으로도 쓴다.

카운터와 바닥을 한 단 높인 서재

침실과 서재를 나란히
침실 옆 서재는 바닥 단차를 두어 좌식으로 사용. 여럿이 사용할 수도 있고 그대로 누울 수도 있다. 코너 창으로는 밖을 감상할 수도 있다.

충분한 수납공간
현관의 정면 폭을 3m 정도로 잡아 수납공간을 마련했다. 현관 주변의 잡다한 물건들을 깔끔하게 정리할 수 있다.

다목적 다다미방
장지문을 열어두면 LDK와 연결되는 다다미방. 바닥을 한 칸 높여 만들어서 응접실로도 손색이 없다. 다다미 밑은 수납공간.

단순한 가사동선
부엌 주변에 욕실과 건조대를 두어 단순한 동선으로 집안일을 효율적으로.

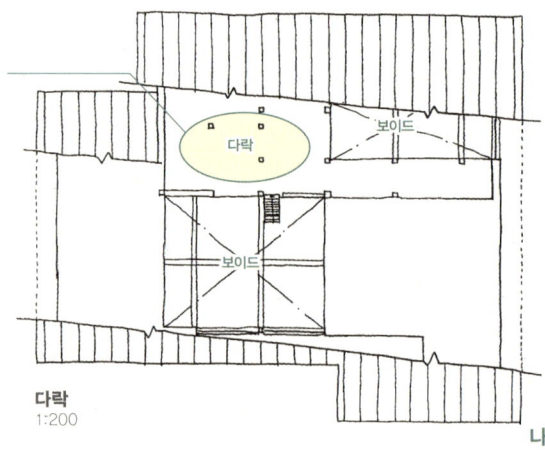

다락 1:200

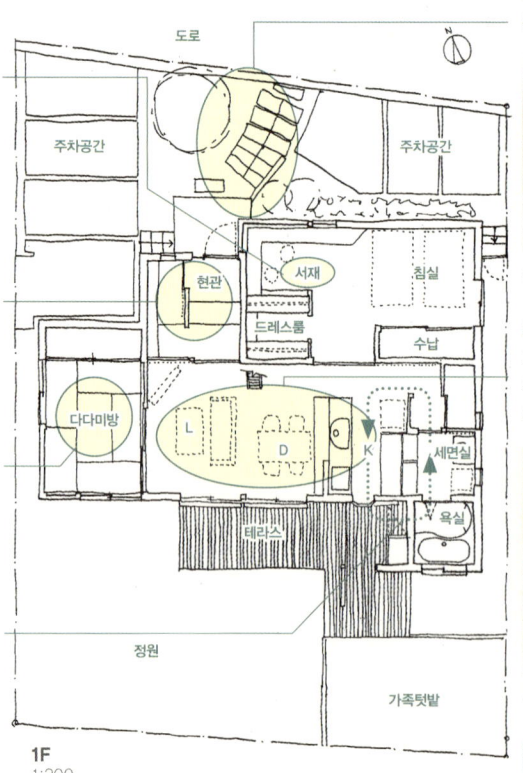

1F 1:200

나무 사이로
나무의 성장을 관찰하며 다리를 건너듯 현관으로 들어가는 진입로.

진입로

보이드 LDK
가족이 모이는 LDK는 기울어진 지붕 천장의 보이드로 차분하면서도 너른 느낌을 준다.

부엌에서 본 LDK

대지면적 238.36㎡ (72.10평)
연면적 81.15㎡ (24.55평)

062: 단층집

나선형 동선을 그리는 코트 하우스

현관 봉당에서 나선형으로 LD, 다다미방, 중정으로 갈 수 있고, 중정에서 다시 계단을 통해 옥상 텃밭으로 빙빙 도는, 막힌 곳이 없는 평면이다. 옥상 텃밭을 돌아 중정에서 실내로 들어온 바람이 거실 북쪽의 톱라이트 창으로 빠져나간다.
중정은 주변 건물에 영향을 받지 않고 햇볕과 바람을 집 안으로 들이는 장치다.

옥상 텃밭에서 내려다본 것. 창호를 벽으로 집어넣어 중정이 실내와 하나가 되었다.

다다미방의 무한 변신
다다미방은 침실을 겸하고 있어 미닫이를 닫으면 방으로 쓸 수 있고, 벽 안으로 집어넣으면 거실과 연결해 한 공간으로 사용할 수 있다.

전면 수납
벽 한 면이 수납공간이라 물건을 정리하기 쉽다.

중정을 중심으로 생활하다
4평 크기의 중정은 집 중심에 있어 거실과 함께 사용된다. 햇볕이 중정을 통해 거실로 들어온다.

이중 단열
장지문을 벽에서 꺼내 닫을 수 있다. 겨울철에는 하루 종일 햇볕이 들어오고 유리문과 장지문의 이중 단열로 온기가 새어나가지 않는다.

욕실과 외부를 연결
밖에서 곧장 욕실로 출입할 수 있어 흙투성이가 된 아이들이 발을 씻고 실내로 들어올 수 있다. 욕실 밖은 빨래 건조장(세면실에 있는 세탁기로 빨래한 후 곧장 말린다).

현관 사용법
현관은 넓은 봉당으로 되어 있어 실내외의 다양한 작업을 할 수 있다.

1F
1:150

햇볕을 들이다
중정 쪽으로 치마를 낮춰 겨울에 햇볕이 실내 구석까지 들어온다. 반대로 여름에는 실내까지 직사광선이 들어오지 않는다.

보이드로 감싸다
생활공간을 넓게 감싸는 보이드. 외장 단열을 사용해 기둥과 보가 힘차게 집을 받치고 있는 모습을 그대로 노출시켰다.

바람이 지나는 길
옥상 텃밭에서 차가워진 바람이 중정을 통해 실내로 들어와 보이드 상부의 톱라이트로 빠져나간다.

A-A'단면
1:150

거실과 연결된 중정. 계단을 올라가면 텃밭. 옥상 텃밭은 단열에도 도움이 된다.

다다미방에서 본 거실과 보이드

대지면적 172.53㎡ (52.19평)
연면적 81.98㎡ (24.80평)

1 평면과 대지의 관계
2 공간별 디자인 포인트
3 특별한 용도에 맞춘 설계

063: 단층집

거실을 중심에 배치해 동선이 짧아진 단층집

보통 단층집은 동선이 길고 긴 복도가 있게 마련이다. 하지만 이 집은 동선을 줄이기 위해 거실과 식당을 중심에 두고 그 주변에 현관, 수납공간, 부엌, 뒷문, 세면실 등의 서비스 공간과 다다미방, 침실을 배치했다. 어디서든 거실과 식당까지 최단거리로 이동할 수 있으며 서비스 공간이 서로 연결돼 회유동선을 만든다.

거실과 한 공간에 있는 식당과 부엌. 중앙의 미닫이문을 열면 바로 현관이다.

창이 없는 곳의 채광
뒷문에서 침실까지의 동선에는 창이 없기 때문에 세면실에서 복도까지 톱라이트를 설치해 채광을 해결했다.

벽 하나의 힘
원룸인 LDK 한쪽에 벽을 만들어 가스레인지와 냉장고를 감췄다. 칸막이 벽 하나로 일반 원룸보다 넓게 느껴진다.

테라스가 딸린 거실. 테라스 너머로 오른쪽에 침실

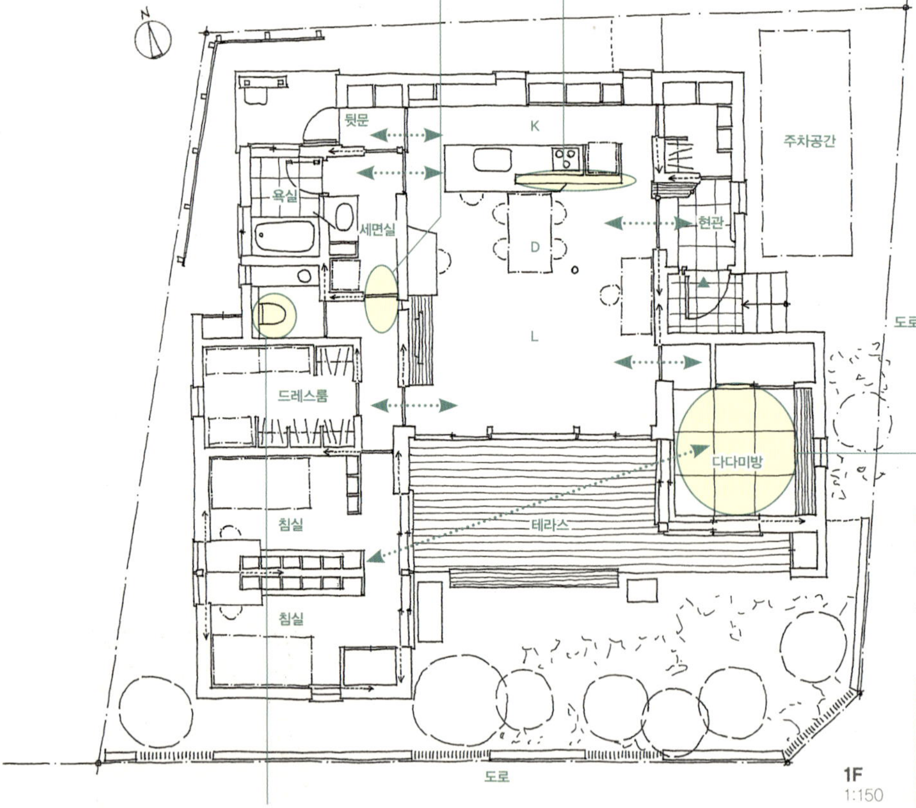

테라스로 연결
다다미방은 회유동선에서 벗어나 있지만 바깥의 우드 테라스를 통해 침실로 시선이 연결된다.

적당한 거리의 화장실
화장실은 LDK와 침실에서 적당한 거리를 유지하도록 자리를 잡았다.

테라스가 적당한 거리감을 만드는 다다미방

대지면적 220.77㎡ (66.78평)
연면적 99.96㎡ (30.24평)

064: 단층집

넓지만 동선은 짧은 단층집

정년을 맞은 부부가 나이 들었을 때를 생각해 지은 문턱 없는 단층 주택. 100㎡가 넘는 넓은 집이므로 생활동선을 짧게 줄이는 것이 생활의 편리함으로 이어지는 관건.
세 개의 회유동선은 느긋하게 쉴 수 있는 공간을 방해하지 않도록 기능적으로 짰다. 각 방은 남쪽 정원을 향해 연결되어 있고, 정원과 건물의 접점에 있는 데크 테라스와 봉당은 옆 건물에 사는 어머니나 이웃과 함께 쉬는 공간이다.

LDK. 거실 안으로 봉당이 연장되어(사진 왼쪽) 테라스와 정원으로 연결되는 내외 일체형 생활이 가능하다.

1 평면과 대지의 관계

2 공간별 디자인 포인트

3 특별한 용도에 맞춘 설계

각자의 공간
때로는 혼자 보내는 시간도 소중하기에 서로 신경 쓰지 않고 지낼 수 있는 각자의 방을 만들었다.

툇마루처럼
정원과 접해 있는 반옥외 데크 테라스는 커뮤니케이션 공간. 이웃에 사는 가족과는 데크와 봉당을 오가며 서서도 가볍게 이야기할 수 있다.

남쪽에서 본 테라스

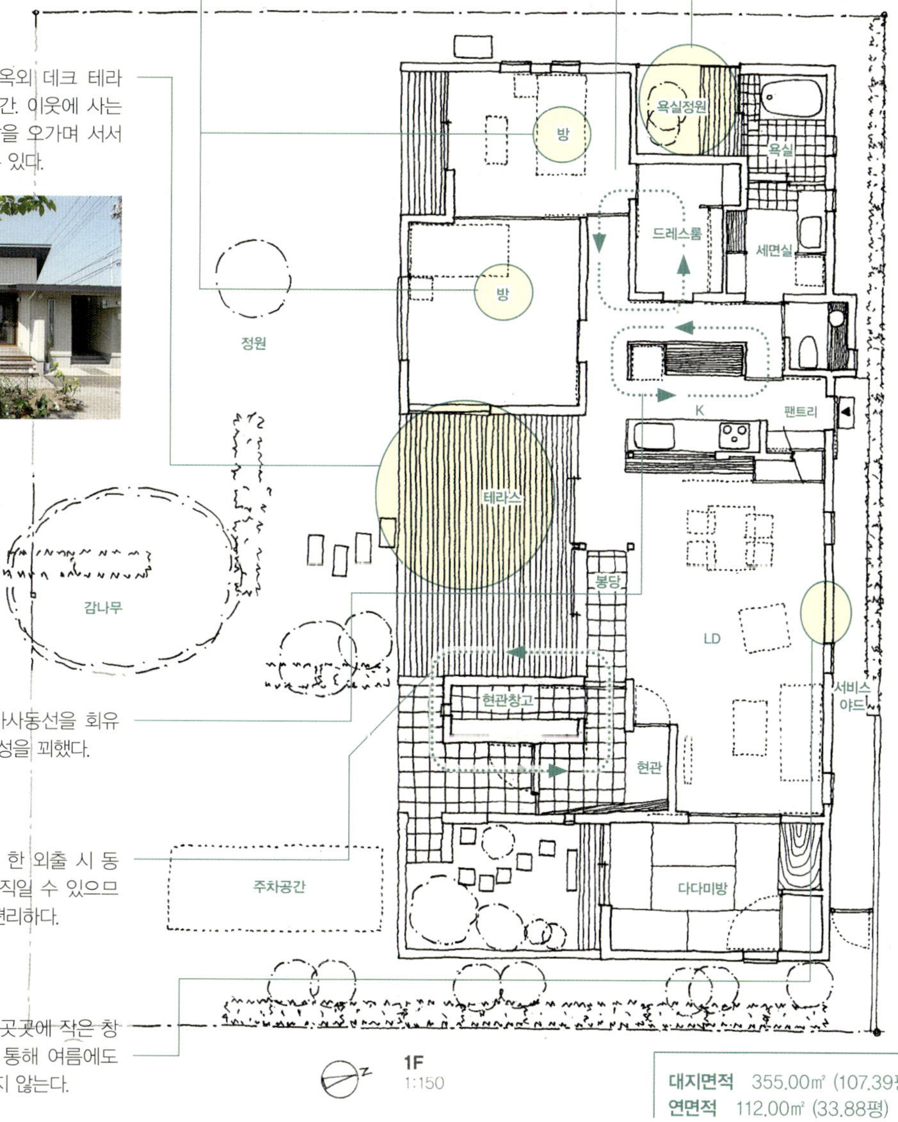

옷 갈아입고 정리하기
드레스룸을 중심으로 옷을 넣고 꺼내기 편하게 고려한 회유동선.

별이 보이는 욕실
이웃집에서 보이지 않는 위치에 지붕 없는 욕실정원을 만들었다. 목욕하며 반짝이는 밤하늘을 만끽할 수 있다.

효율적으로
부엌을 중심으로 한 가사동선을 회유동선으로 만들어 효율성을 꾀했다.

신발을 신은 채
현관 창고를 중심으로 한 외출 시 동선. 신발을 신은 채 움직일 수 있으므로 바쁘게 외출할 때 편리하다.

통풍로를 만들다
통풍로를 만들기 위해 곳곳에 작은 창을 달았다. 바람이 잘 통해 여름에도 에어컨을 많이 사용하지 않는다.

1F 1:150

대지면적 355.00㎡ (107.39평)
연면적 112.00㎡ (33.88평)

065: 단층집

열여섯 개의 정방형으로 만든 단층집

3평 남짓한 방이 가로 세로 네 개씩, 총 열여섯 개가 나란히 배열된 단층집. 각 방은 다실도 되고 부엌도 되고 수납공간도 되며, 미닫이문으로 연결되어 있어 상황에 따라 원룸으로도 사용할 수 있다. 손님을 위한 손님용 거실과 가족만 쓰는 가족용 거실을 따로 만들었다. 손님용 거실에는 방 세 개 크기의 정방형을 할애한 개방적인 공간이다.

아이방에서 가족용 거실 너머로 손님용 거실을 본 것. 미닫이문을 열면 하나의 공간이 된다.

식당에서 본 부엌과 팬트리

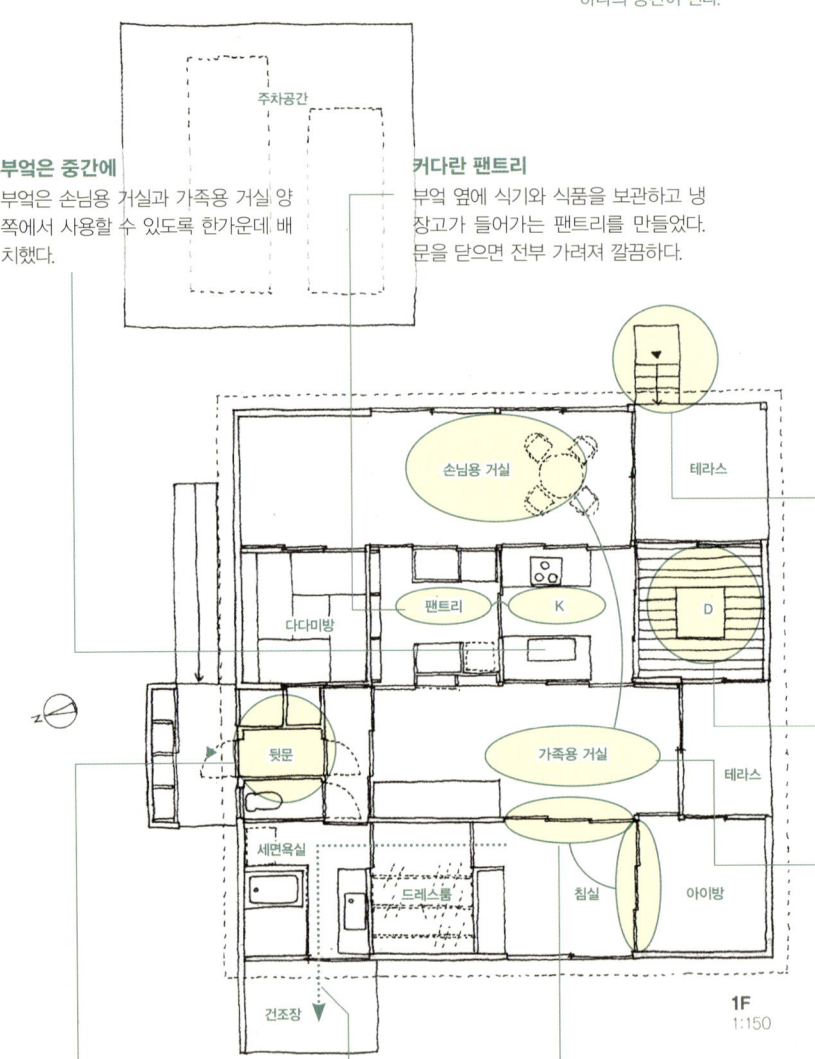

부엌은 중간에
부엌은 손님용 거실과 가족용 거실 양쪽에서 사용할 수 있도록 한가운데 배치했다.

커다란 팬트리
부엌 옆에 식기와 식품을 보관하고 냉장고가 들어가는 팬트리를 만들었다. 문을 닫으면 전부 가려져 깔끔하다.

손님 전용 입구
손님은 정원에서 계단을 올라와 테라스를 통해 들어온다.

다실
바닥을 한 단 높인 식당은 차를 마시는 공간으로도 사용한다.

거실이 두 개
가족용 거실과 손님용 거실을 따로 만들어 접객 공간에 가족들 물건이 널려 있지 않도록 했다.

가족용 뒷문
자전거로 올라갈 수 있는 슬로프를 설치하고 신발장을 두었다.

칸막이는 세 장짜리
미닫이 방과 방은 세 장짜리 미닫이로 연결되어 있어 활짝 열면 커다란 원룸 공간이 된다.

세탁과 건조동선
침실에서 드레스룸을 지나는 짧은 가사동선을 만들었다.

정면 외관. 왼쪽 테라스가 손님용 입구

대지면적 489.16㎡ (138.90평)
연면적   112.31㎡ (33.97평)

066: 단층집

전망 좋은 고지대의 단층집

구릉지의 고지대에 있어 눈앞에 이웃집 지붕과 푸른 산, 넓은 하늘이 펼쳐지는 전망 좋은 집이다. 고정된 방과 공간에 고유의 높이와 공간성을 부여하고, 중정에 딸린 복도, 사람의 움직임과 시선, 공간의 상호 거리까지 배려해 대지의 특성을 살린 전망 좋은 창을 냈다. 전체적으로 지붕과 처마와 벽으로 일정한 위치를 잡는 구성이다. 높이를 억제해 검소하고 다소곳한 모습을 하고 있다.

왼쪽: 도로 쪽 외관. 볼륨을 억제한 단층집의 모습을 하고 있다.
오른쪽: 부엌에서 LD 너머를 본 것. 언덕 아래쪽을 향해 큰 개구부를 냈다.

1 평면과 대지의 관계

2 공간별 디자인 포인트

3 특별한 용도에 맞춘 설계

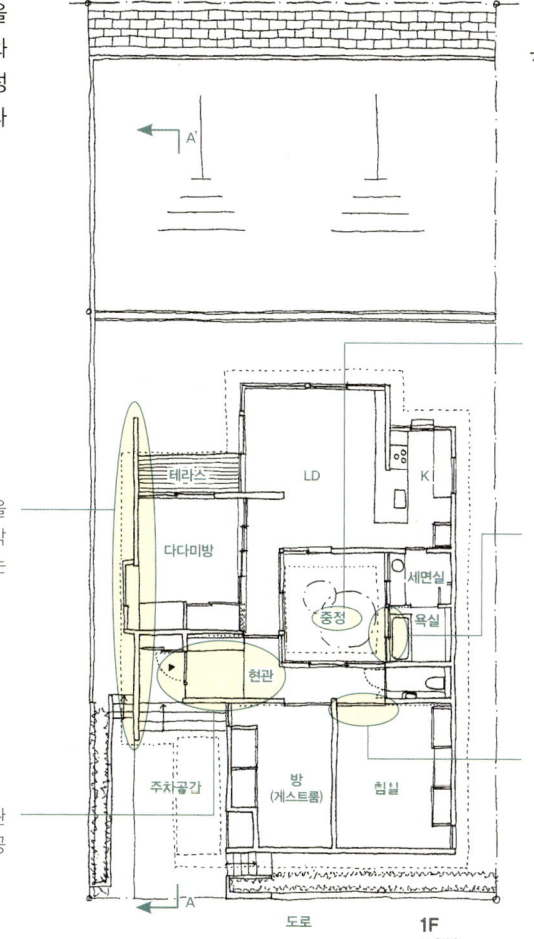

환경을 고려한 중정
이웃집 벽이 가깝지만 규정상 높은 담을 세울 수 없었다. 채광과 통풍, 프라이버시를 확보하기 위해 중정을 만들었다.

외관에도 신경 쓰다
튀지 않으면서도 존재감 있는 외관을 추구했다. 담장을 없애고 주변에 압박감을 주지 않는 크기로 환경에 미치는 영향을 최소화했다.

중정으로 개방하다
중정과 접해 있어 이웃집의 시선을 신경 쓰지 않고 개방성을 느낄 수 있는 욕실. 통풍이 잘되고 햇볕이 내리쬐어 쾌적하다.

필요에 따라 창호로 구분
창호를 열면 중정이 나오고 LDK와 먼 산의 녹음까지 볼 수 있다. 필요에 따라 장호로 개방성과 프라이버시를 확보한다.

멋들어진 현관
건물주의 요청 중 하나가 멋있는 현관이었다. 개방적이고 넓고 여유로운 공간으로 만들었다.

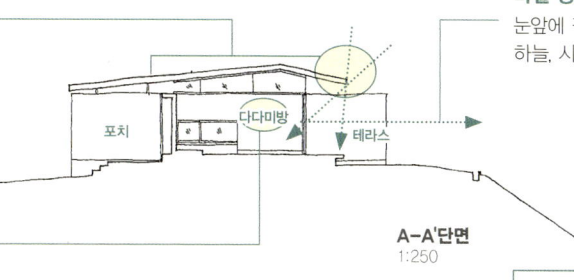

변화무쌍한 지붕 구배
여름에는 강한 햇살을 막고 겨울에는 부드러운 햇빛을 받기 위해 처마의 돌출에 신경 썼다. 각 방에 고유의 높이와 공간성을 부여하기 위해 지붕 구배에 변화를 줬다.

바깥 경치를 한눈에
눈앞에 펼쳐진 산등성이의 녹음, 푸른 하늘, 시가지를 조망할 수 있다.

편안한 다다미방
테라스가 딸린 다다미방은 경치를 감상하며 단란한 시간을 보내기 좋다. 손님방으로 이용할 수도 있다.

대지면적 417.46㎡ (126.28평)
연면적 120.54㎡ (36.46평)

067: 단층집

모든 방이 중정과 연결되는 집

남쪽으로 철길이 있는 비교적 넓은 대지에 여유롭게 자리 잡은 단층집. 선로 쪽과 도로 쪽으로는 콘크리트 벽을 세워 안쪽의 목조 건물을 보호했다.
잔디와 심벌트리를 심은 앞뜰을 지나 콘크리트 벽의 문을 돌아 건물로 들어간다. 남쪽 중정을 중심으로 모든 방을 배치해 어디에 있어도 빛과 바람이 통한다.

가족실 전경. 오른 쪽이 중정. 완만한 구배천장이 중정을 향해 상승하고 남쪽에서 햇살이 비쳐든다.

도로 쪽 외관. 슬릿을 통해 건물이 간신히 보인다.

빨래 말리기
뒷문으로 나오면 있는 서비스 야드에서 빨래를 말리기도 한다.

넓은 공간
많은 인원이 모일 수 있는 넓은 가족실. 남쪽 중정과 연결돼 안팎이 한데 어우러지는 기분 좋은 공간이다.

오픈된 차고
주차공간은 콘크리트 문 앞의 도로에서 보이는 곳에 배치했다. 바닥에는 침목을 사용했다.

욕실을 구석으로
욕실은 중정과 떨어진 구석에 배치했다. 욕실에는 전용 욕실정원을 만들어 바깥을 볼 수 있다.

든든한 벽
선로 쪽 벽은 콘크리트로 만들어 전철이 지나가는 소리를 차단하고 든든하게 실내를 지켜준다.

문을 열고 사용
침실로 이용하는 방1은 중정과 동쪽 정원으로 문을 열어 사용할 수 있다.

오픈한 채로 가리다
중정은 콘크리트 벽으로 막지 않고 오픈했다. 선로의 시선을 막기 위해 파이버 그레이팅을 벽과 나란히 설치해 밖에서는 안이 잘 보이지 않는다.

집의 중심
모든 방과 접하고 있는 중정은 집의 중심. 어디에 있든 눈에 들어오는 외부 공간이 개방감을 준다.

옆에서도 채광
도코노마 옆에 슬릿을 넣어 도코노마를 옆에서 비춘다.

떠 있는 천장
다다미방은 동서남으로 하이사이드 라이트를 달아 천장이 떠 있는 듯 보인다.

안길이를 느끼다
내부로 들어가면 안쪽 정원까지 연결되는 봉당. 대지 건너편까지 시야가 트여 있어 안길이가 확장되는 느낌이다.

대지면적 421.29㎡ (127.44평)
연면적 142.53㎡ (43.12평)

천장이 떠 있는 다다미방

068: 보이드

보이드와 회유동선으로 만든 개방적인 공간

생활의 중심은 큰 보이드가 있는 1층 LDK. 보이드가 만드는 개방감이 좋고, 다다미 코너와 데크 테라스 등 공간에 변화를 줘 다양하게 즐길 수 있다. 식당과 연결되는 데크 테라스는 도로 쪽으로 나무 울타리를 둘러 외부공간이면서도 내부 같은 느낌을 주는 친근한 공간이다.
테라스와 잔디 정원으로 강아지가 뛰어다니고 가족의 웃음소리가 보이드 공간에 울려 퍼지는 집.

계단 중간에서 내려다본 보이드. 높이, 바닥, 안팎의 변화로 리듬감이 있고 앉을 자리가 많다.

모양이 바뀌는 방
칸막이로 쓸 수 있는 한 쌍의 수납가구는 용도가 다양하다. 아이방을 둘로 나누기도 쉽다.

다다미 코너에서 본 거실.
계단은 보이드 안에 설치했다.

기능적인 동선
계단을 중심으로 한 회유동선. 동선 안에 옷걸이를 두거나 창고로 이용할 수 있는 공간이 있다. 집에 돌아와 외투를 벗고 손을 씻는 일련의 행위가 회유동선을 따라 이루어진다.

집의 중심
거실은 집의 중심에 있어 어디를 가더라도 거실을 통과해야 한다. 자연스럽게 가족이 모이게 되는 개방적이고 기분 좋은 공간이다.

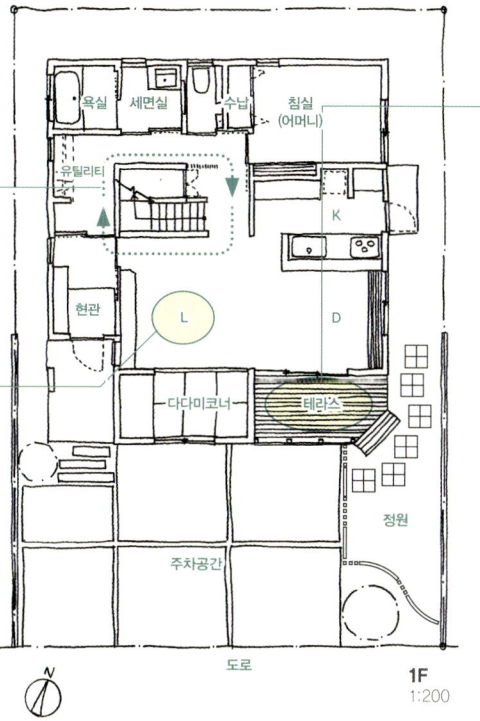

제2의 식당
식당과 정원을 잇는 데크 테라스는 도로 쪽 울타리 덕분에 식당과 더 가까운 곳이 되었다. 가볍게 차를 마시거나 바비큐를 할 수도 있다.

도로 쪽에서 본 잔디 정원. 울타리를 세워 테라스를 보호한다.

대지면적 198.35㎡ (60.00평)
연면적 79.50㎡ (24.05평)

1 평면과 대지의 관계
2 공간별 디자인 포인트
3 특별한 용도에 맞춘 설계

069: 보이드

지하에서 다락까지 보이드로 연결하다

밀집된 주택지의 변형 협소지. 남쪽에 배치한 보이드를 중심으로 생활동선을 만들어 프라이버시를 보호하면서 채광을 확보하고 집 안 어디서든 가족의 인기척을 느낄 수 있다. 분재를 즐기기 위한 지하의 실내 테라스가 특징이다.

서쪽 외관. 깃대부지의 장대 부분에서 지하로 들어간다.

현관을 들어가 내려간다
현관문을 열고 신을 신은 채로 계단을 내려가는 구조. 다 내려가면 3층 보이드의 밝은 현관홀이 기다리고 있다.

빛이 통과하는 계단
지하에서 1층까지의 계단은 발판을 그레이팅으로 만들어 조금이라도 많은 빛이 지하로 내려오도록 했다.

실내 테라스
정원이 집 밖에만 있으라는 법은 없다. 실내 테라스로 만든 안뜰은 보이드를 통해 모든 층에서 즐길 수 있는 편안한 공간이다.

1층 LDK에서 보이드 방향을 본 것

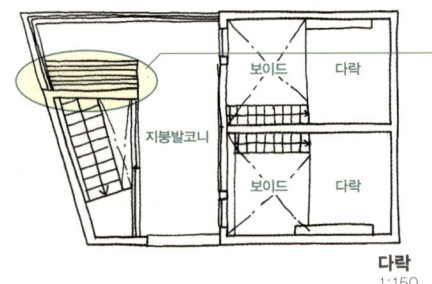

다락
1:150

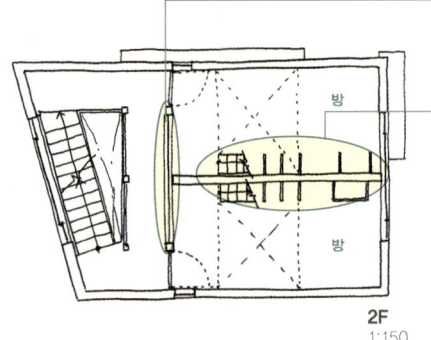

2F
1:150

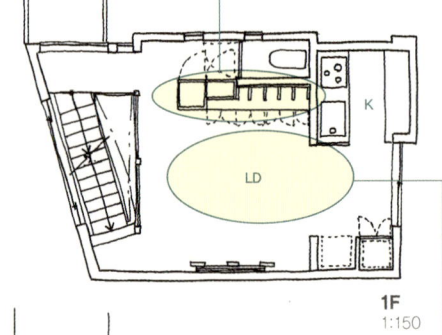

1F
1:150

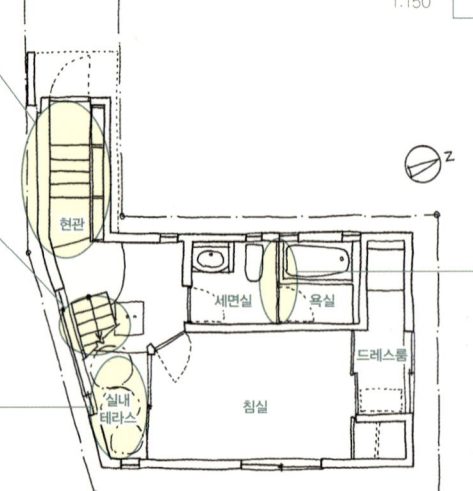

BF
1:150

호사스러운 장소
지붕 발코니는 빨래 건조를 위한 공간이지만 벤치를 두고 티타임을 갖기도 한다. 롯폰기 힐스를 바라보는 호사를 누릴 수 있다.

유리 칸막이
보이드의 빛을 실내로 유도하기 위해 칸막이를 유리로 만들었다. 반투명 필름을 붙여 프라이버시를 지키면서 유리가 깨졌을 때 파편 날리는 것을 막았다.

기능을 겸하다
수납 선반이 박스 계단으로 되어 있어 지붕으로 올라가는 동선 역할도 한다. 좁은 공간도 아이디어에 따라 활용 가능성은 무궁무진하다.

화장실을 구석으로
LDK와 가까운 화장실을 가구를 길게 배치해 안으로 숨겼다. 화장실 용품도 수납 가능.

현관홀의 보이드

원룸으로
LDK는 칸막이를 없애 공간을 넓게 확보하고 보이드를 통해 빛이 안쪽의 부엌까지 들어오도록 했다. 보이드 앞에 롤 커튼을 달아 실내 온도를 조절한다.

시각적으로 넓어지다
욕실과 세면실을 유리로 막아 시각적으로 공간을 넓혔다. 변기도 함께 있는 구성이다.

대지면적	61.00㎡ (18.45평)
연면적	92.00㎡ (27.83평)

070: 보이드

계단실의 굴뚝 효과로 에어컨이 필요 없는 집

여름철에는 1층에서 2층으로 미세 기류를 일으키도록 개구부를 설치하고 햇볕을 차단하기 위해 차양을 달았다. 창호가 거의 없는 원룸 공간이므로 이동식 장막이나 칸막이 커튼 등을 이용한다. 겨울에는 남쪽 개구부에서 들어오는 햇볕과 바닥 난방으로 따뜻하게 지낼 수 있다.

도로 쪽 외관. 위로 일부가 돌출된 '凸' 입면. 도로 쪽으로는 출입구 외에 개구부를 만들지 않았다.

보이드와 다락. 노출된 지주 사이로 바람이 통한다.

원룸
1층, 2층과 계단을 두고 칸막이를 없앤 원룸 평면. 1층 북쪽에서 불어오는 시원한 바람이 꼭대기 층의 다락 창으로 빠져나가도록 설계했다. 굴뚝 효과로 항상 미세 기류를 일으킨다.

이동식 칸막이
침실과 막혀 있지 않은 오디오룸은 이동식 칸막이로 나눌 수 있다. 칸막이를 공사용 반투명 방음막으로 선택해 방음 효과도 기대할 수 있다.

개구부
좋아하는 자동차와 오토바이를 일하면서도 볼 수 있도록 개구부를 설치.

일직선으로 나란히
화장실, 세면대, 욕실을 일직선으로 나란히 배치해 넓게 쓴다. 미닫이문을 열어두면 바람이 통한다.

굴뚝 효과
부분적으로 높인 요철부로 굴뚝 효과를 얻을 수 있다. 자유롭게 쓸 수 있는 여유 공간이기도 하다.

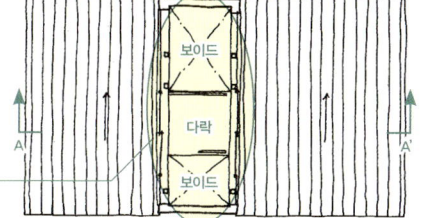
다락 1:200

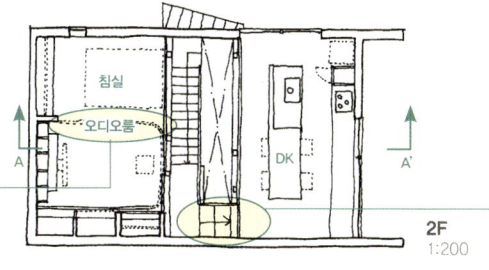
2F 1:200

스킵 플로어
2층에는 벽이 없지만 바닥의 높이를 달리해 시선을 조절할 수 있다.

홈 오피스
데크 테라스와 한 공간인 소호에서 외부 데크로 연결되는 카운터는 시각적인 공간감을 연출한다. 일하다 테라스에서 차를 마시며 쉴 수 있고 여름에는 테라스로 시원한 바람이 들어와 에어컨 없이 지낸다.

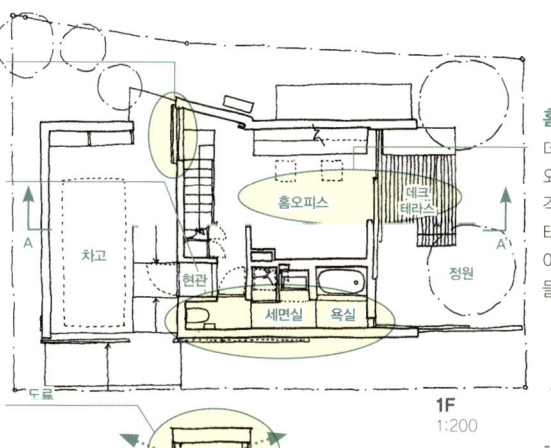
1F 1:200

채광과 시선
남쪽의 채광을 충분히 확보하면서 여름에는 햇빛을 차단하도록 차양의 크기를 빈틈없이 계산하는 것이 중요하다.

2층 DK. 남향의 큰 창으로 1층 데크 테라스와 정원도 보인다.

A-A'단면 1:200

대지면적 127.15㎡ (38.46평)
연면적 92.38㎡ (27.94평)

1 평면과 대지의 관계
2 공간별 디자인 포인트
3 특별한 용도에 맞춘 설계

071: 보이드

아빠와 아이가 친해지는 보이드 앞의 서재

주변에 비교적 나무가 많은 환경으로 이 집도 높은 담을 두르지 않고 나무를 심어 외부 시선을 가렸다. 건축주의 아버지와 함께 사는데, 생활 리듬이 서로 다르므로 어느 정도 독립성이 지켜지도록 했다.

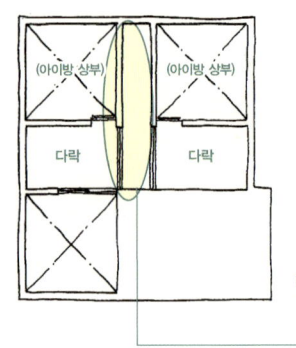

다락 1:200

도로 쪽 외관

굴뚝 효과
계단실 위에 있는 톱라이트는 계단을 환하게 만들고, 이곳을 열면 굴뚝 효과가 생겨 환기가 매우 잘된다.

넓은 테라스
남향인 식당 상부에 넓은 테라스를 만들었다. 많은 양의 빨래도 말릴 수 있는 햇빛이 잘 드는 장소로, 그 빛이 침실까지 환하게 만든다.

침실과 넓은 테라스

외로움을 타는 남편을 위해
서재를 만들고 싶지만 가족의 인기척도 느끼고 싶어 하는 남편을 위한 서재 코너.

2F 1:200

현관홀과 욕실
현관홀에서는 나무의 높은 부분이, 욕실에서는 나무의 낮은 부분이 보인다. 물론 현관에서 욕실은 보이지 않는다.

화장실 위치
나이가 들면 화장실에 가는 횟수가 많아진다. 한밤중에 화장실에 가는 아버지를 위해 화장실은 침실 근처에 배치했다. 거실, 복도, 화장실에 바닥 난방을 설치해 한밤중에도 온기가 있다.

새벽형 아버지
활동 시간이 다른 아버지. 일찍 잠자리에 들어도 거실의 소리가 신경 쓰이지 않도록 복도를 사이에 두어 소리의 장벽을 만들었다.

식당에서 휴식을
식당은 차분하게 머물 수 있는 휴식 공간. 옆의 큰 창을 통해 바깥 풍경도 감상할 수 있다.

우리 집 도서관
책을 좋아하는 가족이라 책을 한데 모았다. 도서관처럼 벽에 많은 책이 진열되어 있다.

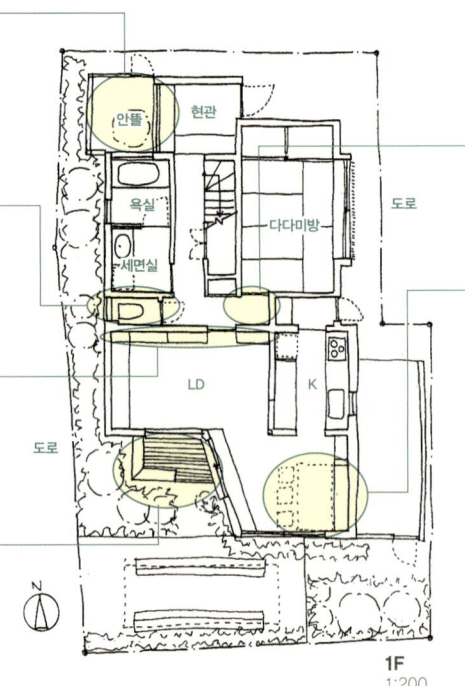

부엌 앞에서 식당 쪽을 본 것

별장 같은 느낌
나무를 심어 프라이버시가 확실하게 보호된다. 햇볕을 쬐며 책을 읽거나 커피를 마시는 공간이다.

1F 1:200

대지면적 156.97㎡ (47.48평)
연면적 113.69㎡ (34.39평)

072: 보이드

거실과 식당은 보이드 공간으로

바다와 가까운 주택지. 1층은 RC조, 2층과 3층은 목조인 주택이다. 목제 루버로 외부 시선을 조절한 내부에는 보이드의 식당 테라스가 있다. 테라스와 식당 사이를 막고 있는 목제 폴딩 도어를 활짝 열면 많은 인원이 파티를 할 수 있는 개방적인 공간이 된다. 옥상에는 전망 테라스가 있어 날씨가 좋으면 멀리 후지 산까지 보인다.

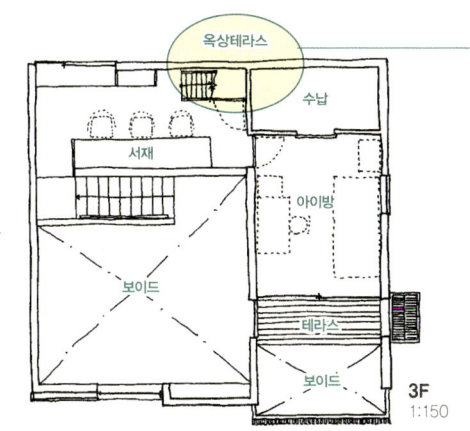

바다를 볼 수 있는 테라스
옥상에 올라가면 가마쿠라의 바다가 보이고 맑은 날이면 후지 산까지 볼 수 있다.

옥상에서 본 풍경

좌우로 나누어지다
계단을 올라가면 왼쪽은 거실, 오른쪽은 부엌. 계단을 중심으로 한 기능적인 회유동선.

위로 넓어지다
거실은 넓은 보이드 공간. 지그재그 배치와 바닥의 단차 등으로 식당 옆에 있지만 다른 느낌이 든다.

외관 야경

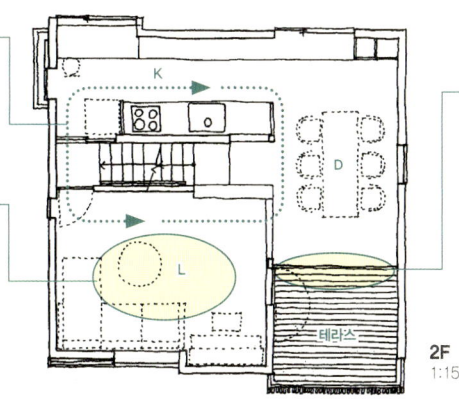

테라스로 확장되다
폴딩 도어를 활짝 열면 식당과 테라스가 한 공간이 되어 많은 인원이 파티를 할 수 있는 개방적인 공간이 된다.

식당과 테라스의 연결. 식당 옆 테라스는 위쪽으로 개방되어 3층 아이방과 연결된다.

정원을 보다
창의 높이를 낮춰 프라이버시를 보호하면서 정원을 볼 수 있는 욕실.

차분한 정원
판자 울타리를 세워 정원의 프라이버시를 확보하고 침실 앞을 차분한 정원으로 만들었다.

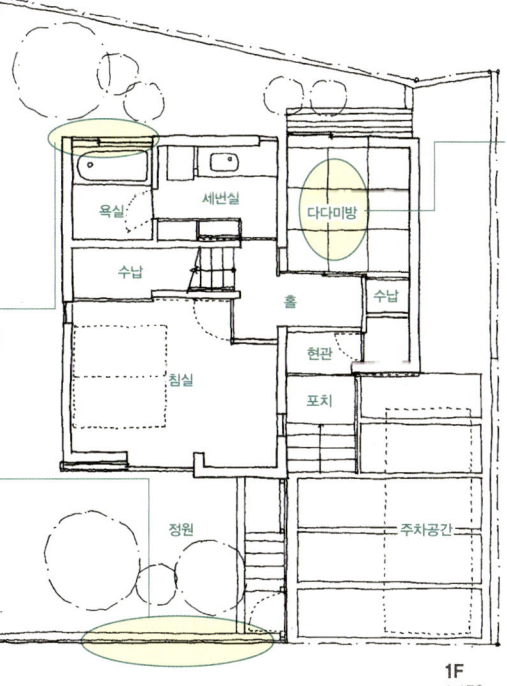

넓은 현관홀로
다다미방은 응접실로도 쓰는 다목적 공간. 평소에는 현관홀과 하나로 넓게 사용한다.

포치에서. 북쪽 정원까지 시야가 트여 있다.

높이를 낮춘 욕실의 창

대지면적	122.50㎡ (37.06평)
연면적	118.62㎡ (35.88평)

1 평면과 대지의 관계

2 공간별 디자인 포인트

3 특별한 용도에 맞춘 설계

073 : 보이드

거실 보이드에 설치한 다리

1층 LDK에 보이드를 설치하고 그 위로 다리를 놓아 발코니와 침실로 오고간다.
LDK가 테크 테라스, 다다미방과 연결되어 있어 초등학생 두 형제가 사방으로 신나게 뛰어다닐 수 있는 넓고 개방적인 집이다.

서재에서 보이드를 내려다 본 것. 보이드에 걸쳐 있는 다리를 건너면 특별한 세계가 기다리고 있을 것만 같다.

움직이는 벽
이동식 칸막이 수납장을 만들어 큰 방을 자유자재로 나눈다. 방을 나눌 필요가 없을 때는 끝으로 밀어 원룸으로 사용한다.

휴식공간으로
아버지의 업무공간이지만 보이드로 하늘을 볼 수 있어 휴식 공간으로도 최적이다.

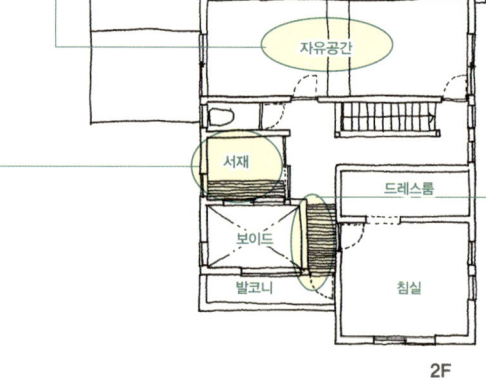

다리 너머 숨겨둔 공간
격자 위에 강화 유리를 깐 보이드의 다리. 여기를 건너 들어가는 침실은 별채처럼 숨겨둔 다른 공간으로 느껴진다.

도로 쪽 외관

출입구 수납공간
현관 옆의 수납공간은 수납력이 뛰어나다. 젖은 코트도 그대로 걸어둔다.

응접실로도 이용
거실과 붙어 있는 다다미방은 평소에는 개방해서 LDK와 하나로 쓰지만 손님이 오면 현관에서 곧장 손님을 맞아들이는 응접실로 쓰인다. 장지문을 닫으면 숙박도 가능.

가사동선을 고려해
부엌과 계단을 회유하는 동선을 만들어 거실에서도 부엌에서도 화장실로 갈 수 있다.

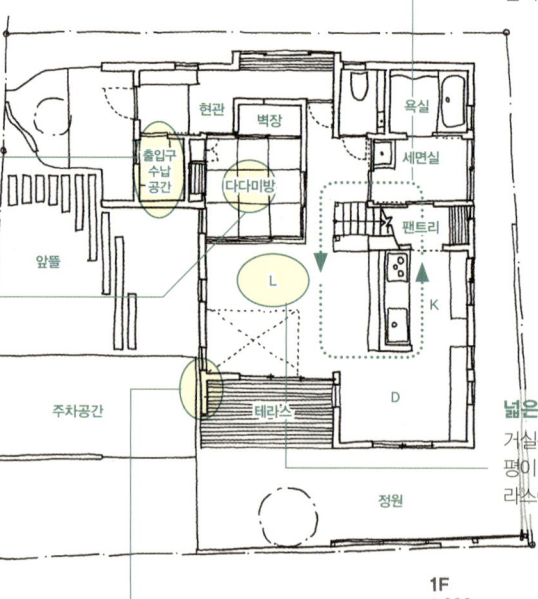

넓은 거실
거실은 다다미방의 장지문을 열면 13평이 넘는 넓은 공간이 된다. 데크 테라스에서 정원으로도 연결된다.

다다미방의 장지문을 연 상태

보호벽
낮은 벽이 있어 테라스와 안쪽의 LD가 도로에서 보이지 않는다.

대지면적 199.35㎡ (60.30평)
연면적 128.34㎡ (38.82평)

074: 보이드

옥외 보이드로 채광을 확보한 2세대 주택

한정된 대지의 2세대 주택. 세대를 명확히 구분하지 않고 현관과 계단실을 보이드로 만들어 공유한다. 이웃집으로 둘러싸여 있어 도로 쪽으로 옥외 보이드를 만들어 채광과 통풍을 확보했다. 실내에 설치한 보이드 덕분에 계단을 오를 때마다 더해지는 개방감을 느낄 수 있고, 꼭대기층의 욕실과 지붕 발코니로는 햇볕이 내리쬔다.

왼쪽: 정면 외관. 옥외 보이드 벽의 슬릿이 경쾌하게 빛을 주고받는다.
오른쪽: 3층 LDK. 옥외 보이드 위의 개구부와 옥상으로 난 하이사이드 라이트에서 빛이 들어와 밝고 개방적이다. 욕실은 계단으로 올라간다.

수직으로 두 세대를 잇는 계단과 공유 현관

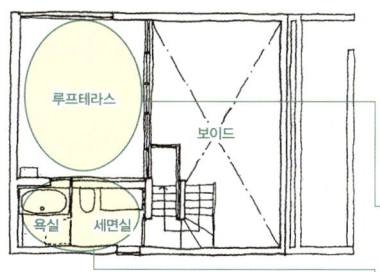

RF 1:200

루프 테라스
유일하게 직사광선을 받을 수 있는 장소이자 또 하나의 방. 다목적으로 사용된다.

자녀 세대의 욕실
옥상에 딸린 밝은 욕실. 꼭대기 층에 있어 개방적이고 주변에 보는 눈이 없어 휴식할 수 있는 공간.

자녀 세대 침실
남쪽 구석에 있는 차분한 분위기의 침실. 바닥 밑에는 대용량 수납공간을 만들어 콤팩트하고 깔끔하게 사용.

자녀 세대의 수납
1.5평 크기의 수납공간을 침실 옆에 만들었다.

3F 1:200

자녀 세대의 거실
도로 쪽 보이드와 옥상 보이드 쪽 개구부로 빛이 쏟아지는 개방적인 LDK. 프라이버시도 보호되면서 옥외 느낌이 난다.

부모 세대의 수납공간
부모 세대의 수납공간을 한 곳에 넓게 확보했다.

부모 세대
거실 겸 침실 넓은 공간을 낮은 벽으로 나누어 통풍이 잘되고 시간에 따라 동서로 빛이 들어온다.

2F 1:200

예비실
미래의 아이방으로 혹은 다목적으로 쓸 수 있도록 두 세대 사이에 배치했다.

채광에 효과적인 보이드
채광과 통풍에 효과적인 옥외 보이드는 현관에 개방감을 준다. 3층에 있는 테라스 부분이 포치의 지붕이 된다.

할머니의 침실
현관에서 가까운 남쪽에 배치. 툇마루를 만들어 실내가 넓게 느껴지는 조용한 공간.

현관
두 세대가 함께 쓰며 반옥외 공간에 있다. 현관과 이어지는 공유 계단이 위로 뻗어 있다.

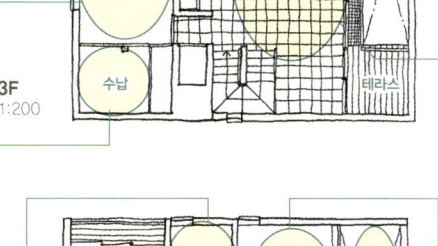

1F 1:200

부모 세대의 거실
옥외 보이드의 벽이 개구부 절반까지 내려오는 개방적이면서도 차분한 공간. 북향이지만 밝고 통풍도 잘된다.

거리감을 만들다
주차공간을 두어 집과 외부공간 사이에 거리감을 만들었다.

대지면적 81.24㎡ (24.58평)
연면적   134.39㎡ (40.65평)

---

1 평면과 대지의 관계

2 공간별 디자인 포인트

3 특별한 용도에 맞춘 설계

075: 보이드

3층 보이드의 패시브 하우스

시원하게 뚫린 보이드의 벽면에 설치한 전면창으로 보이는 정원에는 사계절 내내 볼거리가 가득하다. 이 보이드를 중심으로 각 방을 배치해 가족이 항상 서로의 존재를 느낄 수 있도록 했다. 다락과 옥상에서 보이는 풍경은 전철 차량 기지. 눈앞에서 전철이 오가는 모습을 여유롭게 바라볼 수 있어 집주인이 좋아하는 장소다.

최고의 전망
옥상에서 차량 기지로 드나드는 전철과 벚나무로 날아드는 새들을 보거나, 드러누워 하늘을 나는 비행기를 멍하니 볼 때가 가장 행복해다는 남편. 옥상에 잔디를 깔아 단열효과를 노렸다.

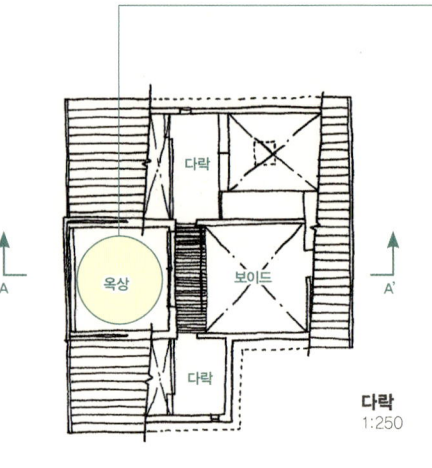

옥상에서의 휴식

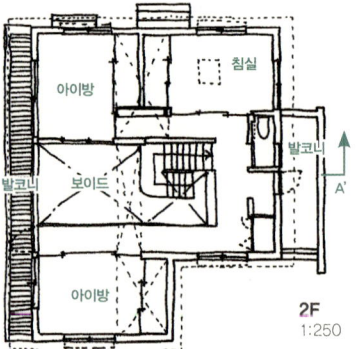

1층에서 보이드를 올려다 본 것

효율적으로 활용
계단 밑 공간에 팬트리를 설치. 넓지는 않지만 부엌 옆에 있어 편리하다.

3층 보이드
가족실은 다락까지 이어지는 큰 보이드 공간. 2층도 이 보이드를 중심으로 각 방을 배치했다. 차세대 에너지 절약 기준을 통과한 외단열 사양이라 겨울에도 태양열과 축열식 보조난방만으로 추위 걱정은 없다. 여름에는 갈대 발로 햇볕을 차단하고 통풍 계획을 잘 세워 시원하게 보낼 수 있다.

살짝 숨기다
외벽을 조금 연장해 도로에서 현관문이 직접 보이지 않도록 했다. 대문이 없는 진입로이므로 암시적으로 영역을 구분.

넓은 현관
수납 현관 옆에 넉넉한 수납공간을 마련해 신발 이외의 것도 수납할 수 있다. 실내로 갈수록 창고의 평면을 줄여 현관에서 자연스럽게 보이드 쪽으로 향하도록 만들었다.

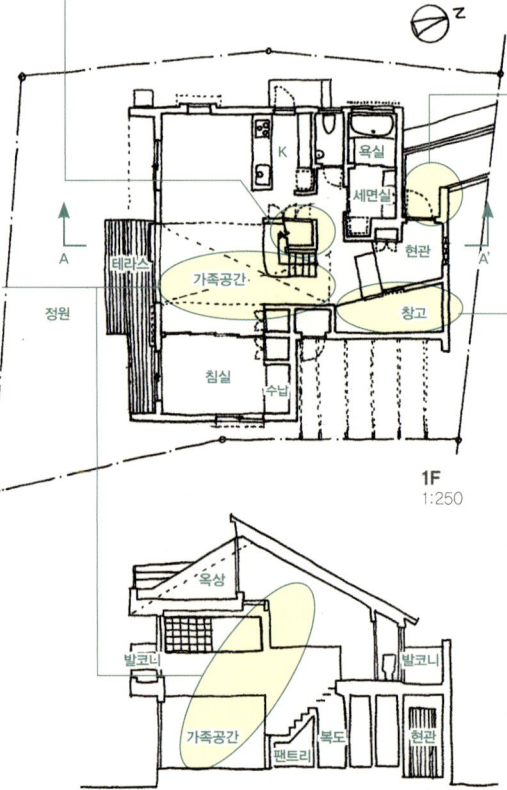

2층에서 본 보이드. 캣워크에서 선풍기를 돌려 공기를 순환시킨다. 특별한 장치 없이도 친환경 생활이 가능하다.

도로 쪽 외관

대지면적 208.09㎡ (62.95평)
연면적 138.86㎡ (42.00평)

076: 보이드

정원 같은 거실이 있는 집

건축주는 가족 구성원 각자의 방 뿐 아니라 모두가 모일 수 있는 공간도 만들길 희망했다. 1년 중 절반이 눈으로 덮여 있는 지역이라 가족실은 밝고 넓은 집 안의 정원 같은 공간이길 원했다. '야외 같은 거실'과 그곳을 둘러싼 방은 '세 개의 동'으로 구성된다. 자전거와 기타가 취미인 남편은 현관 봉당과 연결되는 아틀리에, 피아노 선생님이었던 아내는 음악실, 중학생 아들은 다락이 딸린 침실을 갖게 되었다.

넓은 세면실
겨울철 실내 건조를 위해 넓은 세면실을 확보했다.

세 개의 동을 잇다
보이드를 따라 돌 듯 이어지는 브리지형 복도가 세 개의 동을 이어준다.

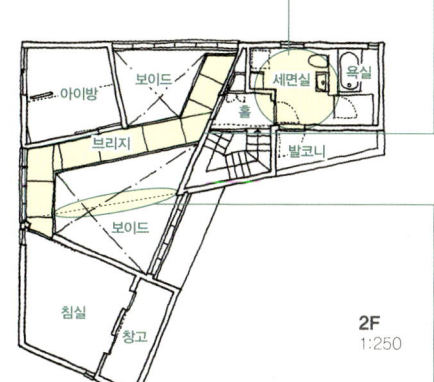

2F 1:250

보이드를 감싸고 이어지는 다리가 각 동을 연결한다. 거실이 바로 밑에 있는 것처럼 느껴진다.

설국의 설비공간
제설에 방해가 되지 않도록 배치한 급탕기와 실외기 공간.

광벽
벽을 트윈폴리카보네이트로 샌드위치한 광벽. 세 방향으로 설치한 벽은 시간에 따라 빛나는 면이 바뀐다.

남쪽의 빛을 들이는 고창
동서 축으로 평행한 하이사이드 라이트를 설치해 아침부터 저녁까지 햇빛이 들어온다.

소파 뒤로 광벽을 설치한 실내 정원(거실). 위층 하이사이드 라이트의 빛도 전달된다.

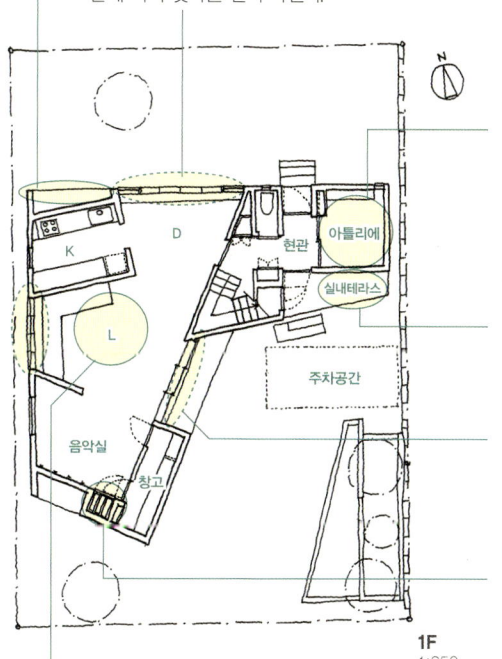

1F 1:250

봉당을 연결한 아틀리에
자전거와 기타를 좋아하는 남편의 아틀리에는 현관과 봉당으로 연결되어 있어 신을 신은 채 그대로 들어간다.

현관 테라스의 기능
자전거 보관소로 쓰고 있지만 겨울철에는 바람막이 역할도 한다.

뒷산 조망
거실에서 이 개구부를 통해 뒷산을 볼 수 있다.

CD 전용 선반
음악실에는 CD를 수납하는 선반을 짜 넣었다.

중앙 정면의 '광벽'과 오른쪽 아래는 실내 테라스. 외벽은 내후성 도장의 갈바늄 강판으로 자동차 몸체와 같은 광택이 난다.

실내 정원
2층이 보이드인 거실. 상부에는 하루 종일 빛이 들어오는 하이사이드 라이트가 설치되어 있고 서쪽에서는 광벽이 빛을 전달한다. 공간의 모양에 맞춰 소파를 짜 넣은 '집 안의 정원' 같은 가족공간이다.

대지면적   296.96㎡ (89.83평)
연면적   139.28㎡ (42.13평)

077: 보이드

공중에 떠 있는 2층짜리 친환경 주택

일본의 기후 풍토에 맞춰 패시브 솔라와 액티브 솔라를 최대한 도입해 여름에는 시원하고 겨울에는 따뜻한 집을 만들고자 했다. 여기에 사람에게 이로운 디자인과 건강, 문화까지 함께 고려했다.

남면 외관. 전면 유리를 설치해 시야를 넓게 했다. 큰 차양과 수조 등 패시브 하우스 아이디어로 가득하다.

커튼을 이용
아이방은 커튼을 이용해 수납공간을 가린다. 꺼내기 쉽고 편리하다.

부엌 쪽에서 본 LDK

낮은 칸막이
공중에 떠 있는 듯한 2층은 13cm짜리 낮은 파티션으로 공간을 구분했다. 서서 보면 멀리 있는 경치까지 눈에 들어온다.

여유롭게 주차
주차공간은 넓게 만들어 손님이 오면 종렬로 네 대까지 주차할 수 있다. 한 대는 큰 현관 차양으로 쏙 들어간다.

뒤쪽을 가리다
아일랜드 키친인데다 식당은 밖에서도 뒤쪽까지 훤히 들여다보이기 때문에 냉장고와 레인지 등은 옆면에서 사용하도록 했다. 회유동선이 되어 편리하다.

커다란 식물
현관 입구에 3.5m 키의 관엽식물을 놓아 여유로운 분위기를 연출하고 공기를 정화시킨다. 밤에 조명을 밝히면 최고의 연출 효과가 난다.

패시브 하우스 장치
남쪽으로 큰 느릅나무를 심어 여름에는 햇살을 막고 겨울에는 볕이 들어오게 한다. 실내와 이어지는 수조는 여름밤에 시원한 바람을 선물한다.

올인원
내부는 문이 없는 올인원 구조. 가족의 인기척과 온기를 전하고, 공기를 막힘없이 외주지역(外周地域)으로 순환시킨다. 바닥과 기초를 일체화해 겨울에는 바닥에 묻어둔 히터를 심야 전력으로 돌린다.

남북으로 통하다
남북으로 유리벽을 달아 북쪽은 부모님 집으로, 남쪽은 숲으로 연결했다. 겨울에는 따뜻하고 여름에는 긴 차양과 통풍이 잘되는 개구부로 실내 온도를 조절한다.

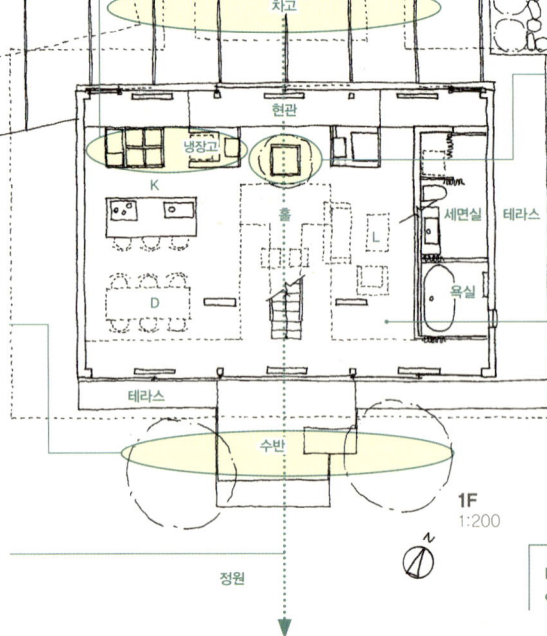

대지면적 526.55㎡ (159.28평)
연면적 149.29㎡ (45.16평)

078: 스킵

스킵으로 적당한 거리감과 소통의 창구를 만들다

맞벌이 부부와 두 아이를 위한 집. 식구 모두 평일에는 바쁘고 각자 생활 패턴이 다르다는 점을 평면에 반영했다. 거실 중심의 스킵 플로어로 각 공간을 나선형으로 연결해 적당한 거리감을 유지하면서 쉽게 소통할 수 있게 만들었다.

아침식사를 즐겁게
아침의 밝은 햇살이 비쳐드는 동쪽 식당. 가족이 유일하게 식사를 함께 할 수 있는 아침 시간을 더욱 소중하게 만들어준다.

가구로 공간 구분
바퀴 달린 이동식 가구를 만들어 벽 대신 이용한다. 나중을 위해 방의 용도에 제한을 두지 않았다.

이동식 가구

연결된 다락
아이방 위의 다락은 벽으로 막지 않아 넓은 공간을 남매가 함께 쓴다.

느슨하게 연결하다
스킵 플로어와 철제 선반으로 공간을 구분해 부엌을 가리는 한편 거실의 인기척은 느낄 수 있도록 했다.

북쪽 외관.
커다란 창 쪽이 식당

벽으로 막지 않는다
전용 계단이 있는 아이방과 복도 사이에 유리문과 롤 커튼을 달았다.

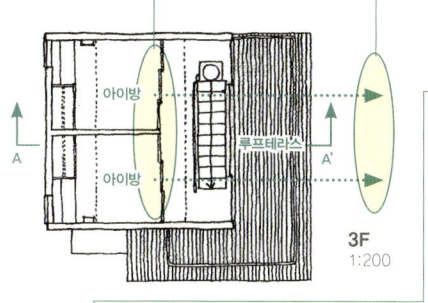
3F 1:200

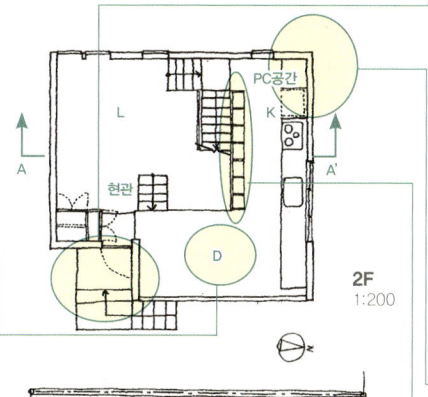
2F 1:200

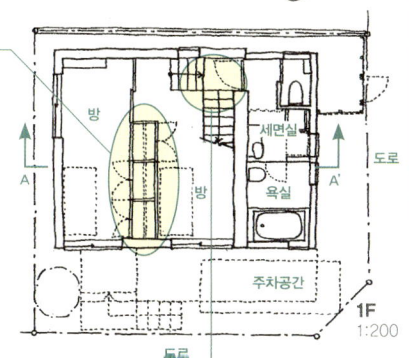
1F 1:200

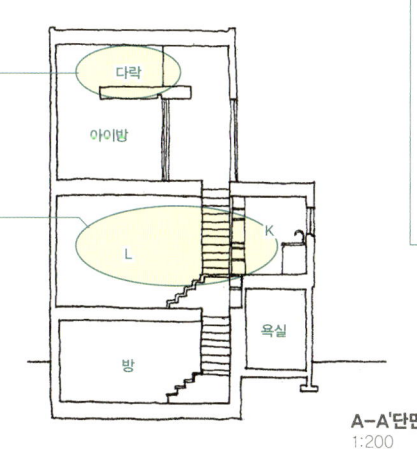
A-A'단면 1:200

시야를 확장하다
아이방에서 복도와 발코니까지 연속적으로 공간을 연결해 시야를 확장시키면 아이방의 협소함이 느껴지지 않는다.

포치를 높게
현관 포치를 도로면보다 반층 높여 시선을 분산시키면 프라이버시가 확보된다.

현관

함께 사용하는 PC
부엌에서 일하다 궁금한 것이 생기면 검색하거나 컴퓨터를 하고 있는 아이 곁에서 식사를 준비하는 등 가족이 함께 쓰는 작은 공간.

검은색 대형 선반
거실과 부엌 사이에 내진벽을 겸한 철제 수납선반을 설치해 기둥과 칸막이벽이 없는 개방적인 LDK를 만들었다.

구조적인 기능도 함께 하는 철제 선반

문을 달지 않는다
계단을 90°로 꺾어 문이 없어도 프라이버시를 확보할 수 있고 어둡고 답답한 느낌이 해소된다.

대지면적	71.64㎡ (21.67평)
연면적	100.06㎡ (30.28평)

1 평면과 대지의 관계

2 공간별 디자인 포인트

3 특별한 용도에 맞춘 설계

079: 스킵

45°로 벽을 파 정원과 창을 만든 스킵 플로어 주택

좁고 길쭉한 부지에 꽉 차게 지은 작은 집. 좁고 긴 평면의 점대칭이 되는 두 곳에 쐐기 모양의 정원을 만들고, 정원에 있는 창으로 빛과 바람을 집중적으로 받아들인다. 내부는 스킵 플로어를 만들어 앞뒤로 있는 방이 쐐기 모양으로 파인 벽에 가려 보였다 안보였다 하며 연결되기 때문에 건평 9평이라고는 믿을 수 없을 정도로 넓게 느껴진다. 세로로 긴 창이 공기를 순환시켜 항상 바람이 잘 통한다.

왼쪽: 1층과 2층을 잇는 계단. 계단 아래는 욕실.
오른쪽: 거실 아래로 DK, 위로 침실이 보인다.

세로로 긴 창
높이 3.6m의 천장 끝까지 세로로 긴 창을 만들어 자연광을 받아들인다.

외관. 쐐기 모양으로 파들어간 벽에 세로로 긴 창이 나 있다.

수직으로 늘어선 창
1.8×1.8m짜리 창고용 새시를 수직으로 일렬 배치해 저렴하고 큰 창을 확보했다. 스킵 플로어도 1.8m를 모듈로 했다.

45°의 벽이 만드는 공간
쐐기 모양으로 파고 들어간 벽이라 안쪽 부분이 보이지 않으므로 건평보다 넓게 느껴진다.

봉당
현관문을 열면 바로 DK 공간이 펼쳐진다. 상가 건물처럼 1층 바닥은 전부 봉당으로 만들었다.

안뜰
통풍과 채광을 조절하는 쐐기 모양의 안뜰.

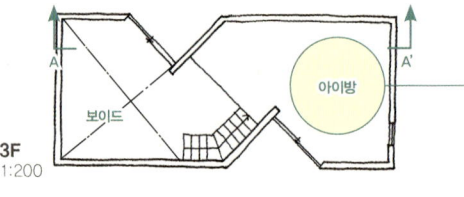

A-A'단면
1:200

스킵 플로어
DK에서 거실, 침실, 아이방으로 바닥이 1.8m씩 높아진다.

아이방 천장고
약 2m로 욕실 높이와 같다. 침실 쪽으로 시야가 뚫려 있어 답답하지 않고 다락방 같은 편안함이 있다.

3F
1:200

2.5F
1:200

붙박이 책장을 만들다
액자 같은 책장은 벽을 파고 붙박이장을 짜 넣어 방을 넓게 쓴다.

반층 올라간 거실
식당에서 2m 올라가 연결되는 거실. 스킵 플로어로 공간감과 일체감을 얻었다.

2F
1:200

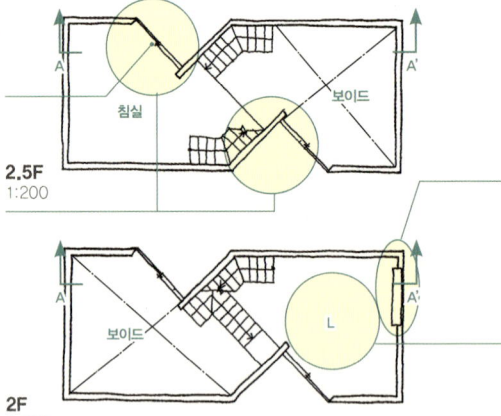

욕실
욕실도 넓이를 중시해 일부러 커튼을 쳤다. 안뜰의 빛이 들어와 욕실이 항상 밝다.

1F
1:200

대지면적　47.60㎡ (14.40평)
연면적　72.42㎡ (21.91평)

080: 스킵

스킵 플로어로 약동감 있는 건물을 만들다

주택과 빌딩이 섞여 있는 도시 밀집지에 계획한 목조 3층짜리 작은 주택. 밀집지라 통풍과 여름철 더위가 걱정이지만 대지 한가운데 서서 올려다보면 머리 위로 파란 하늘이 펼쳐진다. 그래서 그네를 타고 하늘로 올라가는 듯한 스킵 플로어 이미지가 탄생했다. 각 층은 그네의 판, 계단은 그것을 매달고 있는 끈인 셈이다. 칸막이가 없는 원룸 공간이므로 계단실이 채광과 통풍 기능을 담당한다.

중2층의 아이방과 부엌 사이에 보이드로 떠 있는 좌식·식당. 집의 중심이 되어 각 방을 연결한다.

다양한 방향으로 이어지다

계단의 방향이 바뀌기 때문에 휘어지거나 짧게 꺾인 계단처럼 보이지만 사실 직선 계단을 조합해 그네의 흔들림을 표현한 것이다.

각 층을 '그네의 판'으로 생각해 천장과 바닥에 똑같은 삼목 판자를 사용했다.

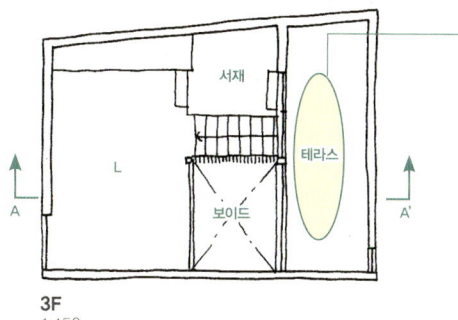

3F 1:150

하늘로 날아가다

거실에서 몇 계단 올라가면 루프 테라스. 하늘로 날아갈 듯 높이 올라간 그네를 탄 기분을 느낄 수 있다.

꼭대기층 거실과 테라스

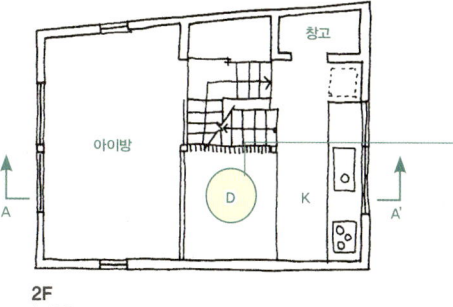

2F 1:150

식당을 중심으로

중2층의 아이방과 부엌 사이에 보이드로 떠 있는 좌식 식당이 있다. 이곳을 중심으로 각 방이 연결된다.

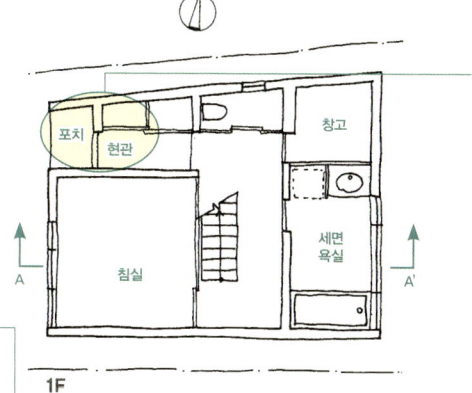

1F 1:150

기능을 압축하다

작은 현관이지만 가족 수만큼 수납할 수 있는 신발장과 외투걸이 공간을 확보했다. 현관 앞에는 젖은 우산이나 유모차를 두는 공간도 있어 편리하다.

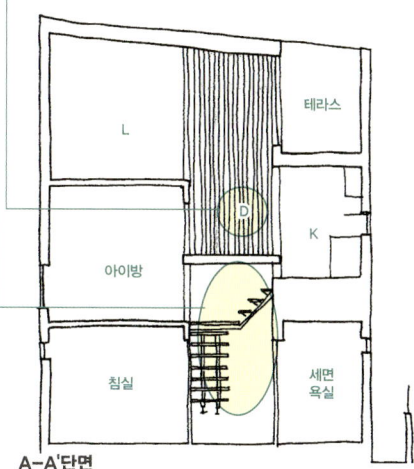

A-A'단면 1:150

갈바늄을 평면 잇기 한 건물 외관. 차양이 없으므로 차양식 창(awning window)을 달아 비오는 날에도 열어둘 수 있다. 포치 넓이만큼 건물 안으로 현관이 들어가 있어 편리하다.

대지면적 56.27㎡ (17.02평)
연면적 83.15㎡ (25.15평)

---

1 평면과 대지의 관계

2 공간별 디자인 포인트

3 특별한 용도에 맞춘 설계

081: 스킵

2층의 프라이버시 공간을 스킵으로 잇다

좁고 길쭉한 협소지에 지은 3인 가족의 집. 스킵 플로어로 위아래 공간을 잇고 바닥 높이에 변화를 주어 길 건너 나무와 햇빛을 집 안으로 끌어들였다.
1층에 LDK와 욕실을 두고 나머지는 2층 이상으로 올렸다. 작은 주택을 넓게 쓰기 위해 일반적인 '침실'이 아니라 가족실에 딸린 침대 코너를 만들었다.

왼쪽: 방2에서 남쪽을 본 것. 위에 방3과 테라스, 밑에 방1이 보인다.
오른쪽: 도로 쪽 외관

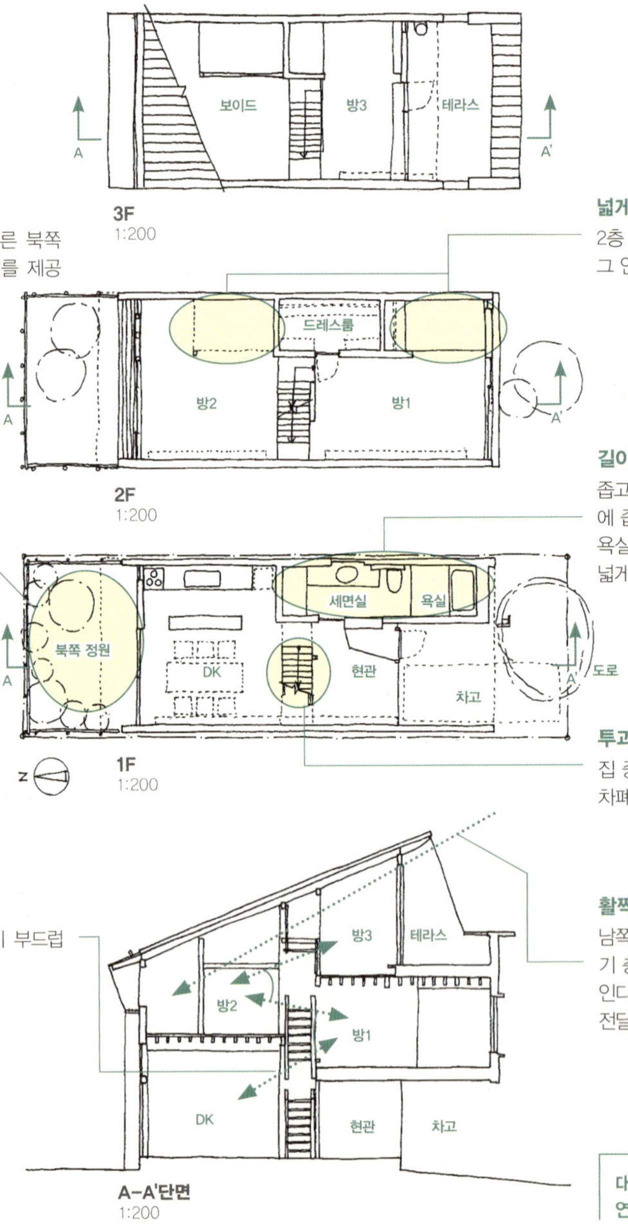

북쪽 정원의 효과
밀집지에 대한 표준 해답. 너른 북쪽 정원이 식당에 매력적인 경치를 제공한다.

식당과 북쪽 정원

넓게 쓰는 아이디어
2층 이상은 모두 '가족실'처럼 만들고 그 안에 침대 코너를 두었다.

길이를 살리다
좁고 긴 대지 조건을 살려 욕실은 1층에 좁고 길게 배치했다. 변기와 세면실, 욕실이 유리 칸막이로 구분되어 있어 넓게 보인다.

투과성 있는 계단
집 중앙에 놓인 계단이 공간에 적절한 차폐성과 연속성을 준다.

연결되는 내부공간
스킵 플로어로 위아래 공간이 부드럽게 이어진다.

활짝 열다
남쪽 하늘을 향해 활짝 열리도록 꼭대기 층을 개방해 남쪽에서 빛을 받아들인다. 테라스로 들어온 빛은 북쪽까지 전달된다.

대지면적 75.52㎡ (22.84평)
연면적 90.69㎡ (27.41평)

082: 스킵

층마다 방을 어긋나게 배치하다

산책로가 있는 개울과 언덕 사이에 위치한 집. 녹지를 실내로 끌어들이는 커다란 창이 있는 식당과 거실이 스킵 플로어로 부드럽게 연결된다. 사무실인 아틀리에와 휴식공간인 거실이 위아래로 배치되어 있어 작업을 방해하지 않고 거실에서 가족들은 텔레비전을 볼 수 있다. 침실은 꼭대기에서 거실을 내려다보도록 배치했다. 입체적인 방 배치로 협소함을 해결했다.

식당에서 위로는 거실, 아래로는 아틀리에가 보인다.

1 평면과 대지의 관계

2 공간별 디자인 포인트

3 특별한 용도에 맞춘 설계

난간을 겸하다
난간을 겸해 책장과 화장대를 만들었다. 다른 곳에 만드는 것보다 공간 활용에 효과적이다.

계단 위 천창
계단 위에 천창을 달아 아래층으로 빛을 보낸다. 측면의 창보다 채광 확보와 프라이버시 보호에 더 좋다.

커다란 미닫이문
거실에 대형 미닫이문을 달았다. 위층 창과 함께 중력환기를 시키면 여름에도 에어컨이 필요 없다.

이중 문
화장실 문은 실내로 향하지 않는 것이 좋지만 부득이한 경우 문을 이중으로 달아 방음과 변기가 보이지 않도록 하는 것에 신경 쓴다.

아틀리에
흰 벽면을 넓게 잡아 직사광선을 들이지 않고 고창으로 채광을 확보했다. 작업 중에도 집안일을 할 수 있도록 세면실 및 욕실을 같은 층에 두었다.

신발장
신발장을 높이 올려 수납량을 확보하고 아틀리에와 현관 사이에 배치해 현관에서 아틀리에가 훤히 보이지 않게 만들었다.

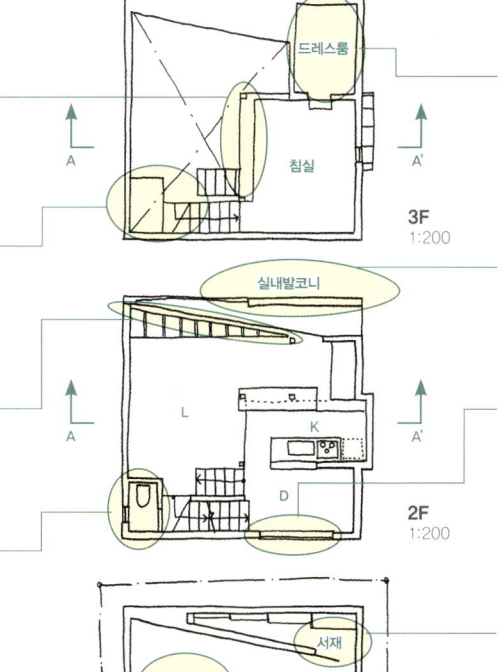

저렴한 수납공간
드레스룸은 공사비가 저렴한 편. 문을 없애고 기성품인 수납선반을 구입해 자유롭게 내부공간을 나눴다.

실내 발코니
외벽 안쪽에 실내 발코니를 만들어 빨래를 말린다. 밖에서 빨래가 보이지 않고 비오는 날에도 말릴 수 있다. 개구부가 두 방향으로 있어 통풍도 잘된다.

큰 창
식당의 큰 창은 정방형. 파사드의 포인트가 되며 건너편 녹지를 감상할 수 있다.

서재
회화 자료 등의 책은 벽 뒤쪽에 숨겼다. 비스듬한 벽 뒤쪽에는 다양한 크기의 자료를 수납할 수 있다. 그림을 그리는 아틀리에에는 흰 벽이 많이 필요하다.

그림 창고
통기가 잘되도록 안에도 개구부를 만들었다. 창고 안 물건을 꺼낼 때도 편리하다.

거실을 내려다보는 침실
스킵 플로어의 꼭대기 층. 문이 없어도 높이를 조절해 거실에서는 보이지 않는다.

거실에서 식당 방향을 본 것

도로 쪽 외관. 왼쪽 끝이 현관인데 큰 그림도 드나들도록 3m 높이의 현관문을 달았다.

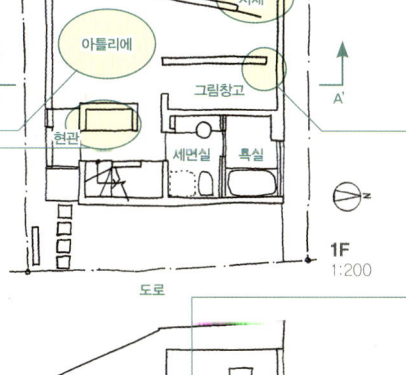

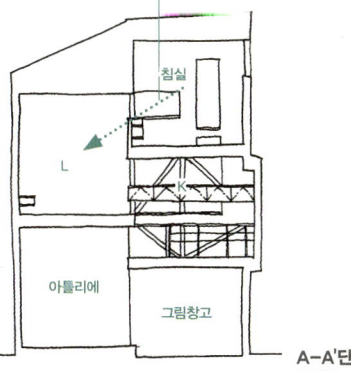

A-A'단면
1:200

대지면적	66.12㎡ (20.00평)
연면적	92.00㎡ (27.83평)

083: 스킵

차고의 천장고를 낮춰 스킵을 만들다

25평짜리 협소지에 빌트인 차고와 중정 등의 다양한 요청을 담아 부지를 효과적으로 활용한 스킵 플로어 플랜이다.
동쪽에 배치한 두 개의 테라스는 외부 계단을 통해 1층 중정과 연결되면서 동선이 넓어졌다.

세 장짜리 장지문
중2층 다다미방은 2평 남짓한 작은 방. 답답함을 없애기 위해 세 장짜리 장지문을 달았다. 평소에는 이 문을 열어 LDK와 연결해 사용한다.

다다미방 앞에서. LDK와 다다미방이 스킵으로 연결된다. 위쪽이 아이방

아이방의 벽
성별이 달라도 아이들에게 프라이버시가 필요한 시기는 고작 몇 년뿐이다. 통풍과 냉난방 효과를 고려해 몇 가지 방법으로 방을 나눌 수 있다.

부엌에서 본 시선
협소지라도 시선을 최대한 길게 잡으면 공간이 훨씬 넓게 느껴진다. 시선 끝에 환한 야외(테라스 등)가 있으면 금상첨화.

낭비 없이 활용
차고의 천장고는 2.2m면 충분하다. 천장고를 낮춘 부분은 중2층 다다미방과 다락으로 만들어 활용했다.

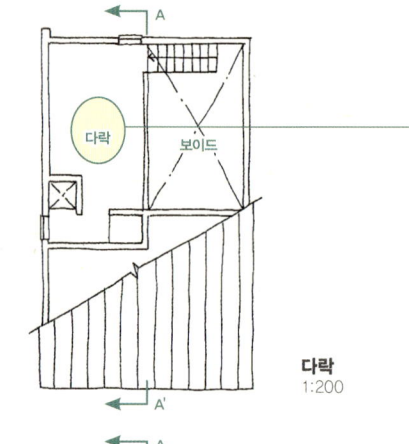

다락 1:200

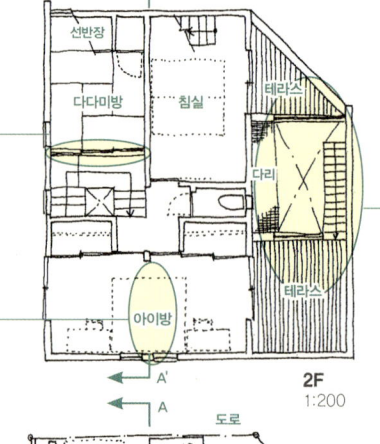

2F 1:200

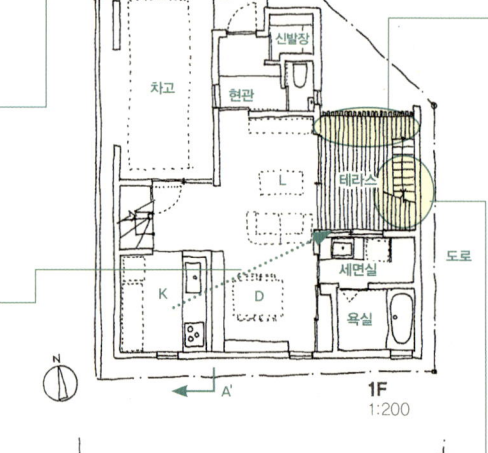

1F 1:200

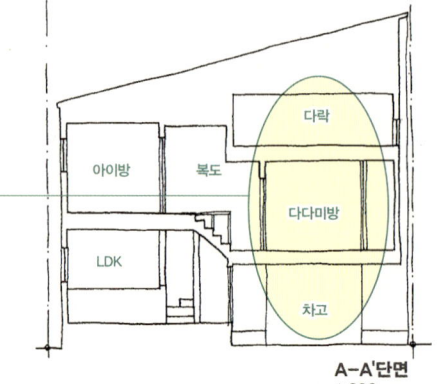

A-A'단면 1:200

공간을 충분히 활용
협소지라도 2층 건물과 다락을 만들면 충분한 넓이와 수납공간을 갖출 수 있다.

북쪽 외관. 다다미방의 지창과 다락의 창이 보인다.

입체 놀이터
세 개의 테라스는 전부 우드 데크. 계단, 보이드, 다리는 아이들이 좋아하는 놀이터가 된다. 다리는 거실의 차양 역할도 한다.

루버를 달다
루버를 이용해 통풍과 채광을 확보. 루버는 협소지의 프라이버시 확보와 통풍 및 채광에 효과적이다.

2층 테라스. 바로 앞에 보이는 것이 다리

동심의 세계
쓸모없어 보이는 외부 계단은 세 개의 테라스를 잇는 중요한 도구. 동선으로도 꼭 필요하지만 무엇보다 아이들이 즐겁게 놀 수 있어 소중하다.

대지면적 85.95㎡ (26.00평)
연면적 93.99㎡ (28.43평)

084: 스킵

풍경을 바꾸는 스킵

코앞에 운하가 흐르는 훌륭한 입지조건을 갖췄다. 대지가 넓어 건축주의 취미인 원예를 할 수 있는 공간도 충분하다.
1층에 침실과 욕실, 전경이 탁월한 2층에 LDK를 배치했다. 단조로움을 피하기 위해 거실을 스킵시켜 변화를 줬더니 DK에서는 하늘이, 거실에서는 운하가 한눈에 보인다. 스킵의 계단은 폭을 넓게 잡아 벤치로도 사용한다. 중정을 감싸는 ㄷ자 배치라 외부 시선을 신경 쓸 필요가 없고 낮에는 눈부신 햇살이 들어온다.

꼭대기층의 거실. 오른쪽에 중정, 왼쪽에 운하, 구배천장의 떠 있는 지붕 등이 거실을 밝고 개방적인 공간으로 만든다. 시간과 계절에 따라 다른 풍경을 즐길 수 있다.

거실에서 부엌을 본 것. 왼쪽의 큰 창은 중정을 향하고 있다.

운하를 바라보다
집의 가장 높은 곳에 위치한 거실. 창으로 눈앞에 펼쳐지는 운하를 볼 수 있다.

시야가 트이다
부엌에서 식당 건너편의 스킵으로 연결된 거실까지 한눈에 보인다. 시야가 위쪽으로도 트여 있어 한층 더 넓게 느껴진다.

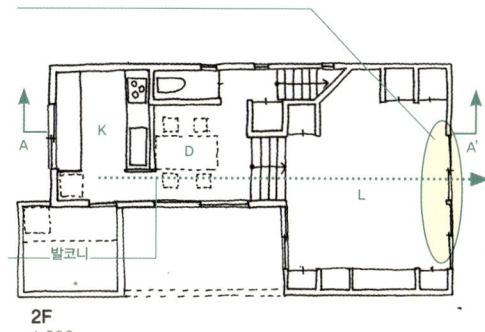

2F 1:200

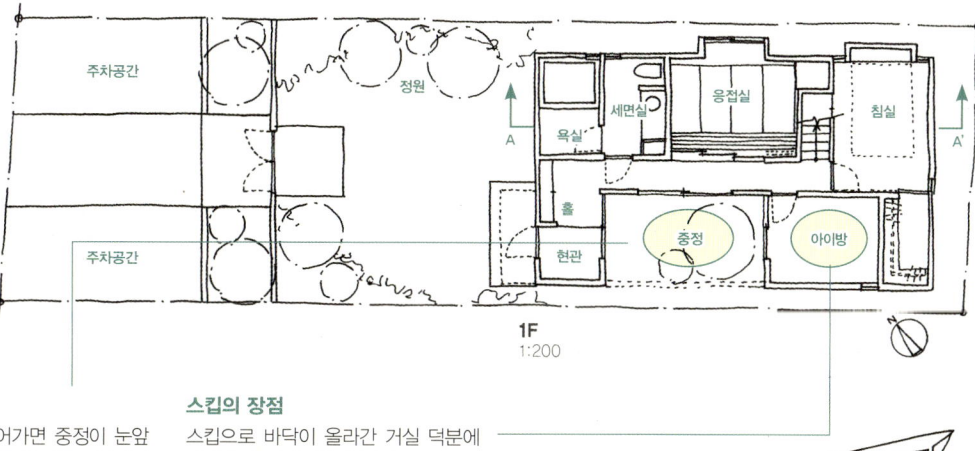

1F 1:200

들어가면 중정
현관문을 열고 들어가면 중정이 눈앞에 나타난다. 오른쪽 중정을 감상하며 안쪽 계단으로 들어간다.

스킵의 장점
스킵으로 바닥이 올라간 거실 덕분에 아래층의 아이방은 천장이 높아졌다. 외벽 쪽으로는 슬릿창만 내고 중정 쪽으로 개방해 안락한 개인 공간을 만들었다.

바닥 밑 넓은 수납공간
스킵으로 생긴 중간층을 넓은 창고로 이용한다. 1층 드레스룸 위쪽 아이방 다락과 연결되는 것이 재미있다.

정면의 야경. 2층 발코니가 현관 앞의 차양 역할을 한다.

A-A'단면 1:200

| 대지면적 | 198.00㎡ (59.90평) |
| 연면적 | 103.00㎡ (31.16평) |

085: 스킵

반층 높은 루프 테라스로 실내를 밝게

건축주가 원하는 '중정'의 의미를 살려 남쪽에 반층 높은 루프 테라스를 만들었더니 북쪽 거실까지 빛이 쏟아져 들어와 실내가 밝고 시각적으로도 넓어졌다. 반층 높은 테라스는 옆집의 시선을 차단해 프라이버시 확보에도 기여했다. 장소마다 높이에 변화를 줘 용도에 맞는 공간을 구성했다.

거실에서. 정면 위가 루프 테라스, 아래가 침실

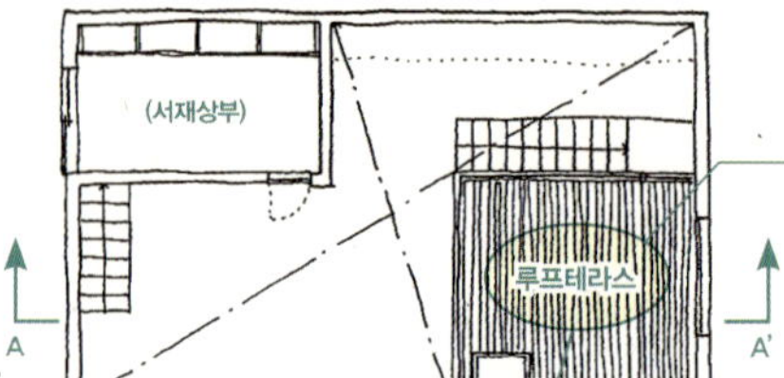

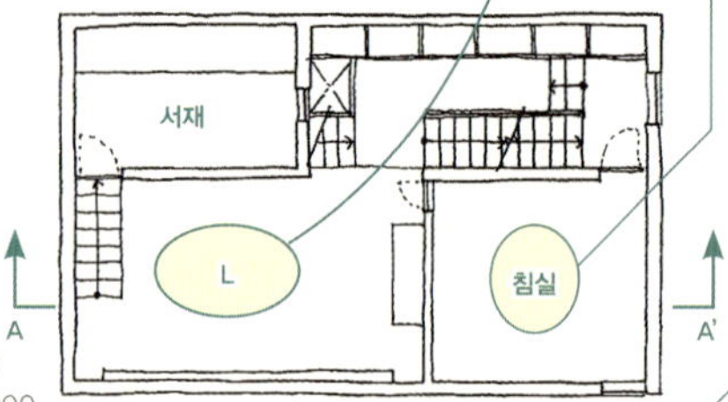

북쪽 거실
도로의 시선을 차단하고 거실의 프라이버시를 지키기 위해 거실을 북쪽에 배치했다. 반층 위의 루프 테라스로 채광을 확보했다.

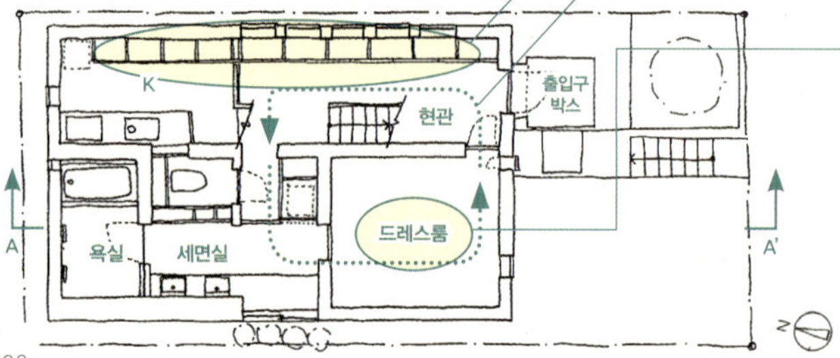

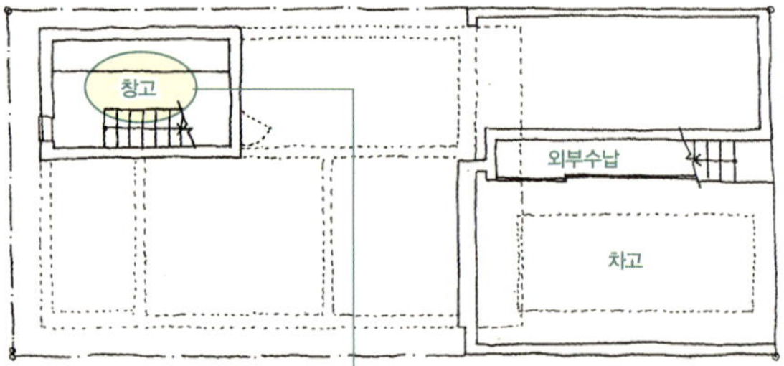

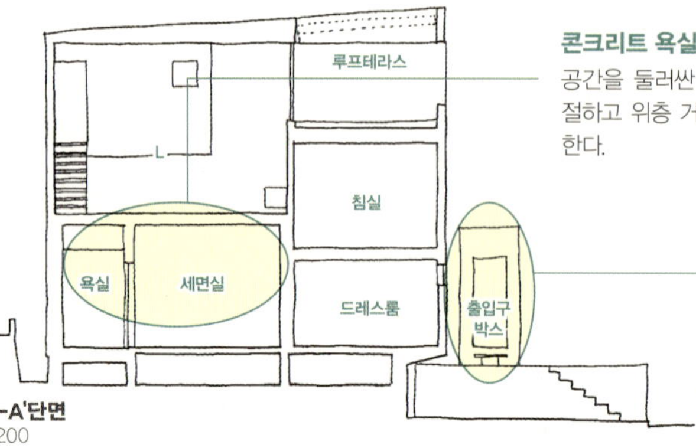

프라이버시 확보
도로 쪽으로 창을 내지 않고 채광과 통풍을 위한 창과 톱라이트를 달았다.

벽면 수납
현관홀에서 부엌까지 이어지는 대용량의 벽면 수납공간. 장소에 따라 높이에 변화를 줘 장식장으로도 이용한다.

회유 동선으로 원활하게
세면실을 이용하거나 옷을 갈아입을 때의 동선이 편해졌다.

드레스룸
의류와 소품을 한곳에 정리한 드레스룸. 욕실과도 가까워 여기서 모든 몸단장을 할 수 있다.

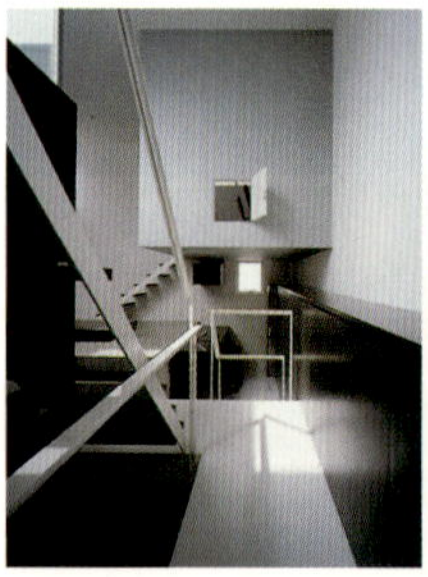

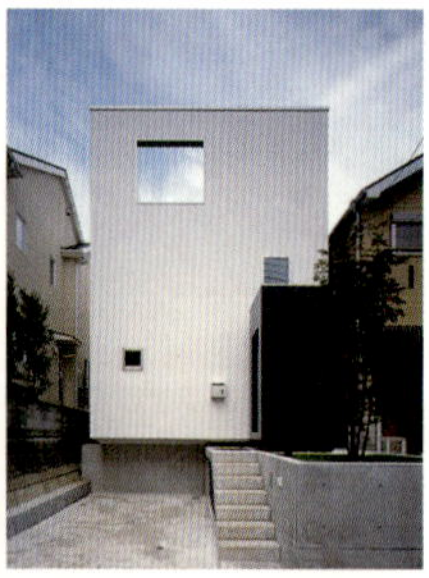

왼쪽: 계단 홀에서. 정면에 떠 있는 것이 서재
오른쪽: 정면 외관. 현관문 앞에 출입구 박스가 있어 내부는 보이지 않는다.

높이를 활용하다
면적을 높이로 보완한 천장고 3.6m의 창고. 일부를 1층 바닥 수납공간으로 사용할 수 있도록 하는 등 편리성을 고려했다.

콘크리트 욕실
공간을 둘러싼 콘크리트는 습기를 조절하고 위층 거실 바닥의 축열도 담당한다.

출입구 박스
대지의 높이만큼 반 층 올라간 출입구. 출입구 박스를 거쳐 드나들기 때문에 밖에서 안이 보이지 않는다. 진입로 계단 밑은 외부 수납공간으로 활용했다.

대지면적 94.34㎡ (28.54평)
연면적   114.10㎡ (34.52평)

086: 스킵

스킵 플로어를 따라 중정에서 옥상 테라스까지

중정을 둘러싸듯 스킵 플로어가 대지 전체를 감싼다. 전체를 벽으로 집어넣을 수 있는 창호가 실내외 구분을 없애고 계단으로 연결된 바닥(계단방)이 옥상 테라스(하늘방)와 실내공간을 잇는다. 손님이 묵어갈 것을 고려해 중정 건너편 독립된 별채와 옥상 테라스 안쪽 다락 등 작은 공간을 준비했다.

왼쪽: 식당 앞으로 테라스 '하늘방'이 펼쳐진다. 안길이가 없는 식당도 미닫이문을 열면 밖과 하나로 연결돼 넓게 느껴진다.
오른쪽: 옥상 테라스 '하늘방'과 '계단방'이 L자로 중정을 감싼다. 데크 왼편에 손님방으로 쓰이는 다락 입구가 있다.

옥상이 아지트가 되다
식당 위는 옥상 테라스. 낮은 난간벽에 둘러싸인 옥상에서는 발아래로 중정이 보인다. 집 전체의 입체감과 안길이를 가장 잘 느낄 수 있는 곳.

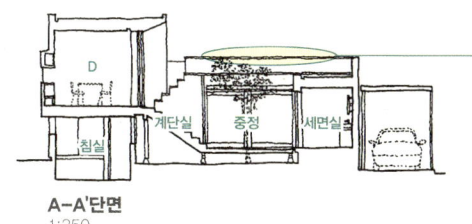

A-A'단면
1:250

DK에서의 조망
안길이가 좁고 가로 폭이 긴 공간에 테이블과 합쳐진 싱크대를 놓았다. 주변 개구부를 활짝 열면 중정에서 테라스 너머까지 시야가 뚫려 개방감이 느껴진다.

계단식 공간
중정과 식당을 잇는 계단식 공간에서 보면 앉은 높이에 따라 경치가 달라진다. 위쪽에서는 햇살 가득한 넓은 하늘을, 아래쪽에서는 중정의 나무를 가까이 느낄 수 있다.

테라스
안쪽 옥상 테라스 안쪽에는 천장고를 낮춘 다락이 있다. 테라스를 지나야만 들어갈 수 있는 곳이라 현관 위에 있지만 멀게 느껴진다. 손님용 침실로 쓸 계획이다.

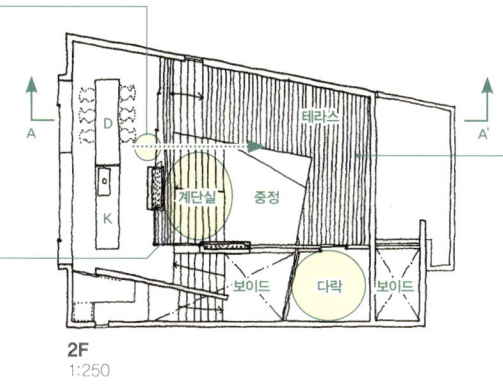

2F
1:250

프라이버시를 확보한 코트 하우스. 중정과 옥상 테라스로 개방적인 공간이 되었다.

별채
천장고를 낮춘 1.5평의 다다미방은 별채처럼 중정과 떨어져 있다. 세면실 쪽에서 처마를 따라 들어갈 수도 있다.

1층 아지트
산딸나무를 볼 수 있는 곳. 작은 소파가 놓여 있어 오전 중에 일광욕을 할 수 있다. 현관과 식당을 잇는 공간.

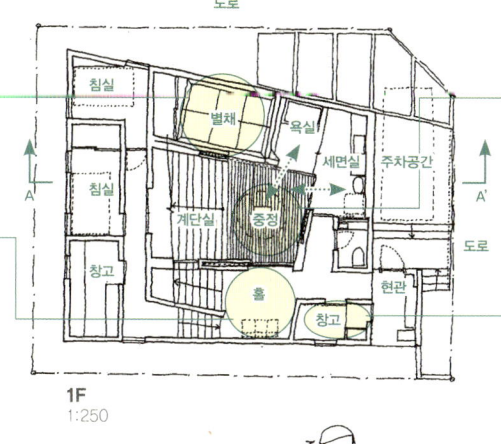

1F
1:250

세면실, 욕실과 중정
산딸나무를 둘러싸고 우드 데크를 깐 숭성은 세면실, 욕실과 바닥이 평편하게 연결돼 있어 목제 새시를 활짝 열면 중정과 한 공간이 된다.

현관 수납공간
현관 입구 옆 창고에는 신발뿐 아니라 정장도 수납할 수 있다. 집으로 돌아와 이곳을 지나면 업무에서 해방되는 기분이 든다.

대지면적 161.53㎡ (48.86평)
연면적 118.36㎡ (35.80평)

---

1 평면과 대지의 관계

2 공간별 디자인 포인트

3 특별한 용도에 맞춘 설계

087: 스킵

대지의 고저 차를 이용한 스킵 플로어

세로로 길고 경사가 있는 주택 밀집지. 대지 조건을 역이용한 스킵 플로어 플랜으로 넓고 리듬감 있는 집을 지었다.
대지 안으로 들인, 집 중앙에 있는 현관을 지나 실내로 들어오면 좌우로 도로 쪽 LDK와 안쪽 개인 공간이 나뉘어진다. 원룸인 LDK는 스킵으로 연결돼 거실에서 데크 테라스까지 시야가 뚫려 있는 장소로, 테라스의 큰 창을 통해 빛과 바람이 집 안 구석까지 들어온다.

식당에서 거실 방향을 본 것. 단차 부분에는 노출된 내력벽(기둥과 지주)과 칸막이를 겸해 봉을 설치했다. 아이들이 매우 좋아하는 놀이터다.

격자로 칸막이
2층 화장실 앞에 격자를 설치해 시선을 제어한다. 빛과 바람은 통과시키고 화장실 출입구와 세면대는 가린다.

썬룸
남향의 썬룸은 빨래 건조공간. 1층 세탁기와 가까운 2층에 배치했다. 다리미대도 설치해 집안일을 효율적으로 할 수 있다.

거실과 하늘로 연결
침실은 지창(地窓)으로 거실과 연결되며, 천장 근처의 창으로는 하늘과 연결된다. 작은 창들이 공간감을 낳는다.

시야가 바뀌다
테라스를 지탱하는 구조이기도 한 철골조의 퍼걸러(pergola)를 지나 회전계단을 통해 들어간다. 방향이 바뀌면서 시야에 변화가 생긴다.

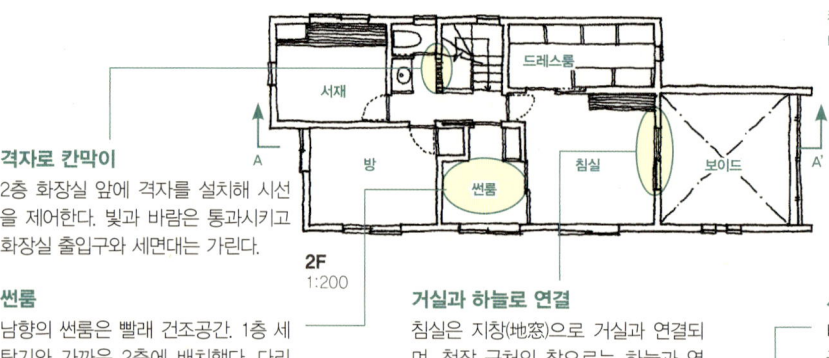

2층 화장실 앞의 격자 칸막이

정원을 공유하다
안뜰은 욕실과 다다미방에서 볼 수 있다. 다다미방에서는 장지문 유리를 통해 안뜰을 감상할 수 있다.

넓게, 멀리
부엌은 LDK 끝에서 전체를 내다볼 수 있는 장소. LD에서 테라스로 뻗어나가는 시선만으로 가족의 인기척을 느낄 수 있다.

바깥 시선 조정
테라스 난간에 판자를 덧대 외부에서 안을 들여다보지 못하도록 했다.

도로 쪽 외관. 테라스가 얹혀 있는 철골이 문이 되어 맞아준다.

고저 차를 살리다
스킵 플로어로 시야가 위아래로 트여 넓게 느껴진다. 칸막이 역할을 겸하는 봉은 아이들에게 인기가 좋다.

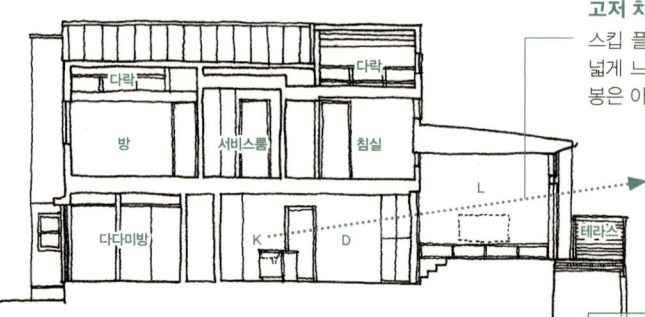

대지면적 129.63㎡ (39.21평)
연면적 119.24㎡ (36.07평)

088: 스킵

어디에서도 가족의 인기척을 느끼다

현관문을 열면 왼쪽에 RC 노출 콘크리트로 마감한 서재 겸 스튜디오로 쓰는 지하실이 있고 거기서 다락까지 흰색 난간의 계단이 스킵 플로어로 각 층의 거실, DK, 침실, 다락으로 연결된다. 거실과 부엌은 단차로 공간이 구분되며, 부엌에서는 정원으로 나 있는 데크로 나갈 수 있다.

위: 방음 시설이 된 지하 스튜디오. 오른쪽 창으로 거실과 연결된다.
오른쪽: 거실에서 계단 방향을 본 것. DK와 스튜디오를 잇는다. 계단의 흰 난간은 지하에서 다락까지 이어진다.

1 평면과 대지의 관계

2 공간별 디자인 포인트

3 특별한 용도에 맞춘 설계

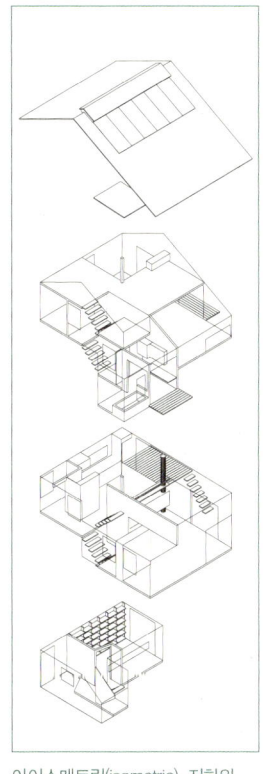

아이소메트릭(isometric). 지하의 현관부터 반 층씩 어긋나게 방이 연결된다. 각 방의 위치는 달라도 공간적으로는 하나로 이어진다.

넓은 다락
꼭대기 층에 있다. 각 공간의 수납을 보완하고 아이들의 놀이공간으로도 쓰인다.

보이드
거실 위는 1.5층 높이의 보이드. 높지도 낮지도 않은 알맞은 천장고를 확보했다.

다목적 발코니
정원과 곧장 연결되는 발코니는 높이가 1m 남짓. 넓은 무대에 서 있는 듯한 기분이 든다.

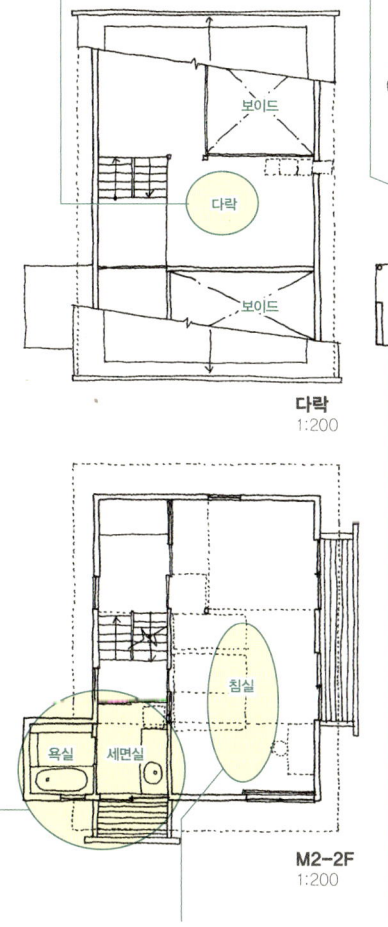

다락 1:200

M2-2F 1:200

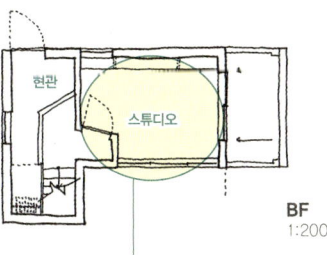

M1-1F 1:200

BF 1:200

방음 시설
남편의 취미인 음악 스튜디오. 방음 장치를 해 드럼을 마음껏 칠 수 있다. 거실과는 작은 고정창으로 연결되어 있다.

환한 욕실
욕실과 세면실은 콤팩트하게 구성. 욕실의 전망과 통기는 말할 것도 없고, 세탁기에서 건조 발코니까지도 가깝다.

칸막이를 하면 방
원룸 침실로 사용하고 있지만 앞으로 방이 필요해지면 간단히 칸을 막을 수 있다.

주부의 서재
거실 한쪽에 만든 아내 전용 서재. 거실에서 노는 아이들 모습을 보며 작업할 수 있다.

대지면적 220.92㎡ (66.83평)
연면적 119.99㎡ (36.29평)

97

089: 스킵

공간의 넓이를 알뜰하게 체감한다

식당과 부엌, 거실, 아이방이 스킵 플로어로 연결되는 구성으로 어디에 있든 가족의 인기척을 느낄 수 있다. 두 공간씩 연결되어 있어 공간이 넓게 느껴진다.

동쪽 외관. 검은 창 부분이 계단실

거실에서 본 것. 안쪽 밑의 아래 부분이 DK, 위쪽 창문 부분이 아이방

비가 내려도 안심
남쪽의 널찍한 복도는 실내 건조실.

또 하나의 식당
식당과 테라스 사이에 풀 오픈 새시를 설치했다. 테라스는 위층 발코니보다 넓어 밖에서도 식사를 할 수 있다.

DK에서 본 모습. 네 계단을 올라가면 안쪽에 거실이 있다.

손님도 안심
주차 테라스 하부에 손님용 주차공간을 확보해 주차 걱정이 없다.

도서관 느낌
벽 한 면을 책장으로 만든 대용량 서고. 천장고를 1.4m로 낮춰 스킵의 단차를 만들었다.

가깝고도 먼
DK에서 거실로 가려면 계단 네 개를 올라가야 한다. 바로 옆이지만 단차가 있어 거리감이 느껴진다.

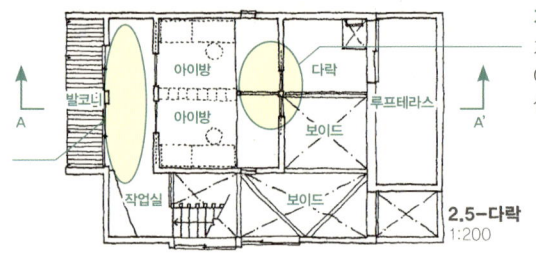

거실과 연결되다
거실의 일부를 침범하듯 설치한 어린이용 침대. 작은 창을 열면 아래로 거실이 보인다.

비밀의 서재
큰 미닫이문을 열면 숨어 있던 서재가 나타난다.

수납장 완비
주차공간 옆에 수납공간을 짜 넣었다. 야외 작업 때 필요한 물건 외에도 자동차 관련 용품을 보관할 수 있다.

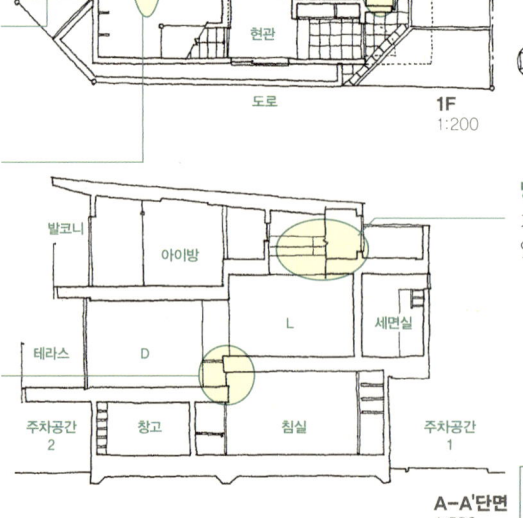

낭비 없이 사용
거실의 보이드를 이용해 다락을 만들었다.

대지면적 92.12㎡ (27.87평)
연면적 121.29㎡ (36.69평)

090: 스킵

칸막이가 없는 5층 원룸

고지대의 한적한 주택가에 지은 집. 대지 앞뒤의 고저 차를 이용해 스킵 플로어 공간을 만들었다. 공간을 칸으로 막지 않아 계단의 층계참 같은 공간이 반지하에서 3층까지 이어지고 외부 테라스와도 어우러져 안팎이 하나가 된다. 서랍 한 칸을 꺼내놓은 듯한 심플한 외관은 콘크리트와 유리로 구성돼 프라이버시를 보호한다.

왼쪽: 도로 쪽 외관. 유리 부분이 발코니
오른쪽: 거실에서 본 것. 오른쪽 위가 아이방.

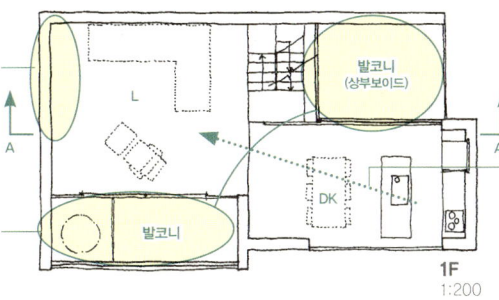

꼭대기 층을 오픈하다
거실 위에 떠 있는 듯한 미래의 아이방은 최대한 오픈된 공간으로 두고 다목적으로 사용한다.

환해서 높아 보인다
거실 상부에 설치한 톱라이트로 자연광이 쏟아져 들어와 천장의 높이가 강조된다.

공간에 리듬감을
부엌에서 바라보는 시선을 고려해 배치한 LDK. 지그재그형 평면과 단차로 시선에 변화를 주어 공간에 리듬감을 만든다.

지그재그형 평면
한 공간에 서로 어긋나게 발코니를 설치해 안팎이 연속된 리드미컬한 공간이 되었다.

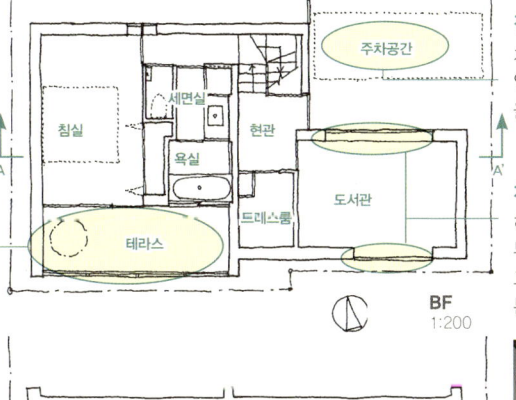

진입로 차고
처마 밑 공간을 이용한 주차공간은 진입로 역할도 하므로 천장에 그레이팅을 깔아 자연광이 들도록 했다.

빛의 정원
테라스 대지 안쪽에 위치한 침실과 욕실의 효과적인 채광을 위해 만든 테라스는 공간에 안길이와 공간감을 주는 효과도 있다.

차분함을 연출
하이사이드와 로사이드로 슬릿 개구부를 달면 자연광이 부드럽게 들어오고 바닥과 천장에 음영이 생겨 독특한 분위기를 만들어낸다.

1m 낮추다
대지의 고저차에 맞춰 도로 쪽 높이를 약 1m 낮추면 2층과 3층의 스킵을 구성할 수 있다.

1층 도서관. 도로의 시선을 차단하면서 채광을 확보했다.

대지면적 100.18㎡ (30.30평)
연면적 122.43㎡ (37.04평)

1 평면과 대지의 관계
2 공간별 디자인 포인트
3 특별한 용도에 맞춘 설계

091: 스킵

3단 바닥으로 커튼 없이 생활하는 집

높이가 다른 3단 바닥으로 구성된 집. 툇마루가 있는 제일 높은 바닥에서는 전원 풍경이 한눈에 보인다. 중간 바닥은 외부 시선에 구애받지 않고 나지막한 소파에서 쉴 수 있는 공간. 제일 아래 바닥에서는 서 있어도 밖에서 보이지 않기 때문에 커튼 없이 생활할 수 있다. 톱라이트를 설치한 부엌을 평면의 중심에 배치해 전체 공간을 나누었다. 심플한 구성이지만 다양한 공간과 복도가 생겼다.

옥상 테라스. 주차장 위를 효과적으로 사용한다.

복도를 지나 침실로
거실에서 계단을 내려온 어두운 복도 끝에 침실이 있다. 집에서 가장 먼 곳에 배치해 프라이버시를 배려했다.

중정 같은 부엌
큰 지붕 아래 있는 부엌은 상부 전체가 톱라이트로 되어 있어 주변으로 자연광을 나누어주는 중정 같은 존재다. 따뜻한 빛 아래로 가족이 모이는 식당 풍경이 그려진다.

바닥의 단차를 이용
사람이 들어갈 정도의 높이로 만든 바닥 밑 수납공간은 꽤 넓어서 웬만한 물건은 다 수납할 수 있다. 여기에 설치한 축열식 패널 히터 두 대로 바닥 난방과 전관난방을 해결한다.

수평 방향으로 시야 확보
계단형 공간이 위로 계속 이어지면서 하늘이 보인다. 보이드는 없지만 천장이 완만하게 상승하는 개방적인 공간.

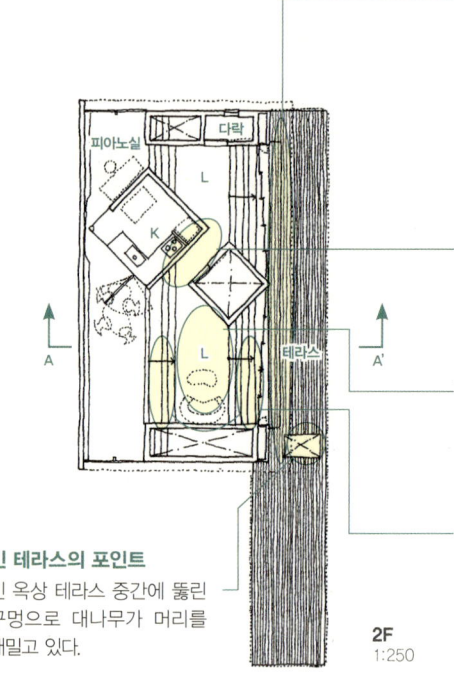

긴 테라스의 포인트
긴 옥상 테라스 중간에 뚫린 구멍으로 대나무가 머리를 내밀고 있다.

풍경과 하나가 되는 툇마루
가장 높은 계단은 경치를 온몸으로 느낄 수 있는 장소. 대지의 가로 폭을 온전히 활용한 긴 테라스와 붙어 있는 툇마루에서 기분 좋은 휴식 시간을 보낼 수 있다.

병목 구간
거실의 두 상자는 공간을 구분하는 역할을 한다. 나뉜 공간은 평면 넓이가 서로 달라 용도에 따라 선택적으로 활용할 수 있다. 두 상자가 만나는 부분에는 복도가 생겼다.

중간 마루
식당에서 다섯 계단을 올라간 곳. 소파를 두고 텔레비전을 보며 쉴 수 있는 공간.

계단 공간
단차가 있는 바닥을 이어주는 계단은 앉기에도 좋아 의자 없이 집 전체를 극장처럼 이용할 수 있다.

아이의 침실
필요할 때 칸을 막아 나눌 수 있다. 톱라이트가 밝은 공부방을 옆에 따로 마련했다.

환한 공부방
현관 봉당을 들어서면 어두운 통로 안쪽에 톱라이트로 빛을 받는 작은 '공부방'이 있다. 아이가 공부하거나 책을 읽는 곳이다.

욕실 전용 정원
욕실에 딱 맞는 0.5평 정도의 작은 정원. 대나무를 심은 안뜰이 욕실 공간을 넓혀준다.

현관과 복도
현관 안쪽 정면의 봉당은 계단 끝의 넓은 거실을 예고하듯 어둡고 억제된 복도 공간이다.

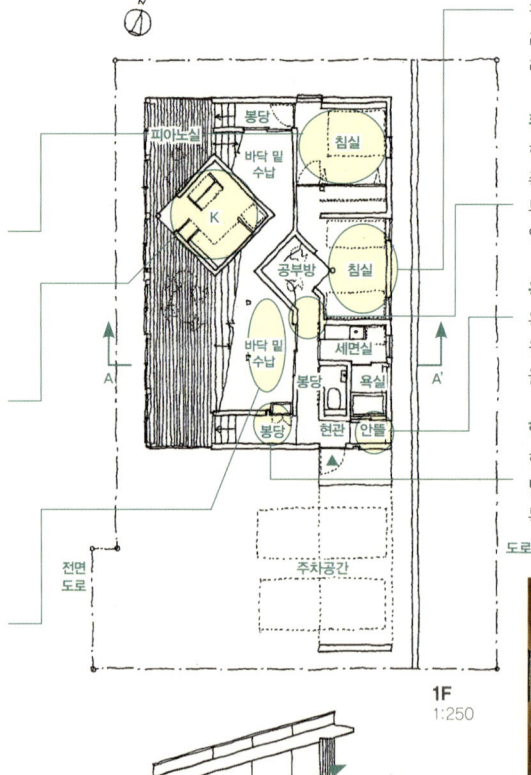

제일 아래 바닥에서 중간 바닥의 끄트머리에 걸친 꼭대기 층 데크 테라스가 보인다. 정면의 상자 공간은 톱라이트가 달린 부엌.

대지면적 265.07㎡ (80.18평)
연면적 122.27㎡ (36.99평)

칸막이를 최소한으로

남북으로 15m, 도로 쪽 정면 폭이 6m인 대지에 3면이 이웃집과 붙어 있다. 보이드 상부로 들어오는 자연광을 계단을 따라 내려 보내 다섯 개 층에 나누어주어 남쪽에서 들어온 빛과 바람을 효율적으로 북쪽까지 전한다. 남북 간 칸막이를 최소한으로 만들기 위해 각 공간을 반층씩 어긋나게 배치해 가족 간에 늘 간섭이 발생하는 형태다.

바람의 출구를 만들다
남쪽에서 들어온 바람이 북쪽으로 빠져나가도록 개구부의 크기를 계산했다. 서비스 발코니의 창 높이는 1.4m로 낮추고 북쪽 이웃집과의 시선 간섭을 피하기 위해 목제 난간벽을 높이 올렸다.

칸막이가 없는 집은 외단열
내부의 풍량 크기 및 공기 조절 효과를 얻고 철골 지지대와 목제 연결부의 결로를 방지하기 위해 골조 밖에서 단열층으로 감싸고 외장재 안쪽에 통기층을 만들었다.

테라스 상부는 보이드로 만들고 표면은 목제 루버로 덮었다. 일부는 미닫이문으로 열고 닫을 수 있다.

장소와 장치에 따른 소재 선택
더 많은 자연광을 보이드로 받아들이기 위해 꼭대기 층의 계단 발판 소재로 투과성 높은 수지 그레이팅을 택했다.

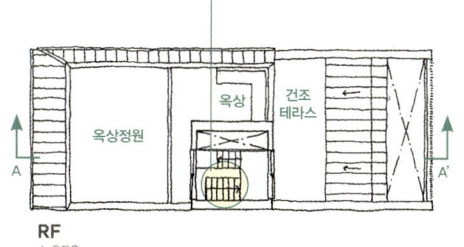
RF 1:250

미래의 변화를 고민하다
아이방의 미닫이문은 나중에 설치할 예정. 아이의 성장에 맞춰 방을 두 개로 나눌 가능성도 고려하고 있다.

거실이 넓어 보이도록
도로 건너편 집의 시선을 피하기 위해 세로 격자를 설치. 테라스가 거실의 연장으로 시야에 잡히도록 했다. 안쪽에 장지문을 달았다.

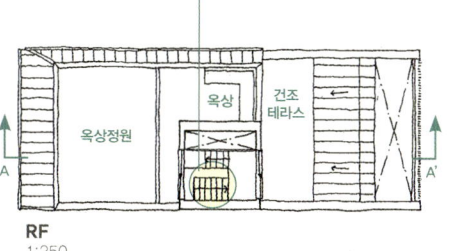
2F 1:250

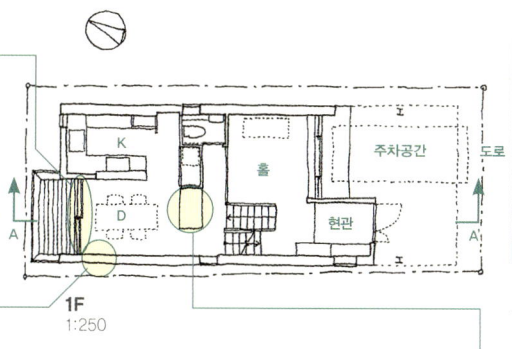
1F 1:250

칸막이 기능을 겸비한 가구
가슴 높이의 가구로 칸막이를 대신한다. 아래쪽은 막히고 공간 전체는 연결돼 식당에 안정감을 준다.

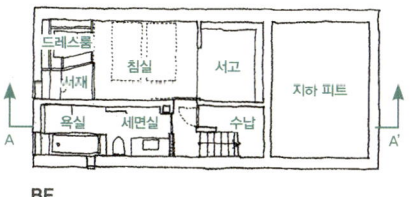
BF 1:250

빨래가 보이지 않도록
건조 테라스는 충분한 일조량을 확보하고 아래층의 거실 천장을 남쪽으로 높여 도로에서 빨래가 보이지 않도록 했다.

단면 계획의 포인트
도로에서 바로 들어가게 되어 있는 현관이지만 안쪽의 식당이 1.5m 위에 있기 때문에 현관문을 열어도 방문객에게 내부가 직접적으로 보이지 않는다.

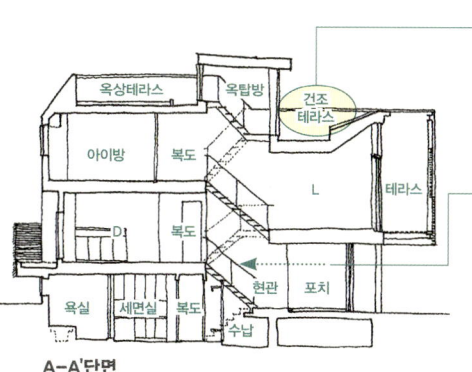
A-A'단면 1:250

옥탑방의 자연광이 계단을 따라 내려올 수 있도록 제일 위의 계단에는 그레이팅을 사용했다.

현관 위의 거실. 장지문 너머에는 목제 루버로 가려진 테라스가 있다.

대지면적 96.22㎡ (29.11평)
연면적   136.61㎡ (41.33평)

1 평면과 대지의 관계
2 공간별 디자인 포인트
3 특별한 용도에 맞춘 설계

093: 스킵

건물 아래쪽을 얇게 만들어 주차공간을 확보하다

부모 세대와 자녀 세대 성인 네 명과 반려견 두 마리를 위한 2세대 주택. 경사지에 스킵 플로어를 구성하고 차량 세 대분의 주차공간을 확보하기 위해 건물 아래쪽을 줄였다. 건물 중심부에 테라스를 설치해 이웃집들이 밀집해 있는 가운데 개방적인 공간으로 만들었다. 일곱 개의 스킵 플로어로 창출된 다양한 공간에서 온 가족이 편하게 각자의 생활을 즐기며 소통한다.

반려견을 위한 배려
강아지가 아래로 떨어지지 않도록, 하지만 답답해 보이지 않도록 아크릴 창호로 미닫이문을 제작했다.

가장 좋은 장소로
가족의 중심지인 식당에 테라스를 연결해 개방적이고 기분 좋은 장소로 만들었다.

반려견용 화장실
가족이 모이는 식당과 부엌은 반려견의 단골 자리다. 화장실 안에 반려견 전용 화장실을 마련했다.

3-M3F 1:200

느슨한 차단
이웃으로부터 프라이버시를 보호하면서 채광을 확보하기 위해 펀칭 메탈을 활용했다.

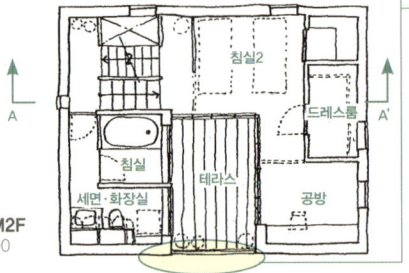

2-M2F 1:200

화장실을 부스로
화장실 부스로 회유동선이 생겨 기능적인 작업실이 되었다.

1층 작업실. 세면대 뒤를 화장실 부스로 만들어 회유동선을 만들었다.

1-M1F 1:200

주차공간 확보
자동차 세 대분의 주차공간을 확보하기 위해 건물 아래쪽을 좁혔다.

외관 야경

단차를 나누다
성인 네 명이 집에 온종일 함께 있어도 각자 마음 편히 지낼 수 있도록 거실과 식당은 높이를 달리했다.

스킵으로 이어지는 LD. 중앙에 보이는 것이 낙하 방지 아크릴 창호

A-A'단면 1:200

대지면적 109.57㎡ (33.14평)
연면적 144.77㎡ (43.79평)

094: 스킵

단차와 층고의 변화로 분위기를 혁신하다

동쪽에 절벽이 있는 깃대부지. 산골짜기에 여러 개의 작은 절이 있는 관광지 안의 주택지다.
관광객으로 붐비는 오솔길 쪽은 흰 벽으로 프라이버시를 확보하고 절벽 쪽으로 큰 개구부를 만들었다. 내부는 바닥에 단차를 만들고 높이를 다양하게 조정해 변화무쌍한 공간이 되었다.

왼쪽: 식당에서 본 절벽
오른쪽: 북쪽에서 본 절벽과 건물의 관계. 절벽 쪽의 큰 개구부로 녹음을 감상한다.

깃대부지에 지은 건물. 가로로 긴 창이 파사드를 돋보이게 한다.

사이를 두다
좁은 진입로를 따라 약간 지그재그를 그리며 현관 포치에 도착한다. 포치 입구에서 현관까지는 공간을 좁혀 돌아서 들어가는 변화를 즐기도록 했다.

일반 거실
손님이 많이 오는 집은 사생활 보호를 위해 현관 바로 옆에 거실을 만드는 것이 좋다. 가족이 사용하는 제2의 거실로 서재(스터디룸)를 두었다.

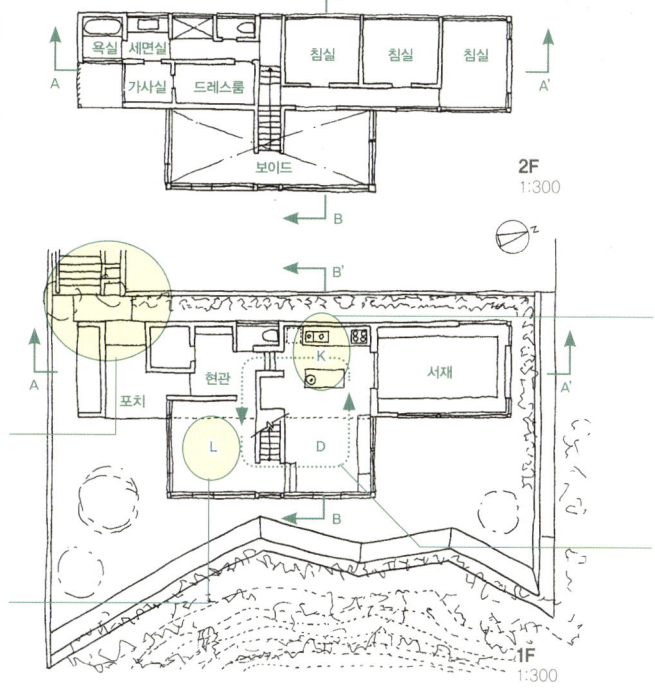

두 개의 부엌
홈파티를 위해 벽면 카운터와 아일랜드 카운터를 설치했다. 한쪽 카운터는 조금 낮게 만들어 반죽이나 칼질 등 힘이 들어가는 작업을 할 때 편리하다.

막힌 곳이 없다
계단을 중심으로 한 회유동선. 막힌 곳 없이 각 방의 바닥 높이를 달리해 산길을 걷고 있는 듯한 변화를 느낄 수 있다.

절벽 쪽으로 오픈
절벽의 녹음을 집 안에서 감상할 수 있도록 식당 천장을 높이고 절벽 쪽으로 큰 개구부를 만들었다.

가족 서재
가족이 자연스럽게 모이는 서재(스터디룸)를 부엌 옆에 만들었다. 차분한 분위기를 내기 위해 가장 낮은 층에 배치하고 진한 갈색으로 마감을 통일한 휴식 장소다.

대지면적 292.08㎡ (88.35평)
연면적 153.79㎡ (46.52평)

---

1 평면과 대지의 관계
2 공간별 디자인 포인트
3 특별한 용도에 맞춘 설계

095: 스킵

스킵하는 거실

LDK의 연결과 가족의 결속을 위해 거실을 반층 내린 스킵 플로어 주택. 1층은 부엌과 식당인데, 창호를 벽으로 집어넣으면 테라스가 있는 정원과 하나로 연결되어 가볍게 밖에서 식사를 할 수도 있다. 반층 내려간 거실은 1층과 지하층을 잇는 넓은 공간으로, 지하지만 빛과 바람이 들어온다. 큰 고정창으로 정원과도 연결된 각 장소는 입체적인 회유동선으로 연결된다.

A-A'단면 1:200

도로 쪽 외관. 도로에서 뒤로 물러난 다소곳한 모습이다.

올려다보는 정원
반지하인 거실은 바람에 흔들리는 1층 정원이 보이는 차분한 분위기.

마루 밑의 살림꾼
반층의 단차를 이용해 거실 밑을 바닥 수납공간으로 이용. 높이는 제한적이지만 정리에 효과적이다.

효과적인 동선
톱라이트의 빛이 넘치는 홀. 이 홀을 지나 각 방으로 들어가므로 낭비되는 공간이 없다.

남향의 유틸리티
실내 건조대가 설치되어 있고 발코니로 직접 나갈 수도 있다. 볕이 잘 들어 실내에서도 빨래가 잘 마른다.

가볍게 밖에서 식사
문을 벽 속으로 집어넣으면 식당과 테라스를 연결해 사용할 수 있다.

가장 먼저 보이는 녹음
현관에서 홀로 올라가면 거실 보이드 너머로 정원이 보인다. 늘 자연스럽게 녹음을 볼 수 있어 일상적으로 계절감을 느낄 수 있다.

서비스 동선
현관에서 신을 신은 채 서비스 야드와 부엌으로 갈 수 있으므로 쇼핑한 물건을 곧장 안으로 옮기거나 쓰레기를 버릴 때 편리하다.

일체형 팬트리
부엌 근처에 현관 수납공간과 일체형으로 디자인된 팬트리를 설치했다.

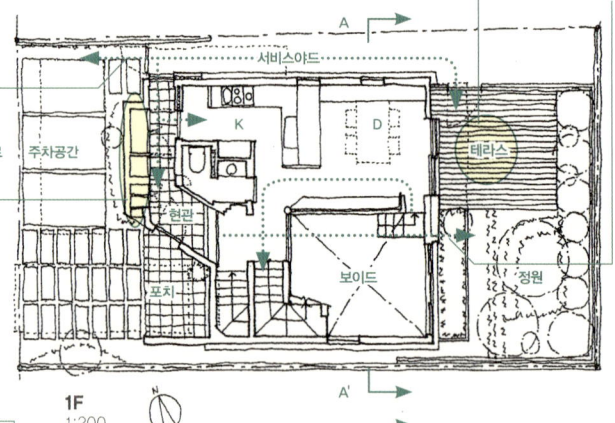

2F 1:200

1F 1:200

정원과 연결된 지하
스킵 플로어 사이로 정원이 보여 계절과 시간에 따라 제한적이기는 하지만 안쪽까지 빛이 든다. 지하 같은 느낌이 들지 않는 지하.

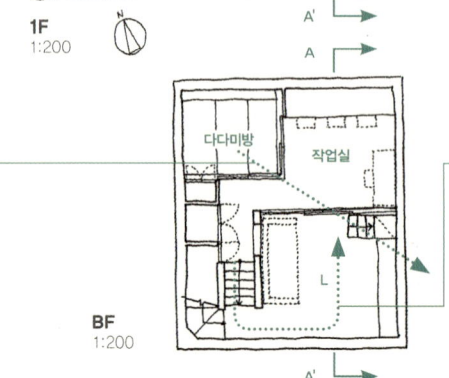

BF 1:200

반지하인 거실에서 보이는 정원

입체적인 회유동선
스킵 플로어로 연결되는 LDK는 두 개의 계단을 통해 입체적으로 회유할 수 있어 단차를 신경 쓰지 않고 편하게 오고갈 수 있다.

대지면적 140.01㎡ (42.35평)
연면적 141.71㎡ (42.87평)

096: 조망

벚꽃을 독점할 수 있는 거실 벤치

벚꽃길이 아름다운 강가에 지은 작은 주택. 2층 거실의 남서쪽 모퉁이에 L자로 돌출되어 있는 창은 대지 남쪽의 벚꽃을 독점하는 벤치가 되기도 한다. 식당은 창을 활짝 열면 4평 정도의 테라스와 하나가 되어 강가 나무들을 한눈에 바라볼 수 있는 기분 좋은 공간이 된다.

LD와 코너의 벤치. 왼쪽에 보이는 것이 식당과 연결된 테라스

1 평면과 대지의 관계

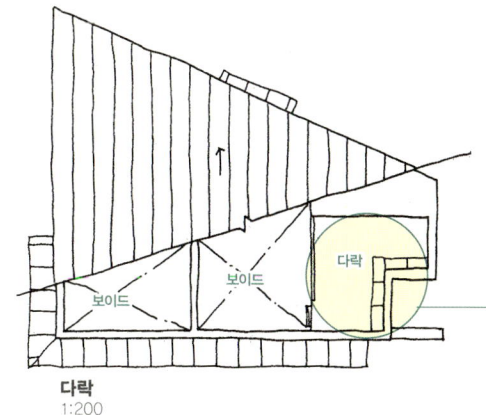

다락
1:200

취미를 위한 다락방
남편이 취미로 수집하는 물건과 CD가 진열된 작은 공간.

2 공간별 디자인 포인트

미래의 아이방
아이가 어릴 때는 가족 서재로도 쓸 수 있는 거실 옆 작은 아이방. 2층 침대를 두면 둘이 쓸 수 있다. 책상, 책장, 수납장도 짜 넣었다.

앉을 수 있는 출창
출창에 앉아 벚꽃을 감상한다. 소품을 둘 수도 있는 큰 코너 창. 긴 쪽 카운터 밑은 AV 기기 수납공간.

꽃구경은 테라스에서
산책로와 주변의 벚꽃을 볼 수 있는 넓은 테라스는 야외 거실이다. 창호를 벽으로 집어넣으면 식당과 연결된다.

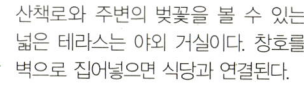

테라스에서 벚꽃을 구경한다.

3 특별한 용도에 맞춘 설계

미래의 아이방2
둘째 아이가 태어나면 드레스룸은 아이방으로 쓸 수 있도록 배치했다.

방의 연장
침실 바닥과 같은 높이로 연결한 데크 테라스로 실내가 넓게 느껴진다. 정원의 나무 바라보거나 난간에 이불을 널 수 있다.

도로에서 들어간 현관
작은 공간이지만 진입로는 제대로 만들었다.

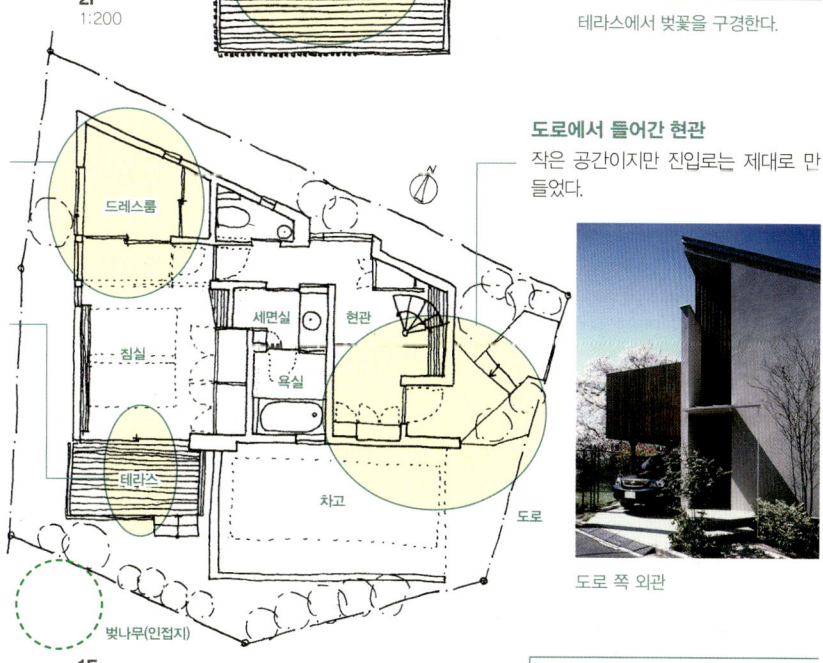

도로 쪽 외관

대지면적 90.49㎡ (27.37평)
연면적   66.76㎡ (20.19평)

097: 조망

절경을 감상할 수 있는 천공의 데크 테라스

시가지가 내려다보이는 고지대에 지은 음악가 부부의 집. 전망을 마음껏 즐기기 위해 북쪽에 큰 테라스를 만들어 DK와 연결하고 욕실과 남편의 방도 북쪽으로 개방했다. 볕이 잘 드는 남쪽에는 거실과 연결되는 정원과 테라스를 설치해 북쪽과는 다른 안팎의 관계를 만들었다. 천공의 데크 테라스에서 내려다보는 풍경의 파노라마와 툭 트인 남쪽 정원의 바람을 맞으면 누구나 탄성을 지르게 된다.

남쪽 테라스와 연결된 거실에서 연주하는 모습

북쪽 테라스로 이어지는 DK는 구배천장의 볼륨감이 느껴지는 공간

경치를 독차지하다
강과 시내를 한눈에 볼 수 있는 테라스. DK보다 넓고 큰 테라스는 많은 친구를 초대할 수 있는 야외 거실.

밖이 보이는 욕실
나무 욕조에 몸을 담그고 경치를 감상할 수 있다. 이웃집 쪽으로 가림벽을 설치해 외부 시선을 차단했고 안에서는 멀리까지 볼 수 있다.

LDK의 공간감
구배천장으로 된 볼륨감 있는 공간. 연주회장으로도 쓰인다.

LDK의 배치
대지 안쪽의 프라이버시가 보호되는 북쪽에 DK를 배치했다. 북쪽 테라스와 한 공간으로 합쳐 홈파티도 즐긴다. 거실과 남북으로 연결돼 시야가 넓고 바람이 잘 통한다.

정원
볕이 잘 드는 남쪽은 '정원'으로 가꾸고 거실, 테라스와 연결해 즐긴다.

자연을 느끼며
음악가인 남편의 서재 겸 연습실. 창을 북쪽으로 내 멀리까지 트여 있는 바깥 경치를 보며 연습한다.

다락 1:200

1F 1:200

남쪽 외관

대지면적 307.43㎡ (90.88평)
연면적 96.00㎡ (29.04평)

098: 조망

깃대부지를 이용해 시야를 확보하다

도로와 접하는 부분이 고작 2m이고 주변으로 집들이 들어서 있는 도심의 한 모퉁이 부지. 건축주가 사람들이 자주 모여 홈파티를 열 수 있는 넓은 거실을 원했기 때문에 2층에 거실을 두기로 했다.

위쪽: 거실에서 식당을 본 것. 코너 창 너머로 시야가 트여 있다.
오른쪽: 2층 식당에서 거실 방향을 본 것. 소파 뒤쪽으로 가사 코너가 있다.

1 평면과 대지의 관계

2 공간별 디자인 포인트

3 특별한 용도에 맞춘 설계

안주인의 성
재봉을 좋아하는 안주인을 위해 재봉틀 두 대를 갖춘 가사실을 만들었다. 세탁기도 여기에 있다.

원룸 거실
손님을 많이 들여도 부담 없도록 거실은 큰 원룸 공간으로 만들었다.

가리개
이웃집 창이 가까워 발코니는 판자 울타리로 가렸다. 옆집 시선을 신경 쓰지 않고 햇볕을 만끽할 수 있다.

이웃 정원을 즐기다
북쪽의 이웃집 정원이 보이도록 욕실에 고창을 냈다.

복도를 없애다
집 중앙에 현관홀을 두고 거기서 각 방으로 들어간다.

쓰레기통 숨기기
서비스 야드는 자전거 보관소 겸 쓰레기장. 판자로 울타리를 쳐 밖에서는 보이지 않는다.

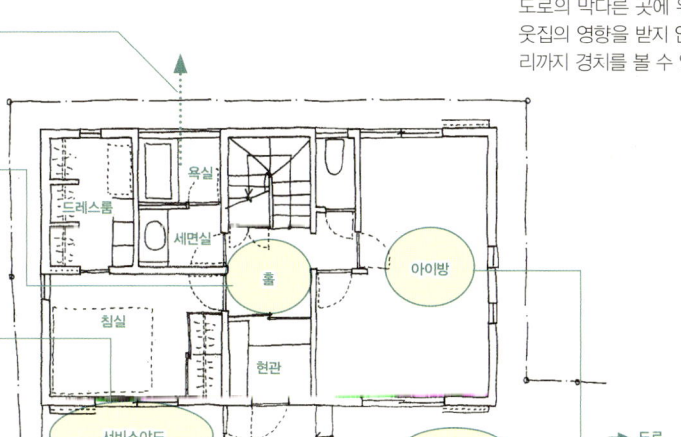

아이의 인기척
1층에 있는 아이의 인기척이 느껴지도록 바닥에 슬릿을 넣었다.

긴 시선
도로의 막다른 곳에 위치한 대지라 이웃집의 영향을 받지 않고 식당에서 멀리까지 경치를 볼 수 있다.

자동차를 없애다
폭이 2m밖에 되지 않아 차가 드나들기 어렵다. 교통이 편리한 편이라 차 없이 지내기로 했다.

나중에 방을 두 개로
남매가 어려 일단 방을 하나로 만들고, 아이들이 컸을 때 둘로 나눌 수 있도록 문을 두 개 달았다.

깃대부지 안쪽으로 보이는 외관. 들어가면서 2층의 인기척을 느낄 수 있다.

대지면적 82.31㎡ (24.90평)
연면적 96.64㎡ (29.23평)

107

099: 조망

기초를 띄워 조망을 얻다

비와호 서쪽 호라이 산 기슭에 위치한 집. 건축주는 각자의 취미가 뚜렷한 60대 부부다. 도로에서 꺾어진 경사진 경계선에 건물 기초를 띄워 배치해 비와호를 한눈에 볼 수 있는 창을 얻었다.
생활공간인 LDK는 떠 있는 느낌의 건물 2층에 배치해 일상에서 비와호와 늘 마주한다. 자연 속 삶이 그리 녹록지만은 않지만 호수에 비치는 아침 햇살, 달빛, 구름의 변화, 무지개 등 매일 다른 표정을 보여주는 '자연'이 건축주에게는 최고의 사치다.

거실에서 호수를 바라본 것. 내부에서 연장된 벽이 풍경을 잘라내 눈앞에 호수만 보인다.

호수를 조망하다
남동쪽 도로에서 꺾어진 경사진 경계선에 건물 기초를 띄워 배치함으로써 비와 호를 한눈에 볼 수 있는 개구부를 얻었다.

연결되는 외벽
외벽의 마감이 내부까지 연결돼 공간에 일체감을 주고 넓어 보인다.

바닥 마감으로 공간 분리
원룸인 2층은 L자로 판 부분에 다다미를 깔아 공간을 분리했다.

넓은 계단
단차를 계단으로 해결했다. 내부공간에서 데크 테라스까지 연속된 느낌을 준다. 장식 선반이나 벤치로도 사용할 수 있다.

높이 1×1m짜리 카운터
비와 호 방향으로 부엌 카운터를 배치. 안주인 키에 맞춰 닫혀 있으면서도 전망이 좋은 적당한 높이로 만들었다.

취미를 위한 동선
자연광과 자연 건조가 필요한 염색과 허브 재배가 취미인 안주인을 위해 일련의 작업이 가능하도록 공간을 짰다.

간접조명으로 잇다
두 개의 침실 사이에 높이를 1.8m로 낮춘 수납공간을 설치했다. 상부의 간접조명이 규조토로 마감한 공간 전체를 부드럽게 감싼다. 적당한 거리감으로 서로를 느낄 수 있다.

통풍시키다
침실과 세면실 사이에 작은 미닫이문을 달아 눅눅해지기 쉬운 욕실의 통풍을 책임진다.

2층 거실에서 부엌을 본 것

같은 벽면처럼
아틀리에의 수납 창호를 벽과 같은 소재로 마감해 같은 벽면처럼 보인다. 공간을 구성하는 요소를 줄이는 것도 넓게 보이는 비결 중 하나.

느슨하게 막다
현관에서 아틀리에가 곧바로 보이지 않게 응회석으로 마감한 1.8m짜리 벽을 세웠다. 시선은 차단하고 인기척은 느낄 수 있다.

남쪽 외관

대지면적 238.07㎡ (72.02평)
연면적 99.09㎡ (29.97평)

100: 조망

위층 개구부는 천장 디자인이 중요

더 나은 전망과 프라이버시 확보를 위해 LDK를 2층에 배치했다. 그로 인해 전면도로에서 올려다보면 큰 개구부 너머 천장면이 파사드 역할을 하게 되어 천장 디자인이 중요해졌다. 2층 LDK의 전망을 위해 큰 개구부 설치를 최우선으로 하고 1층의 사적인 공간은 창이 적은 약간 폐쇄적인 공간으로 만들었다.

부엌 앞. 거실에서 잔디밭 발코니 너머로 시야가 트여 있다.

1 평면과 대지의 관계

2 공간별 디자인 포인트

3 특별한 용도에 맞춘 설계

발밑을 감추다
LDK가 원룸 공간이므로 부엌 아래쪽이 보이지 않도록 수납공간을 만들었다.

대용량 드레스룸
가족들 옷은 물론이고 무엇이든 다 넣을 수 있는 커다란 수납공간.

다양한 용도
손님방으로, 취미공간으로, 드레스룸 옆의 옷 갈아입는 장소로 다양하게 사용. 1층 세면실 천장고를 낮춰 생긴 공간은 바닥 밑 수납공간으로 이용한다.

잔디 발코니
잔디가 깔린 발코니. 2층 바닥면과 높이를 맞춰 시각적으로 실면적을 보충하고 열의 반사를 막는다.

녹음이 우거진 욕실
유리 칸막이를 세운 세면실과 욕실. 바닥 높이를 낮춰 욕실과 정원의 거리를 좁히고 내외 일체감을 강화했다. 욕실 앞은 나무가 무성해 상쾌한 기분마저 든다.

계단홀과 하나로
들어가면 쭉 뻗은 공간이 방문객을 안으로 인도한다. 그 시선의 끝에 환한 안뜰을 배치해 개방적이고 안길이가 있는 공간을 만들었다.

양방향으로 빛과 바람을
수납장 위에 하이사이드 라이트를 설치해 통풍과 채광을 확보했다.

최고의 자리
가림벽이 없는 큰 창으로 후지 산이 보이는 넓은 공간. 천장은 전체적으로 나무 보를 촘촘히 깔아 넓은 무주(無柱) 공간을 실현했다. 도로면보다 2층 높이만큼 위에 있어 보행자 시선은 걱정 없다.

기존 벽을 활용
기존 옹벽을 활용해 담을 만들지 않고 프라이버시를 지킨다.

융통성 있게
아이의 성장에 따라 가구로 칸막이를 할 수 있다.

문을 닫아도 예쁘다
깜깜해야만 잘 수 있다는 건축주의 요청에 따라 창을 작게 만들고 안쪽에 문을 달았다. 시라스 벽의 효과로 실내 공기가 깨끗하다.

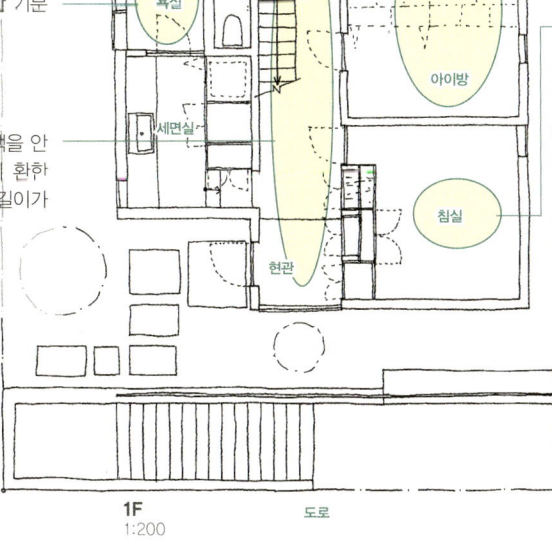

도로에서 본 외관 야경

대지면적 153.60㎡ (46.46평)
연면적 119.20㎡ (36.06평)

109

101: 조망

깊은 차양이 풍경화를 만들다

둑길에 가득 핀 들꽃, 그 앞으로 펼쳐진 논, 멀리 보이는 산등성이, 철마다 풍부한 표정으로 다가오는 풍경이 인상적이다. 이 풍경을 살리기 위해 바닥을 논 높이까지 올려 개구부 위치를 정했다. 차양이 만들어내는 깊은 음영과 대비되어 풍경이 한층 더 선명한 색으로 빛나도록 만들었다. 현관 진입로는 빛을 억제한 실내 슬로프로 만들어 오픈 스페이스로 들어왔을 때 개방감을 느끼며 남쪽 경치를 만날 수 있도록 연출했다.

1층 오픈 스페이스를 활짝 열면 낮은 차양과 바닥 사이로 싱그러운 녹음이 펼쳐진다.

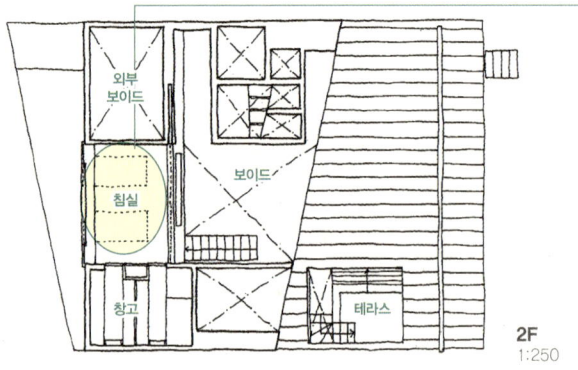

넓고 안정감 있는 침실
지붕 경사면을 따라 남쪽으로 낮게 떨어지는 천장 때문에 시선이 자연과 정원으로 뻗으면서 안정감과 개방감을 동시에 준다.

2층 침실의 미닫이를 활짝 열면 보이드를 지나 1층 오픈 스페이스와 그 앞의 정원이 보인다.

빛을 억제한 슬로프
앞으로 나가면서 서서히 시야가 열리는 것을 경험할 수 있다.

빛을 끌어들이는 안뜰
안뜰을 만들어 욕실, 화장실, 세면실에 빛을 끌어들인다.

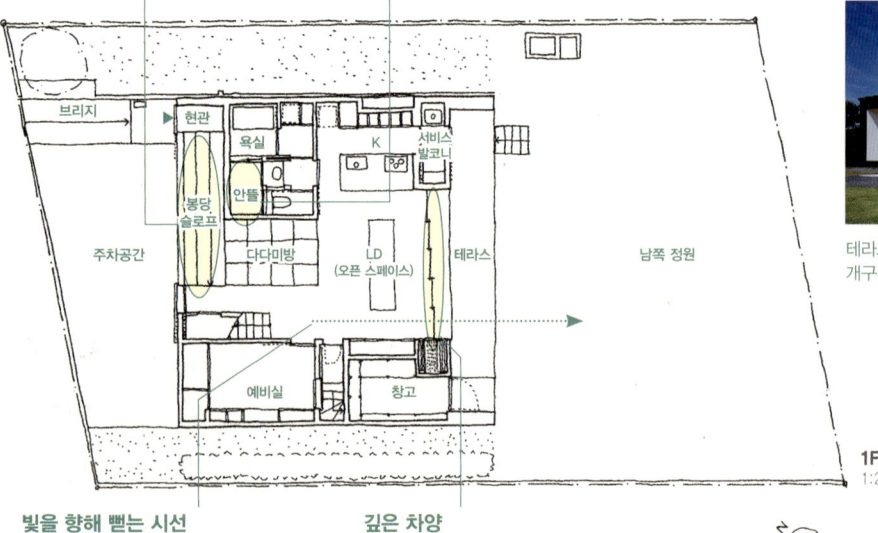

테라스의 바닥 높이와 처마 높이 때문에 개구부가 억제된 남쪽 외관

빛을 향해 뻗는 시선
진입로, 실내, 깊은 차양, 밝은 테라스, 정원과 그 앞의 전원 풍경으로 뻗어나가는 시선.

깊은 차양
차양이 깊은 음영 대비 효과를 내면서 정원 앞, 둑길, 논, 그리고 멀리 보이는 산등성이가 좀 더 선명한 색채로 다가온다.

대지면적 396.81㎡ (120.04평)
연면적 121.86㎡ (36.86평)

2층 LDK에서 세토나이카이를 한눈에

고베 시의 바닷가, 기찻길과 험준한 벼랑 사이에 위치한 집. 세토나이카이를 한눈에 볼 수 있는 특성을 살리고 뒤쪽 벼랑이 시야에 들어오지 않도록 계획했다.

탁월한 전망이 요구되는 LDK와 침실을 2층에 두고, 그 사이에 바다가 보이는 욕실을 배치했다. 2층과 대조적으로 개구부를 줄인 1층에는 손님이 머무는 다다미방과 서재를 두었다.

부엌 앞에서 바라본 바다. 테라스 지붕이 깊은 처마가 되어 시선이 바다로 뻗어나간다.

바다를 보면서
알코브(alcove)형 부엌을 대면식으로 만들어 조리 중에도 바다를 바라볼 수 있다.

북쪽도 밝게
방 안이 너무 어둡지 않도록 라인형 톱라이트를 설치. 벽면을 비추는 나뭇가지 그림자로 시간의 흐름을 느낄 수 있다.

오른쪽과 왼쪽으로
전망 좋은 2층에는 생활에 필요한 모든 기능을 완비했다. 계단을 올라가면 왼쪽이 LDK, 오른쪽이 개인공간이다.

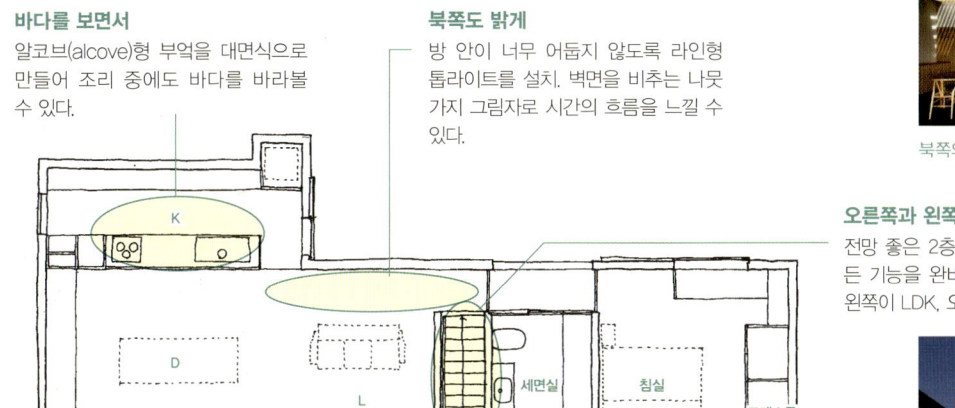

북쪽의 빛

남쪽 외관. 움직이는 루버가 욕실 앞에 있는 상태

안팎을 하나로
미닫이문은 모두 벽으로 넣을 수 있게 만들어 LDK와 테라스가 일체화된다.

움직이는 루버
욕실은 미닫이문 루버로 가렸다. 루버는 테라스 쪽으로 이동시켜 원하는 곳을 가릴 수 있다.

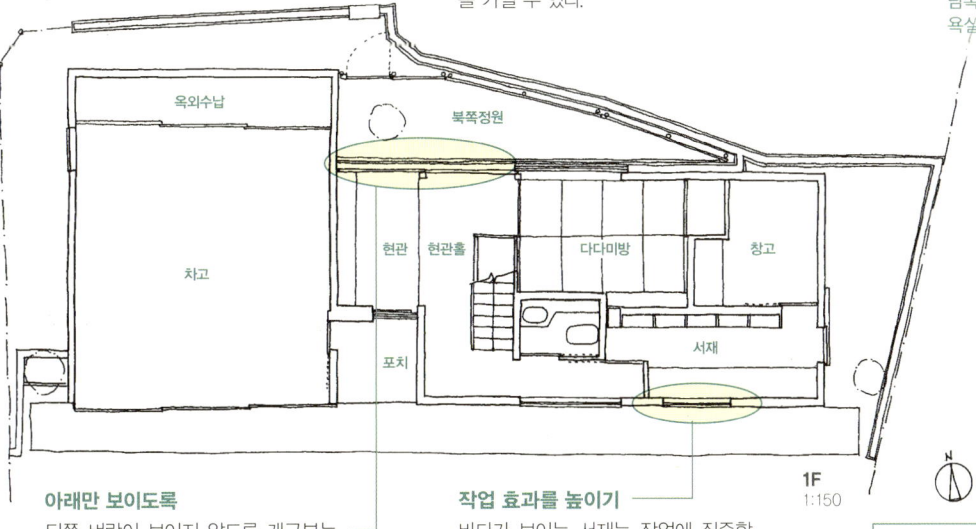

아래만 보이도록
뒤쪽 벼랑이 보이지 않도록 개구부는 지창(地窓)만 냈다. 이 창을 통해 북쪽 정원의 나무를 감상할 수 있다.

작업 효과를 높이기
바다가 보이는 서재는 작업에 집중할 수 있도록 개구부를 줄였다.

대지면적　191.98㎡ (58.07평)
연면적　171.32㎡ (51.82평)

103: 조망

멀리 보이는 산세를 감상하다

남북으로 좁고 긴 대지의 3면을 도로가 둘러싼 모퉁이 땅이다. 조성지의 가장 북쪽에 위치해 남북으로 개방된 좋은 조건이다.
건축주가 북쪽 산들이 보이는 공용공간을 원해 가족실과 식당을 북쪽에 배치했다. 남북의 길이를 이용해 정원을 만들어 남쪽에서도 빛과 바람이 통하도록 배려했다.

봉당3에서 본 정면의 난로. 북쪽으로 개방된 토지의 특성을 살려 먼 산을 감상할 수 있다.

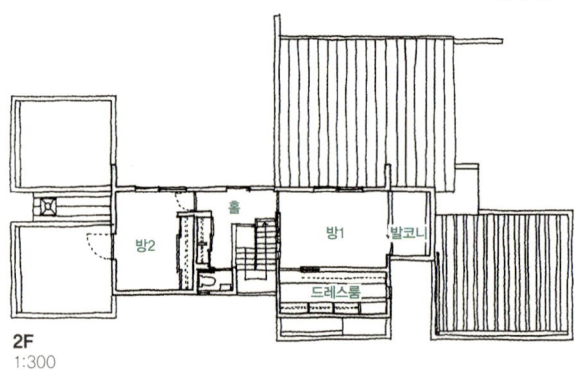

봉당1. 왼쪽이 다다미방에서 이어지는 실내 툇마루.

테라스와 연결
먼 산을 볼 수 있는 가족실은 뒤쪽으로는 테라스와 연결돼 또 다른 공간감이 느껴진다.

단차를 없애다
단차가 없는 봉당 현관. 각 방은 모두 봉당으로 연결된다.

집 밖 테라스
다다미방은 실내와 평평하게 테라스가 연결되어 있다. 계단 위의 테라스는 정원 한편의 무대처럼 보인다.

파노라마를 즐기다
북쪽 도로의 끝은 협곡이라 산세가 아름답다. 봉당에 난로가 있는 LD에서 파노라마처럼 경치가 펼쳐진다.

집 안 툇마루
현관에 있는 툇마루. 현관 옆의 다다미방과 연결되어 있다. 다다미방으로 가는 지름길이기도 하다.

텃밭 정원
남쪽 넓은 정원은 햇볕이 잘 들어 텃밭으로 활용할 수도 있다.

일체형 욕실
욕실, 세면실, 중정이 하나로 이어져 있다. 중정 쪽으로 개방해 외부 시선이 닿지 않는 공간을 확보했다. 욕실에는 톱라이트를 설치해 하늘도 보인다.

동쪽 도로에서 본 것

대지면적 458.49㎡ (138.70평)
연면적 201.72㎡ (61.02평)

세 구역으로 나눈 전망 좋은 산장

북서로 센가미네가 올려다 보이는 녹음으로 둘러싸인 대지에 지은 산장이다. 취미 공간, 공용 공간, 개인 공간이라는 다른 성격의 세 볼륨을 센가미네 쪽으로 개방된 커다란 외쪽지붕이 감싸고 있다.

DK 앞에서 이로리 너머로 보이는 경치. 상승하는 구배천장이 개방감을 고조시킨다.

남쪽 외관. 커다란 외쪽지붕이 먼 산을 향해 뻗어 있다.

경치를 보며 요리하다
요리 중에도 정면 창으로 경치를 감상할 수 있는 부엌.

둘러앉다
바닥을 조금 높여 다다미를 깔고 일본식 난방장치를 설치했다. 내장은 현지 소나무 기둥과 삼나무 판자, 지역 특산물인 화지(和紙)를 사용했다.

욕실을 가깝게
개인공간은 침실, 서재, 욕실을 한 세트로 만들었다. 손님용 화장실은 취미 공간에도 있다.

산과 함께 목욕을
산을 조망할 수 있는 경치 좋은 욕실.

취미실
취미인 수묵화를 그리는 공간.

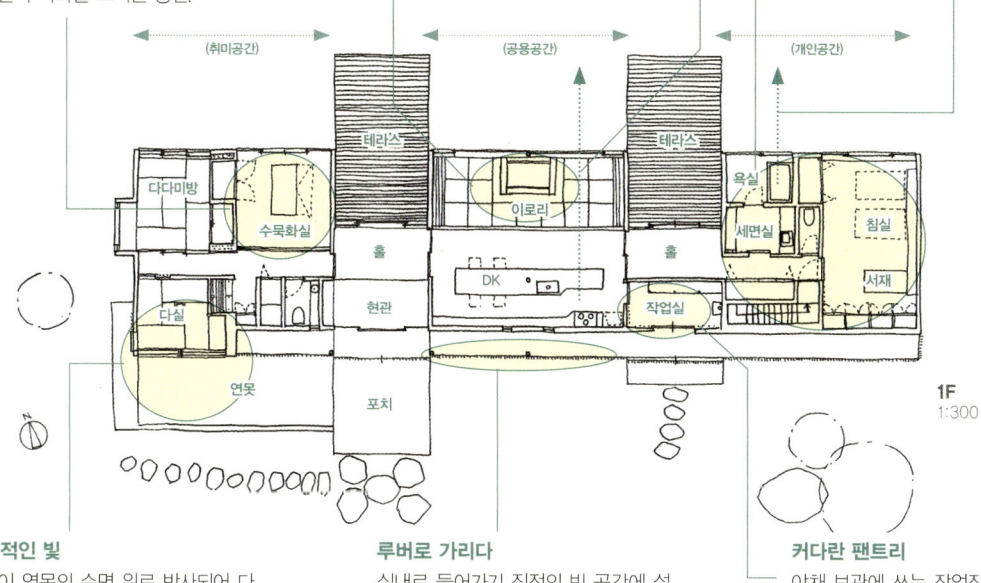

환상적인 빛
햇살이 연못의 수면 위로 반사되어 다실을 비춘다. 다실 안에 빛들이 반짝이며 흔들거린다.

루버로 가리다
실내로 들어가기 직전의 빈 공간에 설비 기구 등을 모아놓고 삼나무 루버를 세워 가렸다.

커다란 팬트리
야채 보관에 쓰는 작업장. 마치 큰 팬트리처럼 부엌에 가까이 있다.

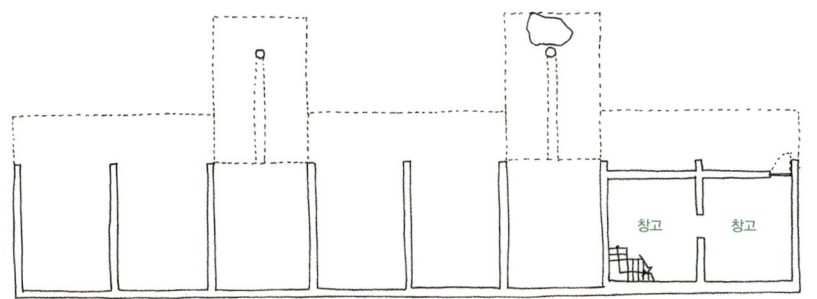

대지면적 9917.35㎡ (3,000평)
연면적 298.42㎡ (90.27평)

2장
공간별 디자인 포인트

'방은 필요 없고 부엌 중심으로.' '부엌을 넓게 개인 공간은 작게.' '집이 아무리 좁아도 욕실과 세면실을 별도로.' '아웃도어를 즐기기 때문에 진입로 수납과 차고를 양보할 수 없다.' 등…. 아무리 작은 집이라도, 아무리 비용을 줄인다 하더라도 개인의 취향과 라이프스타일에 따라 평면 배치는 미묘하게 달라져야 한다. 진입로, 출입구, 현관, LDK, 부엌, 수납, 계단, 옥상, 정원 등 116채의 단독주택, 450여 개의 평면을 통해 공간별로 최고의 평면을 제안한다.

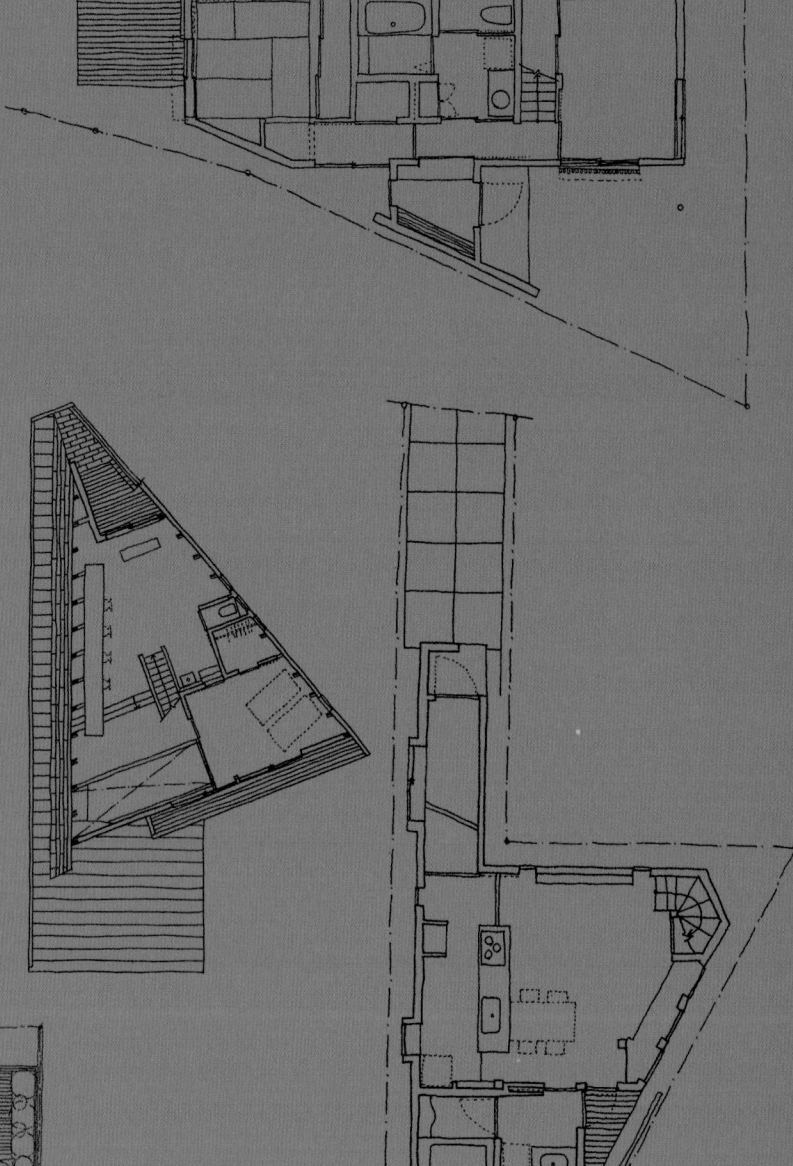
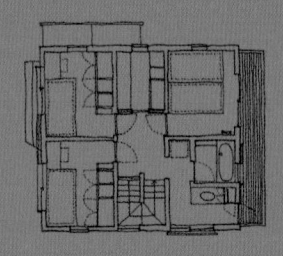
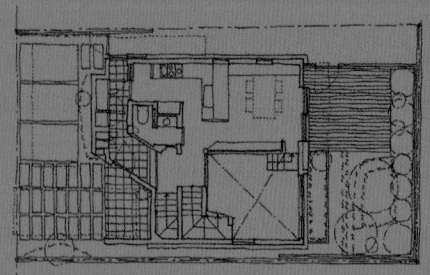
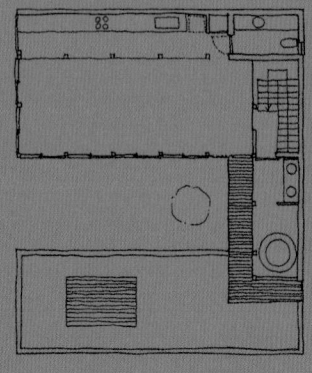
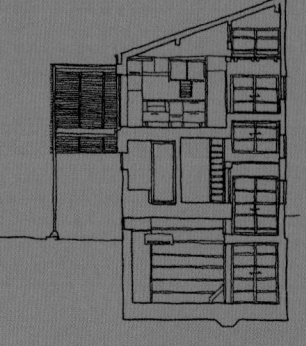
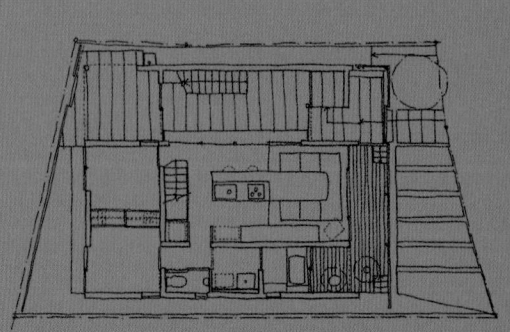

chapter 2

1 평면과 대지의 관계

2 공간별 디자인 포인트

3 특별한 용도에 맞춘 설계

001: 진입로·출입구·현관

봉당에 기능을 집중시키다

목조 2층 건물. 기찻길 옆에 지은 연면적 15평의 4인 가족이 살 집이다. 철길 고가 옆이라 선로 쪽으로 벽면을 크게 잡아 소음을 방지했다. 고가도로 옆은 경사가 완만해 높은 건물을 지을 수 있기 때문에 2층에 넓은 바닥밑 수납공간을 만들고 거실의 천장고를 3.5m로 높여 풍량을 늘렸다.

1층에는 부엌과 욕실을 배치하고 2층 전체를 거실로 구성했다. 1층은 대부분 봉당으로 만들어 봉당 자체가 현관홀과 부엌 기능을 하고 있다.

2층 전체가 거실. 터널 위로 뚫린 시야, 높은 천장, 테라스로의 확장, 가구가 없는 생활 등 좁아도 기분 좋게 살 수 있는 배려가 담겨 있다.

바닥 밑으로
바닥에는 90×90cm 크기의 뚜껑을 덮은 깊이 60cm의 수납공간을 만들었다. 따로 가구를 놓을 필요가 없어 2.7m의 폭이지만 거실로 쓰기에 충분하다.

전체가 거실
2층은 테라스를 포함해 전체를 거실로 사용한다.

높이를 살리다
고가 쪽 벽을 높이 세우고 용적 80%를 전부 사용해 풍량을 늘렸다(대지 19평→연면적 15평).

유연한 공간
1층 다다미방은 낮에는 차를 마시거나 누워 쉬는 자유로운 공간으로, 밤에는 침실로 쓴다.

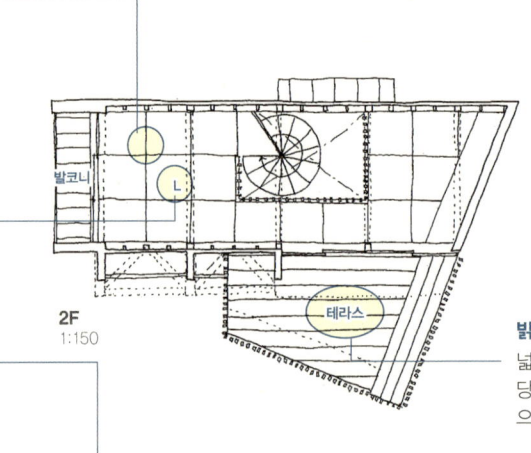

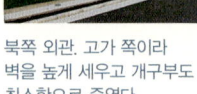

북쪽 외관. 고가 쪽이라 벽을 높게 세우고 개구부도 최소한으로 줄였다.

밝게 느껴진다
넓은 데크를 남쪽에 배치했다. 1층 봉당 공간과 대비되어 한층 밝고 개방적으로 느껴진다.

다기능 봉당의 효용
봉당은 현관과 계단실과 부엌과 식당을 겸하는 다기능 공간. 생활에 필요한 많은 일을 이 봉당에서 해결한다.

맞춰서 만들다
건물 형태에 맞춰 만든 부엌. 부엌 카운터를 조금 더 늘여 식탁으로 사용한다.

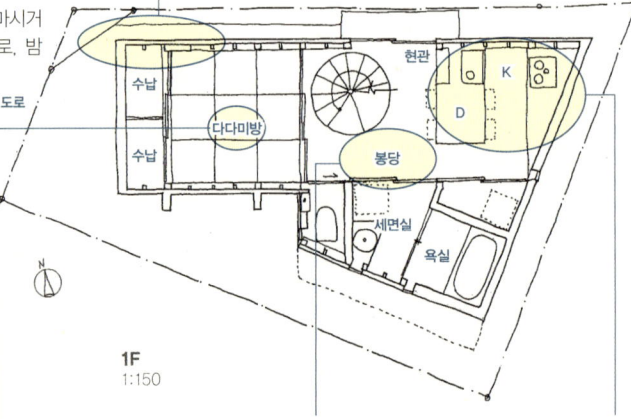

2층 거실. 사진의 오른쪽이 고가 쪽. 정면에 보이는 넓은 개구부를 통해 주변 녹음을 감상할 수 있다.

대지면적 63.18㎡ (19.11평)
연면적 50.53㎡ (15.28평)

002: 진입로·출입구·현관

출입구를 2층에 두어 마을과의 거리감을 조절하다

양방향으로 도로와 접해 있는 좁고 긴 대지. 출입구를 2층으로 올리고 적당한 개구부를 낸 발코니를 배치해 마을과 집 사이의 거리를 쾌적하게 유지하고 프라이버시를 확보했다. 반면에 거리의 나무와 오픈 스페이스는 적극적으로 활용했다.

다다미를 깐 LD. 발코니에서는 하늘과 이어지고 벽의 슬릿을 통해서는 마을과 이어진다.

1 평면과 대지의 관계

마을과의 거리감
모퉁이 땅이기 때문에 출입구를 2층으로 올리고 2층 발코니에 적당한 개구부를 만들어 마을과 생활공간을 이으면서도 거리감을 확보했다.

풍경이 보이는 쾌적한 부엌
실내에서 바깥의 나무를 감상할 수 있어 개방감이 느껴진다.

콤팩트한 부엌

미래를 대비
아이가 성장했을 때를 대비해 떼어낼 수 있는 창호로 칸막이를 했다.

가장 안쪽의 장소
지하에는 침실과 널찍한 창고를 만들어 위층의 수납을 보완했다. 2층에 출입구가 있어 지하는 외부에서 가장 먼 개인공간이 되었다.

2 공간별 디자인 포인트

3 특별한 용도에 맞춘 설계

빛우물로 지하까지
내부의 나선계단을 빛우물로 만들어 위층에서 들어온 빛을 지하실까지 보낸다.

대지면적 64.98㎡ (19.66평)
연면적   62.10㎡ (18.79평)

외관. 나선계단으로 2층까지 올라가면 현관. 슬릿으로 마을과 연결되므로 계단을 오를 때 '바깥'을 느낄 수 있다.

117

003: 진입로·출입구·현관

봉당으로 공과 사의 성격을 바꾸다

특별히 작지도 않지만 넉넉한 크기도 아닌, 도시에서는 평균이라 할 수 있는 30평 남짓한 대지에 지은 4인 가족을 위한 작은 집이다. LDK와 욕실을 2층으로 올리고 침실과 (미래의) 아이방은 1층 봉당을 중심으로 배치했다. 사적인 공간인 침실을 봉당과 함께 나란히 배치해 반공용 공간으로 활용함으로써 좁은 면적을 보완했다.

현관 앞에서 본 봉당. 격자로 된 뒷문으로 빛이 들어오고 봉당이 집을 관통하는 모습이 인상적이다. 다다미방은 미닫이로 닫아둘 수 있다.

한곳으로 모으다
나선계단 서쪽에 콤팩트하게 모인 부엌과 식당. 코너 창으로 도로 쪽 경치를 볼 수 있다.

채광 방법
남쪽 하이사이드 라이트로 들어온 빛이 경사진 천장을 따라 실내로 퍼지면서 거실을 환하게 만든다.

부엌 앞에서 거실을 본 것

넓은 거실
부엌과 식당이 서쪽에 모여 있어 계단의 동쪽 공간은 널찍한 거실로 사용할 수 있다.

세탁 동선
햇볕이 들고 바람이 잘 통하는 욕실. 세탁물은 욕실을 지나 남쪽 발코니로 나가 말린다.

분할 가능
마루방은 미래의 아이방. 두 아이가 쓸 수 있도록 방 한가운데 창을 만들었다.

관통하는 봉당
현관에서 뒷문까지 남북으로 실내를 관통하는 봉당이 다다미방과 마루방의 독립성을 돋보이게 한다.

정원을 즐기다
남쪽에는 툇마루와 작은 정원이 이어진다. 주차공간과 정원 사이에 설치한 칸막이는 정원용 도구를 보관하는 수납공간이기도 하다.

바닥 밑을 활용
마루방 밑을 높이 1.4m의 반지하 수납공간으로 만들어 마루방은 수납 가구 없이 넓게 쓴다.

작은 개수대
봉당에서 여러 가지 작업을 하기 위해 작은 개수대를 설치했다. 밖에서 돌아오면 우선 여기서 손을 씻는다.

별채 같은 다다미방
마루방은 나선계단을 통해 2층에서 직접 내려오면 되지만 다다미방은 일단 봉당으로 내려와야 갈 수 있다. 이 미묘한 거리감의 차이로 다다미방은 '별채' 느낌이 든다.

외벽에 나무를 덧댄 북쪽 외관

대지면적 89.29㎡ (27.01평)
연면적 69.56㎡ (21.04평)

004: 진입로·출입구·현관

정면 폭 2.7m
현관에 입구는 두 개

연립주택 중 한 채를 개축했다. 정면 폭 2.7m, 안길이 13.5m에 3대 6인 가족이 각자의 프라이버시를 지키며 모여 사는 집이다. 톱라이트를 통해 대지 안까지 빛을 끌어들이고 2층은 구배천장으로 공간을 확보했다.
1층 중앙에 배치한 4m에 이르는 부엌과 테이블은 가족과 친구들이 모이는 장소. 현관 봉당을 이용해 회유동선을 만들어 편하게 생활할 수 있도록 했다.

왼쪽: 계단에서 본 카운터 테이블. 통로 겸 LD.
오른쪽: 부엌 앞에서 안쪽을 본 것. 계단 위에서 빛이 쏟아진다.

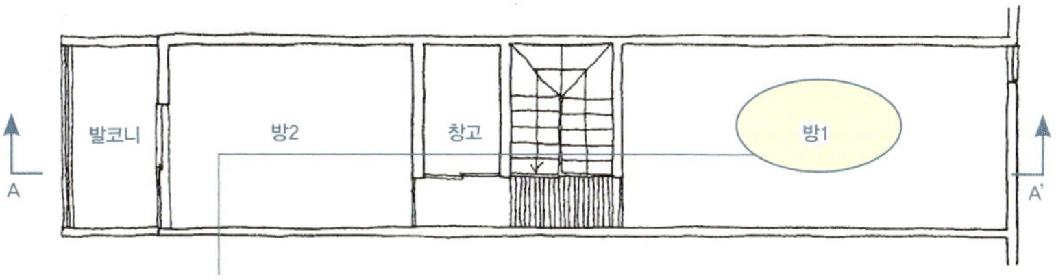

1 평면과 대지의 관계

2 공간별 디자인 포인트

3 특별한 용도에 맞춘 설계

구조를 바꿔 수납을 보강
개축하면서 보를 설치. 그 보를 이용해 다락 창고를 만들었다.

낭비 없이 활용
계단 밑과 세면실의 좁은 틈새도 수납공간으로 이용.

파티션으로 조절
현관, 부엌, 식당에 연결된 카운터 위에 유백색 파티션을 세웠다. 현관에서 부엌으로 향하는 시선은 가볍게 막아주고, 현관 쪽으로는 인기척과 환한 느낌을 전달된다.

봉당 벤치
봉당에는 이웃이 방문했을 때 부담 없이 앉을 수 있는 벤치를 마련했다. 벤치 밑은 수납공간.

양방향으로 갈 수 있는 봉당
카운터를 사이에 두고 집 안쪽으로 들어가는 길과 부엌으로 곧장 들어가는 길을 만들었다.

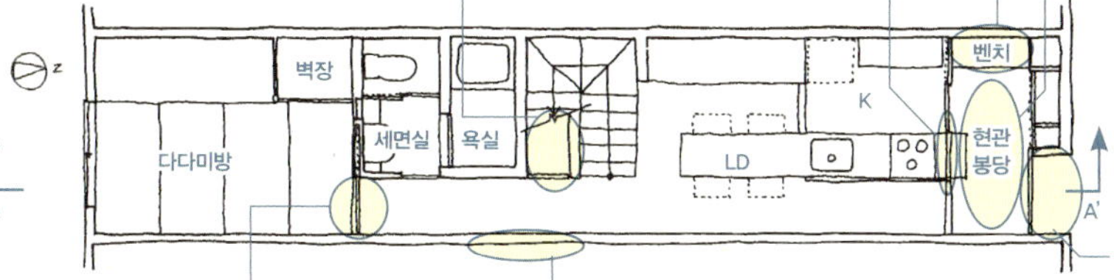

현관 주위를 풍요롭게
현관을 안으로 밀어 넣고 미닫이문을 달면 차양을 대신하면서 수납도 할 수 있는 넉넉한 공간이 된다.

교창으로 인기척을 주고받다
교창(交窓)을 유리로 만들어 안쪽 다다미방(부모님 방)의 인기척이 LD에서도 느껴지도록 했다.

안길이가 특징
현관에서 안까지 이어지는 벽의 한 면을 굴곡 없이 평평하게 만들어 길이와 넓이를 강조했다.

채광과 통풍에 효과적
벽의 윗부분에 낸 창은 톱라이트의 빛을 방1로 끌어들이고 통풍에도 효과적이다.

빛우물
톱라이트로 들어온 빛이 1층까지 떨어진다. 톱라이트를 열고 닫을 수 있어 1, 2층 모두 바람이 잘 통한다.

고창을 사용하다
연립이라 방에 창을 하나밖에 낼 수 없었는데 고창을 이용해 통풍을 해결했다.

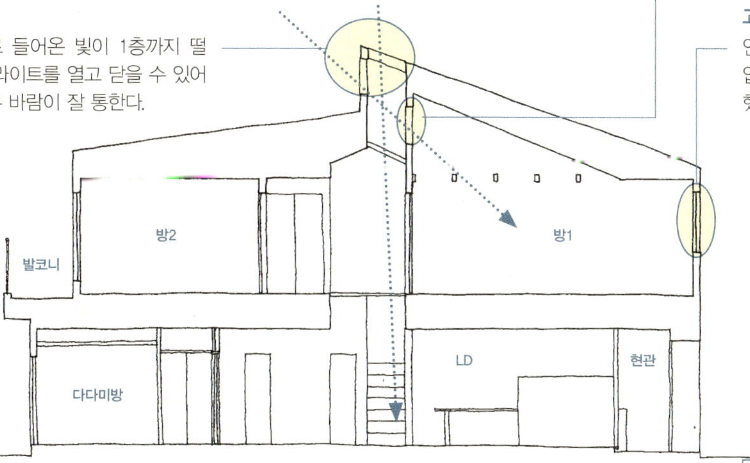

도로 쪽 외관

A-A'단면
1:150

대지면적 72.71㎡ (21.99평)
연면적 73.23㎡ (22.15평)

005: 진입로·출입구·현관

봉당에서 보내는 시간이 즐거워지다

부부가 노년을 함께 할 집. 주말에는 농사일에 몰두할 수 있으면 좋겠다는 요청이 있었다. 건축주의 라이프스타일을 고려해 봉당이 있는 단층집 평면을 제안했다. 현관에 들어서면 집의 절반을 차지하는 넓은 봉당이 펼쳐지고, 봉당에는 부엌, 장작 난로, 식탁을 두어 옛날 집처럼 만들었다.

현관에서 봉당 너머로 본 집의 내부. 신발을 신은 채 들어갈 수 있는 따뜻한 봉당은 손님들도 부담 없이 들르는 곳. 벽으로 막힌 곳 없는 공간이 집주인의 너그러운 인품을 보여주는 듯하다.

업무용 부엌
스테인리스 업무용 부엌은 심플하고 편리하다. 작업대는 안주인의 희망에 따라 삼나무 선반에 스테인리스 철판을 대 제작했다.

장작 난로
콘크리트 블록 앞에 난로를 놓아 복사열을 CB에 축열한다. OM 솔라로 장작 난로를 때지 않아도 충분히 따뜻하지만, '옛 생각이 난다'며 주변에서 호평을 받고 있다.

인기 좋은 장작 난로. 뒷면의 콘크리트 블록에 축열되도록 만들었다.

화장실과 세면실을 넓게
화장실과 세면실 공간도 넉넉하게 확보하고, 화장실에 소변기를 설치했다. 출입구는 휠체어가 들어갈 수 있는 크기로 만들었다.

파티션으로 나누다
침실은 가장 안쪽에 배치하고 파티션으로 가볍게 막았다. 침실에서 봉당까지의 원룸 공간이 여유를 느끼게 한다.

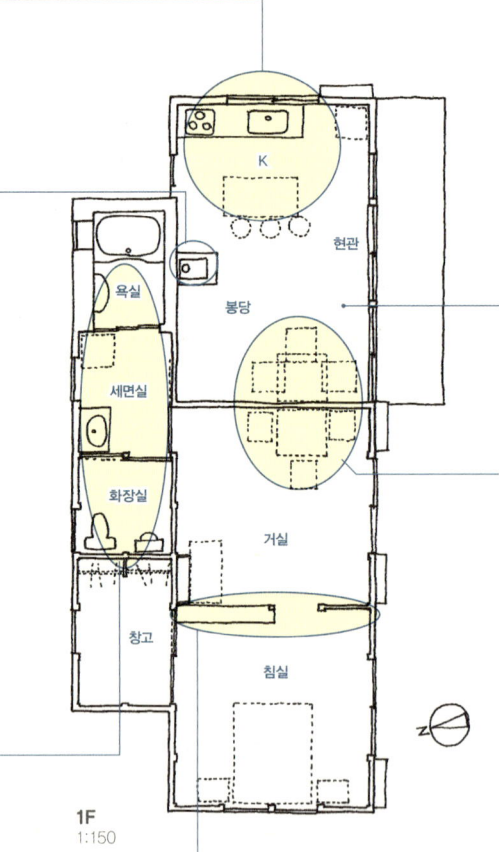

1F 1:150

건물 외관

장화를 신은 채
넓은 봉당은 시라스로 마감해 먼지가 나지 않도록 했다. 농사일을 하다가도 부담 없이 들어올 수 있다.

양쪽에서 사용
거실과 봉당에 걸쳐 있는 식탁은 좌탁이나 테이블로 쓸 수 있다.

거실에서 파티션으로 가린 침실 방향을 본 것

대지면적 1151.00㎡ (348.18평)
연면적 76.00㎡ (22.99평)

006: 진입로·출입구·현관

넓은 현관 봉당을 갤러리 겸 작업장으로

건축주의 고향인 기슈 지역의 목재를 이용해 지은 솔라 하우스. 나무를 마음껏 노출시킨 널찍한 봉당 현관은 남편의 자랑거리인 취미공간이자 '작품'을 전시하는 갤러리이다. 1층에는 방들을 만들고 2층에 욕실과 화장실, LDK를 배치했다. 남편의 취미공간을 현관 봉당으로 만들었으니 부인의 공간도 필요할 터. 그래서 2층 LDK 모퉁이에 재봉을 할 수 있는 작업공간을 마련했다.

다양한 역할을 하는 넓은 현관 봉당. 삼나무로 마감했다.

욕실 발코니
욕실 앞까지 발코니를 연장해 창밖을 욕실에서 감상할 수 있다. 발코니 쪽 개구부는 환기를 위한 통풍구이기도 하다.

작업공간
재봉이 취미인 부인을 위해 부엌 바로 옆에 마련. 재봉틀과 재봉 도구 수납까지 철저히 계획한 기능적인 공간이다.

2층이지만 평평하게
구조와 배수 문제로 단차가 생기기 쉬운 2층 외부공간을 실내와 평평하게 연결했다. LDK가 밖까지 확장된다.

현관이자 취미실
현관 부분은 널찍한 봉당으로 취미실을 겸한다. 남편이 아끼는 스키를 손질하고 진열하는 작업장 겸 갤러리.

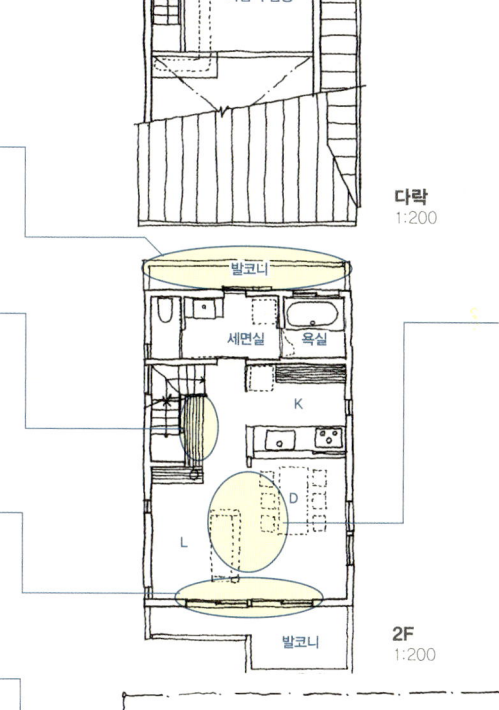

2층 LDK의 넓이
위층이 없는 LDK라는 장점을 살려 천장을 구배천장으로 만들었다. 보이드처럼 된 LDK는 위쪽으로 개방돼 협소함이 느껴지지 않는다.

거실 쪽에서 부엌 방향을 본 것

미래를 대비하다
부모와 함께 살 가능성을 고려해 1층에 화장실과 세면장을 설치했다. 침실과도 가까워 사용에 편리하다.

움직이는 칸막이
이동식 가구를 만들어 칸막이를 하고 싶을 때 쓸 수 있도록 했다. 아이가 아직 어려 가장자리에 밀어두고 하나의 공간으로 쓰고 있다.

도로 쪽 외관. 깃대부지 안쪽이라 이웃집이 붙어 있어 LDK를 2층으로 올렸다.

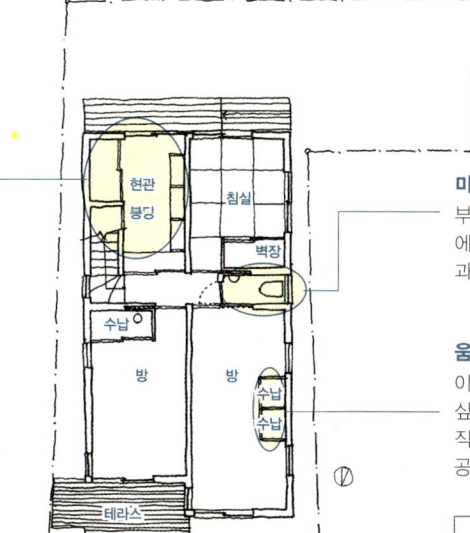

대지면적 134.72㎡ (40.75평)
연면적 96.88㎡ (29.31평)

1 평면과 대지의 관계
2 공간별 디자인 포인트
3 특별한 용도에 맞춘 설계

121

007: 진입로·출입구·현관

봉당이 2층으로 안내하는 집

현관의 넓은 봉당은 유틸리티 공간으로 동쪽 벽면 전체에 벤치를 설치했다. 슬릿 계단과 2층 바닥으로 빛이 들어와 밝고 쾌적한 봉당은 손님을 맞는 장소로도 유용하게 쓰인다. 2층에 설치된 LDK를 테라스, 다락, 외부 보이드와 일체화해 공간에 힘을 주었다. 부엌 뒤편에는 세탁공간을 마련해 가사동선을 좀 더 짧고 효과적으로 만들었다. 장기우량주택을 선도하는 최첨단 모델로 사람에게도 지구에도 이로운 주택이다.

현관에서 본 봉당. 왼쪽이 동쪽 전면에 설치한 벤치. 앉는 부분을 천장까지 이어 부드러운 느낌을 살린 디자인

다락의 역할
내부의 이동식 사다리뿐 아니라 옥상 발코니를 통해서도 다락으로 갈 수 있다. 수납공간으로서의 기능은 물론, LDK 전체에 자연광을 보내는 썬룸 역할도 한다.

외부 보이드의 효용
대지 남쪽에 설치한 외부 보이드는 방과 도로의 완충지대 역할을 하며 건물에 비쳐든 빛을 안쪽까지 전달한다.

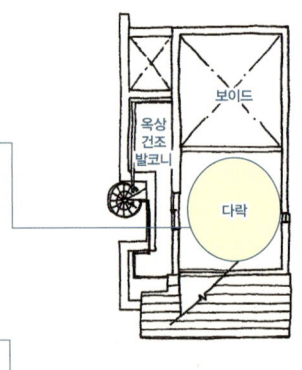

다락
1:250

가족실과 남쪽 테라스

남쪽 테라스에서 부엌 방향을 본 모습. 구배천장의 다이내믹한 공간. 소파 뒤 외부 보이드로 환한 빛이 전달된다.

빛을 전달하는 계단
외부 보이드와 접해 있는 스트립 계단은 2층에서 들어온 빛을 효과적으로 1층까지 전달한다.

별과 공간감
남쪽의 큰 테라스는 주변 시선을 차단하고 가족실에 볕을 최대한 들인다. DK, 테라스, 다락은 외부 보이드와 하나가 되어 넓은 공간을 구성한다.

간결한 가사동선
부엌 뒤편에 화장실과 욕실을 설치해 가사동선을 심플하게 만들었다.

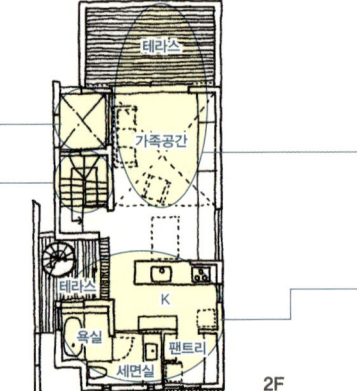

2F
1:250

밝고 기분 좋게
동쪽에 설치한 외부 보이드로 아침 햇살이 실내로 가득 들어온다. 빛을 적극적으로 받아들이면서 도로 쪽 시선을 차단하도록 설계했다.

다이내믹한 연출
6m 가까운 현관의 넓은 봉당에는 동쪽 면 전체에 벤치를 설치해 응접실로도 사용한다. 봉당 안쪽의 빛이 판자를 덧댄 곡선형 벽과 천장, 타일 바닥의 봉당 공간을 다이내믹하게 연출한다.

외벽
봉당에서 화장실이 바로 보이지 않도록 벽을 세웠다. 이 벽이 공용공간과 개인공간의 경계를 이룬다.

동남쪽 외관

1F
1:250

대지면적 99.37㎡ (30.03평)
연면적 96.97㎡ (29.33평)

008: 진입로·출입구·현관

도로와의 접점을 디자인하다

음악 스튜디오가 있는 도시형 주택. 도로 쪽에는 판자로 벽을 세우고 앞뜰과 주차공간을 만들었다. 앞뜰은 마을의 소음을 차단하고, 판자 틈새로는 바람이 통한다. 열쇠 구멍 등의 금속면이 보이지 않게 하고, 프라이버시 확보와 방범을 고려해 부드러운 느낌을 연출했다. 집 내부에는 곧은 계단과 굴절 계단을 적절히 배치해 복도 없이 이동이 가능하다.

왼쪽: 도로 쪽 외관. 나무를 덧댄 파사드가 특징
오른쪽: 현관 앞에서 본 앞뜰. 오른쪽에 보이는 미닫이문이 도로 쪽 입구. 실내로 출입하는 문과 도로 사이의 완충공간이다.

가족실에서 본 모습

틈새를 노리다1
이웃집 건물의 틈새로 부엌의 시선이 트이도록 만들었다.

틈새를 노리다2
도로 건너편의 고층 아파트 사이로 빛과 바람이 들어온다.

실용과 디자인
차와 열쇠 구멍 등이 도로에서 보이지 않도록 해 방범성을 높이고 정면을 깔끔하게 단장했다.

완충 역할
덧댄 판자와 앞뜰이 소음을 줄여주고 판자 틈새로는 바람이 통한다. 집 안의 빛이 밖으로 새어나와 주택 외관이 부드럽게 느껴진다.

한 지붕 아래
이어진 천장이 공간을 하나로 만들어 넓게 느껴진다.

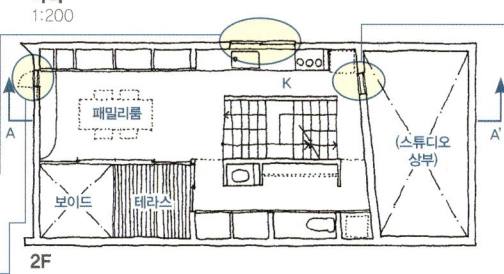

다락 1:200

2F 1:200

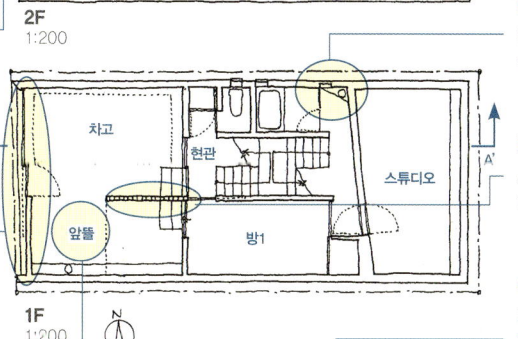

1F 1:200

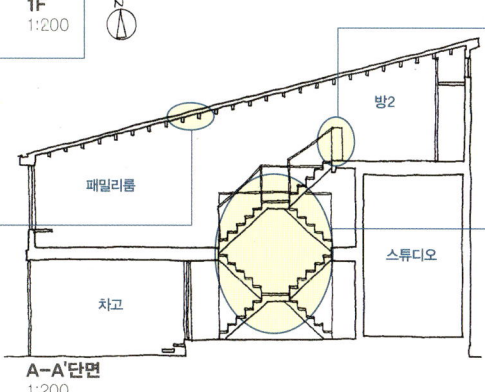

A-A'단면 1:200

보이지 않는 건조장
도로와 거실에서 빨래가 보이지 않도록 테라스를 배치했다.

아래에서 통풍
2층 도로 쪽 창과의 높이 차이를 이용해 통풍이 되도록 만들었다.

모습을 들여다보다
스튜디오는 2층 높이의 수직공간으로 확실한 방음 장치를 갖췄다. 부엌에 작은 창을 내 스튜디오 내부를 볼 수 있다.

틈새를 노리다3
바탕재의 작은 틈새를 이용해 세면, 탈의, 목욕에 필요한 소품 등을 수납.

보일 듯 말 듯
세로 격자 벽이 앞뜰과 진입로 사이를 나누고 있어 공간감이 느껴진다.

수납으로 가리다
2층 거실에서 훤히 보이지 않도록 난간을 겸해 허리까지 오는 수납장을 만들었다.

일필휘지
계단 평면적, 단면적으로 회유할 수 있는 계단으로, 뒤돌아가거나 끊어지지 않고 단숨에 집 안을 돌 수 있어 공간에 안길이가 생겼다.

대지면적 74.34㎡ (22.48평)
연면적 106.19㎡ (32.12평)

1 평면과 대지의 관계

2 공간별 디자인 포인트

3 특별한 용도에 맞춘 설계

009: 진입로·출입구·현관

할머니, 할아버지와의 거리를 좁히는 현관 봉당

본가가 바라보이는 농지 안에 지은 집. 부모님과 형제 가족 등 대가족이 어울려 살기 때문에 사람들의 잦은 출입을 감안해 현관에서 미닫이문 하나만 열면 실내로 들어올 수 있게 만들었다. 보이드를 통해 위아래층 거실을 연결하고, 밭일을 하는 할아버지와 할머니의 모습이 아이들 눈에 자연스럽게 들어오도록 창을 달았다.

도로 쪽 외관. 조부모가 돌보는 밭이 오른쪽으로 보인다.

벽을 없애다
방이 필요할 때 칸막이를 한다는 전제 아래 지금은 필요 없는 벽을 없애 '거실'을 만들었다. 장난감을 마음대로 어지를 수 있는 이 공간 덕분에 아래층 거실이 깔끔해졌다.

원룸인 위층 거실

보이드로 연결
위층에서 노는 아이들과 부엌에서 일하는 엄마가 이 보이드를 통해 연결된다. 공간 역시 보이드로 연결돼 1, 2층이 하나로 이어진다.

채소 창구
밭에서 갖고 온 채소는 이 뒷문으로 전달된다. 할머니, 할아버지와 아이들이 마주치는 곳이기도.

아이의 눈높이에 맞추다
아이들 시선이 할아버지 집과 밭을 향하고, 저녁 햇살이 적당히 들어올 수 있도록 낮고 아담하게 창을 냈다.

아이 눈높이에 맞춰 계단 입구에 낮게 낸 창

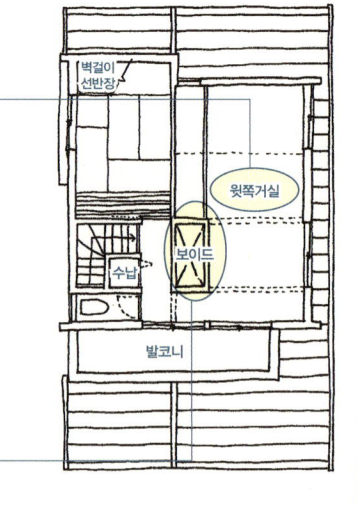

낙하 방지를 위해 FRP 그레이팅을 설치한 보이드를 밑에서 올려다본 것

신을 신은 채
널찍한 봉당에 큼지막한 현관 마루. 근처에 사는 형제가 들러 신을 신은 채 볼일을 볼 수 있다. 현관과 거실은 미닫이 한 장으로 연결된다.

다기능 벤치
높이 30cm의 긴 카운터. 부분적으로는 텔레비전 받침대이면서 작은 화분 장식대이기도 하다. 방석을 깔면 소파로, 오후 한때는 낮잠용 침대로 변신.

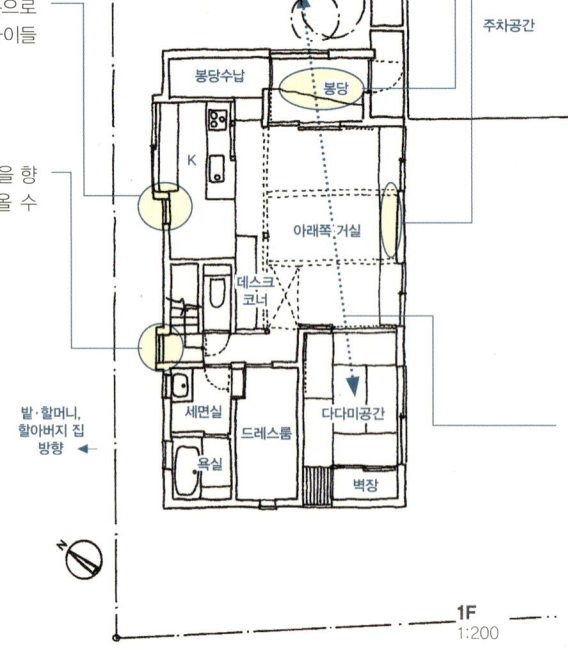

아래층 거실. 벽을 따라 뻗은 긴 벤치는 부분마다 기능이 다르다.

바깥까지 이어진 원룸
현관은 외부인 제한 구역이라기보다 이웃과 느슨하게 연결되는 곳. 1층 원룸도 다다미방에서 현관 앞까지 시야가 트여 있다.

대지면적 244.04㎡ (73.82평)
연면적 115.66㎡ (34.99평)

010: 진입로·출입구·현관

좁은 골목 같은 긴 진입로

비행기를 좋아하는 아이와 친구가 많아 손님이 끊이지 않는 부부를 위한 넉넉한 크기의 집. 세로로 긴 대지에 만든 진입로는 바깥 현관에서 넓은 중정을 지나 뒤뜰까지 이어진다. 넓은 우드 데크와 연결된 LDK에서는 스무 명이 넘는 모임도 거뜬하다.

도로 쪽 외관. 바깥 현관을 거쳐 직진하면 실내 현관이 나온다.

좁은 골목 같은 진입로
뒷문을 열면 뒤뜰까지 똑바로 연결되는 진입로. 이웃집 쪽으로 가림벽을 설치해 테라스와도 한 공간이 되었다.

친구는 지름길로
다다미방은 지붕이 달린 테라스와 연결되어 있어 친한 친구들은 현관을 통하지 않고 여기로 출입한다.

다다미방도 LDK
장지문을 벽으로 완전히 집어넣으면 다다미방도 LDK와 한 공간이 되어 다양하게 사용된다.

깔끔하게 숨기다
천장까지 큰 미닫이문을 달아 텔레비전과 집 안을 어지럽히는 잡동사니를 모두 숨겼다.

높이를 억제하다
필요한 2층은 대지 안쪽에 배치하고 도로 쪽은 단층으로 만들었다.

바깥 현관 안쪽. 큰 테라스는 놀이터로 최적이다.

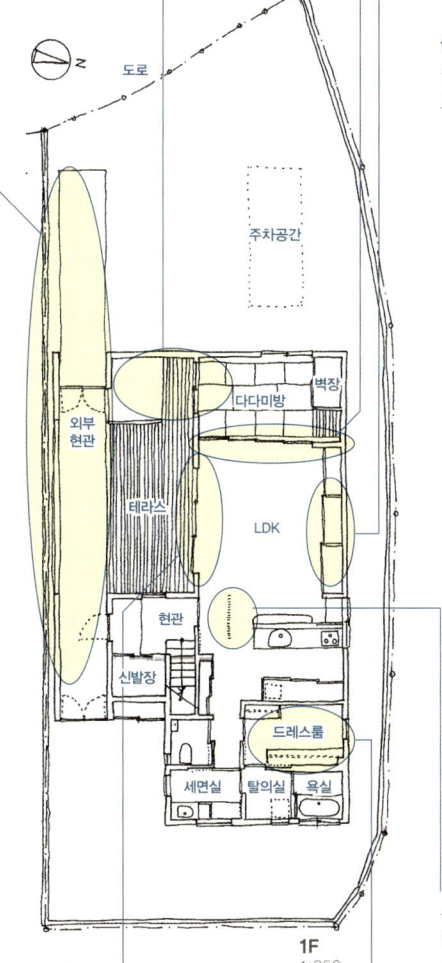

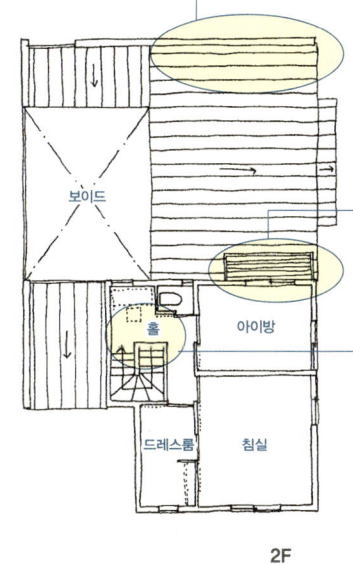

전망대를 얹다
아이가 좋아하는 비행기를 보기 위해 설치한 전망대. 지붕에 얹어 방수는 걱정 없다.

조금 넓게
자주 사용하지 않으면서 둘 장소도 마땅치 않은 피아노를 놓기 위해 홀을 조금 넓게 만들었다.

큰 창으로 연결
세 칸짜리 새시로 LDK와 테라스를 이어 안팎이 하나로 연결된 공간. 여럿이 모여 파티를 할 수 있다.

시선을 차단하다
현관에서 부엌이 보이기 때문에 동선을 확보하면서 시선을 차단하는 루버를 설치했다. 목제 루버는 압박감이 덜하고 디자인 포인트가 된다.

드레스룸
복도와 탈의실 양쪽에서 들어갈 수 있어 편리한 대용량 드레스룸.

테라스와 연결된 LDK. 사진 중간쯤 목제 루버가 보인다.

대지면적 325.94㎡ (98.60평)
연면적 142.00㎡ (42.96평)

1 평면과 대지의 관계
2 공간별 디자인 포인트
3 특별한 용도에 맞춘 설계

011: 진입로·출입구·현관

골목 같은 봉당이
집 중앙을 관통하다

오사카에서 유일하게 중요 전통 건물군 보존지구로 지정된 돈다바야시 지나이초에 외관은 거리와 어울리면서 내부는 현대적인 생활에 맞도록 지었다.
봉당에 중정과 방을 배치해 채광과 통풍이 자연스럽게 확보되도록 했다. 외부에서 보이지 않는 지붕(식사실 상부)은 단열 효과가 높은 옥상정원으로 만들어 환경까지 배려했다.

정면 외관. 중요 전통 건물군 보존지구에 있기 때문에 기와지붕 등 보이는 부분에 대한 여러 규제가 있었다.

2층 부엌에서 본 모습. 계단 옆 열주들 사이로 중정4의 나무가 보인다.

옥상정원
목조 건물의 2층이지만 계단을 올라가면 정원이 나타난다. 2층에서는 보이지 않지만 DK 위 옥상에도 정원이 있다.

앞뒤로 나무
통로를 작업공간으로 이용한다. 앞뒤로 나무가 보여 별장에서 일하는 듯한 착각마저 든다.

입구 쪽에서 본 봉당. 오른쪽이 중정2

보여주는 수납
부엌을 깔끔하게 오픈하기 위해 잡다한 물건을 숨기는 팬트리.

정원이 보이는 부엌
아일랜드 키친으로 만들어 정면 옥상정원의 나무와 1층에서 이어지는 좌우 보이드의 나무를 볼 수 있다.

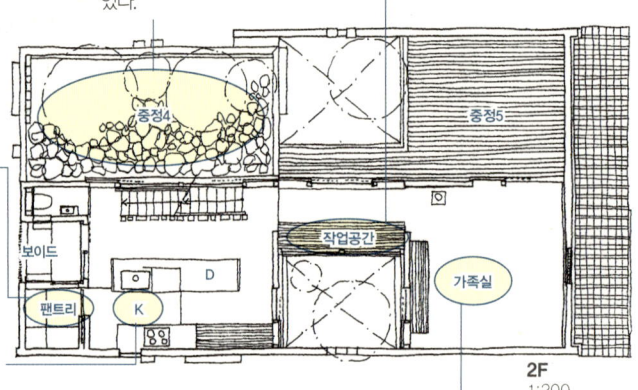

2F 1:200

중정으로 연결
비오토프로 모여드는 생물을 관찰할 수 있는 침실. 풀벌레 소리를 들으며 잔다.

비오토프
송사리와 다양한 곤충이 생식하는 비오토프(biotope)가 있는 정원. 작지만 할 수 있는 것부터 환경에 공헌.

넓게, 높게
모던한 난로가 있는 가족실은 구배천장으로 높이고 목제 테라스(중정5)와 보이드의 중정(중정1,2)에 둘러싸여 개방적이다.

이웃에 개방1
차고 겸 이웃에 개방하는 앞뜰. 도로 쪽 문은 전면 개방할 수 있다.

골목 같은 봉당
골목 같은 봉당을 지나 집으로 들어간다. 중정 덕분에 이곳도 바람이 잘 통한다.

이웃에 개방2
갤러리 겸 아틀리에로 이웃에 개방한다. 단독 공간으로도 사용할 수 있다.

욕실정원
바닥 마감으로 일체감을 준 욕실과 화장실은 중정3과 접해 있어 정원을 보며 목욕할 수 있다.

전용 개수대
봉당3과 앞뜰에서 전시나 다회를 열 때 사용하는 간이 부엌을 계단 밑에 설치했다.

나중에 다실로
다다미방은 나중에 다실로 사용할 예정. 중정1은 다실로 들어가는 정원.

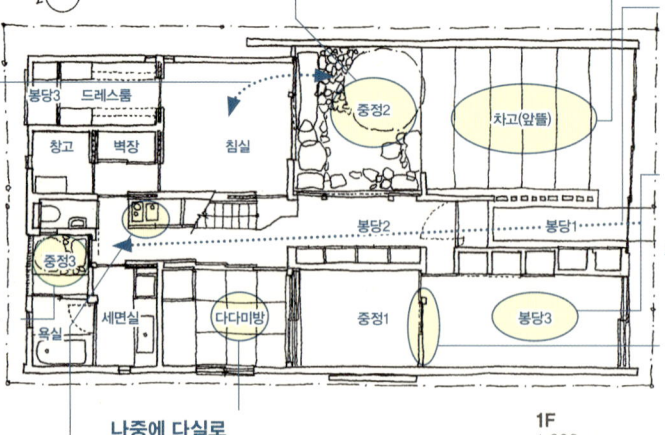

1F 1:200

들여다보이는 내력벽
봉당과 다다미방 쪽을 막고 있는 벽은 구조물을 버티는 내력벽. 격자문을 달아 인기척이 자연스럽게 전달되게 했다.

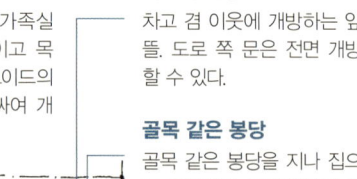

대지면적 163.17㎡ (49.36평)
연면적 142.85㎡ (43.21평)

012: 진입로·출입구·현관

아름다운 정원을 지나는 진입로

이 건물은 동판화 작가의 아틀리에가 딸린 주택에 두 개의 원룸 임대주택까지 부속되어 있다. 임차인은 집주인이 거주하는 정원과 식당 앞을 지나고 석가산(石假山)을 올라가 옥외 계단을 통해 자신의 주거공간에 도착한다. 집주인이 거주하는 정원이 집합주택의 공용부분이 되는 새로운 관계를 제안하는 집이다.

진입로 입구. 지반개량제로 토질을 개량해 옹벽을 만들고 그 가운데 길을 냈다.

녹음을 즐기다
2층의 약 3분의 2를 임대공간에 할애했다. 각 방으로 걸어 들어가면서 공동 정원의 녹음을 즐길 수 있다.

임대룸2

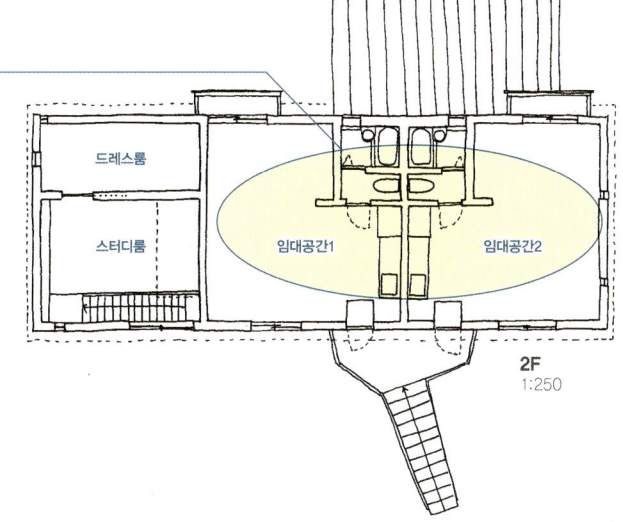

2F 1:250

1층 LDK

북쪽 정원을 보다
집주인의 욕실과 세면실은 북쪽에 배치해 북쪽 정원을 볼 수 있는 밝은 공간이다.

다복석 다다미방
다다미방은 침실 외에도 다목적으로 사용된다.

정원을 크게
넓은 정원이 있는 집은 건축주의 버킷 리스트. 건물은 콤팩트하게 짓고 정원은 최대한 크게 만들었다.

큰 테이블
건축주가 주재하는 판화교실 수업 때도 이용하는 식당.

정원을 공유하다
집주인과 임차인은 진입로를 공유하며 함께 정원을 즐긴다.

석가산 진입로
임차인은 옹벽길을 지나 석가산을 올라 자기 방으로 들어간다.

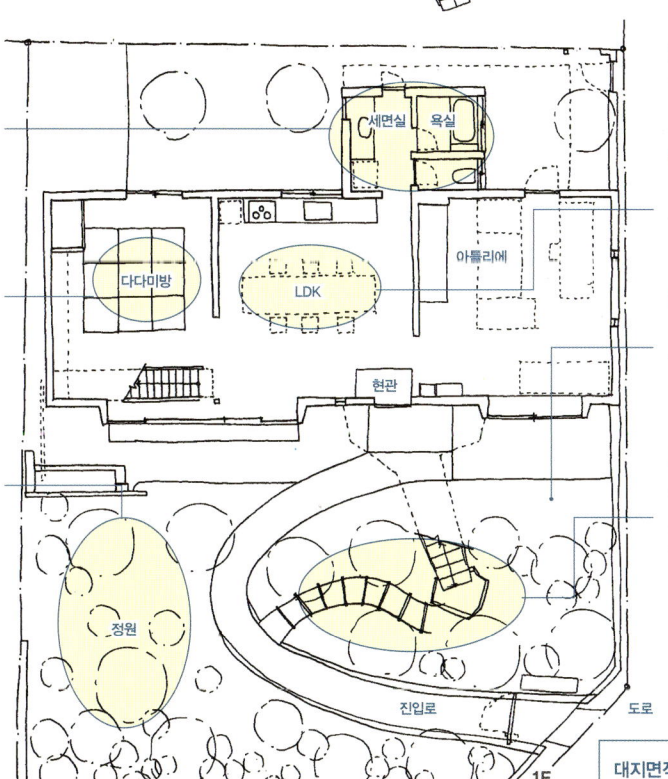

1F 1:250

대지면적 326.27㎡ (98.70평)
연면적 181.80㎡ (54.99평)

1 평면과 대지의 관계
2 공간별 디자인 포인트
3 특별한 용도에 맞춘 설계

013: 진입로·출입구·현관

함께 또 따로 사는 2세대 주택

목조 3층 건물로 현관을 공유하는 분리형 2세대 주택이다.
1층을 부모, 3층을 자녀가 사용하고, 2층에는 두 세대의 침실이 보이드를 사이에 두고 마주하고 있다. 공유하는 긴 봉당은 툇마루 기능을 하는데, 3층에서 내현관으로 통하는 계단을 내려오면 툇마루에서 가족이 만난다.

왼쪽: 두 세대가 만나는 긴 봉당과 툇마루. 계단을 올라가면 자녀 세대의 현관이 있다.
오른쪽: 1층 부엌 앞에서 다실 방향을 본 것. 부엌 카운터에는 의자를, 다실에는 방석을 두고 내키는 대로 편리한 쪽을 사용한다.

원룸의 기본
LDK는 가구로 공간을 구분했다. 고정된 벽이 없으므로 변화에 유연하게 대응할 수 있다.

2층의 내부현관
자녀 세대가 신을 벗는 현관을 2층에 배치. 자녀 세대에게 공유 봉당은 '바깥'으로 인식되어 부모가 지내는 1층과 거리감을 준다.

두 개의 진입로
주요 출입구는 남쪽이지만 봉당을 골목처럼 길게 만들어 북쪽에도 출입구를 두었다. 집안일을 할 때도 편리한 기능적인 동선이 생겼다.

두 세대의 접점
긴 봉당에 만든 툇마루에서 두 세대가 만날 수 있다. 분리형 구조에서는 접점을 어떻게 만드느냐에 따라 관계가 달라진다.

입식과 좌식
부엌 쪽에서는 의자에 앉고, 다실에서는 바닥에 앉는다. 입식과 좌식을 혼합해 고령자의 거동에 유연하게 대응한다.

거실의 연장
루프 테라스는 거실의 연장. 썬 데크이자 탁월풍을 받아들이는 곳으로서 중요한 옥외공간이다.

남쪽 외관

안정감 있는 침실
두 세대의 침실이 보이드를 사이에 두고 마주하고 있다. 자는 동안에도 서로의 기척을 느낄 수 있어 안정감을 준다.

다실의 연장
도로 쪽에 격자로 가린 데크 테라스를 만들었다. 내부 같으면서 외부와 연결되는 공간. 구석진 곳에 나무를 심어 욕실정원으로 만들었다.

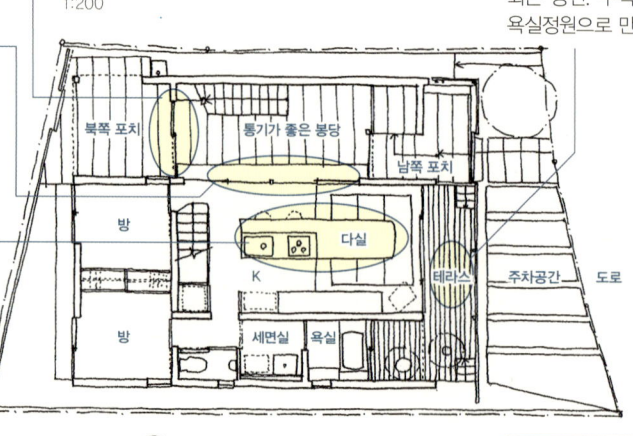

대지면적 149.53㎡ (45.23평)
연면적 186.34㎡ (57.27평)

014: 진입로·출입구·현관

바닥 높이를 15cm 올린 봉당

1층 전체를 봉당으로 만들어 안팎을 구분하지 않고 즐길 수 있는 목조 2층집.
1층은 중정 테라스를 중심으로 한 생활공간으로, 집 안 구석구석 태양광이 미치도록 채광에 신경 썼다. 심야전력을 이용한 축열식 바닥 난방을 채택한 봉당은 중정과 마찬가지로 안팎의 구별이 애매한 영역으로서 1층 공간을 연결한다.

현관 앞에서 봉당과 중정 테라스를 본 것. 왼쪽이 LD인 마루방, 오른쪽이 서재. 정면의 격자는 미닫이문으로 되어 있어 열면 브로콜리 밭이 펼쳐진다.

미닫이문을 달다
2층 침실과 아이방에는 홀 쪽으로 미닫이문을 달았다. 낮이면 미닫이문을 열어 넓게 사용한다.

빨래 건조
넓은 데크는 1층 중정과 2층 홀로 연결된다. 빨래 말릴 때도 유용하다.

뒹굴뒹굴
1층에서 유일하게 바닥이 깔린 부분으로, 누워서 쉴 수 있는 마루방. 여기서 식사를 한다. 봉당과 35cm 단차가 있어 걸터앉을 수 있다.

부엌 옆 마루방

중정의 변신
1층 생활공간의 중심인 중정 테라스. 1층 구석구석 태양광을 보내준다. 외벽 쪽 격자문을 열면 완전한 외부 공간으로 탈바꿈한다.

15cm 높인 봉당
1층은 전체가 봉당이다. 콘크리트 부분과 약 15cm를 높인 검은 부분(그림 중 회색 부분) 두 가지로 만들었다. 양쪽 다 심야전력을 이용한 축열식 바닥 난방을 설치했다.

15cm 높인 봉당

빛을 끌어들이다
남쪽의 옥상 모양과 북쪽의 차양 덕분에 여름의 뜨거운 햇볕은 차단하고 겨울의 따뜻한 햇볕은 방 안까지 끌어들일 수 있다.

빛을 투과하는 수납공간
2층 홀과 계단으로 들어온 빛은 아크릴 선반을 투과해 화장실까지 닿는다.

서쪽 외관

대지면적 120.38㎡ (36.41평)
연면적 90.03㎡ (27.23평)

015: LDK

층간을 활용한 단차 거실

목조 2층 건물에서 그 존재를 잊기 쉬운 층간과 바닥 밑에 주목했다. 바닥의 단차를 이용해 밥 먹는 곳, 쉬는 곳, 일하는 곳으로 공간을 구분했다.
파낸 구멍을 통해 시야가 트이므로 공간이 자연스럽게 연결된다. 그 어느 쪽에도 부속되지 않는 틈새는 수납공간으로 이용돼 주거 면적을 간접적으로 보완한다. 1층의 큰방은 나중에 아이방과 침실로 나눌 수 있다.

거실에서 DK 방향을 본 모습. 바닥을 파낸 거실에서는 발밑의 틈새를 통해 1층 방을 볼 수 있다.

시선이 안쪽까지 닿도록
제한된 공간에서도 시선이 안쪽까지 닿도록 안길이를 만들어 집 전체에 여유를 주는 현관홀.

유연한 기능
가족 구성 변화에 대응할 수 있도록 세 개로 나눌 수 있는 방. 바닥 밑 수납과 층간 수납이 딸려 있다.

도로에서 물러나다
도로에서 현관까지 거리를 두고 만든 진입로에는 징검돌과 나무를 심어 건축주의 개성을 살렸다.

주차공간
주차공간은 차가 없을 때도 보기 좋게 계획했다.

계단 위에서 현관 방향을 본 모습. 이중 바닥면의 차이를 이용해 계단 옆을 작은 갤러리로 만들었다.

바닥이 책상으로
2층 바닥에서 70cm 내려간 서재는 바닥이 책상과 선반으로 쓰인다. 손이 닿는 범위에서 사방으로 사용할 수 있어 작업 효과가 높아진다. 책상 밑(바닥 밑)에 사물함 등을 두어 수납을 보충했다.

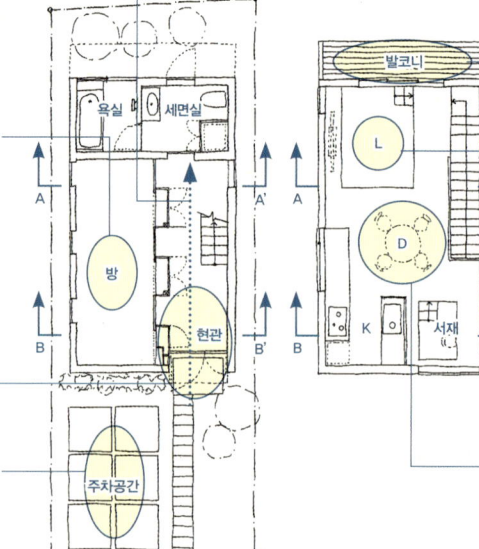

작은 안뜰
데크를 2층 바닥 높이와 맞췄기 때문에 소파에 앉으면 눈높이에서 화분에 심은 꽃들을 볼 수 있다.

아늑한 공간
2층 바닥에서 70cm 파내려간 거실은 편히 쉴 수 있는 공간. 텔레비전을 2층 바닥에 놓고 그 바닥 밑에 오디오 기기와 CD를 수납했다.

다양한 장면 연출
70cm의 단차로 장소에 따라 변하는 눈높이 때문에 풍경과 거리감, 천장 높이가 서로 다르게 느껴져 다채로운 장면이 연출된다.

계단 갤러리
계단 옆 틈새공간(층간이자 바닥 밑)은 책과 소품 진열하는 갤러리가 되었다.

현관의 야경. 위쪽에 바닥을 판 서재가 보인다.

개별 수납
나중에 분할해 사용할 때도 불편하지 않도록 바닥 밑과 층간에 수납공간을 준비했다.

대지면적 · 82.79㎡ (25.04평)
연면적 · 65.30㎡ (19.75평)

016: LDK

아이들이 뛰어노는 봉당 거실

자녀를 키우는 30대 부부가 사는 집. 세 아이를 구김살 없이 키우고 싶어 넓은 대지를 구입해 집을 지었다.
1층은 내부와 외부의 경계가 애매할 정도로 개구부를 크게 만들고, 아이들이 밖에서 현관 봉당까지 뛰어서 들어올 수 있도록 지면과의 높이도 조정했다.
부엌은 대지와 집 전체를 다 볼 수 있도록 배치했다. 2층의 넓은 가족공간은 아이들에게 방이 필요해지면 칸막이를 할 예정이다.

거실 쪽에서 본 LDK. 봉당이 L자로 안쪽까지 이어진다. 왼쪽 앞 현관에서 신을 신은 채 식당까지 갈 수 있다.

1 평면과 대지의 관계

2 공간별 디자인 포인트

3 특별한 용도에 맞춘 설계

가족공간
봉당과 보이드로 연결된 가족공간에는 다 함께 사용할 수 있는 큰 테이블을 설치했다. 나중에 필요하면 칸막이를 해 방으로 만들 수 있다.

풍광을 누리다
테이블 앞에 큰 창을 달아 빛을 들이고 바깥 경치를 즐긴다. 창에서 들어온 빛이 1층까지 떨어진다.

부부의 오붓한 시간
아이들이 잠들면 부부가 느긋하게 술잔을 기울이는 식탁. 여럿이 모일 때는 식탁을 늘일 수 있다.

가사동선을 짧게
부엌 뒤쪽에 세탁공간을 만들어 동선이 짧아지도록 했다. 빨래 건조는 욕실 정원에서.

개방적인 식당
남과 북의 커다란 개구부 때문에 시각적으로 넓어 보인다. 네크 베라스는 식당 바닥과 높이를 맞춰 사용하기 편하다.

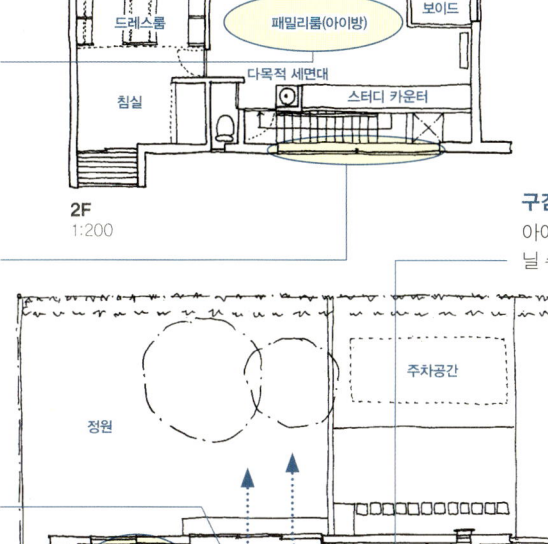

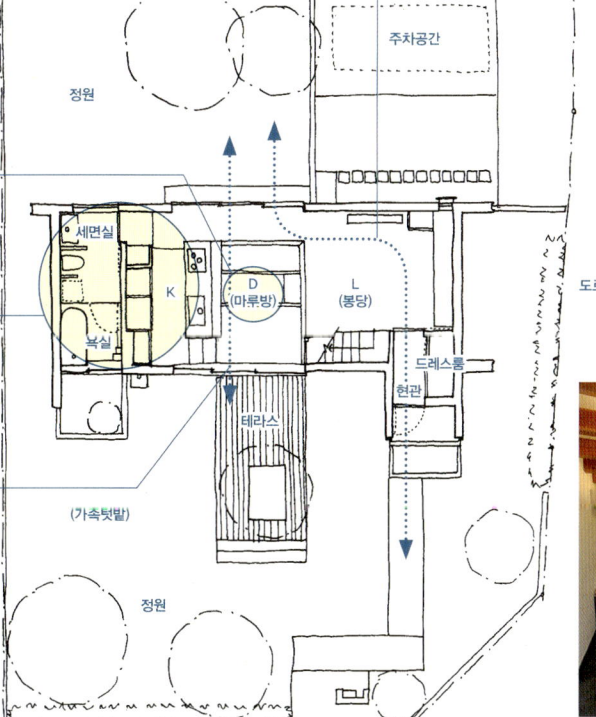

구김살 없이 자라다
아이들이 건강하게 집 안팎을 뛰어다닐 수 있는 봉당.

식당 옆에서 본 거실. 안쪽의 보이드로 2층과 연결된다.

남쪽 외관. 외벽은 레드 시더 원목

대지면적   91.43㎡ (27.66평)
연면적   90.89㎡ (27.49평)

017: LDK

아웃도어 라이프를 즐길 수 있는 LDK

부모와 두 아이를 위한 밝고 개방적인 집. 10평 크기의 LD는 커다란 보이드로 더욱 개방적인 공간이 되었고, 보이드 상부의 창으로는 바람과 빛이 들어온다.
장작 난로와 회유할 수 있는 데크 테라스로. 야외에 있는 듯한 느낌을 생활에 녹여냈고, 부엌을 집안 전체가 보이는 위치에 설계해 집안일을 하면서 아이들을 돌볼 수 있게 했다.

도로 쪽 외관. 깜찍한 우체통이 방문객을 맞이한다.

큰 보이드
LDK의 개방감을 키우는 3평 크기의 보이드. 이 보이드 덕분에 넓은 LDK가 더 넓게 느껴진다. 보이드의 창으로 빛과 바람이 실내로 들어온다.

깜찍한 우체통
네거리 모퉁이에 있는 현관 앞에 우체통을 만들었다. 건물과 디자인을 통일한 합각지붕 모양의 귀여운 우체통이 눈길을 끈다.

한눈에 보이는 위치
부엌은 LD와 바깥 테라스까지 한눈에 보이는 곳에 배치해 부엌에 서서 아이들을 돌볼 수 있다.

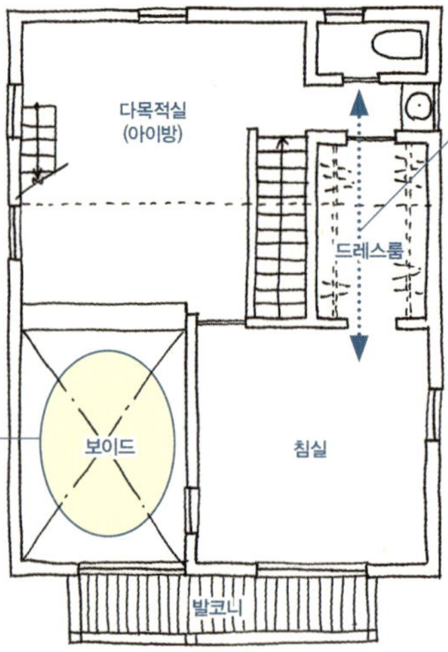

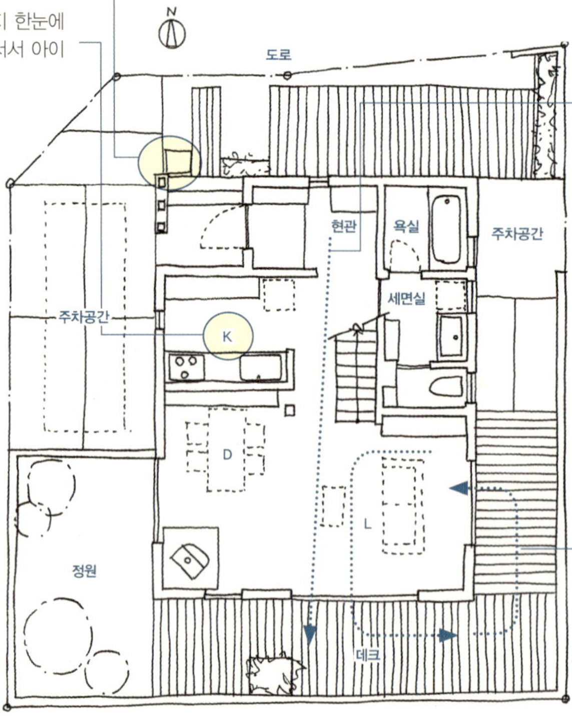

드레스룸을 관통하다
침실과 다목적실이 드레스룸과 연결돼 회유동선을 만들고 있다. 막힌 곳이 없어 넓게 느껴진다. 드레스룸은 외출 시 파우더룸으로도 사용된다.

시선이 통하다
현관에서 LDK를 지나 테라스까지 시야가 트여 있어 실제 크기보다 넓게 느껴진다.

현관 앞에서 바라본 집 안

회유할 수 있는 테라스
거실을 둘러싸듯 L자로 테라스를 설치해 LD를 회유할 수 있게 했다. 실내외를 구별하지 않고 아이들이 뛰놀 수 있다.

보이드에서 내려다본 것

대지면적 142.47㎡ (43.10평)
연면적 91.08㎡ (27.55평)

018: LDK

이상적인 LDK 레이아웃

정방형 평면에 가족이 기분 좋게 편히 쉴 수 있는 공간을 배치했다. 다다미방, 거실, 식당, 부엌 각각의 넓이와 디자인을 세심하게 고려했다.

1층 LDK. 부엌, 거실, 다다미방이 정삼각형을 이루는 레이아웃은 거리감과 이동의 편리성에서 가장 이상적인 배치

위로 뻗는 공간
나중에 칸을 막아 방으로 만들 예정이라 출입구를 두 개 만들었다. 구배천장과 다락이 있어 위로 넓어지는 공간이다.

하늘을 바라보다
주택이 밀집된 지역이지만 보이드의 하이사이드 라이트로 시시각각 변하는 하늘을 볼 수 있고 빛이 방 안쪽까지 들어온다.

조금만 넓혀도
이동공간(통로, 복도)의 폭을 조금만 넓혀도 피아노나 PC를 둘 수 있는 등 다양한 활용이 가능하다.

모두의 수납공간
두 군데로 출입할 수 있어 부모와 아이들 옷 등을 모두 수납. 침실과 아이방이 깔끔해졌다.

보이드를 올려다 본 것. 계단홀은 아래층 LDK와 연결해 즐거운 공간을 만들 수 있다.

도로 쪽 외관

지창의 위력
작지만 여러 가지 역할을 하는 지창(地窓). 조망은 기대할 수 없지만 통풍과 환기 기능은 충분하므로 필요한 장소에 달면 세 계절을 쾌적하게 지낼 수 있다.

45cm의 활용법
우체통 주변과 세면실 주변에 앞뒤로 수납공간을 만들었다. 45cm밖에 안 되는 공간을 잘 살려 매우 편리해졌다.

이상적인 레이아웃
시선과 동선의 공간 구성상 K, L, 다다미방의 위치가 정삼각형에 가까운 것이 이상적이다. 너무 가깝지도 멀지도 않은 적당한 관계를 만든다.

열 반사를 막다
남쪽 테라스는 여름철 열 반사 대책도 중요한데, 우드 데크를 만들어 열 반사를 막고 시원한 바람을 실내로 끌어들인다.

은밀하게 즐기다
다다미방의 지창으로 안뜰을 볼 수 있다. 이 지창을 열면 테라스 쪽과 연결돼 바람이 통한다.

대지면적 125.58㎡ (37.99평)
연면적 102.20㎡ (30.92평)

019: LDK

리조트 분위기의 2층 LDK

집에서도 리조트에 온 기분을 내고 싶고, 휴일에는 거실에서 느긋하게 쉬고 싶다는 부부를 위한 집이다.
휴식을 위해 2층에 LDK를 배치하는 역발상 플랜을 제안했다. LDK는 구배천장과 자연소재로 둘러싸인 원룸에 다다미방과 테라스가 연결되어 있는 공간이다. 1층에는 가사동선을 고려해 세탁물을 정리할 수 있는 가사 코너와 대용량 드레스룸을 배치했다.

2층 LDK. 사진 중앙에 LDK와 연결되는 테라스, 왼쪽에 다다미 코너가 살짝 보인다. 높은 천장 아래의 넓은 원룸 공간이다.

북쪽도 밝게
1층 가사 코너로 빛을 전달하는 톱라이트. 북쪽을 환하게 만들고 남쪽에서 들어온 바람이 빠져나가는 창으로도 중요하다.

거실이 한눈에
대면식 부엌에서 2층 전체가 한눈에 보인다. 거실 맞은편으로 작업공간, 계단실, 다다미방 등 변화를 준 실내공간이 펼쳐진다.

테라스와 일체
식당 옆에 있는 테라스는 LDK 어디서든 가깝게 느껴진다. 늘 '밖'을 느낄 수 있어 실내의 공간감이 몇 배로 커진다.

효율적인 동선
건조공간을 겸하는 가사 코너는 회유 동선상에 있어 효율적이다. 북쪽이지만 톱라이트로 들어온 빛 덕분에 밝다.

정리를 곧바로
침실과 건조공간 사이에 드레스룸을 배치해 갠 빨래를 바로 정리할 수 있다. 건조, 다림질, 정리의 과정이 순조롭게 이루어진다.

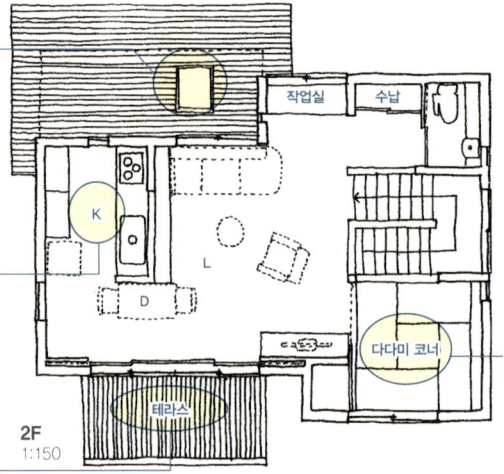

남쪽 외관

다다미방의 분위기
개방적인 LDK 옆 다다미 코너에는 이단창을 달아 소극적으로 문을 열도록 했다. 채광과 전망을 확보하면서 차분한 분위기를 연출했다.

밝고 편한 계단
2층에 있는 거실을 연결하는 원목 슬릿 계단은 디딤판이 널찍해 편하게 오르내릴 수 있고 아래층을 밝게 만든다.

1층 홀에서 본 계단. 계단 안쪽의 창을 통해 밝은 빛이 들어온다.

현관 앞 공간 활용
비에 젖지 않는 넓은 포치. 짐을 두거나 걸터앉을 수 있는 벤치 밑은 정기적으로 오는 택배물을 받아두는 곳.

현관 내부 수납
현관 내부에 신발장을 겸한 봉당 수납 공간을 설치했다. 현관과 거의 같은 넓이의 수납공간으로 현관 앞이 깔끔해졌다.

대지면적 352.48㎡ (106.63평)
연면적 103.77㎡ (31.39평)

020: LDK

다채로운 공간 활용으로 LDK를 넓게

대지 안쪽의 LDK 한 모퉁이와 도로 쪽 욕실 앞에 도로에서는 잘 보이지 않는 외부공간을 마련해 생활을 윤택하게 만드는 솔라 하우스.
1층 LDK는 바닥을 높인 다다미 코너, 보이드, 외부 테라스 덕에 실제 면적보다 넓어 보인다. 빌트인 차고 위에 욕실과 화장실을 배치해 세탁을 2층에서 해결할 수 있게 해 LDK가 더 깔끔해졌다.

부엌 쪽에서 본 거실. 장지문을 열면 테라스. 들쭉날쭉한 평면과 보이드로 공간에 변화를 줬다.

공중 정원
욕실 앞 테라스는 식물을 심을 수 있도록 마감해 욕실정원으로도 쓰인다. 벽과 난간을 세워 외부의 시선을 차단함으로써 나만의 정원을 즐길 수 있고, 세탁기와 가까워 건조 장소로도 활용된다.

나중에 원룸으로
지금은 아이들 방이지만 나중에는 칸막이를 없애 원룸으로 쓸 예정. 기둥과 기둥 사이의 거리를 길게 잡아 변경하기 쉽도록 했다.

보이드로 연결하다
보이드를 남쪽에 배치해 환한 빛이 1층까지 떨어진다. 물론 바람도 잘 통한다.

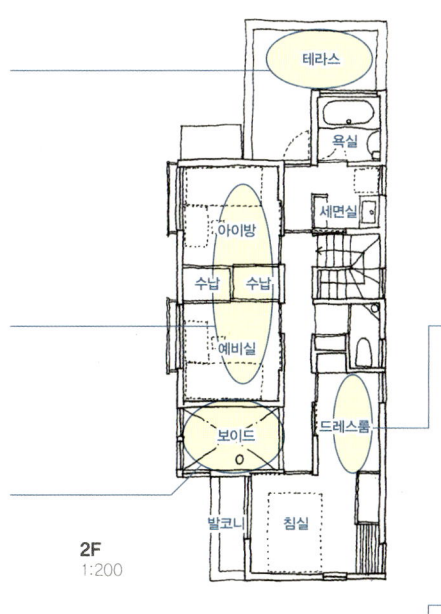

모두를 위한 드레스룸
침실 옆 드레스룸은 가족 모두의 옷을 정리할 수 있는 대용량 창고다. 최소한의 수납공간을 더해 아이방은 한층 깔끔해졌다.

보이드에서 내려다본 모습. 거실은 위로도 옆으로도 넓다.

양방향 통로
차고에 도로와 연결된 출입문 외에 문을 하나 더 달았다. 차고에서 현관 앞으로 곧장 갈 수 있다.

LDK를 깎아서
LDK 일부를 할애해 데크 테라스를 만들었다. 밖으로 확장되므로 LDK가 넓게 느껴진다. 테라스는 이웃한 친척집과도 연결된다.

실내 작업장
차를 보관하는 빌트인 차고. 이곳에서 스키 도구 등을 손질할 수도 있다.

부엌과 연결되다
키친 테이블과 이어진 작업공간은 아이들이 어릴 때는 엄마 옆에서 공부하는 장소로, 나중에는 엄마만의 가사 코너로 활용.

도로 쪽 외관

대지면적 114.73㎡ (34.71평)
연면적   103.50㎡ (31.31평)

021: LDK

아일랜드 키친을 중심으로 만든 LDK

파스타 만들기를 즐기는 남편에게 아일랜드 키친은 주말의 취미공간이다. 그래서 1층 부엌까지 환한 빛이 잘 들도록 부엌 상부를 유리로 만들고 톱라이트를 통해 들어온 빛이 부엌까지 떨어지도록 설계했다.

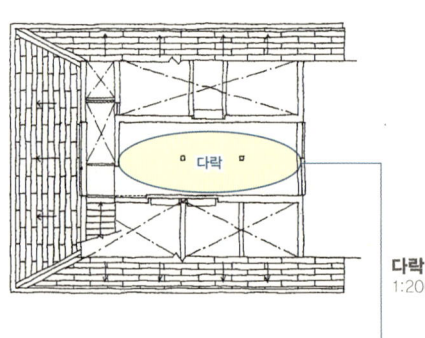

부엌 쪽에서 본 LDK. 안쪽의 부엌에서 바깥 테라스까지 하나로 연결되어 있다.

도로 쪽 외관. 정면의 목재 벽 너머에 테라스가 있다.

사용할 때만 닫는다
세면 탈의실은 공간을 넓히기 위해 일부러 벽과 창호를 만들지 않았다. 목욕할 때만 커튼을 친다.

누울 수 있는 곳
응접실로도 쓰이는 다다미 공간. 아기 침대를 여기 두면 부엌과 가까워 들여다보기 편하다. 잠깐 눈 붙이기 좋다.

집안의 핵심공간
아일랜드 키친에 서면 1층이 전부 내다보인다. 부엌 옆을 지나야 2층 아이방으로 갈 수 있다.

실내의 연장
풀 오픈 새시를 설치해 실내와 일체화시킨 데크 테라스. 목재 울타리 덕분에 도로의 시선을 차단할 수 있다.

정원에서 수확
허브 등을 재배하는 정원을 테라스 옆에 만들었다. 가족실에서 편하게 테라스로 나가 텃밭정원을 가꾼다.

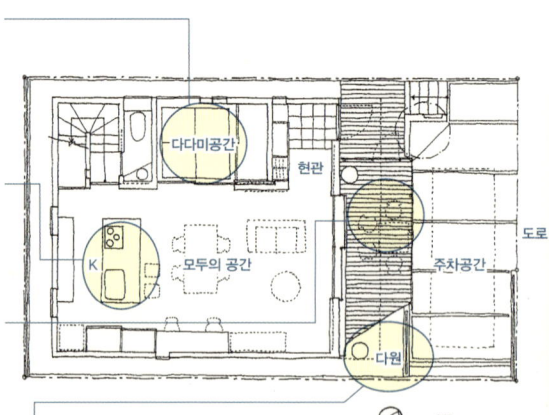

다락 1:200

2F 1:200

1F 1:200

수납력
서재에서 올라가면 나타나는 넓은 다락은 많은 양을 수납할 수 있다. 남북으로 난 창으로 통풍도 잘된다.

아래위를 잇는 유리
바닥 유리로 된 바닥. 상부 톱라이트를 통해 들어온 빛을 1층 부엌까지 전달한다.

위에서 빛이 떨어지는 아일랜드 키친

대지면적 107.62㎡ (32.56평)
연면적 104.26㎡ (31.54평)

022: LDK

'상자'를 연결해 공간을 만들다

약 4평짜리 상자를 연결해 쌓은 깔끔한 플랜. 상자 네 개를 T자로 연결하고(1층), 그 위에 L자로 세 개(2층), 중앙과 안쪽에 두 개(다락)의 상자를 쌓았다. 생활의 중심인 2층 LDK는 테라스로 둘러싸 외부 시선을 신경 쓰지 않고 채광과 통풍을 확보했다. 커다란 보이드의 거실을 중심으로 부엌과 식당, 다락으로 편리하게 연결된다.

왼쪽: 거실. 위로는 보이드, 옆으로는 DK와 계단으로 '상자'가 이어진다.
오른쪽: 도로 쪽 외관. 흰 상자를 쌓아올린 심플한 모습이 특징이다.

숨겨진 테라스
두 방향을 높은 벽으로 둘러싸 거실과 일체화한 테라스는 내부 같기도 하고 외부 같기도 한 거실로 사용한다.

거실과 테라스. 담으로 둘러싼 테라스가 실내와 일체화된다.

따로 만들어 숨기다
상자를 쌓아올린 단순한 구조라 건조 공간을 만들기 어려웠다. 판자 울타리에 지붕을 달아 따로 만들었다.

마이클 조던도 놀랄 높이
1층 높이의 보이드는 농구를 할 수 있을 만큼 높다. 벽 한쪽으로 붙어 있는 계단은 오브제 역할도 한다.

하늘을 담다
보이드 상부의 큼지막한 하이사이드 라이트는 흘러가는 구름을 한 폭의 그림처럼 담고 있다.

높이를 맞추다
4평 공간에 콤팩트하게 만든 DK는 부엌 바닥을 낮춰 식당 쪽과 눈높이를 맞춤으로써 가족 간 소통이 쉽다.

어디에 있을까?
창호 마감재와 높이를 벽과 똑같이 맞춰 뒤쪽 방의 존재를 감춘 덕분에 거실이 차분하게 느껴진다.

가구로 칸을 막다
겨우 4평이지만 붙박이 침대와 수납장을 설치해 침실과 드레스룸 기능을 갖췄다.

시야를 확장하다
폭 1.6m, 높이 2.4m 현관 미닫이문을 열면 홀 건너편에 같은 크기의 FIX 창이 보인다. 진입로에서 정원으로 시야를 넓혀 다음 공간에 대한 기대감을 높인다.

빛을 끌어들이다
건물과 담장으로 둘러싸인 정원 덕분에 주변에 빽빽이 들어선 건물들 사이로도 충분한 채광이 가능하다.

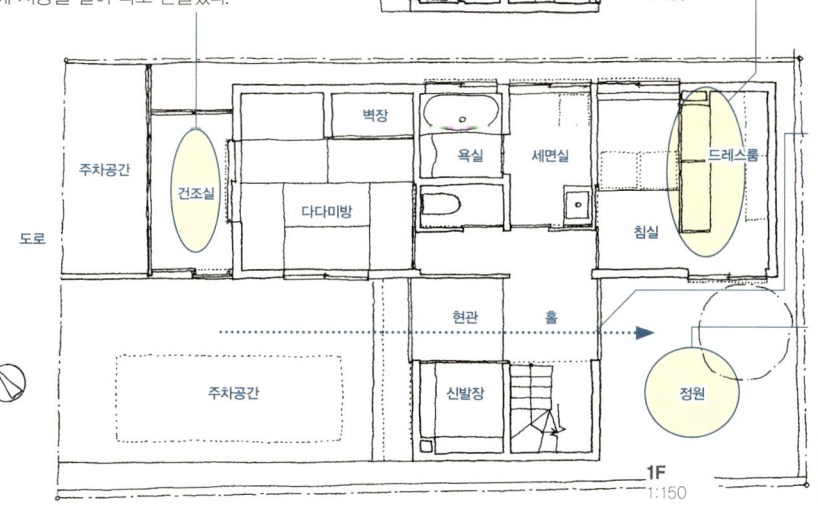

대지면적   130.45㎡ (39.46평)
연면적   106.00㎡ (32.07평)

---

1 평면과 대지의 관계
2 공간별 디자인 포인트
3 특별한 용도에 맞춘 설계

023: LDK

보이드의 하이사이드 라이트로 1층 LDK를 환하게

주택 밀집지에 지은 2층집. 1층에 LDK와 욕실 및 화장실을 콤팩트하게 배치하고, 2층의 방과 벽으로 가려진 옥상 등 위로 갈수록 개인적인 성격이 강해지도록 구성했다. 1층과 2층에 걸쳐 있는 보이드, 옥상까지 놓인 스트립 계단, 큰 유리면 덕분에 집 전반이 환하다. 넓은 루프 테라스는 외벽을 세워 바깥 시선을 차단했다.

왼쪽: 도로 쪽 외관. 꼭대기에 보이는 개구부는 옥상 가림벽의 열린 부분이다.
오른쪽: 2층에서 본 보이드. 스트립 계단과 큰 창 덕분에 계단 밑까지 환하다. 사진 속 계단 끝 지점에서 연결되는 부분이 방으로 가는 다리 역할을 한다.

널찍한 옥상

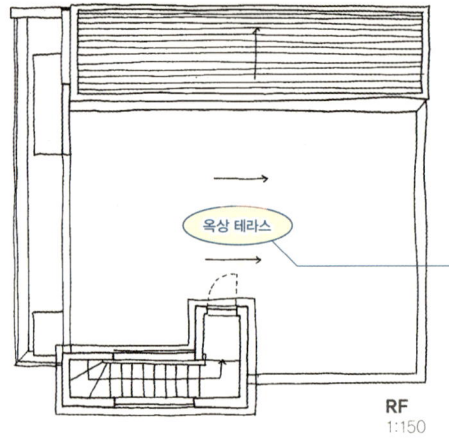

루프 테라스
옥상 주위에 벽을 세워 외부 시선을 차단했다. 지상에 정원을 만들 여건이 안 되는 도시에서 실외를 생활 속으로 들이는 중요한 장치다.

수납을 겸하다
LDK 한쪽의 다다미 코너는 휴식 및 응접 공간이자 밤늦게 간단히 술을 한 잔 기울일 수 있는 공간으로 거실이나 식당과는 용도가 조금 다르다. 다다미 바닥 밑은 넓은 수납공간.

다다미방

분할 가능
아이방은 현재 하나의 공간이지만 나중에 분할할 수 있도록 문을 두 개 달았다.

다리를 지나
2층의 각 방으로는 가는 동선을 1층 LDK를 빙 돌게 구상해 멀다는 느낌을 주어 공간감을 부여했다. 계단을 올라가면 '다리'가 나타나는데, 이곳을 지나면 공용공간에서 개인공간으로 나뉜다.

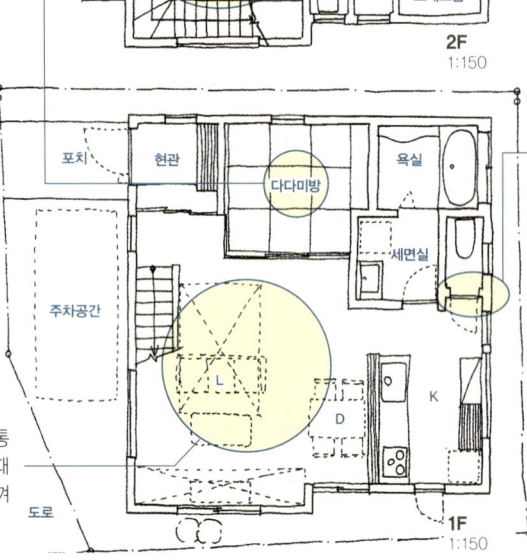

보이지 않는 화장실
화장실과 욕실을 부엌과 일직선으로 배치해 가사동선을 원활하게 했다. 화장실을 가장 안쪽에 배치하고 문을 약간 뒤로 후퇴시켜 LD에서 보이지 않도록 했다.

탁 트인 공간
LD는 1층 창과 2층에서 보이드를 통해 떨어지는 빛으로 환하다. 보이드 때문에 공간이 위로 트여 개방감이 느껴진다.

대지면적 92.18㎡ (27.88평)
연면적 108.48㎡ (32.82평)

024: LDK

마루방과 다다미방으로 영역을 나누다

40대 건축주가 아버지와 함께 살기 위해 지은 집인데, 아이들이 독립하고 둘이 사는 언니 부부의 방문도 염두에 두었다.
식당을 집의 중심에 두고 각 영역으로 뻗어나가도록 공간을 연결하고, 안쪽으로 갈수록 크기와 방향을 바꿔가며 프라이버시를 강화한 평면이다. 식당에서 부엌, 보이드와 2층 침실로 연결되는 공간은 건축주의 영역, 마루방에서 다다미방으로 연결되는 공간은 아버지의 영역이다.

도로 쪽 외관. 현관 위의 벽 뒤쪽에 널찍한 테라스가 있다.

통로의 서재
침실과 손님방을 잇는 복도형 서재. 책 읽기에 집중할 수 있다.

마루방에서 보이드와 부엌을 본 것

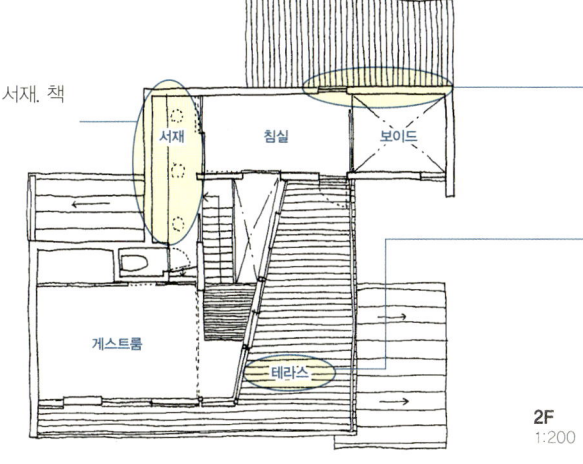

시선을 차단
이웃집의 시선을 차단하기 위해 주변 환경에 맞춰 창의 위치를 정했다.

전망을 즐기다
대지의 고저차로 생긴 전망을 감상할 수 있는 넓은 발코니.

미식가의 부엌
미식가인 집주인이 사용하는 대형 부엌. 2층 침실과 연결되는 자기만의 영역이다.

아침 해가 비쳐들다
보이드로 되어 있는 식당은 아침마다 햇살이 비쳐 기분 좋은 공간이 된다.

정원 속 욕실
유리로 개방감을 살린 욕실. 정원수로 둘러싸여 있고 바람이 잘 통해 쾌적하다.

2층 손님방에서 바라본 테라스

아버지의 공간
마루방에서 다다미방까지가 아버지의 영역이다. 어디서든 정원의 나무를 볼 수 있다.

대지면적 237.96㎡ (71.98평)
연면적   111.29㎡ (33.67평)

025: LDK

실내 발코니로
외부공간을 끌어들이다

생활공간을 2층으로 올리고 외부공간인 발코니를 LDK와 일체화했다. 2층 큰 발코니에는 어린이용 풀을 만들고 종종 친구들을 초대해 바비큐 파티를 열 생각이다. 루버로 프라이버시를 확보했다.

1층의 특징은 빌트인 차고 옆에 만든 봉당 수납공간인데, 남편의 서핑보드를 여유롭게 수납할 수 있다. 주변 눈치를 보지 않고 취미를 즐길 수 있는 집이다.

거실 쪽에서 본 식당과 발코니. 서쪽 벽을 세워 발코니를 실내로 끌어들였다.

거실 옆 다다미방. 미닫이를 닫으면 방으로 쓸 수 있다.

다용도 발코니
LDK 일부를 할애해 만든 커다란 발코니는 LDK와 한 공간이 되어 야외 놀이터나 야외 식당 등으로 다양하게 활용된다. 도로 쪽에 루버를 설치해 외부 시선을 차단하면서 통풍을 확보했다.

마주보는 창
통풍을 고려해 동서와 남북으로 마주보는 창을 달았다. 양쪽 창을 열면 상쾌한 맞바람이 분다.

또 하나의 여유
LDK 구석에 만든 다다미방은 누울 수도 있고 응접실로도 쓸 수 있다. 공용공간인 LDK에 또 하나의 다른 장소를 두어 생활에 깊이를 주었다.

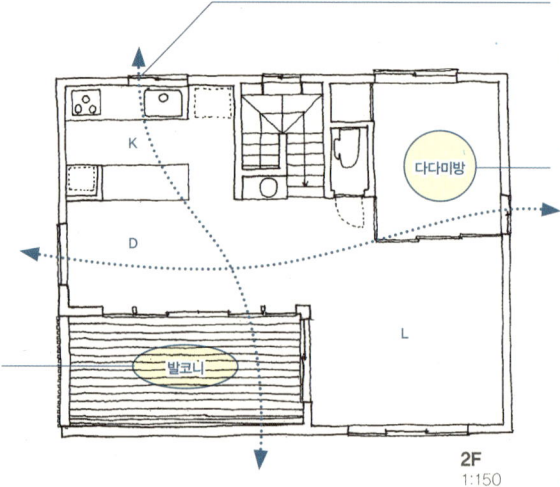

2F 1:150

욕실을 크게
탈의실로도 쓰는 공간에 세면대와 변기를 설치해 콤팩트하게 만든 대신 욕실을 크게 냈다.

가족 공용 드레스룸
가족이 함께 사용하는 드레스룸. 침실이 아니라 복도에서 들어가므로 언제든 누구라도 쓰기 편하다.

넉넉한 수납공간
차고에서도 사용할 수 있는 봉당 수납공간. 자리를 많이 차지하는 서핑보드를 쉽게 보관할 수 있다.

1F 1:150

차고 옆 1층 봉당 대용량 수납공간. 서핑보드도 넣을 수 있다.

대지면적	89.93㎡ (27.20평)
연면적	114.73㎡ (34.70평)

026: LDK

북쪽 하이사이드 라이트로 빛이 드는 집

전면도로를 제외한 세 방향이 이웃집인데, 그중 두 방향은 부모님과 누나 부부의 집이다. 언젠가는 가족이 함께 모여 살 것을 소원하며 정원으로 세 집을 연결했다. 나머지 한쪽 이웃집에 대해서는 벽을 세워 가족의 프라이버시를 확보했다. 거실을 감싸고 있는 경사가 심한 지붕 때문에 인접한 건물은 보이지 않고 하늘만 보이는 정원을 얻었다.

넉넉한 수납
완만한 구배의 계단과 복도 옆 공간을 이용해 설치한 벽면 수납. 대용량이라 깔끔하게 수납힐 수 있다.

개인공간
이 집에서 가장 프라이버시가 확보된 공간. 테라스가 딸려 있어 차분한 분위기를 연출한다.

유리로 가린 욕실
욕실은 바깥쪽이 투명 유리로 되어 있어 개방적이면서도 정원의 맹종죽과 급구배 지붕 때문에 외부에서 들여다볼 수 없다.

뚫린 공간
손님방은 보이드를 사이에 두고 거실과 연결되는데, 손님이 묵을 때는 커튼으로 가릴 수 있다.

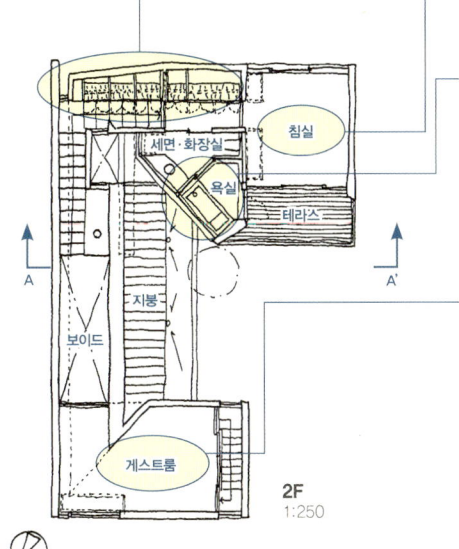

손님방. 하이사이드를 통해 빛이 들어온다.

빛을 끌어들이는 정원
현관과 화장실, 포치 주변으로 빛을 보내주는 작은 중정.

DK
식당에 철판을 댄 테이블을 설치. 테이블에 둘러 모여 간단한 파티를 할 수 있도록 여유로운 공간으로 구성했다.

경사가 심한 지붕
이 두눈을 식히심으로써 개방감 있는 거실과 북동쪽 이웃집이 보이지 않는 정원이 생겼다.

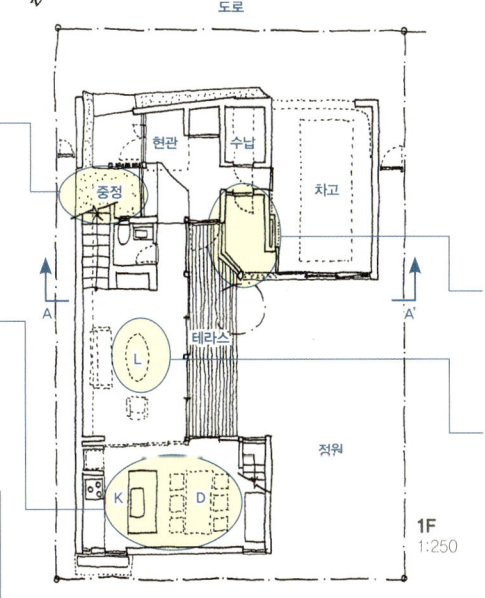

반려견의 휴식 공간
반려견의 털을 손질하거나 외출 후 발을 씻겨주는 곳이다.

개방적인 거실
천장고가 최고 6m에 달한다. 톱라이트에서 떨어지는 빛과 정원에서 부는 바람 덕분에 쾌적하다.

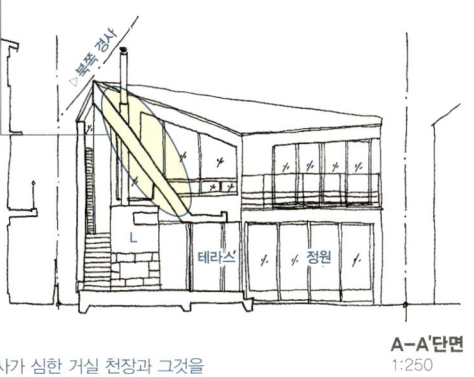

경사가 심한 거실 천장과 그것을 관통하는 난로 연통. 위에는 톱라이트

대지면적 215.49㎡ (65.19평)
연면적 132.56㎡ (40.10평)

1 평면과 대지의 관계
2 공간별 디자인 포인트
3 특별한 용도에 맞춘 설계

027: LDK

넓은 LDK에 장작 난로를 놓다

편리하고 쾌적한, 그러면서도 나무의 질감이 느껴지는 집을 의뢰받았다. 바쁜 일상 속에서도 삶을 즐기고 싶다는 바람을 담은 아이템으로 장작 난로를 놓기로 했다. 주택들에 둘러싸인 입지만 보이드로 된 식당의 고창을 통해 이웃집의 시선을 신경 쓰지 않고 아침 햇살을 받을 수 있고 거실과 다다미방, 부엌에서 정원을 볼 수 있도록 개구를 설계했다. 부드러운 나무 질감을 표현하기 위해 내장과 창호 모두 너무 심플하지도 너무 튀지도 않는 디자인을 선택했다.

넓은 LDK 끝에 장작 난로를 설치했다.

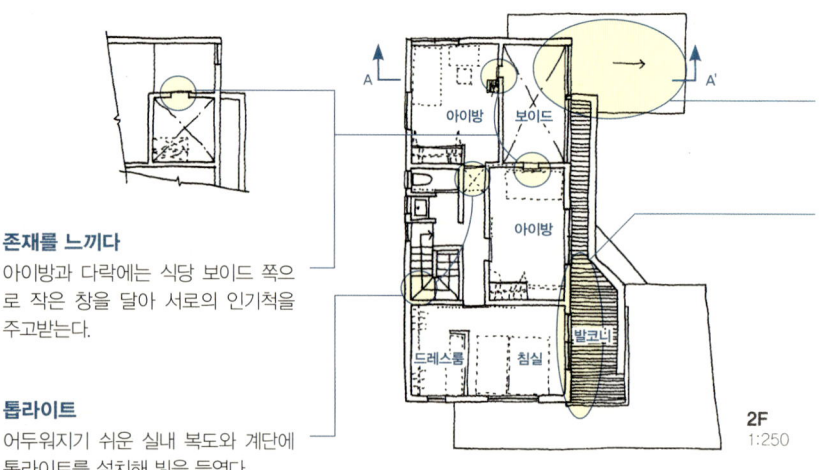

존재를 느끼다
아이방과 다락에는 식당 보이드 쪽으로 작은 창을 달아 서로의 인기척을 주고받는다.

톱라이트
어두워지기 쉬운 실내 복도와 계단에 톱라이트를 설치해 빛을 들였다.

화장실과 욕실의 배치
2층의 방들과 LD에서 편하게 사용할 수 있도록 동선을 고려했다.

현관 옆 창고
신을 신은 채 들어갈 수 있는 신발장 겸 창고. 외투걸이가 있어 옷도 벗어둘 수 있다. 계단 밑을 이용한 수납공간도 한곳에 집약시켰다.

채광을 위해
부엌 상부는 아침 해를 받을 수 있도록 단층으로 만들었다.

처마가 깊은 데크
비가 와도 빨래를 말릴 수 있다.

장작 난로의 배치
LD에서 불을 쬘 수 있는 위치에 장작 난로를 설치했다. 부엌과도 가까워 보조 조리 기구로도 활용한다.

정원이 가까운 부엌
정원을 바라보며 요리할 수 있는 부엌. 뒷문도 달았다.

ㄷ자로 둘러싸인 정원
사생활을 보호하면서 기분 좋게 햇볕을 받아들인다.

완충역할을 하는 문
현관과 LD 사이에는 미닫이문을 설치했다. 문에는 거품 유리를 끼워 인기척을 느낄 수 있다.

현관에 안뜰을 들여놓다
현관에 들어서면 서쪽 정원이 눈앞에 보인다. 현관 출입문은 편하게 미닫이로 만들었다.

보이드를 통해 빛이 들어오다
보이드의 고창을 통해 아침 해와 하늘의 변하는 모습을 볼 수 있다. 이웃집과는 시선이 부딪힐 일이 없다.

안뜰이 보이는 밝은 현관

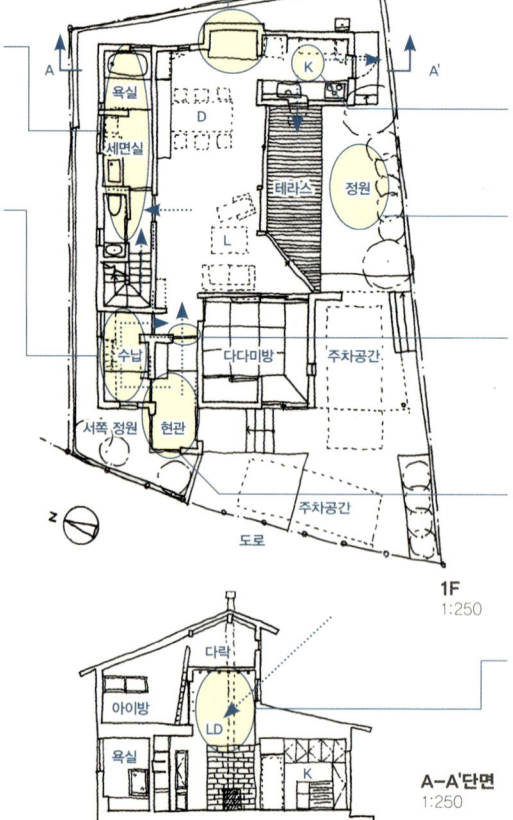

| 대지면적 | 200.09㎡ (60.53평) |
| 연면적 | 139.96㎡ (42.34평) |

028: LDK

선술집 분위기가 나는 DK

3대에 걸쳐 식구 여섯 명이 함께 거주하는 2세대 주택. 현관을 중심으로 회유동선을 만들고 오른편에 부모님을 위한 공간을 만들었다. 부모님의 손님은 동쪽 다다미방으로 바로 들어갈 수 있다.
식당 바닥을 높여 부엌에서도 대화를 나눌 수 있는 레이아웃이 이 집의 특징이다. 남편의 아이디어로 개수대 앞에 카운터를 설치했다.
부엌 안쪽의 봉당이 수납에 큰 도움을 준다. 주차공간에서 곧장 갈 수 있어 장을 많이 봤을 때 편리하다.

거실에서 바닥을 올린 마루 형태의 식당을 본 것. 대면식 부엌에서 만든 음식을 카운터 너머로 건넨다. 카운터에 앉아 한잔 기울이면 선술집에 와 있는 듯하다.

깔끔하게 정리
철 지난 물건과 평소 쓰지 않는 물건을 보관하는 다락 수납공간은 3평 남짓한 넓이.

바람도 인기척도
아이방에는 보이드를 향해 창이 나 있어 1층의 인기척이 전달된다. 통풍을 위해서도 중요한 창이다.

뒤쪽의 보조공간
뒷문과 봉당 수납공간을 부엌 뒤쪽에 배치해 가사동선을 콤팩트하게 만들었다. 쓰레기를 버릴 때나 장보러 갈 때 편리하다.

카운터를 만들다
선술집 분위기를 내는 카운터와 다다미를 깐 공간. 완성된 요리를 부엌에서 그대로 받을 수 있다.

개방감이 넘치다
현관과 가깝고 집 중앙에 위치한 5평 넓이의 거실. 남쪽 바닥창과 3평 크기의 보이드로 빛이 들어와 항상 밝고 개방적이다.

자연스럽게 모이다
가족이 자연스럽게 모여 휴식을 취하는 공간. 판자를 덧댄 천장과 존재감 있는 보가 특징이다.

좌우로 나뉘는 동선
현관에서 오른쪽은 부모님의 응접실인 다다미방. 부모님 친구들이 부담 없이 방문할 수 있다. 왼쪽은 LDK.

미닫이로 연결
다다미방과 미닫이로 연결되는 부모님의 침실. 미닫이문을 열면 통풍이 잘되고 닫으면 철저히 사적인 공간이 된다.

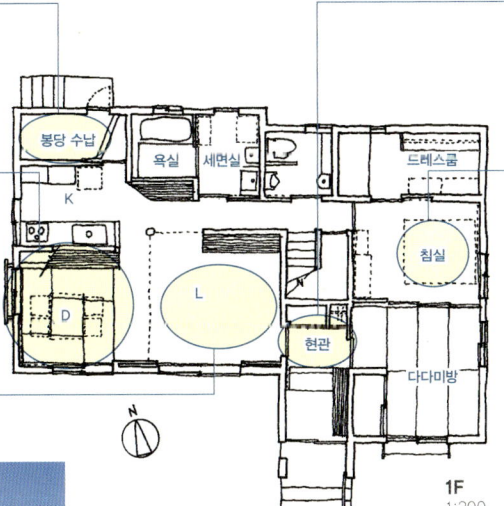

2F 1:200
1F 1:200

LDK 전경

남쪽 외관. 보이드 위에도 창을 달아 햇살을 넓은 거실로 불러들인다.

대지면적 293.71㎡ (88.85평)
연면적 144.63㎡ (43.75평)

029: LDK

식당을 중심에 두고 집을 짓다

장방형 대지에 생활공간인 본채를 대지 안쪽에 배치하고 바람이 잘 통하는 집을 지었다. 가족끼리 눈을 맞추고, 아이들이 부엌 앞에서 공부를 하고, 식사 후 아버지가 누워 쉴 수 있도록 식당의 바닥을 높였다. 계절을 느끼며 아이들이 커가는 것을 지켜볼 수 있는 심플하고 기능적인 집이다.

거실 쪽에서 본 식당과 부엌. 식당 상부는 천장이 약간 높다.

유리를 끼운 장지문. 앉아서 바깥을 내다볼 수 있다.

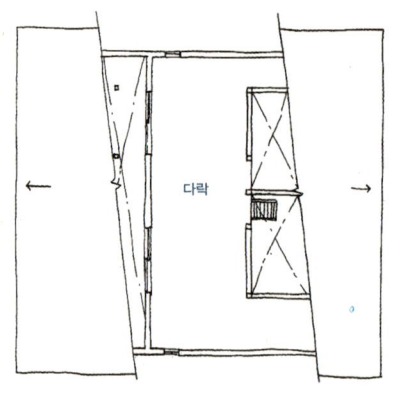

다락 1:200

보이지 않는 발코니
빨래 건조장으로 쓰이는 넓은 발코니. 별채 지붕 덕에 도로에서 보이지 않아 은밀한 옥외공간이 되었다.

변경 가능
지금은 서재와 프리 스페이스로 쓰고 있지만 칸막이를 쉽게 변경할 수 있어 아이방과 취미공간으로 바꿀 수도 있다.

중3층
식당 천장고가 올라간 높이만큼 중3층이 생겨 놀이방으로 쓴다. 무대 같은 공간이 2층에 변화를 준다.

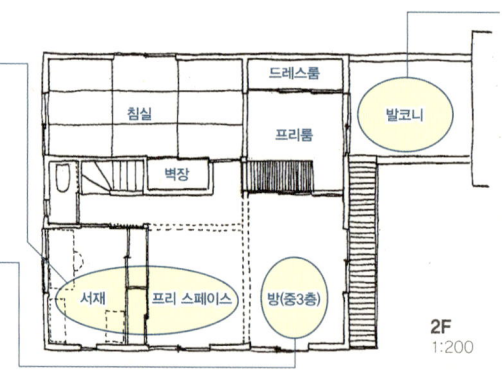

2F 1:200

도로 쪽 외관

별채
응접실로도 쓰는 별채를 도로 쪽에 두고 생활공간을 대지 안쪽으로 배치해 도로 쪽 시선과 소음을 신경 쓰지 않고 생활할 수 있다.

그림 같은 경치
경치를 즐길 수 있는 북쪽에 다다미방을 배치해 사계절의 변화를 즐긴다. 실내로 눈을 돌리면 대각선상으로 시야가 트여 LDK와는 조금 다른 분위기를 느낄 수 있다.

현대식 다실
바닥을 높이고 다다미를 깐 식당. 식사는 물론이고 아이들의 공부와 놀이, 간단한 작업을 할 수 있는 현대식 다실이다.

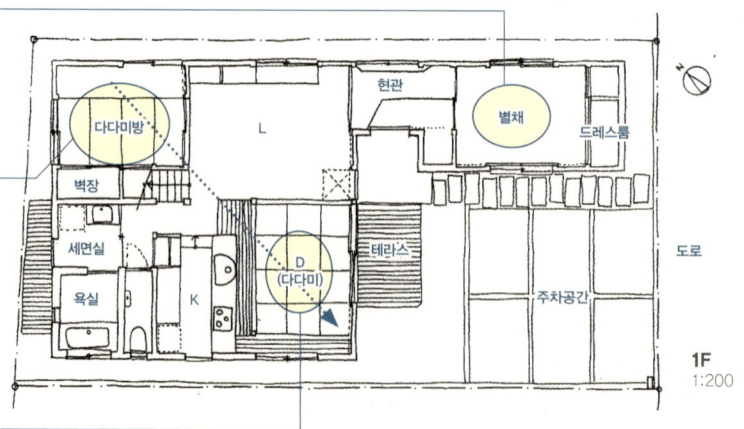

1F 1:200

대지면적 161.03㎡ (49.62평)
연면적 147.28㎡ (44.55평)

030: LDK

거실과 회랑으로 실내가 된 중정

기존 건물 정원과 연결되도록 중정을 만들고 그 주변에 '회랑' 같은 반옥외 공간을 만들었다. 중정은 창호를 활짝 열면 거실과 하나가 되어 바람이 통하는 반옥외 회랑이 된다. 중정을 중심으로 한 회랑 모양의 공용공간, 세탁실과 창고 등의 기능적인 공간, 침실 및 욕실 같은 개인공간을 적절히 배치한 명쾌한 평면이다.

1 평면과 대지의 관계
2 공간별 디자인 포인트
3 특별한 용도에 맞춘 설계

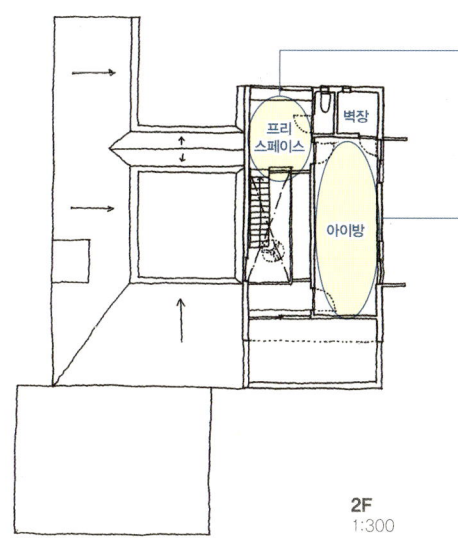

프리 스페이스
계단을 올라가면 나타나는 넓은 공간. 아이들 놀이방으로 쓰고 있다.

하나에서 두 개로
아이들이 어린 동안은 방 하나로 쓰다가 나중에 둘로 나누어 쓸 수 있도록 출입구를 좌우 대칭으로 두 곳에 만들었다.

2F 1:300

정면 외관. 현관은 대지에서 1m 올라간 높이에 있어 계단을 돌아서 올라간다.

내부를 잇는 반옥외 회랑
실내를 잇는 복도. 천장은 있지만 벽이 없다. 중정 쪽으로는 벽과 문이 없고, 반려견 전용 뜰 쪽은 격자 미닫이로 연결된다.

세탁물 건조
건조 중인 세탁물이 밖에서 보이지 않도록 테라스를 격자로 감쌌다.

동선을 나누다
중정을 중심으로 현관에서 왼쪽은 개인공간, 오른쪽은 손님을 맞는 공용공간으로 만들어 동선을 명확하게 분리했다.

수조 청소용 싱크대
현관에 감상용 수조를 놓았다. 수조 청소에 필요한 싱크대는 현관 반대편에 두었다. 문으로 가릴 수 있어 미관을 해치지 않는다.

반려견 전용 뜰
반려견이 뛰놀 수 있는 공간.

열리는 개구부
거실에는 큰 개구부가 중정과 남쪽 정원을 향해 하나씩 있는데, 벽으로 집어넣어 활짝 열면 정원과 실내가 연결된다.

1F 1:300

중정과 반대편 테라스의 개구를 활짝 열면 옥외와 LD가 한 공간이 되어 개방감이 느껴진다. 계단의 보이드를 통해 빛이 들어온다.

진입로의 벽
1m의 고저 차를 돌아서 들어가는 진입로 뒤쪽에 노출 콘크리트 벽을 세웠다. 벽 안쪽은 부엌과 인접한 서비스 야드로 사용된다.

경치를 빌리다
동쪽의 기존 건물과는 반려견 전용 뜰과 중정으로 연결된다. 현관에 서면 중정 너머로 본가의 차양이 보인다.

대지면적 510.25㎡ (154.35평)
연면적 149.40㎡ (45.19평)

145

031: LDK

보이드와 회유동선의 절묘한 조합

대지는 북쪽과 서쪽이 도로와 접한 모퉁이 땅. 담을 두르지 않고, 건물의 입체감과 틈새가 자연스럽게 외부와 경계를 만든다. 2층 높이의 보이드 공간으로 된 LD는 스카이라이트의 빛 덕분에 천장이 높아 보이며, 중정을 실내로 끌어들여 넓게 생활할 수 있다.

왼쪽: 북쪽 외관. 건물 외벽과 담을 조화시켜 변화무쌍한 표정을 만들어낸다.
오른쪽: LDK 전경. 보이드, 회유성, 톱라이트 등 공간에 다양한 변화를 주는 장치를 곳곳에 만들었다.

거대한 공간
계단에서 아이방으로 가는 복도는 천장고가 5.15m로 다이내믹한 공간감이 느껴진다.

나중에 하나로
언젠가 아이들이 독립하면 벽을 없애고 방을 하나로 사용할 수 있도록 나무로 축벽을 만들었다.

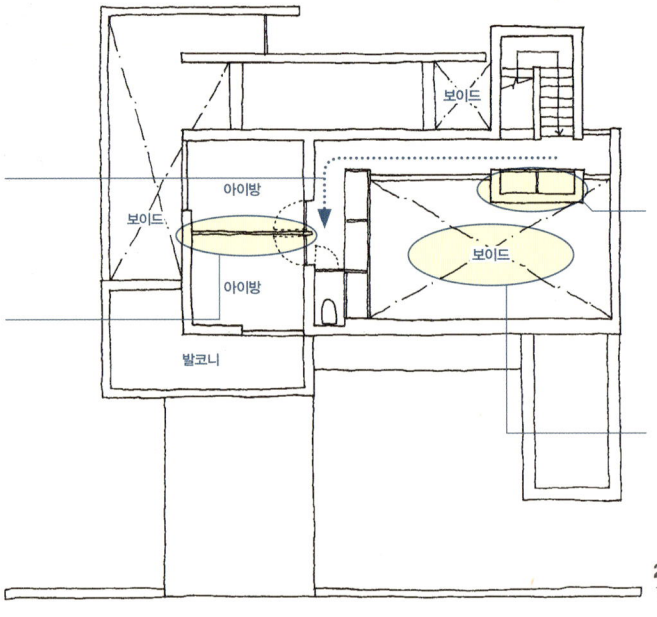

스카이라이트의 빛
보이드를 통해 LD로 빛이 떨어진다. 넓은 원룸의 상부를 터서 상승감을 만들었다. 시시각각 변하는 빛으로 시간의 흐름을 알 수 있다.

반사된 빛
빛을 천장에 반사시켜 조명처럼 사용한다. 집 안에 차분한 빛을 골고루 전한다.

2F 1:200

풍부한 표정
벽면을 후퇴시키고 건물과 도로 사이에 들쭉날쭉하게 나무를 심거나 여백을 만들어 다채로운 모습을 보여준다.

느긋하게 맞이하다
진입로의 큰 차양과 유공 기와 너머로 들어오는 중정의 인기척이 사람들을 맞는다. 차를 타고 들어갈 수 있어 비오는 날에도 손쉽게 물건을 옮길 수 있다.

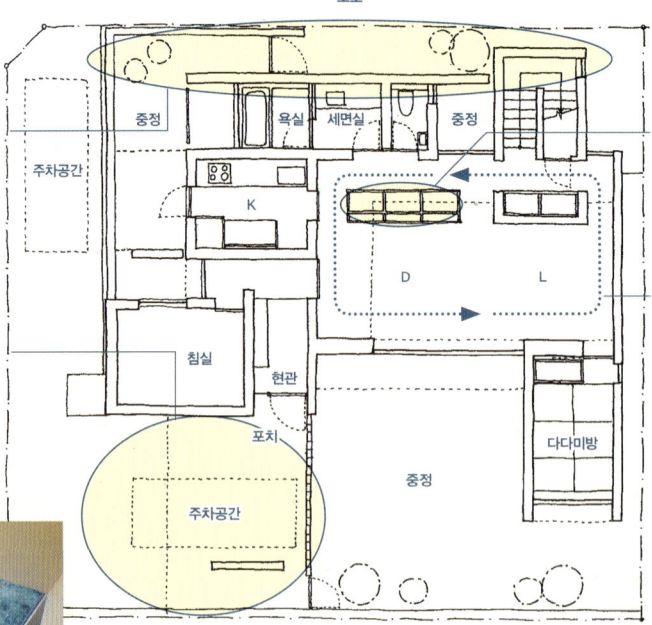

양면으로 사용
수납공간은 양면으로 사용할 수 있는데, 일부는 컴퓨터 공간이다.

회유동선의 거실
수납가구를 배치해 화장실과 욕실, 부엌으로 회유동선을 만들었다. 개구부 덕분에 안길이도 느낄 수 있다.

1F 1:200

LDK를 내려다본 것

대지면적	264.51㎡ (80.01평)
연면적	150.76㎡ (45.60평)

032: LDK

부엌을 중심에 둔 전통적인 평면

4대가 함께 살 집. 수도권 근교 농촌에 자리 잡은 일곱 식구를 위해 침실만 다른 완전 동거형 2세대 주택을 설계했다.
부엌을 중심으로 좌식 거실, 거실의 큰 식탁, 봉당 현관의 툇마루화, 다다미 바닥이 연속되는 방 배치 등 전통적인 생활의 지혜를 담았다. 향수가 묻어나는 목조 주택이다.

바닥을 파서 만든 큰 식탁. 바닥의 높이가 다른 부엌과 눈높이를 맞췄다.

1 평면과 대지의 관계

2 공간별 디자인 포인트

3 특별한 용도에 맞춘 설계

미래의 아이방
한창 아이들이 자라는 집은 아이방을 만들지 않는다. 지금은 넓은 다목적실로 이용한다.

열기를 배출하다
보이드는 지붕 안까지 연결돼 솟은 지붕 창을 통해 열을 배출한다. 보이드 주변은 빨래를 건조하고 창문 주변을 청소하는 데크로 쓰인다.

소변기 설치
대가족이 사용하는 화장실이라 양변기와 함께 소변기를 설치했다.

연결되는 다다미방
미닫이문을 열면 연결되는 다다미방들은 전통적인 집 구조이다. 상황에 따라 유연하게 쓸 수 있는 만능형 평면.

툇마루는 필수
각 다다미방에 툇마루를 달았다. 방의 연장이자 손님의 소지품을 두는 곳으로 쓰인다.

초대형 식탁
좌식 거실에 폭 90cm, 길이 270cm 식탁이 있다. 갑자기 찾아온 손님도 가족들과 함께 식탁에 앉을 수 있을 만큼 크다.

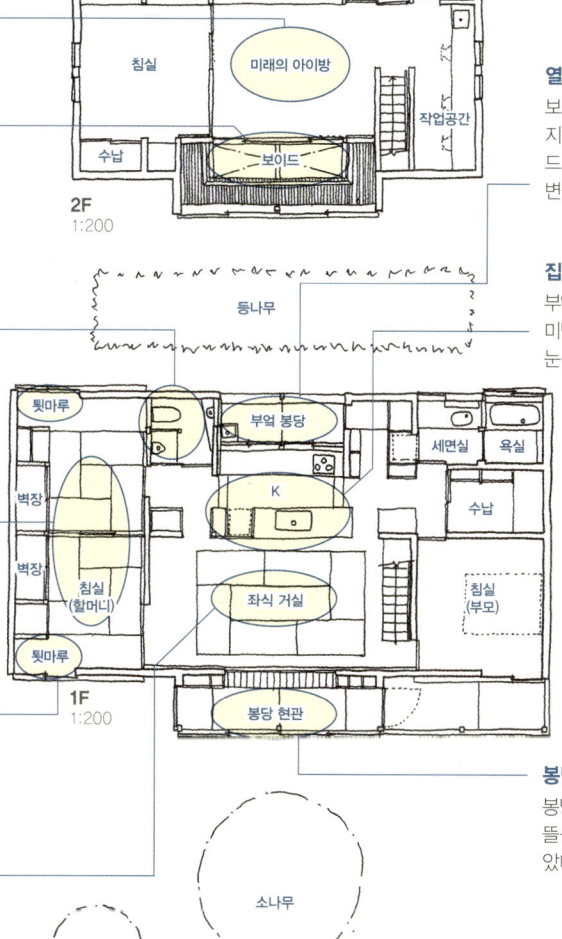

열기를 배출하다
보이드는 지붕 안까지 연결돼 솟은 지붕 창을 통해 열을 배출한다. 보이드 주변은 빨래를 건조하고 창문 주변을 청소하는 데크로 쓰인다.

집의 중추
부엌은 모든 평면의 중심으로. 다다미방보다 바닥의 높이를 50cm 낮춰 눈높이를 맞췄다.

(기존 건물)

봉당의 툇마루화
봉당 현관은 툇마루 기능도 한다. 앞뜰을 볼 수도 있고 이웃이 잠시 앉았다 갈 수도 있다.

봉당 현관. 위쪽에 열을 배출하는 보이드가 있다.

도로에서 본 남쪽 외관

대지면적 1702.03㎡ (514.86평)
연면적 170.36㎡ (51.53평)

033: LDK

지하에 있어도 환한 거실

건축주의 요청 사항과 요구 면적을 충족하기 위해 지하를 이용했다. 지하는 채광 확보가 어렵기 때문에, 방 대신 거실을 배치하고 2층 높이의 보이드를 설치해 볕이 잘 들고 사생활이 확보되는 편안한 공간을 구상했다. 1층은 외부로 출입하는 층이면서 동시에 가족공간인 아래층과 개인공간인 위층을 잇는 중간층이다. 여기에 보행자들이 밖에서 볼 수 있는 갤러리를 두었다.

지하의 거실. 안으로 드라이 에어리어의 가든2가 보인다.

가든2에서 거실 너머의 가든1이 보인다.

다기능 계단홀
계단을 따라 톱라이트를 설치해 계단홀이 환하며 지하 거실까지 빛이 들어온다. 대용량 수납공간이 있는 계단홀은 침실과 각 방의 완충지역으로 서로의 사생활을 지켜준다. 계단홀, 침실, 드레스룸, 화장실을 회유할 수 있는 편리한 플랜이다.

구석을 밝게
부엌 상부 보이드에 창을 내 자연광과 바람을 지하공간으로 보낸다.

양방향에서 진입
대지가 도로 두 개와 접해 있어 두 개의 파사드를 통해 양방향에서 들어갈 수 있다. 진입로를 오갈 때 지창(地窓)으로 안뜰이 보인다.

밝은 지하
지하 1층 거실은 2층 높이의 보이드 덕분에 편안하고 자연광이 넘치는 공간이 되었다. 드라이 에어리어 상부로 빛이 들어오고, 도로를 따라 심은 나무들 덕에 사생활이 보호된다.

드라이 에어리어
양쪽에서 빛과 바람이 제공된다. 실제로는 옥외지만 방의 연장선상에 있게 보여 넓게 느껴진다. 옥내외 구별이 없는 시원시원한 공간이다.

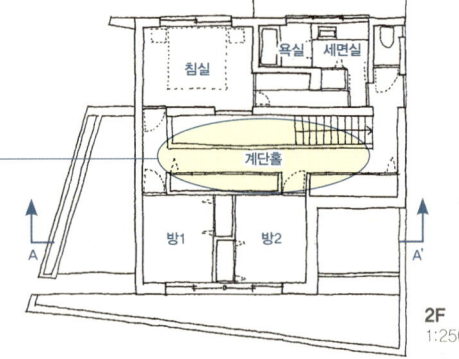

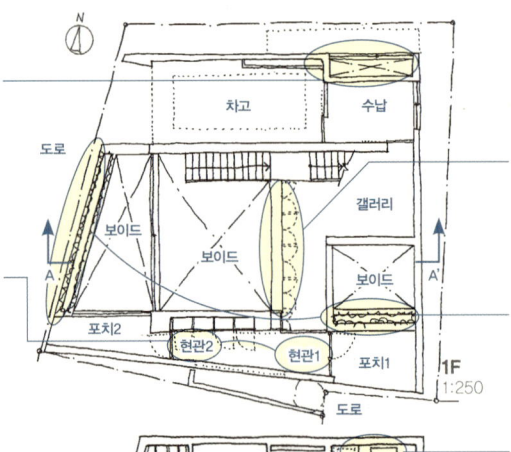

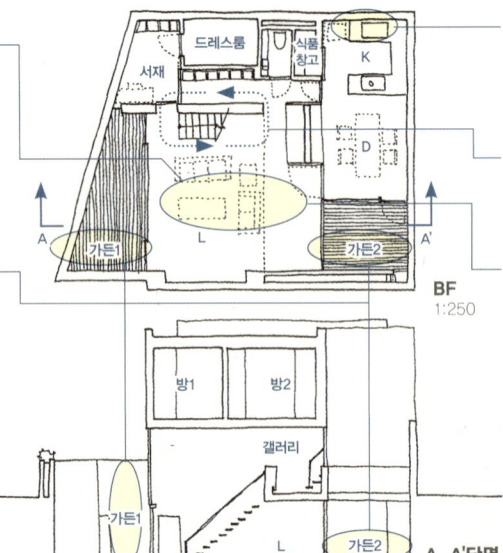

풍경을 잇다
보이드 너머로 양쪽 도로에서 보이는 갤러리. 수납을 겸한 진열장은 이 공간의 조명으로도 활용된다.

나무 울타리
파사드를 장식하는 나무들은 절묘한 높이와 안길이로 지하공간을 엿볼 수 없게 만들어 프라이버시를 지켜준다.

하이사이드 라이트
드라이 에어리어와 함께 지하공간에 빛과 바람을 보내는 장치. 보이드 상부에 설치되어 새시는 보이지 않는다.

회유성
집 안을 회유할 수 있는 플랜이기 때문에 다양한 장면이 연출된다.

생활감을 없애다
거실에서 부엌이 보이지 않도록 했다. 손님이 오면 가구와 일체화된 창호로 공간을 막을 수 있다. 평상시에도 생활감이 느껴지지 않는다.

대지면적 150.80㎡ (45.62평)
연면적 207.70㎡ (62.83평)

034: LDK

넓은 테라스를 통해 대자연이 집 안으로

커다란 단층의 별장. 경사면을 향해 열려 있는 거실과 식당 뒤로 침실과 부엌을 나란히 배치해 통로가 없는 평면이다. 다다미방을 거실에 떠 있는 섬처럼 배치하고 세 방향을 장지문으로 감싸 다다미방 불을 켜면 마치 사방등을 켜놓은 듯하다.

북쪽 침실 앞에서 테라스를 본 것. 실내, 반옥외 테라스, 외부로의 전개가 신비로운 공간감을 만들어낸다.

1 평면과 대지의 관계

2 공간별 디자인 포인트

3 특별한 용도에 맞춘 설계

전망 좋은 욕조
전망 좋은 쪽에는 특별히 욕실을 배치했다. 창을 열면 노천탕에 온 것만 같다.

통로를 없애다
모든 침실을 LD 뒤로 나란히 배치해 통로와 복도를 없앴다.

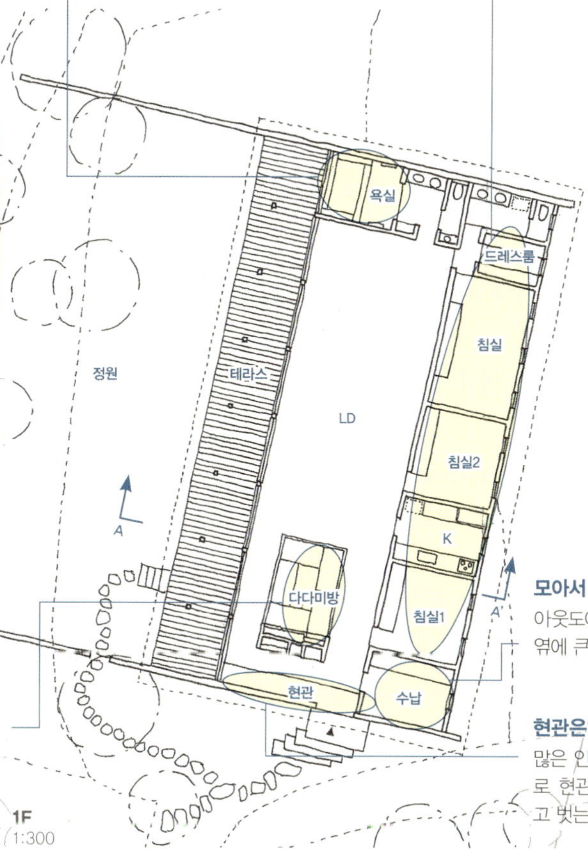

모아서 수납
아웃도어 용품이 많아질 것 같아 현관 옆에 큰 수납고를 두었다.

현관은 넓게
많은 인원이 이용할 수 있는 별장이므로 현관을 옆으로 길게 내서 신을 신고 벗는 데 불편함이 없도록 했다.

정원 쪽에서 본 저녁 풍경. 외등이 거의 없으며 낮은 지붕 밑 조명이 따뜻해 보인다. 나무에 가려 잘 안 보이지만 다다미방도 사방등처럼 불이 켜져 있다.

사방등 같은 다다미방
너른 공간에 섬처럼 떠 있는 다다미방. 세 방향이 장지문이라 실내등을 켜면 다다미방 자체가 사방등처럼 보이다.

1F 1:300

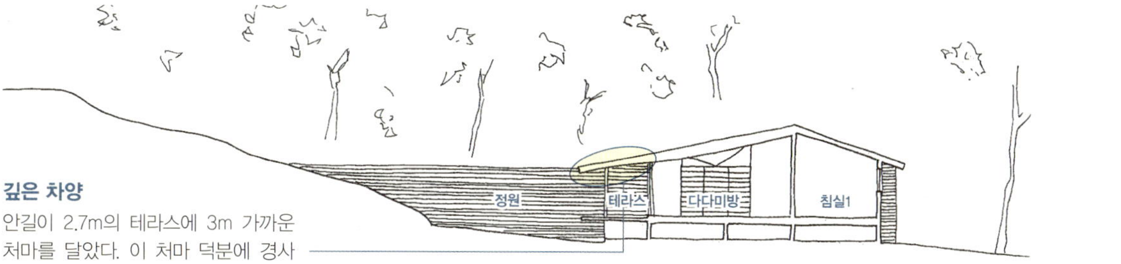

깊은 차양
안길이 2.7m의 테라스에 3m 가까운 처마를 달았다. 이 처마 덕분에 경사면 위에서 실내가 보이지 않는다.

A-A' 단면 1:300

대지면적 1453.18㎡ (439.59평)
연면적 268.23㎡ (81.14평)

035: LDK

회유할 수 있는 부엌과 바닥을 높인 식당

15평 대지에 건축 면적 9평짜리 작은 집이지만 각 공간을 콤팩트하게 만들고 옥상정원과 고타쓰 등 일상에 즐거움을 주는 아이템을 가득 담았다.
2층 LDK에는 주변을 둘러싼 정방형 부엌과 바닥을 높인 식당을 두어 다양한 방법으로 활용하고 있다.

2층 부엌과 바닥을 올린 거실 겸 식당

하늘을 독점하다
옥상에 흙을 깔고 정원을 만들었다. 3층 테라스에서 사다리를 타고 올라가 밤하늘을 감상한다.

만능 부엌
정방형의 만능 부엌 카운터는 회유할 수 있다. 다양한 용도로 사용된다.

있던 물건을 활용
바닥을 높인 식당에 원래 가지고 있던 고다쓰를 놓았다.

난간 겸용
계단 난간을 겸한 소품 장식 선반을 만들었다.

다락
1:150

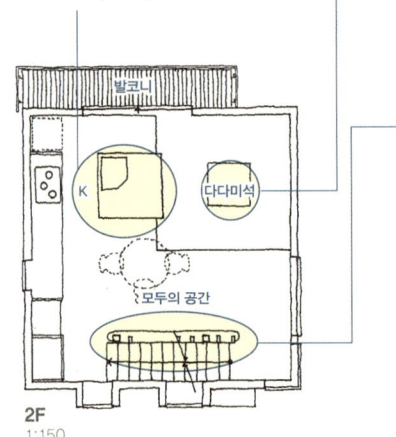

2F
1:150

부엌 앞에서 본 난간 겸용 선반

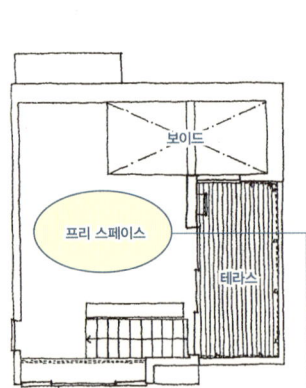

3F
1:150

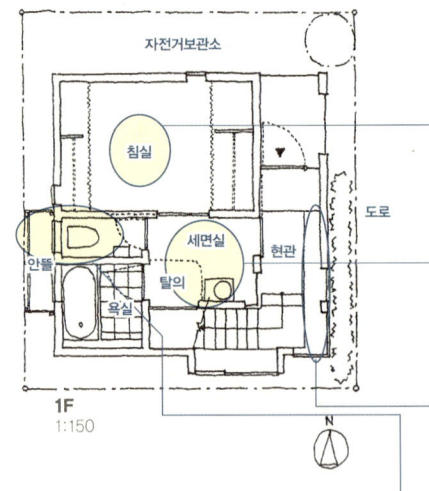

1F
1:150

호텔처럼
세면실을 지나 들어가는 침실은 호텔 같은 분위기가 감돈다.

커튼으로 가리다
약 3평짜리 세면실. 탈의공간은 커튼으로 가렸다.

작은 갤러리
복도를 갤러리로 만들었다. 여러 가지 소품을 둘 수 있는 신발장 카운터.

화장실에서 보이는 나무
지창(地窓)을 통해 안뜰이 보이는 화장실. 발밑으로 외부와 연결되므로 답답함을 줄여준다.

자유롭게 사용
프리 스페이스는 게스트룸과 취미공간으로 쓰인다. 나중에는 방으로 쓸 예정.

정면 외관. 도로에서 아치를 지나 진입로 포치로 들어간다.

대지면적 50.97㎡ (15.42평)
연면적 79.05㎡ (23.91평)

036: 부엌

부엌과 카운터가 핵심

도로에서 안으로 갈수록 좁아지는 변형지에 지은 목조 3층 주택이다. 2층에 LDK를 올리고 루프 테라스와 발코니를 만들어 개방적이면서 밝고 바람이 잘 통하도록 구성했다.
안주인의 취향을 반영한 부엌은 2층 LDK의 중앙에 있다. 식사는 물론이고 아이와 함께 요리를 하거나 홈 파티를 여는 등 부엌에서 가족과 단란한 시간을 보낼 수 있다.

DK에서 거실을 본 것. 계단에 막혀 있지만 공간적으로는 하나다. 테라스와 발코니로도 활짝 열려 있다.

사실은 3층
부엌 위에 넓은 프리룸을 만들어 아이 놀이방이나 작업공간으로 쓴다. 3층을 대지 안쪽에 배치해 도로 쪽에서는 2층 건물처럼 보여 주변에 주는 압박감이 덜하다.

남향 테라스
대지가 좁아지는 남쪽에 큰 테라스를 만들어 DK와 연결해 남쪽의 밝은 빛을 끌어들였다. 깊은 차양은 여름의 뜨거운 햇살이 실내로 들어오지 못하게 막는다.

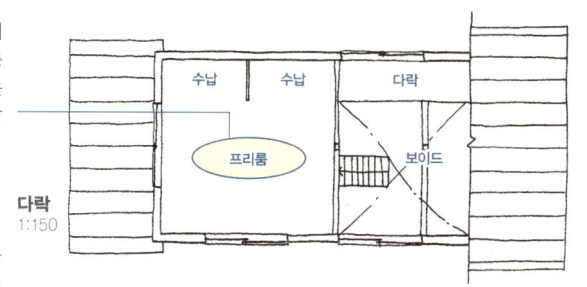

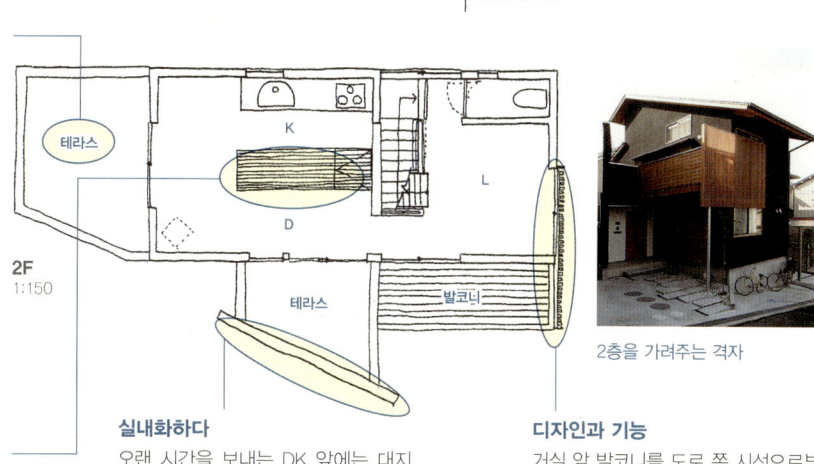

2층을 가려주는 격자

다기능 테이블
부엌에서 쓰는 것과 같은 폭으로 제작한 테이블은 식탁이자 여럿이 함께 요리할 수 있는 테이블로 쓰인다.

실내화하다
오랜 시간을 보내는 DK 앞에는 대지 모양에 맞게 높은 벽을 세워 외부 시선을 차단했다. 벽 때문에 실내와 테라스가 더 밀접하게 연결된다.

디자인과 기능
거실 앞 발코니를 도로 쪽 시선으로부터 지켜주는 격자는 디자인 면에서도 중요한 요소이자 통풍에도 좋다.

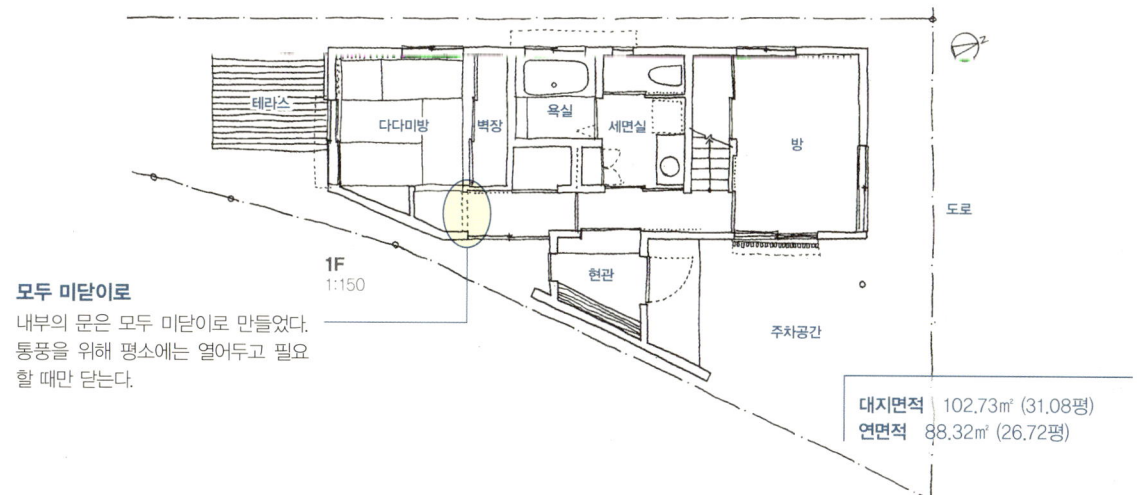

모두 미닫이로
내부의 문은 모두 미닫이로 만들었다. 통풍을 위해 평소에는 열어두고 필요할 때만 닫는다.

대지면적 | 102.73㎡ (31.08평)
연면적 | 88.32㎡ (26.72평)

037: 부엌

사람이 모이는
꼭대기층에 부엌을 두다

파스타면 수타까지 가능한 대리석 카운터가 있는 부엌이 있다. 즐겁게 요리하고, 많은 사람이 모여 홈 파티를 열 수 있도록 신경 썼다. 가장 고민한 아이방은 맨 아래층에 배치했다. 남편이 좋아하는 오디오를 아이가 잘 때도 언제든 감상할 수 있도록 배려한 것. 아이가 잠들면 어른들은 맨 위층 LDK에서 느긋한 시간을 보낸다.

2층 LDK. 북쪽에서 부엌 방향을 본 모습. 톱라이트가 건물을 가로지르는 LD는 테라스를 향해 활짝 개방되어 있다.

장식 효과가 있는 출창
도로 쪽 포인트인 출창은 실내의 인기척을 바깥으로 전한다.

가로지르는 톱라이트
꼭대기 층의 장점을 살려 상부에 일직선으로 톱라이트를 설치했다. 톱라이트 부분으로 배기할 수 있어 여름에는 열기를 내보내 실내 온도를 낮춰준다.

대리석 카운터
제대로 된 대리석 카운터. 이 카운터를 둘러싸고 여럿이서 요리를 하거나 홈 파티를 열 수 있다.

유틸리티
부엌 옆 유틸리티 공간. 가사실이면서 부엌 주변 수납공간이기도 하다.

오디오 부스
남편이 좋아하는 오디오 부스를 설치했다. 카운터 위에는 레코드 플레이어 등을 놓고 아래에는 수납장과 에어컨을 두었다.

또 하나의 현관
도로면의 지하층에 차고에서 직접 실내로 들어올 수 있는 길을 만들었다.

여기저기 수납
남편의 어마어마한 컬렉션 CD와 LP 레코드를 수납하기 위해 1층 화장실 뒤편의 작은 공간까지 낭비 없이 사용했다.

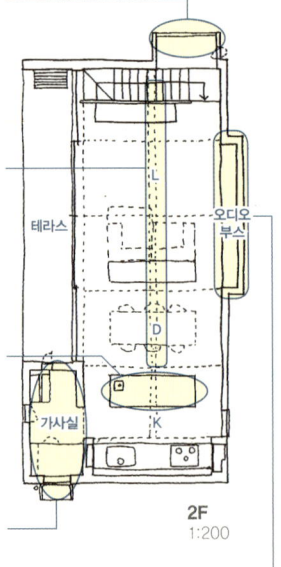

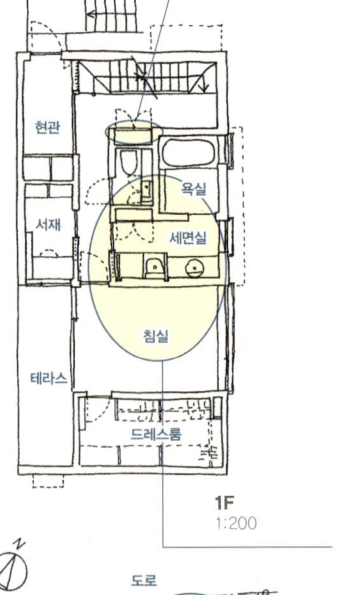

들어가면 바로 계단
현관 바로 앞에 계단이 있어 손님은 개인공간을 지나지 않고 2층으로 올라간다.

현관홀과 계단

침실 근처에
침실, 드레스룸, 욕실과 화장실 등을 모아 1층에 배치.

2층 현관
경사지이기 때문에 계단을 올라간 2층에 현관이 있다. 계단은 도로와 대지 안에 두 개로 나뉘어 있어 서로 다른 느낌으로 실내로 들어간다.

세면대를 하나 더
화장실과 세면실은 아이방에서 쓰기 편하게 만들었다. 차고에서 실내로 들어왔을 때 바로 손을 씻을 수 있다.

아이방을 지하에
아이방을 도로면의 지하에 두기로 했다. 나중에 분할할 예정이지만 지금은 원룸으로 사용한다.

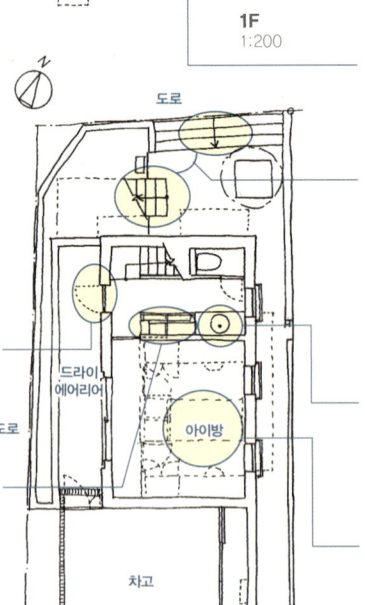

현관이 있는 북쪽 외관

대지면적 106.33㎡ (32.16평)
연면적 103.46㎡ (31.29평)

038: 부엌

가족의 인기척이 느껴지는 부엌

엄마와 아이가 사는 집. 거실과 식당을 9평 크기의 오픈된 공간으로 만들고 부엌에서 전체가 보이도록 배치해 집안일을 하면서 아이의 움직임을 볼 수 있게 했다.
주변에 집들이 가깝게 붙어 있지만 북쪽 부엌으로 빛이 들어오도록 거실과 부엌에 보이드와 톱라이트를 설치해 빛과 개방감이 넘치는 집을 만들었다.

거실에서 바라본 부엌. 부엌에서는 LD 전체가 한눈에 보인다. 높은 천장의 톱라이트로 들어온 빛이 보이드를 통해 부엌에 떨어진다.

인기척을 느끼다
보이드 옆에 서재를 배치했다. 눈앞의 보이드 덕분에 개방적인 기분으로 작업할 수 있고 아래층의 인기척도 전해진다.

빛이 떨어지다
주변에 집들이 밀집해 있어 채광이 어려운 환경이지만 톱라이트로 들어온 빛이 1층까지 전달되도록 크고 작은 보이드 두 개를 설치했다.

각 방마다 수납
위아래층의 각 방에는 드레스룸을 만들어 수납공간을 확보했다. 두 침실 모두 동쪽으로 창을 내 아침 해가 비쳐들게 했다.

집 안을 한눈에
부엌은 1층 전체를 한눈에 볼 수 있는 위치에 있어 일하는 중에도 가족을 볼 수 있다. 거실 너머로 남쪽 정원이 보여 사계절의 변화까지 즐길 수 있다.

생활의 주 무대
생활의 주 무대인 LD는 현관홀과 연결된 9평 크기의 오픈된 공간. 보이드는 위쪽으로, 테라스는 바깥쪽으로 시원하게 트여 있어 개방감이 넘친다.

히노키 향 가득한 욕실
설계 초반부터 주문했던 히노키 욕조. 히노키 향에 둘러싸여 조금은 사치스러운 목욕을 즐긴다.

정원을 감상하다
남쪽의 넓은 데크 테라스는 거실의 연장으로 정원의 나무를 감상하기 좋은 곳이다.

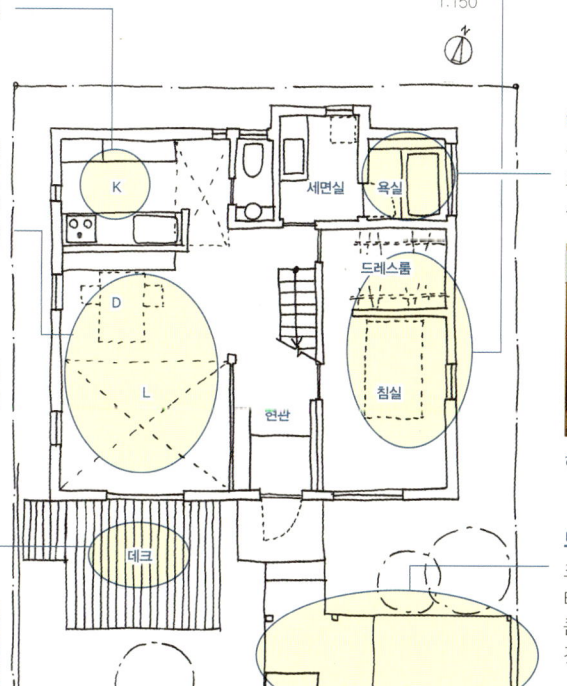

히노키 욕실

도로 쪽 인상
크기를 억제한 연립 대문과 판자 울타리를 도로 쪽에 설치했다. 지붕이 콤팩트하고 단정한 외관을 연출한 것이 인상적이다.

도로 쪽 외관. 앞쪽이 연립의 대문

대지면적 132.20㎡ (40.00평)
연면적 112.49㎡ (34.03평)

039: 부엌

가족이 모이는 부엌

한적한 주택가에 있는 남북으로 긴 대지. 나중에 2세대 주택이 될지도 몰라 1층 남쪽에 부엌과 욕실이 될 장소를 포함한 예비실을 만들었다. 2층은 부엌을 중심으로 놓고 남북 끝에 부부 각자의 작업장을 만들었다. 이 남북 축을 잇는 동선이 그대로 집의 골격이 되었다.

다목적 작은방
일이 길어질 때 잠시 눈을 붙이는 곳으로, 손님이 오면 침실로 쓰기 위해 1.5평 크기의 다다미방을 만들었다.

외쪽지붕의 천장이 낮고 안정감 있는 식당

침실을 두 개로도
맞벌이 부부라서 취침 시간이 다를 때가 많아 방 가운데 미닫이를 설치했다. 문을 닫으면 각자의 방이 된다.

나무로 담장을 대체
이웃에 양해를 구하고, 경계에 담을 세우지 않고 진입로를 따라 나무를 더 심어 나무 벨트를 만들기로 했다. 나무 때문에 골목길 같은 진입로가 완성되었다.

정면 외관. 앞쪽 모퉁이가 뒷문. 현관보다 앞에 있다.

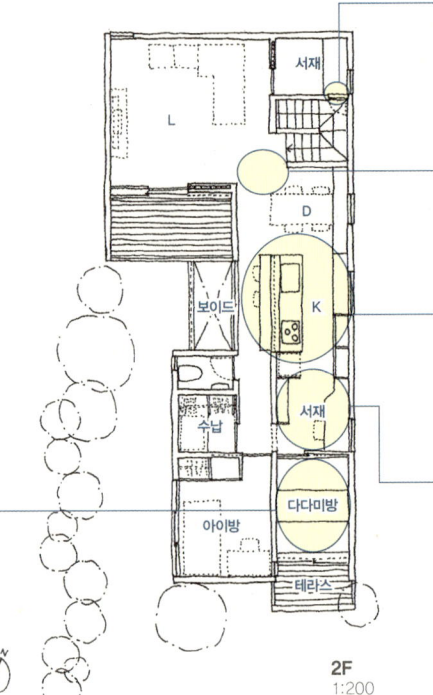

2F 1:200

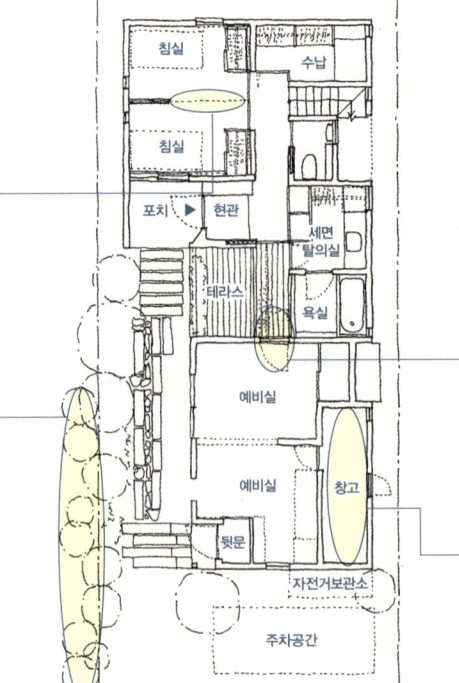

1F 1:200

작은 창으로 이어지다
방에 있으면서 계단 너머로 대화를 나눌 수 있다.

좁혀서 잇다
거실과 식당 사이를 잘록하게 만들어 서로 적당한 거리와 안정감을 느낄 수 있다.

편하게 모이는 부엌
부엌을 중심에 놓아 회유성을 살렸다. 가족들이 편하게 모여드는 부엌의 접이식 테이블에서 식사를 할 수도 있다.

일과 가사를 동시에
집에서 많은 업무를 처리하는 부인을 위해 전용 서재를 부엌과 가깝게 배치했다. 조리 틈틈이 일을 할 수 있다.

부엌 옆 부인 전용 서재. 그 앞은 잠깐 눈을 붙일 수 있는 다다미방

이중문과 뒷문
부모님과의 동거를 감안해 남쪽에 예비실을 만들었다. 독립한 상태로 사용할 수 있도록 이중문으로 연결해 세대 간 프라이버시를 배려했다.

미래 변화를 대비
나중에 욕실과 세면실을 만들 수 있도록 예비 배관을 만들고 내장은 바탕재로만 마무리했다.

대지면적 152.60㎡ (46.16평)
연면적 139.10㎡ (42.08평)

040: 부엌

차고에 맞춘 레이아웃으로 바닥을 낮춘 부엌

건물에 둘러싸여 있고 주변보다 낮은 대지에 북쪽 높이 제한까지 엄격한 상황. 용도와 기능을 고려해 부엌을 한 단 낮춰 배치함으로써 해결책을 찾았다. 이로써 천장 높이에 리듬감이 생기고, 통풍과 채광, 프라이버시 확보를 위한 개구부 배치와도 조화를 이뤘다. 콤팩트하지만 개방적이고 입체적인 내부가 되었다.

왼쪽: 필로티 외관. 지붕 밑에서 오토바이를 정비한다.
오른쪽: 다락과 연결되는 LDK. 왼쪽은 높이 제한을 해결하기 위해 바닥을 낮춘 부엌. 지붕도 규제에 맞춰 경사를 이룬다.

1 평면과 대지의 관계

고창의 유용성
높은 위치에 낸 창으로 주위 시선을 신경 쓰지 않고 채광과 통풍을 확보했다. 하늘을 올려다보면 날씨를 알 수 있다.

진입로가 보인다
도로에서 들어오는 길 쪽으로 시야가 트여 있어 방문객을 확인할 수 있다.

다목적 다다미 코너
보통은 열어두지만 창호로 막으면 응접실로 사용할 수 있다. 다다미 밑은 수납공간인데 앞부분은 서랍식이어서 편리하다.

정원을 2층에
건물에 둘러싸인 주변보다 낮은 토지일 경우 적절한 위치에 루프 발코니를 만들면 채광과 통풍 확보에 유리하다.

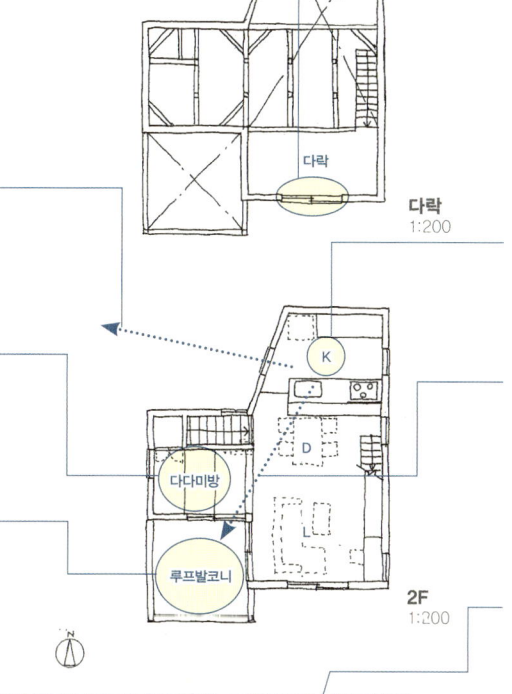

다락
다락 1:200

2F 1:200

1F 1:200

2 공간별 디자인 포인트

규제를 평면으로 해결
아래층 차고 위치에 맞춰 부엌 레이아웃을 잡은 덕에 부엌 바닥의 높이를 내릴 수 있었다. 그 결과 식탁, 부엌 카운터, 조리대의 높이가 같아져 높이 제한이 해결되었다.

원룸 느낌으로 넓게
주요 생활공간인 2층은 다락을 포함하는 넓은 원룸으로, 부엌에서 발코니까지 대각선으로 시야가 트여 있다.

시야가 트인 진입로
깃대 모양의 통로 안쪽은 남편의 취미인 오토바이를 정비하는 빌트인 차고. 진입로는 시야가 트여 있고 정면 외벽의 수평수직이 어긋나 있는 구조로 안 길이와 공간감이 느껴진다.

큰 창호로 넓어 보인다
침실의 큰 미닫이를 열어두면 북쪽 현관에서 정원까지 시야가 트여 실제보다 현관이 넓어 보인다. 미닫이문을 적절히 열어두면 침대는 노출시키지 않고 방문객의 시선을 정원으로 향하게 할 수 있다.

완충지대를 만들다
주위 시선을 차단하면서 채광과 통풍을 확보하기 위해 욕실에 반옥외 안뜰을 만들었다.

3 특별한 용도에 맞춘 설계

침실 입구를 열면 현관 봉당에서 방 너머 정원으로 시야가 트인다.

대지면적 93.79㎡ (28.37평)
연면적   64.16㎡ (19.41평)

041: 부엌

파티를 열 수 있는 부엌

친구를 초대해 파티를 자주 하는 집이라 독립된 식당과 부엌이 있는 평면을 만들었다.
부엌은 여러 명이 동시에 작업할 수 있는 넓이를 확보해 테이블에 둘러 모여 다함께 요리를 즐긴다. DK에는 정원과 연결되는 테라스도 딸려 있다.

식당에서 부엌을 본 것. 정면의 하이사이드 라이트 위에서부터 구배천장이 올라간다.

하이사이드 라이트의 빛
부엌 상부는 낮은 보이드로 되어 있다. 서쪽에 설치한 하이사이드 라이트로 들어온 빛이 천장면을 비춰 DK가 환해진다.

드레스룸을 경유하다
침실에는 서재에서 들어가는 동선과 드레스룸을 지나 들어가는 동선이 있다. 외출 시나 취침 전 등 상황에 따라 욕실로 가는 방법이 달라진다.

함께 즐기다
여러 명이 동시에 작업할 수 있는 넓은 부엌과 테라스가 딸린 식당에서 식사를 하며 파티를 즐길 수 있다.

테라스
북쪽에 있는 본가 정원의 일조권을 방해하지 않도록 테라스를 설치했다. 목욕 후 잠깐 쉬는 공간이자 본가와 만나는 부분이다.

본가로 가는 뒷문
북쪽 본가와 시선이 직접 마주치지 않도록 북쪽 개구부를 줄이고 이 뒷문을 통해 편하게 왕래한다.

가족실로 사용
독립된 DK와는 별도의 휴식장소로 가족이 모이는 공간. 정면으로 정원을 바라보며, 2층 홀과 연결되는 넓은 보이드 공간.

시선을 끌다
현관 부분을 경계선에서 조금 안쪽에 배치하고 벽 일부를 비스듬히 만들어 시선이 내부로 향하게 한다. 현관 앞에 화단을 만들어 사람들이 함부로 들어오지 못하게 했다.

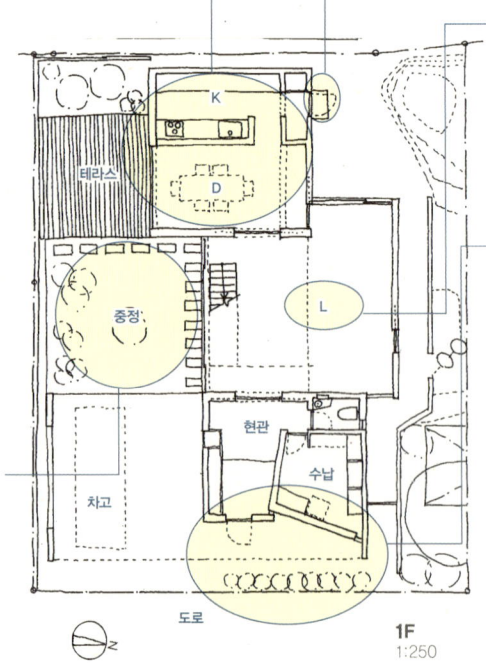

거실에서 본 중정

정원을 감상하다
DK 쪽, L 쪽, 도로 쪽에서 정원을 감상할 수 있다. 도로에서는 차고 너머로 나무가 보인다.

도로 쪽 외관

대지면적	264.47㎡ (80.00평)
연면적	154.56㎡ (46.75평)

042: 부엌

세 방향이 정원으로 둘러싸인 부엌

산으로 둘러싸인 풍요로운 자연 속에 조용히 서 있는 집. 따로 떨어진 건물과의 거리를 조절해 공간이 연속적으로 전개되도록 배치했다. 여유로운 평면에 천장고를 달리한 리드미컬한 입면이 대지와 조화를 이룬다. 숲 속에서 요리를 하는 듯한 부엌은 부인의 소원이었다.

중정에 둘러싸여 숲 속에 있는 듯 느껴지는 부엌

1 평면과 대지의 관계

정면의 전망
풀 오픈 새시를 열면 정면으로 풍경을 볼 수 있다.

높이가 두드러지게
톱라이트로 들어온 빛이 5m 천장고를 더욱 부각시킨다.

시선의 끝
거실과 연결된 개구부. 집 안 전체적으로 시야가 트여 있고 그 끝에 개구부가 있어 나무와 빛, 가족들 소리와 인기척을 어디서든 느낄 수 있다.

문을 열면 하나
미닫이를 열면 1층과 연결되면서 보이드 너머의 창을 통해 먼 산이 보인다.

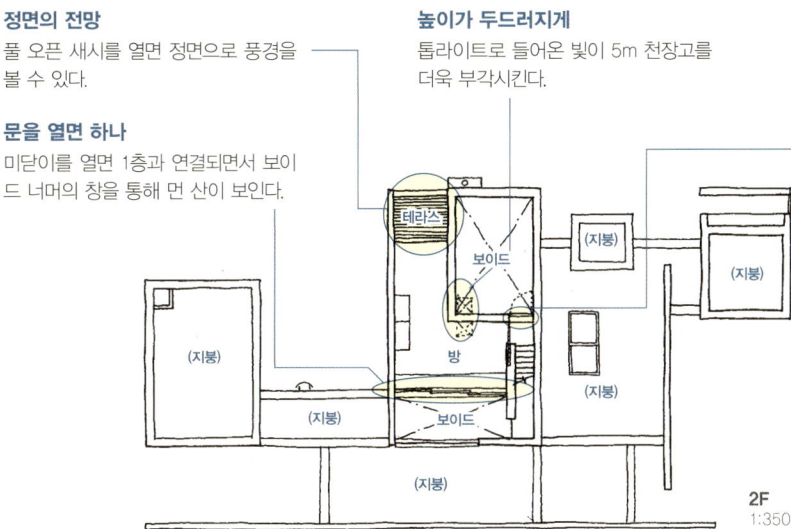

2F 1:350

2층에서 보이드를 내려다본 것

2 공간별 디자인 포인트

벽면과 아일랜드 수납장
벽면은 양복을 걸 수 있는 높이의 수납장. 간접 조명으로도 이용된다. 아일랜드 수납장의 높이를 천장까지 올리지 않아 공간이 하나로 연결된 느낌.

침실의 안정감
천장고 3.3m의 침실은 대지의 가장 안쪽에 배치해 조용하고 안정감이 있다. 코너의 톱라이트로 들어오는 부드러운 빛과 함께 아침을 맞는다.

느슨하게 연결
보이드로 천장을 높인 거실과 중심을 낮춘 안정감 있는 식당이 벽 하나로 나뉜다. 두 개의 보이드가 리드미컬하게 공간을 이어주고 깊이감을 준다.

긴 진입로
개구부 설치와 공간 스케일 변화로 공간이 연속적으로 전개된다.

숲 속의 부엌
세 방향이 나무로 둘러싸여 풀 오픈 새시를 열면 숲 속에 있는 듯하다. 단순한 조리 공간이 아닌 생활공간의 일부이다.

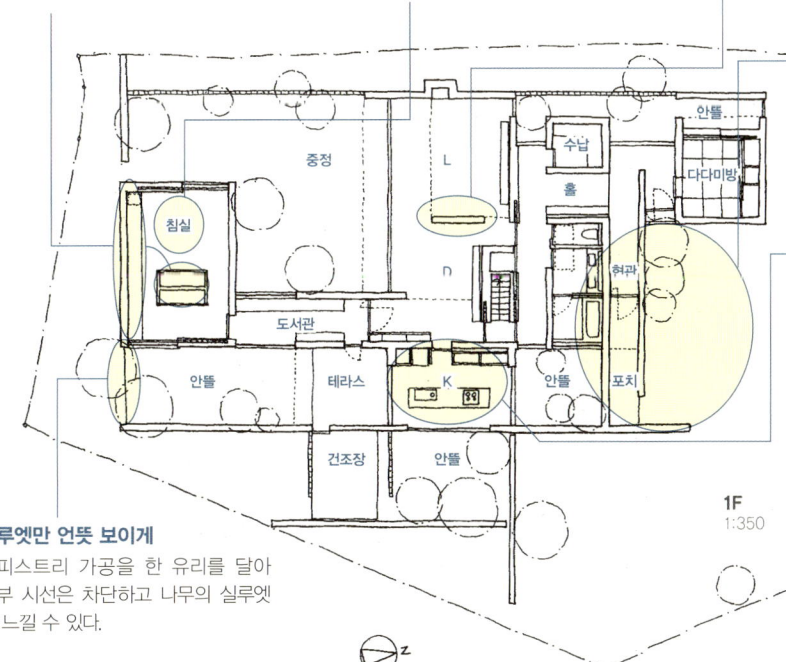

1F 1:350

멀리서 보면 미술관 같다.

3 특별한 용도에 맞춘 설계

실루엣만 언뜻 보이게
태피스트리 가공을 한 유리를 달아 외부 시선은 차단하고 나무의 실루엣만 느낄 수 있다.

대지면적 1209.58㎡ (365.90평)
연면적   199.47㎡ (60.34평)

043: 침실·아이방

개인 방을
스킵으로 나누다

공간 효율을 고민해야 하는 조건이라, 중정을 사이에 둔 두 개의 공간을 짧고 적은 동선으로 잇기로 했다. 이런 구조에서는 스킵 플로어가 가장 효율적이다. 반지하의 침실, 중간 2층의 아이방, 루프 테라스가 중정을 사이에 두고 거실, 현관, 욕실과 반층씩 어긋나게 연결되면서 서로 다른 분위기를 연출한다. 각자 원하는 삶을 즐기면서 어울려 살기 원하는 건축주의 이상을 반영했다.

도로 쪽 외관. 아래층은 최대한 창을 내지 않았다.

틈새를 찾아서
이웃집과 비교적 거리를 둘 수 있는 공간에 배치한 테라스는 바비큐 장소이자 건조장, 아이 놀이터이다.

빛을 보내다
발코니에는 파인 플로어를, 루프 테라스 계단에는 그레이팅을 깔아 중정으로 빛을 보낸다.

바람과 빛의 LDK
중정 쪽은 천장까지 3.7m 높이의 테라스 새시를 달았다. 겨울엔 햇볕이 잘 들어오고 여름엔 남동풍이 중정에서 도로 쪽으로 빠져나간다.

현관 봉당
봉당 형태의 현관홀. 개구부를 통해 외부와 연결되는 개방적인 공간이다.

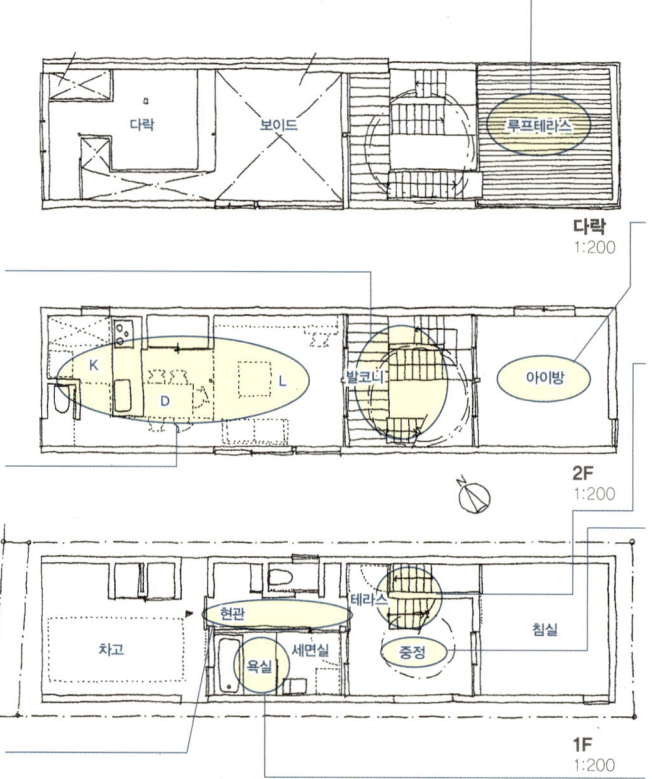

다락
1:200

2F
1:200

1F
1:200

아이방의 위치
현관과 거실이 보이는 1층과 2층의 중간에 배치. 방을 두 개로 나눌 수 있다.

수직 동선은 바깥 계단
건폐율이 엄격해 계단을 옥외에 배치했다. 이 집의 핵심이 되는 부분으로 생활에 재미를 준다.

집의 중심
중정은 각 방으로 빛과 바람을 전달한다. 프라이버시를 보호하면서도 개방감을 준다.

현관 옆 욕실
현관을 들어와 오른쪽이 유리를 댄 욕실. 얼핏 보면 거부감을 들 수 있지만, 도로와는 다소 거리가 먼 데다 현관문을 닫으면 중정 쪽으로 오픈된 은밀하면서 개방적인 공간이 된다.

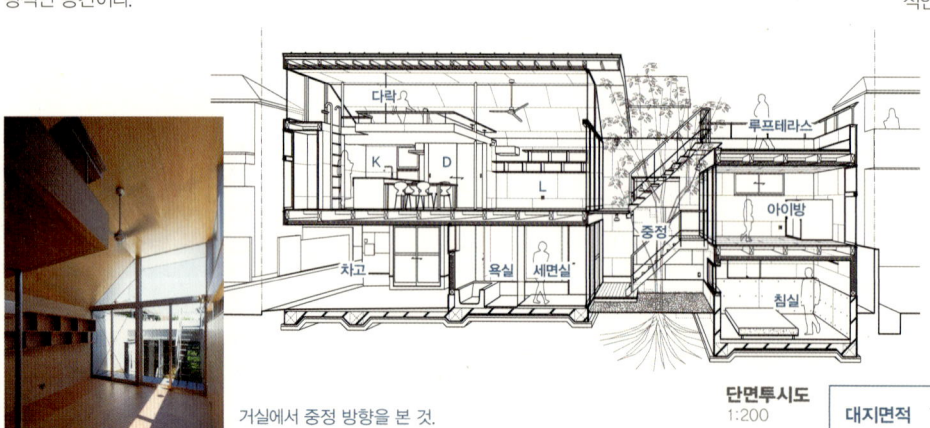

거실에서 중정 방향을 본 것. 중정으로 밝은 빛이 들어온다.

단면투시도
1:200

대지면적 77.15㎡ (23.34평)
연면적 88.04㎡ (26.63평)

044: 가사실

지하와 다목적 가사실로 공간 활용

세 방향이 도로와 접해 있는 화살촉 모양의 대지. 22평에 건폐율 50%, 용적률 80%라서 지상층만으로는 연면적이 18평밖에 안 된다. 그래서 지하를 적극 활용했다. 지하의 드라이 에어리어를 화살촉 끝 부분에 배치한 사다리꼴 플랜이다. 거실 모퉁이에 미닫이문으로 여닫을 수 있는 가사 코너를 만들어 실내 건조장으로도 사용한다.

왼쪽: 식당에서 가사 코너 방향을 본 것. 미닫이를 벽에서 꺼내 공간을 나눌 수 있다.
오른쪽: 화살촉 같은 대지에 지어졌다.

간접 채광
LDK 남쪽 계단실에 큰 개구부를 내 빛을 간접적으로 받아들인다.

변하는 가사 코너
가사 코너는 LD와 한 공간에 있지만 창호로 막아 실내 건조실로도 사용한다.

1층과 연결
가사 코너와 계단실을 막고 있는 창호에 유리를 넣어 계단 너머로 현관홀이 보인다.

건조를 생각해서
발코니에 큰 차양을 달아 비가 와도 빨래를 말릴 수 있다. 밖에서는 보이지 않게 슬롭 싱크(slop sink)를 설치했다.

빨래부터 정리까지
2층 부엌에 세탁기가 있어 세탁-건조-정리를 2층에서 한 번에 해결할 수 있다.

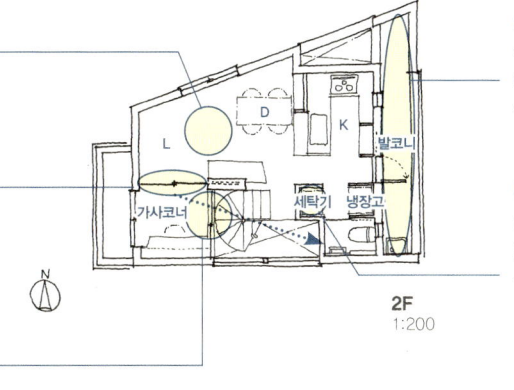

2F 1:200

인기척을 주고받다
침실 미닫이문을 열면 지하 보이드를 통해 아이방의 인기척이 느껴진다.

욕실정원
드라이 에어리어의 보이드는 벽으로 둘러싸여 있어 욕실의 정원 역할도 담당한다.

시선축
현관을 들어와 방풍용 미닫이를 열면 시선이 계단과 보이드 공간을 지나 밖으로 뻗어나간다.

1F 1:200

붙박이 책상
아이방의 변형된 각도를 고려해 붙박이 책상을 만들었다.

위층과 연결
아이방의 미닫이문을 열면 피아노 코너와 연결되고 계단실을 사이에 두고 1층 현관홀과도 한 공간이 된다.

문을 열면 하나로
아이방 출입문은 벽으로 밀어 넣을 수 있다. 문을 모두 열면 시하는 하나로 연결된 공간이 된다.

피아노 위치
계단을 피하기 위해 지하 1층 바닥보다 세 계단을 낮춘 피아노 코너. 드라이 에어리어로 나갈 수 있다.

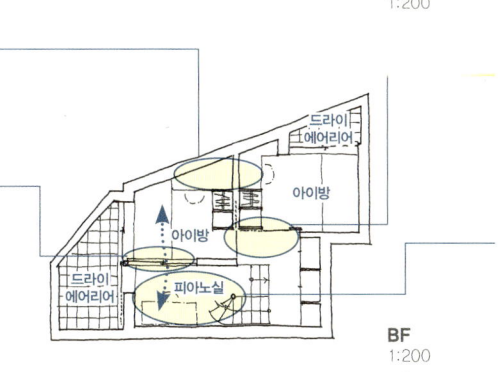

BF 1:200

대지면적 73.06㎡ (22.10평)
연면적 89.96㎡ (27.21평)

045: 파우더룸

기능을 한곳에 모은 파우더룸

정면 폭 약 4.5m의 세로로 긴 대지. 교토 거리에 어울리도록 도로에서 조금 떨어진 곳에 2층에서 3층까지 지붕을 연결해 콤팩트하게 지었다. 드레스룸과 창고 기능을 한데 모은 파우더룸을 1층 복도와 평행하게 만들어 효율성을 도모하고, 2층은 중앙에 화장실을 배치해 회유성을 만들어 넓게 느껴지도록 했다.
LD의 벤치에 앉으면 옥상 테라스 너머로 하늘이 보인다.

도로 쪽 외관. 건물을 대지 안쪽에 배치하고 기능을 집약시킨 문설주를 거리와 나란히 세웠다.

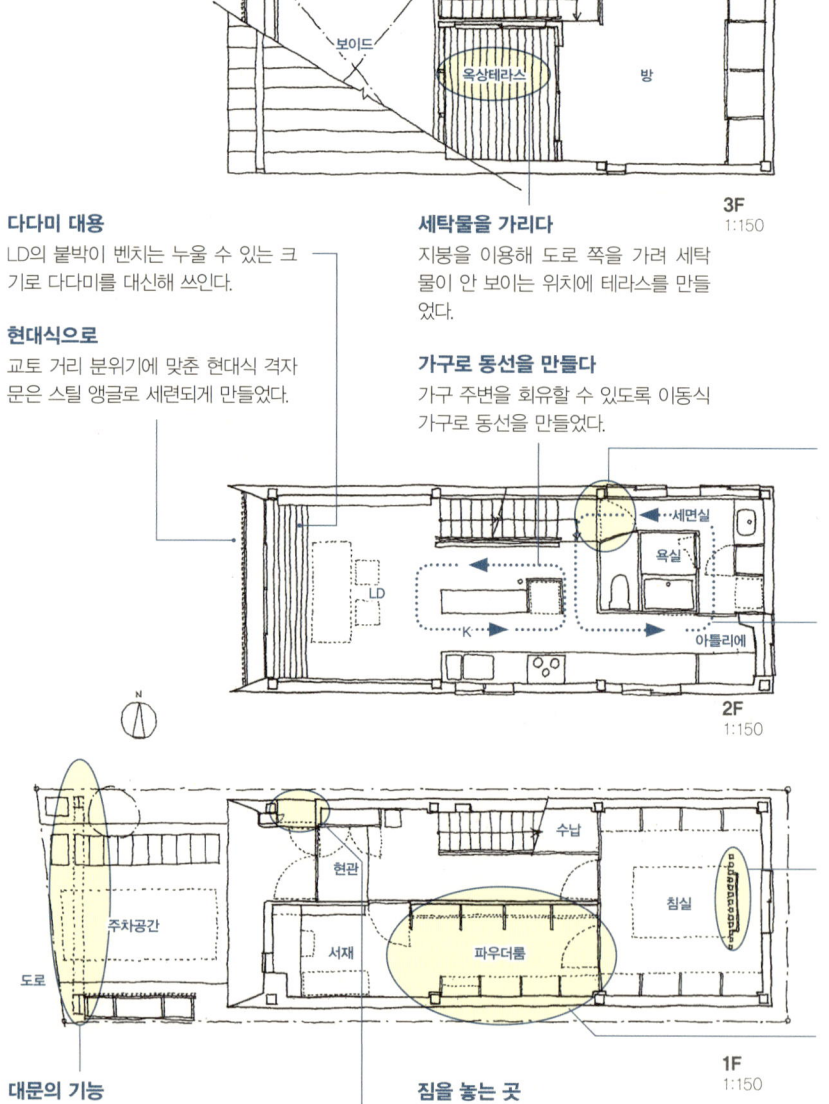

LD에서 안쪽을 본 모습. 위에 보이는 창 너머가 옥상 테라스

다다미 대용
LD의 붙박이 벤치는 누울 수 있는 크기로 다다미를 대신해 쓰인다.

현대식으로
교토 거리 분위기에 맞춘 현대식 격자문은 스틸 앵글로 세련되게 만들었다.

세탁물을 가리다
지붕을 이용해 도로 쪽을 가려 세탁물이 안 보이는 위치에 테라스를 만들었다.

가구로 동선을 만들다
가구 주변을 회유할 수 있도록 이동식 가구로 동선을 만들었다.

통로 또는 독립된 공간
문을 닫으면 화장실과 세면실은 각각 독립된 공간이 된다. 반투명 아크릴 판을 끼운 문으로 빛이 비쳐 안길이가 느껴진다. 화장실과 욕실 주변을 회유할 수 있다.

가사 효율의 향상
요리, 작업, 집안일 등이 원활하게 이루어지도록 직선과 회유동선이 섞여 있다.

열주식 벽
침대 주변에 움직일 수 있는 공간을 확보하고, 머리맡에 열주식 칸막이를 설치했다. 창으로 들어온 바람이 열주 사이를 지나간다.

기능적인 수납공간
드레스룸, 창고, 벽장을 겸한다. 문을 달지 않고 선반과 행거만 설치했다. 생활에 편리한 동선이다.

대문의 기능
인터폰과 문패를 단 문설주는 실외기, 각종 측정기 등을 가려준다. 주변 경관도 조화를 이룬다.

짐을 놓는 곳
현관 옆 벤치는 출입할 때 짐을 놓기도 하고 포치 주변의 간접 조명으로도 활용된다.

대지면적 68.69㎡ (20.78평)
연면적 99.78㎡ (30.18평)

046: 플레이룸

LDK 옆 아이를 위한 공간

대지는 도로와 5m 정도 고저 차가 있는 경사지. 차에서 내려 곧장 집으로 들어갈 수 있도록 도로와 같은 높이의 지하 2층부터 3층을 올렸다. 아이가 아직 어려 아이의 놀이방을 LDK 옆에 두고 가족의 인기척을 느낄 수 있게 했다.
부엌 앞쪽 벽 일부를 터 부엌이 놀이방, 계단, 거실과 연결된다.

놀이방에서 거실을 바라본 모습

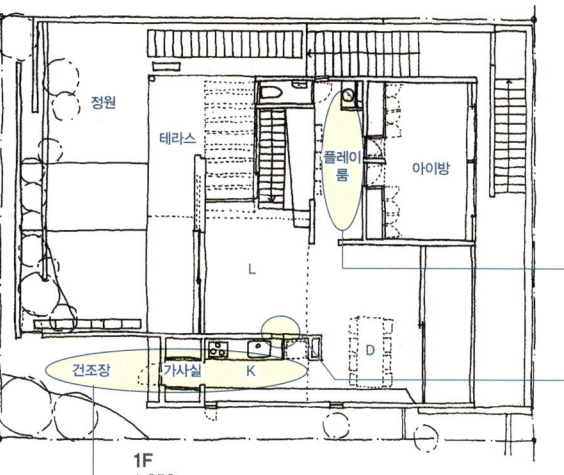

1F 1:250

부엌에서 식당 방향을 본 것

아이를 위한 공간
아이들이 부모 근처에서 놀거나 공부할 수 있는 공간. 넓은 원룸이지만 가족의 기척을 느끼며 지낸다.

인기척을 주고받는 슬릿
부엌 벽 앞에 거실과 연결되는 슬릿을 넣었다. 놀이방의 아이들이나 계단을 올라오는 남편을 볼 수 있다.

가사동선을 모으다
부엌, 유틸리티, 야외 건조장을 연결해 효율적인 가사동선을 만들었다. 가사 공간과 거실 사이는 벽으로 구분된다.

빛이 들어오는 욕실정원
욕실 앞 드라이 에어리어는 욕실정원. 위쪽의 목제 테라스 틈새로 빛이 떨어지고 환기에도 도움을 준다.

화장실과 침실을 가까이
침실과 화장실은 최대한 가까이 배치.

융통성 있게 사용
응접실로 쓸 예정이지만, 잠시 눕거나 작업을 하는 등 일상적으로도 쓸 수 있게 다다미방으로 만들었다.

B1F 1:250

넓은 수납공간
대지를 넓게 파서 실내 차고를 만들었기 때문에 지하에 넓은 수납공간이 생겼다.

차고에서 곧바로
차에서 내려 곧장 집으로 들어갈 수 있도록 실내 차고를 만들었다.

심벌트리
도로 쪽 공간에 심벌트리로 계수나무를 심었다.

도로 쪽 압박감을 줄이다
손님용 주차공간으로 쓰거나 아이들이 배드민턴을 치며 노는 진입로 정원. 건물을 부지 안으로 배치해 앞뜰이 생겨 도로 쪽 압박감이 줄어들었다.

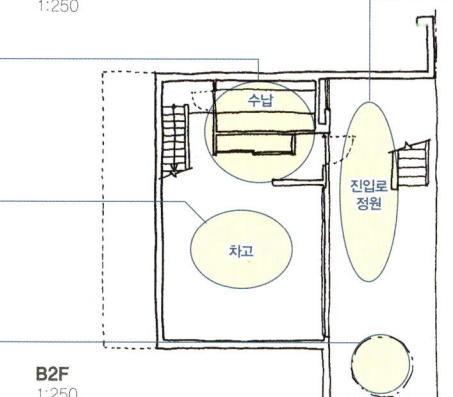

B2F 1:250

도로 쪽 외관

대지면적	254.43㎡ (76.97평)
연면적	114.13㎡ (34.52평)

1 평면과 대지의 관계

2 공간별 디자인 포인트

3 특별한 용도에 맞춘 설계

047: 세면실

아일랜드식 세면대를 놓다

대지가 약간 고지대에 있다. 외장은 흰색을 기본색으로 하되 때가 잘 타지 않는 소재를, 내부는 건강에 무해한 재료를 엄선해 사용했다. 15평 크기의 거실에는 소파 높이에 맞춰 60cm의 고저 차를 만들어 답답함을 없앴다.
2층 개인공간에는 세탁실과 연결되는 오픈된 세면공간을 중심에 놓고 화장실과 욕실을 회유할 수 있도록 했다.

왼쪽: 진입로
오른쪽: 아일랜드식 세면대의 거울 뒤편에 계단홀이 있으며 회유할 수 있다. 오른쪽은 드레스룸 입구와 연결된다.

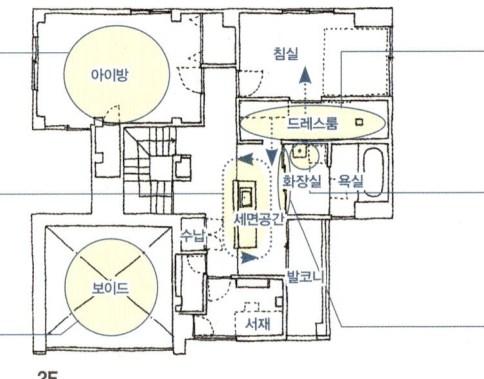

미래를 위한 칸막이
아이가 어릴 때는 하나로 쓰고, 크면 가구를 이용해 방을 나눌 수 있다.

아일랜드식 세면대
큰 거울과 넓은 카운터로 된 세면대. 여기를 중심으로 회유할 수 있다.

4m 천장
1층 거실의 개방성을 더 높여준다.

양쪽에서 이용
드레스룸은 침실과 세면공간 양쪽에서 이용할 수 있다.

청소용 개수대
입욕이나 세탁 전 여러 목적으로 사용한다. 욕실이 더러워지지 않아서 좋다.

답답함을 줄이다
미닫이를 열면 세면대를 포함하는 넓은 공간이 된다.

소파 높이에 맞춰 바닥을 낮춘 거실

소파에 맞춘 바닥
거실은 바닥을 한 단 낮춰 단조로움을 피했다. 외부 시선을 차단하는 효과도 있다.

공동 안뜰
안뜰을 사이에 두고 다다미방과 거실이 연결된다. 습한 안뜰과 거실 앞의 건조한 정원이 대비를 이룬다.

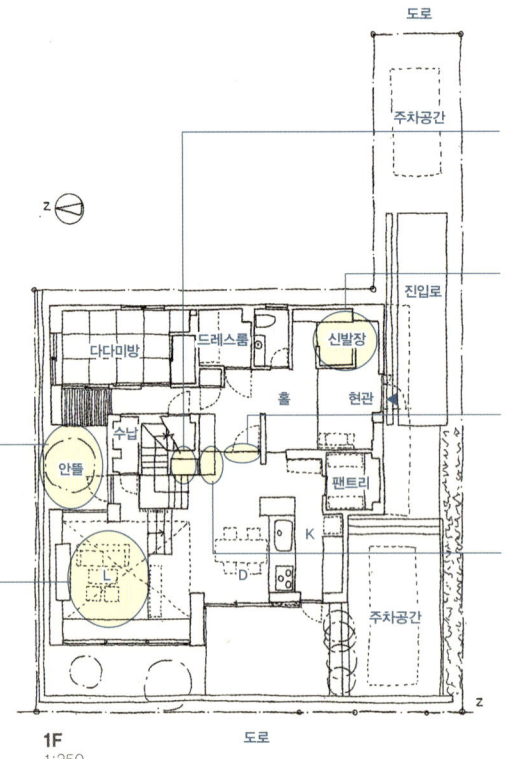

계단 중심에 장식 선반을 놓다
주로 가족사진을 진열했다. 선반의 널이 유리라서 답답함이 덜하다.

벽에 걸린 신발장
아래쪽 빈 공간에 간접조명을 설치해 부드럽게 빛을 비춘다.

유리 칸막이
유리 칸막이로 홀, 거실, 식당이 시각적인 일체감을 갖는다.

화장대
현관 출입구에서 보이지 않으면서 집에 돌아왔을 때 편하게 쓸 수 있는 위치에 만들었다.

대지면적 231.00㎡ (69.88평)
연면적 203.00㎡ (61.41평)

048: 다다미방

낮은 쪽문으로 들어가는 스킵 다다미방

대지 주변이 이웃집으로 둘러싸여 있어 침실, 욕실, 현관 봉당, 거실이 중정과 접하도록 계획했다. 작은 중정이지만 목제 루버로 채광 및 통풍, 방범에 신경 썼다. 여름철과 환절기에는 창을 열고 생활할 수 있고, 아이들도 안심하고 놀 수 있다.

내부는 높이를 활용해 중2층에 작은 다다미방을 놓고 계단 층계참에서 낮은 출입구로 들어가도록 했다. 흰색 집 모양에 검은 포치를 파낸 외관은 깔끔하고 귀엽다.

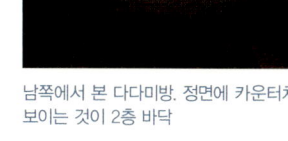

남쪽에서 본 다다미방. 정면에 카운터처럼 보이는 것이 2층 바닥

가리개
거실 창 앞에 격자 가리개를 설치했다. 벽까지 실내라는 착각이 들어 널찍하게 느껴진다.

부엌
부엌은 2m 높이의 파티션을 세우고 거실과 공간을 연결해 넓게 느껴진다. 벽에는 싱크대 상부장을 달았다.

서재 코너
거실에서 보이는 서재는 낮은 벽으로 칸을 막아 책상 위가 지저분해도 괜찮다.

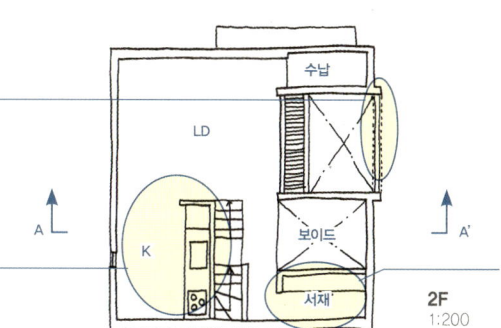

2F 1:200

높이로 구분
스킵 플로어로 거실과 구분한 작은 방. 거실 쪽은 넓어 보이고 다다미방에 있으면 안정감이 느껴진다.

계단
회전계단은 아이도 겁내지 않고 오르내릴 수 있고 공사비도 저렴한 편이다.

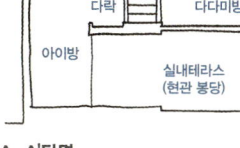

A-A'단면 1:200

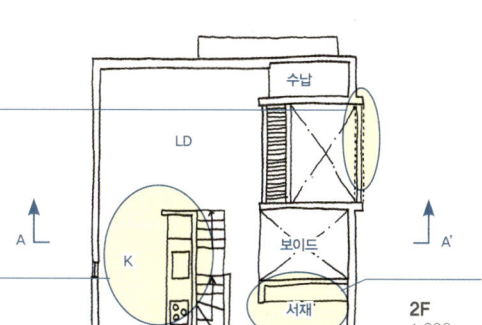

M2F 1:200

미닫이문
작은 침실 복도 쪽에 반투명 미닫이문을 달았다. 문을 열면 중정과 하나의 방이 되어 넓어진다.

돌아 들어가다
침실 안쪽에 벽을 세우고 안으로 돌아 들이기는 수납공간. 문을 없애 비용을 줄였다.

씻는 장소는 넓게
중정과 접해 있는 욕조. 욕실 내 씻는 공간의 폭이 넓어 편하다. 천장이 높고 고창이 나 있어 채광과 환기가 잘돼 곰팡이가 생기지 않는다.

격자 벽
중정의 벽은 목제 격자로 만들어 이웃집 시선은 차단하고 바람과 빛은 통과시킨다. 방범 효과도 높아 여름밤에도 창을 열고 잘 수 있다.

현관 봉당
중정과 하나로 개방할 수 있는 현관 봉당은 중정과 접한 실내처럼 이용할 수 있다. 턱을 만들지 않고 러그를 깔아 신발 벗는 선을 정했다. 화분이나 자전거를 둘 수 있는 반옥외공간.

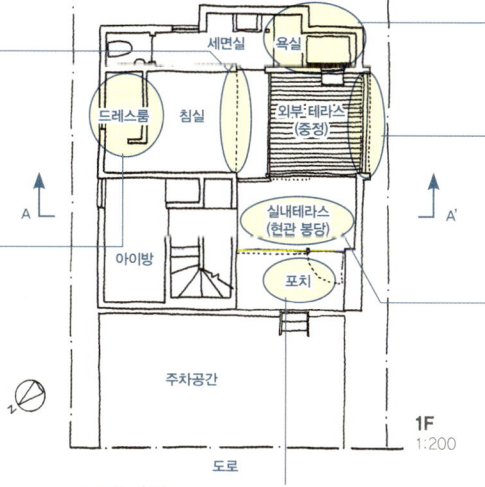

1F 1:200

도로 쪽 외관. '집' 하면 떠오르는 합각지붕과 깊은 포치가 인상적이다.

넓은 포치
협소주택 치고는 넓은 포치. 비가 들이치지 않는 외부는 삼륜차 등을 보관할 수 있어 편리하다.

대지면적 110.00㎡ (33.28평)
연면적 87.02㎡ (26.32평)

049: 다다미방

2층에 떠 있는 별채

오사카 시내의 주택 밀집지역에 위치한 집. 분동형(分棟型) 건물로 볼륨을 억제해 거리 분위기와 어울리도록 신경 썼다.
각 동은 1층에서는 유리로 둘러싸인 현관을 통해, 2층에서는 옥외 테라스를 통해 연결된다. 별채 같은 다다미방은 독서를 좋아하는 건축주가 책을 읽는 공간이다.

두 동으로 구성되어 있다. 왼쪽이 거실이 있는 동. 오른쪽 동의 2층은 옥외 테라스를 통해 들어가는 '별채'

건조 테라스
세탁물이 밖에서 보이지 않도록 벽으로 둘러쌌다.

나무가 보이는 부엌
중정의 나무를 1층 욕실과 2층 부엌에서 볼 수 있다.

루버 가리개
펀칭 메탈을 사용한 루버는 바람이 잘 통하는 가리개 역할을 한다.

별채를 즐기다
옥외 테라스를 지나 들어가는 별채 같은 다다미방. 아래층 침실의 두 보이드 사이에 떠 있는 듯 배치되어 아이들 놀이터, 손님방, 쉼터 등으로 다양하게 사용된다.

남쪽 빛을 끌어들이다
남향의 거실에 큰 개구부를 설치해 계절을 불문하고 부드러운 자연광이 비쳐들게 했다.

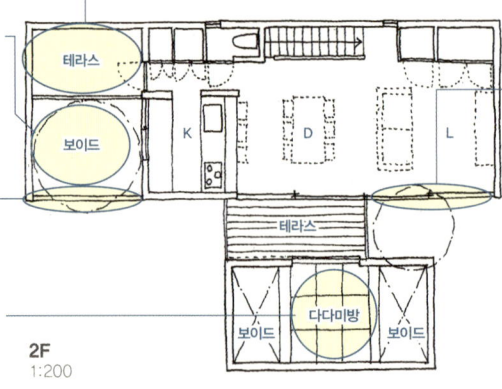

2F 1:200

거실에서 테라스 너머 별채를 본 것

개방감과 프라이버시
욕실과 세면실은 중정을 향해 오픈되어 있지만 벽으로 둘러싸여 있어 프라이버시가 보호된다.

비에 젖지 않는다
2층 바닥이 차양 역할을 해 비가 와도 젖지 않는다.

중정을 바라보다
현관뿐 아니라 2층 거실에서도 중정을 볼 수 있다.

이동식 칸막이 수납장
이동식 수납장으로 공간을 나눈 방은 수납장 위치에 따라 하나가 되기도 한다.

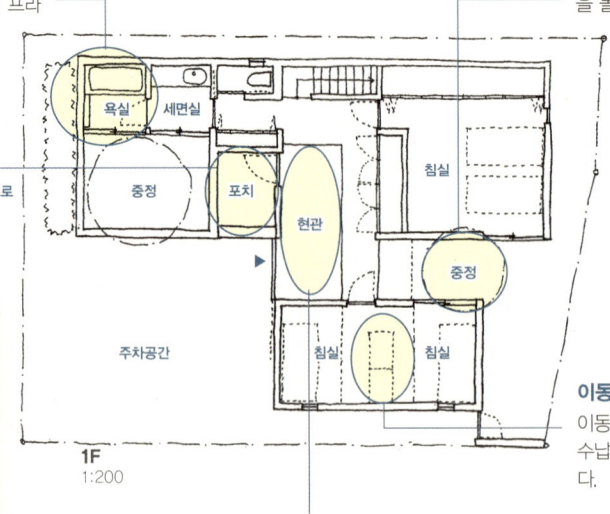

1F 1:200

두 개 동을 이어주는 넓은 현관 봉당. 개구를 통해 햇살이 비쳐드는 개방적인 공간이다.

넓은 현관 널찍한 봉당 같은 현관홀. 자전거 정비 및 그 밖의 다양한 용도로 쓰인다.

대지면적	165.29㎡ (50.00평)
연면적	122.15㎡ (36.95평)

050: 욕실

별채 같은 욕실을 만들다

차고는 집의 출입구이자 진입로, 현관, 정원까지 겸하도록 설계했다.

내부는 대부분 이동식 가구나 칸막이로 구분해 원룸을 잘 활용하도록 했다. 2층에는 일부러 외부 테라스를 끼워 넣어 별채와 같은 작은 욕실을 만들었다. 외부공간을 안으로 끌어들임으로써 개방성과 시야가 확보되었다.

왼쪽: 서쪽 외관. 빨간 문이 사무실 문. 사무실 위에 욕실이 있다.
오른쪽: LDK에서 테라스 건너편 욕실을 본 것

1 평면과 대지의 관계
2 공간별 디자인 포인트
3 특별한 용도에 맞춘 설계

2인용 세면대
바쁜 아침에는 양쪽에서 동시에 세수할 수 있다.

사이에 낀 테라스
좁은 공간에 외부 테라스를 끼워 넣어 공간감을 만들고 그 앞에 욕실을 배치해 도로의 소음을 차단하면서 안쪽 거실의 분위기를 살린다.

시선을 길게
협소주택의 철칙은 시야를 길게 확보하는 것이다. 시선이 지나는 길에 외부와 같은 이질적 공간을 두면 더 효과적이다.

다락의 효과
다다미방 위에 다락이 있다. 지붕구배를 실내로 들여와 천장이 높아진 곳에 다락을 만들어 공간이 넓어지고 수납할 자리가 생겼다.

이동식 신발장
천장까지 닿는 세 개의 수납장은 이동 가능한 신발장. 현관홀을 들어서면 바로 침실인데, 이 신발장을 바싹 붙여 세워두면 현관의 칸막이 벽 역할을 한다.

이동식 벽
침실을 둘로 나누는 역할을 한다. 낮에는 집어넣어 넓게 쓰고 청소하기가 쉽다.

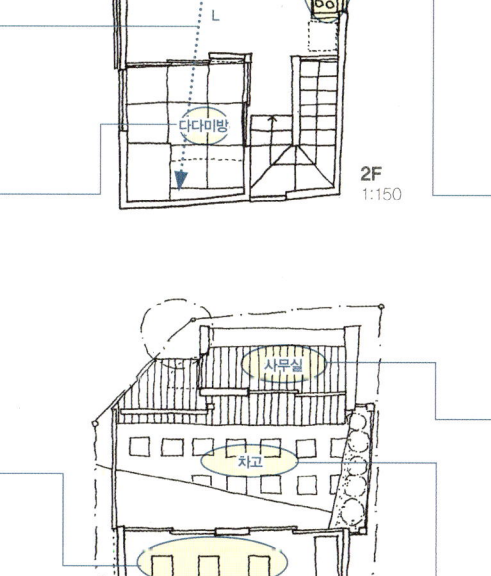

유리구슬 천장
천장의 한 면에 형형색색의 유리구슬을 깔았다. 그 위의 톱라이트로 비친 햇살이 무지갯빛으로 퍼진다.

화장실의 유리구슬 천장

두 개의 가스레인지
3대가 같이 살면서 고부가 함께 요리한다. 식사시간이 같기 때문에 서로에게 지장을 주지 않도록 가스레인지를 두 개 설치했다.

작업장
도로와 접한 곳에 눈에 띄게 배치한 유리창이 있는 작업장. 서쪽 도로의 소음을 이 공간이 차단해 침실이 조용하다.

안뜰의 차고
낮에는 출근을 하기 때문에 비어 있는 공간. 이곳을 정원처럼 꾸며 가족들에게 여유를 선물한다.

계단 밑 드레스룸
계단 밑을 활용해 공간을 최대한 확보했다. 스트립 계단이기 때문에 먼지가 들어가지만 밝아서 사용하기 편하다.

침실 쪽에서 이동식 신발장 너머로 사무실이 보인다.

대지면적 55.87㎡ (16.90평)
연면적 65.45㎡ (19.80평)

165

051: 욕실

테라스를 지나 들어가는 욕실

오사카의 주택 밀집지에 지은 집. 대지 안에 빈틈이 없기 때문에 가족의 놀이공간을 옥상에 만들었다. 옥상 전체에 녹화 작업을 하고 난간을 설치해 아이들도 안심하고 놀 수 있다. 욕실은 3층의 보이드 테라스와 연결돼 외부공간을 지나 들어가는 별채 같은 느낌이 든다. 빈틈을 수납공간으로 최대한 활용해 새 가구를 구입하지 않도록 배려했다.

외관

테라스를 지나 들어가는 별채처럼 독립된 욕실과 세면실

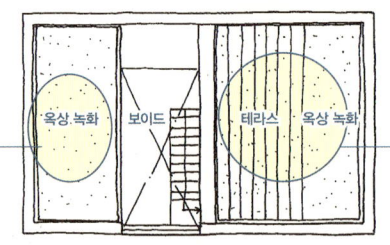
옥상 1:150

경사진 옥상
실내 온열 환경을 위해 옥상 녹화 작업을 했다. 경사를 만들어 휴일이면 골프 연습장이 된다.

평평한 옥상
3층 테라스에서 올라올 수 있는 평평한 옥상 테라스.

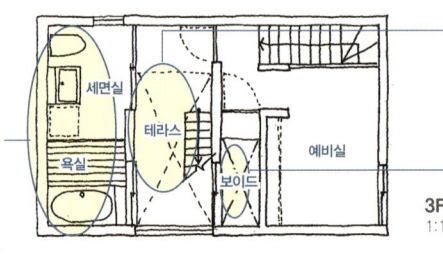
3F 1:150

독립된 욕실과 세면실
별채 같은 욕실은 테라스로 채광을 확보하고 프라이버시에도 신경 썼다.

둘러싸인 테라스
남쪽 이웃집의 시선을 차단하는 높은 벽으로 둘러싸 안정감을 주었다.

보이드와 톱라이트
테라스 창으로 들어온 빛이 보이드를 통해 2층으로 부드럽게 전달된다.

원룸 LDK
벽이 없는 넓은 공간으로 가족이 여유롭게 모이는 장소.

계단 밑 수납
계단의 작은 틈새도 수납공간으로 이용한다.

2F 1:150

시선을 배려하다
현관에서 드레스룸이 보이지 않도록 가구를 놓았다.

바닥 밑 수납공간
바닥 밑에 대용량 수납공간을 확보했다.

대용량 신발장
환기를 고려해 키 높이 정도의 벽을 세웠다. 둘러싸여 있지만 좁게 느껴지지 않는다.

세 장짜리 현관문
통풍을 고려해 문이 좌우로 개방되도록 만들었다. 반만 열 수도 있고 활짝 열 수도 있다.

동선을 고려
현관문을 거치지 않고도 쓰레기를 내놓을 수 있도록 동선을 짰다.

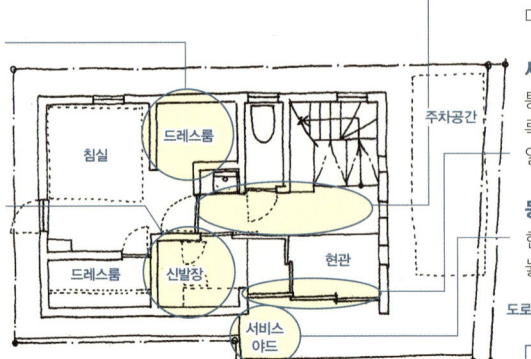
1F 1:150

대지면적 52.00㎡ (15.73평)
연면적 77.00㎡ (23.29평)

052: 욕실

루프 테라스에 욕조가 있는 집

건물 외벽에 큰 창을 내면 프라이버시 보호가 어려워 가늘게 수평으로 연속된 창을 내고 건물 중앙에 빛 상자를 만들어 채광을 확보했다.
계단은 강망(expand metal)으로 제작해 빛과 바람을 옥상에서 1층 현관까지 전달하고, 수평으로 연속되는 창은 실내의 답답함을 줄이는 데 일조한다. 옥상에 안주인의 요청으로 노천탕을 만들었다.

옥상의 욕조. 샤워는 2층 샤워실에서 하고 여기서는 온천 기분을 낸다.

네 번째 층
별을 보며 목욕을 즐기고 싶다는 건축주 요청에 따라 옥상에 욕조를 만들었다. 가림벽을 설치해 은밀한 노천욕을 만끽할 수 있게 했다.

계단을 활용
계단을 이용해 바닥을 크게 둘로 나눠 복도를 없애고 각 방의 면적을 확보했다. 강망으로 제작해 조금이라도 많은 빛이 아래층으로 가닿도록 했다.

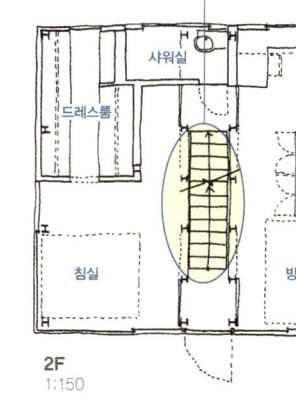

3층. 기둥으로 둘러싸인 부분이 빛 상자인 계단

도로 쪽 외관

취미공간
목공이 취미인 남편을 위해 외부에 지붕이 딸린 작업실을 마련. 옛날 집으로 치면 처마 밑 봉당 같은 느낌이다.

외부를 끌어들이다
옆집과의 틈새공간에 발코니를 만들어 빛이 들어오는 밝은 LD를 만들었다.

동선 계획
부엌과 LD 사이에 계단과 가구를 배치해 회유동선을 만들고 답답함을 줄였다. 벽을 얇게 만들어 슬릿 모양의 수평으로 뻗은 창을 달았더니 회유할 일이 더 많아졌다.

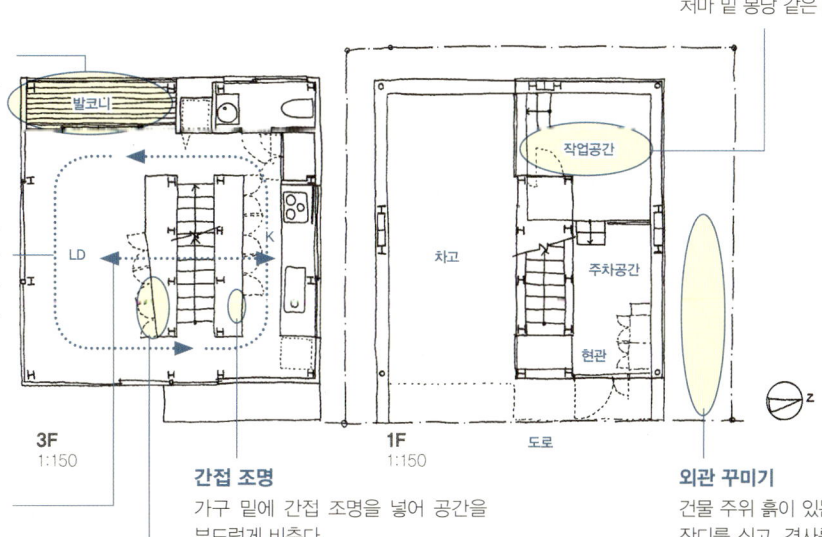

연결하고 나누고
가구 높이를 낮춰 LD와 부엌을 시각적으로 연결했다. 원룸 LDK지만 계단과 가구, 계단 옆에 늘어선 기둥 때문에 독특한 거리감이 생겼다.

간접 조명
가구 밑에 간접 조명을 넣어 공간을 부드럽게 비춘다.

약간의 변화
가구의 일부를 비스듬히 배치해 직사각형 공간에 변화를 주었다.

외관 꾸미기
건물 주위 흙이 있는 부분에 잔디를 심고, 경사를 만들어 잔디가 잘 보이게 했다.

대지면적 60.00㎡ (18.15평)
연면적 105.91㎡ (32.04평)

1 평면과 대지의 관계
2 공간별 디자인 포인트
3 특별한 용도에 맞춘 설계

053: 욕실

미닫이문을 열면 노천탕

바닷가 경사지에 지은 리조트 하우스. 고저 차가 있는 대지에 단순한 구성으로, '텃밭동'이라 이름 붙인 RC조의 침실과 '유리동'이라 부르는 목조의 거실공간을 만들고 그 사이에 중정을 배치했다. '텃밭동' 옥상에는 밭을 만들어 제철 채소를 재배한다. 그 옆에 있는 욕실은 큰 미닫이문을 열면 옥상 텃밭과 이어지는 노천탕이 된다.

옥상 텃밭
여기에서 수확한 채소를 부엌에서 바로 요리한다. 아래층 침실에 대한 단열 효과도 뛰어나다.

텃밭 옆 노천탕
욕실에는 바닥에서 천장까지 높이의 미닫이문을 달았다. 이 문을 활짝 열면 밭에 둘러싸인 노천탕이 된다. 습기도 한꺼번에 빠져나간다.

세면실 쪽에서 본 욕실

거실 공간. 오른쪽 유리 건너편이 부엌이다.

일체형 세면실·욕실
세면실과 욕실을 한곳에 두고 물이 튀는 부분에만 유리를 끼워 넣었다. 세면실에서 욕실, 바깥 테라스까지 좁고 길게 공간이 이어진다.

보이지만 막혀 있는
거실과 부엌을 투명 유리로 막아 오픈돼 보이만 동선 면에서는 막혀 있는 부엌.

긴 부엌
모두 모여 왁자지껄 즐겁게 요리를 만든다. 여럿이 일하기에는 일렬횡대 모양이 좋다.

비밀의 문
계단 중간에 있는 비밀의 문은 식료품과 레저 용품을 수납한 창고 입구.

자전거 보관
자전거와 아웃도어 용품을 보관하기 위한 외부 창고. 짐을 먼저 내려놓을 수 있는 전실을 설치했다.

영화관 분위기
침실에서 프로젝터로 영화를 보기 위해 벽면을 희고 평평하게 마감했다. 상영이 시작되면 실제로 야외 영화관에 온 듯하다.

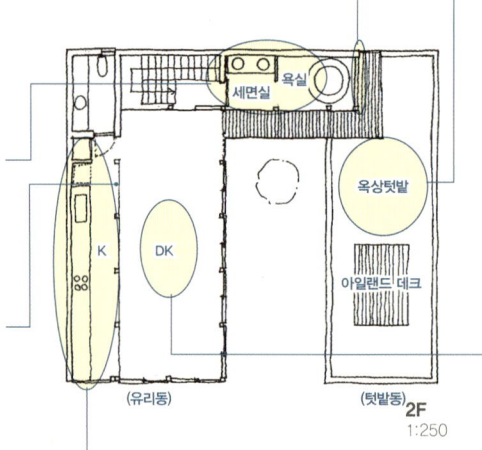

데크가 이어지다
야외 데크가 그대로 이어져 현관 바닥재가 되었다.

유리 거실
사방의 벽이 모두 유리로 된 거실. 바깥 경치와 내부 경치가 유리를 통해 보인다.

그리운 툇마루
옛날에는 어느 집에나 있던 툇마루를 재현했다. 걸터앉아 다리를 앞뒤로 흔들며 쉬는 것 말고 다른 기능은 없다.

열면 다실, 닫으면 방
미닫이문을 열면 다실, 닫으면 방으로 변신. 미닫이문은 모두 벽 속으로 들어가므로 활짝 열면 복도와 하나의 공간이 된다.

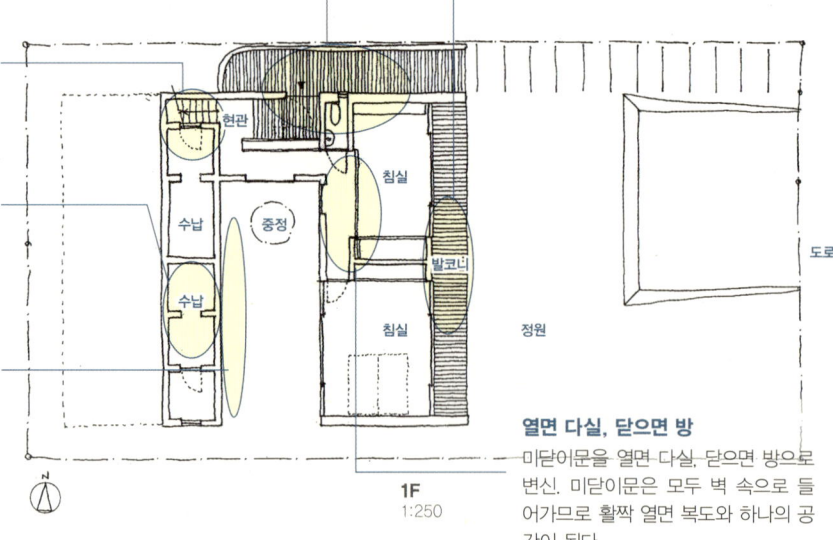

아일랜드 데크에서 '유리동' 방향을 본 것

| 대지면적 | 369.25㎡ (111.70평) |
| 연면적 | 135.33㎡ (40.94평) |

054: 욕실

중정 테라스를 욕실정원으로

정원이 있는 삶을 원하는 건축주의 바람대로 대지 중심에 넓은 보이드를 끼워 넣어 모든 공간이 집의 중심이 되는 코트 하우스를 만들었다.
센터 코트 때문에 생긴 '본채'와 '별채'가 한 집 안에서 대치되면서 깊이감과 신선함을 준다.

자연광을 이용
밑에서부터 비스듬하게 올라오는 벽 끝에 톱라이트를 설치해 자연광이 코니스(cornice) 조명 역할을 한다.

2층 침실. 슬릿 위의 창으로 1층 거실과의 거리감을 연출한다.

중정을 통해 연결되다
모든 공간이 중정의 보이드와 접해 있어 주택 밀집지이지만 개방감이 느껴진다.

1층 출입구를 지나면 아일랜드 키친이 방문객을 맞이한다.

바닥을 한 단 올린 거실. DK와 분리되어 중정과 일체감을 갖게 되었다.

천장에 경사를 만들다
보이드 상부를 경사 천장으로 만들어 중정의 빛이 효과적으로 들어온다.

욕실정원을 겸하다
욕조에서 중정을 볼 수 있는 가로 슬릿의 개구부를 달아 중정이 욕실정원 역할도 한다.

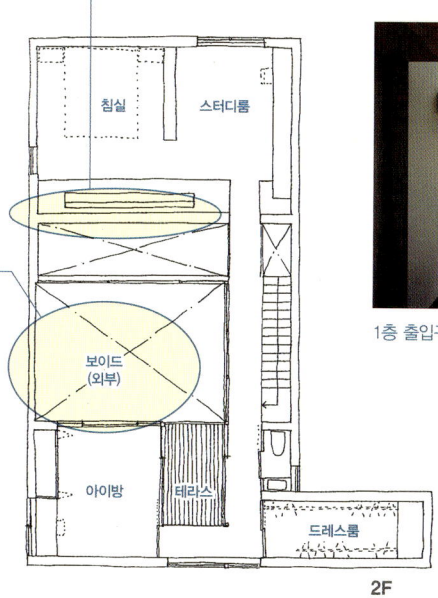

2F
1:200

단차를 이용하다
DK와 거실의 40cm 단차로 인해 시선이 엇갈리고, 중정에는 거실에서 이어지는 툇마루를 만들어 일체감을 느끼게 했다.

개방적인 계단공간
중정과 접해 있는 내부 계단에 스틸봉으로 된 개방적인 난간을 설치했다. 오르내릴 때 중정을 볼 수 있어 깃대부지 특유의 답답함이 없다.

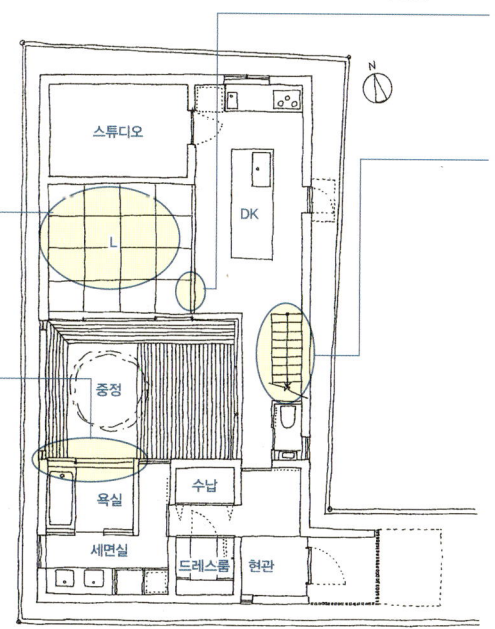

도로 쪽에서 본 외관
깃대부지 안쪽으로 개방적인 코트하우스가 펼쳐진다.

중정을 중심에 배치해 집 전체에 빛을 전달한다.

1F
1:200

대지면적 177.82㎡ (53.79평)
연면적 145.09㎡ (43.89평)

1 평면과 대지의 관계

2 공간별 디자인 포인트

3 특별한 용도에 맞춘 설계

055: 욕실

전망 좋은 욕실

전체가 원룸이면서도 다양한 공간이 있는 큰 주택이다. 2층은 정원과 강이 보이는 남쪽을 향해 서 있다. 남쪽 전면에 테라스를 깔고 그 테라스와 접하도록 LDK와 욕실을 배치해 큰 개구부로 야외 전망을 받아들인다. LDK는 북쪽에 배치한 방과 복도를 끼고 3단 낮은 바닥차로 공간이 자연스럽게 구분되며 이어진다. 식당에서 컴퓨터를 하거나 목욕 후 석양을 바라보며 테라스에서 맥주를 마시기도 한다. 멀지도 가깝지도 않은 편안함을 만끽할 수 있는 어른들을 위한 플랜이다.

LDK보다 높은 통로에서 본 전망. 미닫이문을 활짝 열면 정원과 강 풍경이 실내와 이어진다.

창고
팬트리뿐 아니라 뒤뜰 역할도 하는 수납공간이다.

LDK
어디서든 강이 보이는 가로로 긴 공간. 개구부를 활짝 열면 옥외와 실내가 연결돼 개방감이 넘친다. 거실과 DEN의 개구를 일직선상에 배치했기 때문에 집 안쪽에서도 바닥이 3단 낮은 거실 너머로 전망을 볼 수 있다.

북쪽 정원
바비큐를 하거나 생선을 손질한다. 여름철에도 사용하려고 북쪽에 배치했다.

포치로 잇다
포치가 실내 차고와 현관을 잇는 동선을 만들었다.

DEN
반려견을 위한 공간. 통로와 침실보다 바닥을 한 단 낮추고 미닫이문을 달았다. 침실 입구까지 열면 수납공간을 중심으로 한 회유동선이 생긴다.

개방적인 욕실
욕실과 세면실 바깥으로 낸 테라스 위에 처마를 깊게 달아 프라이버시를 확보했다. 노천탕 같은 느낌.

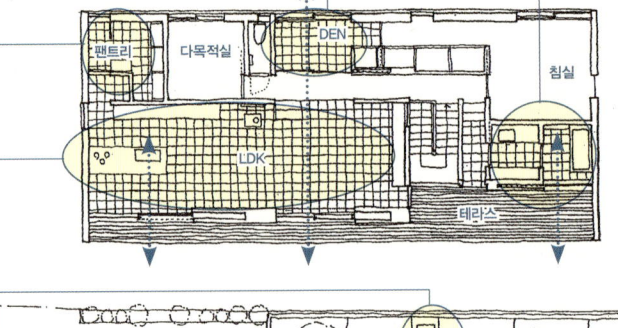

전면 테라스로 개방된 2층 욕실

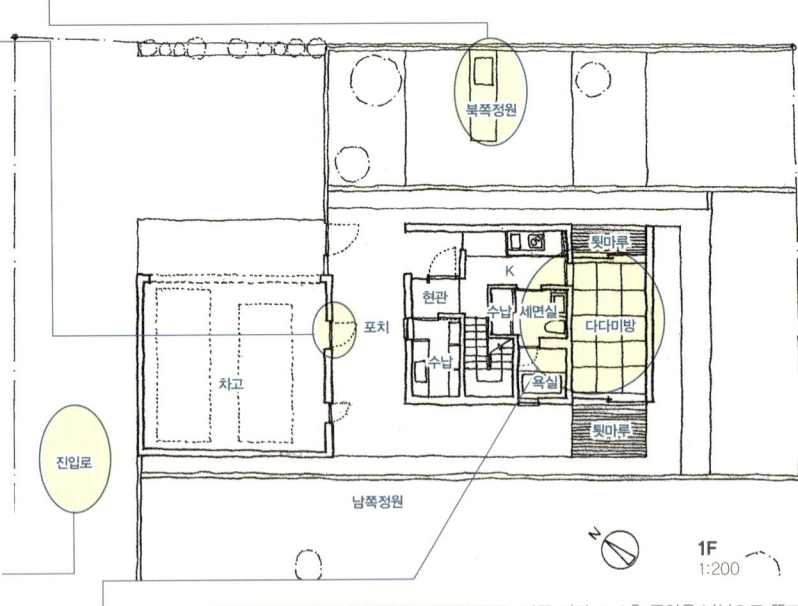

진입로
정원을 지나고 건물을 돌아야 현관으로 들어갈 수 있다.

손님용 공간
부모님이나 손님이 부담 없이 묵을 수 있도록 다다미방과 욕실, 세면실, 작은 부엌을 만들었다. 다다미방은 양쪽 개구부로 시선과 바람이 통한다.

남쪽 외관. 1, 2층 중앙을 남북으로 뚫고 2층 남쪽 전면에 테라스를 만들어 전망을 확보했다. 돌을 이용해 산수 풍경을 꾸미는 일본 전통 정원 양식을 흉내 내 정원을 꾸몄다.

대지면적 972.00㎡ (294.03평)
연면적 215.10㎡ (65.07평)

056: 계단

나선계단의 곡선이 만드는 공간감

가로, 세로 6m의 평면에 문 없이도 내부공간이 서로 이어졌다 분리되었다 할 수 있게 계단 위치와 모양에 신경 썼다. 나선계단을 감싸는 곡면을 따라 공간이 좁아지거나 넓어져 의외의 공간감이 생겼다. 벽을 따라 설치한 6m짜리 부엌 카운터 덕에 요리와 작업이 편해지고 가족 간 대화도 활발해졌다.

왼쪽: 도로 쪽 외관. 그레이팅 처리한 발코니가 특징.
가운데: 부엌 앞에서 세면대 방향을 본 것. 계단 벽이 공간을 좁힌다.
오른쪽: 패밀리룸. 하이사이드 라이트로 빛이 들어온다.

거울의 효용
세면실 거울은 발코니로 들어온 빛과 바깥 경치를 비춰 실내가 길어보이게 만든다.

중심에서 조금 벗어나게
정방형 평면의 중심에서 조금 벗어난 곳에 나선계단을 배치했다. 계단의 벽이 공간을 나누기도 하고 잇기도 한다. 둥근 나선계단 주변에 막힌 곳이 없어 넓게 느껴진다.

길이와 넓이
6m 길이의 스테인리스 카운터로 인해 공간이 넓게 느껴지고 부엌에서 다른 작업도 자연스럽게 할 수 있다.

하늘을 보는 창
하이사이드 라이트는 프라이버시를 보호하는 한편 통풍에 효과적이다. 실내에서 하늘을 볼 수 있다.

계단으로 구문
나선계단의 곡면이 안길이를 만들고 벽을 대신하는 파티션 역할을 해 넓어 보인다.

미닫이문으로 넓게
홀과 다다미방 사이의 미닫이문은 벽 안으로 밀어 넣을 수 있으므로 두 공간을 하나로 사용할 수 있다.

계절을 느끼다
창 앞에 단풍나무를 심었다. 집 안에서도 도로에서도 단풍의 색이 변하는 것을 보며 계절을 느낄 수 있고 가림벽 역할도 한다.

사용할 때만 문
평소에는 수납장 문이지만 목욕할 때는 세면실 쪽을 막는 탈의실 문으로 변한다. 문 위쪽이 비어 있어 환기가 잘된다.

다용도 붙박이 가구
책과 컴퓨터를 놓는 카운터와 선반이자 지창(地窓)의 위쪽 미닫이틀 역할도 하는 붙박이 가구.

그레이팅 발코니
난간 벽과 바닥에 그레이팅을 사용해 통풍이 잘되고 빨래는 잘 안 보인다.

반사광으로
2층의 빛이 계단 벽에 반사되어 현관 주변이 희미하게 밝아진다.

양쪽으로 열리다
안길이가 깊은 수납장의 두 면에 문을 달아 안쪽까지 많은 양을 편리하게 수납할 수 있다.

문 안에 창
현관문 안에 보조문을 달아 문을 잠근 상태에서도 통풍이 된다.

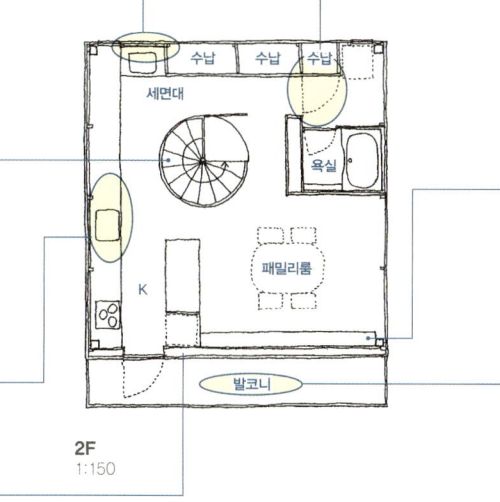

2F 1:150

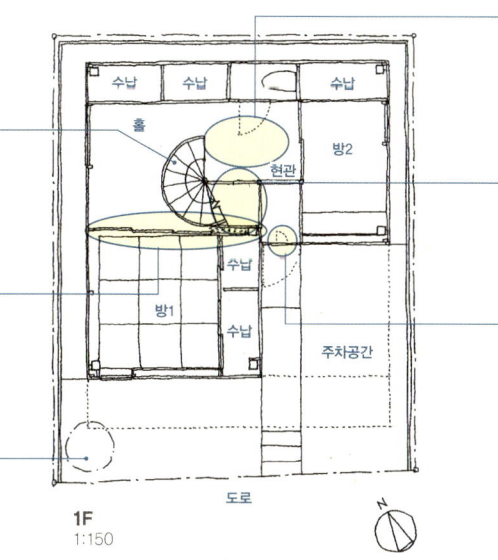

1F 1:150

대지면적 64.83㎡ (19.61평)
연면적   79.76㎡ (24.13평)

057: 계단

집의 중심에서 빛을 전달하는 계단

구릉지의 북쪽 대지로, 도로도 북쪽으로 접해 있다. 동서남 세 방향은 이웃집과 붙어 있어 채광은 북쪽으로만 가능하다. 다행히 전망이 좋아 북쪽에 창을 내기로 했다.
각 공간을 계단실에 끼워 넣듯 배치하고 계단실 천장에 큰 톱라이트를 설치해 각 공간으로 빛이 전달된다. 이 계단실을 통해 각 공간이 연결되고 가족들의 인기척이 전해진다.

계단실을 통해 톱라이트의 빛이 아래로 전달된다. 층계참에는 책장을 놓았다.

같은 방 다른 공간
1.6m 정도 높이의 파티션으로 막아 같은 방에 있지만 다른 공간처럼 느긋하게 쉴 수 있다.

협소함 극복
세면실과 화장실은 최소한의 크기로 만들고 협소함을 완화하기 위해 벽 일부에 유백색 유리를 넣어 빛이 전달되도록 했다.

바이패스 기능
부엌은 세탁기가 있는 팬트리와 연결돼 거실로 통하는 가사동선의 바이패스(bypass) 기능을 한다.

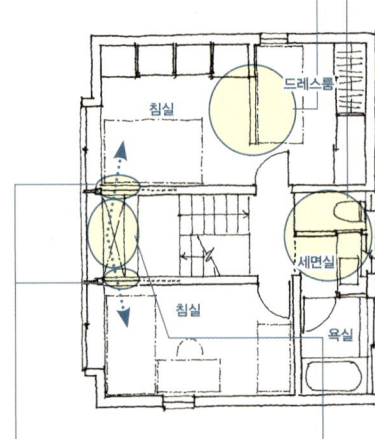

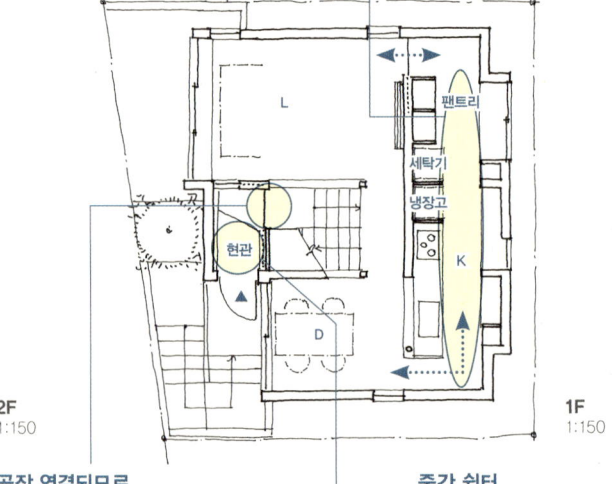

계단실을 통해 연결
각 방이 계단실을 향해 열려 있어 각 방의 인기척이 전달되고 시각적으로도 넓어 보인다.

곧장 연결되므로
현관에서 계단을 지나면 바로 거실과 식당으로 연결되므로 바람을 막기 위해 미닫이를 달았다.

중간 쉼터
현관은 도로와 1층의 중간 높이에 있고 두 곳에서 현관까지의 이동거리도 같다.

빛이 가장 아래쪽까지
계단실 한쪽에 작은 보이드를 만들었다. 위에서 쏟아지는 빛이 2층을 통과해 가장 아래쪽 현관까지 떨어진다.

시공을 생각하다
경사지에는 도로에서 곧장 들어갈 수 있는 차고를 만들고 흙을 많이 파낸 나머지 부분은 지하 창고로 만들었다.

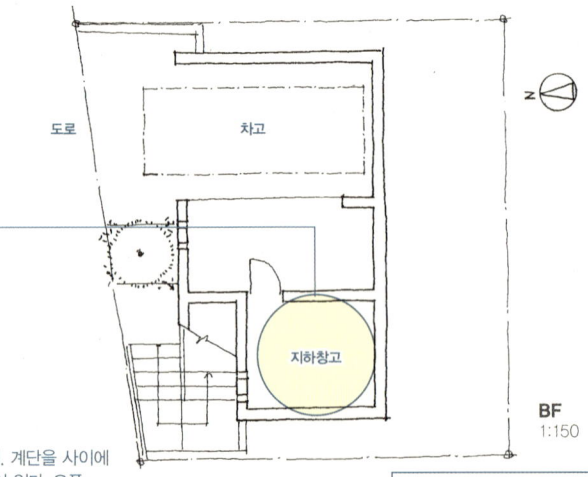

1층 거실과 계단실. 계단을 사이에 두고 왼쪽에 식당이 있다. 오픈 계단 사이로 빛과 공간이 퍼지면서 공간이 느슨하게 구분된다.

대지면적 70.87㎡ (21.44평)
연면적 80.07㎡ (24.22평)

058: 계단

계단으로 공간을 부드럽게 나누다

주택 밀집지. 채광과 프라이버시를 고려해 1층에 침실과 욕실 및 화장실, 2층에 LDK를 배치했다. 기본적으로 사람 둘과 고양이 한 마리에게 필요한 최소한의 공간을 확보하고, 부속 공간인 고양이 방, 데크, 다다미방, 유틸리티를 배치했다. 그 중앙에는 계단이 위아래층을 이으면서 공간을 나누는 역할도 한다.
1층에는 넓은 봉당을 만들어 콤팩트한 주택에 여유를 주었다.

2층 LDK. 바닥에 뻥 뚫린 구멍처럼 보이는 것이 계단. 창밖은 테라스. 정면 벽에는 수납공간 겸 캣워크

필요한 건 빛과 바람
정면에 구조재로 격자를 설치해 외부 시선은 차단하고 빛과 바람만 실내로 받아들인다. 바닥도 구조재를 틈이 보이게 깔아 1층 주차장으로 빛이 떨어진다.

캣워크
LDK 구석에 고양이 방을 만들고 거실 수납공간을 이용해 캣워크를 설치했다. 고양이는 상부 개구부를 통해 자유롭게 출입한다.

프라이버시
프라이버시를 지키기 위해 도로 쪽 침실은 개구부를 최대한 줄이고, 세면실과 욕실도 도로에서 떨어진 곳에 배치했다.

자연스럽게 나누다
중앙에 배치한 계단으로 LD가 자연스럽게 나뉜다. 계단을 감싸는 난간은 존재감이 덜해 LDK와의 일체감에 방해가 되지 않는다.

2층 테라스. 옆면은 격자로 느슨하게 막고 하늘은 개방했다.

창고
생활공간에서 벗어난 위치에 창고를 만들었다. 필요 없는 물건은 이곳에 수납하므로 거실을 깨끗이 쓸 수 있다.

실제로는 취미공간
응접실로도 쓰이는 다다미방. 평소에는 취미생활을 하는 방이다. LD 쪽으로 막혀 있고 출입구를 작게 만들어 틀어박혀 있는 데 안성맞춤.

봉당으로 열리는 욕실
봉당 쪽에 설치한 개구부로 빛이 들어오므로 주변 시선을 신경 쓰지 않고 목욕할 수 있다.

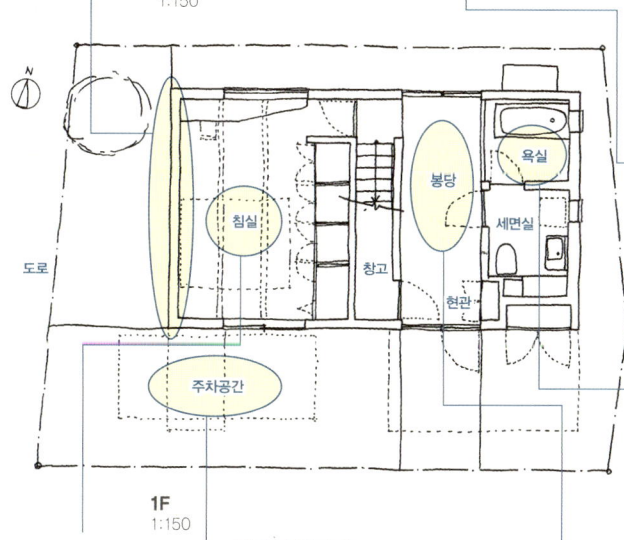

도로 쪽에서 본 것. 큰 처마 밑 공간처럼 되었다.

구조재를 보이게
법규상 높이 제한이 엄격해 1층 천장고를 충분히 낼 수 없어 침실은 2층 바닥을 지탱하는 구조재를 노출시켜 천장고를 확보했다. 나무의 따뜻함이 느껴지는 공간이다.

지붕이 생기다
2층을 돌출시키는 바람에 주차 공간에 지붕이 생겼다. 격자형 테라스를 통해서 빛이 떨어진다.

봉당의 여유
내부까지 빛과 바람이 들어오도록 1층 현관을 겸하는 커다란 봉당을 만들었다. 반옥외 공간이면서 넓기까지 해 어떤 용도로든 쓸 수 있어 편리하다.

대지면적 96.23㎡ (29.11평)
연면적 83.62㎡ (25.30평)

059: 계단

스킵과 미닫이문으로 넓게 살기

80㎡의 대지는 건폐율이 40%로 제한된다. 정원에 2평 남짓한 텃밭을 만들고 나무와 야채를 키우며 아이들과 야외생활을 즐기는 것이 건축주의 희망사항이었다. 중앙의 계단을 이용해 일부 스킵 플로어를 연결하고 창호는 되도록 미닫이문으로 달아 필요하면 개방할 수 있도록 만들었다. 다른 공간으로 시야가 트여 작은 집이지만 넓게 생활할 수 있다.

계단 중간에 서재
천장고를 낮춘 현관 위에 남편의 서재 겸 서고를 만들었다. 계단 중간에 출입구가 있는 스킵 플로어다.

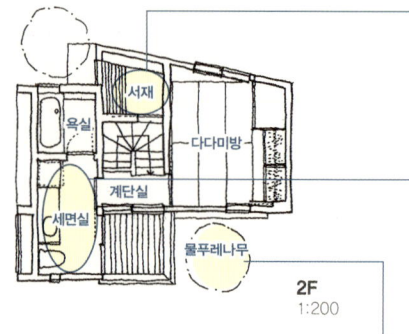

2F 1:200

실내 건조
세면실로 들어온 바람은 욕실을 지나 북쪽으로 빠져나간다. 세면실 안에 만든 건조공간에서 충분히 빨래를 말릴 수 있게 남북으로 욕실과 세면실을 배치했다.

중심에 계단을 만들다
9평밖에 안 되는 공간에 복도를 만들지 않고 합리적으로 생활할 수 있도록 계단 자체로 칸막이를 했다. 통풍과 채광 등에 용이하다.

물푸레나무가 보이는 2층
정원의 키 큰 나뭇가지의 끝을 볼 수 있도록 창을 달아 계절의 변화를 음미한다.

식당에서 거실을 본 것

때죽나무를 돌아 집으로
1층 바닥이 지반면보다 1.5m 높기 때문에 나무를 돌아 계단을 통해 집으로 들어간다. 프라이버시가 노출되지 않도록 현관 배치에 신경 썼다.

화물용 쪽문
현관에서 거실이나 식당을 통하지 않고 물건만 부엌으로 넣을 수 있도록 작은 문을 달았다.

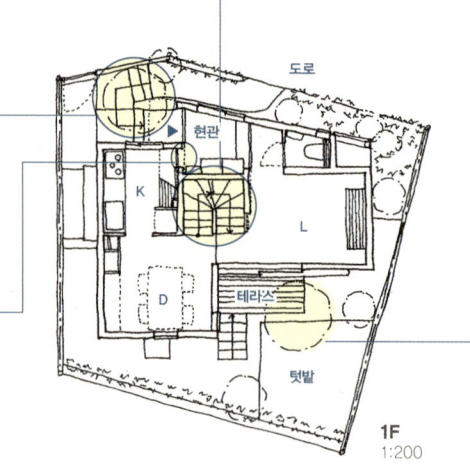

1F 1:200

테라스 앞 물푸레나무
테라스 바로 앞에 심은 낙엽수 덕에 테라스 쪽으로 나무 그늘이 드리워진다.

1층 테라스 앞 물푸레나무

현관에서 짐을 바로 운반할 수 있는 작은 문

요긴한 외부 수납
도로면에서 조금 내려간 곳에 슬로프로 천장이 낮은 자전거 보관소를 설치해 야외 창고를 겸하고 있다.

면적 완화를 이용
연면적 완화를 위해 반지하를 만들었다. 지상부에서 채광을 확보해 아이방으로 사용한다. 계단 건너편 서고에 남편의 장서를 보관하고 아이들이 자유롭게 접할 수 있게 했다.

자연을 즐기는 텃밭
동남쪽 구석에 4평 정도의 텃밭을 만들었다. 채소를 수확하고 정원수를 가꾸며 단독주택에서만 누릴 수 있는 생활을 즐긴다.

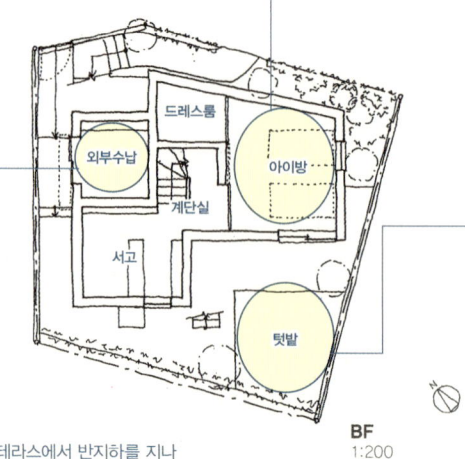

BF 1:200

1층 테라스에서 반지하를 지나 정원으로 내려온다.

| 대지면적 | 80.00㎡ (24.20평) |
| 연면적 | 91.60㎡ (29.22평) |

060: 계단

아이들의 놀이공간

각각의 장소마다 바닥과 테이블 높이에 변화를 주었다. 바닥의 높이 차는 한 걸음으로 편하게 오르내릴 수 있게 맞췄다. 중정과 접해 있는 거실 외에는 천장 높이를 억제해 각 공간을 연결해 공간감과 안정감을 주었다.

중정을 끼고 있는 남쪽 건물은 바닥의 높이 차를 재미있게 이용했다. 1층에서 이어지는 세 개의 공간은 계단을 통해 자유롭게 오가는 '계단동'으로 만들었다.

다정함을 만드는 단차
단차는 보통 기피 대상이지만 다정한 느낌을 주기도 한다. 부엌 바닥이 한 단 내려가 있어서 식사 중인 가족과 눈을 맞추며 단란한 시간을 보낼 수 있다.

중정의 나무
2층에서도 보이는 중정의 나무는 신록과 단풍을 선보이며 계절의 변화를 느끼게 한다.

작은 욕실정원
작지만 밖을 볼 수 있는 욕실정원.

중정으로 연결되다
침실과 공간1은 중정을 사이에 두고 시각적으로 연결된다.

침실에서 본 여유공간1

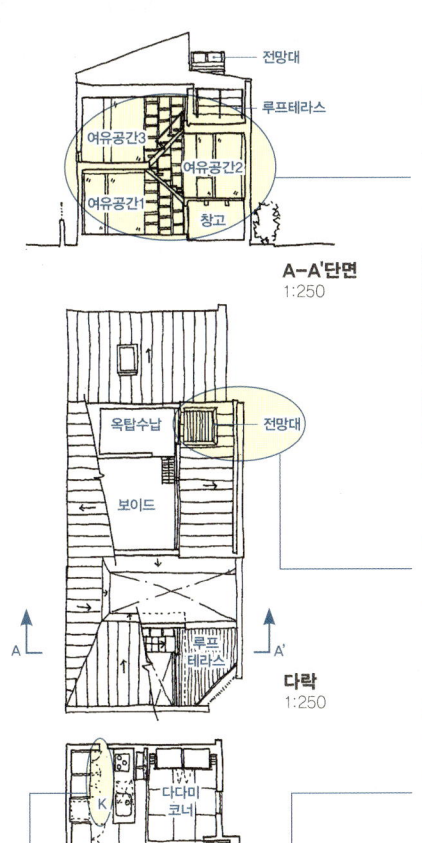

A-A'단면
1:250

다락
1:250

2F
1:250

1F
1:250

아이를 위한 계단동
원목 계단으로 연결되는 세 개의 공간을 자유롭게 오고가는 자이언트 퍼니처 같은 공간. 계단 옆에 1층에서부터 큰 책장이 서 있다.

남쪽 건물의 가구 같은 계단

전망대
지붕에 올라가 주변 경치를 보는 게 건축주의 어릴 적 꿈이었다. 먼 경치를 보고 있으면 마음이 차분해진다.

공간을 나누고 연결하다
1층에서는 격자문을 지나 중정으로 들어간다. 안과 밖을 부드럽게 나누는 격자 너머로 집 안의 인기척이 밖으로 전해진다.

대지 모퉁이와 현관으로 통하는 격자문

조금 안쪽으로
차고는 도로보다 조금 안쪽으로 들어가 길에서 잘 보이지 않는 위치에 배치했다.

충실한 수납
콤팩트한 침실이지만 목적에 따라 세 종류의 수납으로 현명하게 정리한다.

프라이버시
2층 데크와 서쪽의 격자 너머로 중정에 떨어진 빛이 침실까지 전달된다. 조용한 침실이다.

대지면적	100.53㎡ (30.41평)
연면적	114.40㎡ (34.61평)

1 평면과 대지의 관계

2 공간별 디자인 포인트

3 특별한 용도에 맞춘 설계

061: 계단

나선계단으로 빛을 끌어들이다

고저 차가 심한 대지의 특징을 역이용했다. 진입로는 도로에서 반층 올라간 1층. 현관 앞 보이드에 배치한 나선계단으로 지하와 2층을 오간다. 세 개 층을 오르내리기 힘들지 않게 중간층에 현관을 두었다. 지상 2층에 LDK를 배치해 밝고 개방적인 생활공간을 만들었다.

왼쪽: 2층 LDK. 구배천장의 넓은 공간. 부엌과 LD를 잇는 오른쪽의 창으로 요리와 식기를 전달한다.

오른쪽: 나선계단을 내려다본 것. 계단 옆의 큰 창에서 빛이 들어와 계단을 통해 각 층으로 전달된다.

서비스 발코니
부엌 옆에 서비스 발코니를 확보했다. 잠깐 쓰레기를 내놓을 수 있는 등 집 안일을 할 때 요긴하며, 부엌을 2층과 3층에 둔 경우 더 유용하다.

독립형 부엌
부엌은 LD와 분리되어 있다. 복도 쪽에서 들어가는 동선인데, LD 쪽으로 개구부를 만들어 여기로 요리와 그릇을 전달한다.

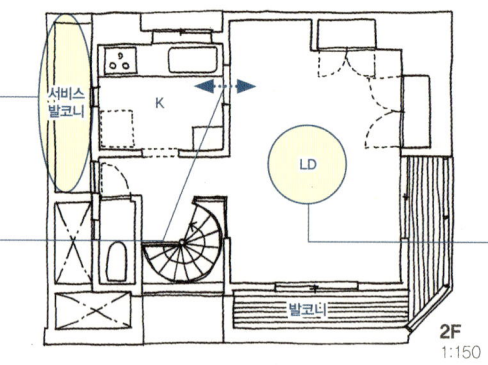

꼭대기 층 LDK
2층 LDK는 빛과 바람이 잘 들어오고 경치가 좋으며 천장고를 높일 수 있다는 장점이 있다. 구배천장으로 넓고 편안한 공간이 되었다.

작은 수납공간
현관 주변에는 작더라도 수납공간이 있으면 편리하다. 코트 등을 수납할 수 있으면 더욱 좋다.

개방적인 공간
현관홀은 나선계단 너머로 심벌트리인 노각나무가 보이는 밝고 개방적인 공간이다.

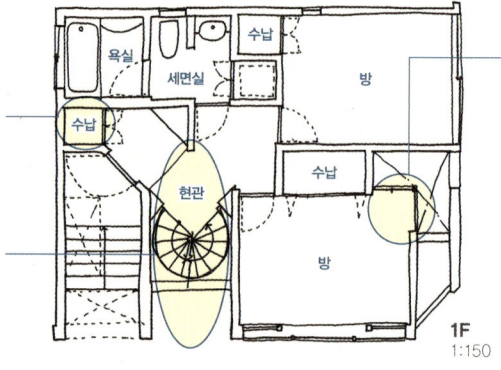

안에도 창
식재공간 위를 보이드로 만들고 그쪽으로 열리는 코너 창을 달았다. 방 안쪽까지 환해지고 공간이 트여 답답함을 줄여준다.

현관을 안으로
현관을 안으로 넣어 계단을 올라가 실내로 들어가게 만들었다.

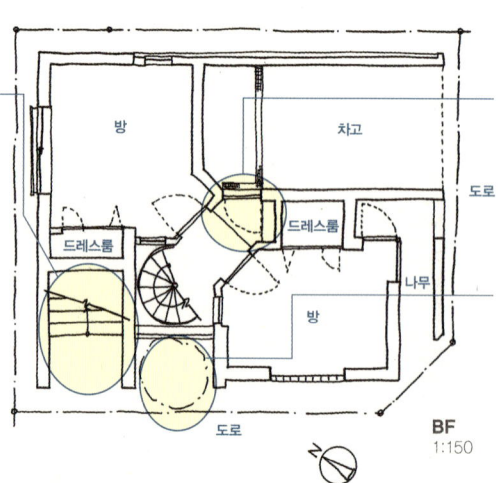

남쪽 외관. 흰 벽면과 목제 루버가 이국적인 느낌이다.

곧장 들어가다
차고 안에 뒷문을 달아 곧장 안으로 들어갈 수 있다. 비 오는 날에도 젖지 않는다.

심벌트리
나선계단을 따라 노각나무를 심었다. 외부 시선과 햇볕을 차단하고 주위에 초록의 싱그러움을 퍼트린다.

대지면적	65.00㎡ (19.66평)
연면적	115.00㎡ (34.79평)

062: 계단

두 세대를 잇는 나선계단과 보이드

역 앞 상업지에 지은 2세대 주택. 1층과 2층 북쪽이 부모 세대, 2층 남쪽과 3층이 자녀 세대의 거주공간이다. 중정, 보이드, 나선계단 등 단면적인 여백을 연속 배치해 채광을 확보하고 입체적으로 연결해 세대 간에 적절한 거리감을 주었다.

왼쪽: 2층 자녀 세대의 LDK에서. 정면 출입구가 자녀 세대의 현관
오른쪽: 2층 부모 세대 침실에서 도로 방향을 본 것

프라이버시 1
도로 쪽은 막고 옆의 보이드를 통해 침실의 채광을 확보했다.

아이방으로 준비
아이가 둘이라 나중에 각자의 방이 필요해질 때를 대비했다.

리듬감 있게 연결
중정 → 보이드 → 나선계단 → 보이드로 리드미컬하게 연결해 채광과 통풍을 확보했다.

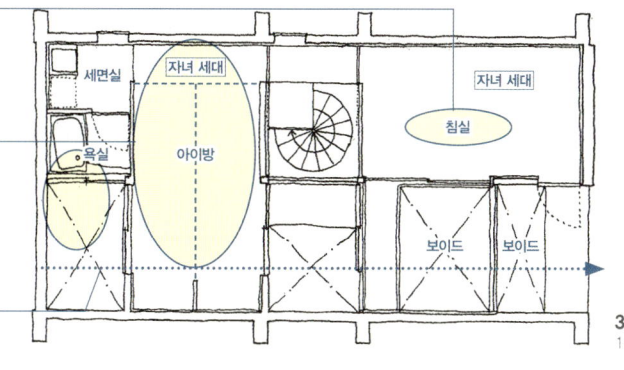

프라이버시 2
외부와의 완충지대로 발코니를 배치해 프라이버시를 지키면서 빛을 끌어들인다.

거리감을 유지
두 개의 나선계단을 중심에 두어 1, 2층 모두 세대 간의 거리감을 적당하게 유지한다.

중정이 욕실정원
중정과 접해 있는 욕실에서는 바깥을 내다보며 목욕할 수 있다. 3층 자녀 세대 욕실도 마찬가지다.

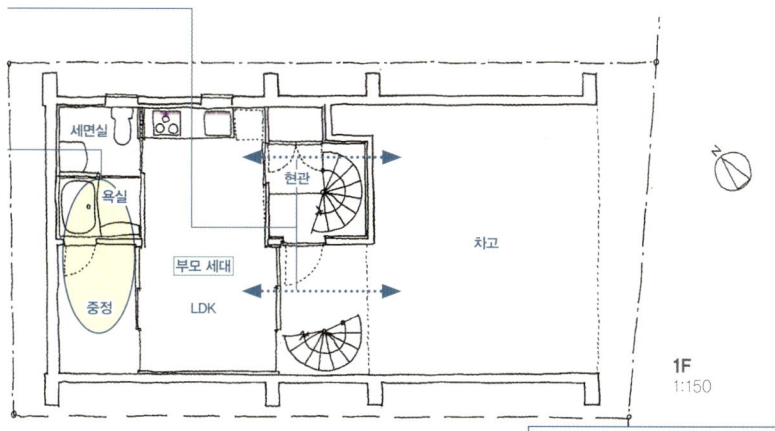

도로 쪽 외관. 2층 LDK는 벽과 발코니로 외부와 거리를 둔다.

대지면적 91.76㎡ (27.76평)
연면적 123.98㎡ (37.50평)

063: 수납

LDK 옆의 큰 팬트리

남쪽 중앙에 현관과 스켈레톤 계단을 배치해 개방적인 공간을 지나 2층으로 올라간다. 2층은 왼쪽에 DK, 오른쪽에 거실이 마주보도록 하고 팬트리와 벽면 수납 등으로 정리하기 편하게 했다. 부엌에서 보이는 실내 발코니 너머의 파란 하늘이 압권이다.

식당에서 바라본 부엌. 깔끔한 수납공간과 실용적인 아일랜드 키친

뒷면 수납
뒷면 전체에 수납공간을 만들고 식기류를 수납했다. 끝에 PC를 두고 레시피를 검색하기도 한다.

부엌일을 함께
아일랜드 키친에서 부부가 함께 일한다. 부엌에서는 거실과 발코니가 보여 항상 가족들의 모습을 볼 수 있다.

방의 일부
옆집과의 경계에 벽을 세워 실내로 끌어들인 널찍한 발코니는 외부공간이지만 온전히 실내 같다. 남쪽의 빛을 실내로 받아들이며, 바비큐나 브런치를 가볍게 즐길 수 있는 공간.

빛을 내려 보내다
실내 발코니로 들어온 빛이 이 창을 통해 내부로, 그리고 계단을 따라 1층으로 내려가 현관 주변을 밝게 만든다.

팬트리의 역할
부엌 옆 넓은 팬트리에는 식재료뿐 아니라 냉장고와 전자레인지, 일용품 등도 수납해 LDK가 깔끔하다.

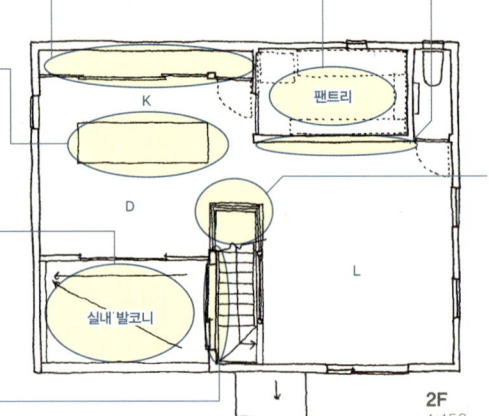

2F 1:150

집에서 영화 감상
팬트리의 흰 벽을 이용해 프로젝터로 영화를 튼다. 거실이 큰 화면이 걸린 홈시어터로 변신한다.

공간을 나누다
계단을 중심으로 DK와 거실이 구분된다. 시선은 통하지만 장소는 '계단의 이쪽과 저쪽'으로 나뉜다. 가구가 뒤섞이지 않아 깔끔하게 지낼 수 있다.

깔끔한 철제 난간과 챌판을 없앤 계단

두 곳으로 들어가다
세면실과 욕실의 출입구를 두 군데 만들어 바쁠 때 활용. 그중 하나는 미닫이문이라 열어둘 수도 있다.

남편의 서재
많은 장서를 정리할 수 있도록 책장을 짜 넣었다.

지금은 프리 스페이스
아이가 어린 동안에는 현관홀과 합쳐 넓은 자유공간으로 쓴다. 필요해지면 방을 두 개로 나눌 수 있다.

1F 1:150

밝은 현관
실내 발코니로 들어온 빛이 스트립 계단의 틈새로 1층 전체로 전달된다. 문의 슬릿으로도 빛이 들어와 현관이 환하다.

2층 LDK의 팬트리

대지면적 140.85㎡ (42.61평)
연면적 110.12㎡ (33.31평)

064: 수납

방마다 수납공간이 가득한 집

캠핑과 바비큐를 좋아하는 가족이라 수납공간을 많이 만들었다. 각 방에 만든 수납공간 외에도 계단 밑에 넓은 수납공간을 마련해 아웃도어 용품을 깔끔하게 정리했다.
계단홀과 LDK를 창으로 연결해 집 전체에 일체감을 주고 회유 가능한 평면으로 가족 간 교류가 자연스럽게 이루어진다. 마음만 먹으면 언제든 거실과 테라스에서 바비큐를 할 수 있다.

거실 전경. 다다미 코너와 야외 테라스와도 연결되고 위로 살짝 보이는 보이드의 창으로 2층과도 연결된다.

또 하나의 수납공간
침실에는 드레스룸 말고 또 하나의 수납공간이 있다. 잡동사니, 일상 용품, 계절 용품 등 물건에 따라 구분해 사용한다.

나중에는 두 개로
언젠가 필요해지면 방을 두 개로 나눌 수 있게 입구를 두 군데 설치했다.

넓은 수납공간
복도 밑에도 넓은 수납공간을 만들었다. 아웃도어 용품을 비롯해 부피가 큰 물건을 수납할 수 있다.

기능적인 동선
계단을 중심으로 회유할 수 있는 복도는 안주인의 움직임을 고려한 기능적인 동선. 부엌에서 세탁기까지 곧장 갈 수 있다.

가족 전용 현관
메인 현관 옆의 가족 전용 현관에 신발장을 놓고 수납공간으로 활용. 메인 현관은 항상 깨끗하게 유지한다.

아이들이 좋아하는 공간
가족 모두 책 읽기를 즐겨 계단 주변에 책장을 빼곡히 설치했다. 보이드 쪽 창으로 1층 거실과 식당을 내려다볼 수 있어 아이들이 좋아하는 공간이다.

집의 중심
거실에 있으면 식당과 부엌, 다다미 코너는 물론이고 야외 테라스와 보이드 창을 통해 2층 홀까지 연결돼 집 안의 인기척을 느낄 수 있다.

손님방으로도 이용
거실 옆 다다미 코너는 평소에는 개방해 LDK와 하나로 쓰지만 손님이 묵을 수 있는 손님방이 되기도 한다.

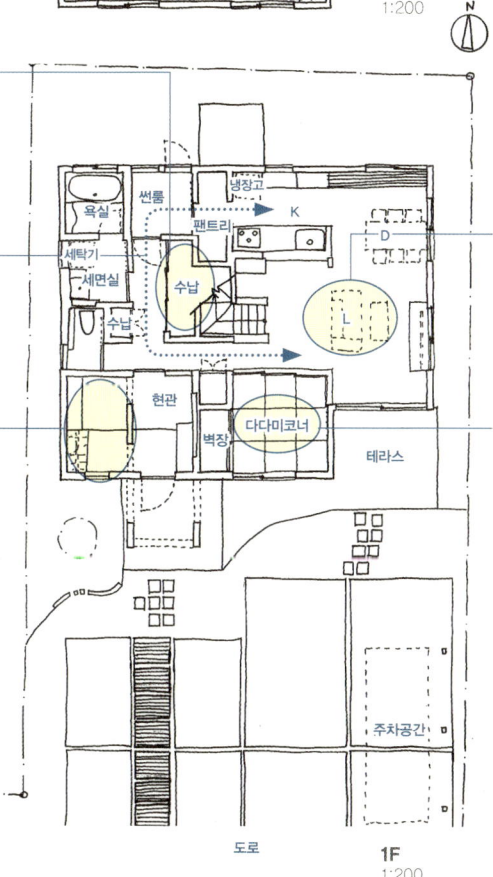

거실 쪽에서 바라본 식당. 구배천장의 개방형 공간이다.

도로 쪽에서 본 외관

대지면적 268.30㎡ (81.16평)
연면적 136.63㎡ (41.33평)

1 평면과 대지의 관계
2 공간별 디자인 포인트
3 특별한 용도에 맞춘 설계

065: 수납

깔끔하게 정리하는 다기능 수납공간

30대 맞벌이 부부와 아이 둘이 사는 집. 일과 육아를 병행하는 생활을 고려해 수납에 신경 썼다. 장방형 부지에 심플한 상자형 몸체를 배치해 1층 욕실과 예비실, 2층 LDK와 발코니, 3층 침실과 다락이 딸린 아이방 등 층별로 기능을 나누었다.

주변에 주택과 빌라가 밀집해 있고 전면도로가 좁아서 채광과 통풍 조건이 좋지 않아 앞뜰과 발코니 등 외부공간을 향해 개구부를 설치했다.

왼쪽: 도로 쪽 외관. 도로 쪽으로 큰 개구부를 내지 않았고 발코니와 하이사이드 라이트로 채광과 통풍 확보
오른쪽: 원룸인 LDK. 천장고를 2.7m로 높여 훤하다. 마감재에 변화를 줘 영역을 구분했다.

다락방이 있는 아이방
드레스룸을 포함하는 7평짜리 방. 나중에 두 개로 나눌 수 있다. 구배천장을 살려 다락도 만들었다.

수납에 충실한 계획
아일랜드형 시스템키친. 냉장고를 깔끔하게 정리한 뒷면 수납은 주문 제작한 것. 손님이 많이 오므로 팬트리도 짜 넣었다. 통일감을 위해 상판은 시스템키친과 같은 재료를 사용했다.

실내 건조도 가능
가사동선을 고려해 부엌 옆에 세탁실을 배치하고 건조대를 설치했다.

탁 트인 시야
앞뜰을 만들어 탁 트인 시야와 채광을 확보. 봉당 부분에 신을 늘어놓지 않도록 옆에 큼직한 신발장을 놓았다.

넓어진 계단
편안하게 계단을 오르내릴 수 있도록 설계. 2층 발코니에서 1층 현관으로 빛을 전달하는 역할도 한다.

색감도 중요
차분한 분위기를 내기 위해 벽에 다크 브라운 벽지를 발랐다.

아이방은 침실과 다르게 심플하고 밝은 색으로 했다.

다양하게 수납
부엌과 이어지는 커다란 원룸. 넓어 보이도록 천장을 높였다. 아이 놀이공간이기도 해서 벽면에 대용량 수납공간을 마련해 장난감, 오디오, 컴퓨터 책상 등을 보관한다.

일본풍 욕실
물이 덜 닿는 허리 위쪽으로 노송나무를 덧댔다. 현관 정면에 있는 앞뜰을 보며 욕조에 몸을 담근다.

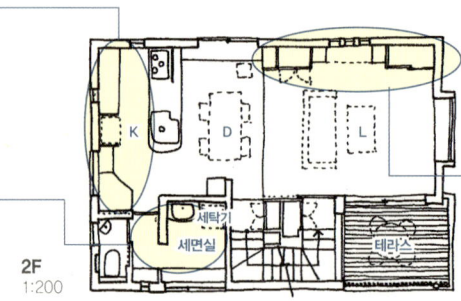

현관부터 탁 트인 시야. 앞뜰까지 볼 수 있다.

1층 욕실

대지면적 108.17㎡ (32.72평)
연면적 158.26㎡ (47.87평)

066: 차고

차를 위한 집

"미니 쿠퍼를 위해 집을 짓고 싶다"는 건축주의 요청을 반영한 플랜. 차고를 다른 거주공간(LDK와 침실, 욕실 등)과 같은 비중으로 배치했다. 또한 미니 쿠퍼의 기능미에 어울리도록 집도 생활에 필요한 최소한의 기능과 규모만 공간을 구성했다.
1, 2층에는 대지의 방향성을 따라 세로로 긴 동선을 만들었다. 각 방은 바닥 높이와 천장고에 변화를 주어 분명하게 구분했다.

도로 쪽 외관

2층 대지 안쪽에서 테라스 방향을 본 것

1층 침실. 통로에서 한 계단 내려가 들어간다.

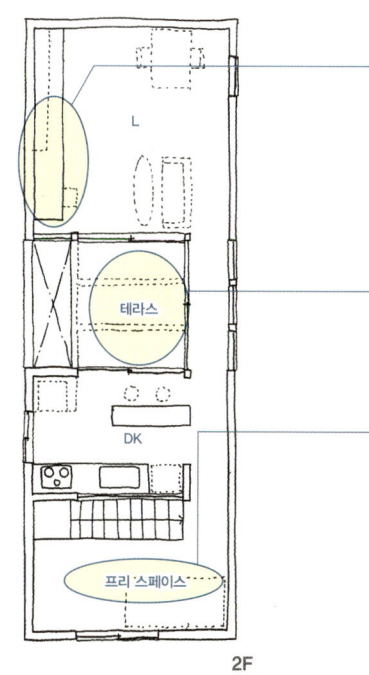
2F 1:150

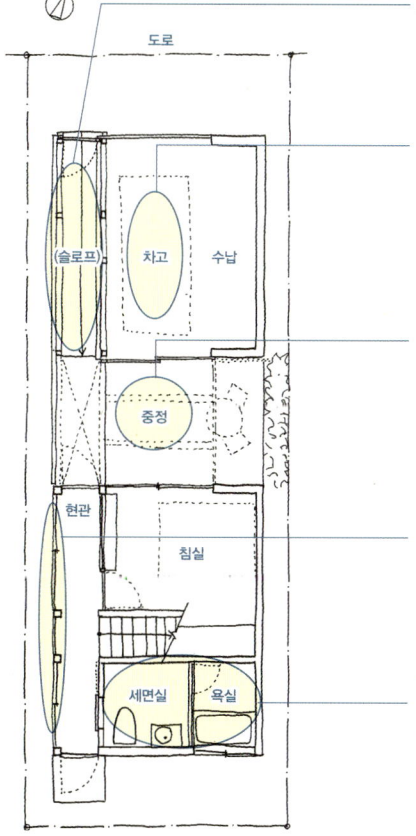
1F 1:150

서재 코너
거실 한쪽에 텔레비전 받침대를 겸한 서재 코너를 짜 넣었다. 중정 테라스와 접해 있어 쾌적한 작업공간이다.

다기능 테라스
북쪽 DK의 채광에 효과적이고, 바닥에 그레이팅을 깔아 DK와 거실을 연결하며, 1층으로 빛도 보낸다. 채광, 동선 계획, 개방감 등에 일조한다.

미래의 아이방
LDK와는 계단과 부엌을 사이에 두고 나뉘지만 공간적으로는 연결된 프리 스페이스. 나중에 아이방으로 변경할 수 있다.

길지만 길지 않다
도로에서 중정까지 들어오는 길은 '바깥'으로 간주된다. 슬로프를 타는 고양감과 중정의 경치 덕분에 긴 동선이 길게 느껴지지 않는다. 좁은 통로가 답답하지 않도록 투과성 칸막이로 주변과 연결했다.

오로지 차를 위해
미니 쿠퍼 전용의 작은 차고. 차를 좋아하는 부부를 위해 차고 옆에 넓은 수납공간을 만들었다.

빛이 들어오는 정원
가늘고 긴 대지 안쪽의 채광을 고려한 중정. 테라스의 그레이팅 바닥을 통해 빛이 떨어진다. 중정 안쪽에 침실이 있어 늘 애마를 볼 수 있다.

밝은 복도
이웃집과 붙어 있지만 채광을 고려해 1층 복도에 새시를 달았다. 유리에 필름을 붙여 옆집 시선을 신경 쓰지 않고 지낼 수 있다.

욕실과 화장실
콤팩트한 욕실과 세면실은 유리로 칸막이를 해 시각적으로 넓어 보인다. 2층에서 화장실을 이용할 때를 고려해 배치했다.

대지면적 82.65㎡ (25.00평)
연면적 65.48㎡ (19.81평)

067: 차고

톱라이트로 빛을 받는 일체형 차고

차고가 건물과 일체형인 2층짜리 OM 솔라 하우스. 큰 톱라이트로 빛이 들어와 차고가 환하다. 남쪽에 사무실 빌딩이 있기 때문에 1층 거실은 보이드 위의 큰 창으로 빛을 받아들이고, 보이드는 2층 침실과 사무실 사이의 완충공간이 된다.
바닥을 높인 다다미방과 그 밑의 서랍식 수납장 등 붙박이 가구를 활용해 깔끔하고 개방적인 집을 만들었다.

도로 쪽 외관. 건물과 연결해 주차공간에도 지붕을 덮고 톱라이트를 설치해 차고 안으로 빛이 들어오도록 했다.

보이드로 밝게
2층의 큰 창과 보이드를 통해 1층에서도 남쪽 햇볕을 받을 수 있다. 캣워크는 고양이가 다니는 길. 한쪽에 고양이 전용 출입구를 달았다.

차고도 밝게
건물과 연결해 지붕을 만든 차고. 가늘고 길게 톱라이트를 설치해 차고 안쪽까지 빛이 들어온다.

위에서도 빛이 들어오는 1층 LDK. 오른쪽 위의 캣워크 끝에 조그맣게 보이는 것이 고양이 전용 출입구

벽으로 넣어 연결
평소에는 격자문을 벽에 집어넣어 다다미방과 LDK를 한 공간으로 쓴다. 문을 닫으면 방으로 쓸 수 있다.

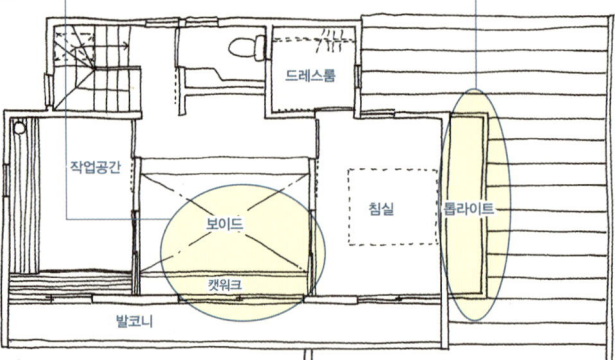

다양한 용도
바닥을 높인 다다미방은 휴식공간이자 손님방으로 사용된다. 다다미 밑은 서랍식 대용량 수납공간.

충분한 수납
부엌 옆에 큼직한 팬트리를 설치해 부엌을 깔끔하게 정돈했다. 내부에는 나무판자를 깔아 식재를 보관하기 좋다.

원룸으로 넓게
현관을 들어와 미닫이를 열면 보이드와 LDK가 나타난다. 대면식 부엌으로 일체화된 LDK는 테라스와 다다미방, 보이드의 창을 통해 확장된다.

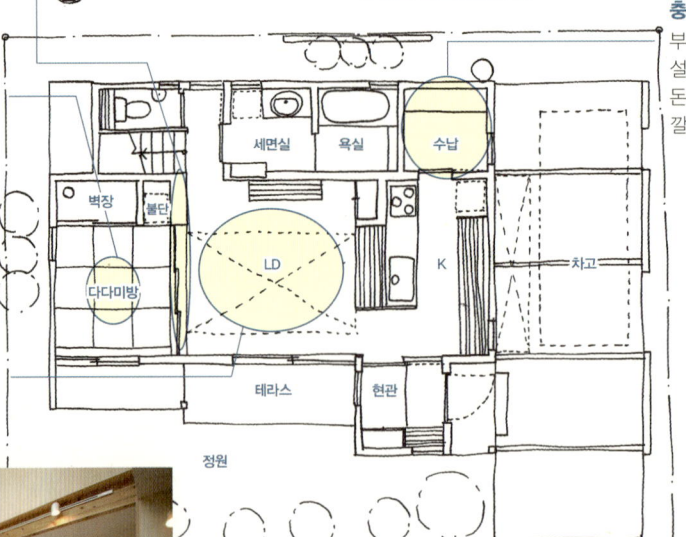

부엌 옆에서 본 LDK와 다다미방. 평소에는 다다미방도 한 공간으로 쓴다.

대지면적 139.20㎡ (42.11평)
연면적 87.77㎡ (26.55평)

068: 차고

토지의 고저 차를 이용한 빌트인 차고

대지의 고저 차를 이용해 지하에 빌트인 차고를 만들고 그 위에 브리지 형태의 단층집을 얹었다. 차를 좋아하는 남편을 위해 차고에 지붕을 달지 않고 오픈해 1층의 주택 부분과 연속성을 갖게 했다. 1층은 중앙에 아일랜드형 수납공간을 설치하고 이를 중심으로 부엌, 식당, 거실을 배치했다. 각 방의 창호는 모두 수납공간 안으로 집어넣을 수 있다.

북동쪽 외관. 대지의 고저 차를 이용한 지하 차고의 상부 보이드로 인해 단층집인데도 실내에 수직적 공간감이 생겼다. 오른쪽이 출창 수납공간

1 평면과 대지의 관계

2 공간별 디자인 포인트

3 특별한 용도에 맞춘 설계

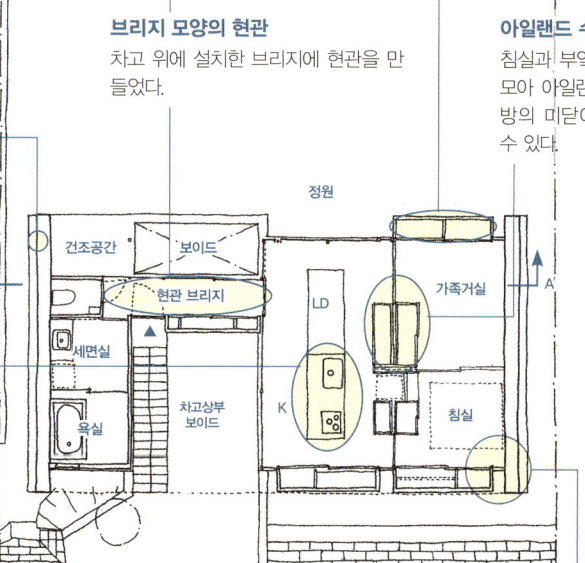

A-A'단면 1:200

출창 수납공간
둘 곳이 마땅치 않았던 에어컨을 출창형 수납공간에 넣어 외관도 깔끔.

브리지 모양의 현관
차고 위에 설치한 브리지에 현관을 만들었다.

아일랜드 수납장
침실과 부엌 등의 수납공간을 한곳에 모아 아일랜드 수납장을 만들었다. 각 방의 미닫이문도 이곳으로 집어넣을 수 있다.

빗물이 떨어지다
동서쪽 벽을 타고 지붕의 빗물이 도랑으로 바로 떨어진다.

콘크리트 부엌
부엌 카운터는 콘크리트로 만들어 비용을 절감했다.

침실과 거실에서 아일랜드 수납장 너머로 바라본 현관

식당에서 바라본 정원

두꺼운 벽
구조상 필요한 큰 라멘(rahmen) 기둥은 동서의 두꺼운 벽 속에 숨기고, 거주 공간에는 가늘고 둥근 기둥만 보이도록 해 개방감 있는 공간을 연출했다.

개방적인 지하 차고
지하 차고는 어둡고 폐쇄적인 공간이 되지 않도록 외부 보이드를 만들어 빛이 직접 들어오도록 했다. 보이드를 통해 1층 거실에서 차를 볼 수 있다.

대지면적	236.73㎡ (71.61평)
연면적	94.43㎡ (28.57평)

069: 차고

동선을 고려한 주차공간

도로 막다른 곳에 위치한 대지로, 주차 시 차가 회전할 수 있도록 배치했다. 남쪽의 공원 녹지를 실내로 끌어들이고 프라이버시를 지키기 위해 일부 외벽을 이중 구조로 만들어 침실과 욕실로 향하는 시선을 차단하면서 채광과 통풍을 확보했다. 거실에 계단을 두고 싶다는 요청을 충족하고 비용을 절감하기 위해 데드 스페이스가 생기지 않도록 했다.

바깥쪽 벽이 구부러져 일부가 이중벽이 되었다.

녹음을 실내로
거실과 식당의 연장선상에 데크 테라스를 만들어 공원의 녹음을 생활 속에서 즐길 수 있다.

현관 옆 다다미 코너
현관 옆이라 손님이 왔을 때 쓰기 편하고 이동식 창호로 공간을 막을 수도 있다. 바닥을 30cm 높게 만들어 아래쪽에 수납공간도 확보했다. 신을 신고 벗을 때 걸터앉기에도 안성맞춤.

안쪽까지 들이다
건물 거의 중앙에 현관을 배치해 건물 내부의 복도 면적을 줄였다.

거실에서 본 다다미 코너.
미닫이문을 닫으면 독립된 공간이 된다.

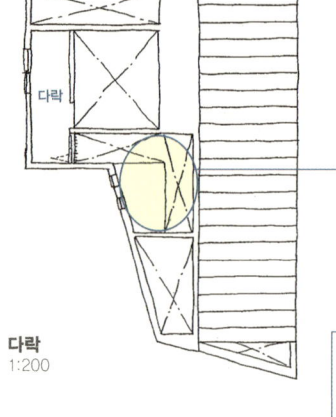

다락
1:200

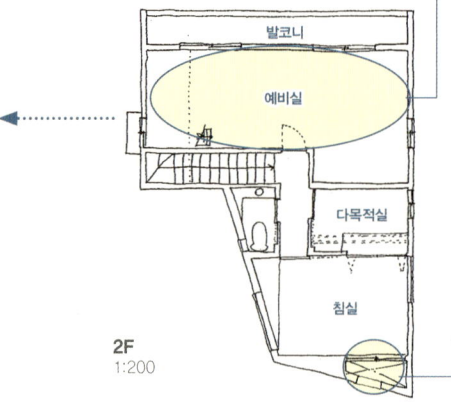

2F
1:200

1F
1:200

빛을 끌어들이다
하이사이드로 들어온 빛을 2층 복도로 내려 보낸다. 이 빛은 폴리카보네이트 천장을 통해 화장실까지 전달된다.

변화를 염두에 두다
아이방은 넓게 만들어두고 필요에 따라 칸막이를 할 수 있도록 계획했다.

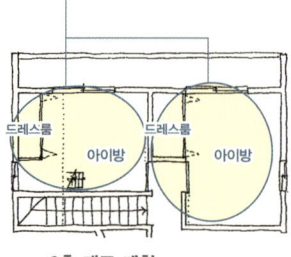

2층 개조 계획

막혀 있지만 열린 곳 1
일부가 이중 구조로 된 외벽은 침실로 향하는 외부 시선을 조절해준다. 상부를 보이드 처리해 북쪽에서 일정한 빛이 들어온다.

2층 침실은 개구부가 이중벽 안쪽에 있어 밖에서 보이지 않지만 빛은 들어온다.

막혀 있지만 열린 곳 2
일부 이중 구조로 되어 있는 외벽은 욕실 쪽 외부 시선을 차단하면서 통풍과 채광을 책임진다.

대지면적	135.98㎡ (41.13평)
연면적	95.86㎡ (29.00평)

070: 차고

건물 형태와 배치로 확보한 넉넉한 주차공간

주변에 주택이 매우 밀집되어 있는 20평 남짓한 대지에 차 두 대를 세울 차고와 거주공간이 필요했다.
필요한 면적을 계산해 두 대분의 차고공간이 나오도록 건물을 배치했다. 2층 LDK 남쪽에는 대형 테라스를 만들어 채광을 충분히 확보했다. 2, 3층에서는 보이드를 통해 가족끼리 인기척을 느낄 수 있다.

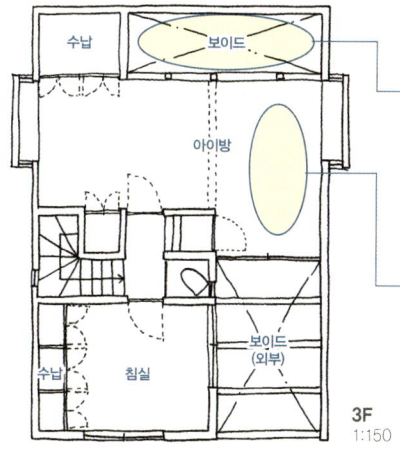

인기척을 느끼다
보이드로 2층 LDK와 연결돼 식구들 인기척이 느껴진다. 아이방은 단차가 있는 원룸으로 나중에 필요하면 방을 나눌 수 있다.

일석이조
한쪽 바닥을 높인 아이방. 3층 공간에 변화를 주면서 2층 LDK의 천장이 높아져 아이방에 들어오는 빛의 양이 많아진다. 아이방 서쪽은 단차 부분을 통해 LDK와 연결된다.

3층 아이방. 오른쪽이 바닥을 높인 공간. 보이드와 단차 부분을 통해 아래층 LDK와 연결된다.

열었다가 닫았다가
화장실 문과 테라스 쪽 문을 이용해 LDK와 세면실 사이를 막을 수 있다.

금방 말리다
넓은 테라스는 세면실 바로 앞에 있기 때문에 빨래도 바로 말릴 수 있다. 가사동선으로 효과적.

루버 가림막
LDK와 연결되는 테라스로 외부 시선이 침범하지 못하도록 남쪽은 목제 루버로 가렸다. 프라이버시를 지키면서 채광과 통풍을 해결했다.

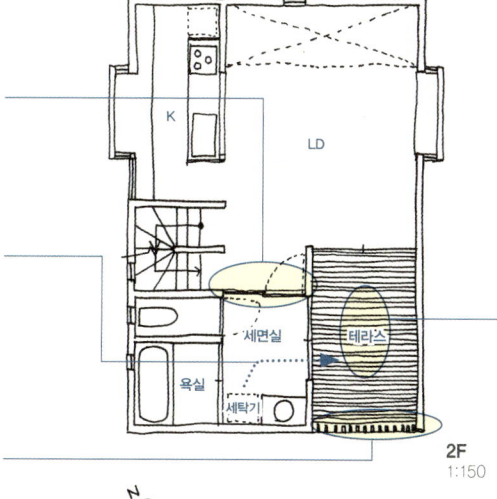

좁게 만들어 넓게 쓰다
LDK 면적이 조금 줄더라도 테라스를 넓게 만들었다. 외부공간과 하나가 되어 LDK가 실제보다 넓고 환하게 느껴지고, 테라스의 그레이팅 바닥이 빛을 아래로 보내 1층까지 환해진다.

2층 LDK. 일부를 높인 천장에 두꺼운 보를 다이내믹하게 설치했다.

건물 바깥까지 사용
차량 두 대분의 공간을 확보하고 내부를 최대한 넓게 만들기 위해 차를 ㄱ자로 주차할 수 있도록 벽과 건물 모양에 신경 썼다.

차고와 파사드

| 대지면적 | 70.00㎡ (21.72평) |
| 연면적 | 100.00㎡ (30.25평) |

1 평면과 대지의 관계
2 공간별 디자인 포인트
3 특별한 용도에 맞춘 설계

071: 차고

차고와 진입로를 하나로 디자인하다

본채 앞에 '차를 위한 건물'을 디자인해 넓은 빌트인 차고를 만들었다. 차고에서 차와 오토바이를 정비할 수 있다. 차고 옆은 진입로이자 제2의 주차공간.
내부에는 아빠가 출퇴근하는 모습이 보이는 부엌과 거실의 작은 창, 계단을 중심으로 한 회유동선, 아이방과 연결된 거실의 보이드 등 유대감과 기능성을 중시한 장치를 마련했다.

차고와 본채가 일체화된 파사드

회유동선+α
회유할 수 있는 가사동선 위에 안주인이 재봉이나 컴퓨터를 할 수 있는 카운터를 만들었다.

보이드로 연결
아이가 어릴 때는 보이드로 거실과 연결되는 프리룸으로 사용하고 나중에는 가족의 구성과 취미에 따라 칸을 나눠 사용할 예정이다.

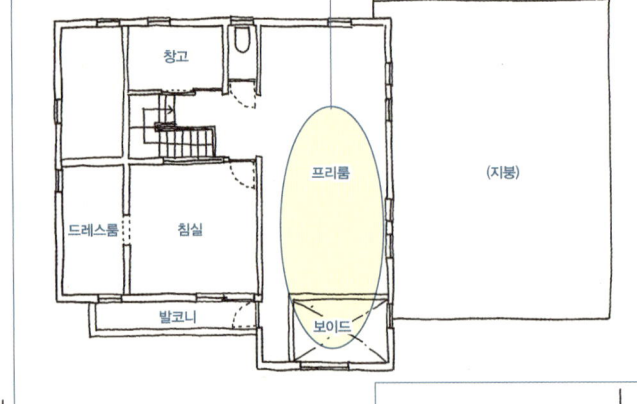

2층 프리룸. 구배천장으로 여유로운 느낌의 공간이다.

떼어내 보관하다
다다미방에는 천장까지 닿는 6짝의 장지문을 달았다. 평소에는 문을 떼놓고 생활하는데, 벽장 안에 6짝을 모두 수납할 수 있다.

하나로 간주하다
차고를 현관 진입로와 하나로 간주해 디자인했다. 본채와 나란한 합각지붕이 진입로 부분까지 덮여 있어 제2의 주차공간과 자전거 보관소 등으로도 쓰인다.

응접실로도 사용
거실 옆 다다미방은 평소에는 열어두고 LDK와 함께 쓰지만 손님이 오면 응접실로 사용한다. 장지문을 닫으면 숙박도 가능하다.

여기서도 회유
부엌을 도는 동선도 있다. 식당과 부엌 양쪽에서 데크 테라스로 나갈 수 있고 정원도 있어 날씨가 좋으면 밖에서 식사를 한다.

다다미방 옆에서. 왼쪽이 거실, 오른쪽이 DK. DK 앞에 테라스가 있다.

대지면적 246.62㎡ (74.60평)
연면적 172.86㎡ (52.29평)

072: 차고

애마가 보이는 거실의 작은 창

애마 전용 차고를 갖춘 주택. 거실에서 차가 자연스럽게 보이도록 만들었다.
대지가 간선도로변에 있어 배기가스가 실내로 들어오지 못하게 기밀성 높은 새시, 실내 건조장, 24시간 환기 시스템 등을 도입했다. 식재와 채광에 신경 써 쾌적한 실내를 만들었다.

거실 창으로 자동차를 볼 수 있다.

1층까지 빛을
보이드 상부에 톱라이트가 있어 1층으로 빛이 전달된다. 보이드의 천장 선풍기로 온도 차를 줄여 실내 환경을 쾌적하게 만들었다.

세면실까지 밝게
투명 유리로 칸막이를 한 세면실과 욕실은 욕실정원을 통해 빛이 들어와 밝고 개방적이다.

가림막을 겸하다
욕실정원의 나무는 감상용이자 외부의 시선을 차단하는 가림막이다.

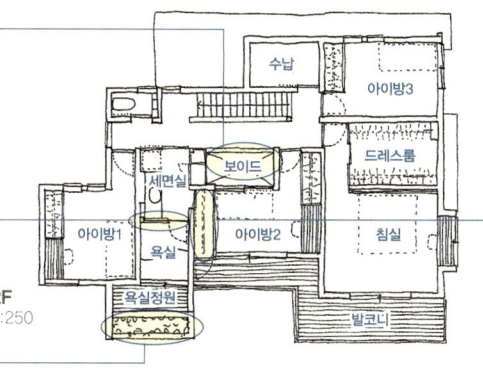

2F 1:250

실내 건조
대지가 간선도로와 접해 있어 세면실과 통하는 실내 건조장을 만들었다.

애마가 보이다
거실에서 언제라도 차를 볼 수 있게 유리로 칸막이한 개구부를 설치했다. 미닫이문을 닫으면 유리창을 감출 수 있다.

잡동사니 보관
빌트인 차고에 창고를 만들어 평상시 잘 안 쓰는 물건을 깔끔히 정리했다.

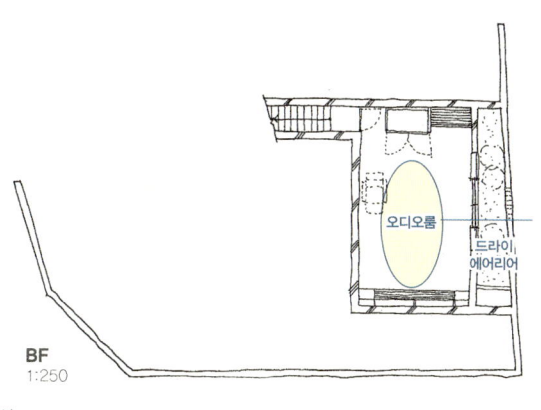

1F 1:250

편리한 동선
부엌 안쪽에 PC를 놓을 수 있는 책상과 식품창고를 만들었다. 복도와 연결되는 동선이 있어서 좁고 긴 공간을 편하게 사용한다.

집어넣을 수 있는 문
테라스의 새시는 집어넣을 수 있는 문. 활짝 열면 테라스가 실내와 연결되어 훨씬 넓어 보인다.

제2의 거실
방음을 위해 오디오룸은 지하에 만들었다. 가족끼리 영화를 보거나 게임을 할 수 있는 제2의 거실이나 손님방으로도 사용한다. 드라이 에어리어로 빛과 바람이 들어와 답답함이 덜하다.

거실

BF 1:250

대지면적 200.00㎡ (60.50평)
연면적 213.00㎡ (64.43평)

1 평면과 대지의 관계
2 공간별 디자인 포인트
3 특별한 용도에 맞춘 설계

073: 옥상

스카이트리를 볼 수 있는
옥상의 작은 전망대

이 집의 압권은 도쿄 스카이트리를 볼 수 있는 작은 옥상 테라스다. 테라스와 발코니는 각각 용도가 다르다. 루버로 가려진 현관 위 발코니는 세탁물을 말릴 때 이용하고, 거실에 딸린 작은 테라스는 가족들이 휴일을 즐기는 공간이다.
1층은 수납공간을 한곳에 모으고 나머지 공간은 기본 원룸으로 넓게 사용하는 등 협소주택의 단점을 역이용했다.

2층 LDK. 외부공간인 테라스가 실내로 들어와 원룸 LDK에 변화를 주고 공간에 리듬감을 만들었다.

비밀 아지트
집 꼭대기로 올라가면 멀리 스카이트리가 보인다. 작은 공간이지만 비밀 아지트 같은 즐거움이 있다.

쓰기 편한 계단
사다리는 공간은 덜 차지하지만 오르는 데 힘이 들어 다락을 자주 쓰지 않게 되므로 고정 계단을 설치했다. 편리성을 중시한 커다란 수납공간이다.

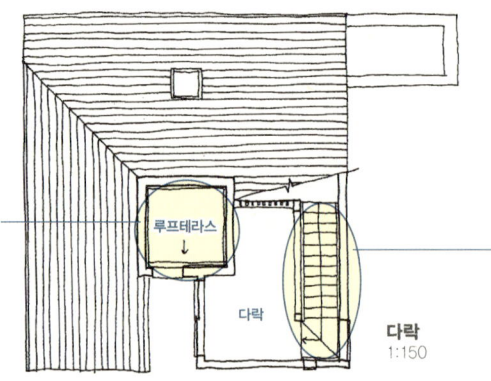

직선 동선
부엌 뒤에 설치한 세탁기, 가사 코너, 빨래 건조장을 직선으로 배치해 가사 동선에 효율화를 꾀했다.

외부를 끌어들이다
작은 테라스를 거실에 끼워 넣어 빛을 안쪽까지 들이고 거리감을 만들어 직사각형 공간에 변화를 줬다.

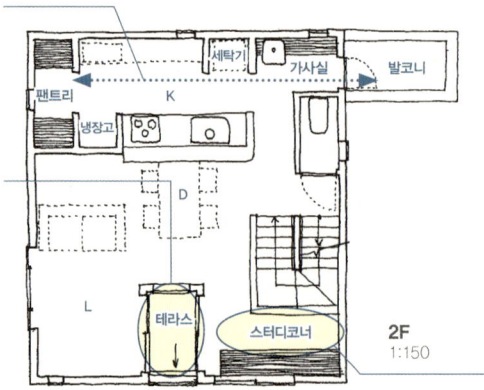

남쪽 외관. 중앙에 보이는 것이 2층 테라스의 루버

가족용 드레스룸
세면실과 연결된 드레스룸에 가족 모두의 옷을 수납해 침실과 아이방은 수납가구를 두지 않고 넓게 쓸 수 있다.

방 같은 느낌
거실의 일부지만 테라스와 계단으로 공간이 분리되어 차분하게 공부에 집중할 수 있는 공간. 부엌에서도 인기척을 느낄 수 있다.

더 넓어지다
프리 스페이스는 미래의 아이방. 아이가 자기 방을 원할 때까지는 넓게 쓴다. 침실 미닫이문을 활짝 열면 커다란 원룸이 된다.

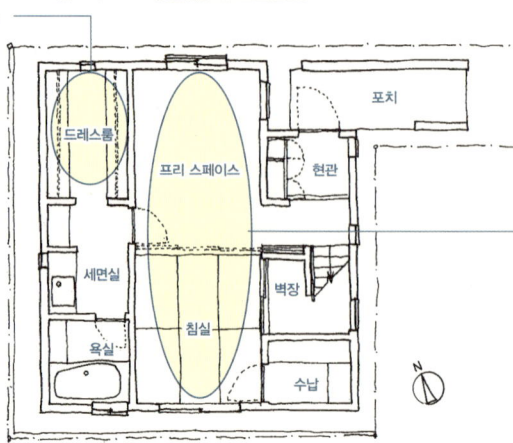

대지면적 92.97㎡ (28.12평)
연면적 82.64㎡ (25.00평)

074: 옥상

플러스알파의 루프 테라스

도심에서 남북으로 긴 토지일 경우에는 북쪽 방까지 빛을 전달하기 어렵다. 그래서 중정을 만들고, 안쪽 방의 고창으로 충분히 빛이 들어오도록 설계했다. 용도가 바뀌는 방, 다락, 루프 테라스 등 변화에 유연하게 대응해 다양하게 사용할 수 있는 장치들을 마련했다.

옥상의 기능
넓은 옥상은 다양한 야외활동을 할 수 있고 태양열 발전에도 유리하다.

다목적 다락
옥상과 연결돼 다양한 용도로 사용된다.

보조방
아이의 성장에 맞춰 용도를 바꿀 수 있다.

양쪽에 큰 창
바닥에서 천장까지 높이의 큰 창이 남북으로 있어 주택가에 있지만 개방적이다.

밝은 북쪽 DK
중정과 높은 창으로 빛이 들어와 북쪽이라는 생각이 들지 않는 밝은 거실과 부엌.

현관에서 곧장
현관에 들어서면 그대로 파우더룸과 연결된다.

연결되는 욕실과 세면실
적당한 크기의 세면실과 욕실을 유리로 연결해 넓게 사용한다.

안쪽까지 빛을
높은 창 덕분에 아래층 방은 안쪽까지 햇볕이 들어온다.

빛과 바람을 부르다
집 안으로 빛과 바람을 불러들이는 중요한 역할을 하는 중정.

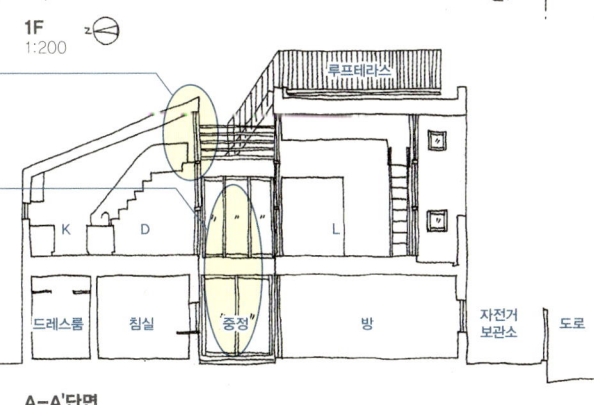

2층 DK. 천장 높이까지 창으로 만들어 북쪽이지만 밝다.

정면 외관

대지면적	105.59㎡ (31.94평)
연면적	115.00㎡ (34.79평)

1 평면과 대지의 관계

2 공간별 디자인 포인트

3 특별한 용도에 맞춘 설계

075: 옥상

협소지의 주택은 옥상에 정원을

주택이 밀집해 있는 입지. 높이는 최대한 옆집과 나란히 맞추고 옥상정원을 만들었다. 건축주는 '참신한 집'을 원했는데, 독특한 외관이나 최신 건축 기술 차원이 아닌 '아이디어로서의 참신함'을 도입했다. 각 층은 스킵 플로어와 보이드로 연결해 일체감을 주었다.

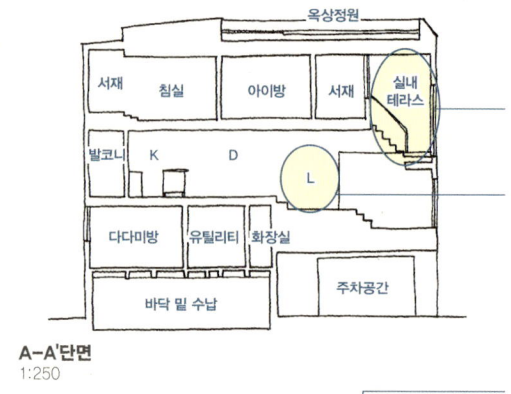

A-A'단면
1:250

실내 테라스
3층 공간에는 실내 테라스가 있어 시각적으로 넓어 보인다.

낮은 거실
거실을 한 단 낮추고 단차를 이용해 공간을 넓게 사용할 수 있도록 했다.

옥상 녹화
단열 성능이 있어 실내 환경을 조정하는 녹화 공간. 바비큐나 휴식을 위한 정원이기도 하다.

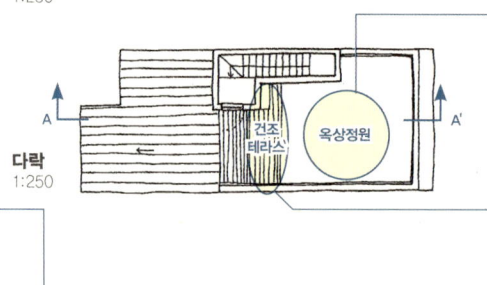

다락
1:250

옥상 건조장
지붕을 이용한 발코니. 빨래를 말릴 수 있다.

계단 밑 세탁 코너
계단 밑 빈 공간을 자녀 세대의 세탁 코너로 이용한다.

오픈된 아이방
아이가 어릴 때는 하나로 쓰고 나중에 두 개로 나누어 쓸 수 있다.

바닥을 높인 서재
침실과 연결된 것도 같고 막힌 것도 같은 느낌.

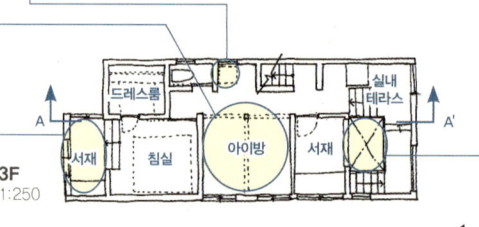

3F
1:250

10m의 3층 보이드
각 층을 잇는 복도 겸 계단. 한곳에 모아 동선의 낭비를 막고 방 안쪽까지 개방적이고 환하게 만들었다.

식품 창고
냉장고와 식품, 식기 등을 수납할 수 있어 부엌이 깔끔하고 넓게 느껴진다.

3층에서 내려다 본 계단실

공용 욕실
부모 세대와 자녀 세대가 함께 쓰는 욕실을 중간층에 배치했다. 양쪽에서 거의 같은 거리에 있다.

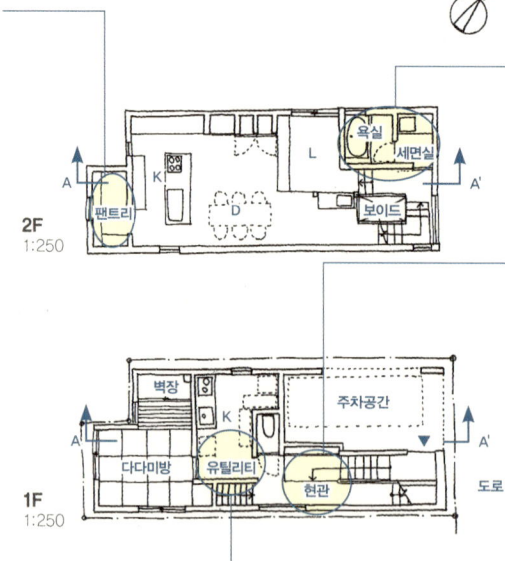

2F
1:250

반층 위 출입구
현관은 반층 위에 있다. 이 계단은 바닥 밑 수납공간으로 알뜰하게 쓴다.

부모 세대의 유틸리티
필요한 유틸리티 공간을 한곳으로 모아 쓸데없는 이동을 막는다.

1F
1:250

외관. 왼쪽의 두 창이 계단실로 빛을 끌어들인다.

바닥 밑 수납공간
1층 바닥 높이를 올리고 바닥 밑에 대용량 수납공간을 확보했다.

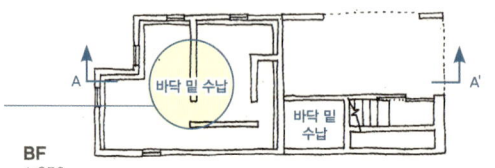

BF
1:250

대지면적 66.00㎡ (19.97평)
연면적 150.00㎡ (45.38평)

076: 옥상

두 세대가 공유하는 옥상정원

시가지의 분리형 2세대 주택. 옆집은 3층 건물이고 도로 건너편에는 아파트가 있어 주변 시선에 신경 쓰지 않고 생활할 수 있도록 코트 하우스 평면을 기본으로 했다. 상자 모양의 내부에는 각 세대 전용 중정과 옥상정원이 있어 프라이버시를 지키면서 편하게 이용할 수 있다. 함께 채소를 기르는 꼭대기층 옥상정원은 각 세대를 느슨한 거리감으로 잇는 역할을 한다.

2층 스터디 코너와 자녀 세대 전용 옥상정원. 도로 쪽에서도 나무가 보인다.

공유공간
옥상의 넓은 테라스와 정원은 두 세대가 공유한다. 함께 채소를 기르고 바비큐 파티도 한다.

도로 쪽 외관

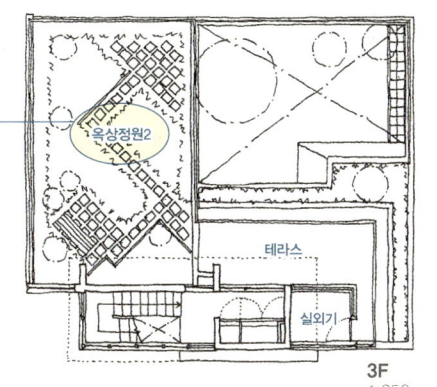

3F 1:250

정원을 나누다
밝은 남쪽 옥상에 흙을 깔아 자녀 세대 전용 옥상정원을 만들었다. 도로와 접해 있어 보행자도 볼 수 있다.

막혀 있지만 개방적
중정 주변은 유리로 외부와 연결되어 있지만 키 큰 노각나무와 옥상정원이 완충 역할을 해 밖에서는 잘 보이지 않는다.

녹음을 즐기는 특별석
복도의 일부를 넓혀 옥상정원과 마주보는 스터디 코너를 만들었다. 계절의 변화를 즐길 수 있다.

편하게 왕래
일일이 밖으로 나가지 않고 실내 계단으로 각 세대를 왕래할 수 있다.

각 방에서도
코트 하우스는 중정 주변이 동선(복도)이 되므로 정원을 감상하기 어렵다. 칸막이 벽 일부를 유리로 만들어 각 방에서 정원을 감상할 수 있다.

1층 거실 쪽에서 바라본 중정

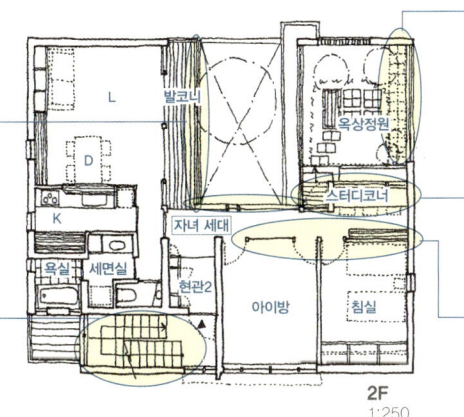

2F 1:250

욕실정원
볕이 잘 들지 않지만 그늘에서도 잘 자라는 나무를 심었다. 좁지만 있는 것과 없는 것은 분위기가 다르다.

안팎을 하나로
ㄷ자형으로 정원을 감싸는 코트 하우스. 천장 높이의 유리로 안팎이 연결돼 있다. 반대쪽 방까지 보이기 때문에 실제 면적보다 넓게 느껴진다.

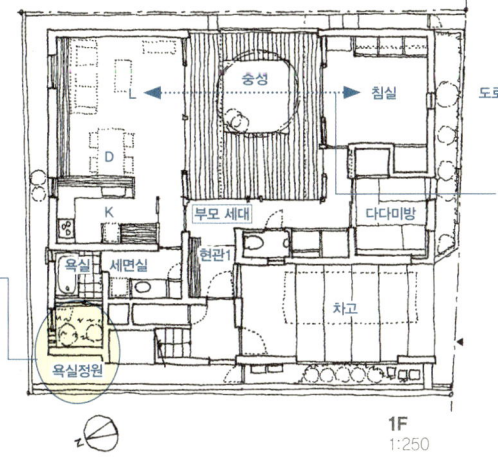

1F 1:250

대지면적 186.84㎡ (56.52평)
연면적 201.58㎡ (60.98평)

077: 외부공간

반옥외 회랑으로 바람이 지나가다

잡목림 비탈에 떠 있는 집. 여름에도 에어컨이 필요 없다. 건물 외주부에는 회랑을, 중심에는 바람이 지나가는 반옥외공간을 만들고 큰 지붕 아래에 방 세 개를 거리를 두고 배치했다. 거실에서 각 방으로 이동할 때 바깥 공기를 쐴 수 있다. 더위나 추위까지 적극적으로 받아들였다.

왼쪽: DK, 테라스의 전면 개구부를 통해 안팎이 연결된다.
오른쪽: 테라스(회랑)는 기둥만 제외하면 바깥과 안이 하나가 되는 공간이다.

건물을 빙 두른 회랑
반옥외 회랑은 테라스, 빨래 건조장, 진입로, 산책로 등 기능이 다양하다.

아늑한 다다미방
개방적인 LDK에 비해 두 공간은 아늑하고 구석진 느낌이 드는 방이다. 잡목림 쪽으로 장지문을 달아 부드러운 빛이 들어온다.

문을 열면 노천탕
물에 강한 금송으로 욕조를 만들었다. 바닥에서 천장까지 높이의 새시를 열면 노천탕이 된다. 조명을 달지 않아 바깥 경치를 온전히 즐길 수 있다.

옥외 거실
큰 지붕으로 덮인 반옥외공간. 봄, 여름, 가을에는 이곳이 거실이다. 처마가 깊어 비오는 날에도 바깥 공기를 즐길 수 있다.

잡목림과 연결되는 LDK
유리문을 열어두면 테라스와 잡목림 방향으로 시야가 트이고 여름이면 시원한 바람이 실내로 들어온다. 겨울에는 나뭇잎이 떨어지고 태양 고도가 낮아지기 때문에 방 구석구석 햇살이 비친다.

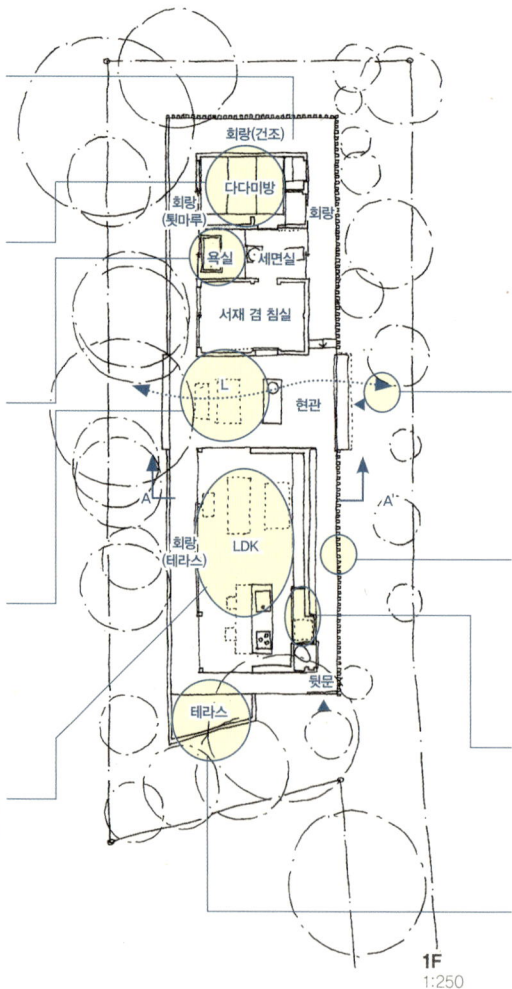

정중앙의 바람길
격자문을 좌우로 열면 큰 지붕에 덮인 6평 남짓한 반옥외 테라스가 잡목림과 앞뜰, 산책로, 집 건너편의 보안림까지 연결된다. 이곳을 기준으로 동쪽이 공용공간, 서쪽이 개인공간이다.

건물을 감싸는 울타리
굵직한 판자 울타리는 통풍과 방범에 효과적이고 가리개 역할도 한다. 남쪽은 지면보다 상당히 높아 울타리를 설치하지 않았다.

생활감을 숨기다
냉장고와 식기 선반을 창호로 가려 깔끔하다. 싱크대도 카운터를 밀어 넣어 숨길 수 있다.

아침 해가 드는 테라스
지붕보다 튀어나온 테라스. 화창한 날이면 여기서 아침식사를 한다.

1F 1:250

단층집 정중앙에 있는 반옥외 부분이 출입구

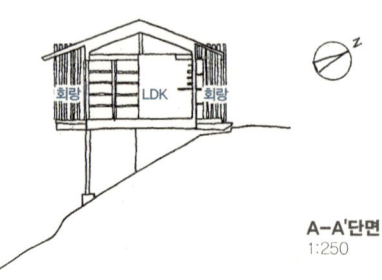

A-A' 단면 1:250

| 대지면적 | 308.70㎡ (93.38평) |
| 연면적 | 64.82㎡ (19.61평) |

078: 외부공간

대지를 덮은 데크로 외부공간을 끌어들이다

바닷가 근처의 한적한 풍경이 펼쳐지는 대지. 주변 분위기와 모래가 흐르는 토양 때문인지 에워싸는 건축 방식이 부자연스럽게 느껴졌다. 개구쟁이 아이들이 집 안팎을 뛰어다니면 좋겠다는 생각에 실내공간이 외부로 뻗어나가도록 집을 지었다. 건축 면적은 최소화하고 건물 주변에 빈 땅을 크게 만들어 그 위에 우드 데크를 덮었다.

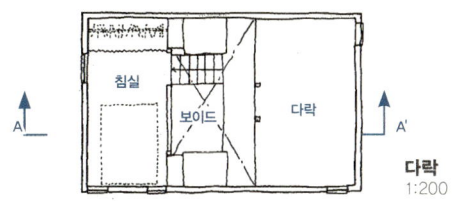

다락 1:200

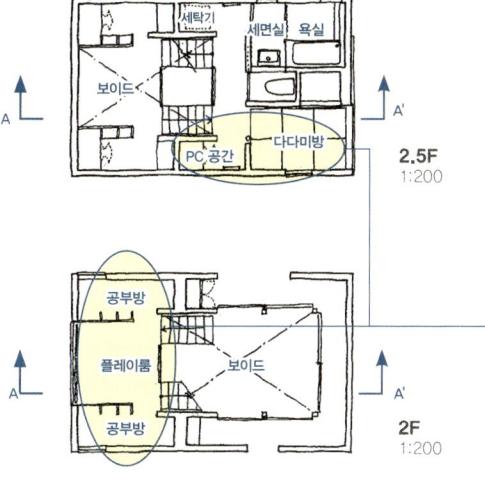

2.5F 1:200

2F 1:200

1F 1:200

대지를 덮은 데크 위에 떠 있듯 서 있다. 정면 아랫부분은 거실

틈새공간의 연속
스킵 플로어 중간에 몇 군데 틈새공간을 만들었다. 장지문 달린 1.5평짜리 '마루방', 1평짜리 '공부방' 두 개, 0.25평짜리 'PC방', 1.5평짜리 '다다미방'이 바닥 차와 눈높이를 달리하면서 한 방향으로 연결되어 있다.

반지하 같은 DK
계단을 몇 칸 내려간 반지하 같은 DK는 중심이 낮아 의자에 앉으면 테라스 너머로 나무 아랫부분만 보인다. 가족이 오래 머무를 수 있는 편안함과 안정감이 있다. 벽은 기초가 노출된 콘크리트, 바닥은 모르타르 착색으로 마감했다.

집으로서의 테라스
대지 대부분을 차지하는 우드 데크 테라스. 모래땅인 대지 위에 살짝 떠 있어 안팎으로 시선이 관통하기 때문에 집의 앞뒤가 없이 전체가 정원 같은 공간이다. 데크에는 구멍을 뚫어 나무를 심었다.

현관이 없는 집
떠 있는 박스 밑으로 새시를 좌우로 열고 들어가면 작은 실내공간이 나온다. 여기엔 신 벗는 곳이 없으므로 사실상 처마 아래가 현관인 셈이다.

2.5층에서 바라본 2층 플레이룸. 오른쪽 계단은 침실로 연결된다.

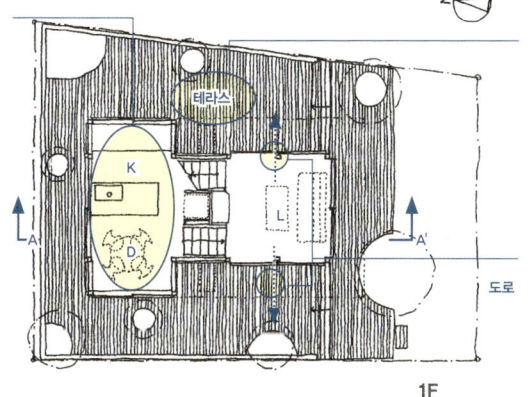

거실. 현관 없이 테라스에서 양쪽 새시를 열고 출입한다.

대지의 바닥 차를 이용
대지의 바닥 차를 이용해 자연스럽게 테라스에 단차를 만들었다. 경제적일 뿐 아니라 걸터앉을 수도 있다.

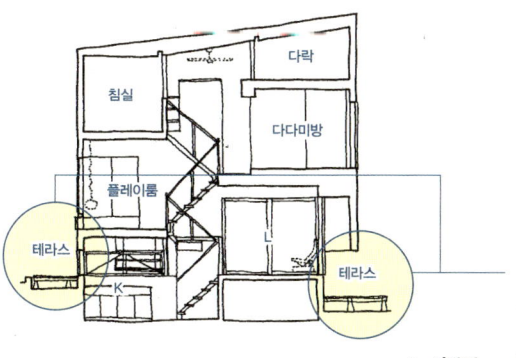

A-A'단면 1:200

대지면적 100.02㎡ (30.26평)
연면적 67.48㎡ (20.41평)

1 평면과 대지의 관계
2 공간별 디자인 포인트
3 특별한 용도에 맞춘 설계

079: 외부공간

LDK와 일체화된 테라스

고지대에 지은 주택. 바다와 울창한 숲이 보이도록 공간을 계획했다. 보이드를 경사 천장으로 억제한 거실에서는 자연스럽게 바다가 보인다. 동쪽 숲과 접해 있는 다다미방은 볕이 덜 들어 차분한 느낌이다. 천장고를 낮춘 2층 서재는 바다를 바라보며 사색에 빠질 수 있는 장소이다.

부엌 옆에서 본 LD와 테라스. 미닫이문을 활짝 열면 테라스와 실내가 연결되고, 보이드와 면한 경사지붕은 깊은 처마가 된다.

보이드로 LD와 연결되는 2층 서재

다다미방에서 바라본 숲

콤팩트하게
거의 정방형으로 LDK와 욕실을 배치한 콤팩트한 평면. 홀 쪽의 큰 미닫이문과 테라스 쪽의 유리문을 열고 닫음에 따라 공간감이 달라진다.

별채처럼
현관에서 돌아 들어가는 다다미방은 별채 같다. 큰 창으로 숲이 보인다.

전망 좋은 거실
거실은 남쪽으로는 바다, 동쪽으로는 숲을 향해 트여 있어 산과 바다의 경치를 함께 즐길 수 있다.

전망 테라스
널찍하게 만든 2층 서재는 1층 테라스보다 높은 위치에 전용 테라스가 있다.

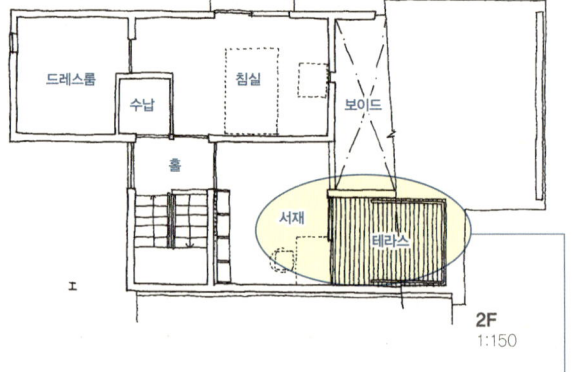

현관 앞의 북쪽 외관

활짝 열어 연결
테라스와 실내를 가로막는 큰 유리문은 벽으로 집어넣을 수 있다. 전부 집어넣으면 실내와 실외가 하나로 연결된다.

경관을 즐기다
욕실을 LDK의 한 모퉁이에 배치했다. 테라스와 마찬가지로 바다를 내다볼 수 있다.

세면실과 욕실

대지면적	297.32㎡ (89.93평)
연면적	86.58㎡ (26.19평)

080: 외부공간

벽으로 둘러싼 가족 전용 외부공간

본가 대지의 일부를 분할해 만든 집. 대지 안쪽에 있는 본가로 가려면 집 양쪽으로 길을 내야 했기 때문에 양쪽에 차고를 배치하고 중앙에 4인 가족을 위한 30여 평의 집을 계획했다.
1층에 방과 욕실, 2층에 LDK를 배치한 전통적인 평면이다. 외부 테라스와 2층 LDK를 연결해 작은 LDK를 넓고 환하게 만들었다.

2층 LDK와 실내로 끌어들인 테라스

바람이 통하는 벽
닫아두면 외벽과 똑같이 보이지만 열면 바람이 통한다. 대각선상으로 바람이 통하도록 개구부를 배치했다.

사라지는 창호
외부 테라스와 실내를 막는 창호는 모두 벽 안으로 집어넣을 수 있다. 활짝 열면 테라스와 LDK가 하나로 연결되어 개방적이다.

가족을 볼 수 있는 창
부엌은 LD와 분리하고 싱크대 주변을 가렸다. 통로와 거실 쪽으로 열리는 창으로 가족들 모습을 볼 수 있다.

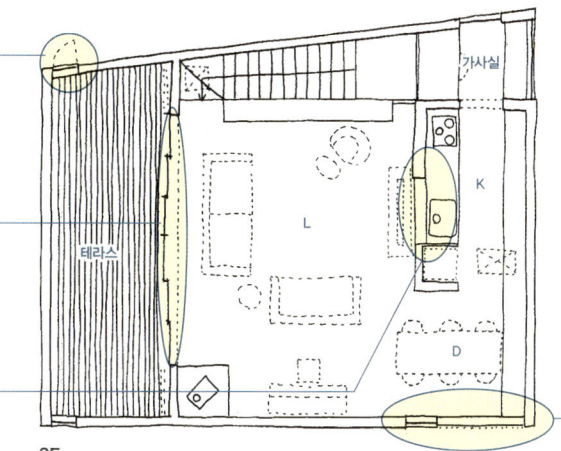

아이방

창의 기능
경치가 보이는 장소를 골라 큰 창을 냈다. 유리 부분이 고정되어 있어 채광과 조망만 가능하다. 통풍은 옆문으로 해결했다.

도로 쪽 외관

뒷문의 동선
차에서 내려 곧장 실내로 들어가는 출입구이자 빨래 건조장으로 가는 출입구이기도 하다.

낭비 없는 수납
세면실 주변과 침실 쪽 수납공간의 키를 맞췄다. 수납장 깊이까지 고려해 공간의 낭비를 막았다.

도로에서 본가로
본가로 가는 통로는 자동차 세 대를 댈 수 있는 차고이자 자전거 보관소. 가족들이 다니는 통로 쪽 개구부는 좀 더 신중하게 검토했다.

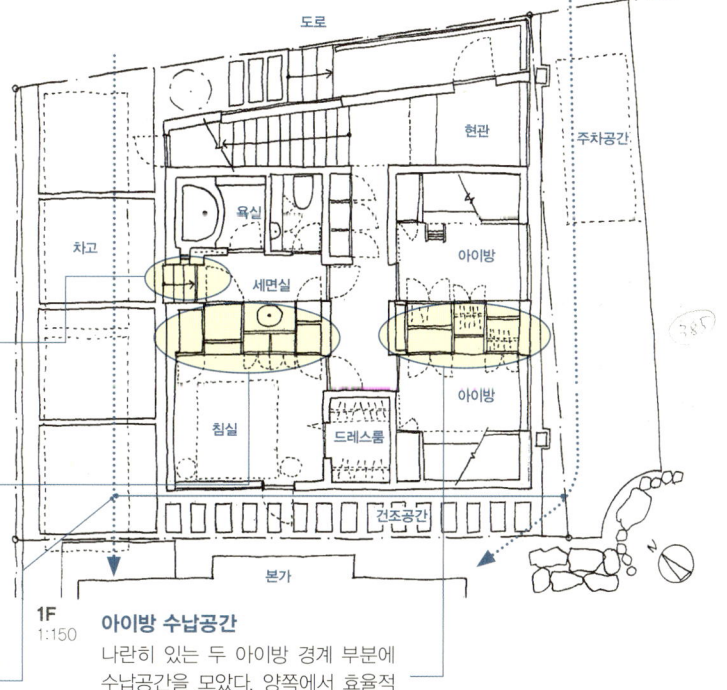

아이방 수납공간
나란히 있는 두 아이방 경계 부분에 수납공간을 모았다. 양쪽에서 효율적으로 사용할 수 있고 조금이라도 수납량을 늘릴 수 있도록 연구했다.

대지면적   105.99㎡ (32.06평)
연면적   105.04㎡ (31.77평)

1 평면과 대지의 관계
2 공간별 디자인 포인트
3 특별한 용도에 맞춘 설계

081: 외부공간

반옥외 거실과 회랑이 있는 집

바다가 보이는 산에 지은 집. 등고선이 비스듬하게 가로지르는 대지의 특성을 살려 경사면에 바닥차를 여러 개 만들었다. 현관 중정의 옥외 계단 층계참 높이에 다다미방과 서재가 있다. 즉, 1층과 2층 사이에 있는 두 개의 단차와 두 개의 루프 테라스를 합쳐 총 여섯 개의 단차가 존재한다. 거실은 전망보다는 정원과의 연결을 중시했고 다다미방은 다실처럼 닫힌 공간으로 만들었다.
반층 올라간 서재에서는 산이, 2층에서는 바다가 한눈에 보인다. 큰 지붕으로 덮인 2층은 절반 이상이 반옥외공간이다.

왼쪽: 옥외 거실은 지붕이 있는 반옥외 테라스. 계단 위는 뚫려 있다.
오른쪽: 정면 외관. 바다를 향해 큰 개구부를 냈다.

빨래를 말리는 회랑
남쪽에서 충분한 빛이 들어오는 지붕 딸린 건조장.

실내에서 즐기는 전망
침실과 욕실에서 목제 창호를 활짝 열 수 있다.

옥외 거실
햇볕이 강한 날이나 비오는 날에도 밖으로 나가고 싶은 매력적인 반옥외공간.

그러데이션 루버
옆집 쪽으로는 세로 격자를 세워 시선을 막고 통풍을 확보했다. 상황에 따라 루버 간격을 조정한다.

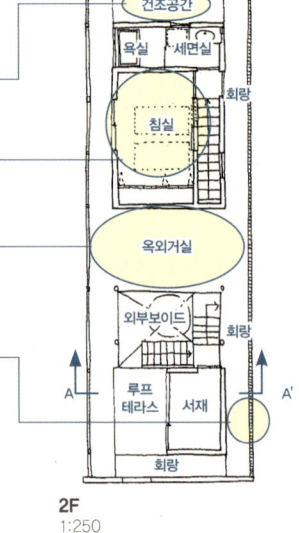

2F
1:250

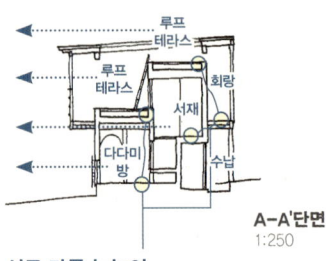

A-A'단면
1:250

서로 다른 눈높이
거실에서 세 계단 올라간 곳이 다다미방이고, 거기서 바깥 계단을 반층 올라간 층계참이 서재의 바닥 높이이다. 다다미방 옥상에서 서재 옥상으로 올라가면 큰 지붕이 벤치가 되어 360° 전망을 볼 수 있다.

정원과의 일체감
거실은 정원과의 연결을 중시했다. 정원에서 채소와 허브를 키운다. 목제 창호는 활짝 열린다.

1층 거실의 바닥 높이와 개구부는 정원 전망에 맞춘 것

격자문을 열면 중정
대문으로 들어가면 물푸레나무가 반겨준다. 이 중정을 사이에 두고 한 건물 안에 본채와 별채가 있다.

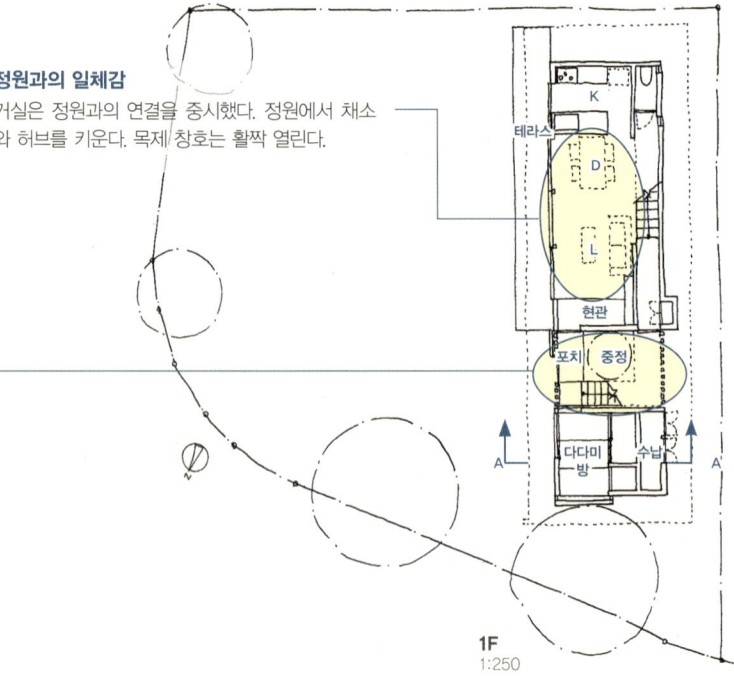

1F
1:250

대지면적 330.58㎡ (100.00평)
연면적 110.34㎡ (33.37평)

196

082: 외부공간

큰 개구부와 L자형 테라스로
바람과 빛을 끌어들이다

남쪽 정원을 향해 폭 5.4m, 바닥에서 천창까지 높이의 목제 새시 개구부를 설치해 정원을 실내로 받아들이고 LD와 같은 높이의 L자형 넓은 우드 데크를 정원 안쪽까지 연장했다.
개방적인 LD와 부엌을 연결하고 그 앞으로도 나무를 심어 남북으로 시선과 바람이 통하도록 했다. 수직으로 뚫린 거실 상부의 보이드로 하루 종일 여러 위치에서 입체적으로 빛과 바람이 쏟아져 들어오는 환한 집이다.

LD 너머로 바라본 정원과 테라스는 정원 안쪽까지 뻗어 있다.

유리 칸막이
홀을 사이에 두고 있는 두 개의 아이 방은 투명 유리창의 문으로 막아 인기척과 시선을 주고받는다. 혼자가 되고 싶을 때는 창에 롤 스크린을 내리면 된다.

2층 별채
일단 바깥(테라스)으로 나가야 2층 서재로 들어갈 수 있다. 떨어져 있지 않은데도 별채 같은 느낌이 드는 가족공간이다.

가까운 바깥에
쓰레기는 가능하면 부엌에서 가깝고 실내에서 보이지 않는 바깥에 두는 것이 편리하므로 작은 서비스 테라스를 만들었다.

넓은 우드 테라스
5.4m의 개구부와 같은 폭의 우드 데크는 L자 형태로 안쪽까지 뻗어나가 생활공간을 밖으로 확장시킨다. 아이들이 뛰어놀 수 있는 우드 테라스.

테라스의 창
도로에서 테라스의 세탁물이 보이지 않도록 알루미늄 격자 창호를 설치했다. 가벼운 창호는 수동으로 움직일 수 있어 문을 열면 바깥과 연결되고 문을 닫으면 안쪽 공간이 실내화되면서 큰 개구부로 연결된 테라스와 침실이 넓은 개인공간으로 바뀐다.

낮은 벽으로 분리
낮은 벽으로 현관과 욕실 사이의 시선을 차단해 현관에서 보이는 안뜰, 욕실에서 보이는 안뜰로 그 기능을 분리했다.

바람이 통하는 안뜰
작은 안뜰은 빛과 바람이 들어오고 빗방울이 떨어지게 만들었다. 전부를 둘러싸지 않고 비와 바람이 지나는 길을 만들었다.

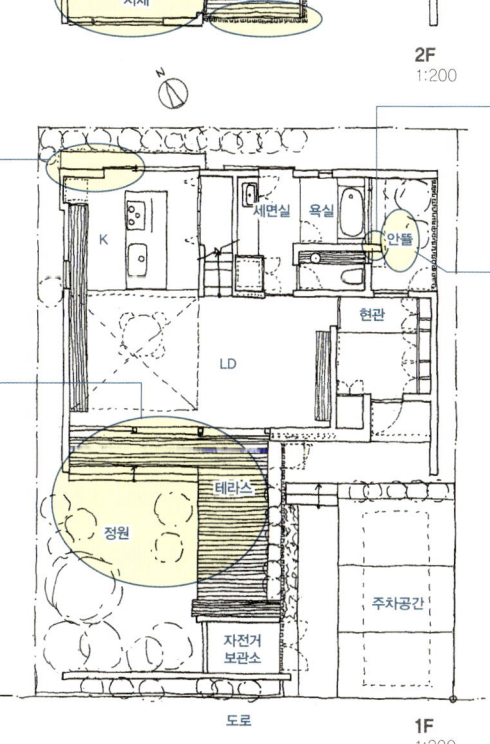

2층 아이방에서 내려다본 테라스

도로 쪽 외관. 정원과 테라스는 울타리와 나무 때문에 도로에서는 보이지 않는다.

대지면적	172.40㎡ (52.15평)
연면적	110.60㎡ (33.46평)

083: 외부공간

위아래층의 어긋남이 만들어낸 안길이

밀집된 주택지의 모퉁이에 지은 집. 1층은 교차로 쪽 대지를 꽉 채워 지은 폐쇄적인 볼륨으로, 2층은 교차로에서 뒤로 물러나 널찍한 개구부가 있는 볼륨으로 만들고 그 차이로 인해 생긴 옥상을 테라스로 활용했다.

도로 쪽 외관. 빈틈없는 대지에 갈바늄으로 덮인 1층 위에 테라스가 있다.

테라스와 연결
테라스로 오픈된 널찍한 LDK. 부엌은 뒤쪽에 넉넉한 팬트리를 만들어 일정한 독립성과 LDK와의 연속성을 갖췄다.

구석진 느낌
교차로 쪽으로 벽을 세워 도로와 거리를 두어 안정감 있는 옥상 테라스. 실내가 안으로 들어간 느낌이 든다.

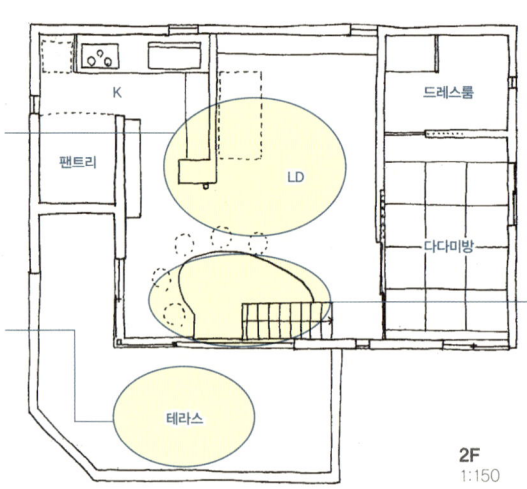

2F 1:150

효율적인 공간 활용
계단 상부 공간을 이용한 넓은 식탁.

식탁과 LDK

코너 활용
코너를 활용한 맞춤 욕조. 욕조와 욕실 바닥은 인조 대리석을 광택 처리 했다.

변형된 공간에 맞춰 제작한 욕조

넓은 차고
차를 좋아하는 남편을 위한 넓은 차고. 북쪽 차고에서 남쪽 주차공간까지 뚫려 있다. 나중에 아이방이 필요해지면 코너 부분을 막아 방으로 만들 예정이다.

지창을 통해 채광
도로와 가까운 다다미방(침실)은 도로의 시선을 차단하기 위해 개구부를 낮추고 지창(地窓)으로 빛을 받는다.

1F 1:150

대지면적 124.82㎡ (37.76평)
연면적 111.28㎡ (33.66평)

084: 외부공간

한 바퀴 돌 수 있는 반옥외 테라스

1층을 반옥외 테라스가 빙 둘러싸고 있다. 여기에 나무를 심어 실내도 실외도 아닌 독특한 공간을 만들었다. 아이들은 이 데크 테라스를 돌며 달리기 시합을 한다.
그림책이 많아서 1, 2층 중심에 책장을 놓고 계단과 스킵 플로어 바닥에 걸터앉아 책을 읽도록 했다.

남동쪽 외관. 1층을 데크 테라스가 둘러싸고 있다. 1층 데크 위로 돌출된 팬트리와 다실, 테라스는 외벽 사이에 끼여 있다.

빙 도는 가사동선
부엌→세탁→건조는 같은 층에서 빙 도는 동선.

명승지를 내다보다
거실을 2층에 만들어 부엌, 식당, 거실에서 유명 사찰과 산을 볼 수 있다.

스킵 플로어
작업공간이 있는 홀과 거실 사이에는 40cm의 단차를 만들어 그 단차에 걸터앉아 책을 읽기도 한다.

테라스 앞에서 LDK를 본 것. 남쪽의 커다란 개구부와 테라스 쪽 개구부로 인해 트인 공간

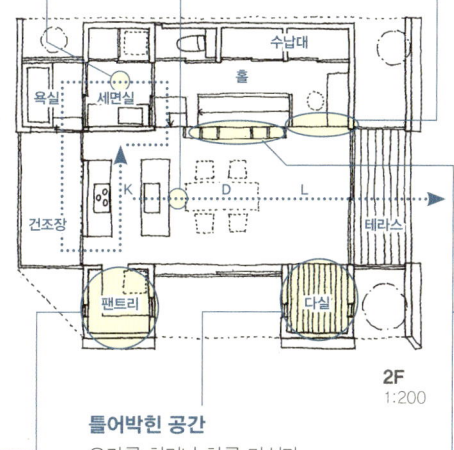

2F 1:200

집의 척추
책이 많은 집이라 척추처럼 집을 받쳐 주는 책장을 중심에 설치했다. 책장은 방이나 계단에서 사용할 수 있다.

공중에 떠 있는 팬트리
부엌 옆의 팬트리는 반옥외 테라스 위에 브리지 형태로 떠 있다. 냉장고도 여기 넣어 거실에서 보이지 않는다.

틀어박힌 공간
요가를 하거나 차를 마신다.

1층 침실과 아이방. 미닫이를 열면 원룸이 된다.

수납 지대
북쪽에 길게 수납공간을 모아 배치했다. 화장실도 이 안에 들어 있다.

큰 원룸
침실과 아이방은 커나란 원룸으로 만들고 공간을 구분하기 위해 폴리카보네이트 시트로 칸막이를 했다.

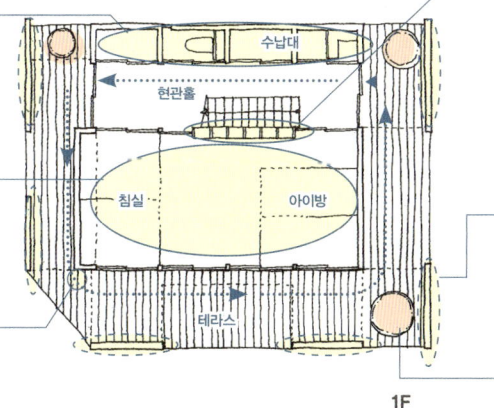

가리개 역할
바깥의 벽 여섯 개는 도로 쪽 시선을 차단한다.

빙빙 도는 동선
1층 침실을 둘러싸듯 반옥외 테라스를 만들었다. 자전거를 보관하거나 이불을 말리기도 한다.

나무 세 그루
반옥외 데크에는 물푸레나무, 동청목, 황칠나무를 한 그루씩 심었다.

1F 1:200

대지면적	230.33m² (69.67평)
연면적	114.74m² (34.71평)

1 평면과 대지의 관계
2 공간별 디자인 포인트
3 특별한 용도에 맞춘 설계

085: 외부공간

외부 테라스를
LDK의 일부로

경사진 대지의 낮은 쪽에 배치한 주차공간 위에 LD와 연결되는 큰 데크 테라스를 만들었다. 테라스는 지인들과 어울리는 장소이자 장을 본 후 부엌으로 짐을 옮기는 동선이다. LDK의 연장이라기보다 LDK의 일부라고 할 수 있다.

친구 여럿이 모여 테라스에서 바비큐 파티를 한다.

풍부한 수납공간
다락을 최대한 크게 만들어 수납공간을 늘렸다. 수납공간이 많으면 깔끔한 생활이 가능하다.

중3층
거실 상부를 보이드로 만들어 2층 바닥 높이와 다른 중3층 공간을 만들었다. 칸막이는 없지만 바닥 높이가 달라 다른 공간처럼 느껴진다.

시선을 차단하다
도로에서 현관으로 가는 진입로와 생활공간 사이를 벽으로 막았다. 덕분에 거실 쪽 창과 커튼을 거리낌 없이 열 수 있다.

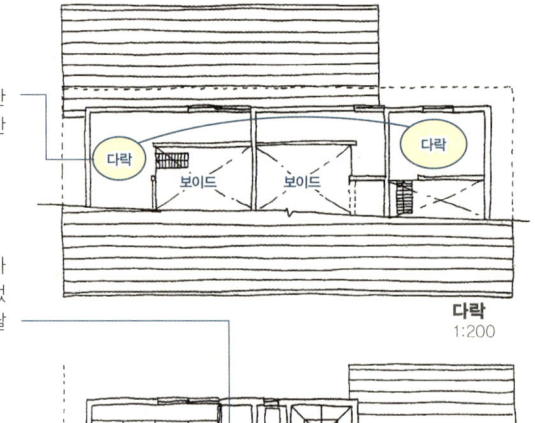

도로 쪽 외관

LDK의 일부
주차공간 위에 만든 넓은 테라스는 LDK의 일부. 친구들과 파티를 하거나 아이들이 뛰어노는 공간이다.

집의 중심
부엌에서 이어지는 카운터 테이블은 식탁인 동시에 가족이 모이는 장소. 집성재로 제작했다.

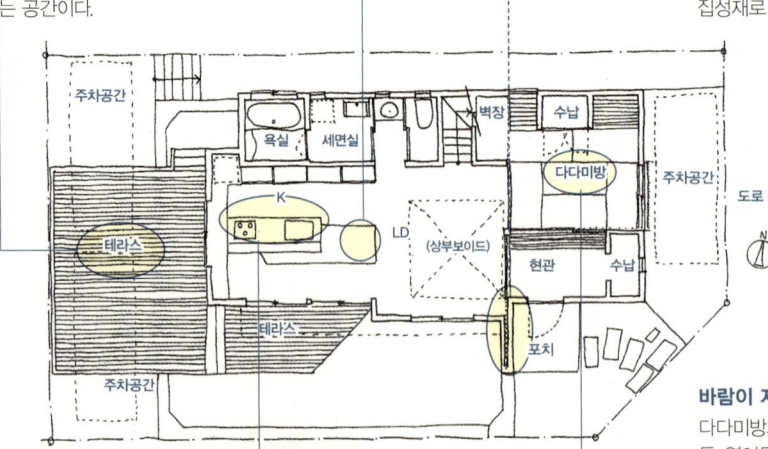

아일랜드 키친
부엌은 실내에서만 보면 끄트머리에 있지만 테라스와 LDK를 한 공간으로 놓고 보면 중심에 위치한다.

식탁과 부엌

바람이 지나는 길
다다미방과 LDK 사이의 장지문은 보통 열어둔다. 도로 쪽 지창(地窓)으로 들어온 바람이 LDK를 지나간다.

대지면적 185.70㎡ (56.17평)
연면적 115.97㎡ (35.08평)

086: 외부공간

테라스에서 식사를 즐기다

조용한 주택가에 높은 벽으로 프라이버시를 확보한 중정 형식의 주택. 1층 봉당은 현관에서 신을 신은 채 사용하는 공간으로 손님용 응접실이나 서재로 이용된다. 가족실은 일상적인 거실이지만 손님이 오면 손님방으로도 사용할 수 있다. 봉당과 가족실을 잇는 부엌은 중정 테라스와 붙어 있어 밖에서 식사하기 좋다.

부엌에서 바라본 테라스. 활짝 열 수 있어 밖에서 식사를 할 때 편하다.

중정 야경. 높은 울타리를 두른 중정을 향해 낸 큰 개구부가 보인다.

도로 쪽 외관. 왼쪽 주차공간은 중정과 연결된다.

울타리를 높이 치다
중정은 3.6m 높이의 울타리를 둘러 프라이버시를 확보했다. 바깥 시선을 신경 쓰지 않고 외부공간을 즐길 수 있다.

보이지 않게 말리다
세탁기를 2층 세면실에 두고 방문객이 보이지 않는 곳에서 건조한다. 침실만 통과하면 건조대라 동선이 짧다.

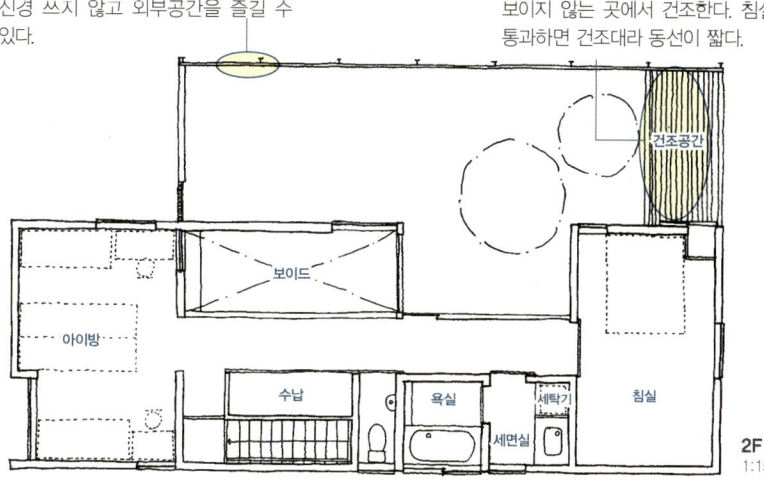

세 대까지 주차
중정 일부를 주차공간으로 이용해 세 대까지 주차할 수 있다. 중정 바닥의 소재는 흙(자갈), 목재 데크, 콘크리트로 나뉘어 있다.

테라스와 연결
중정 테라스가 있어 야외 식사를 하기에 좋은 부엌. 음식을 나를 때 편리한 카운터도 있다.

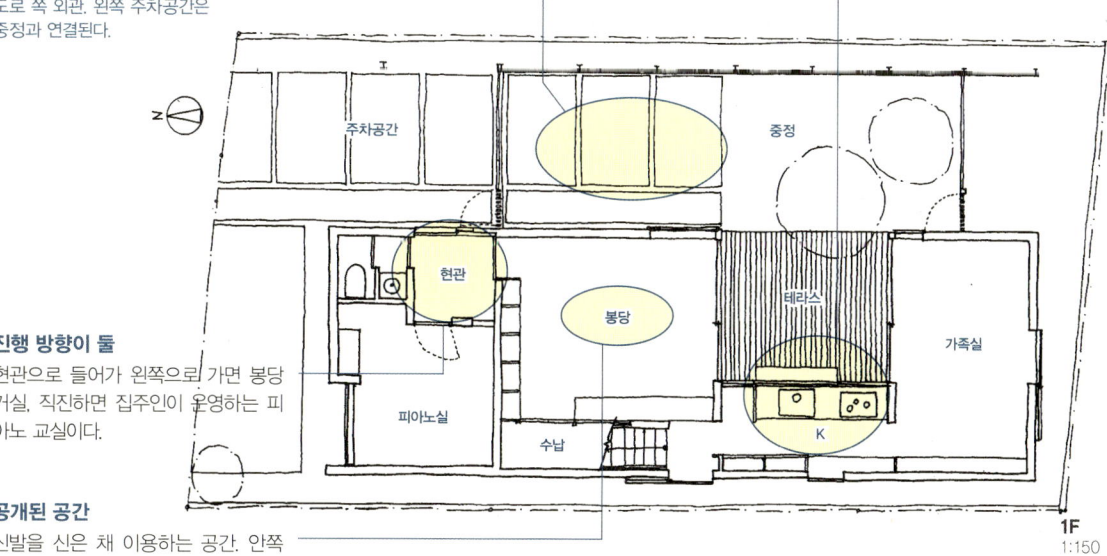

진행 방향이 둘
현관으로 들어가 왼쪽으로 가면 봉당 거실, 직진하면 집주인이 운영하는 피아노 교실이다.

공개된 공간
신발을 신은 채 이용하는 공간. 안쪽 가족실보다는 공개된 공간으로 응접실이나 서재로 쓴다.

대지면적 171.06㎡ (51.74평)
연면적 118.76㎡ (35.92평)

1 평면과 대지의 관계

2 공간별 디자인 포인트

3 특별한 용도에 맞춘 설계

087: 외부공간

물결 이는
테라스와 정원

사방이 주택과 아파트로 둘러싸인 대지에 수조와 벽면으로 구성된 코트 하우스. 벽면 비율을 높게 잡으면 모든 벽이 빛과 그림자의 캔버스가 되어 계절의 변화와 태양의 움직임을 즐길 수 있다. 건물에 둘러싸인 수조는 빛을 반사해 건물 안을 밝게 비추고 실내에 흔들리는 그림자를 만든다. 안팎 모두 공간을 기본적으로 미니멀하게 디자인했다.

수조가 있는 가든 테라스. 부엌과 거실에서 마음껏 볼 수 있다.

정원에서 본 테라스 쪽 것. 떠 있는 벽 앞의 테라스 너머로 부엌과 거실이 이어진다.

초록길
현관으로 향하는 폭 4.5m의 골목길 같은 진입로. 울타리를 따라 걸으면 기분이 전환된다.

떠 있는 벽
주위 시선으로부터 실내를 보호하는 떠 있는 벽은 빛과 그림자를 비추는 캔버스이다.

가든 테라스
둘러싸여 있어 프라이버시를 지킬 수 있는 물가의 테라스. 빛으로 충만한 풍경에 스트레스가 풀린다.

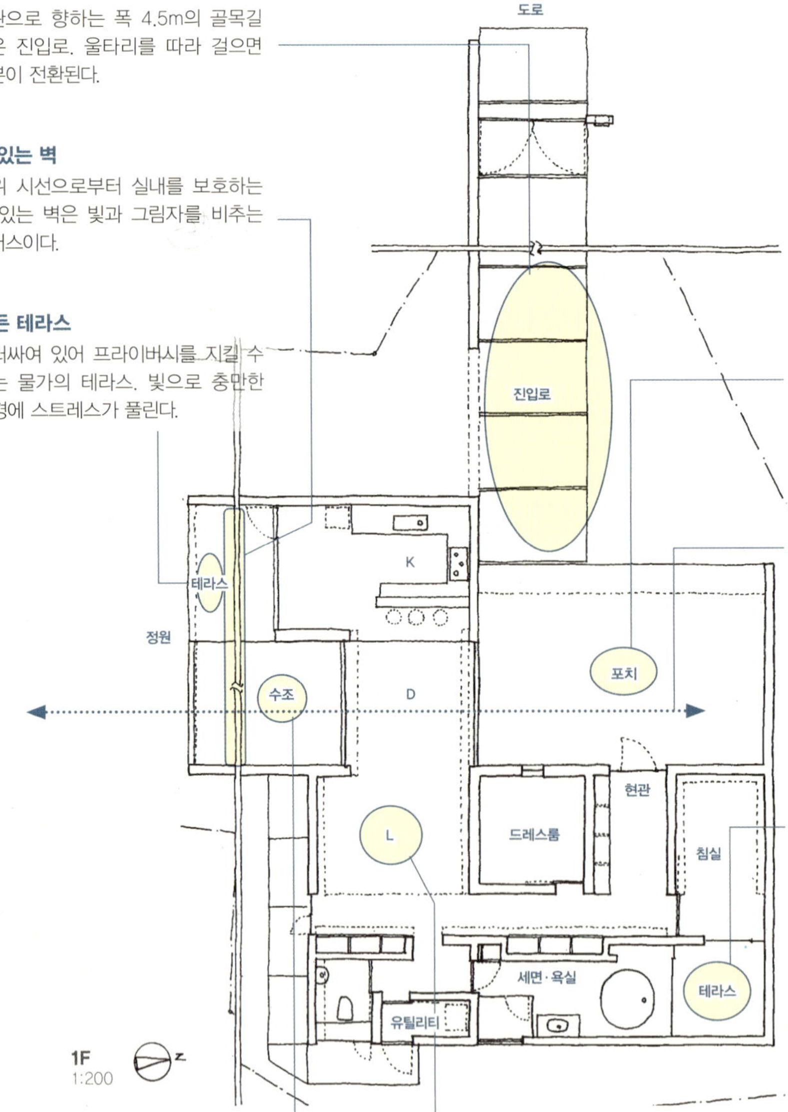

풍경이 있는 차고
일부러 차고를 만들지 않고 자동차도 경치의 일부가 되도록 했다. 루프의 루버는 햇빛 가리개 겸 시간을 재는 장치이다.

연결되다
주위 시선을 차단한 울타리 내부는 포치에서 실내를 지나 정원까지 연결된다. 수조가 있는 정비된 외부공간과 정원수가 자라는 외부공간으로 성격이 다른 공간이 이어진다.

빛의 파티오
욕실 전용 파티오. 햇살이 들어와 기분 좋게 목욕할 수 있다.

거실에서 부엌 방향을 본 것

물의 공간
여백을 만드는 수조. 일렁이는 수면을 조용히 바라볼 수 있다.

미니멀
레트로 가구로 꾸민 깔끔한 거실. 밤에는 간접 조명과 수조의 조명으로 다른 모습이 된다.

대지면적 572.56㎡ (173.20평)
연면적 120.48㎡ (36.45평)

088: 외부공간

큰 개구부와 테라스가 건물과 대지를 하나로

건물에 큰 지붕을 얹어 대지와 일체화된 공간을 만들었다. 넓은 오픈 스페이스에 정원을 향해 열리는 개구부를 설치해 외부와 연결했다. 지붕만 휑하니 얹혀 있는 공간이 되지 않도록 개구부를 이용해 시선과 명암을 조절했다.

남쪽 테라스와 개구부로 연결되는 LDK. 폭이 약 6.5m인 큰 개구부

시야가 트인 고창
보이드와 접해 있는 고창은 발코니 너머의 풍경이 1층 오픈 스페이스로 전달한다.

다다미방
입구를 낮춘 다다미방. 서쪽 개구부를 통해 정원을 볼 수 있다.

방사형 계단
방향성이 없는 공간이 자유롭게 연결된다.

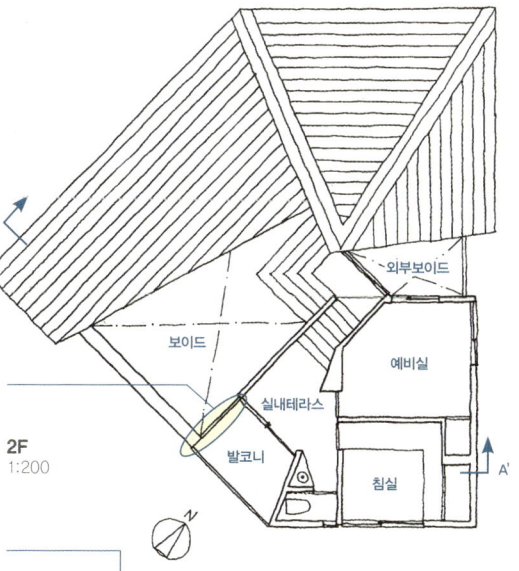

회유하는 가사동선
부엌, 팬트리, 세탁실, 탈의실 등 콤팩트하고 효과적인 가사동선을 이루고 있다.

천장고와 명암의 변화
천장 경사로 공간의 변화와 공간감을 만들고 여러 방향으로 시야가 트이도록 해 단순한 평면이지만 여러 느낌의 공간을 만들어냈다.

중앙 정면의 통로 안쪽은 현관. 빛의 명암과 목재의 농담으로 음영이 강조된다.

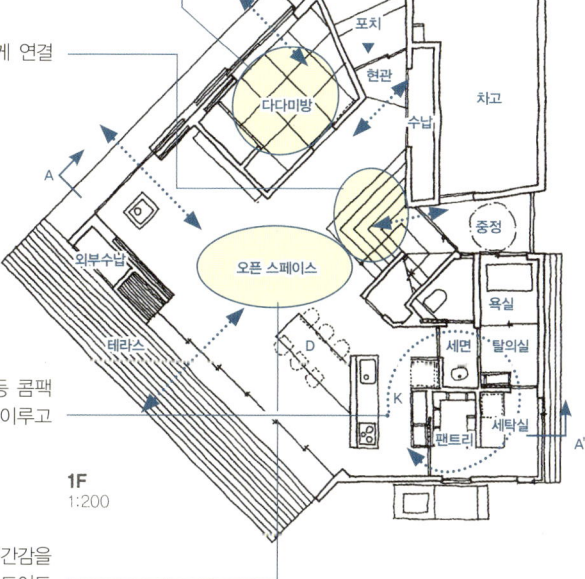

활짝 열린 테라스가 정원과 실내를 한 공간으로 잇고, 계단 위의 개구부와 2층 발코니의 개구부가 야외와 실내를 시각적으로 잇는다.

대지면적 855.20㎡ (258.70평)
연면적 145.65㎡ (44.06평)

1 평면과 대지의 관계

2 공간별 디자인 포인트

3 특별한 용도에 맞춘 설계

089: 외부공간

전망대가 있는 집

기본은 단층 건물이지만 주변의 멋진 자연 경관을 다양한 각도에서 즐길 수 있도록 2층에 전망대를 설치했다. 어릴 적부터 단층집에서 살았던 건축주는 전망을 매우 마음에 들어 했다. 각 방은 거실을 중심으로 들어갈 수 있도록 배치하고 각각 앞뜰을 볼 수 있게 만들었다. 또한 두 세대가 부담 없이 지낼 수 있도록 어머니 방은 별채처럼 만들었다.

도로 쪽 외관. 대지 전체를 감싸지 않고 필요한 부분만 감쌌다. 전망대에서는 울타리 너머를 볼 수 있다.

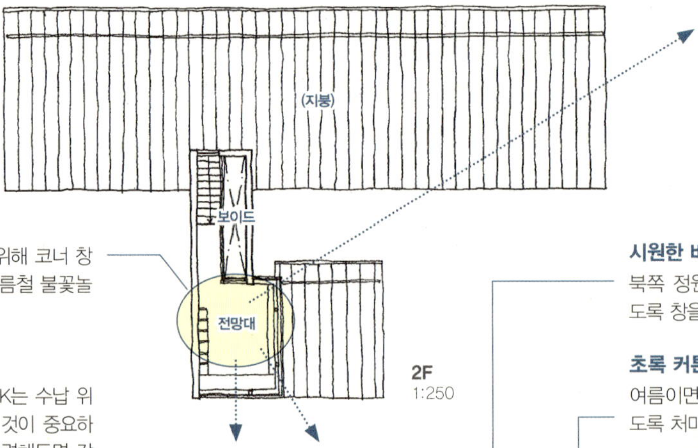

경치를 즐기다
남쪽의 벚꽃을 감상하기 위해 코너 창을 달았다. 동쪽으로는 여름철 불꽃놀이를 볼 수 있다.

부엌 수납
거실과 한 공간에 있는 DK는 수납 위치와 수납량을 파악하는 것이 중요하다. 충분한 수납공간을 마련해두면 갑자기 손님이 와도 수납장 문을 닫아 깔끔한 공간을 연출할 수 있다.

시원한 바람
북쪽 정원에서 시원한 바람이 들어오도록 창을 설치했다.

초록 커튼
여름이면 나팔꽃으로 창밖이 뒤덮이도록 처마에 후크를 설치했다.

거실 앞 초록의 커튼

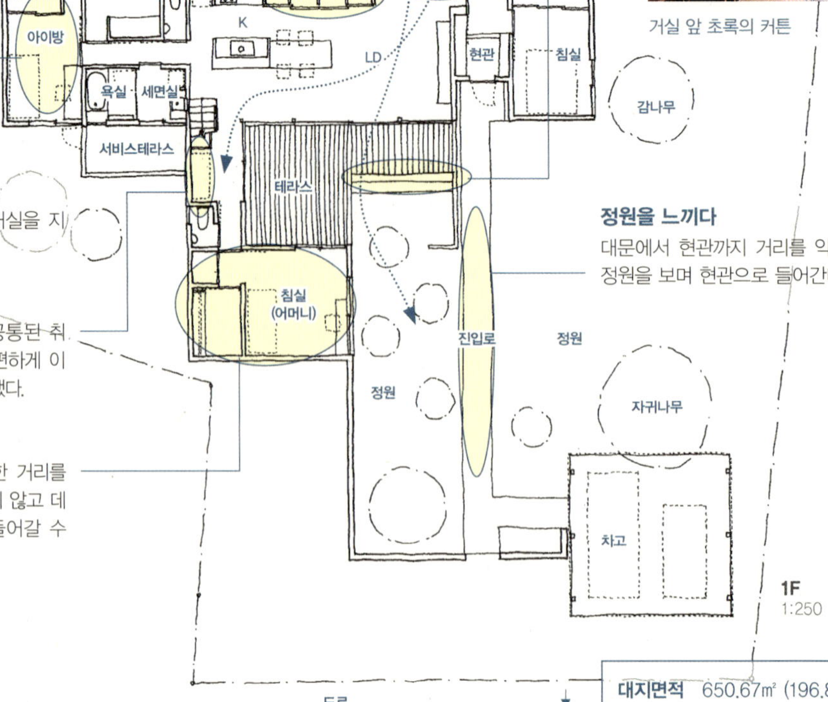

아이방의 동선
학교에서 돌아오면 반드시 거실을 지나도록 아이방을 배치했다.

함께 즐기다
피아노는 어머니와 아이의 공통된 취미. 방 사이에 두고 손자와 편하게 이야기를 나눌 수 있도록 배려했다.

출입구를 따로
어머니의 방과 거실은 적당한 거리를 두고 배치했다. 현관을 통하지 않고 데크 테라스를 통해 방으로 들어갈 수 있다.

정원을 느끼다
대문에서 현관까지 거리를 약간 두어 정원을 보며 현관으로 들어간다.

LDK와 연결된 테라스

대지면적 650.67㎡ (196.83평)
연면적 130.30㎡ (39.42평)

090: 외부공간

층마다 정원을 만들다

도쿄 만이 보이는 경사지의 고지대 주택가에 부부가 살 집을 지었다. 주변 경치가 자연스럽게 눈에 들어오도록 배치한 안뜰과 남쪽 정원, 우드 데크 테라스와 깊은 처마가 달린 옥상 테라스 등 외부공간이 곳곳에 있다. 주로 1층은 부인, 3층은 남편이 쓰는 공간으로 나누고, 부부가 공유하는 2층 거실과 식당, 부엌, 욕실은 회유동선상에 배치했다. 골격을 드러낸 구조재, 다양한 광엽수재를 쓴 벽면 등으로 쾌적한 공간을 완성했다.

광수수를 벽면으로 이용한 LD

스켈레톤 계단
톱라이트의 빛을 아래층으로 전달하고 통풍을 돕는다.

다다미 코너를 침실에
다다미에 이불을 깔고 자고 싶어 하는 남편을 위한 공간. 바닥이 한 단 높아서 일어나 앉기 편하다. 서재를 넓게 쓰기 위해 작게 만들었다.

작은 보이드
동서의 고창으로 빛이 들어와 실내가 환하다.

계단실
LD와 계단실을 하나로 만들어 통풍이 잘되고 넓게 사용한다. 에어컨을 틀 때는 미닫이문으로 칸을 막는다.

회유성 있는 세면 코너
세탁기는 유틸리티 공간에 있으므로 손님용으로도 쓸 수 있다.

유틸리티와 건조대
부엌과 나란히 있는 유틸리티. LD에서 보이지 않도록 배치했다.

남쪽 정원의 경치를 감상할 수 있는 다다미방

주차장 수납
주차장에서 사용하는 계단 밑 수납공간이다.

사무실 겸용 침실
큰 창은 셔터로, 작은 창은 슬릿 모양으로 만들어 방범에 신경 썼다.

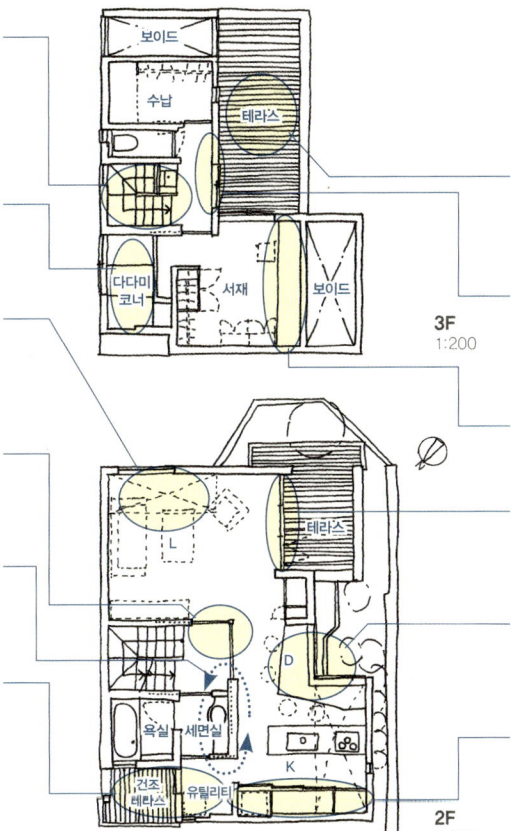

3F 1:200

2F 1:200

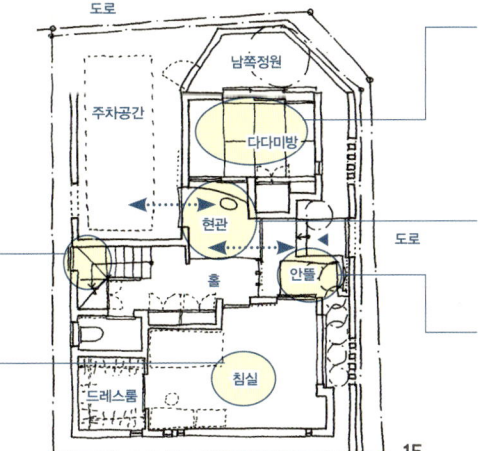

1F 1:200

거실과 통하는 테라스
꼭대기층의 지붕 달린 반옥외 테라스. 아래층 거실과는 보이드와 유리로 연결된다.

통풍창
꼭대기층에 바람이 통하는 창을 만들면 계단을 통해 공기가 순환한다.

긴 서재 책상
4m짜리 긴 책상이 있는 서재.

데크에서의 전망
활짝 열 수 있는 목제 폴딩 도어가 있어 포치와 남쪽 정원을 볼 수 있다.

창가 카운터
원할 때면 언제든 밖을 보며 식사를 할 수 있다.

냉장고까지 벽면 수납
4분의 1은 팬트리, 4분의 3은 요리 중 열어놓고 쓴다.

다다미방
현관 봉당을 사이에 둔 별채 같은 다다미방. 일부에는 마루를 깔아 의자에 앉아서 쉴 수 있다. 현관 봉당과는 격자문으로 막혀 있고 현관에서 다다미방 너머로 정원이 보인다.

두 개의 동선
포치에서 가는 주요 동선 외에 주차장에서 가는 동선도 있다. 두 출입구 모두 미닫이문을 달아 자전거나 짐을 운반하기 편하다.

안뜰을 진입로로
안뜰이 진입로 역할을 겸한다. 2층 식당에서 이곳의 산딸나무가 보인다.

대지면적 93.77㎡ (28.37평)
연면적 135.62㎡ (41.03평)

---

1 평면과 대지의 관계

2 공간별 디자인 포인트

3 특별한 용도에 맞춘 설계

091: 외부공간

LDK가 남북의 정원을 잇다

개방감과 프라이버시가 공존하고 안과 밖이 하나로 연결된 집. 1층은 남북이 이어지도록 LD를 배치한 후 정원과 연결하고 보이드의 식당과 장작 난로로 별장 분위기를 더했다. 2층은 큰 지붕을 동서로 잇는 데크를 설치하고 아이방과 다다미방, 두 번째 욕실을 데크와 접하도록 배치해 각 공간에 개방감을 주었다.

아이들의 공간
평소에는 미닫이문을 열어 사용하는 열린 공간. 테라스와 다락으로 연결되어 아이들이 좋아한다.

다다미방
북쪽과 남쪽에 개구부가 있어 통풍이 잘되고 채광도 충분하다. 손님방이나 별채로 사용된다.

테라스
큰 지붕 사이에 데크 테라스를 설치했다. 주변 시선을 신경 쓰지 않고 야외 활동을 할 수 있고 통풍과 채광도 충분히 확보된다.

침실
2평 남짓한 드레스룸과 나란히 있는 콤팩트한 침실. 현관에서 드레스룸을 지나 들어가거나 거실을 통해서 들어갈 수 있다.

드레스룸
침실과 현관 사이에 있어 외출 준비나 정리정돈에 편리하다.

현관 수납공간
현관에 널찍한 수납공간을 만들어 외부 창고처럼 아웃도어 용품 등을 보관한다.

남쪽 정원
진입로를 겸하고 있는 정원은 나무가 많은 쉼터.

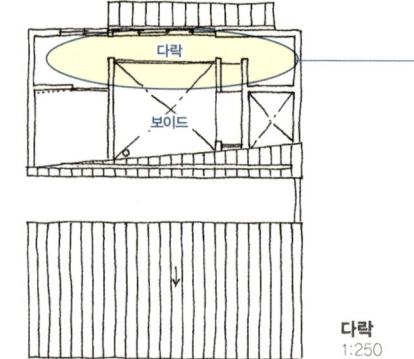

다락 1:250

2F 1:250

1F 1:250

다락방
아이들 놀이터. 2층 침대를 통해 출입한다.

다락이 주변을 둘러싼 아이방. 정면 다락은 2층 침대를 통해 올라간다.

욕실2
프라이빗 테라스와 접해 있는 환하고 넓은 욕실.

굴뚝
1층 난로의 굴뚝. 복사열로 실내를 데울 수 있도록 1, 2층을 지나는 위치에 설치했다.

1층을 남북으로 잇는 거실과 식당

북쪽 정원
건물을 남쪽 도로 쪽으로 몰고 북쪽에도 정원을 만들었다. 바람을 쐬거나 장작을 팰 때 효과적으로 활용된다.

욕실1
계단 밑을 이용해 수납 및 샤워 공간을 만들었다.

거실과 식당
양쪽 정원을 감상하기 위해 남북이 트이도록 배치했다. 연속된 공간이지만 바닥 차와 천장고의 변화로 느슨하게 구분된다.

부엌
미닫이문으로 열고 닫히는 부엌은 부부와 딸까지 들어갈 수 있을 만큼 넓다. 남쪽 정원이 보인다.

대지면적 218.18㎡ (66.00평)
연면적 139.94㎡ (42.33평)

092: 중정

중정을 감싼 세 개의 직방체

대지를 따라 세운 벽과 직방체로 구성되었다. 중정의 녹음, 수목의 흔들리는 그림자, 톱라이트로 들어오는 날카로운 빛, 면을 따라 퍼지는 부드러운 빛, 흰 벽에 비치는 빛과 그림자의 움직임은 실내에 자연의 움직임과 시간의 흐름을 전한다.

도로 쪽 외관. 앞 건물이 아틀리에, 뒤쪽에는 중정이 있다.

LD. 톱라이트로 비쳐든 빛

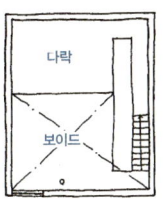

다락 1:250

일체화
수납공간, 화장실, 샤워 부스, 다락으로 가는 계단을 목제 큐브로 통일해 설비공간을 건축과 일체화했다.

연결되는 부엌
부엌의 연장선상에 데크 테라스를 만들어 반옥외공간에서 식사와 차를 즐길 수 있다. 부엌 앞 유리로 서쪽의 놀이방과 아틀리에의 인기척을 느낄 수 있다.

중정의 조화
세 개의 직방체에 둘러싸인 중정은 입체적으로 트인 공간과 완만하게 이어지는 영역이 조화를 이루고 있다. 날씨가 좋으면 여기에서 식사를 하거나 차를 마신다.

한 줄기 빛
톱라이트를 통해 비쳐드는 빛은 계절과 시간에 따라 극적으로 변한다.

도로 건너편의 나무
LD의 창을 통해 도로 건너편의 나무를 볼 수 있다.

빛의 농담
슬릿 모양의 톱라이트를 통해 벽면에 부드러운 빛이 전달된다.

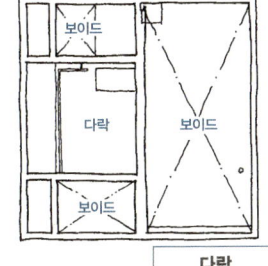

2F 1:250

LD. 톱라이트를 통해 벽으로 전달되는 빛

지창의 빛
다다미방에 설치한 지창(地窓)으로 북쪽의 빛을 받아들인다. 프라이버시를 확보하면서 안뜰을 볼 수 있다.

시선과 동선의 트임
동서 방향으로 뚫려 있어 건너편을 언제라도 볼 수 있다.

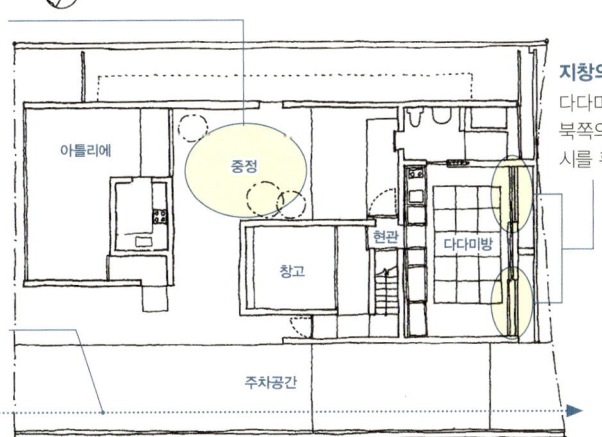

1F 1:250

대지면적 251.94㎡ (76.21평)
연면적 178.55㎡ (54.01평)

---

1 평면과 대지의 관계
2 공간별 디자인 포인트
3 특별한 용도에 맞춘 설계

093: 중정

중정을 통해 빛을 전하는 ㅁ자 배치

대지는 단독 주택단지의 한 구역. 폭 4m의 전면도로를 사이에 두고 대부분의 주택이 대지 쪽으로 큰 창과 베란다를 냈다.

건축주가 중정을 원했기 때문에 외주부를 벽으로 둘러싸고 중정을 가운데 배치했다. 출입구에서 거실까지 공간이 이어지는 상승공간으로 계획하고 외주부의 벽을 소용돌이형으로 배치해 광정과의 사이에 생긴 콩코스(concourse) 같은 공간에 벽의 높이에 맞추듯 변화하는 천장고를 만들었다. 외주벽에는 이웃과 시선이 마주치지 않는 위치에 작은 창을 냈다.

중정과 접해 나란히 있는 욕실과 세면실. 창이 커 밝고 개방적인 공간이 되었다.

2층 거실
천장고를 확보해 중정 쪽에 큰 창을 낸 개방적인 거실.

AV룸으로도
스크린을 내려 프로젝터로 영상을 즐길 수 있다.

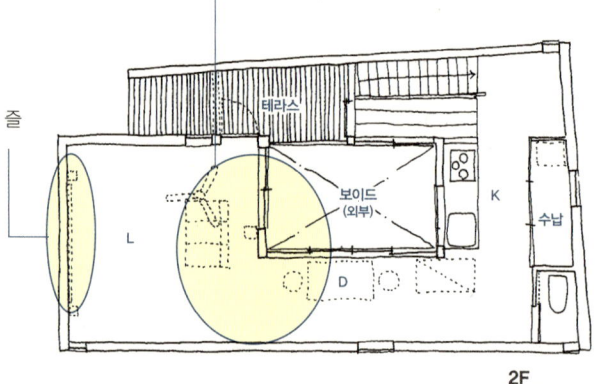

도로 쪽 외관. 틈새를 지나 현관으로 들어간다.

2F 1:150

아래위층을 잇다
모든 방에 중정으로 향하는 개구부를 설치해 빛을 받아들인다. 중정을 사이에 둠으로써 각 방의 거리감이 생기고 공간감도 커졌다. 1, 2층의 인기척을 서로 느낄 수 있다.

주위에 대한 배려
옆집 시선을 차단하기 위해 외벽에는 큰 창을 달지 않았다. 주변 상황을 살펴 창의 위치를 정했다.

아틀리에
현관과 연결되어 있는 취미생활을 위한 아틀리에.

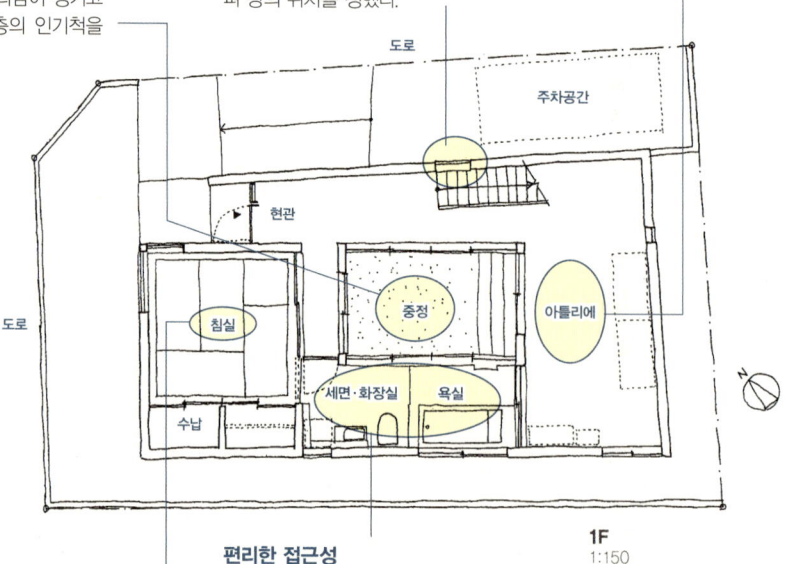

다다미방 침실
침실로 사용하는 다다미방은 장지문을 열면 중정에서 빛이 들어온다.

편리한 접근성
중정을 통해 들어온 빛 덕분에 환한 욕실과 세면실. 다다미방과 아틀리에, 현관 쪽에서도 들어갈 수 있다.

1F 1:150

대지면적 120.63㎡ (36.49평)
연면적 90.28㎡ (27.31평)

094: 중정

두 개의 중정과
회유동선이 낳는 공간감

시내의 깃대부지에 지은 주택. 보이드 양옆의 두 개의 중정으로 채광과 통풍을 해결했다.
중정 중 하나의 주위에는 도서관, 다다미방, LDK 등 다른 기능을 가진 공간을 배치해 회유동선을 만듦으로써 각 방의 폐색감을 없앴다. 각 방을 회유하면 공간의 변화를 즐길 수 있다.

다다미방에서 본 중정. 왼쪽이 도서관. 중정을 돌면 여러 가지 다른 풍경이 눈에 들어온다.

1 평면과 대지의 관계
2 공간별 디자인 포인트
3 특별한 용도에 맞춘 설계

인기척을 연결하다
LDK에서 가족의 인기척을 느낄 수 있도록 방과 LDK의 위치에 신경 썼다.

하늘로 연결되다
두 개의 중정을 시야가 하늘로 트이도록 배치해 개방감을 얻었다.

2F
1:150

확실하게 오픈하다
깃대부지의 장대 부분은 확실하게 오픈해 시야가 트이도록 만들었다.

깃대부지 안쪽에 있는 진입로. 2층 서재는 시야가 트여 있다.

부엌의 시야
부엌은 시야가 넓게 트여 있기 때문에 누가 어디에 있는지 잘 보인다.

중정이 욕실정원
중정과 접해 있는 욕실. 바깥을 보며 기분 좋게 목욕할 수 있다.

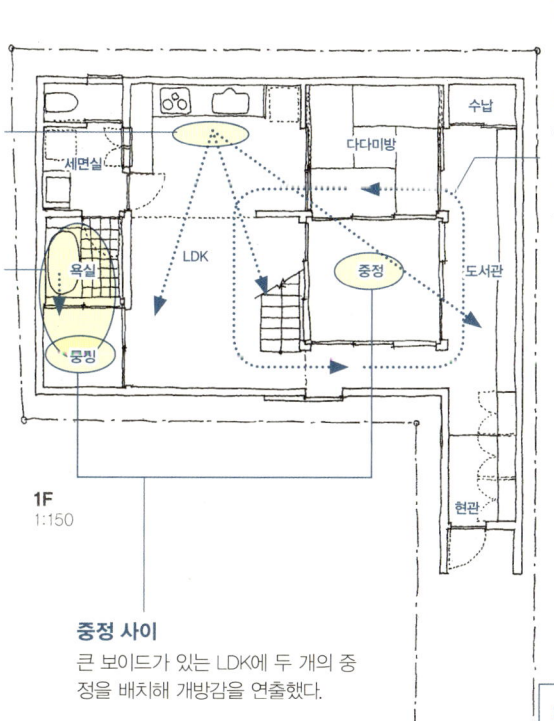

거실에서 중정 너머로 도서관 방향을 본 것

1F
1:150

회유성
중정을 중심으로 한 회유성이 돋보이는 평면. 한 바퀴를 돌면서 LDK, 다다미방, 도서관 등 공간의 변화를 즐길 수 있다.

중정 사이
큰 보이드가 있는 LDK에 두 개의 중정을 배치해 개방감을 연출했다.

대지면적 118.88m² (35.96평)
연면적 96.28m² (29.12평)

095: 중정

중정과 실외 통로가
지하로 바람과 빛을 들이다

협동조합 아파트 지하에 있는 자택 겸 설계사무소. 한정된 공간을 효과적으로 사용하기 위해 수납공간 두 개로 개인 영역과 공동 영역을 나누었다. 공동 공간의 중심에는 아일랜드 키친을 배치해 홈 파티를 즐길 수 있다. 지하에는 중정과 지하 통로를 만들어 빛과 바람을 받아들인다.

식당에서 본 부엌과 아틀리에. 오른쪽의 중정은 실내로 빛과 바람을 받아들인다. 지하라는 생각이 들지 않는 밝은 공간.

두 개의 화장실
화장실을 침실용과 손님용으로 따로 만들어 손님이 개인 영역으로 들어오지 않도록 배려했다.

긴 진입로
골목 같은 진입로는 환기 기능도 탁월하다.

중정으로 채광
보이드된 중정을 통해 빛이 들어와 유리 너머의 지하공간이 환하다.

양쪽이 수납공간으로 둘러싸인 은밀한 공간. 침실과 한 공간에 있다.

각각 다른 입구
손님용 입구를 따로 설치해 손님의 동선과 프라이빗 동선이 겹치지 않도록 했다.

작은 침실과 수납공간
부부 두 사람이 쓰는 공간이므로 침실 폭은 침대 폭에 딱 맞춰 만들었다. 침대는 레일로 이동시킬 수 있어 청소하기 편하다. 침실 양옆에 수납공간을 만들었다.

집 중심에 부엌
좁고 긴 LDK 정중앙의 아일랜드 키친. 아틀리에와 식당에서 모두 사용하기 편한 위치. 천장과 윗미닫이틀 사이의 교창을 통해 가로로 길게 하늘이 보인다.

넉넉한 수납공간
아일랜드 키친에 부족하기 쉬운 수납공간은 문으로 가릴 수 있는 팬트리 설치로 확보.

이동식 루버
석양과 외부 시선을 차단하기 위해 이동식 금속 루버를 설치했다.

빙빙 도는 동선
큰 회유동선을 따라 강아지가 뛰어다닌다.

빛과 바람을 들이다
지하의 습기와 채광 문제를 해결하기 위해 지상까지 연결되는 '빛우물'을 설치해 지하 통로로 빛과 바람을 받아들인다.

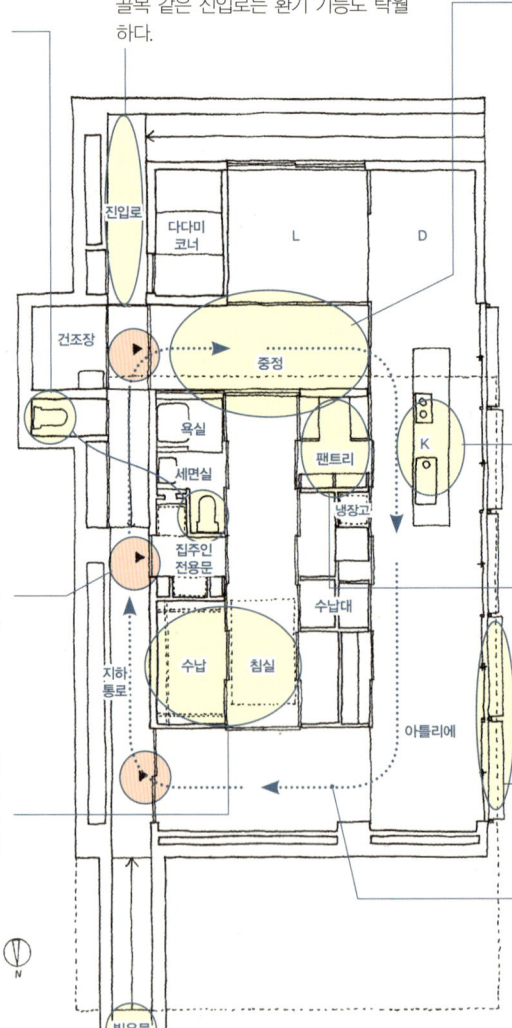

B1F
1:150

도로와 접한 서쪽에 석양과 시선을 차단하는 금속 루버를 설치했다.

대지면적	2,986㎡ (집합주택) (903.27평)
연면적	102.7㎡ (31.07평)

096: 중정

다락과 보이드를 바둑판 모양으로 배치

식구는 셋이지만 손님을 언제든 환영하는 집이라 현관을 넓게 만들고 2층에는 응접실을 마련했다. 크고 작은 세 개의 정원에서는 맘껏 경치를 즐길 수 있다.

난간을 겸하다
계단의 난간을 겸한 그림책 책장. 통로가 작은 도서관이 된다.

시야가 트이다
부엌은 동쪽과 서쪽 정원 사이에 있어 빛과 바람이 잘 통한다. 동쪽은 보이드에서 다다미방, 다시 그 앞의 보이드까지 시야가 트여 있다.

세 개의 공간
방1(아이방), 상부 다락, 외부 보이드는 크기가 같다. 면적은 같고 높이가 다른 세 공간이 연결돼 신비한 공간감을 만든다.

보이지 않게 말리다
벽을 조금 연장해 빨래 건조장이 보이지 않게 만들었다.

출창으로 채광
욕실에 작은 톱라이트의 출창을 달아 빛이 욕실 안으로 퍼지도록 만들었다.

심벌트리
심벌트리로 산딸나무를 심었다. 2층에서도 사계절의 변화를 즐길 수 있다.

외벽이 되다
큰 목제 대문은 슬라이드식. 대문을 닫으면 건물의 외벽과 연결된다.

온가족이 모이다
가족실은 1층 정원 부분만큼 뒤로 배치해 옆집 시선을 피했다. 자연광과 바람이 들어오도록 커다란 L자 창을 넣었다.

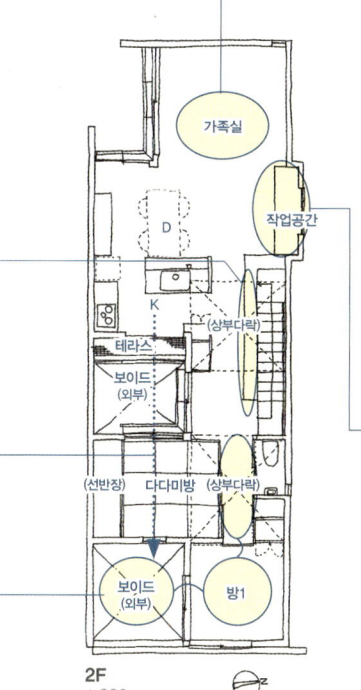

2F 1:200

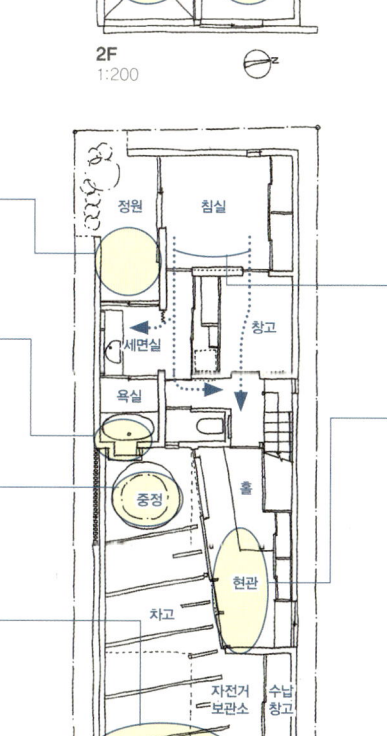

1F 1:200

함께 사용
가족이 함께 쓰는 작업공간. 상부에는 톱라이트가 있다. 출창처럼 벽이 약간 밖으로 돌출되어 가족실에 방해를 주지 않고 작업할 수 있다.

두 가지 경로
침실은 창고 혹은 세면실을 경유해 출입할 수 있다. 상황에 따라 루트를 선택할 수 있다.

넓은 봉당
친구들이 많이 와도 문제없는 넓은 현관 봉당. 두 개의 보이드와 가까워 넓고 밝다.

1 평면과 대지의 관계

2층 계단 입구에서 가족실 방향을 본 것. 위에 보이는 것은 넓은 다락. 왼쪽의 흰 수납공간 끝으로 부엌이 연결된다.

2 공간별 디자인 포인트

2층 가족실

3 특별한 용도에 맞춘 설계

도로 쪽 외관. 목제 격자 대문을 열어둔 상태

대지면적 117.65㎡ (35.59평)
연면적   115.47㎡ (34.93평)

097: 중정

별채로 외부 시선을 차단하고 중정을 거실처럼 만들다

도로 사이에 낀 대지 남쪽에 언덕처럼 높은 산책로가 있어 이곳을 지나는 사람들의 시선으로부터 어떻게 프라이버시를 지킬 것인가가 문제였다. 그 해답으로 대지 남쪽에 별채 같은 건물을 짓고 산책로의 시선을 차단하는 코트 하우스를 만들었다.

외관. 왼쪽 건물을 이용해 산책로의 시선을 차단하고 내부의 프라이버시를 지킨다.

넓은 놀이공간으로
나중에는 아이방이 될 곳이지만 아이가 어릴 적에는 넓은 놀이공간으로 사용한다.

놀이방의 연장
건물을 잇는 다리 같은 발코니는 아이들의 놀이공간. 이 발코니 덕분에 중정과 2층의 거리가 한층 가까워진다.

밤에 방1에서 현관과 LDK를 본 것

가리지 않은 세면실
중정과 접해 있는 세면실. 블라인드 없이도 프라이버시를 지킬 수 있다.

제2 현관
실내로 들어오는 현관문에는 유리를 끼워 개방적인 느낌을 준다.

호화로운 방
취미실과 손님방으로 이용한다. 별채 같은 공간에서 호사를 누리는 느낌을 준다.

가족실

오픈 드레스룸
침실 벽 한 면에 옷을 걸 수 있도록 만들어 드레스룸 기능을 갖췄다. 공간이 넓지 않아도 많은 옷을 수납할 수 있다.

가족실
중정과 연결돼 실제보다 넓어 보이는 LDK. 커튼 없이 개방적으로 지낸다.

제1 현관
중정으로 들어가는 첫 번째 현관. 자동 잠금장치를 설치했다.

낭비 없이 사용
계단 밑 수납장 측면에 오디오 수납장을 달고 배선은 계단 밑으로 연결했다.

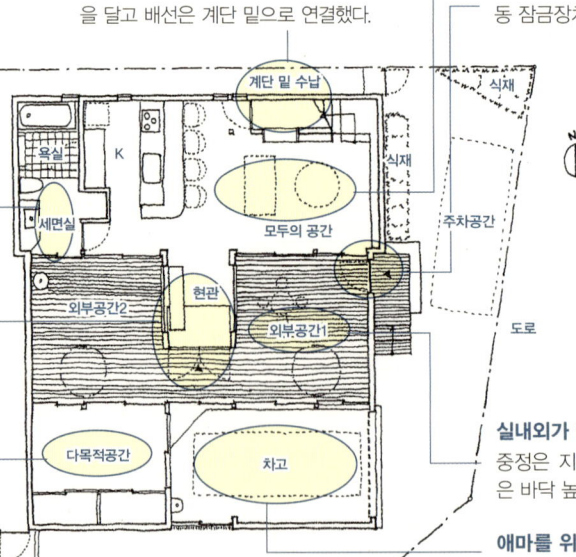

실내외가 일체
중정은 지붕이 없는 거실. 실내와 같은 바닥 높이로 연결된 개방적인 공간.

애마를 위한 공간
차고에는 집주인의 알파 로메오가 주차되어 있다. 언제라도 가족실에서 차가 보이도록 만들었다.

대지면적 181.82㎡ (55.00평)
연면적 116.18㎡ (50.27평)

098: 중정

중정 여섯 개가 2세대를 느슨하게 연결하다

2세대 주택의 단층집. 크고 작은 중정을 방 사이에 배치해 각 방의 채광과 통풍을 확보했다. 중정은 각 방을 자연스럽게 이어주는 역할을 해 두 세대 간의 적당한 거리감을 만든다.

목제 루버와 벽이 반복되는 외관. 코너의 중정은 목제 루버로 거리와 자연스럽게 연결된다.

아이방으로 준비
두 아이가 나중에 각자의 방을 원할 경우를 대비해 만들었다.

부드럽게 연결
목제 루버로 거리와 중정을 부드럽게 막아 적당한 거리를 유지(붉은색으로 표시된 부분이 목제 루버).

중정이 욕실정원
중정 옆에 욕실을 만들어 바깥을 바라보면서 기분 좋게 목욕할 수 있다.

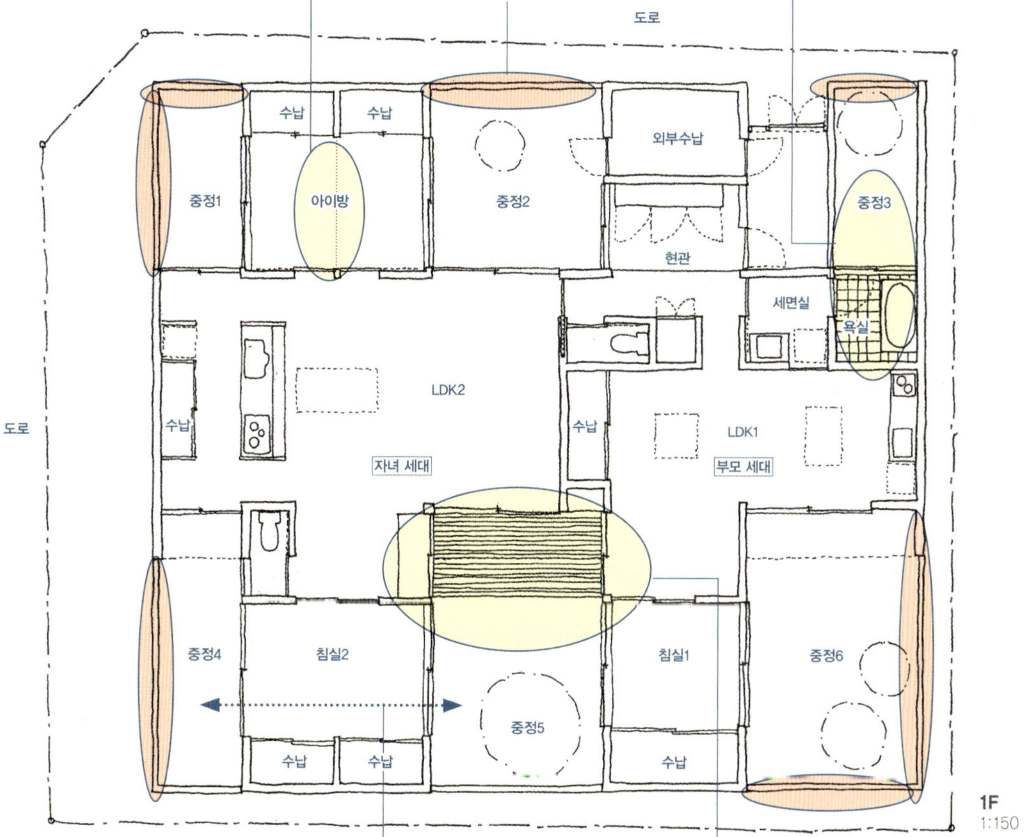

중정 사이에 배치
각 방을 중정 사이에 배치해 채광과 통풍을 충분히 확보했다. 다른 중정과 방들의 관계도 마찬가지.

거리감 유지
중정을 배치해 서로의 인기척과 시선이 느슨하게 연결되도록 만들어 두 세대 간의 거리감을 적절히 유지했다.

자녀 세대의 LDK에서 바라본 중정5. 모든 방이 정원과 접해 있으며 LDK는 네 개의 정원과 연결된다.

대지면적 237.75㎡ (71.92평)
연면적 128.36㎡ (38.83평)

1 평면과 대지의 관계

2 공간별 디자인 포인트

3 특별한 용도에 맞춘 설계

099: 중정

중정으로 프라이버시를 보호하는 동거형 2세대

부모와 함께 사는 동거형 2세대 주택. 현관과 부엌, 욕실까지 함께 쓴다. 중정을 사이에 두고 부모 세대와 자녀 세대가 서로의 프라이버시를 지켜준다.

서예 연습
서예에 조예가 깊은 건축주 부인을 위한 공간. 복도는 긴 작품을 쓰는 데 안성맞춤이다.

다목적 다다미방
젊은 부부의 다다미방은 침실 혹은 제2의 거실로 사용할 수 있어 편리하다.

또 하나의 정원
2층 테라스는 제2의 정원. 아래층 중정과도 연결된다.

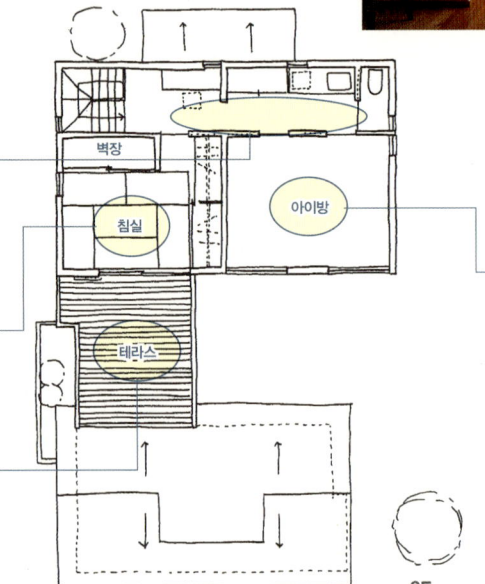

공동 LDK. 중정을 통해 밝은 햇살이 비쳐든다.

나중에 방을 두 개로
나중에 아이가 둘이 되었을 때를 대비해 아이방의 문은 두 개로.

중정에서 LDK 방향을 본 것

부모님 방과 가깝게
화장실은 부모님 방과 가까운 위치에 배치했다.

온천 기분
욕실 앞에 작은 정원을 만들어 욕실이나 세면실에서 볼 수 있도록 만들었다. 욕조에 들어가 온천 기분을 낸다.

수납공간의 방음 기능
밤늦게 목욕을 해도 부모님에게 방해가 되지 않도록 욕실과 침실 사이에 수납공간을 만들어 소리를 차단했다.

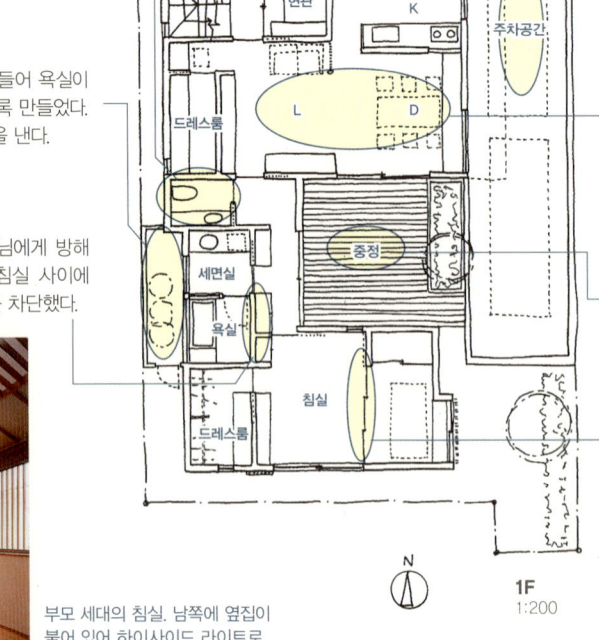

부모 세대의 침실. 남쪽에 옆집이 붙어 있어 하이사이드 라이트로 채광을 해결했다.

일렬주차
젊은 부부는 주로 주말에 차를 이용하고 아버지는 거의 매일 이용하므로 아버지의 차를 앞쪽에 주차한다.

온가족이 느긋하게
거실에서 중정의 소파가 있는 데크 테라스로 나갈 수 있다. 함께 있으면서도 각자의 일을 할 수 있는 공간이다.

중정은 완충지대
거실과 부모님 방 사이에 배치한 중정은 부모님의 개인공간과 공용공간 사이의 완충지대이다.

코골이 문제
어머니는 침대에서, 아버지는 바닥에서 주무신다. 칸막이 문을 닫으면 서로 신경 쓰지 않고 잘 수 있다.

대지면적 189.52㎡ (57.33평)
연면적 132.90㎡ (40.20평)

100: 중정

중정을 연결해 싱그러움을 두 배로

원래부터 벚나무가 있던 정원과 ㄷ자로 둘러싸인 중정을 연결해 만든 세미 오픈 코트 하우스. 중정 주변으로 일상공간을 배치해 외부공간에서 오는 여유로움을 즐긴다. 계단실과 하나로 만든 현관홀은 가장 좋은 위치에 있다. 현관문을 열면 서쪽의 단풍나무 정원, 산딸나무가 있는 중정, 그리고 층을 이동할 때 만개한 벚꽃이 자연스럽게 보이도록 동선을 짰다. 2층 옥상은 흙을 깔아 옥상정원으로 만들고 꽃과 나무가 거리에서도 보이도록 했다.

거실에서 바라본 정원. 오른쪽이 중정, 왼쪽에는 공사 전부터 있던 벚나무가 보인다. 유리 개구부로 정원을 최대한 실내로 끌어들인다.

인접지의 벚꽃
옥상정원을 둘러싼 벽은 남쪽과 인접지 쪽으로 개구부를 만들어 인접지의 벚꽃을 서재에서도 볼 수 있다.

우물을 사용하다
기존의 우물은 쉽게 건조해지는 옥상 정원에 물을 주거나 수조에 물을 채울 때 이용한다.

옥상정원

벚꽃을 끌어들이다
현관홀과 한 공간에 있는 계단실은 보이드로 되어 있어 아래위층으로 이동할 때 자연스럽게 벚나무가 보인다.

밝은 욕실과 세면실
북쪽의 욕실과 세면실이 어두워지지 않도록 하이사이드 라이트를 설치했다.

나중에는 둘로
아이가 어릴 때는 방을 같이 쓰다가 크면 둘로 나누어 쓸 수 있도록 벽과 천장에 미리 바탕재를 넣어두었다.

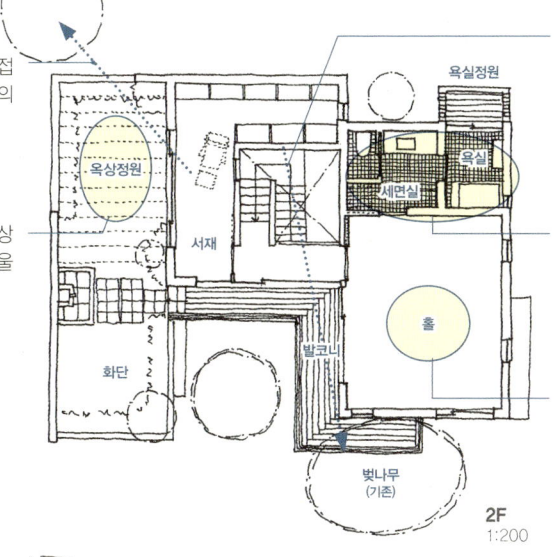
2F 1:200

서비스 동선
부엌과 서비스 야드를 잇는 동선. 재해 발생 시 지역 주민이 사용하는 우물이 있으므로 이를 위한 동선이기도 하다.

실내외가 하나로
중정을 사이에 두고 거실과 침실이 시각적으로 연결돼 넓게 느껴진다. 코트 하우스는 폐쇄적이라고 생각하기 쉽지만 이 집은 기존의 벚나무가 있던 정원과 산딸나무를 심은 중정이 개방된 코트 하우스다.

곳곳에 나무
현관문을 열면 눈앞에 서쪽 정원의 단풍나무가 보이고 홀 안으로 들어가 오른쪽으로 가면 중정의 경치가 보인다. 동선을 따라 곳곳에서 나무를 볼 수 있다.

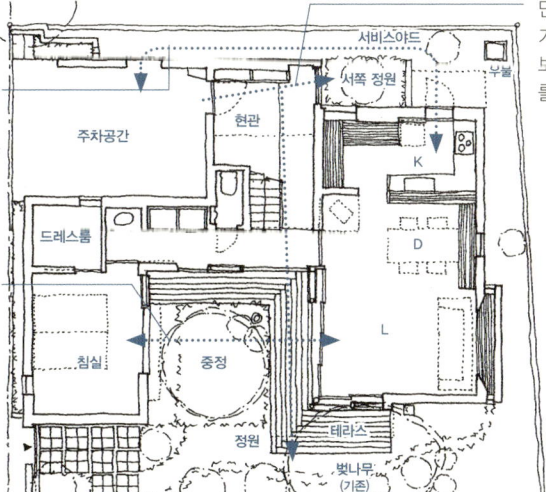
1F 1:200

현관에서 본 서쪽 정원.

대지면적	189.23㎡ (57.24평)
연면적	133.21㎡ (40.30평)

1 평면과 대지의 관계

2 공간별 디자인 포인트

3 특별한 용도에 맞춘 설계

101: 중정

터널을 빠져나가면 중정 현관

도로를 사이에 두고 남쪽으로 5층짜리 아파트가 있기 때문에 남쪽을 거의 닫은 상태로도 쾌적한 삶을 살 수 있도록 고안했다.
대지의 고저차를 이용해 가장 낮은 지하에 만든 진입로를 지날 땐 터널을 빠져나가는 듯하다. 현관에서는 중정을 나선형으로 스킵하는 동선이 2층으로 연결된다.

2층 식당에서 바라본 집 안. 부엌은 중정과 가족실을 내려다보는 위치에 있다.

다다익선
기본적으로는 중정으로 채광을 확보하지만 톱라이트도 많이 만들어 빛을 보충했다.

전망대
가장 높은 곳에 있는 방3에서는 창호를 열면 시가지가 한눈에 보인다.

1층의 명당자리
1층에서 가장 높은 곳에 있는 DK에서는 중정과 가족실까지 한눈에 볼 수 있다. 톱라이트로 하루 종일 밝은 빛이 들어온다.

둘러싸인 욕실
욕실은 둘러싸여 있지만 상부가 톱라이트로 뚫려 있다. 도로 쪽 시선을 차단하는 격자 안쪽에 안뜰을 만들어 욕실정원으로 사용한다.

조용한 방
방 중에서 가장 낮은 위치에 있는 다다미방은 중정과 안뜰에 접해 있다. 진입로2에서 계단 없이 들어갈 수 있다.

재미있는 진입로
큰 나무 대문에서 터널을 지나듯 이어지는 진입로. 차고에서 직접 들어갈 수도 있다.

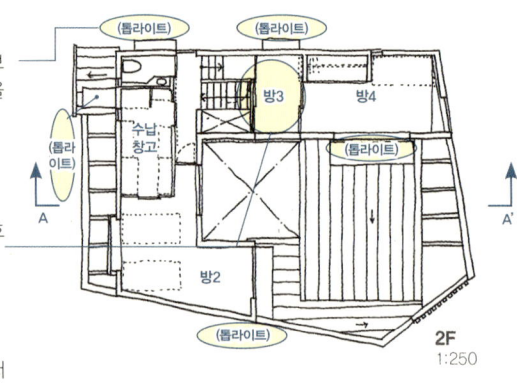

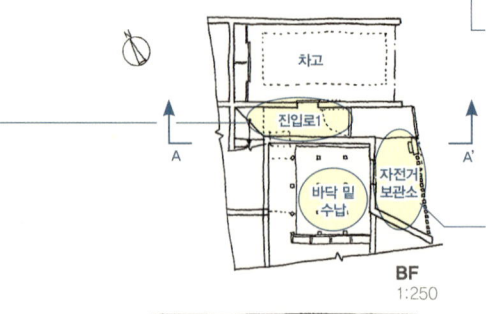

양쪽의 외부공간
서쪽에 중정. 동쪽에 발코니를 끼고 있는 가족실은 바깥에서는 보이지 않는 밝은 방. 바닥 밑은 넓은 수납공간으로 활용한다.

중정의 현관 폴딩 도어를 활짝 연 모습

중정이 앞뜰
지하를 통해 현관으로 들어가기 때문에 보통 앞뜰이 되는 현관 앞이 여기서는 중정이 되었다. 목제 폴딩 도어를 활짝 열면 실내외가 하나로 이어지는 넓은 현관홀로 변신한다.

자전거 보관
가족이 많을수록 넓은 공간이 필요한 자전거 보관소를 차고와는 별도로 확보했다.

무엇이든 수납
높이가 1m 이상이고 넓이는 가족실과 같은 바닥 밑 수납공간. 어떤 물건이든 둘 수 있다.

대지면적 127.99㎡ (38.72평)
연면적 149.15㎡ (45.12평)

양쪽에 외부 공간을 끼고 있는 가족실

102: 중정

부모님을 신경 쓰지 않고
쉴 수 있는 중정

부모님이 사는 집 옆에 새로 집을 지었다. 가장 먼저 부모님 집을 쉽게 왕래할 수 있도록 하는 방법을 고심했다. 잘못하면 떨어져 살 때보다 유대감이 약해지며, 너무 쉽게 오갈 수 있게 하면 가족 간 프라이버시를 지키기 어려워진다. 이런 점을 고려하면서 남쪽 3층 건물의 시선을 차단하기 위해 중정을 만들었다. 중정은 자녀 세대만의 공간이다.

중정은 현관홀을 제외한 1층의 모든 방과 연결되는 가족만의 옥외공간. 가로질러 다닐 수도 있다.

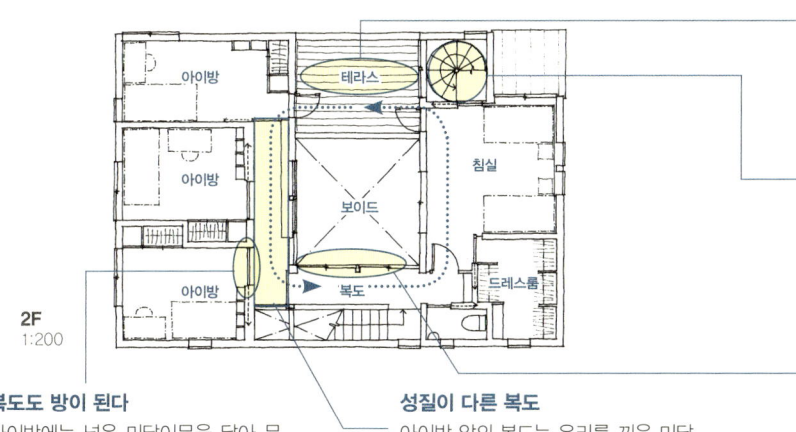

회유동선의 일부
테라스는 빨래를 말리는 장소이면서 2층 회유동선의 일부이기도 하다.

계단실에서 빛
1층 서재 코너에서 올라오는 계단실은 테라스 쪽과 남쪽의 수직으로 긴 개구부를 통해 1층으로 빛을 떨어뜨린다.

종류가 다른 창
바닥에서 천장까지 높이의 개구부는 아래쪽을 FIX 유리창, 위쪽을 미세기창으로 설치해 안전성(추락 방지)을 확보하면서 통풍이 잘되도록 했다.

복도도 방이 된다
아이방에는 넓은 미닫이문을 달아 문을 열어두면 전실 복도와 한 공간처럼 느껴진다.

성질이 다른 복도
아이방 앞의 복도는 유리를 끼운 미닫이문으로 막아 계단실 쪽 복도와는 성질이 다른 아이방의 전실로 사용한다.

벽으로 변신
미닫이문 한 장을 상황에 따라 열고 닫는다. 평소에는 열어두지만 손님이 왔을 때는 닫아 부엌 내부를 가리는 벽으로 만든다.

침실로 가는 지름길
나선계단을 올라가면 2층 옥상테라스와 침실로 갈 수 있다.

세면실 경유
현관홀에서 세면실로 가는 동선을 만들었다. 세면실에서 테라스로 곧장 나갈 수 있다.

실내 같은 중정
중정 테라스는 현관홀 이외의 모든 공간에서 출입할 수 있어 복도와 서재 코너를 포함하는 넓은 원룸 공간이 된다.

한 발 들어간 화장실
현관 바로 옆 화장실은 현관에서의 시선을 고려해 홀 옆에 알코브를 만들고 그 안쪽에 배치했다. 문도 화장실 내부가 보이지 않게 열리도록 만들었다.

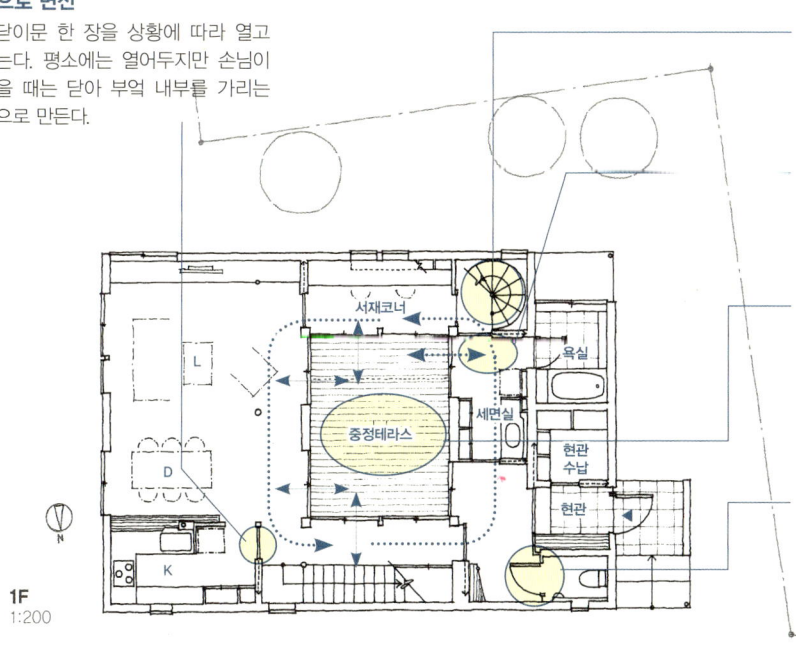

대지면적	290.94㎡ (88.01평)
연면적	150.36㎡ (45.48평)

1 평면과 대지의 관계
2 공간별 디자인 포인트
3 특별한 용도에 맞춘 설계

103: 중정

연못과 테라스 사이에 있는 거실

중정 연못을 감싸는 ㅁ자형 평면. 프라이버시를 확보하면서 세 방향으로 개방되어 있다. 부부 둘 만을 위한 공간이지만, 몸이 불편한 안주인의 행동 범위를 1층으로 가정하고 1층을 개인공간, 2층을 손님용 공간으로 나누었다.

거실에서 바라본 남쪽 테라스. 테라스를 조금 돌출시켜 아래 도로는 보이지 않고 건너편 산과 하늘만 보인다.

남쪽 외관. 중앙부 테라스가 전망대처럼 보인다. 왼쪽 2층이 손님용 거실

손님용 공간
2층은 다다미방과 거실 모두 손님용 공간. 두 방은 하나로 합쳐 넓고 다양하게 쓸 수 있다. 거실에서는 산이, 다다미방의 지창(地窓)에서는 시내가 한 눈에 보인다.

외부공간 사이에 끼다
거실은 중정과 남쪽 테라스 사이에 끼여 있어 양쪽 창을 활짝 열면 테라스-중정-거실이 한 공간이 되어 '밖'이나 마찬가지.

동선 위에 두다
안주인이 쓰기 편하도록 침실과 가까운 동선 위에 드레스룸을 배치했다.

경치가 좋은 곳에
남쪽 도로는 대지에서 약 4m 아래에 있어 남쪽으로 시야가 트여 있다. 하루 종일 집에 있는 날이 많은 안주인이 언제나 경치를 즐길 수 있도록 LD와 침실을 남향으로 배치했다. 안주인이 이동하는 범위에는 바닥 난방을 깔았다.

연못을 보면서
부엌에서는 연못을 보며 일한다. 현관에서 LD로 가는 통로 위에 있지만 1층은 부부 전용공간이므로 손님이 지나갈 일은 없다.

안주인만의 동선
몸이 불편한 안주인이 외출할 때는 LD에서 슬로프로 자동차까지 갈 수 있다.

테라스와 중정 사이에 있는 거실

대지면적 241.51㎡ (73.06평)
연면적   159.96㎡ (48.39평)

104: 중정

포치를 사이에 둔 테라스와 중정

주변의 오래된 시가지 분위기에 맞춰 높이를 낮추고 2층에는 기와지붕을 얹었다.
중정을 둘러싸고 ㄷ자형으로 연결되어 어디서든 가족의 인기척이 느껴지고 격자와 개구부로 외부공간과도 연결된다.

다다미방 앞에서 바라본 거실과 데크 테라스. 밖으로는 테라스, 포치의 연장인 타일 부분, 중정이 이어져 안길이를 느낄 수 있다.

함께 공부
통로를 널찍하게 만들어 함께 쓰는 스터디 코너를 만들었다. 카운터 위에는 책장을 만들고 나란히 앉아 숙제를 한다.

계단창
계단 중간에 낸 창으로 계단을 오르내리면서 바깥 경치를 볼 수 있다.

아름다운 풍경
북동쪽 방향에 있는 2층 방들에서는 바깥의 논밭 풍경을 볼 수 있다.

불빛만 새나가도록
거실 북쪽에 하이사이드 라이트를 설치해 외부의 시선은 차단하고 내부의 불빛만 밖으로 새나가게 했다. 남쪽은 테라스만큼 안으로 들어가 있어 LDK가 도로에서 전혀 보이지 않는다.

바닥 밑을 이용
다다미방의 바닥은 대용량 수납공간. 큰 물건을 보관한다.

넉넉한 수납공간
신발을 넣어두는 신발장과는 별도로 커다란 수납장을 만들었다.

집안일을 편하게
DK와 욕실을 가까이 배치해 동선이 짧고 집안일이 편해진다.

남쪽의 빛
탈의실이기도 한 세면실은 하이사이드 라이트로 남쪽 중정의 빛을 받아들인다. 수납공간이 충분해 쾌적하다.

바람이 통하다
포치2를 논밭 쪽으로 개방해 논밭에서 도로까지 바람이 통과한다. 주차공간 부분이 도로 쪽으로 트여 있어 정원의 나무가 길에서 보인다. 가족이 모이는 LDK와 테라스는 밖에서 보이지 않는다.

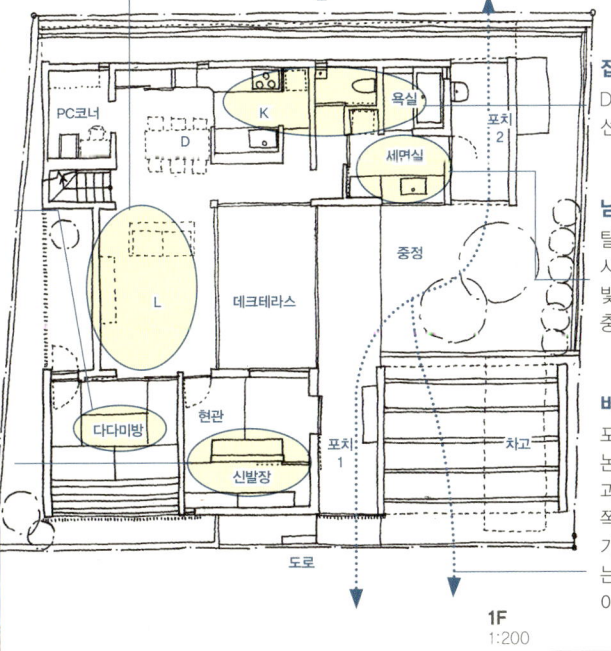

도로 쪽 정면 외관

대지면적 221.23㎡ (66.92평)
연면적   169.74㎡ (51.35평)

1 평면과 대지의 관계
2 공간별 디자인 포인트
3 특별한 용도에 맞춘 설계

105: 중정

빌딩가에서도 빛을 끌어들이는 중정

밀집 시가지(상업 지역)에서 주변 건물의 영향을 최대한 받지 않는 개구 형식의 하나로 중정을 선택했다. 2세대가 살 예정이지만, 일단은 1층은 고령자 부부의 주거공간, 2층은 건물주의 사무실 겸 다목적 공간으로 사용하고 있다.

위에서 본 것. 중정과 테라스 부분에 뚫려 있는 공간이 보인다. 밀집지에서는 위에서 들어오는 빛이 귀중하다.

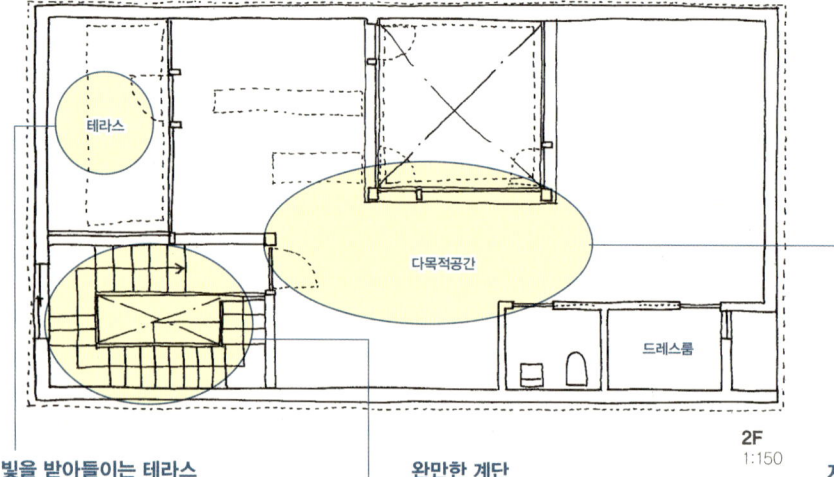

2층 안쪽에서 계단 방향으로 바라본 모습

빛을 받아들이는 테라스
계단실로도 풍부한 빛을 보내는 테라스. '나갈 수 있는' 2층의 외부공간으로 답답함을 줄이는 데 기여한다.

완만한 계단
고령자를 배려해 계단은 완만한 구배로 했다. 크게 돌면서 올라가므로 아래위층에 일정한 거리감이 생긴다.

지그재그형 평면
2층은 다목적으로 사용하기 위해 확실한 칸막이를 하지 않았지만 중정을 사이에 끼워 넣어 각 공간이 일정한 독립성을 가지며 연속된다.

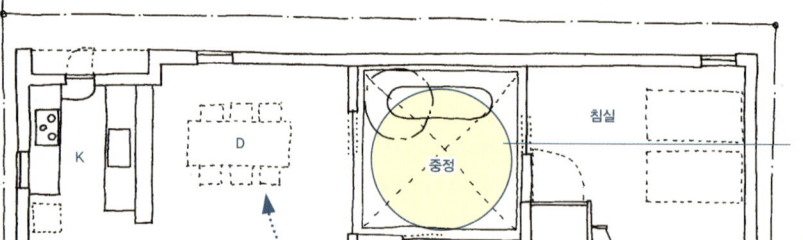

빛우물
밀집된 빌딩가에 있지만 중정을 통해 안정된 빛을 얻을 수 있다. 벽으로 둘러싸 프라이버시를 지키며 햇볕을 쬔다.

1층 LDK, 오른쪽이 중정, 왼쪽 창으로 보이는 것이 계단실

현관과 한 공간인 계단실
나중에 2층을 독립된 주거공간으로 이용할 계획.

보이면서 연결되다
느슨하게 이어지는 식당과 거실. 2층과 마찬가지로 중정 때문에 지그재그로 배치되어 각 장소가 조금씩 보이면서 연결된다.

대지면적 140.94㎡ (42.63평)
연면적   193.30㎡ (58.47평)

106: 중정

중앙의 나무를 둘러싸는 입체적인 중정

필로티(pilotis)에서 현관으로 들어가면 현관, 계단, 2층 거실, 식당으로 중정을 중심으로 한 나선형의 회유동선에 따라 공간이 전개된다. 지붕 달린 테라스에서는 식사와 독서 등을 할 수 있다.

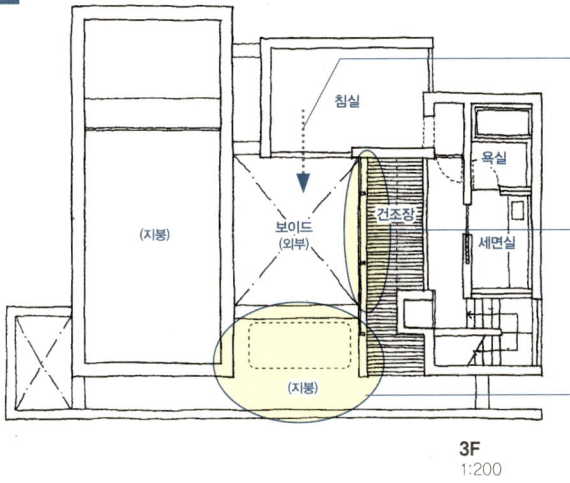

집 안에서 집 안을 보다
옥상에서 기르는 허브, 중정에서 자라는 나무, 데크 테라스에 있는 가족의 모습이 집 안에서 한눈에 보인다.

유리로 된 건조장
허리 높이에서부터 위쪽을 유리로 덮었다. 개구부는 열고 닫을 수 있어 통풍도 잘 된다.

옥상 텃밭
요리에 사용되는 허브 등을 심었다.

3F 1:200

L자로 연결되다
부엌을 중심으로 LD를 배치해 느슨하게 공간을 연결했다.

거실 너머에 부엌, 거실 오른쪽에는 중정이 있다.

나선으로 연결
중정을 중심으로 나선을 그리며 연결되는 평면은 집 안 어디에서도 가족의 인기척을 느낄 수 있다.

소중한 테라스
지붕이 달린 테라스에서는 프라이버시를 확보하면서 자연을 느끼며 느긋한 시간을 보낼 수 있다.

지붕이 달린 테라스

2F 1:200

필로티
차고의 필로티는 마을 쪽으로 열려 있고 그 안쪽으로 나무가 보인다. 주차장 확보를 넘어 입체적인 표현으로 안길이를 만들고 나무를 심어 거리를 향해 다채로운 모습을 보여준다.

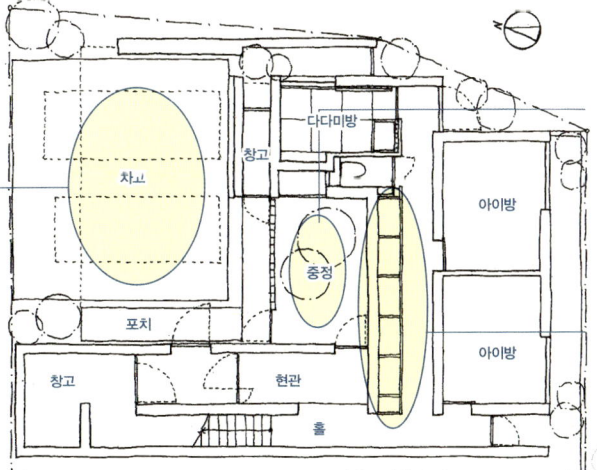

ㄷ자형의 중정
중정을 ㄷ자형으로 둘러싸 닫힌 듯 열려 있는 세미 코트 하우스를 만들었다. 프라이버시를 확보하면서 거리를 향해 개방해 외부공간을 집으로 끌어들였다.

벽면처럼
복도의 한 면을 차지하는 수납공간은 벽면처럼 디자인했다. 2층도 마찬가지다.

필로티 야경. 거리에 안길이를 제공하는 배려가 엿보인다.

1F 1:200

대지면적	184.16㎡ (55.71평)
연면적	246.26㎡ (74.49평)

1 평면과 대지의 관계
2 공간별 디자인 포인트
3 특별한 용도에 맞춘 설계

107: 정원

큰 테라스로 정원과 만나다

정원을 즐기는 집이라는 콘셉트로 안과 밖이 연결되고 정원이 가깝게 느껴지는 솔라 하우스. 1층 거실에는 전면 개방할 수 있는 개구부를 설치하고 그 앞에 정원으로 돌출된 커다란 테라스를 만들었다. 거실과 같은 바닥 높이로 연결되는 테라스는 외부 거실이면서 정원과 맞닿는 휴식공간이다.

다락도 환기
넓은 수납공간인 다락. 작지만 창을 달아 뜨거운 공기가 빠져나가도록 했다.

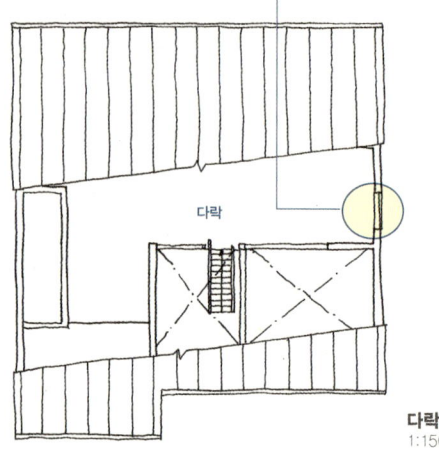

다락
1:150

도로 쪽 외관. 주차공간의 넓이만큼 건물을 안으로 배치하고 도로 쪽의 개구부는 최소한으로 줄였다.

거실과 연결되는 테라스

대칭
나중에 방을 두 개로 만들 수 있도록 대칭을 고려한 아이방. 지금은 홀과 함께 넓은 놀이방으로 사용한다.

복도가 아니라 광장
2층 중앙은 아이방과 침실을 잇는 위치에 있어 일반적으로는 복도가 되지만 일부러 면적을 넓게 잡아 방으로 사용한다. 특정 방이 아니라 온가족의 광장으로서 다목적으로 사용된다.

차양으로 사용
빨래를 말리는 발코니는 전면 개방되는 거실 개구부의 상부이며 차양 역할도 한다. 이 발코니 덕분에 더운 여름에는 햇볕을 덜 받고 비 오는 날에도 거실 창을 열 수 있다.

실내에서 바라본 테라스

2F
1:150

콤팩트한 욕실과 세면실
화장실, 세면실, 욕실, 세탁실을 미닫이문을 이용해 콤팩트하게 줄였다. 부엌과 가까이에 있어 가사동선도 짧아진다.

전면 개방
거실과 테라스를 잇는 개구부는 큰 미닫이 새시가 전부 벽으로 들어가는 완전 개방형. 거실이 그대로 야외로 연결된다.

요리를 하면서
정원 쪽 위치에 큰 창을 달아 부엌에 서 있거나 식사 중일 때도 정원을 볼 수 있다. 거실에서 느끼는 바깥과는 또 다른 맛의 정원을 즐길 수 있다.

호화로운 테라스
거실보다 더 넓어 보이는 큰 테라스. 거실의 연장이면서 정원의 연장이기도 하다. 실내의 생활은 테라스를 통해 정원으로 이어진다.

1F
1:150

대지면적 121.28㎡ (36.69평)
연면적 89.42㎡ (27.05평)

108: 정원

곳곳에 정원이 있는 코트 하우스

신선한 공기와 빛을 받아들이는 장치로 정원을 네 개 배치하고 모든 방이 정원과 접하도록 설계한 코트 하우스. 프라이버시를 지키면서 정원으로 트이는 시야가 공간을 넓게 느껴지도록 한다. 구조체와 인필(infill)을 분리해서 생각해 플랜의 자유도를 높이고 생활의 변화에 대응할 수 있게 했다.

남쪽 외관. 막힌 외벽 위로 남쪽 정원의 나무 끝이 보인다.

빛을 아래로 보내는 바닥
프리 스페이스의 빛이 현관홀로 떨어지도록 바닥과 계단의 디딤판에 익스펜드 메탈을 사용했다.

프리 스페이스
2층 계단실 옆의 칸막이가 없는 홀 같은 공간. 아이들이 활발하게 움직일 있는 프리 스페이스다.

나중에는 두 개로
아이방은 나중에 방을 두 개로 나누어 사용할 수 있다.

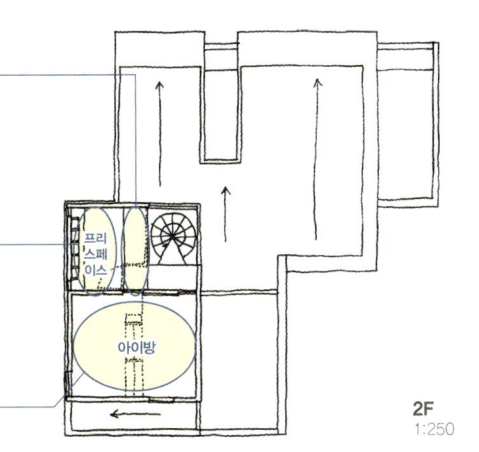

2F 1:250

거실. 유리로 둘러싸인 중정이 실내와 연결된다. 중정을 사이에 두고 거실과 식당이 느슨하게 연결된다.

콘크리트 테이블
옥외에서 식사를 할 수 있도록 콘크리트 테이블을 설치했다. 비나 바람에 쉽게 노후되지 않는다.

부엌
오픈 키친에서는 중정과 접한 유리 개구부로 거실을 볼 수 있고, 홀을 통해 프리 스페이스에 있는 아이의 인기척을 느낄 수 있다.

대용량 수납공간
거실은 벽 한 면을 붙박이 수납장으로 만들었다.

트인 시야와 프라이버시
코트 하우스이기 때문에 외부 시선에 노출될 염려가 없으므로 중정을 통해 실내의 시야가 트이도록 중정을 유리로 둘러쌌다.

가족과 손님의 현관 동선
손님은 도면의 위쪽 화살표 방향으로, 가족은 아래쪽 화살표 방향으로 갈라진다.

가족 현관과 분리
손님이 왔을 때는 미닫이문으로 막아 가족 현관의 신을 감출 수 있다. 깔끔한 현관 봉당과 빛이 떨어지는 계단, 중정으로 손님을 맞는다.

위에서 빛이 들어와 환한 현관홀. 왼쪽으로 가면 테라스와 서쪽 정원이 나온다.

빛으로 가득한 현관홀
2층 익스펜드 메탈 바닥으로 햇볕이 내리쬔다. 가족 현관의 문을 열면 테라스 너머 서쪽 정원에서 빛과 바람이 들어온다.

1F 1:250

대지면적 204.22㎡ (61.78평)
연면적 101.50㎡ (30.70평)

109: 정원

방의 성격에 맞춘 정원들

비교적 넓은 대지라서 2층 건물을 희망하던 건축주에게 단층을 제안했다.
중정을 중심으로 네 곳에 정원을 배치하고, 각 정원을 접해 있는 방의 기능에 맞춰 각 공간의 외부와 밀접하게 연결되도록 했다. 중앙의 중정은 부엌에서 곧장 나갈 수 있어 홈 파티의 중심이기도 하다.

외관. 격자로 내부의 인기척을 전하면서 공간을 구분한다.

드레스룸 겸 서재
커다란 미닫이문으로 침실과 연결되는 드레스룸. 일부는 서재로 만들었다. 복도에서도 들어갈 수 있어 편하게 이용할 수 있다.

욕실정원
시선을 차단하는 격자 울타리로 둘러싸 느긋하게 목욕할 수 있다. 북쪽 침실로 햇볕을 전달하는 역할도 한다.

서비스 코트
동쪽 도로에서 들리는 신호 대기 차량의 소음을 막는 완충지대. 유틸리티와 가까운 지붕 달린 건조장이다.

두 개의 문
아이방은 나중에 둘로 나눌 수 있도록 두 곳에 문을 달았다.

중정다운 중정
집 중심에 있어 중정 주변을 돌면 각 방과 연결된다.

지붕 달린 외부공간
외부 창고에서 현관까지 가는 통로에 가벼운 지붕을 달았다. 반옥외 같이 중정을 에워싸 야외 작업 장소로 쓰기도 하는데 중정을 더 아늑하게 만들어 준다.

격자로 감싸다
진입로 전체를 가로 격자로 막아 외부공간과 중정을 나눴다. 격자를 통해 밖에서 내부를 조금 들여다볼 수 있다.

집의 얼굴인 앞뜰
집의 얼굴이 되는 동남쪽 모퉁이의 널찍한 정원. 벚나무를 심었다.

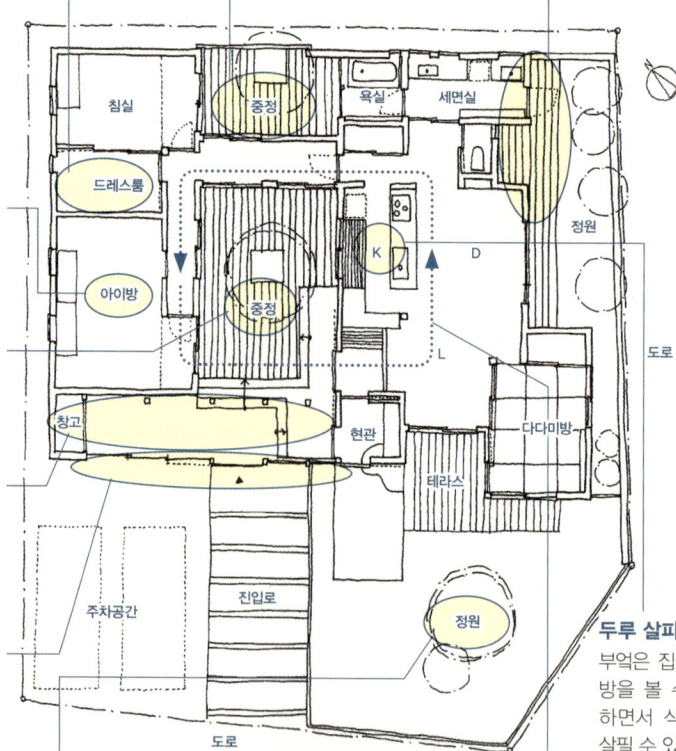

1F
1:200

두루 살피다
부엌은 집 중심에 있어 모든 방을 볼 수 있다. 집안일을 하면서 식구들의 움직임을 살필 수 있다.

원을 그리다
동선은 막다른 곳 없이 원을 그리고 있다.

외부 창고 앞 지붕 밑에서 현관 방향을 바라본 모습

대지면적	325.37㎡ (98.42평)
연면적	110.01㎡ (33.28평)

다다미방에서 바라본 LDK. 왼쪽이 중정으로 통하는 봉당

110: 정원

잡목림과 죽림 정원 사이에 낀 H형 2세대 주택

두 개의 중정이 빛과 바람과 녹음을 전하는 H형 집이다. 1층에 부모 세대, 2층에 자녀 세대가 살며, 교통량이 많은 동쪽에 세면실과 욕실을 배치해 소음을 막았다.
두 개의 중정 중 남쪽 정원은 잡목림으로, 북쪽 정원은 대나무 숲으로 만들었다. 이 때문에 생기는 약간의 온도 차가 부드러운 자연 바람을 일으키며 실내로 들어온다.

2층 LDK. 장지문 너머에는 남쪽 정원이 있다. 1층도 같은 위치에 LDK를 배치했다.

심플한 부엌
젊은 부부를 위한 심플한 부엌과 테이블을 만들어 자유롭게 쓸 수 있는 넓은 공간. 데크와 두 개의 정원이 보인다.

중간층 침실
1층과 2층 중간에 있는 독립적이고 조용한 침실. 드레스룸이나 창호 없이 간단하게 수납한다.

콤팩트한 욕실과 세면실
젊은 부부의 2층 전용 욕실과 세면실. 계단실을 향해 일직선으로 배치하고 세 개의 문과 벽을 같은 재료로 만들어 하나의 벽면처럼 마감했다.

컴퓨터실
부엌 옆에 카운터를 짜 넣고 컴퓨터를 둔 공간. 아이가 늘어나면 두 번째 아이방이 될 예정이다.

아이방으로
지금은 프리 스페이스로 취미 용품과 소품을 보관한다. 가까운 미래에 아이방이 될 것이다.

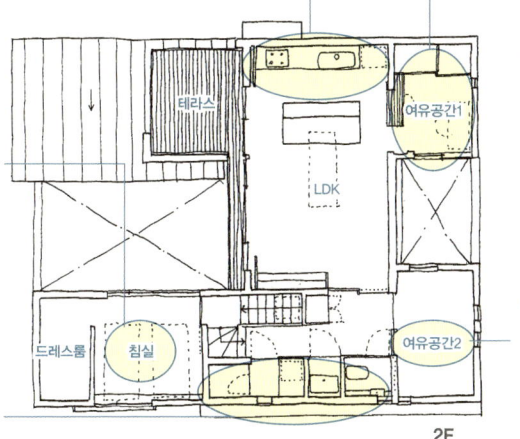

2F 1:200

장지문으로
다다미 공간은 장지문을 벽으로 밀어 넣으면 위패를 모신 공간과 합쳐져 한 공간이 되고 LDK와도 연결된다.

남쪽의 잡목림
남쪽의 정원1은 잡목림 정원. 어머니의 가드닝 코너도 있어 계절을 알려주는 풍성한 초목들로 마음이 치유되는 공간이다.

취미 용품 보관
젊은 부부의 공통 취미인 로드 바이크와 투어링 바이크, 관련 소품들을 깔끔하게 진열해놓았다.

뒷문을 감추다
LDK에서 뒷문이 보이지 않도록 미닫이문을 안쪽에 달아 깔끔하게 숨겼다.

집안의 사령탑
부엌은 이 집의 명당에 위치. 편안하게 집안일을 할 수 있고 가족의 인기척을 가장 잘 느낄 수 있는 곳에 있다.

북쪽의 대나무 숲
북쪽 정원은 대나무 숲. 욕실에서도 세면실 너머로 보인다.

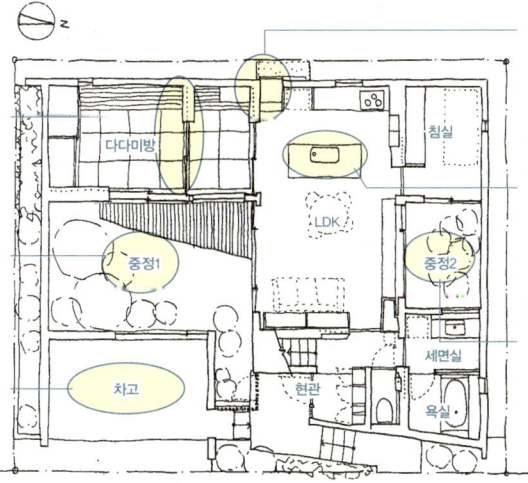

1F 1:200

남쪽 외관

대지면적 145.84㎡ (44.12평)
연면적 146.15㎡ (44.21평)

111: 정원

건물을 돌출시켜 네 개의 정원을 만들다

다소 변형된 모퉁이 땅 중앙에 똑바로 건물을 배치했다. 건물 일부의 각도를 길게 빼 대지의 네 모퉁이에 여백을 만들고 나무로 둘러싸 계절을 느낄 수 있는 집으로 만들었다. 건물을 돌출시켜 대지 안의 나무들 너머로 옆집 나무들까지 볼 수 있어 정원이 더 넓게 느껴진다.

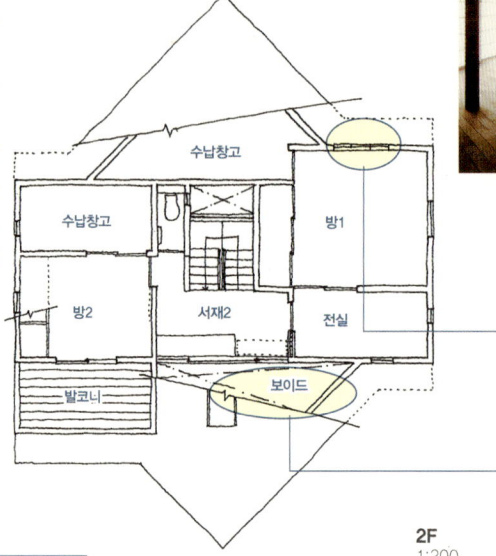

거실. 낮은 천장이 보이드로 변하면서 공간에 변화를 준다.

여기도 나무
옆집 나무가 보이는 위치에 창을 달아 녹음을 즐긴다.

위에서 전달하다
2층의 아이 책상 주변과 1층의 거실을 보이드로 연결해 톱라이트로 들어온 빛과 바람을 1층과 2층으로 전달한다.

진입로를 즐기다
구부러진 긴 진입로를 지날 때면 시선이 점점 올라가는 재미를 느낄 수 있다.

중앙 계단
집 중앙에 배치한 계단이 칸막이가 되어 동선을 나눈다. 회유성이 생겨 집 안에서의 움직임이 커진다.

하나로 연결되다
벽으로 문을 집어넣으면 거실과 다다미방이 한 공간처럼 느껴진다.

바람만 통하도록
통풍을 위해 지창(地窓)을 냈다. 옆집은 보이지 않으므로 걱정하지 않아도 된다.

수직공간의 변화
1층은 기본적으로 천장이 낮지만 LD 부분은 보이드로 천장을 높여 공간에 변화를 주었다.

잠깐 휴식
독립된 현관실로 내부공간에 안정감을 주고 실내 환경을 정리해준다.

톱라이트의 효용
톱라이트로 들어온 빛이 북쪽 벽과 계단 층계참을 환하게 만들고 남북으로 환기를 시킨다.

즐거운 부엌
주변의 다른 공간을 보면서 요리할 수 있는 아일랜드 키친. 서재 너머로 북쪽 정원이 보인다.

장점만 가득
개구부가 비스듬해 옆집과 시선을 마주칠 일이 줄고, 대지의 안길이가 생기고, 도로 너머의 경치도 볼 수 있다.

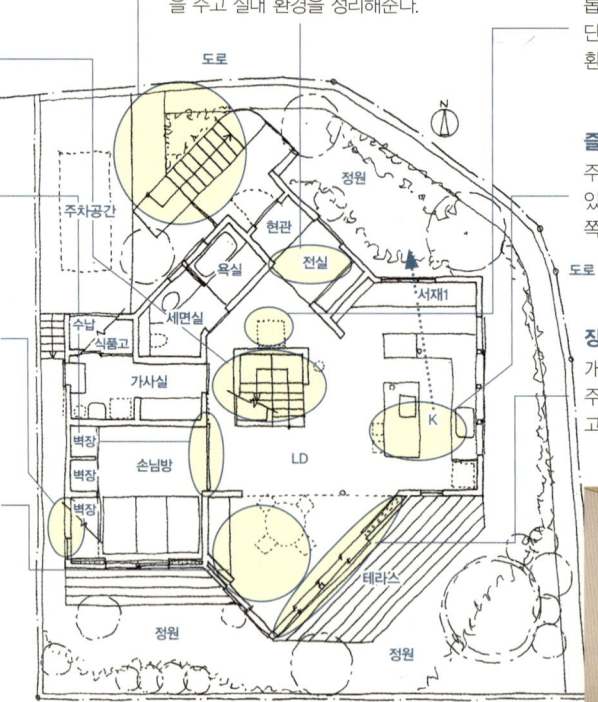

진입로

개방적인 아일랜드 키친

대지면적 233.32㎡ (70.58평)
연면적 149.75㎡ (45.30평)

112: 정원

나무가 많은 정원들이 있는 집

각 방을 우드 데크가 있는 중정이나 정원과 접하도록 배치하고 옆집의 시선을 차단하면서 바람과 빛을 충분히 들이도록 계획했다. 각 방이 정원과 연결돼 널찍한 공간을 만들어낸다.

거실에서 식당 방향을 본 것. 창호를 열면 중정 테라스가 실내와 연결돼 개방적인 원룸 공간이 된다.

오른쪽이 중정, 중앙이 진입로 옆의 정원. 각 방이 곳곳의 정원과 접해 있다.

넓은 드레스룸
3평 넓이의 드레스룸은 옷장을 놓고 양복, 이불을 수납할 수 있을 만큼 넓다.

바로 말리다
이불을 말리기 위한 파이프를 설치해 침실에서 바로 이불을 말릴 수 있다.

조금 떨어져
손님방으로 쓰는 다다미방은 일부러 가족의 생활공간에서 조금 떨어진 곳에 배치했다.

전용 노천탕
욕조에서 욕실 전용 안뜰이 보인다. 새시를 열면 노천탕에 있는 것 같은 기분도 든다.

거실은 안 보이게
현관홀에는 지창(地窓)을 달아 거실로 향하는 시선은 차단하고 나무와 바람만 실내로 끌어들인다.

안과 밖을 하나로
중정 쪽 목제 새시를 활짝 열면 거실, 식당, 중정이 하나가 되어 훨씬 더 넓어진다.

열기를 빼다
각 아이방에 있는 다락에 창을 달아 위로 모이는 열기를 빼낸다.

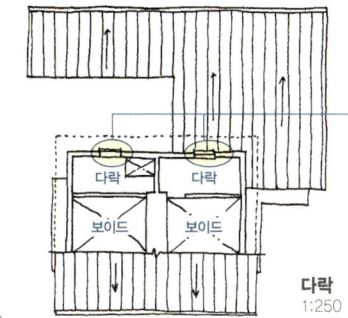

다락
1:250

가사동선을 모으다
탈의실, 부엌, 뒷문의 가사동선을 되도록 모아 집안일을 편하게.

2F
1:250

반드시 지나다
계단이 식당에 있어 아이가 2층 아이방으로 가기 전에 LDK에 있는 가족과 일상적으로 이야기를 나눈다.

1F
1:250

동쪽 외관

나무로 막다
도로 쪽에 나무를 심었다. 도로의 시선과 소음이 자연스럽게 완화된다.

대지면적	235.00㎡ (71.09평)
연면적	161.00㎡ (48.70평)

1 평면과 대지의 관계

2 공간별 디자인 포인트

3 특별한 용도에 맞춘 설계

113: 정원

북쪽과 남쪽의 정원을 잇는 만(卍)자형 집

건물과 정원이 만(卍)자로 교차된다. 거실을 중심으로 배치한 분동형 플랜으로, 한쪽에는 휴식을 위한 방과 다다미방을, 또 한쪽에는 부엌, 스튜디오, 욕실, 테라스를 넣었다. 두 동을 오감으로써 생활에 변화와 거리감이 생기고 정원을 남북으로 배치함으로써 대지 전체에 공간감이 느껴진다.

만(卍)자의 중앙에 해당하는 거실. 좌우(남북)로 정원이 있다. 큰 유리 개구부로 남북의 정원과 동서로 뻗은 실내공간이 연결된다.

욕실과 세면실
방과는 다른 계단을 이용하는 독립된 욕실과 세면실. 데크로 오픈된 개방적인 욕실은 비일상적인 놀이공간이다.

욕실은 데크 테라스와 연결된다. 울타리로 막혀 있어 프라이버시를 지킬 수 있고 하늘로는 뚫려 있어 개방감이 느껴진다.

남쪽 정원과 접해 있는 거실. 개구부로 북쪽 정원과 남쪽 정원이 연결된다. 오른쪽 동의 상부에 데크 테라스와 연결된 욕실이 있다.

스튜디오
취미인 음악 감상을 즐길 수 있는 방음실이다.

서재 코너
컴퓨터와 독서를 하는 아담한 공간. 막다른 곳에 배치해 느긋하게 쉴 수 있다.

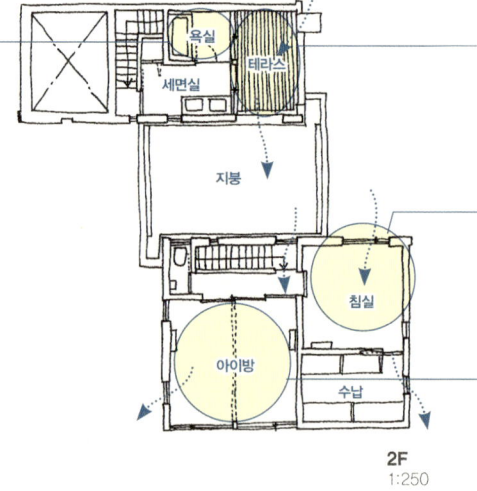

2F 1:250

테라스
빨래를 말리기도 하고 목욕 후 바람을 쐬는 등 다목적으로 사용하는 개인적인 공간이다.

침실
수납공간이 딸린 침실. 정원 쪽으로 창을 내 밝다. 프라이버시를 고려해 배치했다.

아이의 공간
미닫이를 활짝 열면 계단홀과 연결되는 오픈된 공간. 방처럼 갇힌 느낌 없이 놀 수 있는 장소다.

LD
남북 양쪽으로 정원이 있어 정원 안에서 생활하는 듯하다. 정원에 의해 옆집과 거리가 생겼고 유공 블록으로 가리개를 설치해 통풍과 채광 기능은 뛰어나면서 프라이버시는 보호된다.

다다미방
거실 식당과 거리감이 생기도록 입구를 따로 두어 별채 같은 장소로 만들었다.

현관
포치를 지나 들어가는 현관이므로 도로 쪽으로 오픈되어 있어도 안심이다.

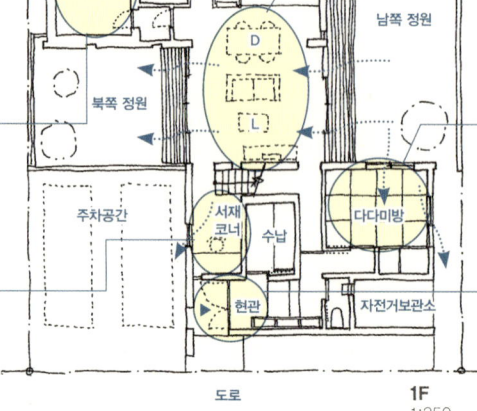

1F 1:250

대지면적 227.77㎡ (68.90평)
연면적 170.65㎡ (51.62평)

114: 정원

부모는 정원을 가꾸고 아이는 발코니에 꽃을 심는 집

독립형 2세대 주택. 집에서 머무는 시간이 길고 식물을 좋아하는 부모 세대는 언제든 정원을 볼 수 있고 오르내릴 필요가 없는 1층을 선택해 L자형으로 정원을 둘러쌌다. 할머니의 침실(다다미방)은 문을 벽으로 집어넣으면 거실과 하나가 되고 평소에는 좌식 거실로 사용할 수 있다.
활동적인 자녀 세대의 거주공간인 2층은 지붕 형태대로 천장을 높여 입체적인 느낌이 강하다.

침실 앞에서 바라본 정원과 테라스. 2층 발코니에는 화단이 있어 1층과는 다른 분위기이다.

1 평면과 대지의 관계

2 공간별 디자인 포인트

3 특별한 용도에 맞춘 설계

특등석
높은 곳에서 LDK를 내려다볼 수 있는 다락. 책상과 책장을 두어 서재로도 사용할 수 있게 했다.

다락 1:200

숨겨진 냉장고
LD에서 보이지 않도록 냉장고를 옆으로 돌려 가구 안에 집어넣었다.

2층 부엌 앞에서.

다락과 연결
집에 머무는 시간이 짧은 자녀 세대가 입체적인 공간의 변화를 즐길 수 있도록 했다.

자연을 즐기는 법
발코니에 화단을 만들어 좋아하는 화초를 심어 즐길 수 있다.

2F 1:200

LD 겸용
소파처럼 편하게 앉을 수 있는 벤치를 두어 거실 겸 식당으로 쓴다.

뒤쪽 동선
쓰레기는 서비스 야드에 놓아 두었다가 현관을 통하지 않고 내다버린다.

진입로의 변화
차고에서 조금 거리를 두어 진입로의 연속성을 즐긴다.

평소 머무는 곳
할머니의 침실은 거실 옆에 배치해 낮에는 거실과 연결해 쓰고 있다. 화장실과 욕실도 가까이 배치했다.

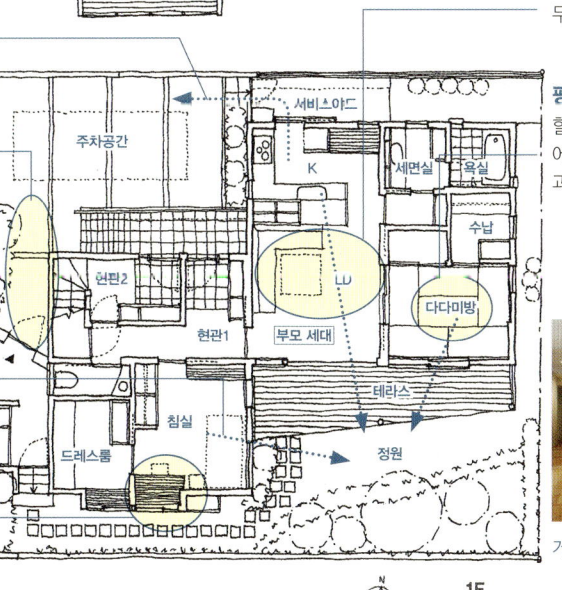

어디서든 정원을 보다
주요 방에서는 어디서든 정원을 볼 수 있도록 L자형으로 배치했다.

장미가 보이는 창
침실 책상 바로 앞에서 덩굴장미를 볼 수 있다.

거실을 겸하는 식당

1F 1:200

| 대지면적 | 203.00㎡ (61.41평) |
| 연면적 | 175.32㎡ (53.03평) |

115: 정원

30년을 가꾸어온 정원

자녀를 독립시키고 둘만 남은 부부를 위해 1층에서 의식주를 모두 해결할 수 있도록 설계한 집. 오랫동안 정성껏 가꾸어온 정원을 감상하며 여유롭게 생활하며 노후 준비를 하고 싶다는 건축주의 요청을 담았다.
1층은 최대한 칸막이를 하지 않고 느슨하게 연결되도록 단차가 없는 공간을 만들었다.

정원으로 넓게 오픈된 거실

개조할 수 있는 공간
미래를 대비해 드레스룸은 침실 전용 화장실과 욕실로 개조할 수 있을 만큼의 공간을 확보했다.

밝은 가사실
세탁기 옆에 세탁 전용 개수대를 설치한 가사실. 톱라이트를 만들어 실내 건조가 가능하다.

자녀가 오면 묵는 곳
독립한 자녀가 오면 묵을 수 있도록 만든 예비실.

정원을 보며 조리
부엌은 대면식으로 만들어 요리 중에도 정원을 볼 수 있는 위치에 배치했다.

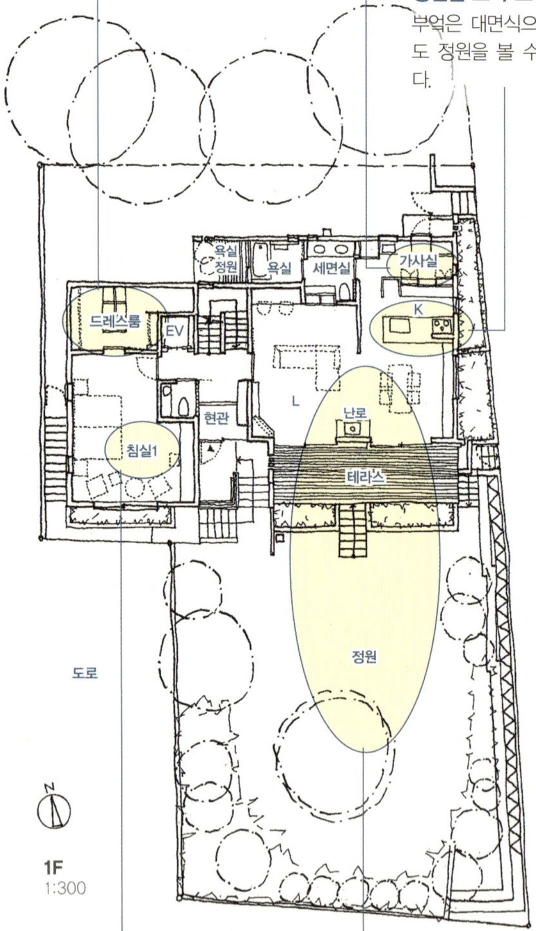

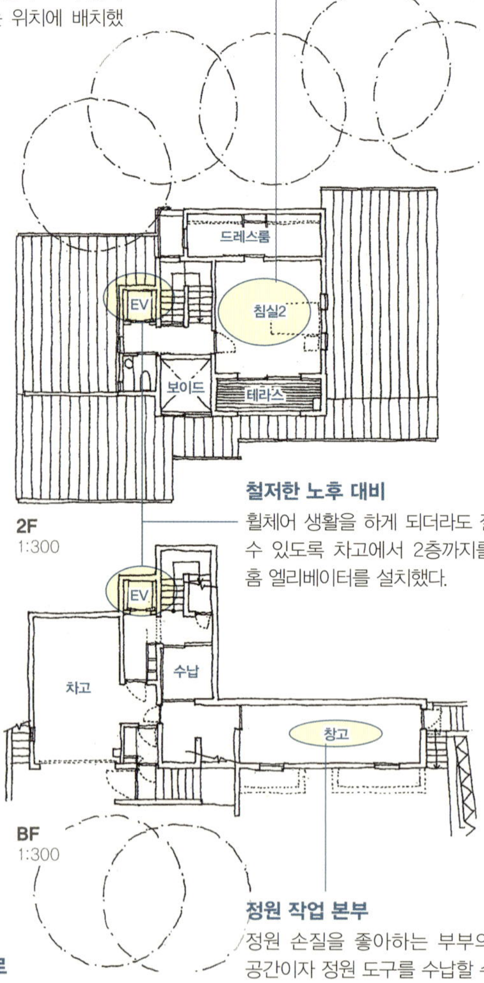

철저한 노후 대비
휠체어 생활을 하게 되더라도 잘 지낼 수 있도록 차고에서 2층까지를 잇는 홈 엘리베이터를 설치했다.

분위기 있는 침실
호텔방 같은 침실은 편히 쉴 수 있는 사적인 공간이다.

정원을 생활의 일부로
30년간 돌봐온 정원을 마음껏 즐길 수 있는 LDK. 날씨가 좋으면 새시를 활짝 열고 의자를 데크로 꺼내 테라스를 연장된 거실처럼 이용한다.

정원 작업 본부
정원 손질을 좋아하는 부부의 작업 공간이자 정원 도구를 수납할 수 있는 장소이다.

대지면적 576.00㎡ (174.24평)
연면적 244.00㎡ (73.81평)

116: 정원

전망을 즐기는 큰 개구부가 있는 집

어느 방에서든 바깥 경치를 만끽할 수 있는 집. LDK 사이에 중정을 만들어 바람과 경치를 느낄 수 있다. 남쪽 정원에 심은 낙엽수와 북쪽의 수목이 만들어내는 '그늘과 미세한 공기의 흐름'으로 1층이 시원해졌다. 손님이 많은 가족이라 현관 봉당을 만들었다.

중정에서 거실 너머로 정원 방향을 바라본 모습

DK와 중정. 중정 건너편으로 위쪽 사진의 경치가 이어진다.

남쪽 외관

낮은 칸막이
패밀리룸과 침실을 느슨하게 구분하는 높이 1.4m의 칸막이가 가구 하나로 연결되는 넓은 공간이다.

2층에서 본 전망
패밀리룸에서는 먼 경치만 보이도록 발코니에 낮은 벽을 설치했다.

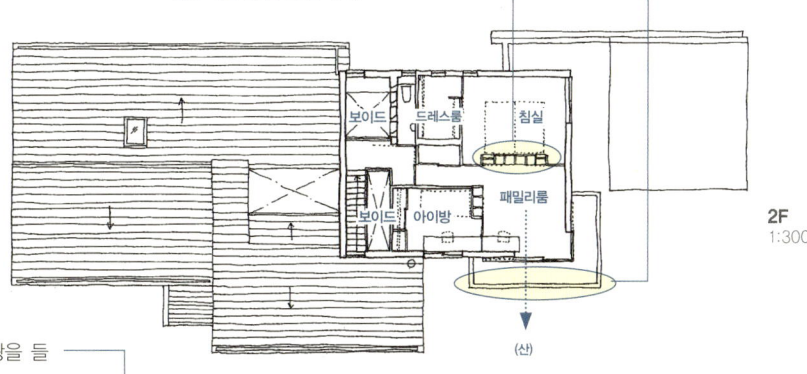

톱라이트
어두워지기 쉬운 복도에 자연광을 들이는 톱라이트를 설치했다.

방범과 방충을 동시에
방범을 위한 격자문에 방충망을 달았다. 여름에는 유리문을 열어 시원한 바람을 실내로 끌어들인다.

중정
거실과 식당 사이에 중정을 배치해 통풍과 채광을 확보했다. 중정을 열면 식당에서 거실을 지나 멀리 산이 보인다.

진입로
현관 격자문에서 남쪽 현관문까지를 긴 골목처럼 꾸며 안정감을 주었다. 마음을 달래주는 앞뜰 공간도 있다.

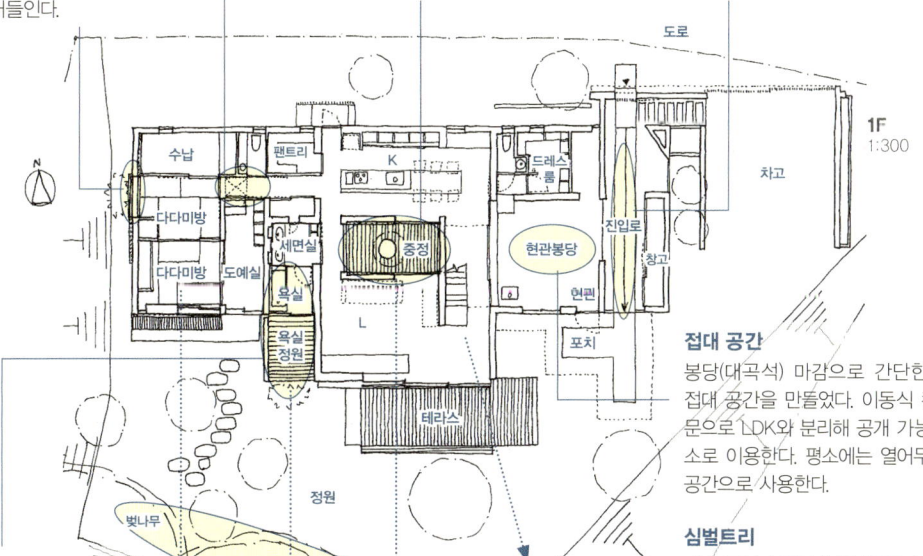

접대 공간
봉당(대곡석) 마감으로 간단한 손님 접대 공간을 만들었다. 이동식 칸막이 문으로 LDK와 분리해 공개 가능한 장소로 이용한다. 평소에는 열어두고 한 공간으로 사용한다.

목욕을 즐기다
경치를 즐길 수 있는 욕실은 창을 모두 벽으로 집어넣을 수 있게 만들어 여름철에는 노천욕을 즐긴다.

심벌트리
대지 구입과 동시에 벚나무를 심었다.

대지면적 987.16㎡ (298.62평)
연면적 249.13㎡ (75.36평)

1 평면과 대지의 관계
2 공간별 디자인 포인트
3 특별한 용도에 맞춘 설계

3장
특별한 용도에 맞춘 설계

'나의 가족 반려동물' '철저한 방음 시설' '3세대 가족 간 프라이버시 지키기' '몸이 불편한 동반자를 위해' '직장과 집을 하나로' '양가 사돈끼리 한 집에' 등…. 우리 집만의 특별한 상황을 해결해주는 더할 나위 없이 유용한 솔루션. 68채 단독주택, 200여 개의 평면으로 도무지 길이 보이지 않던 고민의 실마리를 풀어낸다.

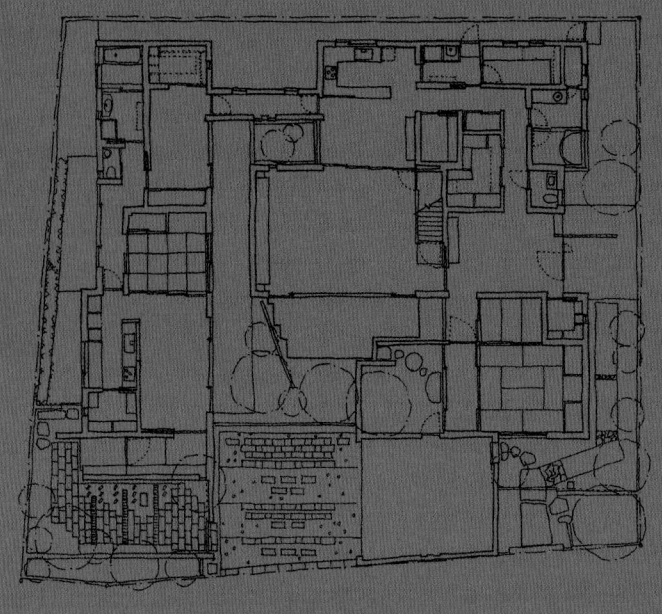
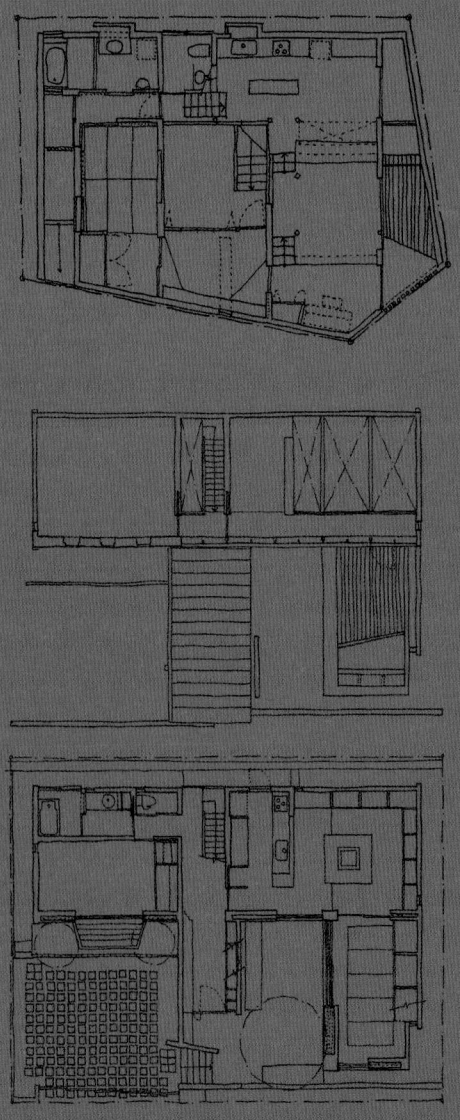
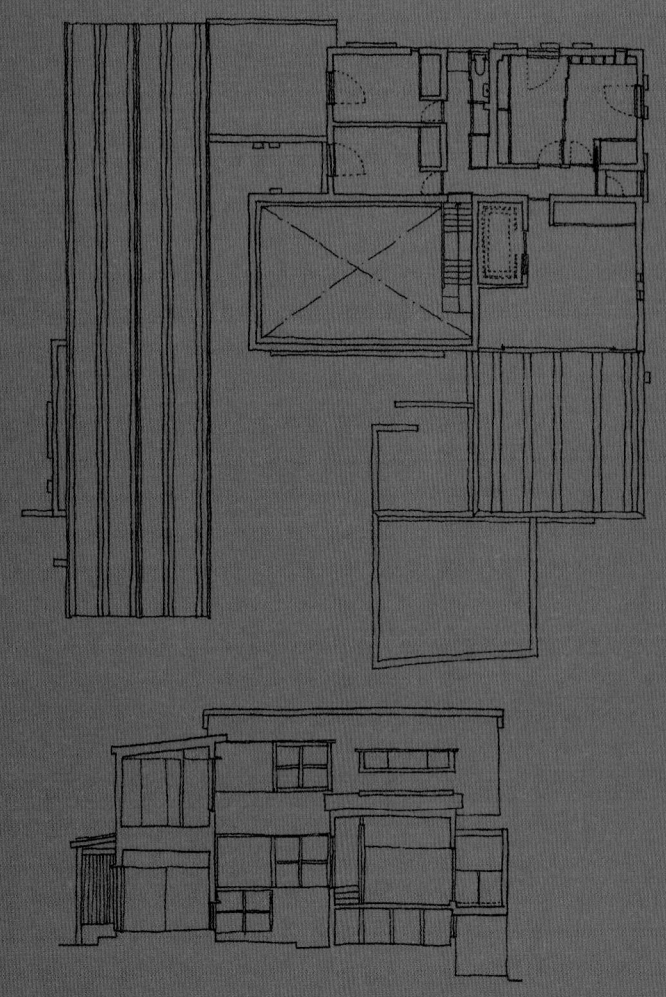

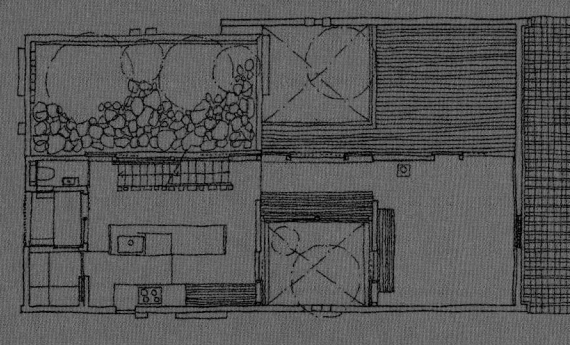
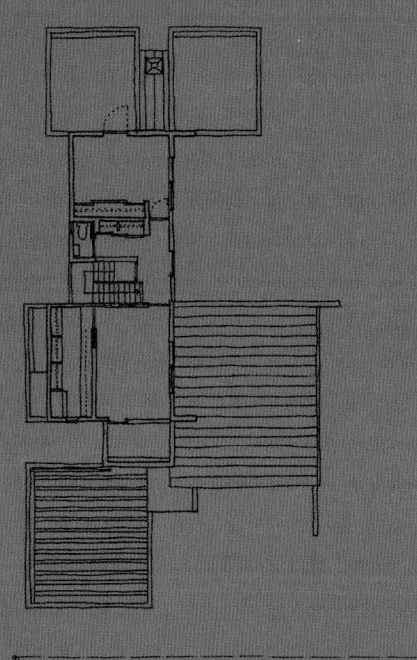
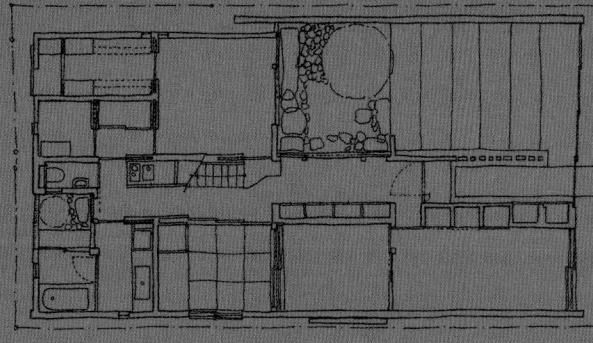

chapter 3

1 평면과 대지의 관계

2 공간별 디자인 포인트

3 특별한 용도에 맞춘 설계

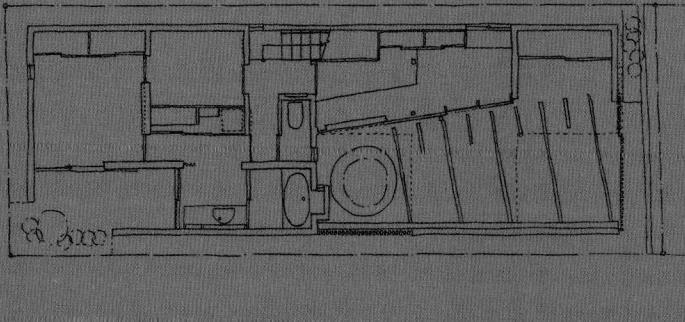
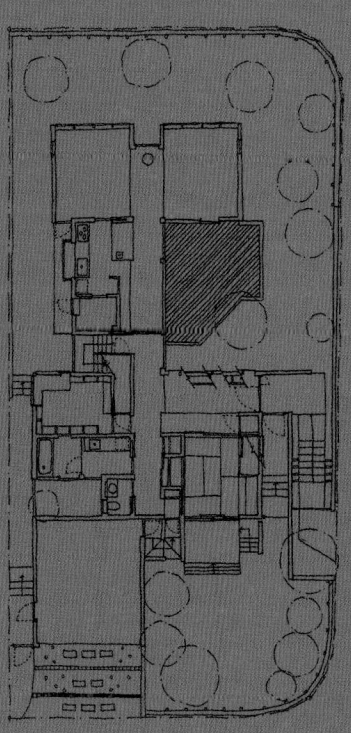
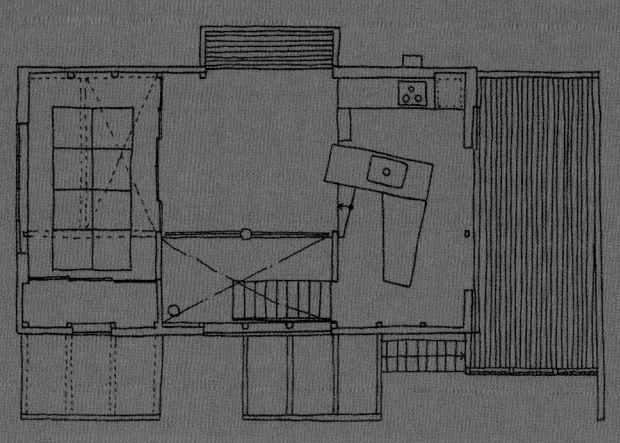

001: 동선

그리드와 회유동선으로 공간을 자유롭게 쓰다

1층은 욕실, 세면실, 침실로 구성된 개인공간, 2층은 부엌을 포함하는 공용공간과 계단으로 영역을 나눴다. 1층은 중앙에 수납실을 배치해 회유할 수 있는 연결된 공간을 만들고, 나중에 분할해 사용할 수 있도록 그리드로 구성했다. 2층은 LD 주변으로 기능공간을 분산 배치해 중앙에 빈 공간을 집중시켰다. 복도를 없애고 수납공간을 확보해 넓은 공간을 자유롭게 쓸 수 있다.

붙박이 벤치의 폭에 맞춘 개구부의 장지문 너머로 부드러운 빛이 들어오는 LD. 오른쪽 흰 카운터는 세미 오픈 키친

왼쪽에 보이는 수납실을 한 바퀴 돌 수 있는 1층의 프라이빗 존. 복도 없이 연결된 이 공간은 상황에 따라 칸으로 막을 수 있다.

공동공간
주위에 부엌, PC 공간, 계단실을 분산 배치하고 중심에는 잘 정돈된 차분한 분위기의 공간을 만들었다.

구석진 공간
PC 공간은 개구부를 작게 만들어 작업에 집중할 수 있도록 만들었다.

계단실 개구
계단실의 2층 부분에 설치된 개구로 들어오는 빛이 1층 현관 봉당까지 전달된다.

칸막이로 연결
부엌과 공동공간 사이에 높은 카운터를 만들어 부엌 안은 보이지 않고 공간은 연결된다.

분할 가능
한쪽은 수납실에 넣어놓은 문을. 다른 한쪽은 바닥에 파놓은 레일을 이용해 공간을 나눌 수 있다.

회유동선
중앙에 배치한 수납실을 한 바퀴 돌 수 있는 동선. 넓은 수납실을 관통할 수도 있다.

현관 봉당
넓은 현관 봉당은 연속된 회유공간으로서 아이들 놀이터로도 이용된다.

계단 밑 수납
계단 밑에 수납공간으로 만들어 알뜰하게 이용.

정면 외관. 왼쪽 위는 계단실에서 현관 봉당으로 빛을 전달하는 창. 오른쪽 위는 서비스 발코니

대지면적 87.27㎡ (26.40평)
연면적 120.52㎡ (36.46평)

002: 동선

일직선으로 연결되는 효율적인 가사동선

야외활동을 즐기는 가족을 위한 96㎡의 콤팩트한 집. 장작 난로와 데크 테라스를 설치하고 현관에 아웃도어 용품을 수납할 수 있는 봉당공간을 마련했다.
1층에 LDK와 욕실을 배치하고 2층을 침실로 만든 심플한 평면. 부엌은 거실, 식당과 대면하는 오픈 타입으로 구성했다. 또한 화장실, 세면실, 욕실과 부엌의 동선을 일직선으로 만들어 편리함을 추구했다. 보이드와 외부 테라스 등을 적절히 넣어 실제보다 큰 공간감을 느낄 수 있다.

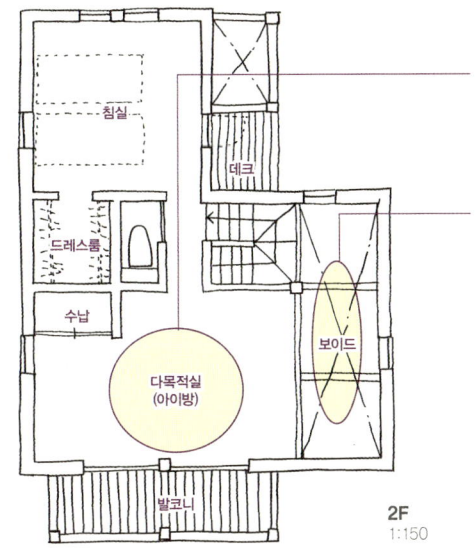

자유공간
아이가 어릴 때는 놀이방으로 쓸 자유공간. 아이가 커서 방이 필요해지면 평면 변경도 가능하다.

보이드로 연결
위층과 거실이 보이드로 연결되어 1층에 있어도 아이방의 인기척을 느낄 수 있다. 공간이 연결돼 위아래층 모두 실제보다 넓게 느껴진다.

도로 쪽 외관. 파사드는 남편 취미인 등산에 맞춰 숲속 오두막처럼 만들었다.

신을 신은 채
야외활동을 즐기는 가족을 위해 봉당 현관에 신을 신은 채 사용할 수 있는 수납공간을 만들었다. 아웃도어 용품을 여기에 수납한다.

일직선으로 배열
부엌, 욕실, 세면실을 일직선으로 배치. 화장실은 두 방향으로 문을 달아 관통할 수 있다. 덕분에 가사 효율이 높아졌다.

장작 난로
거실 한 모퉁이에 장작 난로를 설치. 난방 기능은 물론이고 일상적으로 불꽃을 보고 즐기면서 생활한다.

대면식 부엌
부엌은 집 모퉁이에 오픈 타입으로 배치. 욕실 쪽 동선은 물론이고 거실과 테라스 쪽도 한눈에 들어온다.

세면실 앞에서 부엌 방향을 본 것. 부엌에서 세탁기까지 일직선으로 연결되는 가사동선

야외를 즐기는 테라스
남쪽 정원의 테라스는 야외 식당으로 활용. 정원의 나무를 바라보며 가족들과 야외 식사를 할 수 있다.

| 대지면적 | 141.68㎡ (42.86평) |
| 연면적 | 96.05㎡ (29.06평) |

1 평면과 대지의 관계
2 공간별 디자인 포인트
3 특별한 용도에 맞춘 설계

003: 동선

'오두막'과 연결된 바깥 복도가 회유동선을 만들다

건물주는 이 집에서 아이들과 많은 추억을 만들 수 있길 원했다. 거주를 위한 공간이 아닌 용도가 애매한 '오두막' 같은 작은 공간을 만들어 회유성이 있는 재미있는 집이 되었다.

정면 외관. L자로 둘러싸여 공중에 떠 있는 듯한 '오두막'이 보인다. 1층 데크 테라스와 수반이 있다.

폭이 넓은 계단
아이들은 벽면의 커다란 선반에 장난감을 수납하고 폭이 넓은 계단에 걸터앉아 논다.

개방적인 아이방
최소한의 크기로 만들고 일부러 문을 달지 않아 가족들 인기척을 느낄 수 있게 만들었다.

회유동선을 위한 바깥 복도
거실과 아이방에서 오두막으로 연결되는 복도. 막힌 공간을 만들지 않기 위한 조치다.

자유롭게 사용하는 오두막
특별히 정해진 용도는 없지만 안주인은 빨래 건조장으로, 아이들은 놀이터로 사용한다.

중정을 도는 계단
중정을 둘러싼 각 공간과 하나로 연결돼 빛과 바람을 끌어들인다.

텔레비전 뒤 편리한 창고
지저분해지기 쉬운 소품들을 수납하면 거실이 항상 깔끔하게 유지된다.

두 개의 현관
첫 번째 현관을 들어가면 중정만 보이기 때문에 손님을 맞이하는 완충지대 역할을 한다.

바닥 밑 창고
아이방 밑을 전부 수납공간으로 만들어 넓게 이용한다.

문이 필요 없는 드레스룸
전실과 침실 양쪽에서 이용할 수 있는 가족 공용 드레스룸. 현관문에서 보이지 않도록 벽을 세워 문이 없어도 속이 보이지 않는다.

시야가 넓은 다다미방
데크 테라스와 공간이 연속되므로 시각적으로 넓게 느껴진다.

최소한의 세면 탈의실
콤팩트하게 만들어 불필요한 동선을 없앴다.

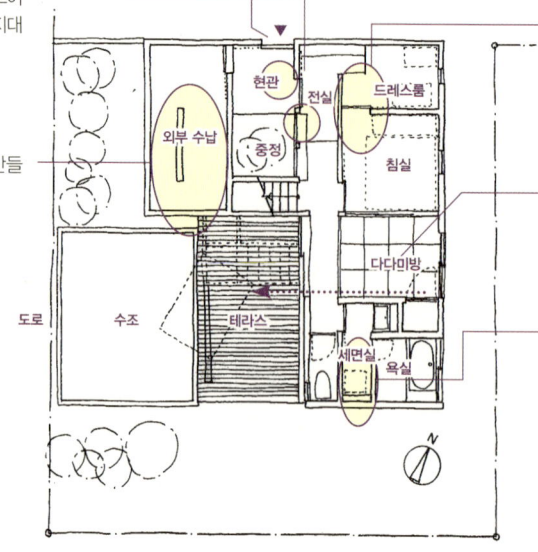

거실. 텔레비전 뒤는 숨겨진 수납공간

대지면적 160.00㎡ (48.40평)
연면적 107.00㎡ (32.37평)

004: 동선

단차를 즐기는 동선으로 공간에 변화를 만들다

콘셉트는 '다양한 자리를 만드는 것'. 연속된 공간에 일부러 바닥 차를 만들어 눈높이에 변화를 주고 오르락내리락하도록 했다. 이 때문에 시각적으로도 넓어 보인다. 악기 연주를 맘껏 할 수 있는 지하 음악실과 발성 연습을 할 수 있는 자연 소재로 마감한 욕실은 건축주의 희망사항이었다.

2층 LDK와 발코니. 방 하나 하나는 넓지 않지만 바닥 높이가 다르게 연결되므로 각자의 자리에 개성이 생겼다.

비스듬히 트인 공간
시선이 부엌에서 다다미실까지 대각선으로 뻗어나간다. 미닫이를 닫으면 방이 되고 보와 천장을 노출하는 등 다른 방과는 다르게 마감했다.

단차를 이용한 구분
부엌을 중심으로 한 회유동선. 부엌에서 한 계단 차이로 홀, 다시 한 계단 차이로 LD가 연결된다.

또 하나의 방
발코니는 작업공간을 중심으로 회유하는 동선의 일부. 2층의 또 다른 방으로서 야외의 자리이다.

2층 다다미실

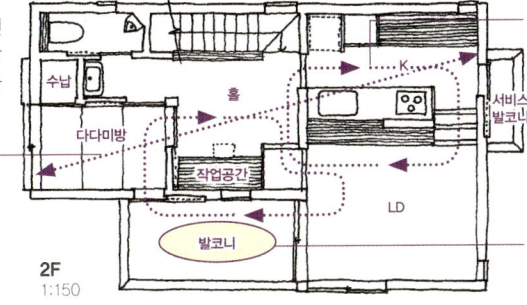

드레스룸 경유
드레스룸을 지나 침실로 들어간다. 이동 경로 위에 수납공간을 두면 공간 낭비가 없다. 크게 돌아 들어가기 때문에 동선이 길어져 넓게 느껴진다.

현관 창고
현관에 창고를 만들었다. 실속 있는 현관 창고 덕분에 현관 주변이 깨끗해졌다.

숨겨진 바깥 공간
위까지 판자로 둘러싼 외부공간. 긴 동선으로 돌아 들어간 침실의 연상선에 있는데 욕실에서 바깥을 볼 수 있게 해준다.

음악을 즐기다
콘크리트로 된 지하 음악실에서는 주변을 신경 쓰지 않고 소리를 크게 낼 수 있다. 가족이 모여 연주도 한다.

꽉 찬 수납
지하 서재에 넓은 자료실을 함께 만들었다. 선반을 옆으로 길게 배치해 필요한 자료를 금방 찾을 수 있다.

대지면적 103.15㎡ (31.20평)
연면적 113.94㎡ (34.47평)

005: 동선

조각보와 기둥벽으로 LDK를 원룸처럼

대지는 도로면보다 한 층 정도 높고, 나무가 많은 공원과 접해 있다. 콘크리트 기단 부분은 작업장, 1, 2층 상자 모양의 목조 부분은 거주공간이다. 상자 부분 외벽은 바닥-천장 높이의 유리와 벽을 적절히 조합해 전망이 좋은 면과 나쁜 면의 개구율에 차이를 두었다. 내부는 벽과 한국의 전통 조각보를 이용해 원룸형 공간을 유연하게 나누었다.

거실에서 본 식당. 삼나무 기둥벽은 벽이라기보다 칸막이 같다.

시선이 통하다
식당에서 다락 하부의 유리로 아이방을 볼 수 있다.

느슨한 구분
공간과 공간은 조각보로 느슨하게 구분했다. 1층 LDK도 마찬가지다.

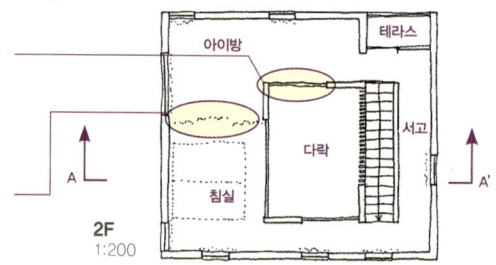

2F 1:200

자연스러운 원룸
LDK는 천장고, 삼나무 기둥벽, 조각보로 공간을 구분했다. 하지만 다양한 동선을 가능하도록 구분해 원룸 느낌을 해치지는 않았다.

밝은 욕실
넓은 드라이 에어리어로 자연광을 받아들이고 전면도로의 시선을 차단했다.

차분한 스튜디오
입구에서 들어가면 바로 나타나는 스튜디오. 계단 옆에 화장실을 만들어 개인 영역과 스튜디오의 동선이 최대한 겹치지 않도록 했다.

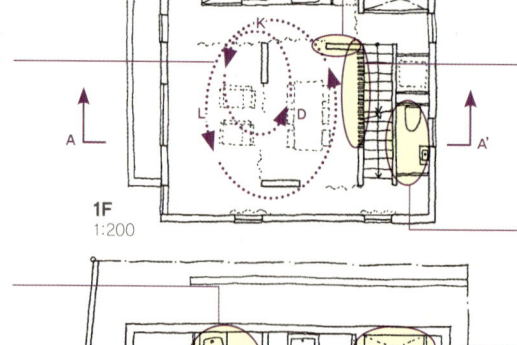

1F 1:200

나무에 둘러싸이다
천장이 높은 식당은 사방을 삼나무 기둥벽으로 느슨하게 막았다.

집을 따뜻하게
집의 중심인 계단 보이드에 복사열 난방기를 설치해 집 전체가 따뜻하고 공기도 깨끗하다.

뒤로 숨기다
계단 뒤로 공간을 만들어 여유로운 LDK를 만들었다.

안쪽을 환하게
막다른 곳에 보이드를 설치해 위쪽에서 자연광을 받아들이는 현관홀.

풍부한 수납공간
벽면 전체에 설치한 넉넉한 현관 수납공간이다.

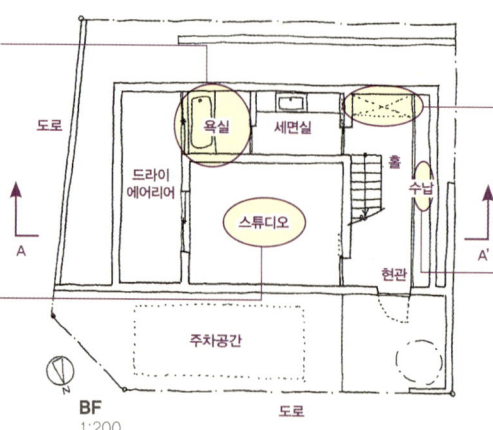

BF 1:200

비밀기지
2층 바닥보다 1m 올라간 큰 다락은 수납공간이자 아이들의 비밀기지.

놀이공간
'서고'는 미래의 희망사항. 지금은 아이들이 벽에 낙서하며 노는 공간이다.

A-A'단면 1:200

유리와 벽으로 구성된 외관

대지면적 102.68㎡ (31.06평)
연면적 117.18㎡ (35.45평)

006: 동선

부엌으로 이어지는 편리한 세 동선

생활동선 계획을 중시했다. 부엌까지의 동선은 ①현관에서 거실 경유 ②현관에서 신발장과 팬트리 경유 ③차고에서 팬트리를 경유하는 동선이 있어 편리하다. 이 루트들은 화장실을 중심으로 회유동선을 그리고 있어 안팎을 오갈 때 효율적이다. 2층 욕실에는 테라스가 딸려 있어 노천탕 기분을 낼 수 있다.

2층 욕실 앞의 욕실정원. 가림벽으로 프라이버시를 강조한 테라스 쪽으로 욕실이 개방되어 있다.

바깥과 연결된 욕실
욕실은 정면 폭 전체를 개구부로 만들어 가림벽으로 내부화한 욕실정원 쪽으로 오픈했다. 홀 쪽에는 냉장고용 전원을 설치했다.

정리하기 쉽게
침실에는 널찍한 수납공간을 만들고 책장, 창고, 드레스룸 등으로 공간을 나눠 효율적으로 수납했다.

계단 너머 간접광
계단 옆의 남향으로 난 창에서 거실로 빛을 받아들인다. 2층 침실에는 이중창을 달아 같은 빛을 간접광으로 받는다.

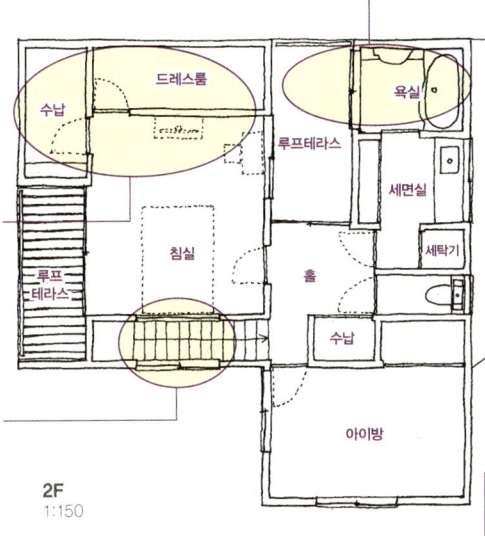

2F 1:150

신발장 겸 통로
신발장 겸 서핑보드를 보관하는 곳. 이곳을 지나 팬트리로 갈 수 있다.

차고의 디자인
파사드의 인상을 크게 좌우하는 차고 외벽에 삼나무 판자를 붙여 자연스러움을 추구했다.

가사 코너
가림벽을 세운 후 부엌과 연결되는 식탁과 같은 높이의 긴 카운터를 만들어 가사 코너로 사용한다.

여유로운 홀
현관에서 거실 문까지 유효폭을 1.2m로 넉넉히 잡아 단순한 통로가 아닌 하나의 공간으로 만들었다.

계단 밑 수납
계단 밑에 오디오와 로봇 청소기를 수납한다. 테라스 앞 TV까지 가는 배선은 바닥 밑을 지나도록 정리했다.

미래를 위해
부모님의 숙박과 동거에 대비해 다다미방을 만들었다. 생활 방식이 바뀔 때를 대비해 준비된 공간이다.

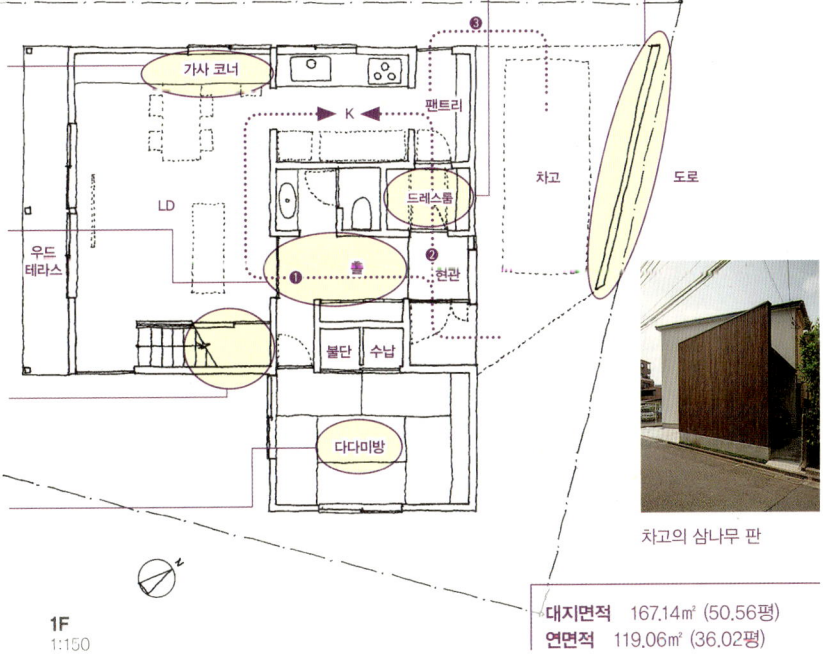

1F 1:150

차고의 삼나무 판

대지면적 167.14㎡ (50.56평)
연면적 119.06㎡ (36.02평)

1 평면과 대지의 관계
2 공간별 디자인 포인트
3 특별한 용도에 맞춘 설계

007: 동선

집안일에 도움이 되는
테라스의 회유동선

악기 소리가 울려 퍼질 홀 같은 공간과 맞벌이로 바쁜 아내가 효율적으로 집안일을 할 수 있는 평면을 요청받았다.

남북으로 긴 대지 모양을 살려 건물의 남쪽과 동쪽에 정원을 만들고 두 정원을 연결하도록 보이드를 설치한 넓은 거실을 배치했다. 이 거실을 중심으로 1층에 LDK와 욕실 등 생활공간, 2층에 침실과 아이방을 만들었다. 부엌 뒤쪽 욕실과 세면실에서 실내 건조장과 테라스를 지나 부엌까지 도는 회유동선이 가사에 도움을 준다.

실내 건조가 가능한 북쪽 구석 코너. 왼쪽 문으로 테라스에서 부엌까지 통하며 오른쪽은 세면실과 욕실로 연결된다.

남쪽 외관. 남쪽 정원을 지나 집으로 들어온다.

대용량 드레스룸
1.5평의 드레스룸은 아이 옷을 모두 수납해 방을 넓게 쓸 수 있다.

건조 동선
갑자기 비가 오면 동쪽 테라스에서 말리던 빨래를 손쉽게 실내 건조장으로 옮길 수 있어 편리하다.

동쪽 정원으로 연결
부엌에서 동쪽 정원의 데크 테라스로 나갈 수 있다. 동쪽 정원의 텃밭에 채소를 따러 가거나 바비큐 파티를 하기에도 좋다.

일직선으로
목욕, 세면, 탈의, 건조 공간이 일직선으로 배치되어 있다. 거실에서는 보이지 않고 부엌과는 회유동선으로 연결돼 효율적이다.

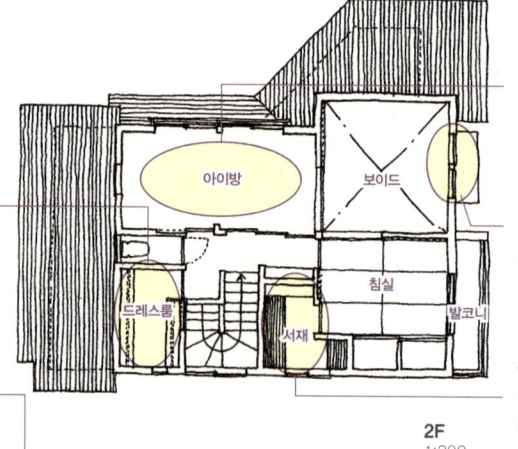

성장에 맞춰
아이가 어릴 때는 넓게 쓰고 자라서 방이 필요해지면 칸막이를 할 예정이다.

위에서 빛을
바닥창(掃き出し窓) 윗부분에 창을 달아 받아들인 남쪽의 빛과 바람은 2층의 각 방으로 전달된다.

숨어 있는 서재 코너
침실에서 들어가는 서재는 구석진 곳에 있어 집중이 잘된다.

넓은 거실
4평의 거실은 개방감 넘치는 환한 공간. 남쪽 정원과 연결돼 온종일 따뜻한 볕이 들어온다.

하나의 기둥
다다미실은 맹장지를 열면 LD와 하나가 되면서 시각적으로 연결되지만 바닥 마감재와 기둥에 의해 공간적으로는 구분된다.

효과적인 활용
계단 아래 공간을 활용한 수납공간. 미닫이문을 달아 물건을 넣고 빼기도 편하다.

1층 거실

대지면적 212.78㎡ (64.37평)
연면적 124.20㎡ (37.57평)

008: 동선

가사 효율을 높이는 욕실과 세면실 동선

흰 벽의 일부에 삼나무를 덧댄 깔끔한 외관은 꾸밈없는 자연스러운 인상이다. 내부에도 삼나무를 충분히 사용했다.
집 중심에 있는 난로에서는 안주인이 요리 실력을 발휘한다. 부엌에서 팬트리를 지나 욕실로 가는 동선을 확보해 가사 효율을 높였다.

1층 거실. 집 중심에 놓인 난로는 넓은 보이드 공간까지 따뜻하게 감싸준다.

넓게 사용하는 아이방
아직 아이가 한 명이라 혼자 넓게 쓰고 있다. 나중에 형제가 생기면 방을 나눌 수 있도록 출입구는 두 개를 만들었다.

따뜻한 자유공간
2층 홀에 설치한 카운터는 가족들이 자유롭게 사용한다. 보이드는 난로와 큰 창으로 들어오는 햇볕 덕에 따뜻하고 밝은 공간이다.

2층 홀의 카운터

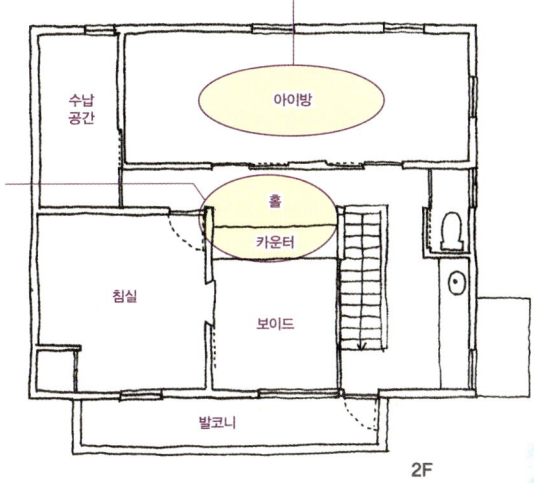

2F 1:200

부엌의 동선
부엌 옆에 설치한 팬트리를 지나 세면실과 욕실로 갈 수 있는 동선. 욕실과 세면실도 일직선으로 배치해 가사 효율을 높였다.

커다란 창
식사도 하고 안주인의 취미인 가드닝도 즐길 수 있는 큰 창. 이 집의 특징 중 하나다.

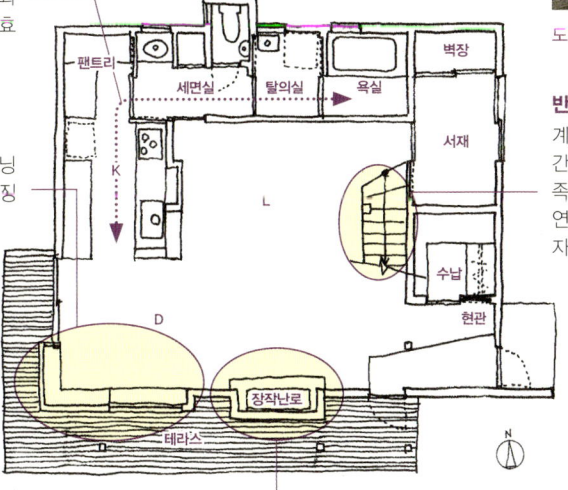

도로 쪽에서 본 외관

반려동물만의 공간
계단 밑을 이용해 반려견만을 위한 공간을 만들었다. 거실 옆이라 언제나 가족과 함께 있을 수 있고 계단 난간과 연결된 격자로 칸막이가 되어 있어 디자인 면에서도 예쁘다.

난로 주변
설계는 집 중심에 난로를 놓는 것부터 시작했다. 보이드를 설치해 따뜻하고 밝은 공간이 되었다.

1F 1:200

| 대지면적 | 621.53㎡ (188.01평) |
| 연면적 | 128.92㎡ (39.00평) |

009: 동선

튜브형 통로로 이어지는
세 개의 동

건물은 세 개 동으로 구성되어 있고 각 동은 한 층에 하나의 방이 있다. 방과 방은 중정을 가로지르는 튜브형 복도나 계단실을 통해 연결된다. 자주 지나는 방에는 여러 개의 튜브가 연결되고 집 안에는 여러 겹의 원을 그리는 동선이 만들어졌다. 튜브는 각 방들을 나누면서도 연결하고, 주변 환경을 차단하면서도 항상 서로를 보여준다.

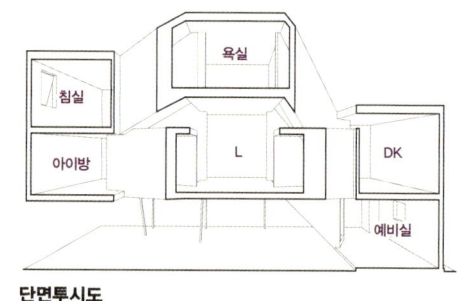

단면투시도
1:250

침실에서 거실을 느끼다
서재와 드레스룸을 짜 넣은 침실. 개구부를 통해 중정 너머로 거실과 세면실 쪽으로 시야가 트인다.

아이방에서 본 것. 중앙은 통로 겸 서재 공간

중정과 접한 개구부
각 방의 중정과 접한 면에 여닫을 수 있는 개구부를 두 개 이상 설치해 건물 전체뿐 아니라 각 방의 통풍도 확보했다.

튜브 안 서재
거실과 아이방을 잇는 튜브에는 책상과 선반을 두어 아이를 위한 서재를 만들었다.

넓은 필로티
주차장이면서 자전거 정비공간이자 바비큐를 즐기는 곳.

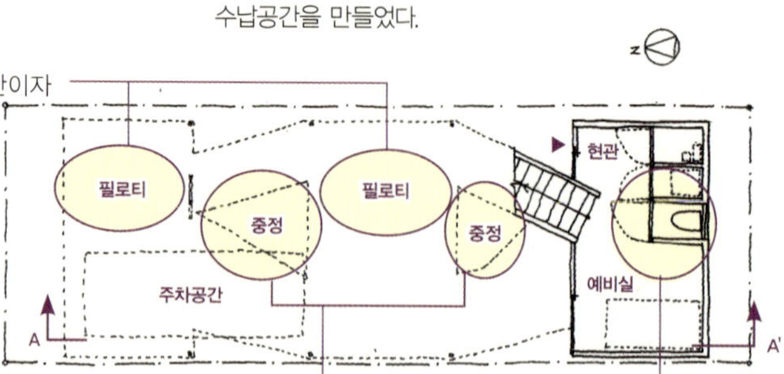

창이 있는 욕실
남북 방향으로 창을 낸 욕실은 빛과 바람이 잘 통한다.

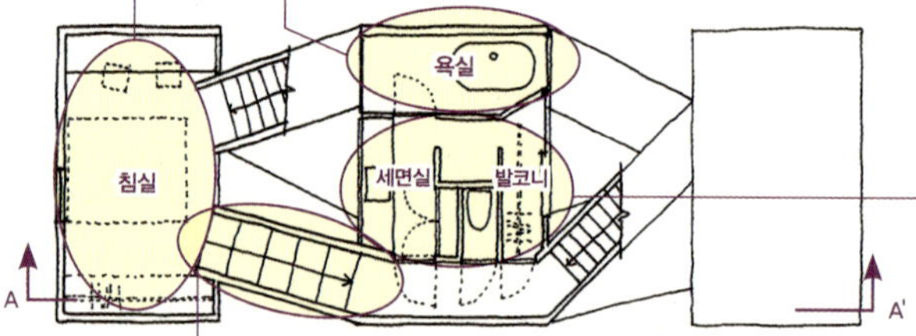

3F 1:200

튜브형 동선
식당, 욕실과 세면실, 침실 등 일상적인 이동 경로를 염두에 두고 튜브형 복도를 만들었다.

2F 1:200

틈새 수납공간
튜브가 어긋나면서 생긴 틈새에 벽면 수납공간을 만들었다.

1F 1:200

하늘이 보이는 중정
보이드형 중정을 통해 하늘이 입체적으로 들어온다.

거실. 전방 왼쪽이 DK, 전방 오른쪽이 아이방. 계단은 침실로 연결된다.

세면실과 발코니
전망 좋은 발코니와 세면실.

허브 역할의 거실
집의 중심에 해당하는 거실에는 현관, 침실, 아이방, DK로 가는 튜브 네 개가 연결되어 있다.

부엌 카운터
작업공간을 넓게 잡고 거실과 아이방으로 연결되는 시선을 고려했다.

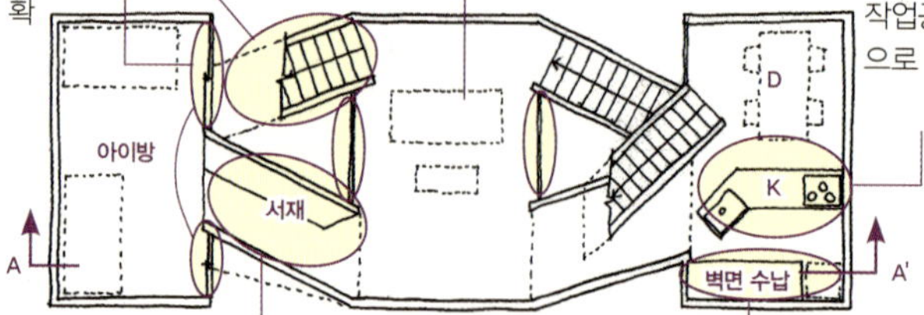

필로티는 바닥과 튜브를 올려다보는 넓은 외부공간

편리한 화장실
나중에 칸으로 막을 것을 고려해 현관과 예비실 양쪽에서 사용할 수 있도록 만든 1층 화장실.

대지면적 83.69㎡ (26.83평)
연면적 99.48㎡ (30.09평)

010: 동선

아래위층 모두
기능공간을 일렬로 배치

깃대형 부지. 도로 쪽은 2층 높이의 벽과 열주를 세워 가리고, 전망 좋은 동쪽은 데크를 설치해 개방했다.
1, 2층 모두 서쪽에는 욕실과 보이드 등의 기능공간, 동쪽에는 LDK 등 방을 배치해 모든 방이 동서로 바깥과 맞닿는 개구부를 갖는다. 모든 공간은 계단을 중심으로 회유할 수 있다.

2층 가족실에서 부엌 방향을 본 것. 좌우(동서) 양쪽으로 개구부가 보인다. 부엌 뒤 계단과 방3을 회유할 수 있다.

1 평면과 대지의 관계

2 공간별 디자인 포인트

3 특별한 용도에 맞춘 설계

서쪽의 빛과 바람
서쪽의 빛과 바람을 가져오는 보이드 공간. 옆집과의 완충지대가 되어주므로 방 안에 동서로 개구부를 설치해 빛과 바람을 받아들일 수 있다.

2층 잔디
외부에서는 보이지 않는 잔디를 깐 발코니. 이동할 때 잔디가 눈에 들어온다.

반독립형 부엌
가족실 쪽으로는 개방하지 않고 발코니 쪽으로만 개방된 부엌. 식당과는 낮은 위치에서 연결돼 LDK가 서로 다른 장소로 느껴진다. 부엌 서쪽에 미닫이 문을 달아 부엌 자체도 회유할 수 있다.

부엌과 식당 너머 넓은 거실이 있다.

끝징 출입하다
반려견의 발을 씻기는 장소와 나란히 있는 세면실로 출입이 가능하다. 반려견을 산책시킬 때 여기로 출입한다.

방범 효과
깃대부지 안쪽의 파사드를 형성하고 있는 건물과 일체화된 대문. 방범 효과도 있다.

다양한 사용법
용도를 한정하지 않고 다양하게 쓸 수 있는 다다미방에는 0.5평 넓이의 마룻바닥을 따로 깔았다.

개방적으로
생활공간은 전망 좋은 2층에 두었다. 역동적인 구배천장 아래 나무 향이 느껴지는 넓은 가족실은 홈시어터 역할도 한다.

작은 보이드
남쪽의 빛을 아래로 보내고 1층의 인기척을 전해준다.

침실과 서재
프라이버시를 중시해 가장 안쪽에 침실과 서재를 배치했다. 둘러싸인 공간이지만 동서의 개구부와 톱라이트로 빛과 바람이 잘 들어온다.

복도의 광장
L자형으로 미닫이를 열어두면 복도와 연결되는 넓은 공간이 된다. 햇볕이 잘 드는 쓸 만한 놀이터다.

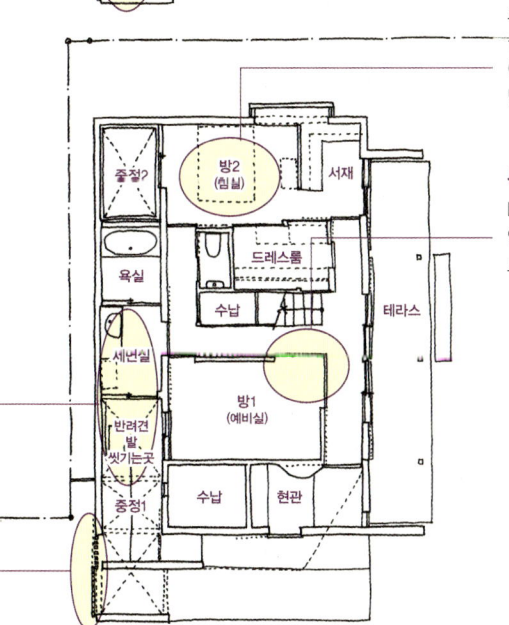

목재 격자 대문

대지면적 271.11㎡ (82.01평)
연면적 165.05㎡ (49.93평)

243

011: 취미

현관 위에 떠 있는 취미실

현관과 욕실을 공유하며 아래위층으로 나뉘는 2세대 주택이다. 1층에는 부엌을 중심으로 칸막이를 할 수 있는 방 세 개와 가사공간을 두었다. 가족이 모이는 다다미 코너 옆에는 바닥에 타일을 깐 토끼집도 만들었다. 딸 가족이 사는 2층에는 마림바를 연주하는 취미실도 있다.

1층 DK. 왼쪽이 다다미 코너이고 그 안쪽이 토끼를 위한 실내정원

언제든 나눌 수 있게
큰 원룸 침실은 아이가 크면 언제든 방으로 나눌 수 있게 만들었다.

넓게, 즐겁게
구배천장의 LDK는 아이들이 뛰놀고 가족이 대화하는 공간. 계단을 도는 회유동선으로 활동성이 커졌다.

악기 연습
마림바를 비롯한 악기를 연주하는 장소. 가끔 거실로 가지고 나와 연주회를 열기도 한다.

2층 LDK

한곳에 수납
현관 옆 수납장은 두 세대가 함께 쓰는 공간. 젖은 코트도 걸어둘 수 있다.

실제로는 중앙
DK 주변에 취미실, 실내 정원, 다다미 코너 등 특색 있는 방들을 배치했다. 부엌 위치는 DK 안에서는 끄트머리이지만 이 방들 사이에서는 중앙이다.

비밀기지
부엌 옆방은 아버지의 취미실. 다락이 있어 비밀기지 같은 느낌이 든다.

청소도 간단하게
토끼집으로 쓰는 실내정원은 봉당에 타일을 깔아 물청소를 간단히 할 수 있다.

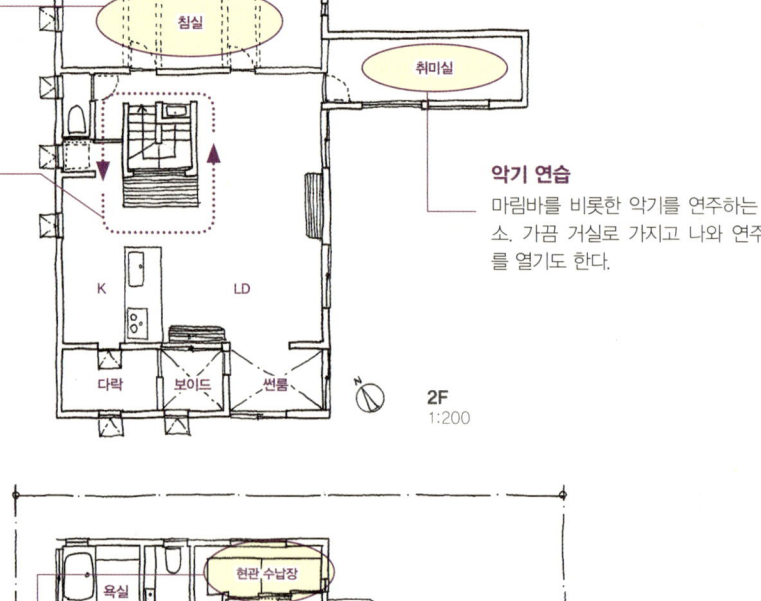

도로 쪽 외관

대지면적 210.21㎡ (63.59평)
연면적 86.12㎡ (26.05평)

012: 취미

실내에서
클라이밍을 즐기다

주변이 집들로 빽빽한 깃대부지. 거실과 식당을 2층에 배치하고 톱라이트와 보이드로 채광과 개방감을 확보했다. 현관 봉당의 보이드에는 인공암벽을 만들고 현관 포치 위쪽에는 바비큐를 할 수 있는 데크 테라스를 설치하는 등 취미를 즐기는 생활을 위한 장치들을 곳곳에 만들었다.

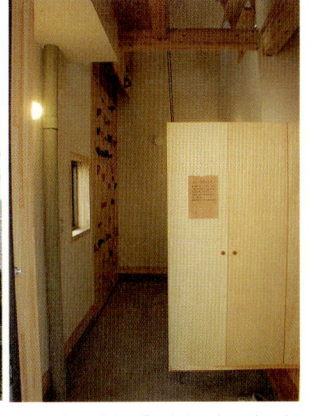

왼쪽: 건물 외관. 2층 테라스가 포인트다.
오른쪽: 1층 봉당의 인공암벽

1 평면과 대지의 관계

2 공간별 디자인 포인트

3 특별한 용도에 맞춘 설계

새장 같은 테라스
바비큐를 할 수 있는 테라스는 실내에 빛을 끌어들이고 파사드의 포인트도 된다.

쾌적한 2층 LDK
주택 밀집지의 채광을 고려해 LDK는 2층에 배치했다. 톱라이트와 보이드를 이용해 밝고 개방적이다.

눈앞의 아이방
LDK 위쪽 다락은 아이들을 위한 공간이다. 중앙에 계단을 설치해 부엌에서도 위쪽의 인기척을 느낄 수 있다.

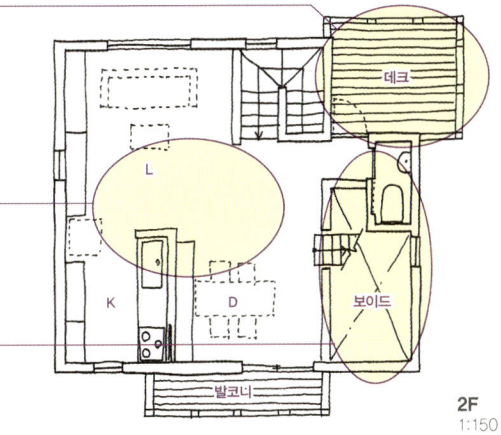

2F 1:150

대용량 수납공간
봉당, 붙박이 가구, 드레스룸으로 대용량 수납공간을 만들어 컴팩트한 집을 넓게 쓴다.

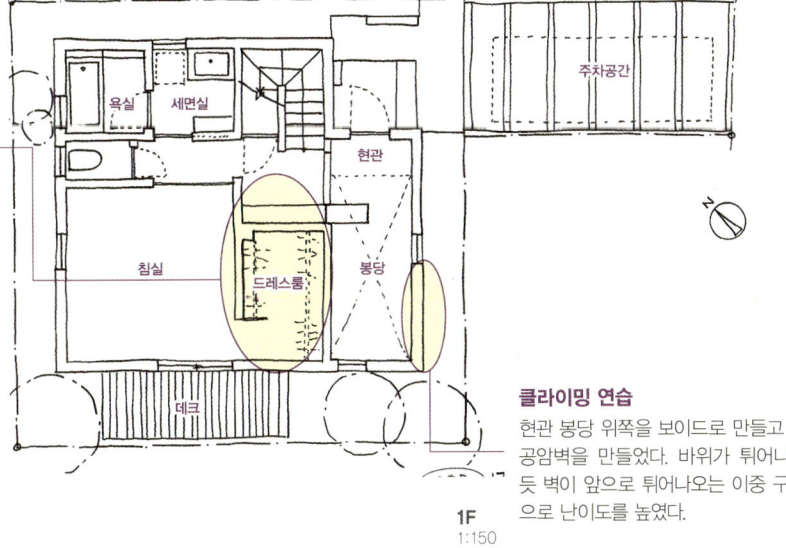

클라이밍 연습
현관 봉당 위쪽을 보이드로 만들고 인공암벽을 만들었다. 바위가 튀어나오듯 벽이 앞으로 튀어나오는 이중 구성으로 난이도를 높였다.

1F 1:150

2층 부엌. 뒤쪽 벽에서 다락을 향한 구배천장에 톱라이트를 설치해 빛을 끌어들인다.

대지면적 96.84㎡ (29.29평)
연면적   92.74㎡ (28.05평)

013: 취미

모든 외부공간을 연결한 개방적인 집

테라스, 발코니, 데크, 정원 등이 외부공간 혹은 외부와 관계를 맺고 있는 이른바 '개방된 공간'을 잇는 것이 이 집의 테마.
입체적인 연결을 위해 2층을 스킵 플로어로 만들어 아래위층의 인기척이 전해지도록 구성했다. 가장 높은 곳에 있는 욕실은 전면 유리를 사용해 이 집의 개방성을 상징한다.

식당에서 스킵으로 연결되는 거실. 완만하게 구부러지면서 지붕 구배를 따라 위층으로 올라간다.

사적인 공간
개방적인 주택 안에서 유일하게 프라이버시가 확보된 테라스가 딸린 공간. 지금은 서재로, 나중에는 아이방으로 쓸 예정이다.

빛의 중심
욕실에 전면 유리를 설치해 이 집의 콘셉트를 극대화했다.

넓은 공간
1층과 연결된 느낌을 주는 스킵형 2층. 개방적인 LDK다.

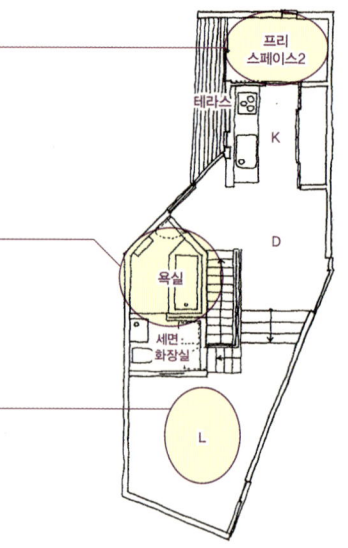

2F 1:200

도로 쪽 외관. 도로에서 정원까지 자연스럽게 연결된다.

열린 정원
서쪽의 틈새를 적극적으로 활용해 개방적이고 쾌적한 정원을 만들었다.

열린 공간
창호를 열면 현관홀과 연결된다. 처음에는 서재로, 나중에는 아이방과 손님방으로 쓸 예정이다.

개방성과 프라이버시
침실로 사용되는 다다미방은 창호를 열면 현관과 하나로 이어진다. 창호를 이동시켜 개방성과 프라이버시를 조절할 수 있다.

통과할 수 있는 현관
현관홀은 현관 겸 오토바이를 보관하는 처마 밑 공간. 도로 쪽에서 서쪽 정원으로 연결된다.

포치에서 본 것. 왼쪽이 프리스페이스1, 오른쪽이 정원까지 연결되는 봉당.

1F 1:200

대지면적 126.72㎡ (38.33평)
연면적   93.86㎡ (28.39평)

014: 취미

기둥을 없애고
당구와 영화를 즐기다

당구대와 홈시어터를 설치한 홀이 있는 집. 평면과 단면 모두 다각형의 60㎡ 크기이며, 방음을 위해 RC 구조로 만들었다.
대지 모양을 살려 '일'과 '휴식'으로 용도를 나누어 공간을 효율적으로 배치하고, 낭비 없는 구조와 공법으로 깔끔하고 다양한 공간을 만들었다.

LDK. 당구 큐를 자유롭게 움직일 수 있는 공간 확보에 신경 썼다.

테라스
테라스는 외부 시선을 차단하면서 자연광을 받아들여 그 빛을 아래층으로 보낸다.

욕실
유리 상자 모양의 욕실. 테라스, 침실, 식당의 보이드와 접해 있어 개방감이 느껴진다.

침실
홀에 떠 있는 침실. 콘크리트 보와 난간을 침대 보드와 일체화해 떠 있는 느낌을 더했다.

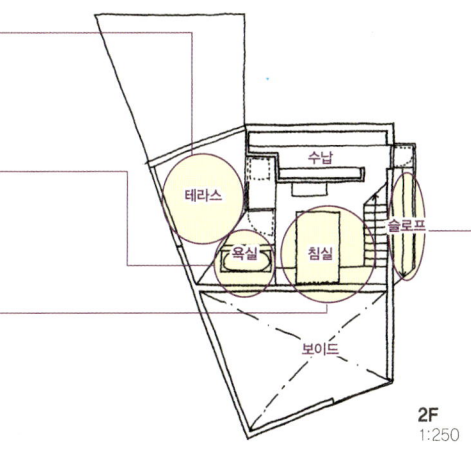

2F
1:250

슬로프
전망 좋은 경사지붕으로 이어지는 슬로프.

보이드에 떠 있는 침실과 세면실, 욕실을 한곳에 모았다. 테라스로 빛이 들어온다.

외관. 앞쪽은 차고

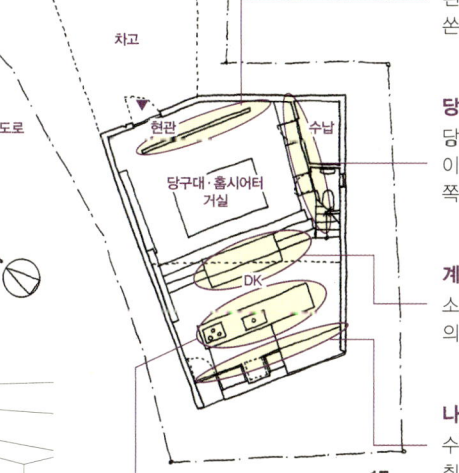

1F
1:250

홈시어터
흰 벽을 이용해 당구대 너머로 빔을 쏜다.

당구대
당구대는 2.9×1.7m 크기. 큐를 움직이기 위한 1.3m의 여유가 필요해 뒤쪽 벽을 비스듬히 후퇴시켰다.

계단에 소파
소파를 계단 중간쯤 설치해 스크린과의 높이를 조정했다.

나란히 두다
수납장, 냉장고, 창, 뒷문을 나란히 맞춰 깔끔한 하나의 벽처럼 보인다.

홀에서의 시선 고려
일체형으로 만든 부엌과 테이블은 스테인리스로 특별 제작. 현관홀에서 부엌이 깔끔해 보이도록 테이블을 앞으로 빼고 다리를 없앴다.

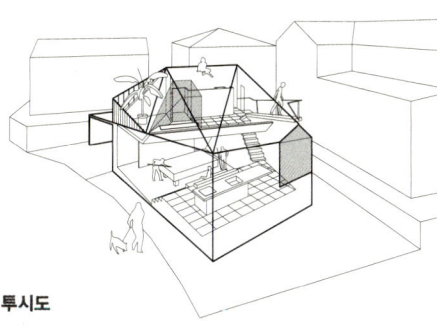

투시도

대지면적 166.38㎡ (50.33평)
연면적 95.63㎡ (28.93평)

1 평면과 대지의 관계
2 공간별 디자인 포인트
3 특별한 용도에 맞춘 설계

015: 취미

오토바이와 자전거를 위한 공방

부부가 살 집. 1층에 침실과 욕실과 공방, 2층에 LDK를 배치했다. 10평 크기의 거실과 식당은 바람이 잘 통하고 빛과 개방감이 넘친다. 부엌은 집 안이 잘 보이도록 배치하고 둘이 요리를 할 수 있게 열린 동선을 짰다.

북동쪽 외관. 디자인 포인트가 되는 목제 발코니 안쪽에 LD가 이어진다.

다리를 건너다
현관 위에 있는 화장실로는 보이드의 다리를 건너 들어간다. 다리의 바닥은 격자로 되어 있어 1층 현관으로 빛을 보낸다.

반독립형 부엌
부엌은 LD와 구분되는 독립형에 가깝게 배치했지만 동선을 싱크대 앞으로 연결해 일체감도 느껴진다. 부엌 위쪽 다락은 대용량 수납공간이다.

열린 공간
거실과 식당은 10평으로 큰 편이라 개방적이다.

취미실
남편의 취미인 오토바이와 자전거 보관소 겸 정비 장소. 봉당으로 되어 있어 반옥외 작업실로도 이용한다.

2층 톱라이트. 오른쪽으로 보이는 것이 화장실로 건너가는 다리. 정면의 벽 너머가 부엌이며 그 위가 다락이다.

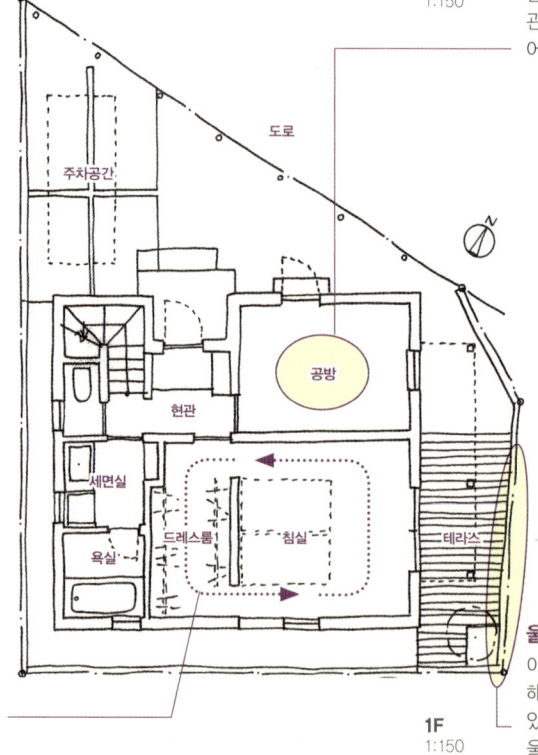

2F 1:150

1F 1:150

공방 쪽에서 현관을 본 것

침실과 회유동선
침실의 드레스룸을 방으로 막지 않고 양쪽에서 출입할 수 있게 했다. 막혀 있지 않아 정리에 신경 쓰므로 드레스룸을 깔끔하게 사용할 수 있다.

울타리로 보호
이웃집과 도로의 시선을 차단하기 위해 나무 울타리를 둘러 침실 앞을 막았다. 데크 테라스와 대지의 경계선에 울타리를 쳐 침실이 넓게 느껴진다.

대지면적 102.64㎡ (31.05평)
연면적 98.20㎡ (29.71평)

016: 취미

오토바이 정비를 책임지는 내외일체형 봉당

주변 시선을 차단하면서도 개방적으로 살 수 있는 집. 욕실정원 주변에 펜스를 둘러 창을 열어둔 채 목욕할 수 있다. 2층 발코니에도 나무 울타리를 두르고 하늘을 향해 개방했다.
취미가 다양한 부부를 위해 1층에 봉당공간, 2층에 긴 테이블을 만들었다. 두 곳 모두 자연이 느껴지도록 트여 있다.

오토바이 차고를 겸하는 봉당. 현관 미닫이문과 중정 쪽을 개방하면 바람이 지나는 '밖'이 된다.

6m 테이블
부엌의 가스레인지 카운터를 길게 연장해 부부의 취미를 위한 테이블로도 사용. 방이 깔끔하고 넓어 보인다.

깔끔한 벽면
수납 가전제품과 식기까지 넣을 수 있도록 수납공간을 계획했다. 문을 닫으면 벽처럼 보여 깔끔하다.

밖에서 휴식1
데크 테라스에 벤치를 설치해 느긋하게 쉴 수 있는 장소로 만들었다.

2층 식당과 부엌. 왼쪽에 보이는 것이 6m짜리 테이블

톱라이트
언제라도 계절을 느끼고 하늘을 볼 수 있도록 톱라이트를 다섯 개 설치했다.

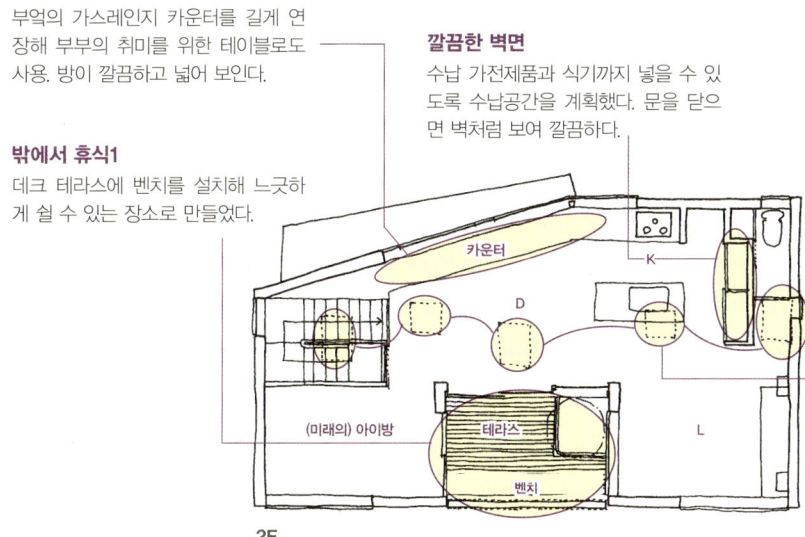

현관홀 겸용
오토바이를 손질하는 봉당 공간. 현관의 세 장짜리 미닫이문을 활짝 열면 현관, 포치, 봉당이 한 공간으로 연결돼 오토바이 출입과 정비가 쉬워진다.

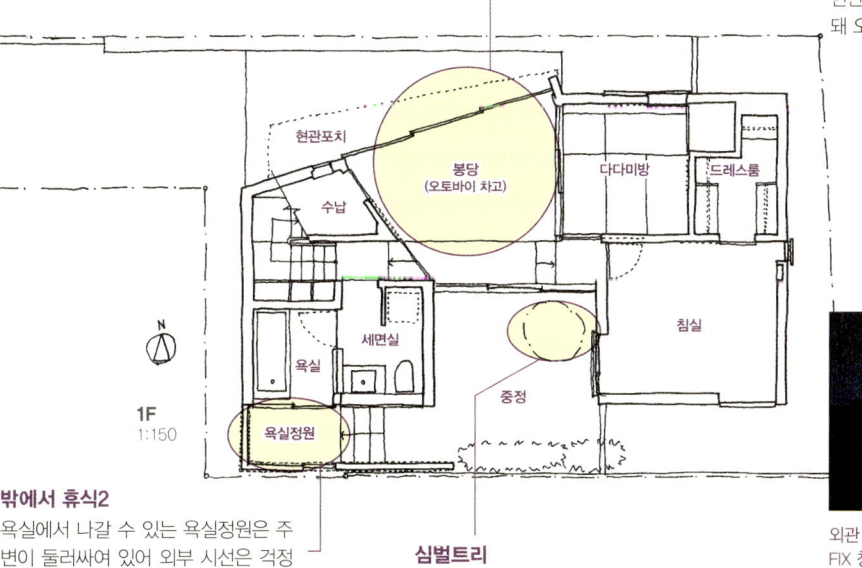

밖에서 휴식2
욕실에서 나갈 수 있는 욕실정원은 주변이 둘러싸여 있어 외부 시선은 걱정 없다. 정원에서 욕실로 들어갈 수도 있어 오토바이 정비 후 욕실로 직행할 수 있다.

심벌트리
키가 5m인 심벌트리는 2층 발코니까지 뻗어 있어 집 안에서도 볼 수 있다.

외관 야경. 도로 쪽 개구부는 계단 위의 FIX 창

대지면적 133.86㎡ (40.49평)
연면적 101.73㎡ (30.77평)

017: 취미

스킵되는 갤러리

도로 건너편 커다란 느티나무를 집 안에서도 볼 수 있는 직사각형의 목조주택. 계단 층계참을 겸하는 중2층의 갤러리로 아래위층을 연결하고, 2층에 상당한 풍량을 확보했다. 가족끼리 서로 내려다보거나 올려다보는 등 다양한 시선을 주고받을 수 있다.

LD는 아담하고 차분한 공간. 북쪽 개구부는 미닫이로 막을 수 있다.

2층 갤러리. 차고 위에 해당하는 계단 층계참의 바닥을 확장해 휴식공간으로.

처마가 낮은 차고
차와 사람이 간신히 들어갈 수 있는 높이로 낮췄다. 2층 갤러리 바닥이 계단 층계참이다.

빨래 건조장
빨래를 널어두고 외출해도 걱정이 없다. 격자 울타리를 둘러 빛과 바람이 잘 통하고 도로에서 세탁물과 세면실 안이 보이지 않는다.

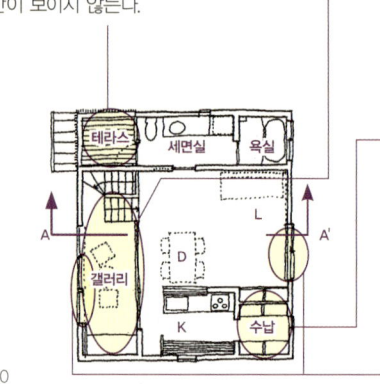

2F 1:250

1F 1:250

A-A'단면 1:250

중2층의 갤러리
서재를 설치한 스킵 플로어로 아래위층을 연결한다. 아이방이 1층에 있기 때문에 갤러리에서 아이방을 볼 수 있다.

충분한 수납공간
거실과 식당에서는 보이지 않는 위치에 충분한 수납량을 확보했다. 손님이 왔을 때 어질러진 물건을 재빨리 넣을 수 있다.

바람의 출입구
갤러리의 개구부로 들어온 바람을 아래위층으로 나누어 보낸다. 북쪽 새시를 열고 닫음으로써 바람의 양과 속도를 조절한다.

바람을 막는 문
현관을 방풍실로 만들어 겨울철 냉기를 차단한다. 미닫이를 벽 안으로 넣어 열어둘 수 있다.

드레스룸을 중간에
두 방의 완충공간이자 양쪽 방에서 사용할 수 있는 공용 드레스룸.

처마 밑 쪽문
비 오는 날에도 물건을 차에서 실내로 쉽게 옮길 수 있다.

현관 높이를 올리고 차고의 천장은 낮춰 중2층을 만들었다.

개구부와 시야
갤러리의 개구부로 LD와 아이방에서도 느티나무를 볼 수 있다.

대지면적 110.54㎡ (33.44평)
연면적 103.70㎡ (31.37평)

018: 취미

가족 도서실의 나선계단으로 1, 2층을 잇다

동과 남으로 이웃집이 붙어 있어 주변 경치를 볼 수 없다. 현관에서 2층으로 가는 직통계단 외에 1층 도서실에서 2층 식당으로 연결되는 나선계단을 설치했다. 이 두 계단을 통해 중정으로 시야가 트이는 회유성 있는 플랜을 완성했다. 남쪽 면의 하이사이드 창으로 밝은 빛이 들어온다.

스킵된 거실과 1층에서부터 연결되는 도서실 책장. 오른쪽 계단을 통해 루프 발코니로 나간다.

북쪽에도 햇볕
북쪽 식당과 부엌으로 남쪽의 따뜻한 햇볕을 내려보내는 길쭉한 톱라이트.

도서실이 연결되다
1층 도서실에서부터 큰 책장이 이어진다. 식당 옆에는 가족사진과 소품 등을 진열했다.

회유성을 만드는 계단
1층 도서실과 연결되는 작은 나선계단은 회유성을 만들어 1층과 2층을 시각적으로 잇는다.

1층 도서실과 나선계단

책에 둘러싸여
막대한 장서를 수납하는 커다란 책장은 1층 도서실에서부터 2층 식당까지 이어진다.

진입로와 정원
격자문으로 막혀 있어 안정감이 느껴지는 진입로. 현관 옆의 노각나무와 작은 정원이 손님을 맞는다.

북서쪽 외관

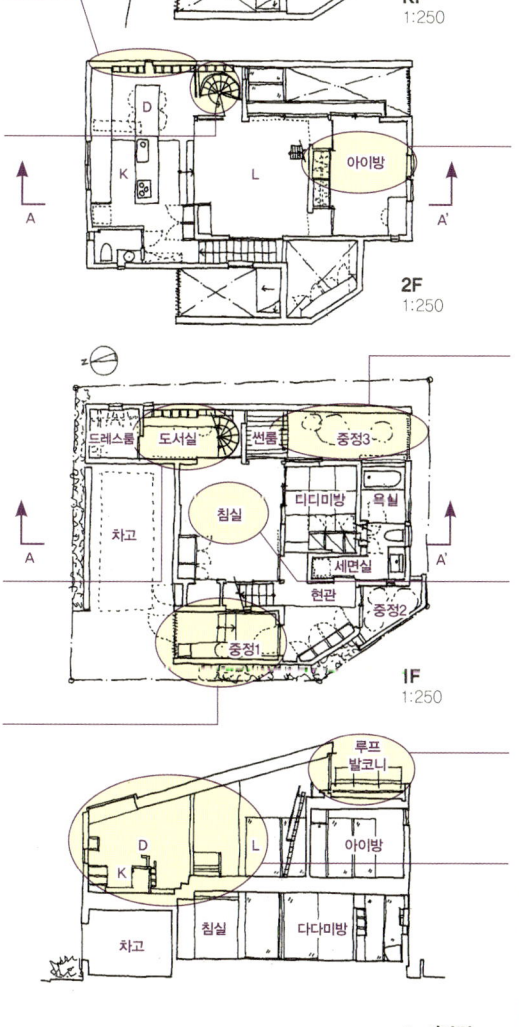

인기척이 전해지다
나중에 두 개로 나눌 아이방. 중정과 접해 있고 거실과는 미닫이문으로 연결되어 있어 가족의 인기척이 전해진다.

긴 앞뜰
욕실에서는 욕실정원, 침실과 다다미방에서는 정원으로, 보는 위치에 따라 역할이 바뀐다.

동선의 중심
침실은 중정1, 중정3과 시각적으로 연결되고, 칸을 막으면 손님방으로 바뀌는 다다미방 및 도서실, 썬룸과도 연결되는 회유동선의 중심이다.

옥상 공간
마을이 내다보이고 거실을 내려다볼 수 있는 전망대. 식당과 부엌에서도 보인다. 이쪽 창을 통해 거실과 식당으로 남쪽의 빛이 들어온다.

경사진 천장과 스킵 플로어
한쪽으로 경사진 천장과 스킵 플로어가 개방감과 변화가 느껴지는 LDK를 만들었다. 중정의 나무와 개구부로 들어오는 빛을 즐길 수 있다.

대지면적 114.57㎡ (34.66평)
연면적 127.47㎡ (38.56평)

1 평면과 대지의 관계
2 공간별 디자인 포인트
3 특별한 용도에 맞춘 설계

019: 취미

현관 옆 수족관

부엌에서도 아래층 아이방의 인기척이 느껴지게 해달라는 건축주의 요청이 있었다. 부부 각자의 취미공간과 가사동선을 고려한 젊은 부부를 위한 평면이다.

왼쪽: 식당 앞에서 부엌 방향을 본 것
오른쪽: 식당 앞에서 계단 보이드와 욕실 앞 발코니 방향을 본 것

L자형 부엌
부엌은 북쪽 코너에 L자형으로 설치했다. 한 층 전체를 내다볼 수 있고, 서비스 발코니도 있어 편리한 편이다.

내부의 연장
가족실의 연장인 외부공간까지 외벽을 연장해 주변 시선을 차단했다. 밖에서는 발코니가 있는 것조차 알 수 없다. 벽 위쪽이 비스듬해 마음껏 하늘을 감상할 수 있다.

남쪽 외관. 포치 밑이 현관. 포치 위 2층 발코니는 연장시킨 외벽에 가려 안 보인다.

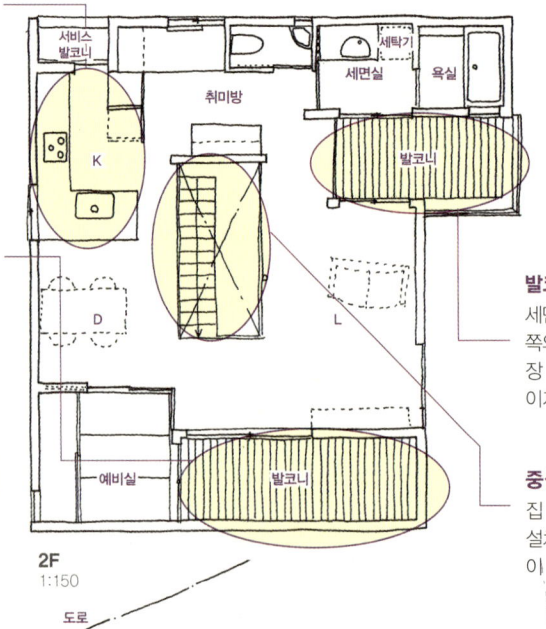

발코니
세면실, 욕실과 붙어 있는 발코니는 남쪽의 햇볕을 욕실로 보내는 한편 건조장 역할도 한다. 거실과 DK를 넓어 보이게 한다.

중심의 구멍
집 중앙에 구멍을 뚫듯 큰 보이드를 설치했다. 1층도 잘 보여 마치 1, 2층이 하나로 연결된 것 같다.

침실의 동선
1층 침실은 두 개의 포치 사이에 끼여 있어 안정된 분위기를 연출한다. 현관 쪽과 계단 쪽 두 곳에 출입구가 있다.

작은 수족관
남편의 취미인 열대어를 기를 수 있는 공간. 현관에서도 열대어가 보이도록 벽에 개구부를 설치했다.

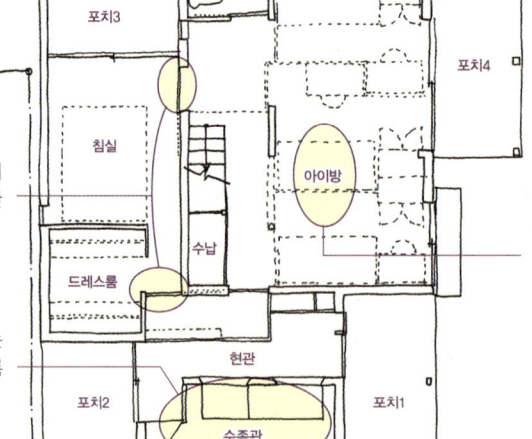

미래를 준비하다
나중에 방이 필요할 때를 대비해 만들었다. 지금은 복도까지 합쳐 넓은 놀이공간으로 이용한다.

대지면적 482.12㎡ (145.84평)
연면적 138.84㎡ (42.00평)

020: 취미

1층은 갤러리,
2층은 생활공간

전원생활을 꿈꾸며 도시에서 이주한 부부를 위한 집. 1층에 침실과 욕실, 그리고 남편이 촬영한 사진을 전시하는 다목적 갤러리 등을 배치하고, 2층에 생활공간인 LDK를 올렸다. 개방적인 2층 거실과 거실 앞 우드 테라스가 확 트인 느낌을 선물한다. 1층의 다목적 갤러리는 가끔 살롱으로 변신한다.

2층 다다미실 앞에서 본 LDK. 구배천장과 소재 때문에 화장실과 팬트리 부분이 작은 오두막처럼 보여 실내에 안길이가 느껴진다.

1 평면과 대지의 관계

2 공간별 디자인 포인트

3 특별한 용도에 맞춘 설계

회유동선
팬트리를 지나갈 수 있도록 만들었다. 팬트리 이용이 편하다. 부엌과 화장실 사이의 지름길이다.

팬트리
부엌 옆 팬트리는 수납 물건이 많아도 무엇이 어디에 있는지 한눈에 알 수 있어 물건을 꺼내거나 정리하기 편하다.

남쪽의 서재
남쪽을 향하는 서재 코너에서는 바깥을 내다볼 수 있다. 장인이 만든 책장과 책상 덕분에 서재의 존재감이 더욱 커졌다.

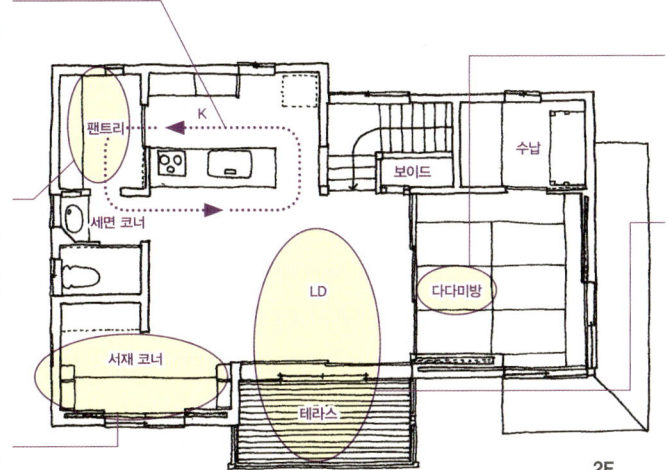

다다미실
벽면에 짜 넣은 벽장과 나지막한 높이의 창 덕분에 앉아 있으면 차분해진다.

우드 테라스로 연결
바깥 경치를 즐길 수 있는 2층 거실. 우드 테라스와 연결되는 바닥창을 활짝 열면 더 넓어 보인다.

2층 LDK와 연결되는 다다미실

충분한 수납
수납량을 중시한 부부 침실. 드레스룸 외에도 미닫이장을 설치하고 옷을 정리해 깔끔하게 생활한다.

바깥을 즐기다
남쪽 면에 배치한 욕실에 욕실정원을 만들어 주변 시선을 차단하고 바깥을 볼 수 있다.

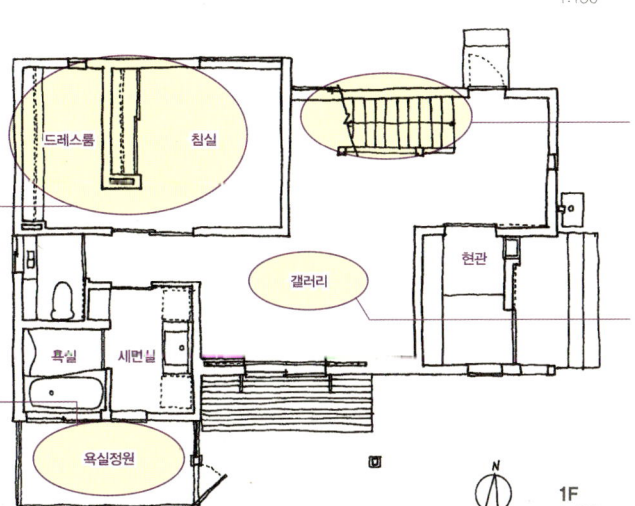

스트립 계단
나무 본래의 장점이 돋보이는 원목 스트립 계단. 나무의 질감뿐 아니라 디자인도 뛰어나다.

다목적 갤러리
남편이 찍은 사진을 전시한 갤러리는 우드 데크와 연결되어 개방적이다. 가끔 살롱으로도 이용한다.

건물 외관. 2층 중앙의 테라스는 생활공간과 외부공간의 완충지대다.

대지면적 417.00㎡ (126.14평)
연면적 128.92㎡ (39.00평)

021: 취미

계단 중간에
도서실이 있는 집

'가능한 칸막이를 줄일 것, 남쪽 정원으로 연결되는 넓은 데크와 활짝 열 수 있는 창과 도서실 설치'가 건축주의 요구사항이었다. 남쪽 정원 데크와 이어지는 거실은 상부가 보이드된 중심공간, 식당과 부엌은 회유성과 수납력이 있는 활동공간으로 만들었다. 반층 위의 도서관, 바닥을 높인 다다미방, 여유로운 2층 복도, 꼭대기층 다락, 취미공간인 차고 등 각자의 시간을 느긋하게 가지면서도 서로 연결된 느낌을 주도록 공간을 구성했다.

거실에서 본 도서실. 구조가 노출된 천장이 보이드 공간에 표정을 부여한다.

네 개의 아이방
아이방은 최소한의 크기로 만들었다. 문은 모두 미닫이문.

복도도 활용
단순한 복도가 되지 않도록 조금 넓게 잡아 어엿한 공간으로 활용한다. 보이드를 통해 거실과 연결된다.

화장실 방향
LD와 가깝지만 변기가 직접 보이지 않도록 방향을 신경 써 배치했다.

개방할 수 있는 욕실
동향의 욕실정원에 둘러싸인 욕실. 가림막이 있어 창을 열어놓고 목욕할 수 있다.

세탁과 건조 동선
탈의실에서 곧장 정원으로 가는 동선을 만들어 건조장으로 가기도 편하다.

부엌 주변의 동선
여러 명이 함께 요리할 수 있는 오픈형 부엌. 바로 옆에 식탁이 있고 부엌을 회유할 수 있어 편리하다.

2F 1:250

A-A'단면 1:250

네 개 층의 공간
보이드와 접해 다락을 설치했다. 1층, 중2층, 2층, 다락이 네 개 층으로 자리잡고 있다.

대형 벽면 수납
요리할 때는 벽면 수납장 미닫이문 일곱 개 중 다섯 개를 열어둔다. 냉장고까지 들어간다.

중2층의 도서실
가족 공동 소유의 책을 모았다. 좌식 책상이 있어 집중이 필요할 때 이용한다. 바닥 밑은 홀과 바깥 통로에서 사용하는 대형 수납공간이다.

현관 옆 수납실
외투와 신발 등을 잡다하게 수납한다.

양방향에서 차고로
주차장 쪽과 실내 쪽으로 출입구를 만들어 남편이 편하게 취미를 즐길 수 있는 동선을 확보했다.

철제를 사용한 경쾌한 느낌의 계단이 LD와 도서관을 느슨하게 구분한다.

1F 1:250

대지면적 383.00㎡ (115.86평)
연면적 148.68㎡ (44.98평)

022: 취미

반지하의 취미공간

남쪽 면이 짧고 주변이 건물로 둘러싸인 조건에서는 평면 계획 단계에서 옆집과의 거리와 창의 위치를 잘 검토하면 밝은 실내를 만들 수 있다. 채광과 비용 문제를 반지하 2층 건물로 해결했다. 적절한 수납공간, 콤팩트한 가사동선, 남편의 취미공간, 2세대 동거 대책까지 충족했다.

정면 외관. 오른편 슬로프 안쪽이 취미실 입구

가사 기능을 한곳에
부엌 안쪽에 가사 기능을 모은 유틸리티 공간을 만들었다. 뒷문에서 건조 테라스로 나갈 수 있는 콤팩트한 가사 동선을 짰다.

건조 전용 테라스
도로에서는 보이지 않는다. 주변 건물과의 관계를 계산해 채광과 통풍이 잘 되는 위치에 만들었다. 바닥 일부를 격자 그레이팅으로 깔아 지하의 채광을 해결했다.

프라이버시 확보
1층 거실의 창을 고창으로 만들어 바깥 시선을 차단했다. 바닥을 반층 올리고 고창을 내 남쪽 빛을 받아들인다.

남편만의 작은방
차고 안쪽은 다른 방에서는 들어갈 수 없는 별채 같은 방. 누구에게도 방해받지 않고 취미에 몰두할 수 있는 '남편 외 출입금지 구역'이다.

취미를 위한 지하공간
차고가 있는 지하공간에는 남편의 컬렉션이 벽 한 면을 차지하고 있다. 차고 쪽 커다란 유리 개구부로 오토바이와 자전거를 볼 수 있다. 조그만 부엌과 바 카운터도 있다.

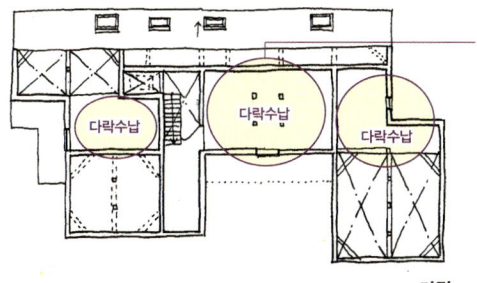

다락 1:250

다락방의 활용
다락방에 대용량 수납공간을 확보했다. 높은 데 창을 달면 채광과 환기에 효과적이다. 지붕 단열 사양을 높이면 비용 대비 효과가 뛰어나다.

창호를 이용한 공간 활용
두 세대가 살기 전까진 큰 창호를 개방해 복도 중앙의 여유공간과 합쳐 제2 거실로 사용한다.

복도 안쪽 자연광
어두운 복도 안쪽에 톱라이트를 달아 빛을 받아들인다.

2F 1:250

다다미 밑 수납
바닥을 높인 다다미 밑은 편리한 서랍식 수납공간.

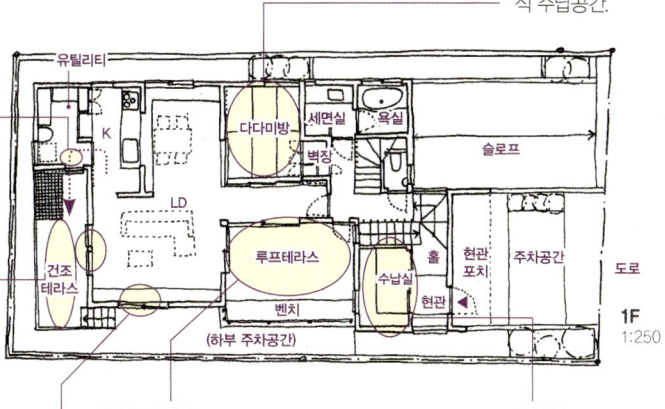

1F 1:250

중정 테라스
남쪽 건물이 가까워 1층에 볕이 잘 들지 않는 조건이지만, 옆집 건물 틈새에 맞춰 중정 테라스를 설치해 채광과 통풍, 프라이버시를 확보했다.

수납실
현관 옆에 수납력 높은 수납실을 만들었다. 수납실 안에서 신을 신고 벗을 수 있기 때문에 현관은 항상 깨끗하다.

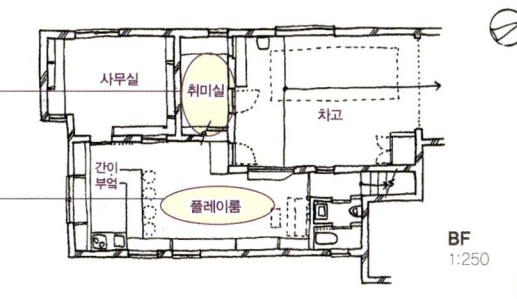

BF 1:250

밝은 현관에 딸려 있는 수납실

대지면적 205.76㎡ (62.24평)
연면적 216.49㎡ (65.49평)

023: 취미

아틀리에와
생활공간을 따로

잡목림으로 둘러싸인 대지에 지은 집. 홈스펀(homespun) 아틀리에 동을 따로 두고, 본채에 교실과 사무실을 만들어달라는 건축주의 요청이 있었다. 교실은 수강생의 접근성을 고려해 도로 쪽에 배치하고 안쪽에 L자로 연결되는 거주공간을 배치했다.

빛이 잘 드는 큰 보이드의 거실에서는 친한 동료들과 파티를 즐긴다. 신을 신은 채 사용할 것을 가정해 바닥재는 밤나무로 선택했다. 야외의 넓은 잡목림은 정원으로도 연결된다.

거주공간으로 들어가는 진입로. 안쪽 오른편에 보이는 것이 거실

관람석에서 내려다본 것

관람석
콘서트를 할 때 2층 관람석이 된다. 큰 지붕으로 감싸여 여기까지 하나의 공간이 된다.

개인적인 방
1, 2층 모두 개인적으로 쓰는 방이다. 가족과 지내는 LDK와는 달리 기능을 한정하지 않고 세면기와 화장실을 따로 둔 '자기만의 방'이다.

편하게 출입
교실을 이용하는 수강생들은 도로 쪽 전용 계단으로 편하게 출입한다.

집이 품은 야외공간
본채와 아틀리에로 둘러싸인 야외공간은 친구들과 느긋한 시간을 보내기 좋다.

콘서트장
파티나 홈 콘서트를 자주 열기 때문에 바닥은 신을 신고 이용해도 끄떡없는 견고한 밤나무 바닥재로 깔았다.

현관과 하나
현관과 평평하게 이어져 손님이 많이 와도 문제없다. 현관홀에는 작품을 전시하는 작은 갤러리 코너도 있다.

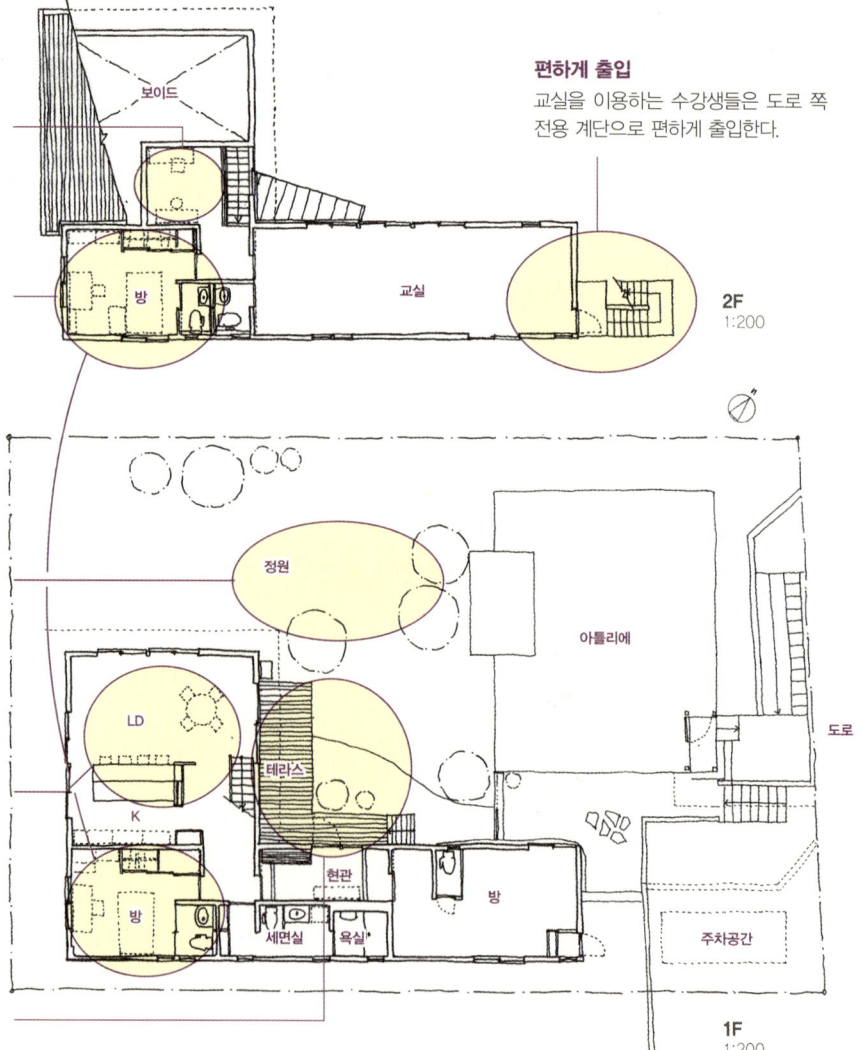

대지면적   322.07㎡ (97.43평)
연면적   176.38㎡ (53.35평)

024: 취미

영화관과 필름 창고를 갖춘 집

영화가 취미이자 직업인 건축주는 영화에 집중할 수 있는 공간을 원했다. 1층은 영화를 위한 공간으로, 음향까지 고려한 작은 영화관과 필름 보관고, 서재를 배치했다. 2층은 부부의 생활공간으로, 필요한 방들을 콤팩트하게 배치했다. 창호를 이용해 넓이를 조절하고 실내 테라스로 외부와의 관계를 조정한다.

유럽의 영화관을 본떠 만든 1층 영화관

회유할 수 있는 부엌
계단을 올라가 곧장 들어갈 수 있는 회유식 부엌. 구배천장과 넓은 LD, 남쪽으로 연장된 창으로 안정감과 개방감을 주었다.

외부 같은 내부
외벽을 따라 유리 개구부를 낸 내부는 안쪽에 또 하나의 창호를 달아 외벽쪽 창을 개방하고 안쪽 창호로 막으면 외부공간처럼 사용할 수 있다.

도로와의 관계
대지 모양과 반대로 움푹 들어간 모습은 남쪽에서 이어진 도로와의 관계를 의식해 건물에 적용한 것. 굴절 지점의 문은 영화관으로 직접 들어갈 수 있는 출입구.

톱라이트
상부 톱라이트로 빛을 받아들여 북쪽에 있지만 밝다. 톱라이트 주변에 기계장비를 놓아두고 톱라이트를 열어 점검한다.

창호로 넓이를 조절
LDK와 인접한 침실은 낮에는 창호를 열고 침대에 누워 텔레비전을 보며 쉴 수 공간. 개방적인 LDK는 조금 큰 호텔방 같다. 창호는 예비실 쪽까지 벽 속으로 집어넣을 수 있다.

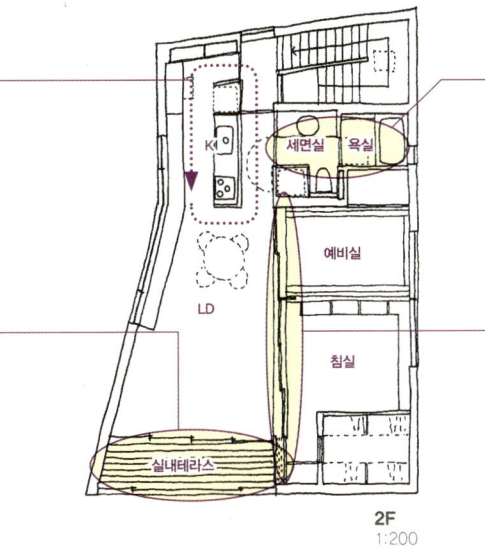

2F
1:200

침실에서 본 LDK. 창호를 열면 한 방이 된다.

계단실
안쪽으로 넓어지는 형상과 톱라이트의 빛으로 인해 환역하는 느낌을 준다.

큰 서고를 확보
오래된 영화 필름을 보관하는 아카이브는 필요한 공간을 미리 파악해 엄청난 양의 컬렉션을 수납할 수 있도록 넓이를 확보했다.

굴절 지점. 대지의 모양과는 반대로 움푹 들어간 모습을 하고 있다.

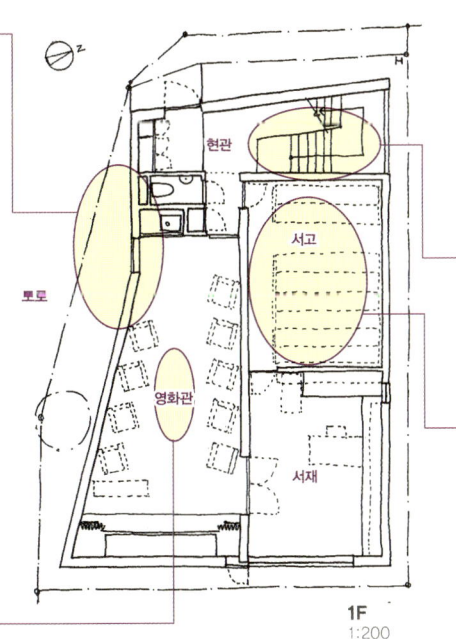

1F
1:200

유럽식 영화관
소규모 영화관은 유럽의 영화관을 본떠 빨간색 의자와 커튼으로 꾸몄다.

대지면적	172.57㎡ (52.20평)
연면적	177.70㎡ (53.75평)

025: 취미

지하에 탁구장을 만들다

4인 가족을 위해 지하에서 다락까지 4층 구조로 지은 집. 10평 크기의 지하에 가족 모두가 즐길 수 있는 탁구장을 만들었다. 생활공간인 1층에 침실과 아이방, 2층에 LDK를 배치했다. 언제라도 가족끼리 대화를 나눌 수 있게 LD에 아이들 공부 코너를 두었다. 그리고 평소 원했던 다다미방을 다락에 만들었다.

지하 탁구장. 약 10평 정도 넓이에 천장고는 2.7m이다.

다다미를 깐 다락
4평 넓이의 다락에 다다미를 깔았다. 벽장을 만들어 친한 사람들의 숙박공간이나 아이들 놀이터로 사용한다.

다다미를 깐 다락과 LDK의 보이드

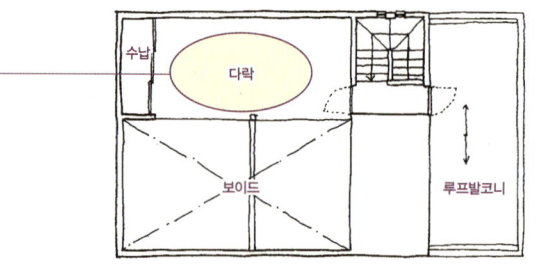

다락
1:200

크고 넓게
가로 세로 24cm의 기둥이 있는 넓은 거실은 보이드와 구배천장으로 밝고 기분 좋은 공간이 되었다.

세탁 코너
세탁기와 다목적 싱크대를 설치했다. 부엌에서 최단거리에 있고, 그대로 발코니로 나가 빨래를 말릴 수 있다.

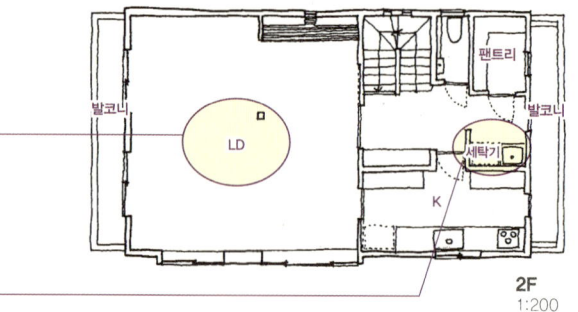

2F
1:200

도로 쪽 외관. 2층 발코니는 현관 차양 역할도 한다.

넉넉한 세면실
세탁기를 2층으로 올렸기 때문에 세면실에 여유가 생겼다. 폭 2.6m의 세면대가 있고 수건과 속옷 수납공간도 넉넉하다.

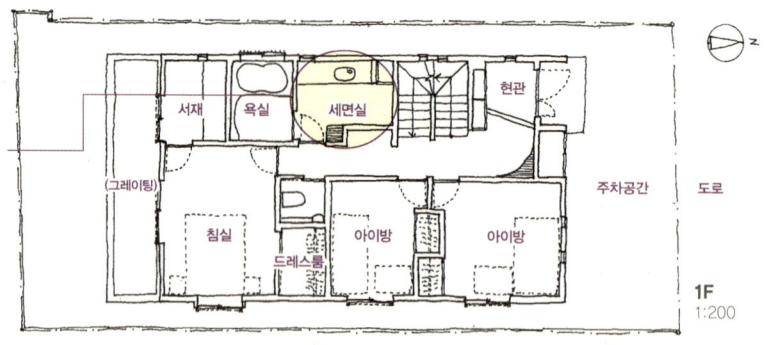

1F
1:200

미래를 대비하다
나중에 홈시어터로 꾸밀 수 있게 전원과 스피커 배선을 준비하고, 다목적으로 사용할 수 있도록 배려했다.

온가족이 즐기다
식구 모두 좋아하는 탁구를 칠 수 있는 공간. 천장고를 2.7m로 높였다.

탁구대 정리
계단 밑 공간에 탁구대를 집어넣을 수 있는 넓은 창고를 만들었다. 탁구대를 넣으면 공간을 자유롭게 사용할 수 있다.

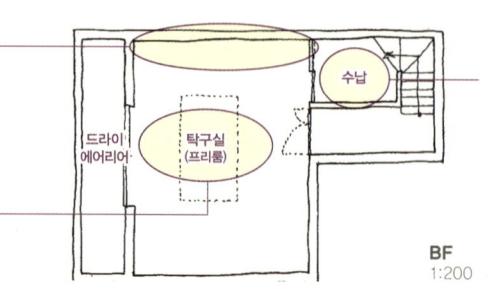

BF
1:200

대지면적 148.48㎡ (44.92평)
연면적 186.31㎡ (56.36평)

026: 프라이버시

채광과 프라이버시를 폴리카보네이트로 잡다

건축주의 부모님이 소유한 22년 된 맨션을 개조했다. 주차장이었던 1층에는 주차공간만 남기고 욕실과 아이방을, 2층에는 LDK와 침실을 배치했다. 2층은 건너편 공장의 시선을 고려해 발코니를 폴리카보네이트로 덮었다. 실내는 T자 모양의 벽으로 침실과 LDK를 느슨하게 배치했다. 프라이버시를 지키면서 개방적인 공간이 만들어졌다.

실내 테라스에서 빛이 들어오는 2층 LD

1 평면과 대지의 관계

T자 모양의 벽
방 중앙에 T자 모양 벽을 설치하고 LD와 부엌과 침실을 느슨하게 구분했다. 각 공간을 구별하기 위해 벽 소재를 다르게 마감했다. 침실은 카펫, 부엌은 모자이크 타일, LD는 오동나무.

커뮤니케이션
세 공간을 나누는 벽에 각각 개구부를 만들어 어디서든 인기척을 느낄 수 있어 커뮤니케이션이 자유롭다.

침실 안쪽에서 본 것. 왼쪽이 부엌으로, 오른쪽이 LD로 연결된다.

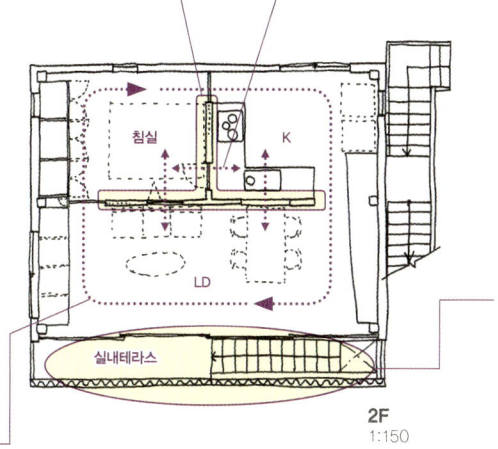

2F 1:150

완충지대
개조 전의 발코니를 실내 테라스로 만들어 소음과 열, 빛을 조절한다. 도로 쪽은 시선 차단과 채광에 탁월한 폴리카보네이트를 설치했다.

도로 쪽 외관

2 공간별 디자인 포인트

동선 계획
T자 벽이 바깥쪽 벽까지 닿지 않아서 2층 전체를 크게 도는 회유동선이 생겼다. 막힌 곳 없는 동선이 실내를 넓어 보이게 한다.

주차공간
원래 차량 세 대분의 차고였던 1층은 한 대분의 주차공간만 남기고 나머지 면적은 방으로 만들었다.

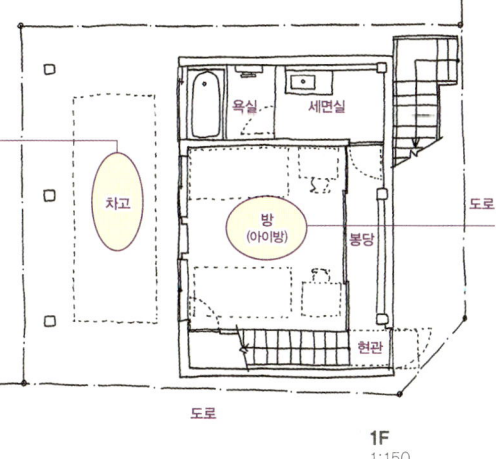

1F 1:150

계단 너머로 빛을 들이다
욕실과 세면실을 북쪽에, 방은 이곳에 배치했다. 빛이 잘 들지 않는 위치여서 계단 쪽을 투과성 있는 벽으로 만들어 빛을 받아들였다. 나중에 방 두개로 나눌 수 있도록 계획했다.

계단 쪽에서 빛이 들어오는 아이방

1층 현관. 들어가 정면 계단을 올라가면 실내 테라스로 이어진다.

3 특별한 용도에 맞춘 설계

대지면적	—
연면적	72.95㎡ (22.07평)

259

027: 프라이버시

독신 여성에게 알맞은 코트 하우스

독신 여성이 사는 단층집. 언덕에 있어 대지의 고저 차를 해소하면서 프라이버시를 지켜주는 코트 하우스를 원했다. 그래서 비스듬한 벽면의 상자 형태로 집을 지었다.
원룸의 단조로움을 피하는 공간 배치에 신경 썼다. 대문을 열면 나타나는 슬릿 개구부로 중정이 약간 보이고, 좁고 긴 통로를 우회하는 진입로로 안길이를 만들어 큰 거실과의 거리를 체감할 수 있도록 만들었다. 거실과 침실은 지그재그로 배치해 정원과 접하도록 했다.

도로 쪽 외관. 현관으로 통하는 부분에만 개구부를 내 프라이버시를 지킨다. 문을 닫을 수도 있다.

기대하게 만들다
좁고 긴 진입로를 우회해 들어가면 상부 슬릿과 톱라이트의 빛으로 기대감이 높아진다.

천장을 띄우다
LDK를 둘러싸고 있는 벽면 상부에 슬릿을 넣고 천장을 가볍게 띄워 공간에 개방감을 준다.

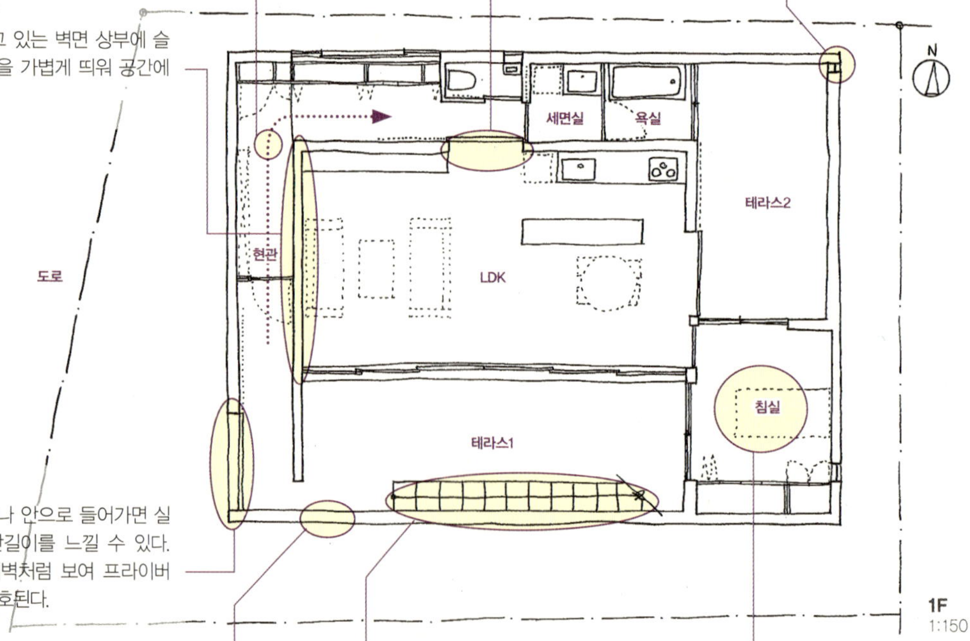

정면성을 이용
LDK로 들어가는 출입구를 정면에 만들어 테라스 쪽으로 개방되는 공간의 넓이를 최대한 느낄 수 있다.

슬릿으로 통풍
둘러싸인 외부 벽면의 일부에 펀칭 메탈을 삽입한 슬릿 개구부를 설치해 통풍이 잘된다.

낮은 대문
낮은 대문을 지나 안으로 들어가면 실내의 높이와 안길이를 느낄 수 있다. 문을 닫으면 외벽처럼 보여 프라이버시가 철저히 보호된다.

커다란 벽면
도로 쪽 시선을 차단하기 위해 만든 큰 벽면이 내부에서는 테라스1의 캔버스가 되어 그 위로 빛과 그림자가 비친다.

오브제 계단
높은 벽면에 상징적으로 배치된 외부 계단은 루프 발코니로 올라가는 길이자 외관의 오브제 역할도 한다.

지그재그 평면
큰 거실과 작은 침실은 지그재그로 대치되면서 각 공간이 테라스1, 2와 접하도록 되어 있어 본채와 별채 같은 구도를 낳는다.

1F 1:150

왼쪽: LDK. 테라스 앞의 벽을 루프 테라스로 가는 계단이 장식하고 있다.
오른쪽: 테라스1에서 본 LDK. 슬릿으로 인해 천장이 떠 있는 것 같다.

대지면적 276.64㎡ (83.68평)
연면적 80.39㎡ (24.32평)

028: 프라이버시

동판 루버로 안은 가리고 빛은 들이고

건축주 가족이 철공소를 운영하고 있어 건물 안팎에 철을 많이 사용하고 싶다는 의사를 비쳤다. 건물 남쪽은 전면 개구부로 만들고 그 앞쪽에 건축주가 제작한 콜텐강(colten steel) 루버를 설치해 바람과 빛이 실내로 들어온다.

왼쪽: 외관. 남쪽 전면이 철제 루버
오른쪽: 거실에서 본 테라스. 전면 개구부 앞에는 콜텐강 루버. 빛과 바람이 통한다.

바람이 통하다
실내로 바람이 통하도록 북쪽에 개구부를 만들었다.

애매하게 나누다
바닥과 간격을 띄워 설치한 책장은 거실과 계단실을 나누면서 각 공간의 인기척은 막지 않아 두 공간이 하나로 느껴지게 한다.

밝은 거실
원룸 형식의 2층 LDK는 적당한 크기에 남쪽 면이 전부 개구부로 되어 있어 개방적이다.

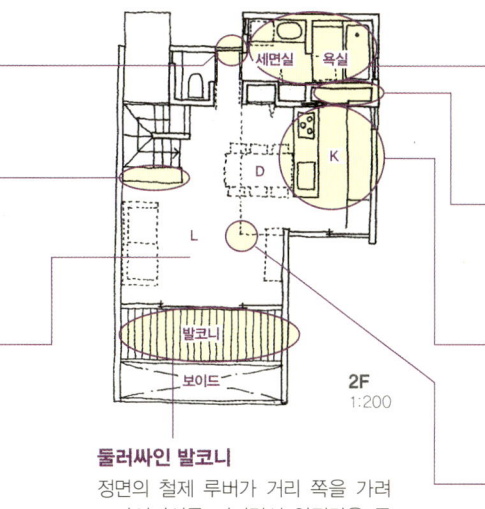

욕실과 세면실을 한곳에
욕실과 세면실은 컴팩트하게 한곳에 배치해 깔끔하다.

팬트리 수납
작은 팬트리가 부엌의 수납량을 늘려 준다.

개방적인 부엌
바깥과 2층 전체가 부엌. '닫혀 있으면서 열린 공간'을 콘셉트로 만든 평면의 열린 부분에 해당한다.

둘러싸인 발코니
정면의 철제 루버가 거리 쪽을 가려 프라이버시를 지키면서 안정감을 준다. 발코니 안쪽은 좌우 외벽과 루버 덕에 바깥에서 보이지 않는다.

천장의 높이
부엌 위 다락은 부엌의 천정고를 낮춰 DK에 안정감을 주고 거실의 천장고가 실제보다 높게 느껴지는 효과를 준다.

루버로 바깥 시선을 걱정할 필요 없는 거실과 식당

현관 차양
길게 돌출된 차양은 비오는 날에도 쓸모가 있고 현관에 품격을 더해준다.

복도는 최소한으로
복도를 최소한으로 줄여 한정된 공간을 최대한 거주공간으로 확보했다.

계단 밑 수납공간
계단 밑을 수납공간으로 활용했다.

침실 전용 정원
실내에 편안함을 주고 철제 루버의 딱딱한 이미지를 풀어준다.

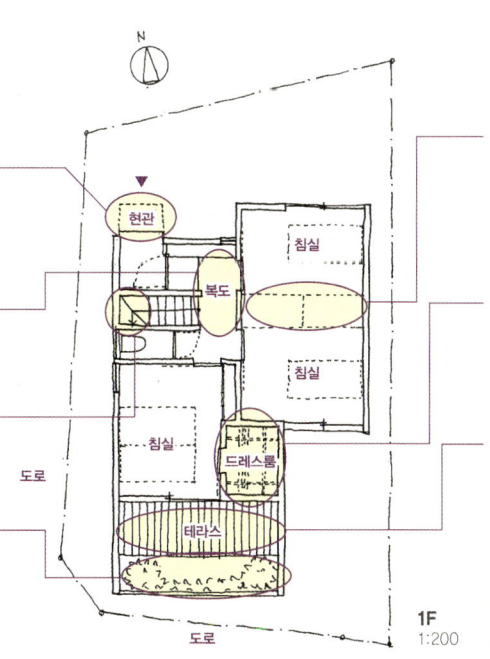

칸막이 겸 가구
수납 가구를 어떻게 배치하느냐에 따라 방이 하나가 되기도 하고 둘이 되기도 한다.

드레스룸
침실에 넉넉하게 수납할 수 있는 드레스룸을 두었다.

침실 앞 테라스
침실에 안정감을 주고 외부와의 거리를 지켜주는 틈새 공간이다.

대지면적 122.04㎡ (36.92평)
연면적 86.28㎡ (26.10평)

029: 프라이버시

두 동으로 나누어
개인공간은 더 은밀하게

주변 건물과 시선을 고려해 건물을 공적 공간과 사적 공간을 동을 나누어 구분했다. 두 동 사이에 녹지를 만들어 프라이빗 동을 가렸다. 두 동을 왕래하는 실내외의 복도는 녹지 위에 걸쳐진 다리처럼 보인다. 개방성과 폐쇄성이 공존하는 집이다.

정면 외관. 녹지 위로 다리가 걸쳐 있다. 왼쪽이 퍼블릭 동, 오른쪽이 프라이빗 동

녹지에 접한 큰 개구부 덕분에 북쪽에 있어도 밝은 거실

유리벽으로 된 복도
두 개의 동을 오가는 유리벽 복도와 야외에 노출된 다리에서는 잡목 너머로 멀리 산등성이와 집들이 보인다.

지붕 달린 테라스
중정은 순수하게 식재를 위한 공간으로 할애하고, 테라스는 동쪽에 배치했다. 새시가 완전 개방된다.

시선을 가리다
주변 시선을 차단. 대지 북쪽에 배치된 LDK지만 중정을 통한 채광으로 충분히 밝다. 나무가 더 자라면 여름에는 그늘도 제공한다.

두 개의 동과 녹지
북쪽에 퍼블릭 동, 남쪽에 프라이빗 동을 배치하고, 그 사이에 나무를 심었다. 프라이빗 동의 집 모양은 나무의 성장을 돕도록 고안했다. 도로 쪽 파사드 창은 석양빛을 막기 위해 작게 냈다.

아버지의 거실
자녀 세대의 거실과는 현관 봉당을 사이에 두고 거리를 유지한 다다미방.

공간에 변화를
개방적인 거실에 비해 방은 창 크기를 줄여 차분한 분위기를 연출했다. 톱라이트에 무성한 나뭇가지와 잎이 덮여 그늘이 생긴다.

욕실
세면실에서 세탁한 후 욕실을 지나 건조 테라스로 갈 수 있다. 건조 테라스에는 유리 지붕을 설치했다.

사적 공간의 거리감
프라이빗 동 안에서도 아버지 방과 자녀 세대의 방은 욕실을 사이에 두고 거리를 유지한다.

열섬 현상 방지
열을 축적하는 재료는 사용하지 않고 흙을 그대로 두어 복사열을 억제했다. 진입로는 흙을 굳힌 회삼물을 썼다.

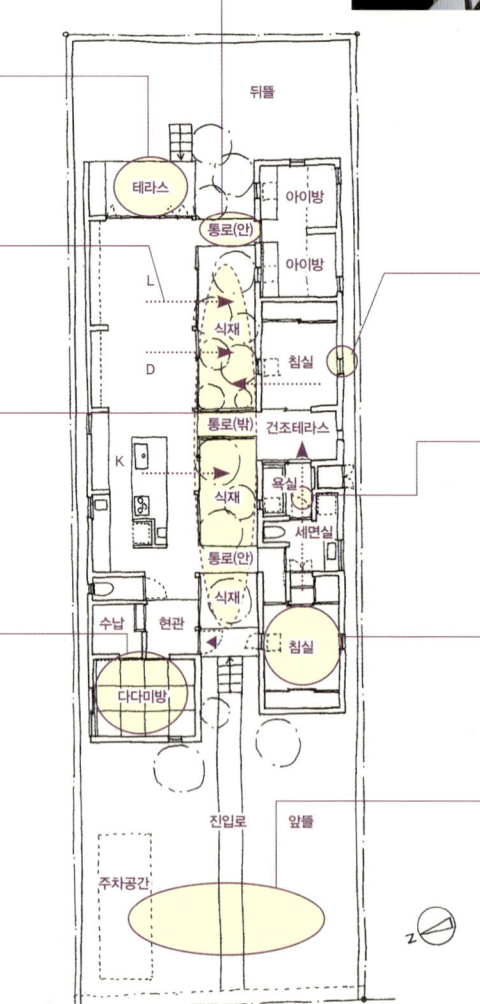

거실과 아이방 사이의 유리벽으로 둘러싼 다리

1F 1:250

대지면적	311.54㎡ (94.24평)
연면적	116.62㎡ (35.28평)

030: 프라이버시

야외 루버로 시선과 빛을 조절하다

도시형 3층 건물. 야외에 설치한 루버로 외부 시선과 햇빛을 시간대와 날씨에 따라 조절해 프라이버시는 철통 같이, 실내 공기는 쾌적하게. 2층에는 LDK와 욕실 및 세면실을 콤팩트하게 모으고, 3층에 침실 등 사적 공간을 배치했다. 계단과 그 옆에 설치한 큰 책장은 1층에서 3층까지 연결된 내용량 수납공간이다.

도로 쪽 외관

3층 작업공간에서 아이방을 본 것. 아이방 중간의 칸막이는 떼어낼 수 있다.

온가족이 함께
계단을 올라간 부분은 보통 홀이나 복도가 되지만, 여기서는 칸막이를 하지 않은 넓은 공간으로 만들어 온가족이 작업공간으로 쓴다.

위에서 빛
계단 상부의 톱라이트에서 빛이 들어와 1층까지 전달된다.

업소용 조리대
스테인리스로 된 업소용 조리대는 심플하고 편리하다.

욕실은 널찍하게
세면실과 화장실은 콤팩트하게 만든 대신 욕실만큼은 널찍하게 만들었다. 욕실에서 서비스 발코니의 바깥을 느낄 수 있다.

중간 영역
발코니는 새시 바깥쪽에 있는 외부공간이지만 루버의 안쪽에 있기 때문에 내부의 느낌도 난다. 도로 쪽 소음을 완화해준다.

야외에 설치한 루버
2, 3층 발코니 바깥쪽에 루버를 설치했다. 도로와 건너편 집의 시선을 차단하고 날씨와 시간대에 따라 루버의 각도를 조절해 빛과 바람을 제어한다.

조금은 사치스럽게
생활공간을 2, 3층으로 올려 1층을 여유롭게 쓸 수 있다. 손님방으로도 쓰이는 다다미방 외에 넓은 홀, 자전거를 보관할 수 있는 현관 봉당 등이 있다.

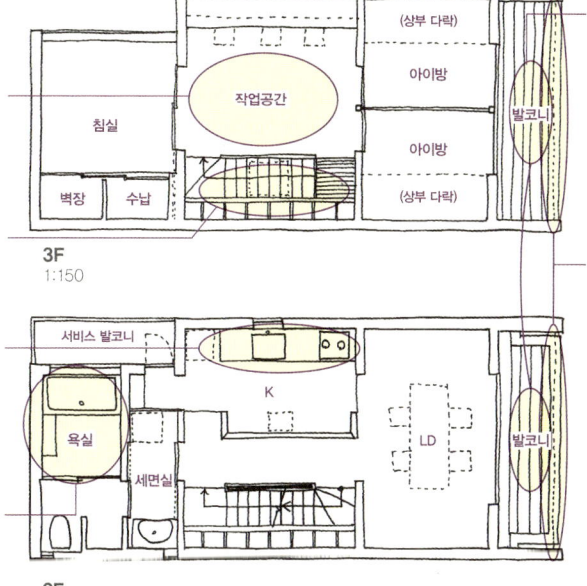

1층에서 3층까지 이어지는 계단 옆 책장. 장식 선반 역할도 한다.

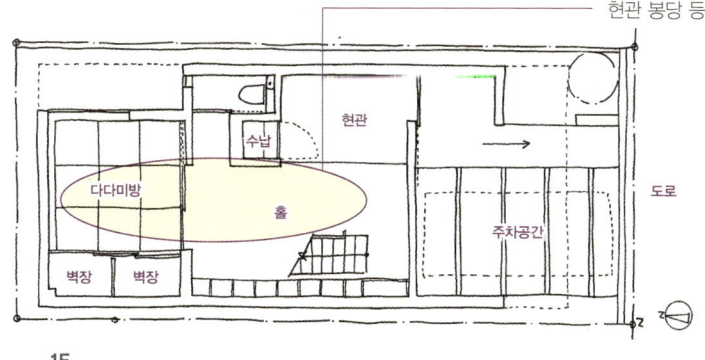

| 대지면적 | 69.70㎡ (21.08평) |
| 연면적 | 125.85㎡ (38.07평) |

1 평면과 대지의 관계

2 공간별 디자인 포인트

3 특별한 용도에 맞춘 설계

031: 프라이버시

도로 쪽은 막고
빛은 중정으로 해결하다

사생활 보호를 원하는 건축주를 위해 도로 쪽 개구부를 없애고 안쪽 중정으로 채광을 확보한 지하 1층, 지상 2층의 집. 지하에 침실과 욕실 등 개인공간, 2층에 LDK를 배치하고 3층 높이 중정으로 전 층을 이었다. 크게 둘러싸인 내부는 중정을 사이에 두고 이어져 더 넓고 다이내믹하게 느껴진다.

LDK 쪽 단면 투시도(CG). 생활공간은 침실과 서재가 있는 지하와 2층 LDK에 배치했다. 다실이 있는 1층이 그 사이에 있다.

열리는 벽
2층 개구부는 도로 쪽에서는 보이지 않는다. 건물 네 모퉁이에 이동식 벽이 있어 대각선상으로 바람을 통하게 할 수 있다.

2층 LDK(CG)

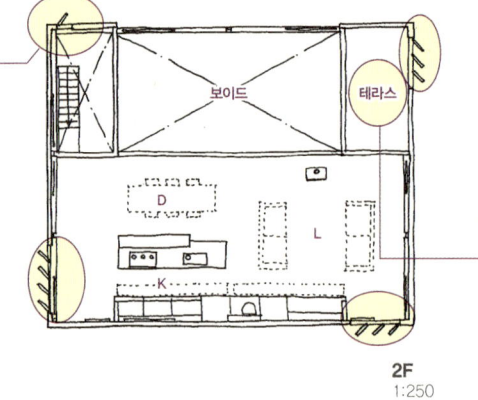

2F 1:250

공중 테라스
남편의 흡연공간이자 겨울에도 남향 볕 덕분에 따뜻한 툇마루이다. 여기서는 중정 너머로 지하 서재까지 내려다보여 내부의 넓이가 느껴진다.

차고의 동선
실내 차고에서 보이드를 보며 현관으로 통하는 바깥 복도와 다다미방 쪽 봉당을 지나 현관으로 들어가는 경로를 만들어 상황에 따라 다르게 이용.

다도를 즐기다
1층 다다미방은 다실로 꾸몄다. 지하 개인공간과 2층 LDK 사이의 공간으로, 봉당 부분이 다도에서 주인이 손님을 대접할 때 이용하는 문이 되고 중정은 통로가 된다.

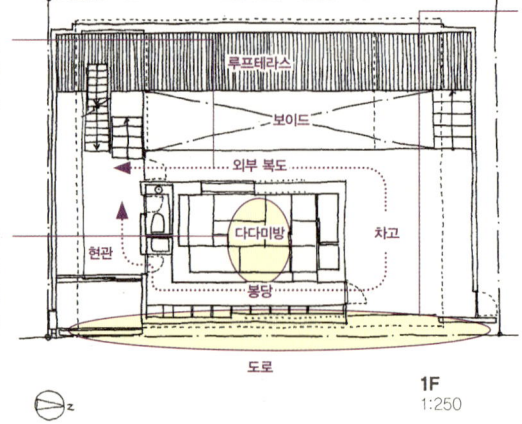

1F 1:250

도로면의 개구부
도로 쪽으로는 현관과 차고 입구만 개구부로 두어 사생활 보호와 방범에 신경 썼다.

도로 쪽 외관(CG)

세 계단의 거리감
욕실과 세면실 등은 침실 쪽과 세 개 단차를 두어 침실에서는 '멀게', 1층에서는 '가깝게' 느껴진다.

드레스룸 뒤쪽 동선
드레스룸은 침실2 뒤쪽 동선과 연결돼 침실1을 지나지 않고 드레스룸을 지나 위층을 오갈 수 있다.

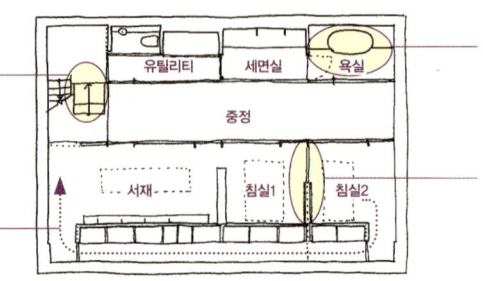

BF 1:250

중정·침실과 일체형 욕실
유리로 된 욕실은 중정 쪽으로 개방되어 있다. 지하에 있어 밖에서 보이지 않는다.

가깝지만 다른 방
칸막이를 할 수 있는 침실. 개방해서 연결된 공간으로도 쓸 수 있지만 부부가 각자 활동시간이 다를 때는 막아둔다.

대지면적 172.19㎡ (52.09평)
연면적 134.07㎡ (40.55평)

032: 프라이버시

바깥에서는 모르는 나만의 정원이 두 개

고층 아파트와 중층 집합주택에 둘러싸여 있어 외부 시선을 루버로 차단한 앞뜰과 뒤뜰을 만들고, 각 방이 안쪽을 향하는 H형 평면을 만들었다. 루버와 나무들의 조화가 독특하다.

작업장에서 부엌 방향을 본 것. 스트립 계단으로 시야가 트여 있다.

1 평면과 대지의 관계

2 공간별 디자인 포인트

3 특별한 용도에 맞춘 설계

넉넉한 유틸리티 공간
유틸리티 공간을 넉넉한 넓이로 만들면 생활 전체에 여유가 생긴다.

야외를 즐기는 테라스
루버로 둘러싸인 앞뜰을 향해 배치한 큼직한 테라스. 바로 앞에 심벌트리를 심었다.

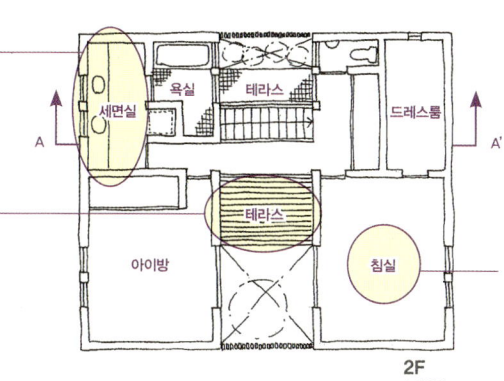

2F 1:200

여유로운 침실
중간에 통로를 두고 양쪽으로 수납하는 드레스룸은 사용이 편리하고 침실을 넓게 쓸 수 있게 한다.

앞뜰과 한 묶음
뜰과 뜰, 나무와 나무, 빛과 빛으로 둘러싸인 현관은 특별한 분위기를 연출한다.

현관
통로가 없는 평면이므로 모든 방이 현관과 접하도록 되어 있다.

앞뜰의 다양한 기능
접해 있는 각 방만의 외부공간을 제공할 뿐 아니라 진입로이자 채광과 통풍 창구로서 큰 몫을 한다.

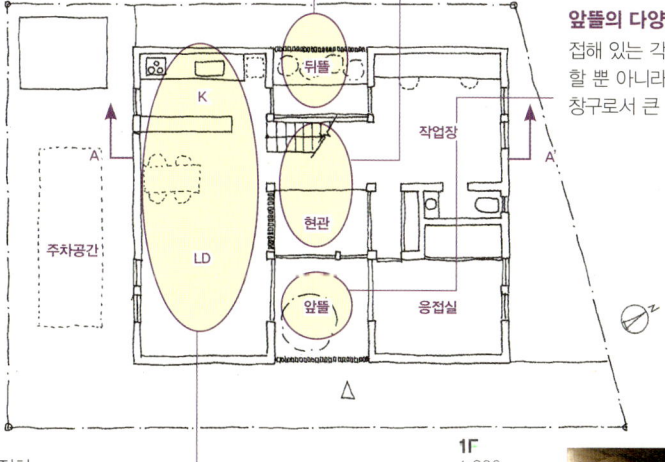

1F 1:200

앞뒤로 정원이 있는 LDK
막힌 공간이지만 앞뜰과 뒤뜰을 접하는 LDK는 밝고 차분한 분위기. 밖으로 나갈 수 있는 뒷문이 딸려 있다.

도로 쪽 외관

LD에서 본 것. 오른쪽에 앞뜰, 안쪽에 뒤뜰

A-A'단면 1:200

| 대지면적 | 165.00㎡ (49.91평) |
| 연면적 | 139.12㎡ (42.08평) |

265

033: 프라이버시

들여다보이는 울타리로 느슨하게 막다

대지의 세 방향이 도로와 접한 집. 외부 시선 차단과 내부의 개방감에 신경 썼다. 건축주의 수집품을 진열할 수 있는 넓은 현관, 부엌에서 볼 수 있는 중정, 지붕 달린 데크 테라스에서의 점심식사 등 집 안 곳곳에 즐길 거리를 마련했다.

서쪽에서 본 것. 중정, 테라스, LDK로 연결된다. 오른쪽에 보이는 것이 유공 벽돌담

공간을 살리다
침실 벽 한 면에 만든 수납공간에는 옷, 일용잡화, 텔레비전 등이 들어 있다. 상부에 설치한 조명이 간접조명처럼 침실을 감싼다. 침실엔 전용 화장실이 딸려 있다.

빛을 떨어뜨리는 바닥
파이버 그레이팅 바닥은 유리문으로 들어온 빛을 아래층으로 내려보낸다.

자연 난방
1층 장작난로의 굴뚝이 보이드를 따라 수직으로 뻗어 있다. 굴뚝의 열이 보이드 공간을 데워준다.

홀에서 본 중정

인기척을 느끼다
벽으로 둘러싸지 않고 데스크 라인으로 높이를 억제한 서재(PC 공간)는 보이드를 사이에 두고 거실과 연결된다. 콤팩트한 공간이지만 개방감이 있어 넓게 느껴진다.

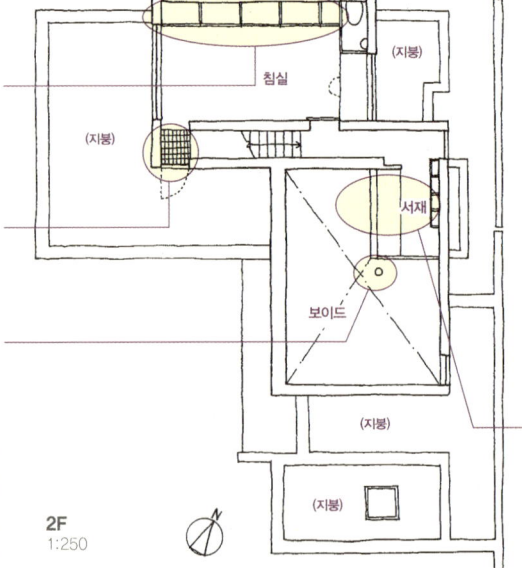

LDK와 연결되는 중정과 테라스. 장작난로의 굴뚝이 보이드를 수직으로 관통하고 있다.

이동식 칸막이 수납장
아이방을 막고 있는 이동식 수납장은 아이의 성장과 방의 사용법에 따라 배치를 바꿀 수 있다.

프라이버시 확보
도로에서 주차공간 너비만큼 물러난 위치에 유공 벽돌담을 세워 안과 밖을 느슨하게 연결하고, 시선을 차단하면서 바람이 통하는 중정을 만들었다. 야외에서 점심을 먹을 수 있고, LD에 안정감과 안길이를 제공한다.

부엌에서 내다보다
LD와 일체형인 오픈 키친에서는 정원이 한눈에 보인다. LD에서 오픈 키친 주변이 보이지 않도록 높이를 조절했고 요리를 놓을 수 있는 안길이를 확보했다.

시선이 트이다
천장고 4.7m의 LDK는 데크를 사이에 두고 아이방과 2층 서재까지 시야가 트여 있어 가족의 인기척을 느낄 수 있다.

갤러리가 있는 현관
안길이가 있는 차분한 현관홀은 갤러리. 여러 작품을 수집하는 건축주가 좋아하는 공간이다.

대지면적 234.32㎡ (70.88평)
연면적 142.59㎡ (43.13평)

034: 프라이버시

주택 밀집 지역에 정원을 만드는 노하우

밀집지의 좁고 긴 대지 모양 때문에 안으로 긴 평면이 되었다. 옆집이 바싹 붙어 있어 톱라이트와 네 개의 중정으로 채광과 통풍을 확보했다. 건축주 요청으로 주거공간은 모두 2층에 배치했다. 옥상과 2층 중정 벽면 녹화로 외관을 가꾸고 바깥 기온이 실내에 그대로 전해지지 않도록 했다.

아이빙에서 본 두 개의 중정. 목제 방화 새시를 사용했다. 중정 사이의 복도를 좁혀 거리감을 만들었다.

1 평면과 대지의 관계

2 공간별 디자인 포인트

3 특별한 용도에 맞춘 설계

단열 성능도 향상
방화지역에 지은 철골조 건축물로 방화구조를 갖췄다. 철골조의 약점인 단열 성능을 높였다. 옥상 녹화로 단열 성능이 좋아졌다.

캔틸레버 계단
옥상으로 연결되는 계단. 부엌과 거실을 나누는 벽에 철골 바탕재를 넣어 캔틸레버(Cantilever) 계단을 설치했다. 사용 빈도가 낮으므로 각도를 높여 콤팩트하게 만들었다. 두 번째 계단은 길게 늘려 벤치로 만들었다.

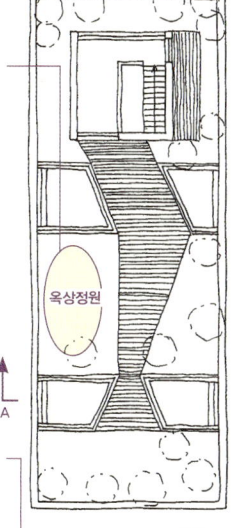

RF 1:250

1F 1:250

벽면 녹화

필로티
필로티 형식의 주차장을 만들면 2층 바닥의 열 환경이 열악해지기 쉬우므로 2층 바닥 밑에 단열재를 충분히 넣었다.

거실 계단

중정 네 개
현관 포치를 포함해 네 개의 중정을 만들었다. 모든 방에서 중정의 나무를 볼 수 있고 통풍과 채광에 도움을 준다.

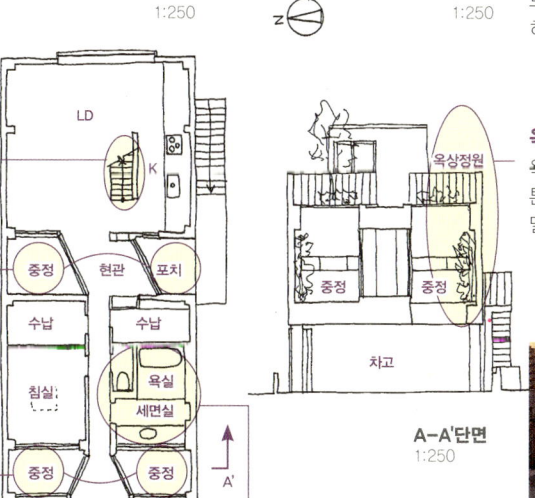

2F 1:250

A-A'단면 1:250

옥상의 물 뿌리기
옥상에서 벽면녹화 면으로 물이 커튼처럼 흘러내린다. 물 주는 수고를 덜어주고 여름철 더위를 식혀준다.

주택이 밀집된 입지

옥상정원. 통로와 톱라이트, 중정 보이드 등의 변화로 공원처럼 보인다.

세면실에서 즐기는 녹음
긴장을 푸는 공간인 세면실과 욕실에서 녹음을 즐긴다. 중정 덕분에 바깥 시선은 걱정할 필요 없다.

대지면적 140.74㎡ (42.57평)
연면적 166.70㎡ (50.43평)

267

035: 프라이버시

티 나지 않게 프라이버시를 지켜주는 격자벽

건축주는 원래 있던 아카시아 나무를 남기고 싶어 했고, 조용한 주변 분위기에 녹아들면서 과하지 않게 프라이버시를 보호하는 집을 원했다. 그래서 차양 깊은 일본풍 집을 만들고 문과 개구에 격자를 짜 넣었다. 반려견이 자유롭게 돌아다닐 수 있도록 막다른 공간을 만들지 않았다.

위쪽: 대문 주변은 프라이버시를 고려해 격자를 설치했다. 앞쪽은 차고
오른쪽: 침실의 미닫이문을 열면 서재와 수납공간이 나타난다.

전망 테라스
주변 거리와 공원의 벚나무를 감상할 수 있다.

3층 높이의 보이드
1층에서 이어지는 보이드로 빛, 바람, 소리를 조절한다.

침실 안의 서재
미닫이문 안쪽의 공간은 서재, 휴게실, 수납공간 등으로 사용할 수 있다.

1, 2층을 잇는 보이드
보이드로 수직적인 공간감을 만들어 답답함을 없앴다.

수납공간
약 12㎡ 크기의 공간. 수납공간이지만 내부를 꾸며 개성을 표현했다.

요리에 전념하는 부엌
클로즈드 키친은 안이 보이지 않는다. 요리에만 집중할 수 있다.

넓은 중정
벽으로 둘러싸인 중정은 진입로, 홀, 거실에서 볼 수 있어 시각적으로 실내가 넓게 느껴진다. 반려견이 뛰어다니며 스트레스를 발산하는 곳이다.

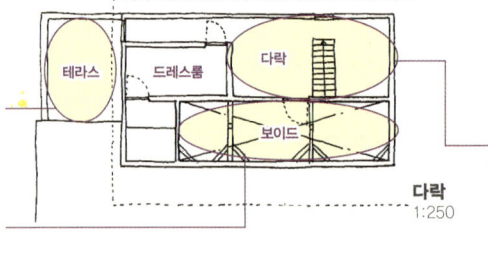

다락 1:250

2F 1:250

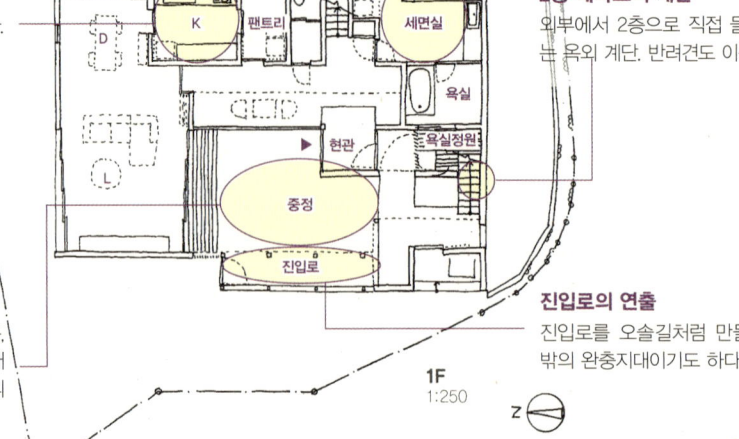

1F 1:250

은신처 다락방
다른 곳과는 독립된 공간으로서 다목적으로 사용된다.

외부 시선의 차단
둘러싸인 테라스는 인접지의 시선을 차단하는 효과가 있다.

전망 좋은 복도
보이드와 접해 있어 비좁은 느낌이 들지 않는다.

넉넉한 세면실
세면실과 가사실을 한곳에 모아 효과적으로 사용하도록 만들었다.

2층 테라스의 계단
외부에서 2층으로 직접 들어갈 수 있는 옥외 계단. 반려견도 이용한다.

진입로의 연출
진입로를 오솔길처럼 만들었다. 집과 밖의 완충지대이기도 하다.

대지면적 264.00㎡ (79.86평)
연면적 171.00㎡ (51.73평)

036: 반려동물

반려동물과 사는 완벽한 방법

대형견을 기르는 건축주가 사는 미용실 겸 집. 진입로, 데크 테라스, 허브 가든까지 전부 거실 테라스가 되는 구조. 반려견만의 풀장까지 갖춘 공생형 주택 평면이다.

위쪽: 2층 거실에서 본 것. 오른쪽에 보이는 유리 부분이 계단. 왼쪽의 비치는 칸막이 건너편이 부엌과 식당
오른쪽: 진입로의 테라스. 바닥은 테라코타와 우드 데크. 빈터에는 허브를 심었다.

밝고 개방적으로
거실창의 시선도 진입로 테라스를 향해 있다. 변형 LDK지만 코너창과 동선의 트임을 만들어 안길이가 느껴진다.

최고의 안정감
집의 안과 밖이 한눈에 보이는 장소는 반려견도 안심할 수 있는 장소다.

유리로 칸막이
북서쪽은 소음 방지를 위해 개구부를 내지 않았고, 계단실로 남쪽 빛이 들어오도록 전면 유리로 칸막이를 했다. LDK가 넓어 보이는 데 한몫한다.

가게와 집이 하나로
미용실에서는 전통 예복을 격식에 맞게 입혀주는 서비스도 제공하는데, 이때 거주공간의 손님방을 활용한다.

코너를 막지 않았다
변형 평면의 현관홀은 좁지만 앞쪽으로 시야가 트여 있고 눈에 걸리는 것 없이 공간이 이어져 안길이를 느낄 수 있다.

거실의 연장
가게와 집이 모두 이 진입로 테라스를 바라본다. 우드 데크와 테라코타(terracotta), 다양한 허브가 있는 테라스는 휴식에 좋은 공간. 도로와 마을로 관계를 확장시키는 역할을 한다.

울타리 같은 벽
서쪽 도로는 동네의 샛길이라 차가 많이 지나다니는 편. 소음 방지 차원에서 개구부를 최대한 줄였다. 도로 사이의 빈 공간에 허브를 심어 가꾼다.

다용도 풀장
반려견을 위한 풀장은 개를 목욕시키게나 채소를 씻는 등의 용도로도 쓰인다. 격자문을 닫으면 욕실에서 보이는 욕실정원이 되기도 한다.

특성을 살리다
계단식 지형의 특성을 살려 테라스에서 약 1m 낮은 곳을 간이 차고로 만들었다. 그 결과 테라스 쪽에서는 차가 보이지 않아 전망이 좋아졌다.

남쪽 외관. 진입로의 테라스를 감싸듯 〈자로 건물을 배치했다.

대지면적 132.98㎡ (40.23평)
연면적 89.82㎡ (27.17평)

1 평면과 대지의 관계
2 공간별 디자인 포인트
3 특별한 용도에 맞춘 설계

037: 반려동물

반려동물이
뛰어다니는 봉당

반려견이 집 안팎을 자유롭게 다니도록 현관에서 뒷문까지 봉당을 만들었다. 현관홀과 중정과도 평평하게 이어진 봉당은 집 안에 있으면서도 바깥에 있는 듯하고, 실제로 중정과 연결되어 있어 외부공간이 안으로 들어온 것만 같다.
수조가 있는 중정을 둘러싸듯 욕실, LDK, 응접실을 ㄷ자 형태로 배치했다.

마루를 깐 거실에서 테라스 방향을 본 것. 테이블이 봉당에 놓여 있다.
신을 신은 발이 자연스럽게 바깥의 테라스로 향한다.

달맞이 창
보름달이 보이는 높이에 창을 냈다. 지붕 구배를 그 방향으로 올려 방에서 올려다보면 달이 보인다. 외관 디자인 면에서도 모던한 분위기를 자아낸다.

발코니로 연결
외부 발코니를 이용해 회유성을 만들었다. 막힌 곳이 없는 동선이라서 편리하다.

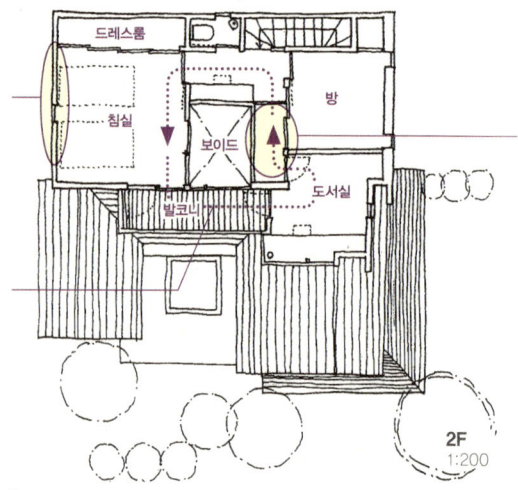

투과성 바닥
1층으로 빛을 보내기 위해 보이드 위의 복도 바닥에 그레이팅을 사용했다. 복도와 빛을 둘 다 얻을 수 있어 일석이조다.

집 안의 길
현관에서 뒷문까지 타일을 깐 봉당을 만들었다. 도중에 중정과도 만나 안과 밖이 교차하면서 더욱 넓게 느껴진다.

남쪽 욕실
정원과 접해 있는 가장 좋은 위치에 욕실을 만들었다. 정원을 바라보며 느긋하게 욕조에 몸을 담그는 시간을 원해서다. 남쪽에 있어 습기 걱정은 없다.

막거나 연결하거나
기둥 하나를 중심에 두고 현관, 응접실, 거실을 자유롭게 막거나 연결할 수 있다.

떠 있는 것처럼 보이는 건물

건물을 띄우다
대문에서 첫눈에 들어오는 건물의 코너가 떠 있는 것처럼 보이도록 아래쪽에 틈새를 만들고 조명을 설치했다. 가볍게 떠 있는 듯한 건물이 진입로에 드라마틱한 분위기를 연출한다.

차양 밑 진입로
대문에서 현관까지 차양을 친 긴 진입로를 만들었다. 현관까지 가는 길이 길고 쾌적하면 집의 격이 올라간다.

응접실에서 현관 방향을 본 것

대지면적 180.01㎡ (54.45평)
연면적 104.61㎡ (31.64평)

038: 반려동물

반려동물을 위한
공간을 곳곳에

부부와 노령견 두 마리가 사는 집. 반려견의 출입구, 목욕 시설, 케이지 두는 곳 등을 설계에 넣었다. 1층에는 LDK, 침실, 욕실을 배치하고 2층에는 서재와 수납공간을 만들었다.
OM 솔라 탑재로 반려견과 함께 따뜻하게 지낼 수 있다.

넓은 데크 테라스는 개들에게도 편안한 공간이다.

1 평면과 대지의 관계

2 공간별 디자인 포인트

3 특별한 용도에 맞춘 설계

작업공간
2층은 일을 하기 위한 공간으로 신선한 바람과 보이드를 즐길 수 있다.

2층을 올려다본 것

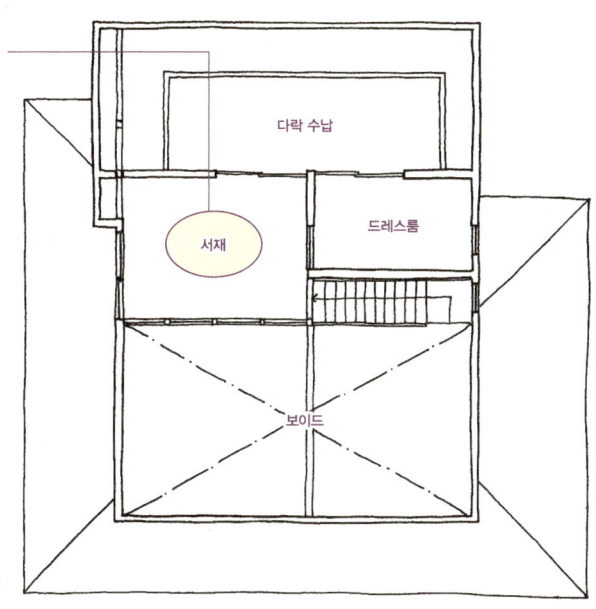

2F
1:150

건물 외관

반려견 전용 출입구
바깥에 발과 몸을 씻기는 목욕 시설과 개수대가 있고 내부의 타일 바닥 복도로 단차 없이 연결된다. 대형견을 위한 케이지 보관 장소도 만들었다.

개인공간
이 문으로 개인공간과 공용공간을 나눈다. 안쪽은 부부와 반려견의 개별공간이다. 미닫이문과는 별도로 반려견용 낮은 문을 달아놓았다.

부엌 근처에
부엌 바로 옆에 안주인을 위한 간이 책상을 두었다. 회유 동선상에 있어 편하게 쓸 수 있다.

멋있게 보관
난로에 쓰는 장작을 보관하는 장소. 거실에서 가깝고 손님에게는 잘 보이지 않는다.

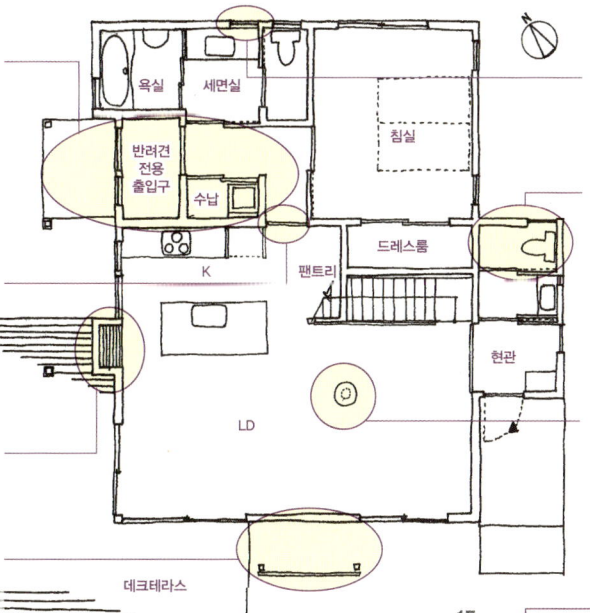

개가 좋아하는 곳
세면대 밑에 창을 달아 환풍로를 만들었다. 개들이 좋아하는 곳이다.

손님용 화장실
현관, 손님용 세면실, 화장실이 단차 없이 연결된다. 바닥마감도 랜덤타일로 통일했다. 현관홀에는 벤치도 설치했다.

가까이 가도 안전
360도 회전하는 벨기에제 장작 난로. 이중 구조로 되어 있어 개가 가까이 가도 안전하다.

1F
1:150

대지면적 1072.77㎡ (324.51평)
연면적   105.71㎡ (31.98평)

271

039: 반려동물

넓은 정원에 반려견 훈련 교실을 열다

경사지에 있어 도로가 2층과 이어지는 2층 현관 집. 도로에서 보면 단층집처럼 보이지만 테라스 아래로 정원이 숨어 있다. 정원은 집주인이 운영하는 반려견 훈련 교실로 쓰인다.

정원의 나무들을 바라보며 외부 시선을 개의치 않고 편안하게 쉴 수 있는 집이다.

왼쪽: 정원에서 본 건물 서쪽. 반려견 훈련 교실이 열리는 정원은 개가 뛰어다닐 수 있을 만큼 넓다.
오른쪽: 1층 놀이방. 넓은 정원을 향해 개방되어 있다. 오른쪽이 오픈 계단

사령실처럼
부엌 뒤쪽으로 올라가는 다락은 남편의 사무실. 장지문을 열면 거실, 테라스, 정원을 한눈에 볼 수 있는 사령실 같은 곳이다.

부엌 수납공간
부엌 뒤쪽 수납공간은 자잘한 물건들로 어수선해지기 쉽기 때문에 깔끔하게 장지문으로 가렸다. 조명을 달았더니 밤에는 커다란 행등처럼 보인다.

콤팩트한 LDK
2층은 콤팩트하게 배치한 LDK. 구배 천장으로 덮인 넉넉한 공간 안에서 짧은 동선으로 일을 처리한다.

빛을 아래로
도로와 같은 높이로 이어지는 주차공간으로도 쓰이는 테라스. 강망을 사용해 2층 공간을 확보하면서 아래층도 어둡지 않게 만들었다.

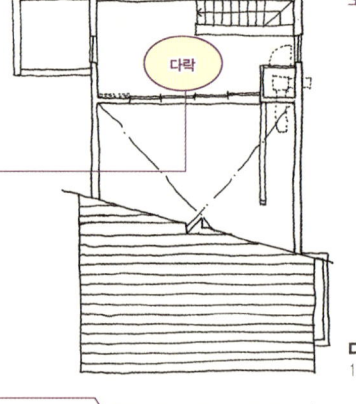

다락 1:200

장식 선반처럼
다락으로 올라가는 계단은 존재감을 없애주는 캔틸레버로 구성. 가벼운 느낌이라 장식 선반처럼 보이기도 한다.

2층 LDK. 부엌 뒤쪽 계단을 통해 다락으로 올라간다.

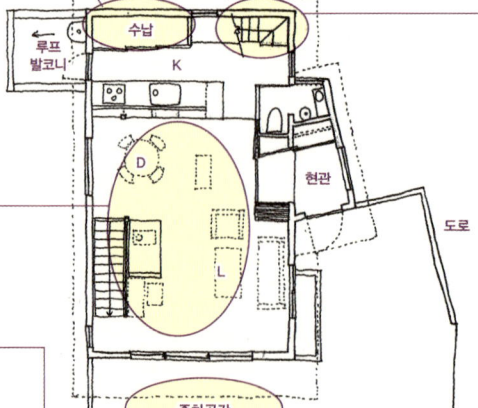

2F 1:200

아늑한 침실
현관이 2층에 있기 때문에 1층은 지하 같다. 특히 개구부를 줄인 침실은 움막처럼 아늑하다. 1층만 RC조로 외단열이 되어 있어 겨울에도 따뜻하다.

철저한 대비
나중에 아이방으로 바꿀 수 있도록 만들었다. 지금은 반려견과 노는 제2의 거실로 활용한다.

넓은 욕실정원
도로에서 가장 먼 곳에 있는 욕실은 바깥 시선을 신경 쓰지 않고 넓은 정원으로 개방되어 쾌적하다.

오픈 계단
최소한의 부재로 구성한 오픈 계단은 정원을 감상하는 데 방해되지 않으며, 옆쪽 FIX 창으로 빛을 들인다.

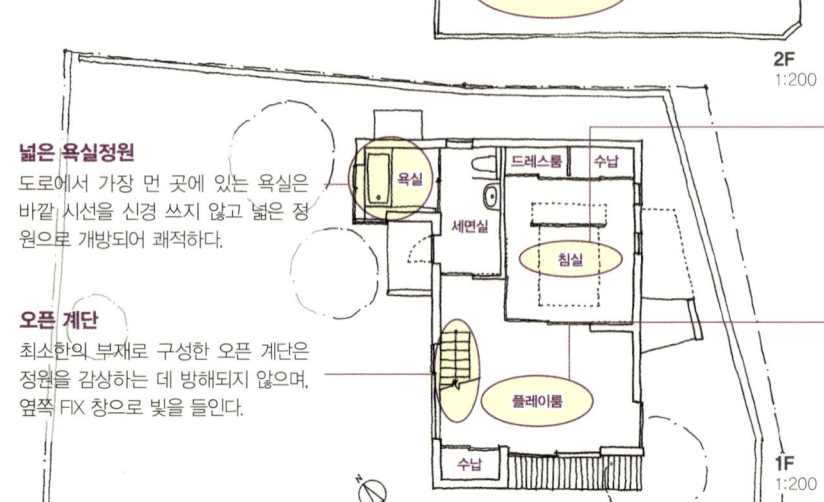

1F 1:200

대지면적 167.99㎡ (50.82평)
연면적 106.28㎡ (32.15평)

040: 반려동물

반려견 열 마리를
거뜬히 키울 수 있도록

수의사 부부와 반려견 열 마리를 위한 집. 출입을 중심으로 반려견의 동선을 정리하는 것이 급선무였다. 사람만을 위한 평면 계획과는 다르고 모든 일에 우선순위도 달라 방 배치 등 상식에 얽매이지 않는 것이 중요하다.

1 평면과 대지의 관계

주차공간 쪽에서 본 1층 LDK. 반려견의 자리가 되는 계단은 부엌과 마주보고 있다.

2 공간별 디자인 포인트

반려견 전용 테라스
여러 가지 훈련을 할 수 있도록 미끄럽지 않게 방수 마감을 한 대형 테라스.

옥외 썬룸

두 대씩 필요
반려견과 사람을 위해 세탁기와 건조기를 각각 두 대씩 배치했다.

반려견 화장실
반려견 배설물 개수대와 목욕 시설을 만들었다. 집으로 들어가기 전 눈에 잘 띄지 않는 곳에 배치되어 있다.

반려견의 동선
개들이 현관으로만 출입하는 것은 아니므로 차에 가까이 가지 않도록 조심해야 한다.

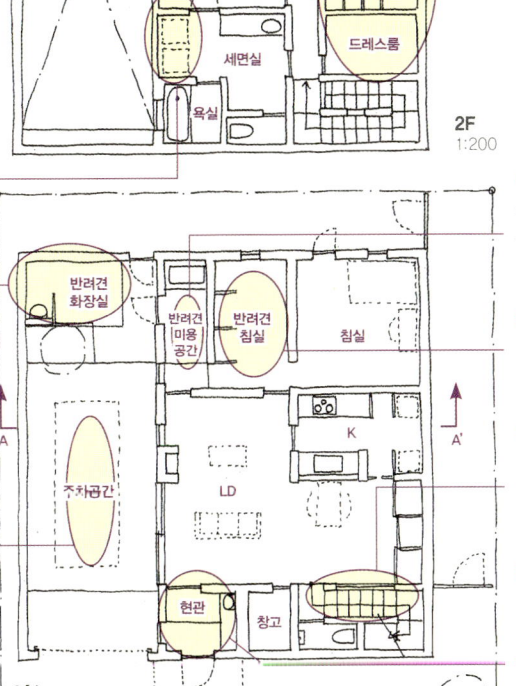

기능적인 수납
사람에게도 반려견에게도 정리하기 쉬운 수납공간은 중요하다.

미용공간
출입구를 겸한 반려견 미용공간. 자주 씻을 것을 고려해 방 전체에 방수 처리를 했다.

반려견 침실
반려견의 케이지를 놓아두는 선반을 설치했다.

반려견의 휴식공간
개들이 즐겨 앉는 계단은 디딤판을 넓게 만들고 기실 쪽으로 유리벽을 만들었다.

현관
중정 쪽으로 문을 설치하고 신발장에 싱크대와 이동용 케이스가 들어가도록 만들었다.

3 특별한 용도에 맞춘 설계

주차공간

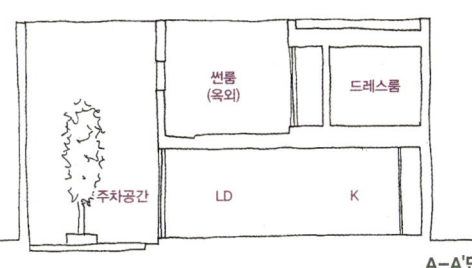

A-A'단면
1:200

정면 외관

대지면적   198.37㎡ (60.00평)
연면적   156.09㎡ (47.22평)

273

041: 일본풍

지면보다 낮은 서재로 빠져들다

고지대에 위치한 대지는 인접지와의 고저 차와 일부 연약 지반에 대한 대책이 필요하다. 이 문제를 해결하기 위해 일부를 1.5m 깊이로 기초공사를 하고 실내에서는 이를 이용해 1층 바닥 높이보다 낮은 서재를 만들었다. 일본풍의 차분한 분위기의 서재가 1층 한 쪽 구석에 배치되어 공간의 변화를 느낄 수 있다.

왼쪽: 야키스기(焼き杉)가 특징인 외관. 햇볕의 효율적인 이용을 위해 건물은 정남쪽을 향하도록 배치했다.
오른쪽: 지면과 가까운 눈높이의 서재. 나무와 다다미와 장지문이 1층 전체에 차분한 분위기를 자아낸다.

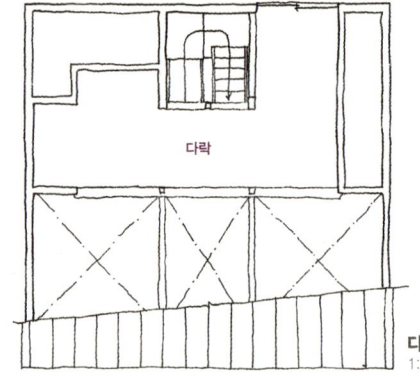

2층으로 모으다
욕실과 세면실을 2층으로 모으고 1층 전체를 공용공간으로 만들었다. 계단 서쪽에 욕실, 세면실, 보이드를 만들어 방과 명확히 구분했다. 방 부분을 칸막이하는 방법이 자유로워졌다.

수직으로 연결
다락에서 보이드를 통해 1층까지 연결된다. 빛과 바람이 위아래로 순환되고 공간도 넓어 보인다.

스트립 계단
스트립 계단으로 만들어 중간의 작은 창으로 들어온 빛과 바람이 순환되도록 만들었다. 계단 중간에는 작은 틈새를 이용한 수납공간과 책장을 만들었다.

미닫이문을 사용하다
방과 방 사이에 미닫이문을 달아 방을 나누거나 합칠 수 있다. 미닫이문을 항상 열어두면 통풍에 유리하다.

넓게 쓰다
나중에는 아이방으로 나눌 수도 있겠지만 지금은 자유롭게 놀 수 있도록 칸막이를 하지 않았다.

저절로 내려가는 곳
1층에서 내려가는 공간인 서재. 독서를 좋아하는 가족들이 책 읽기 가장 좋은 장소다.

대각선상으로
현관에서 대각선상으로 실내를 가로질러 가장 먼 위치에 있는 부엌에는 바로 옆에 뒷문을 설치했다. 쓰레기를 버리는 등의 가사동선을 고려했다.

스트립 계단은 빛과 바람이 통해 공간이 답답해 보이지 않는다.

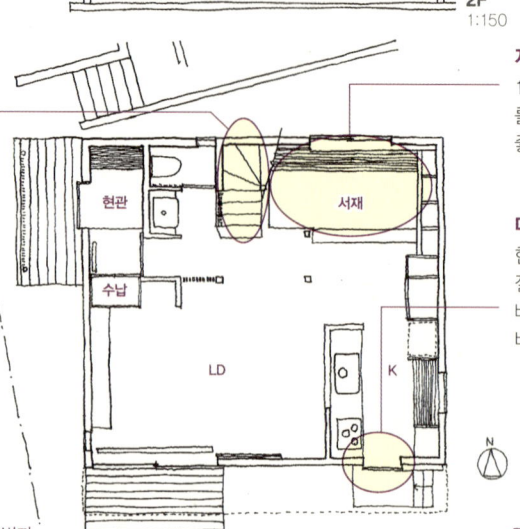

대지면적 137.29㎡ (41.53평)
연면적 91.84㎡ (27.78평)

042: 일본풍

다다미를 깐 거실

일본식 기와와 솟을지붕이 일본 주택의 전통이 느껴지는 단층집. 부부가 노후를 보낼 집으로 편리성을 추구하고 남쪽 정원을 즐길 수 있도록 고려했다.
LDK는 전부 남쪽과 접하도록 배치했다. 거실에는 다다미를 깔았고, 부엌과 식당은 테라스, 정원으로 연결된다. 방의 바닥창 장지문은 벽 속에 집어넣을 수 있는데, 닫아두면 부드러운 빛이 방 안에 가득 찬다. 현관 근처 아틀리에는 안주인이 그림을 그리는 공간이다.

위쪽: 다다미가 깔린 거실에서 부엌 방향을 본 것. 다다미 거실은 중심이 낮다. 식당 쪽과 한 공간으로 쓰려고 기둥을 세우지 않았고 윗미닫이틀을 보에 매달 듯 설치했다.
오른쪽: 식당과 부엌. 구배천장과 집을 받치고 있는 보가 보여 안정감을 준다.

북쪽 침실
북쪽에서 차분한 빛이 들어오는 침실. 진입로 방향인 북서쪽에 만든 코너창은 외관에 포인트를 준다.

갤러리로 곧장
널찍한 현관은 생활공간과 아틀리에로 곧장 갈 수 있도록 만들었다. 아틀리에의 갤러리를 보러 온 사람들은 현관을 거쳐 아틀리에로 직행한다.

바람을 느끼다
식당의 모퉁이 공간을 활용한 PC 코너. 현관에서 들어오는 바람을 느끼면서 외부 시선을 차단한다.

화장도 여유롭게
세면대와 나란히 설치한 화장대. 의자에 앉아 화장할 수 있어 바쁜 아침 시간을 절약할 수 있다.

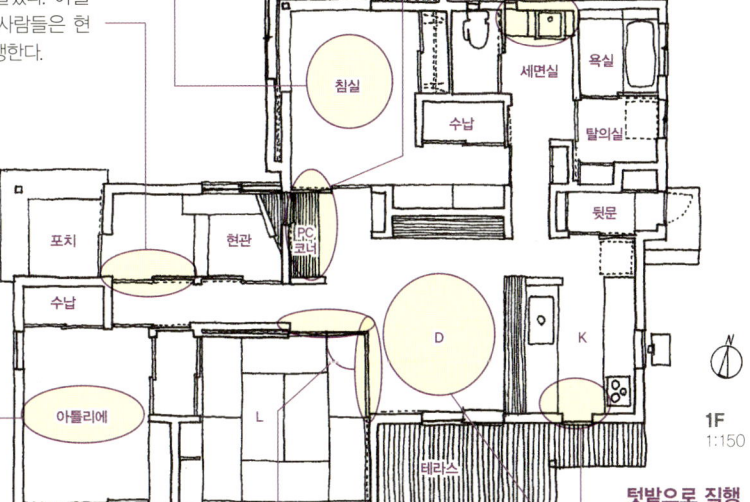

1F
1:150

취미공간
안주인의 취미인 회화 전시와 그림 그리기를 위한 방.

맹장지로 변화를
식당과 접해 있는 다다미실은 맹장지를 여닫음에 따라 개방적이기도 하고 사적이기도 한 공간으로 변한다.

텃밭으로 직행
부엌 옆에 있는 문은 정원 끝이 텃밭 채소를 수확할 때도 편리하다.

넓고 환한 식당
강인한 대들보의 존재감이 상당한 식당. 천장도 높아서 넓고 환하게 느껴진다. 식당에서는 정원과 바깥 경치를 감상할 수 있다.

남쪽 외관. 테라스 쪽으로 낸 식당 창에는 차양을 별도로 달았다. 여름철 햇볕을 조절하고 비 오는 날에도 창을 열 수 있다.

대지면적 457.75㎡ (138.47평)
연면적 96.47㎡ (29.18평)

1 평면과 대지의 관계
2 공간별 디자인 포인트
3 특별한 용도에 맞춘 설계

043: 일본풍

내려가는 방향으로 건물을 개방한 외쪽지붕의 단층집

남북으로 길고 완만하게 경사진 대지에 지은 단층집. 북쪽을 향해 내려가는 지면과 반대로 외쪽지붕이 높아진다. 교통량이 많은 도로의 소음과 시선을 피하기 위해 남쪽에 정원을 만들고 북쪽으로 개인공간을 배치했다. 천장이 가장 낮은 남쪽 거실은 장지문을 벽 속으로 집어넣어 전면 개방할 수 있다.

벽 속에 들어가는 장지문
LD 구석까지 확산광으로 환하게 만들고 외부 시선을 막아준다.

처마의 깊이
거실의 목제 창호를 덮어 여름철 햇볕을 차단하고 테라스에 그늘을 만들기 위해 1.2m 깊이로 만들었다.

작은 현관
뒷문의 이용 빈도가 높기 때문에 현관은 의식적으로 작게 만들었다.

정원을 즐기다
교통량이 있는 편인 남쪽 도로와 접해 넓은 앞뜰을 만들어 시선과 소리를 차단했다. 울타리와 나무 덕분에 거실에서도 정원의 안길이와 계절 변화를 즐길 수 있다.

건물 밑으로 차를 넣다
북쪽을 향해 슬로프 모양으로 낮아지는 부분에 건물을 돌출시키고 아래를 개방적인 필로티로 만들었다. 비오는 날에는 뒷문으로 출입할 수 있다.

동선을 살리다
옆의 본가와 왕래하는 뒷문을 만들었다. 본가의 앞뜰과 남쪽 정원을 연결해 두 집을 지나는 커다란 연락 동선도 만들었다.

바닥의 단차를 이용하다
바닥의 높이 차이를 2층 침대처럼 이용해 침대 밑으로 자매가 왔다 갔다 한다.

반층 올라가다
침실과 아이방은 주차공간의 높이를 확보하기 위해 1m 정도 올라간 높이에 만들었다.

동쪽으로 트인 작은 방
LD에 작은 공간을 연결해 가족 공용 작업실을 만들었다. 컴퓨터와 팩스 등을 넣어두고 남북으로 긴 LD의 통풍과 채광에도 도움을 준다.

진입로
정원의 안길이를 살려 나무들 사이를 지나는 긴 진입로.

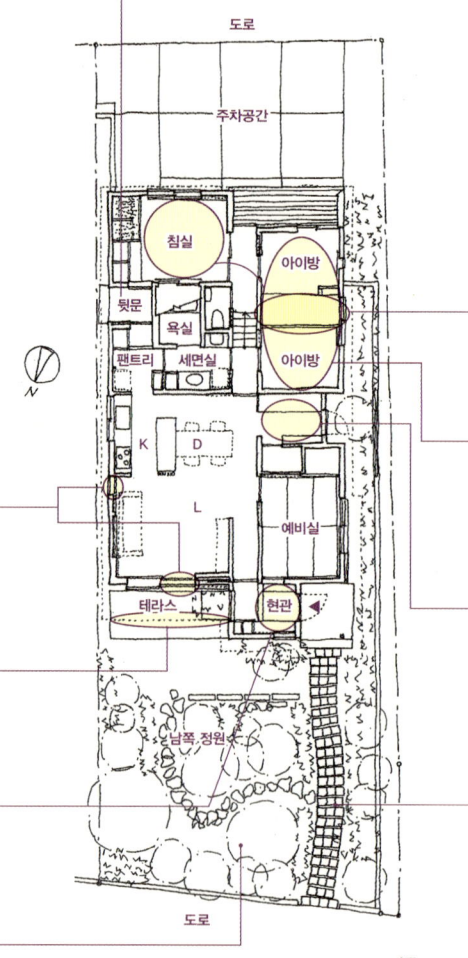

1F 1:250

BF 1:250

LDK. 남쪽 장지문을 열면 빛이 실내로 퍼진다.

나지막한 천장과 장지문의 높이가 잘 어울리는 거실. 문을 닫아도 빛이 부드럽게 들어온다.

북서쪽 외관. 남쪽으로 높아지는 사면과 북쪽으로 높아지는 외쪽지붕의 고저 차를 이용해 주차공간을 만들었다.

대지면적 284.84㎡ (86.16평)
연면적 107.58㎡ (32.54평)

044: 일본풍

깊은 차양과 장지문으로 북쪽에서 빛을 받다

인접지의 옹벽과 도로를 이용해 대지 전체를 활용할 수 있도록 건물을 배치했다. 반옥외의 처마 밑 공간은 비 내리는 날도 바깥을 즐길 수 있다. 큰 지붕을 얹은 단층집의 장점을 최대한 살린 일본풍 인테리어를 했다.

LD 공간. 북쪽의 빛이 장지문에 의해 확산되고 다시 부드러운 빛이 되어 공간을 감싼다.

겨울 볕이 머물다
겨울의 태양 고도를 고려한 북쪽의 지붕 구배 덕에 빛이 적당하게 전달된다.

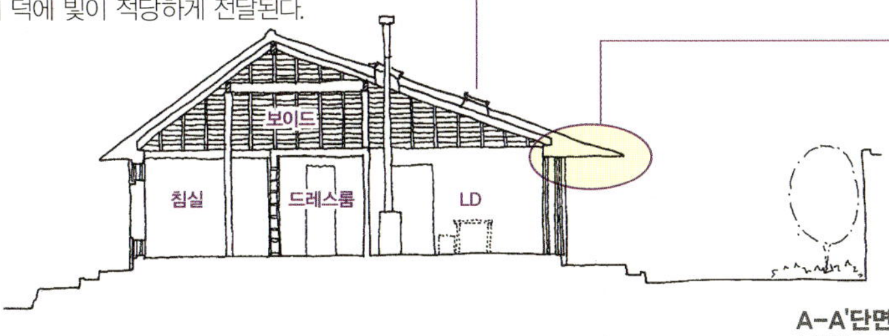

A-A'단면
1:200

반옥외를 즐기다
차양이 깊은 LD의 앞 방의 연장으로 반옥외를 즐길 수 있다. 차양의 그림자, 나무들, 주차장이 도로 쪽 시선에 대한 부담을 줄여준다.

북쪽으로 개방
높이가 있는 인접지의 옹벽을 이용해 정원을 북쪽에 배치함으로써 대지 전체를 이용할 수 있다.

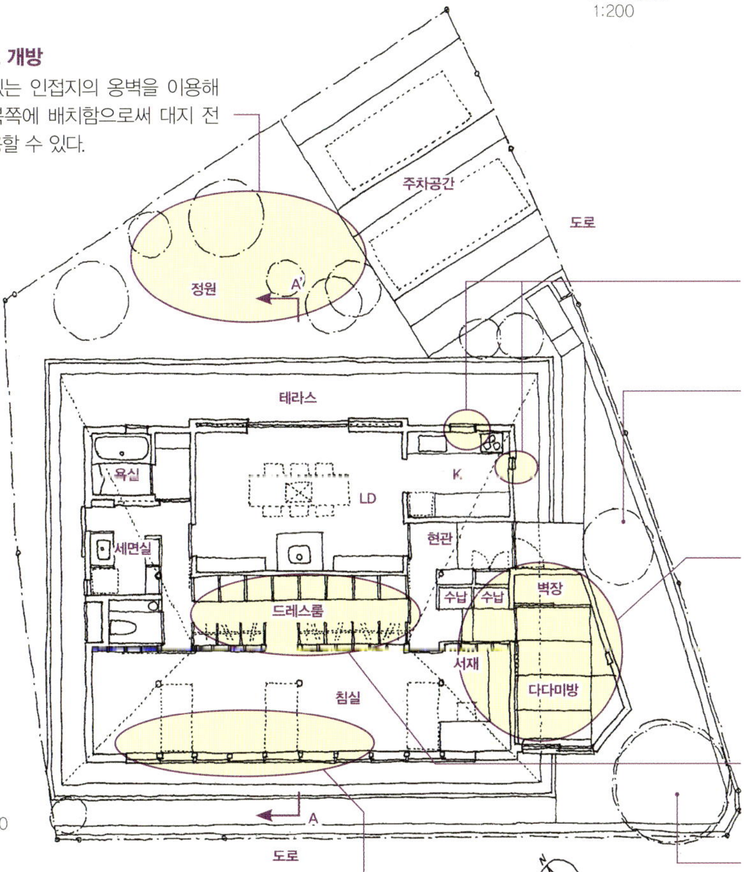

앞뜰과 현관

외부의 인기척을 느끼다
부엌 앞 작은 창으로 바깥의 모습과 진입로를 볼 수 있다.

식재 가림막
현관 앞 나무들이 가리개 역할을 한다.

공간 변화를 만들다
벽면 후퇴로 인해 디디미방을 직사각형으로 만들 수 없어 계단으로 내려가 지하로 들어가는 것처럼 꾸며 다른 방과는 다른 모습으로 단층집의 단조로움에 변화를 주었다.

세 개의 동선으로
바깥과 접할 필요 없는 창고 겸 드레스룸을 집 중심에 배치해 어떤 방에서든 들어가기 쉽다. 응접실, 가족공간, 수납공간 세 동선으로 나누어 원활하게 움직인다.

벚꽃이 피다
대지 모퉁이에 벚나무를 심어 계절의 변화를 전한다.

1F
1:200

도로가의 침실
도로 쪽에 담을 세우지 않고 침실을 배치했다. 창을 작게 아래위로 나누어 달고 격자문과 장지문으로 프라이버시를 지키며 빛과 바람을 받아들인다.

침실. 도로가에 있기 때문에 개구부를 줄이고 간접광 같은 부드러운 빛이 가득한 공간으로 만들었다.

대지면적 310.33㎡ (93.87평)
연면적 111.27㎡ (33.66평)

1 평면과 대지의 관계
2 공간별 디자인 포인트
3 특별한 용도에 맞춘 설계

277

045: 일본풍

깊은 처마 지붕이 있는 집

어디에 있어도 통풍이 잘되고 하루 종일 빛이 잘 들도록 각 방에 커다란 개구부를 설치했다. 중정을 중심으로 회유하는 설계로, 지붕 위쪽을 뚫어 집 안의 옥외공간을 만들었다. 침실과 욕실을 중정과 접하도록 만들고, 가족이 다니는 뒤 동선으로 쓴다. 폭 7m짜리 개구부가 있는 LDK에는 정원과 실내가 하나가 되는 반옥외 같은 개방감이 있다.

왼쪽: 큰 지붕의 보가 상승하는 개방적인 LDK. 오른쪽의 중정 데크는 평평한 바닥으로 연결된다.
오른쪽: 벽으로 가로막힌 중정에서 고창으로 빛을 받아들이는 개방적인 현관 봉당. 정면은 벤치.

북쪽 외관. 깊은 처마의 단층집. 사적 공간인 침실 부분은 외벽으로 둘러싸여 있다.

침실
침실의 양쪽 미닫이문을 열면 회유동선상의 일부가 된다. 침실 외부공간을 둘러싸고 있어 단층집이지만 방범을 신경 쓰지 않고 통풍과 채광을 확보할 수 있다.

중정 데크
침실과 욕실은 데크를 향해 개방되어 있다. 중정이므로 프라이버시를 확보하면서 큰 지붕의 중심으로 빛이 들어와 집 안을 밝게 만들어준다.

예비실
미래의 아이방으로 쓸 빈 공간을 확보했다. 창호를 추가하면 개인방으로 사용할 수 있다.

LDK
남쪽으로 커다란 개구부를 만든 개방적인 공간. 봉당과 깊은 처마를 사이에 끼고 정원과 연결돼 주변과의 거리감을 유지한다.

다락의 사용법
침실 위 다락은 물건 보관소, 예비실 위는 놀이공간이다.

자전거 보관소
현관 옆에서 깊은 처마를 따라 판자벽을 설치해 자전거 보관소를 만들었다.

현관 봉당
널찍한 현관은 취미인 스키를 손질하거나 벤치에 걸터앉아 쉬는 등 방처럼 쓸 수 있다.

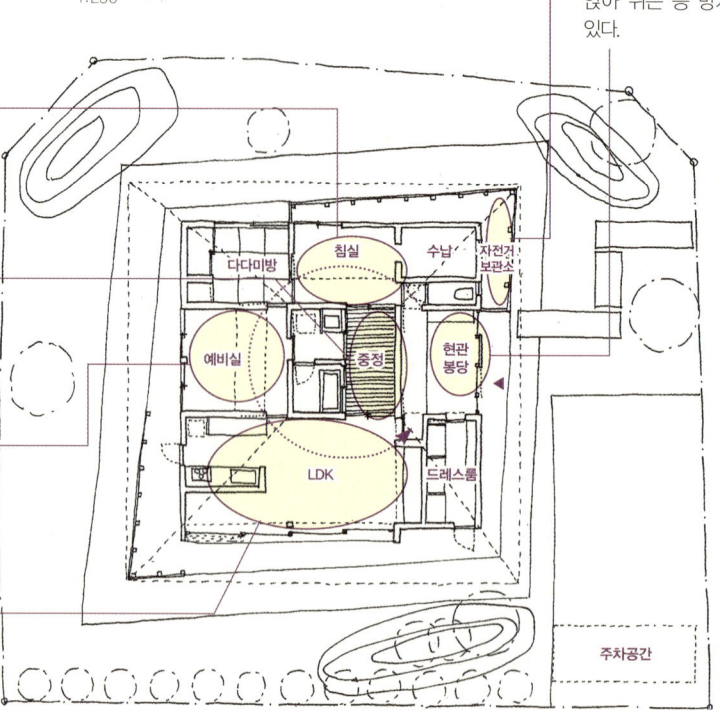

대지면적 1495.89m² (452.51평)
연면적 114.56m² (34.65평)

046: 일본풍

일본식 화덕이 있는 공간을 별채에 두다

훌륭한 전망을 만끽할 수 있는 넓은 데크 테라스를 만들고 본채와 테라스로 연결되는 위치에 '이로리(居炉裏)'를 둔 별채를 만들었다. 손님을 접대하는 공간으로, 술 한 잔을 하거나 가족들이 단란하게 모이는 공간으로 특별한 즐거움을 선사한다.

이로리가 있는 별채

넓은 다락
2층의 프리룸과 보이드로 연결되는 다락은 커다란 수납공간. 넓어서 아이의 놀이방으로 사용한다.

사적인 공간
1층에 LDK와 욕실 및 세면실을 모았기 때문에 2층은 완전히 사적인 공간이 되었다. 책상과 책장을 짜 넣었지만 공간은 자유롭게 사용한다. 가족 구성이 바뀌면 방으로 나눠 쓸 수 있다.

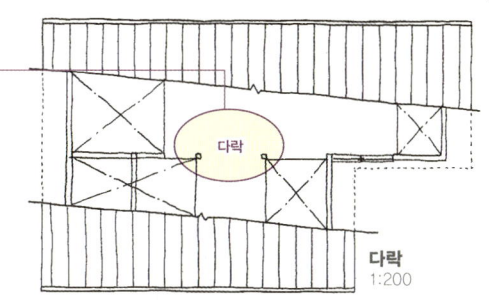

다락
1:200

전망 좋은 욕실
전망이 가장 좋은 곳에 욕실을 배치했다. 테라스와 별채 쪽 시선을 차단하면서 대자연을 만끽할 수 있는 공간이다.

넉넉한 테라스
본채와 별채를 잇는 데크 테라스는 산 쪽으로 개방된 넓은 공간. 지붕이 달려 있는 외부공간이면서 거실, 식당, 정원, 통로 등 다양한 역할을 한다.

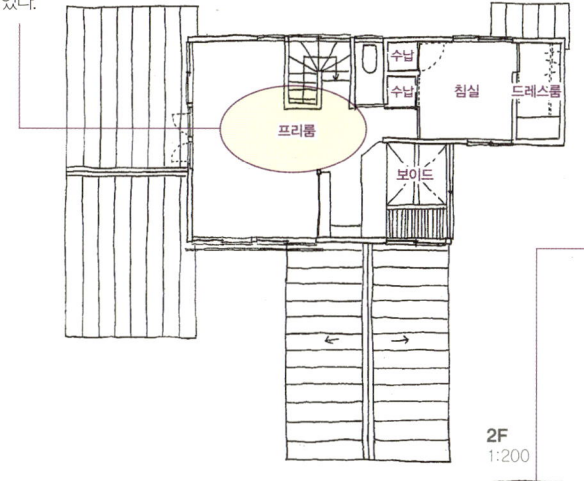

2F
1:200

도로 쪽에서 본 넓은 테라스

개방된 별채
이로리가 있는 별채는 대지 안쪽이 아니라 도로에서도 보이는 곳에 배치되어 있다. 그래서 손님이 오면 본채보다 편하게 들어갈 수 있는 공개된 공간이다.

별채의 즐거움
세 평 크기의 별채는 이로리가 있는 방. LDK와는 다른 분위기로 가족이 시간을 보낸다. 간단히 술을 즐기거나 손님을 맞는 등 다양하게 즐길 수 있다.

도로 쪽 외관

1F
1:200

대지면적 458.44㎡ (138.68평)
연면적   118.41㎡ (35.82평)

1 평면과 대지의 관계

2 공간별 디자인 포인트

3 특별한 용도에 맞춘 설계

279

047: 일본풍

전통과 현대가 어우러진 일본식 주택

일본 기와에 회벽, 목조 재래 공법의 구조 등 일본 전통가옥의 분위기를 자아내는 집. 주택 보수를 고려하거나 차세대 에너지 절약 기준을 준수하는 등 현대 주택으로서의 기준과 요건을 충족하면서 건축주의 젊은 감각도 도입했다.

남쪽 외관. 완만한 구배의 기와지붕과 차분한 회벽이라는 전통적 소재를 사용하면서 모던함을 연출했다.

다다미에서 자다
이불을 깔고 바닥에서 잔다. 삼나무를 덧댄 널찍한 드레스룸이 있어 깔끔하게 사용할 수 있다.

아이방 수납공간
아이방에도 넓은 드레스룸과 수납공간을 만들었다. 아이가 크면서 늘어나는 물건과 옷을 정리할 수 있다.

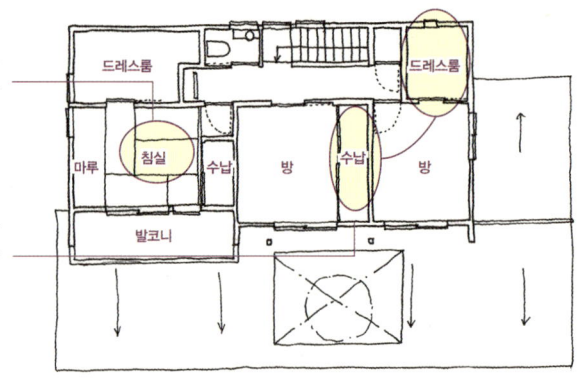

2F 1:200

깔끔한 부엌
부엌 옆에 팬트리를 설치했다. 미닫이 문으로 닫히기 때문에 보여주고 싶지 않을 때는 닫아둔다.

전통과 현대의 만남
LDK의 통일된 나무색은 일본식 정원에 모던함을 더해준다. 10평 크기의 넓이에 다다미방이 가까워 사용하기도 편리하다.

독창적인 디자인
고풍스러운 마감재를 사용해 멋과 모던함을 표현했다.

둥근 창
현관을 들어서 정면에 보이는 둥근 창이 인상적이다. 일본만의 멋과 현대적 감각이 느껴진다.

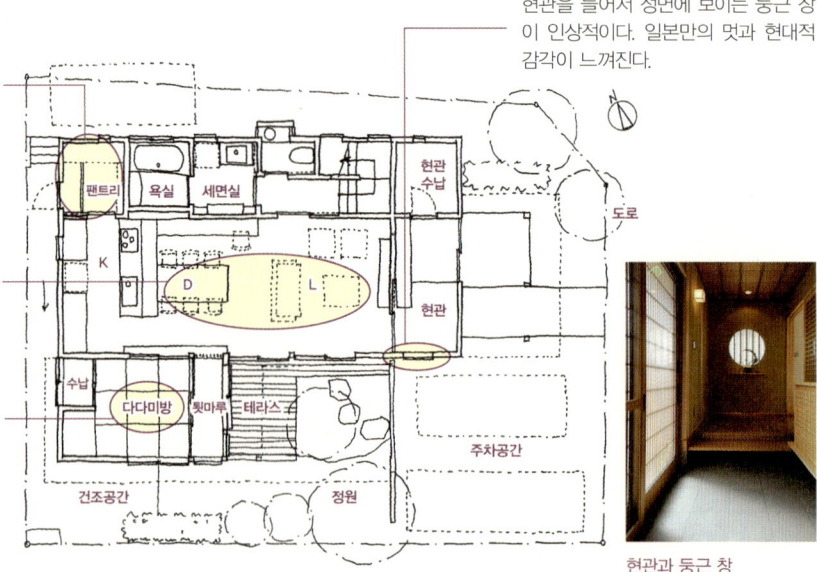

1F 1:200

현관과 둥근 창

LDK 전경

대지면적	185.00㎡ (55.96평)
연면적	129.22㎡ (39.09평)

048: 일본풍

가족실 한가운데 있는 이로리

현관에서 봉당공간을 지나 들어가는 가족실은 빛이 넘치고, 실내외 단차가 없는 봉당공간이 중정까지 연결돼 가족실은 더욱 넓게 느껴진다. 가족실 중앙에 설치한 이로리 테이블은 '사람이 모이는 집'이라는 건축주의 바람을 반영한 것이다.

이로리 옆에서 본 방2와 중정. 가족실에서 평평하게 이어진다.

2층 정원
목제 데크 테라스와 키 낮은 나무를 심은 옥상정원은 1층 중정과는 다른 외부공간이다.

서재 같은 장소
방4는 서재 같은 장소. 작업공간 혹은 취미실로 쓰인다.

칸막이는 가구로
다락방 같은 방3은 아이방으로 사용한다. 나중에 나누어 써야 할 필요가 있을 때는 가구로 칸막이를 할 예정이다.

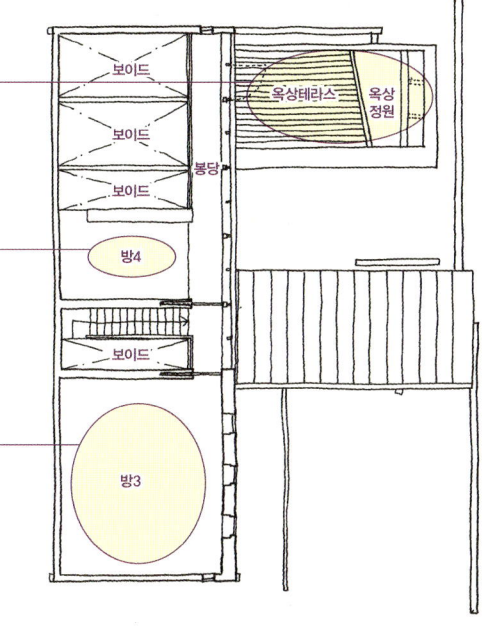

2F 1:200

보이드의 가족실에는 2층 고창으로 빛이 들어온다.

가족끼리 둘러앉다
가족실 중앙에 이로리를 두었다. 이로리는 봉당과 다다미방에 걸쳐 있고 의자와 방석으로 둘러싸여 있다.

봉당으로 연결되다
평평한 콘크리트의 봉당공간이 그대로 중정까지 이어진다. 안과 밖이 하나로 연결돼 넓게 느껴진다.

시야가 트이다
현관문을 열면 봉당공간이 똑바로 이어져 건물 밖까지 시야가 트인다.

공간감과 프라이버시
침실(방1)은 도로 시선을 차단하기 위해 앞뜰과의 경계에 가림벽을 세웠는데, 벽을 유공벽돌로 만들어 답답함이 없다. 정원 쪽에 목제 테라스를 설치해 실내가 넓게 느껴진다.

응접실로도 쓰다
다다미를 깐 방2는 평소에는 가족실과 연결해 사용한다. 손님이 왔을 때는 응접실로 사용할 수 있다.

벽으로 좁히다
현관으로 가는 계단 옆 벽의 각도를 좁혔다. 계단 쪽은 공간이 좁아지는 진입로가 되었고 현관 쪽에 공간이 생겼다.

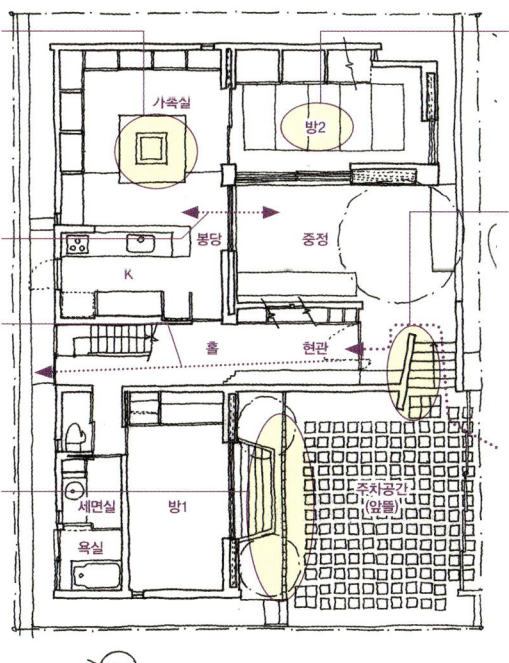

1F 1:200

도로 쪽 외관 야경

대지면적 208.53㎡ (63.08평)
연면적 136.52㎡ (41.30평)

049: 2세대

아래위를 따로 쓰는 완전 분리형 2세대 주택

현관과 욕실이 완전 분리된 2세대 주택. 자녀 세대의 현관홀에서 부모 세대의 주거공간으로 갈 수 있다. 다실로도 쓰이는 다다미방은 공유한다. 건축주가 교토 출신이라서 일본 특유의 감성이 느껴지는 집이 되었다.

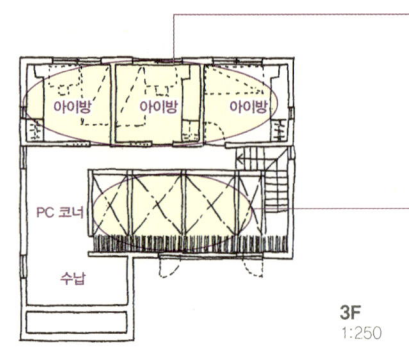

3F 1:250

싸우지 않도록
아이방의 크기는 모두 같다. 나이순으로 방을 쓰는데 가끔 바꾸기도 한다.

보이드로 연결
아이방은 전부 보이드와 접해 있어 문을 열면 보이드로 아래층 LDK의 인기척을 느낄 수 있다.

2층 거실의 보이드

밥 먹으며 텔레비전 보지 않기
식당에는 텔레비전이 없다. 나무가 많은 중정을 보면서 마치 별장에 온 기분으로 식사를 하고 텔레비전은 거실에서 여유롭게 본다.

도로 쪽 외관

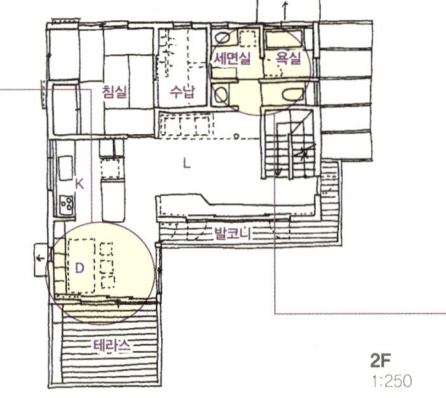

2F 1:250

아래위층으로 나란히
욕실과 세면실은 1, 2층의 같은 위치에 배치했다. 소리 문제나 건설 비용을 해결할 수 있는 방안이다.

빙빙 돌 수 있다
거실, 다다미방, 침실, 창고, 부엌으로 빙빙 돌 수 있는 동선이라 편리하다.

1층 거실에서 도로 방향을 본 것. 나무가 가리개 역할을 한다.

미래를 위해
간병이 필요해졌을 때 편리하게 이용할 수 있도록 화장실은 충분한 공간을 확보했다.

다실의 용도
작은 부엌도 딸려 있는 다실은 먼 데 사는 친척이 숙박하는 방으로도 쓰인다. 할머니와 손녀딸이 다도를 배우는 교류의 장이기도 하다.

둘러싸지 않아서 안전
나무로 부드럽게 가린 앞뜰. 울타리를 두르지 않아 주변의 시선이 더 잘 닿아 오히려 안전하다.

1F 1:250

| 대지면적 | 197.48㎡ (59.74평) |
| 연면적 | 194.66㎡ (58.88평) |

050: 2세대

정원으로 거리감을 만들고
3세대가 모여 사는 집

각자 외동인 부부가 각자의 부모와 함께 동거하는 3세대 주택. 각 세대의 프라이버시를 지키면서 거리감을 유지할 수 있도록 작은 정원 세 개를 이용해 건물을 분리했다. 산이 보이는 위치에 다 함께 모이는 거실, 식당, 부엌이 있다.

왼쪽: 진입로에서 본 중정 너머의 부모 세대 방. 왼편 앞쪽이 안쪽 현관
오른쪽: 3세대가 어울리는 LDK. 테라스 너머로 산이 펼쳐진다.

거실은 놀이방
2층은 자녀 세대 공간. 거실은 아이가 어릴 때는 놀이방으로 활용한다. 나중에는 벽으로 막아 아이방을 두 개 만들 수 있다. 여기서도 보이드 너머로 창이 보인다.

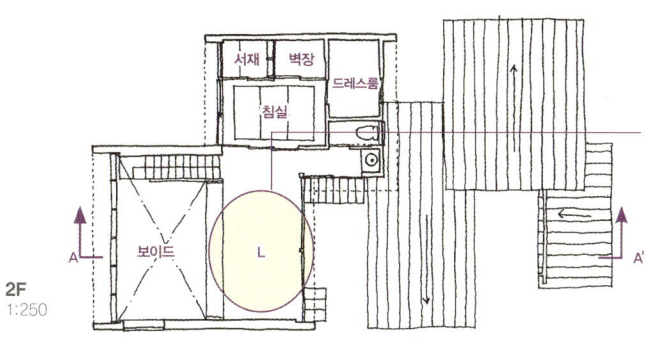

세면실과 욕실은 공용
부모 세대용 화장실과 욕실은 하나로 만들어 비용을 절감했다. 양쪽 다 사용하기 편하도록 한가운데 배치했다.

3세대가 모이는 곳
산을 향해 개방되어 있는 서쪽에 3세대가 모두 모이는 LD를 배치했다. 아일랜드 키친도 시야가 트여 있다.

부모 세대의 프라이버시
부부 각자의 부모들을 위한 방. 사이에 중정을 끼워 넣어 서로 간섭받지 않도록 만들었다.

두 개의 현관
양쪽 부모가 각각 사용할 수 있게 현관은 두 개로. 뒷문도 사용할 수 있다.

전용 중정
두 개의 중정은 각 부모의 전용 정원.

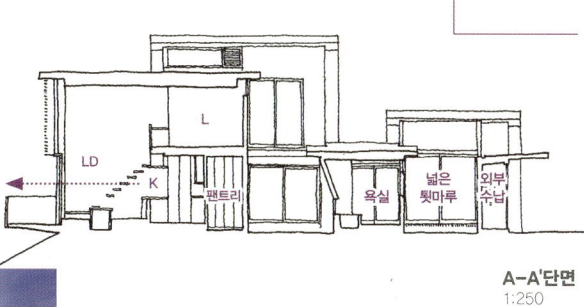

정면 외관. 편하게 사용할 수 있게 왼쪽 진입로와 중앙에 현관을 두 개 만들었다.

대지면적 434.17㎡ (131.34평)
연면적 142.41㎡ (43.08평)

1 평면과 대지의 관계
2 공간별 디자인 포인트
3 특별한 용도에 맞춘 설계

051: 2세대

보이드로 가족의 인기척을 주고받다

1층에 부모 세대, 2층에 장남 가족이 침실을 제외한 대부분의 공간을 공유하는 동거형 2세대 주택. 2층 자녀 세대 공간에는 아이 방을 만들지 않고, 칸막이를 할 수 있는 방과 누구나 사용하는 스터디홀을 만들었다. 스터디홀은 옆으로 긴 보이드를 통해 아래층 LDK와 연결돼 인기척을 주고받는다.

왼쪽: 다락에서 보이드를 통해 1, 2층이 연결된 모습을 볼 수 있다.
오른쪽: 보이드를 올려다본 것. 캣워크의 난간에는 로프를 감았다.

동남쪽 외관

투과성 바닥
보이드의 일부에 FRP 그레이팅으로 바닥을 깔아 실내 건조공간으로 이용한다. 빛과 바람이 잘 통하며 작업장으로도 쓰인다.

있으면 편리
흙 묻은 채소를 씻거나 간단한 야외 작업을 할 수 있는 뒷문 봉당.

벽장의 크기
다다미방의 벽장은 장롱과 큰 좌탁도 집어넣을 수 있도록 규격을 계산해서 만들었다.

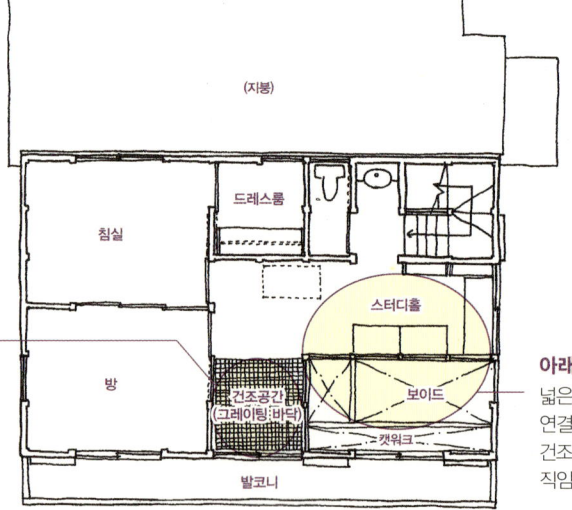

아래층과 연결되다
넓은 스터디홀은 보이드로 아래층과 연결돼 인기척을 주고받는다. 침실과 건조장으로 가는 동선상에 있어 움직임도 가깝게 느낄 수 있다.

양쪽으로 출입
1층 화장실은 두 방향에서 들어갈 수 있도록 만들었다. 나중에 간병을 받는 몸이 되어도 쉽게 사용할 수 있다.

두 종류의 회유동선
1층에는 부엌을 중심에 두고 두 종류의 회유동선을 만들어 어디에서든 부엌으로 갈 수 있게 했다. 사람들이 많이 모였을 때 편하다.

압박감을 없애다
부엌 앞 LD에 가로로 긴 보이드를 만들어 압박감을 줄였고, 벽걸이 TV와 벤치 수납으로 가구를 없애 옆으로 긴 공간을 확보했다. 넓은 테라스로도 연결된다.

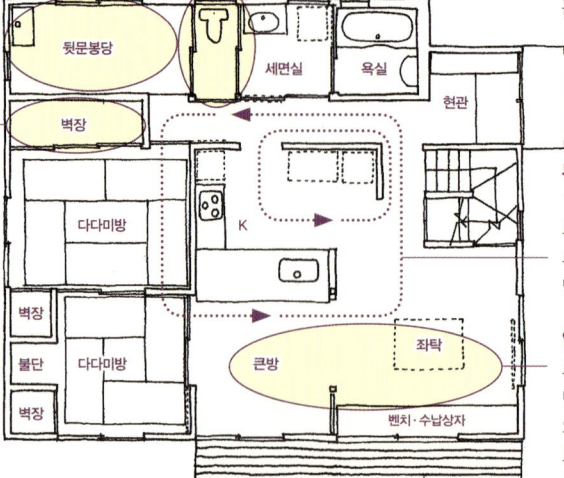

부엌과 보이드

대지면적 443.52㎡ (134.16평)
연면적 149.00㎡ (45.07평)

052: 2세대

서로 독립적인
동거형 2세대 주택

아버지와 자녀 세대가 함께 사는 2세대 주택. 1층은 지그재그 모양으로 중심 정원을 감싸는 구성이다. 북쪽과 도로 쪽에 욕실 등을 모으고 주요 방들은 남쪽에 배치했다.
창가를 잘 꾸민 거실은 정원과 연결되는 보이드의 넓은 공간으로, 식구들 얼굴이 자연스럽게 마주치도록 계단을 안쪽에 배치하고 커다란 하이사이드 라이트를 달아 빛을 모은다. 아버지 방은 LDK에서 인기척이 느껴지는 위치에 단층으로 만들었다. 거실 보이드와 접하는 서재 코너는 가족들의 활발한 소통에 도움을 준다.

다다미실에서 본 테라스와 정원.
다다미실은 두 세대 사이에 있다.

1 평면과 대지의 관계

2 공간별 디자인 포인트

3 특별한 용도에 맞춘 설계

인기척을 전달하다
보이드를 통해 거실과 서재 코너가 연결되므로 가족의 인기척이 자연스럽게 전달된다.

보이드. 상부의 유리는 FIX 창. 바깥 발코니는 깊은 처마가 보호한다.

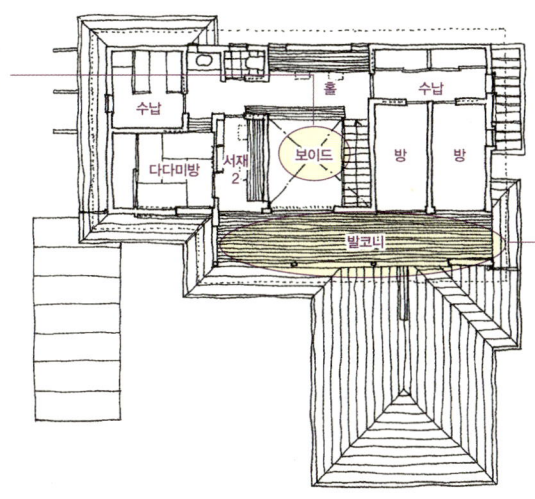

2F
1:250

내부 같은 외부
각 방에서 깊은 처마로 덮인 발코니로 나갈 수 있어 밖에서 책을 읽거나 차를 마실 수 있다.

서비스 동선
뒷문을 통해 출입할 수 있는 대지 안의 서비스 야드. 쓰레기 배출과 세탁물 건조에 이용된다. 이곳을 통해 주차장으로 간다.

부엌 옆에서 본 정원.
실내에서 테라스를 지나 정원으로 시야가 뻗어 있다.

정원과 실내를 잇다
햇볕이 잘 드는 넓은 테라스는 아이들의 놀이터. 지그재그 형태로 정원과 실내를 잇는다.

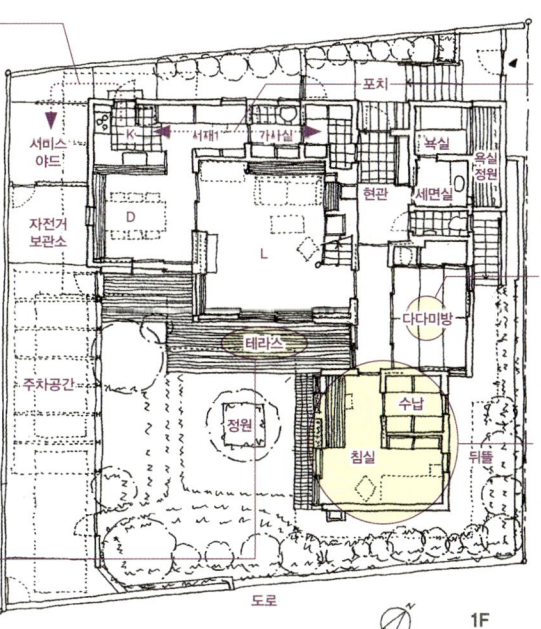

1F
1:250

뒤쪽 동선
주부를 위해 현관에서 부엌으로 이어지는 뒤쪽 동선상에 가사실과 전용 시재를 만들었다.

바닥 밑 외부 창고
다다미실 밑은 깊은 기초를 이용한 수납공간으로 바깥 창고로도 사용한다.

차분함을 연출하다
아버지의 침실은 조금 떨어진 곳에 배치하고 단층으로 만들었다. 서로 신경을 덜 쓰면서도 자연스럽게 LDK에서 인기척을 느낄 수 있다.

대지면적	330.39㎡ (99.94평)
연면적	184.71㎡ (55.87평)

285

053: 2세대

고령자 돌봄에 최적화된 집

1층은 부모님, 2층은 장남 가족이 쓰는 2세대 주택. 현관만 공유하는 분리형으로 그레이팅 보이드를 통해 인기척을 주고받는다. 부모님 간병이 끝나면 고령자 네 명에 대한 재택 간병, 방문 간호 장소로 바꿀 계획이다.

2층 큰방의 넓은 테이블. 2층 생활의 중심으로 여기서 대부분의 작업이 이루어진다.

온가족의 드레스룸
2×3m의 큰 드레스룸에 가족 모두의 옷을 수납. 침실과 아이방에 수납가구를 둘 필요가 없다.

중심에 있는 세면대
세면대가 다양한 동선의 중간에 있어 편하게 손을 씻을 수 있다. 기상 후 거실로 가면서 세수를 한다.

큰 테이블
2층 생활의 중심이 되는 큰 테이블. 싱크대와 일체형이라 식사는 물론이고 숙제, 집안일, 업무까지 할 수 있다.

바닥이 있는 보이드
나무판과 FRP 그레이팅으로 바닥을 깔아 보이드 위쪽도 사용한다. 가끔은 마루 패널을 한쪽에 깔아 서재 혹은 침상으로 사용한다.

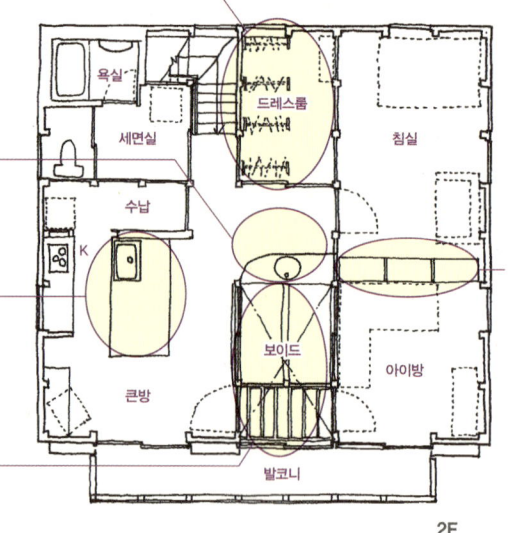

가변성
침실과 아이방은 가구로 칸막이를 할 수 있으므로 상황에 따라 방의 면적을 바꿀 수 있다.

2F 1:150

넣어두기만 하다
오래된 식기 선반, 전자레인지, 넘어뜨리면 위험한 물건 등 무엇이든 정리하는 창고. 정돈하지 않고 그냥 넣어두는 공간이다.

방으로도 쓰다
맹장지를 닫으면 손님용 방으로 쓴다. 평상시에는 열어둔다.

뗄 수 있는 미닫이
경계의 미닫이문은 외짝으로 만들었다. 필요 시에는 문을 떼어내고 세면·화장실과 일체형으로 사용한다.

미래를 위해
침실은 치매를 앓고 있는 노인 두 명을 수용할 수 있는 넓이를 확보하고 세면실과 화장실로 곧장 갈 수 있도록 만들었다.

간병 서비스 방안
커다란 썬 데크는 방문 간병과 목욕 서비스 이용 시 진입로로 이용할 계획이다. 구급차를 대는 용도이기도 하다.

1F 1:150

대지면적 290.40㎡ (87.85평)
연면적 141.90㎡ (42.92평)

테라스가 있는 남쪽 외관

054: 2세대

나누어진 듯 만나는
분리형 2세대 주택

1층에 부모 세대, 2층에 자녀 세대가 함께 사는 집. 주변에 집들이 밀집되어 있어 건물을 ㄷ자로 만들고 둘러싸인 중정으로 빛을 끌어들인다. 1층에는 거실·식당과 한 공간처럼 쓰는 데크 테라스를, 2층에는 그 테라스가 내려다 보이는 위치에 널찍한 테라스를 만들었다.
욕실은 따로 쓰고 1층 현관, 봉당, 현관 신발장을 공유한다. 봉당 공간과 계단은 보이드로 되어 있어 하이사이드 라이트로 들어온 햇볕이 1층까지 내려온다.

1층과 2층 테라스의 관계

1 평면과 대지의 관계

2 공간별 디자인 포인트

3 특별한 용도에 맞춘 설계

북쪽 전체를 환하게
최상부의 하이사이드 라이트로 들어온 남쪽 햇볕이 1층까지 떨어진다.

풍경을 향해 개방
L자형 거실은 남동쪽에 있는 뒷산을 볼 수 있도록 개방되어 있다.

미닫이문으로 자유롭게
2층은 전체적으로 원룸 공간이지만, 미닫이를 열고 닫음에 따라 방을 만들 수 있다.

봉당으로 연결되다
봉당은 두 세대의 공용공간. 보이드를 통해 1, 2층이 연결된다. 보이드의 빛이 1층 안쪽까지 비쳐든다.

차분한 분위기
침실은 테라스와 식당 쪽으로는 크게 개방하지 않고 테라스와 정원의 일부를 향해 개구부를 만들어 차분한 분위기를 연출했다.

옆집 시선을 막다
서쪽 빌라와 시선이 마주치지 않도록 남북으로 긴 벽처럼 되어 있다.

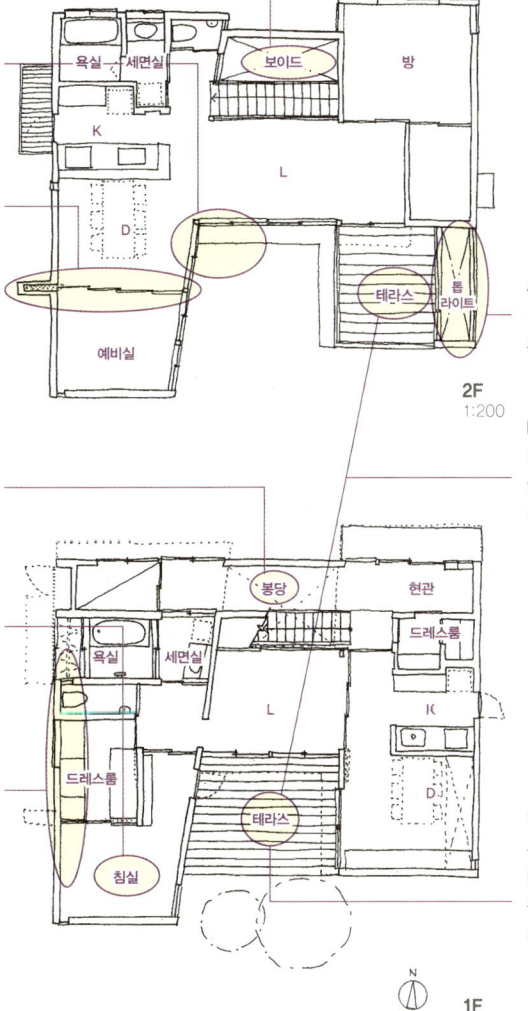

위를 뚫어 빛을 받다
1층 DK는 남쪽이 막혀 있어 톱라이트를 만들어 채광을 확보했다.

테라스로 연결
테라스를 나가야만 서로를 직접 볼 수 있다. 프라이버시를 지키면서도 관계가 끊어지지 않도록 배려했다.

1층 테라스의 활용
중정의 데크 테라스는 1층에 빛과 바람을 끌어들이고 동시에 2층과의 관계를 만드는 장소. 정원과의 접점이자 외부공간을 즐길 수 있는 장소.

1층 식당에서 본 테라스

대지면적 214.03㎡ (64.74평)
연면적 158.62㎡ (47.98평)

287

055: 2세대

가깝지도 멀지도 않은
두 세대의 거실

편안한 거리감이 특징인 2세대 주택. 공유 현관을 들어가 앞쪽과 오른쪽으로 부모와 자녀 세대 공간이 나누어진다. 각자의 문으로 들어가면 LDK가 나오고, 집 안쪽 욕실과 화장실에서 다시 만난다. 두 세대의 완충지대인 복도를 콤팩트하게 만들어 거리감을 조절했다. 자녀 세대의 다이내믹한 거실이 인상적이다.

위쪽: 도로에서 본 외관. 앞쪽의 외쪽지붕 부분이 자녀 세대의 거실. 뒤쪽 왼편의 창이 부모 세대
오른쪽: 자녀 세대 2층의 계단 위에서 프리 스페이스 방향을 본 것

연결되는 공간
보이드와 연결되는 프리 스페이스는 아래층의 인기척을 느낄 수 있어 안심하고 놀 수 있는 공간. 컴퓨터나 독서에 좋다.

빛우물처럼
집 중앙에 배치한 스트립 계단이 2층의 빛을 아래층으로 내려 보낸다.

나중에는 칸막이
지금은 가족의 침실 공간이지만, 아이들이 커서 방이 필요해지면 칸막이를 할 수 있는 아이방.

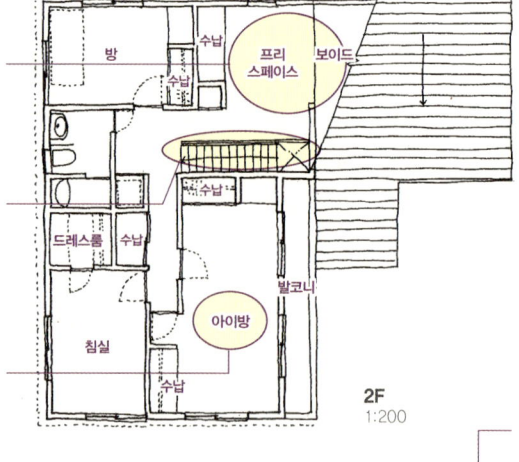

동시에 사용
공용 세면실에는 세면기를 두 개 만들어 바쁜 아침에 차례를 기다리지 않아도 된다.

복도는 짧게
공용공간인 복도는 최대한 짧게 만들어 두 세대의 거리를 좁혔다.

계단과 벽이 가로막다
나란히 붙은 두 거실을 막아주는 계단과 벽. 생활하면서 시선이 덜 가는 LDK의 끝에 벽을 만들어 두 세대 간 거리감을 만들었다.

손자와 뒹굴뒹굴
거실 한쪽에 다다미 코너를 만들었다. 놀러온 손자와 이야기를 나누거나 평상시 잠깐 눈을 붙이는 곳이다.

활짝 열다
폴딩 새시를 달아 활짝 열 수 있다. 데크 테라스와 넓은 LDK가 한 공간이 되어 개방감이 넘친다.

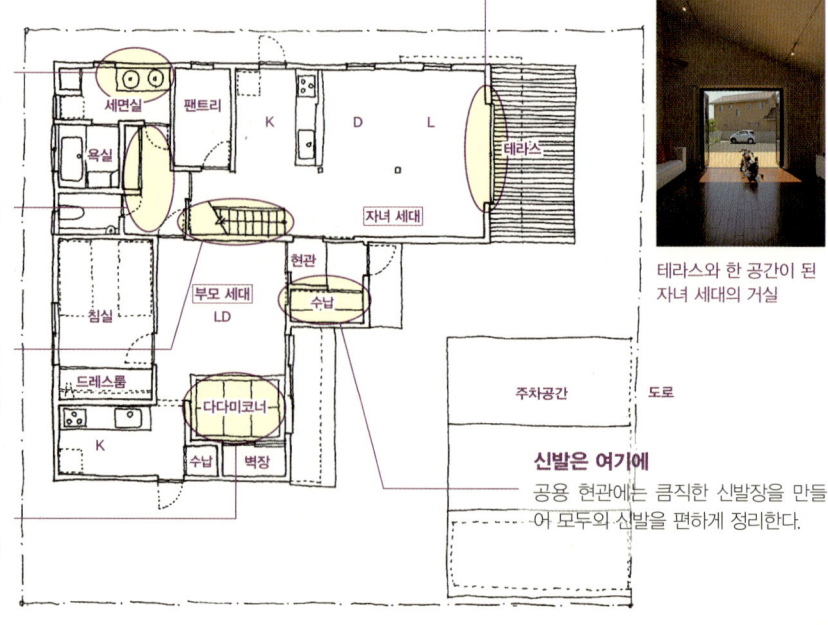

테라스와 한 공간이 된 자녀 세대의 거실

신발은 여기에
공용 현관에는 큼직한 신발장을 만들어 모두의 신발을 편하게 정리한다.

대지면적 257.87m² (78.01평)
연면적 168.79m² (51.06평)

056: 2세대

타일을 깐 중정으로 연결되는 2세대

부모 세대와 자녀 세대 다섯 명이 사는 2세대 주택. 타일 바닥의 중정 테라스가 두 세대 사이에 있어 프라이버시를 조절한다.
두 세대 모두 1층에 LDK를 배치하고 현관, 욕실, 응접실은 공유한다. 부모 세대의 LDK와 아버지의 침실 위에 자녀 세대의 침실을 배치해 계단을 중심으로 두 세대가 만나도록 했다. 가드닝이 취미인 어머니가 가꾸는 옥상정원은 아래층 단열과 환경 녹화에 공헌한다. 둥근 벽과 붉은 기와가 인상적이다.

부모 세대 거실에서 타일 깔린 중정 너머로 자녀 세대 거실이 보인다. 그 상부에 옥상정원이 있다.

1 평면과 대지의 관계

2 공간별 디자인 포인트

3 특별한 용도에 맞춘 설계

프리 스페이스
놀이방으로도 공부방으로도 사용된다. 큰 책상과 선반이 있어 밝고 널찍한 공간이다.

옥상의 대부분이 초록
자녀 세대 거실의 위쪽을 이용한 옥상정원. 어머니 방 앞으로 정원이 있어 취미인 가드닝을 즐길 수 있다. 1층의 단열 효과도 기대할 수 있다.

정원을 즐기다
손님 접대용 다다미실에서도 중정을 볼 수 있다.

서비스 야드 겸용
부모 세대의 욕실과 세면실이 1층에 있어 중정 쪽 데크 테라스는 서비스 야드 역할도 한다.

연결하는 중정
부모 세대와 자녀 세대를 연결하는 타일 바닥의 중정 테라스. 남쪽의 옥상정원 너머로 햇볕이 쏟아지는 공간이다.

둥근 벽과 난로
자녀 세대의 LDK에는 둥근 벽과 난로가 있고, 삼나무 마감재가 따뜻한 느낌을 연출한다.

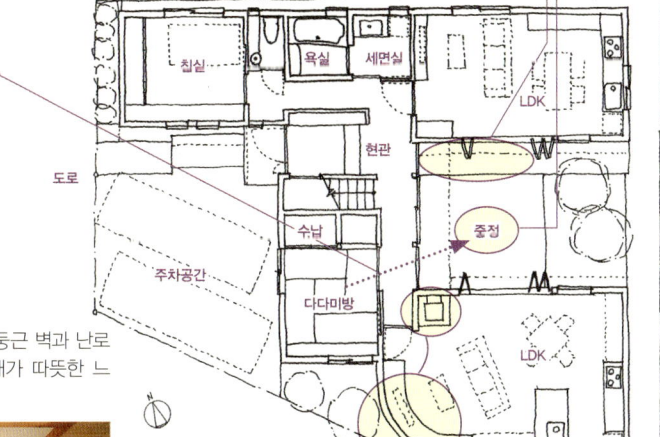

2F 1:200

1F 1:200

동쪽 위에서 조감한 것. 둥근 벽이 특징적이다.

자녀 세대 거실

대지면적 203.00㎡ (61.41평)
연면적 171.20㎡ (51.79평)

057: 2세대

느슨하게 연결된 동거형 2세대

3대 가족 여섯 명이 현관과 욕실을 공유하는 동거형 2세대 주택. 진입로에서 현관, 현관홀, 정원 데크 테라스로 이어지는 라인으로 부모 세대와 자녀 세대의 개별 영역이 느슨하게 나누어진다. 함께 쓰는 1층 LDK 앞에는 넓은 땅을 이용해 정원과 접하도록 데크 테라스를 만들었다. 주변 시선을 차단한 외부공간은 편안한 분위기를 선물한다.

도로 쪽 외관. 왼쪽의 단층 건물이 부모 세대의 다다미실. 공용공간과 자녀 세대 구역인 2층 건물과 함께 안쪽 정원을 둘러싸 가족 모두 공유한다.

모든 방이 구배천장
2층은 모든 방을 구배천장으로 만들어 천장고가 높은 넉넉한 공간이 되었다. 천장의 보는 화장재로 만들어 노출시켰다.

대용량 드레스룸
침실 안쪽에 있는 드레스룸은 양쪽 벽면을 사용해 많은 양을 수납할 수 있다.

정원이 보이는 큰 창
현관을 들어서면 정면에 데크 가든이 보이는 큰 창. 마치 요리점에 온 것 같다.

집의 중심
가족들은 LDK를 같이 쓰고 이곳을 중심으로 생활한다. 데크 테라스와 그 앞의 넓은 정원까지 끌어들인 개방적인 가족실이다.

데크 가든
L자형으로 둘러싸인 정원 쪽으로 '데크 가든'이라 부르는 넓은 테라스를 만들었다. 3대를 이어주는 가족만의 공간이다.

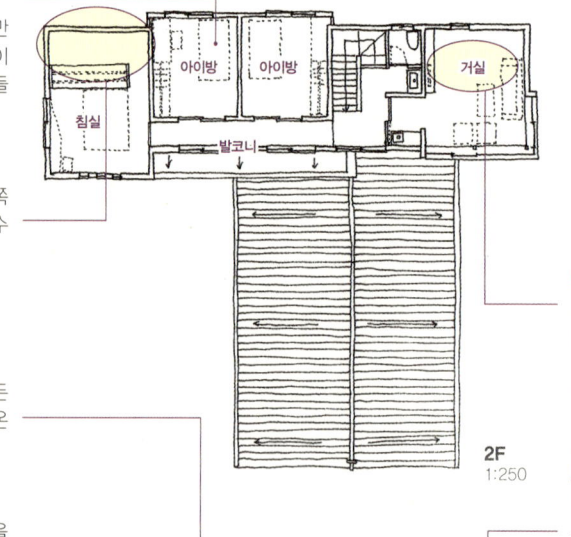

넓고 밝게
2층 자녀 세대 전용 거실은 구배천장으로 실내가 넓어 보이고, 구배를 이용해 설치한 창으로 빛이 쏟아져 들어온다.

느슨하게 나누다
현관 라인에서 남쪽이 부모 세대의 공간이고, 북쪽 2층은 자녀세대의 공간이다. 확실한 칸막이가 없이 느슨하게 나누어져 있다.

연결되는 방
두 개의 다다미실은 사람이 많이 모이는 부모 세대의 공간. 툇마루는 LDK와 시각적으로 연결되어 있다.

도로 쪽에서 본 것

현관에서 본 데크 가든

대지면적 340.13㎡ (102.89평)
연면적 192.70㎡ (58.29평)

058: 2세대

복도에서 마주치는 부모 세대와 자녀 세대

2대 7인 가족이 사는 목조 3층 건물. 부모 세대가 쓰는 1층은 문턱 없이 정원까지 연결돼 수평으로 넓고, 2, 3층을 쓰는 자녀 세대 공간은 두 세대를 연결하는 보이드를 통해 수직으로 넓다. 부엌과 욕실을 따로 쓰는 분리형 구성이지만 현관을 공유하고 부모 세대의 복도를 통과해 2층으로 가는 동선을 넣어 두 세대가 자연스럽게 연결되도록 했다.

나무의 온기가 전해지는 2층 LDK. 보이드를 통해 위로, 디디미실 쪽으로는 옆으로 넓어지는 공간이나.

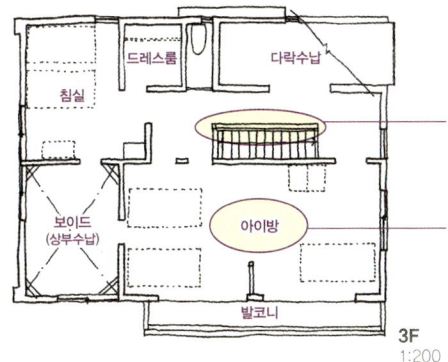

아이들 책장
계단 난간을 이용해 책장을 만들었다. 아이들 책들을 꽂아둔다.

세 개로 분할 가능
지금은 원룸으로 쓰지만 나중에 방이 필요해지면 세 개의 방으로 나눌 수 있다.

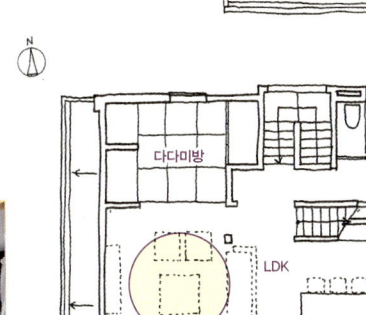

가사동선
바쁜 아침시간에도 집안일을 할 수 있도록 부엌과 욕실을 가깝게 배치했다. 세탁기에서 발코니까지 일직선으로 연결된다.

위로 트이다
LDK에 보이드를 설치해 높은 천장으로 개방감을 만들었다. 햇볕이 잘 들고 2평 남짓한 다다미실과도 연결된다. 나무 소재가 따뜻한 느낌을 준다.

1층 다실과 DK. 왼쪽에 보이는 출입구 앞이 현관이다.

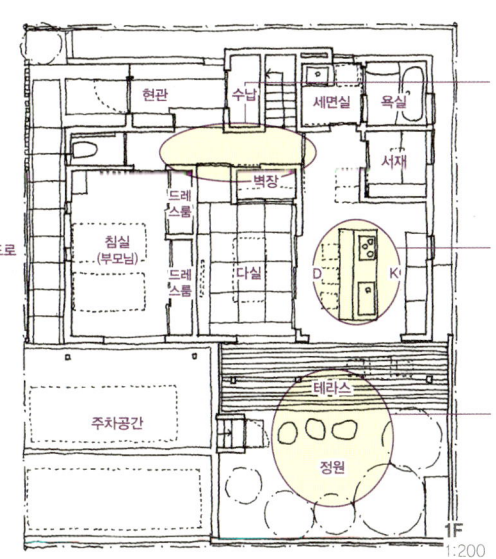

공유하는 동선
부모 세대의 복도는 자녀 세대가 2층으로 갈 때 지나는 동선이다. 다실과 현관을 연결하는 미닫이문을 열어두면 여기에서 자연스럽게 대화를 주고 받는다.

카운터식 부엌
커다란 식탁을 두지 않고 카운터식으로 만들었다. 느긋하게 쉴 때는 다실을 이용한다.

외부공간과 연결
다실과 DK는 테라스를 통해 정원과 연결되어 있어 일상적으로 정원을 즐긴다. 시장을 본 후 차에서 정원을 지나 직접 부엌까지 갈 수 있다.

도로 쪽 외관

대지면적	164.00㎡ (49.61평)
연면적	197.65㎡ (59.79평)

1. 평면과 대지의 관계
2. 공간별 디자인 포인트
3. 특별한 용도에 맞춘 설계

291

059: 2세대

자매를 연결하는 툇마루가 인상적인 2세대 주택

사이좋은 자매가 '적당한 거리감'을 유지하면서 함께 살 수 있는 집을 원했다. 대지 중심에 2층 건물의 코어를 만들고 그 주변을 단층으로 에워싼 집을 두 채를 지어 지그재그로 배치했다. 남쪽에 길고 넓은 툇마루는 두 세대의 공간을 애매하게 만들고 큰 처마 밑에서 하나가 되게 한다. 코어를 중심으로 하는 가족 단위의 생활과 넓은 툇마루를 중심으로 연결되는 두 세대의 생활이 공존한다.

큰 지붕의 단층집 위에 두 개의 코어가 나란히 서 있다. 그 사이를 공용 발코니가 연결한다.

두 세대를 잇는 툇마루
정원으로 향해 있는 옥외 툇마루는 겨울이 되면 빛이 통과하는 덧문을 달아 실내 마루처럼 이용한다. 1년 내내 사용할 수 있는 공간이다.

수납공간
거실과 주변 방에서 사용할 수 있는 수납공간을 배치했다.

거실 동선
거실은 중심에서 방사형으로 퍼지는 동선으로, 거실 주변은 막다른 곳이 없는 회유동선으로 만들었다.

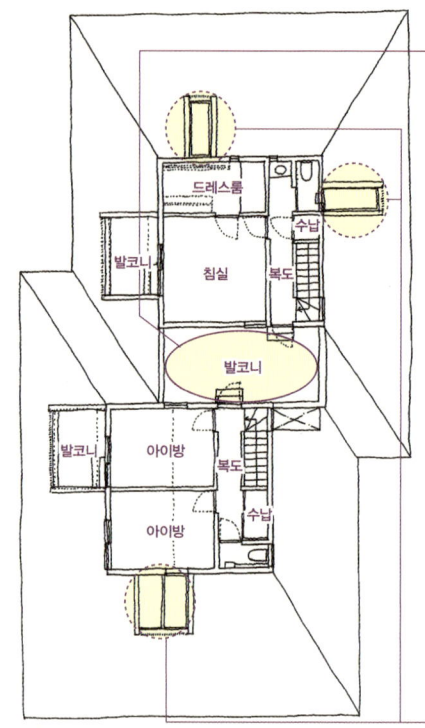
2F 1:250

두 세대 사이의 발코니
2층의 코어 사이에는 두 계단 내려간 곳에 발코니를 만들었다. 차양을 설치해서 옥외에서도 편안하게 교류할 수 있다.

안길이가 깊어 어둡기 쉬운 단층 부분에 톱라이트를 설치했다. 코어 부분의 벽은 안팎 모두 판자를 덧대 마감했다.

톱라이트
1층에 빛을 보내기 위해 넓은 단층 부분에 톱라이트를 설치했다. 1층 홀과 복도에 빛이 전달된다.

집 안에서 이어지다
두 세대를 1층 실내에서 이어주는 문.

커다란 차양
단층을 에워싼 1층 부분. 넓은 툇마루가 두 세대의 동선을 이어주고 커다란 차양이 두 세대에 일체감을 부여한다.

넓은 툇마루는 깊은 차양이 있는 단층의 외부공간. 앞쪽 툇마루에 바람과 비를 막아주는 장지문을 달아 칸막이를 할 수 있다.

1F 1:250

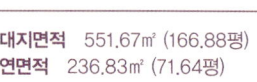
대지면적 551.67㎡ (166.88평)
연면적   236.83㎡ (71.64평)

060: 2세대

나란히 살지만 현관은 따로

시내의 조용한 주택가에 지은 OM 솔라 하우스. 현관, 욕실 모두 따로 배치한 완전 분리형 2세대 주택이다.
두 세대는 중간에 지은 창고를 통해 연결된다. 완충공간을 사이에 둔 '문 두 개'의 거리감이 멀고도 가까운 관계를 만든다. 자녀 세대의 커다란 거실 창, 데크 테라스와 도로 쪽 식재가 안과 바깥이 어우러지는 공간을 창출한다.

자녀 세대의 LDK. 원룸의 LDK에서는 커다란 개구부로 데크 테라스와 그 너머의 나무를 볼 수 있다.

부모 세대의 콤팩트한 DK. 천장 쪽 교창은 옛날 집에 있던 것을 재활용했다.

작지만 인기 만점
0.6평짜리 서재는 둘러싸여 있어 비밀기지 같은 재미와 차분함이 있다.

소음 방지 대책
소음을 고려해 부모 세대 위쪽에는 방을 만들지 않았다.

세대의 접점
유일하게 두 세대가 왕래할 수 있는 곳. 작은 공간이지만 적당한 거리감을 만든다.

다기능 테이블
부엌 앞에 카운터 테이블을 만들고 콤팩트하게 DK를 배치했다. 접을 수 있는 테이블은 식탁이나 작업대로 사용된다.

슬로프로 진입
자녀 세대의 동쪽과는 정반대인 서쪽에 현관을 배치했다. 양방향 접도를 활용해 남쪽에서 대지 안으로 들어와 슬로프를 통해 들어간다.

카운터로 회유
수납공간을 겸하는 카운터가 원룸 안에서 부엌과 LD 공간을 자연스럽게 나눈다. 회유동선을 만들어 편리함을 키웠다.

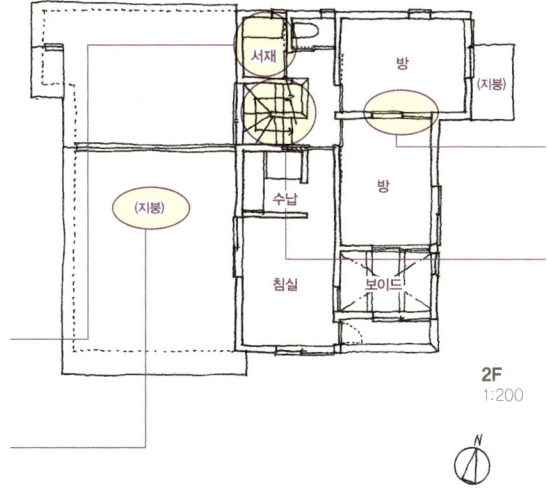

남쪽 외관

연결하기 쉽도록
나중에 방을 하나로 만들기 쉽게 가구를 이용해 칸막이를 했다.

위에서 빛
계단 위에 톱라이트를 설치해 계단으로 1층까지 빛을 전달한다.

두 개의 경로
현관에 들어가면 LDK로 들어가는 경로와 세면실로 가는 경로가 있어 상황에 따라 구분해 사용한다.

한 계단으로 연결되다
데크 테라스는 1층 바닥 높이보다 조금 높게 만들어 실내에서 한 계단 올라가 연결된다. 계단은 걸터앉거나 장식품을 두는 것으로 이용된다. 아래는 수납공간이다.

식재로 조정
테라스와 도로 사이의 식재가 실내외의 거리감을 조절한다. 테라스를 실내인 듯 실외인 듯 모호하게 설정해 실내에 공간감을 불어넣는다. 여름에는 식재 앞에 발을 쳐서 뜨거운 햇살을 막는다.

대지면적 164.29㎡ (49.70평)
연면적 137.46㎡ (41.58평)

1. 평면과 대지의 관계
2. 공간별 디자인 포인트
3. 특별한 용도에 맞춘 설계

061: 2세대

현관을 지나며 서로의
인기척을 느끼다

집 중앙에 뻗어 있는 봉당 사이에 두고 1층의 왼쪽을 부모 세대, 오른쪽과 2층, 다락을 자녀 세대가 사용한다.
현관 봉당, 정원, 차고를 제외한 모든 공간을 따로 쓰는데, 자녀 세대로 가는 동선이 부모 세대의 입구 앞을 지나가 매일 인기척이 전해지도록 신경 썼다. 자녀 세대의 거실을 식당에서 반층 올라간 곳에 만들어 가끔 모이는 식사시간에 부모님이 부담 없이 올 수 있도록 했다.

진입로에서 쭉 뻗은 봉당. 중간쯤에서 왼쪽에 부모 세대로 들어가는 입구가 있고 그 앞을 지나면 자녀 세대로 들어갈 수 있다.

DL 경유 동선
아이방은 다락에 배치했다. 아이들은 식당에서 거실을 지나 자기 방으로 들어간다.

유리벽으로 연결
식당에서 계단을 올라가면 거실이 나타난다. 떨어져 있지만 칸막이가 유리로 되어 있어 시각적으로는 연결된다.

2층 거실에서 본 것. 유리벽 건너편에 DK 공간

한곳에서 처리
다림질까지 할 수 있는 넓은 세탁실. 세탁기도 여기 있어 세탁과 관련된 일을 한곳에서 할 수 있다.

중정에서 놀다
공유 정원은 남서쪽에 배치하고 4.8m 높이의 판자 울타리를 설치해 외부 시선을 차단했다. 툇마루와 식당 테라스를 통해 정원을 더 친밀하게 활용할 수 있다.

두 세대의 접점
두 세대를 나누는 봉당. 두 세대의 접점이기도 하다. 일상 속에서 두 세대가 서로의 인기척을 느낄 수 있는 공간이다.

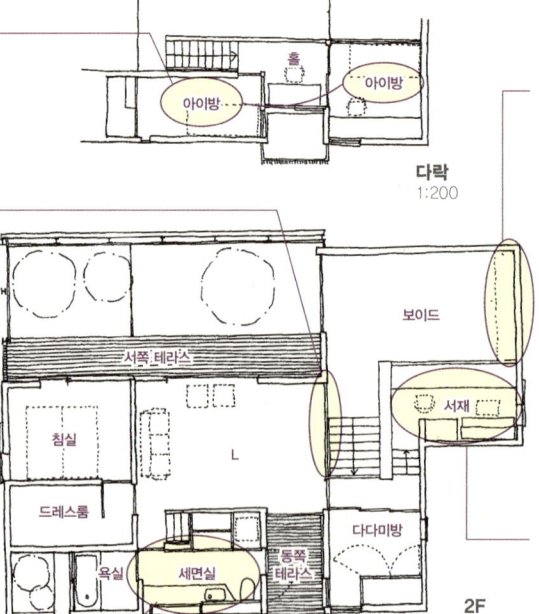

북쪽 톱라이트
남쪽 정원을 향해 큰 개구부가 설치되어 있지만 북쪽은 톱라이트로 채광을 확보한다. 부드러운 빛이 방 안쪽까지 비친다.

자녀 세대. 보이드의 넓은 DK

부엌 근처 작업장
자녀 세대 부엌 위는 안주인의 작업장. 부엌과 가깝고 전체가 구배천장의 보이드 공간이기 때문에 식당의 인기척을 느낄 수 있다.

온가족이 모이다
자녀 세대의 DK지만 부모 세대도 함께하는 장소. 높은 천장의 넓은 공간에서 여럿이 식사를 즐긴다.

양쪽에서 사용
봉당 복도에서 들어가는 다다미실은 두 세대가 응접실로 사용한다. 전용 정원을 가지고 있는 차분한 방이다.

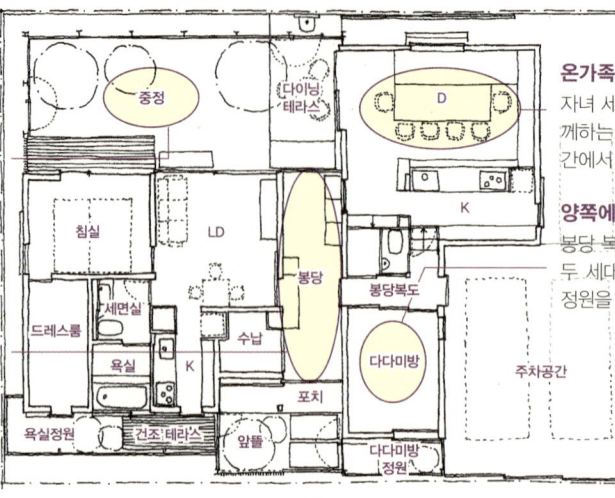

대지면적 225.51㎡ (68.22평)
연면적 172.75㎡ (52.26평)

062: 2세대

좁고 긴 현관 봉당으로 분리된 동을 연결하다

중정을 사이에 두고 좁고 긴 대지 양 끝에 젊은 부부와 부모 세대의 주거공간을 배치했다. 도로를 따라 중정을 보호하는 흰벽을 좁고 길게 만들고 그 안쪽에 두 세대가 공유하는 현관을 설치했다. 벽을 따라 나 있는 현관 봉당 때문에 두 집을 오갈 때는 신을 신어야 하므로 두 세대에 적당한 거리감이 생긴다.
중정에는 작은 게스트하우스를 '별채'처럼 만들었다.

위쪽: 부모 세대에서 중정 너머로 자녀 세대를 본 것. 사이에 있는 작은 별채가 세대 간의 시선을 엇갈리게 만든다.
오른쪽: 긴 현관 봉당. 실내에서 연결되는 곳은 여기뿐이지만 신을 신어야만 서로의 공간으로 갈 수 있다.

1 평면과 대지의 관계

2 공간별 디자인 포인트

3 특별한 용도에 맞춘 설계

천장 면이 연결되다
드레스룸의 칸막이벽 높이는 2.3m 정도, 드레스룸 천장과 침실 천장이 이어져 넓게 느껴진다.

틀어박히지 않도록
아이방은 최소한으로 만들고 책상을 놓을 수 있는 넓은 복도를 만들어 방 안에만 있지 않게 했다.

유리 칸막이
계단실과는 유리로 칸막이를 해 겨울철 난방 효과를 높이면서 시각적으로 연결돼 넓어 보인다.

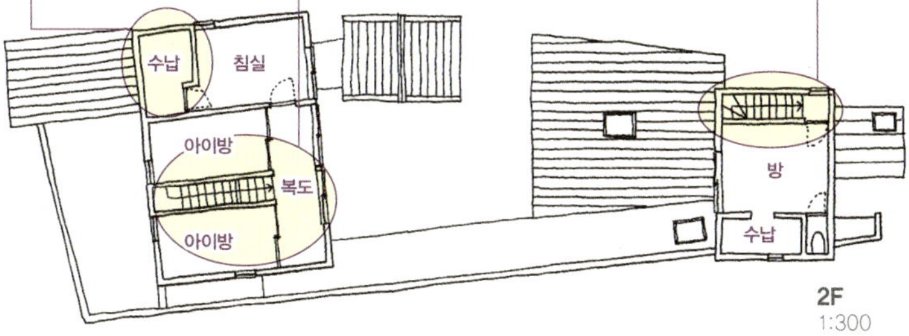

여럿이 쓰는 부엌
주방을 요리하는 구역과 뒷정리하는 구역으로 분리. 여러 명이 일할 수 있고, 아이들도 돕기 편하다.

별채
두 세대 모두 바깥을 통하지 않으면 들어갈 수 없다. 두 세대의 시선을 엇갈리게 만든다. 손님들이 부담 없이 숙박하는 곳이다.

틈새 장식
벽면을 판 수납공간에 좋아하는 식기를 장식했는데, 뒷면의 유리를 통해 빛이 들어와 예쁘게 보인다. 카운터 끝을 길게 늘려 PC 코너로 이용한다.

서양식 욕실
아이들이 다 자란 세대라 서양식 욕실을 만들었다. 욕조와 샤워 부스, 세면기를 설치했다.

팬트리
세 짝 미닫이문으로 팬트리를 여닫을 수 있다. 세탁기도 이곳에 놓고 중정과 연결해 효율적으로 집안일을 한다.

전용 출입구가 있는 방
학원을 운영하는 건축주가 요청한 방. 전용 출입구를 갖추고 있어 취미실로도 쓸 수 있다.

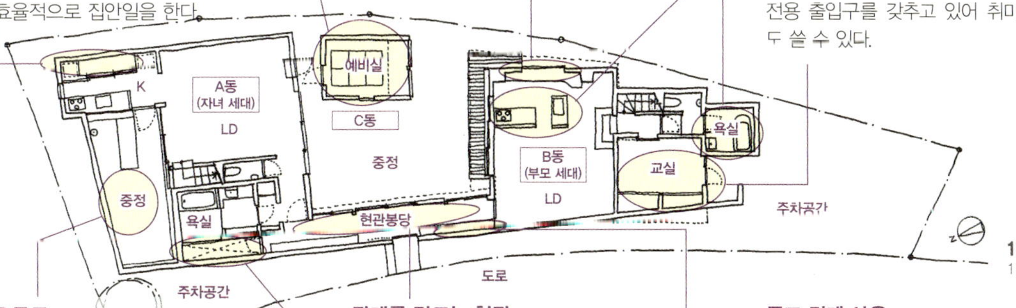

건조장으로도
부엌과 연결되는 중정은 건조장으로도 사용된다. 거실과 사각지대에 있어 빨래가 보이지 않는다.

관계를 만드는 현관
완전 독립형 2세대 주택으로 현관만 공유한다. 서로의 주거공간으로는 신을 신어야 갈 수 있다.

좁고 길게 사용
도로와 길게 접하는 특성을 살리고 공간감을 느끼도록 벽을 이용했다. 좁고 긴 복도형 현관 벽을 따라 신발장을 만들고 그 위는 장식 선반으로 쓴다.

빛의 정원
현관 봉당의 끝에 있어 현관에 서면 시야가 트이는 느낌을 준다. 욕실로 빛을 보내는 역할도 한다.

긴 벽과 떨어져 지은 두 동이 인상적인 외관

대지면적　371.64㎡ (112.42평)
연면적　187.24㎡ (56.64평)

063: 2세대

서로의 생활 소음에 신경 쓰다

부모 세대는 단층으로, 자녀 세대는 2층 건물로 만든 좌우 완전 분리형 2세대 주택. 두 세대 중간에 설치한 작은 중정 너머로 각 세대의 불빛과 소리가 전달된다.
서로의 생활 리듬을 존중하고 각 세대가 거리낌 없이 독립적인 생활을 하면서 중정을 통해 소식을 전하는 적당한 거리감을 가진 평면이다.

위쪽: 자녀 세대의 DK
오른쪽: 중정 너머로 본 부모 세대의 LD. 자녀 세대는 계단을 지날 때 이 경치를 본다. 직접 말을 걸지 않아도 서로의 인기척을 느낀다.

다락 1:300

2F 1:300

소음 대책 2(자녀 세대)
아래층 부모 세대에 발소리가 들리지 않도록 배려했다. 오픈 키친을 중심으로 각 방향으로 시야가 트이는 개방감 있고 통풍이 잘되는 공간을 만들었다.

대각선 방향의 시선(부모 세대)
이동 거리를 줄인 콤팩트한 생활공간이지만 남쪽 정원과 중정을 향해 대각선으로 시선이 연결돼 넓게 느껴진다.

인기척을 전하다
중정을 향해 있는 두 세대의 개구부가 세대 간의 인기척을 전한다.

세대 간의 통로
두 세대를 잇는 실내 출입문을 만들어 편하게 왕래할 수 있다.

소음 대책 1(자녀 세대)
층간 소음이 심하지 않도록 충분한 공간을 띄워 바닥을 높이고 차음 효과가 있는 단열재를 충전했다.

화장실 위치(부모 세대)
침실과 가까운 곳에 화장실을 배치했다. 통로는 옆에서 시중을 드는 공간으로도 활용한다.

프라이버시를 만드는 복도
복도를 사이에 끼워 방들이 서로 이웃하지 않게 하고 세대 간의 경계벽에 차음 기능이 있는 단열재를 넣었다.

소음 대책 3(자녀 세대)
피아노실은 방음실로 만들어 외부와 부모 세대 쪽으로 소리가 새나가지 않게 했다.

1F 1:300

도로 쪽 외관

대지면적 296.00㎡ (89.54평)
연면적 189.00㎡ (59.90평)

064: 2세대

내부 계단이 거리를 만드는 상하 분리형 2세대

중정이 있는 3층 건물의 2세대 주택. 1층은 부모 세대, 2층은 자녀 세대, 3층은 여동생이 사용한다. 1층 포치에서 동선이 나뉘면서 부모 세대는 왼쪽으로 꺾여져 현관으로, 자녀 세대는 똑바로 가 중정 계단을 통해 2층 현관으로 들어간다. 내부에 계단이 있어 부모 세대나 자녀 세대 현관을 경유해 3층으로 갈 수 있다.

1, 2층 모두 LDK에서 중정을 즐길 수 있고, 내부 계단이 주는 모호한 귀속성이 가깝지도 멀지도 않은 관계를 만든다.

2층 LDK, 중정 쪽으로 큰 개구부를 달았다. 1층 부모 세대와 LDK의 위치를 나란히 맞추고 발코니가 가리개 역할을 해 세대끼리 시선이 마주치는 일은 거의 없다.

1 평면과 대지의 관계

2 공간별 디자인 포인트

3 특별한 용도에 맞춘 설계

스킵으로 변화를
단조로워지기 쉬운 원룸인 3층은 스킵 플로어로 만들어 공간에 변화를 주고 아틀리에 공간과 침실을 구별한다.

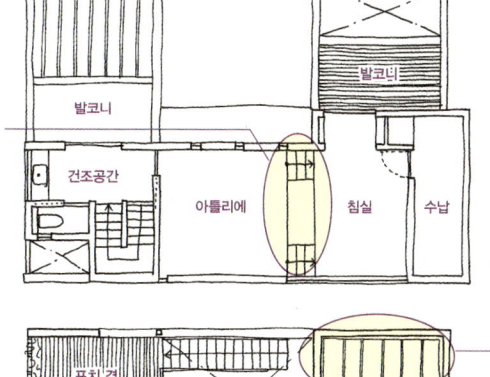

자녀 세대 현관
부모 세대를 신경 쓰지 않고 밖에서 들어갈 수 있는 현관을 2층에 설치했다. 계단을 오르내릴 때 중정을 통해 인기척을 느낄 수 있다.

관계를 만드는 미닫이문
이 미닫이문을 열고 닫음으로써 세대의 관계가 변한다. 닫으면 2층은 독립되고 열면 3층이 연결된다.

공중정원
서랍식 수납공간의 위쪽을 이용한 공중정원 같은 발코니. 밖으로 나가기 위한 계단도 들어가 있다.

벽면 수납
도로 쪽의 벽 상부는 수납공간으로, 하부는 지창(地窓)으로 만들어 적당히 시선을 차단하면서 빛을 받아들인다.

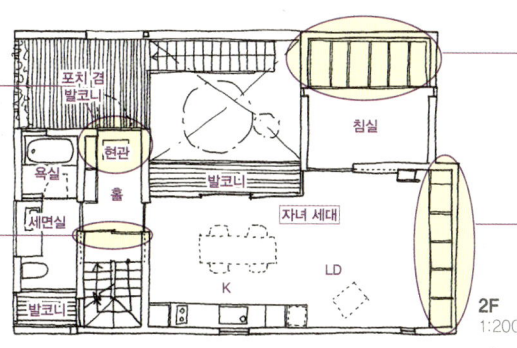

녹음을 즐기다
방에서 풍경의 나무를 즐길 수 있도록 큰 창을 달았다.

돌보기 쉽도록
공간을 넉넉하게 만든 욕실, 세면실, 화장실. 홀은 편하게 회전할 수 있는 넓이를 확보했다.

아일랜드 키친
중정을 보며 요리할 수 있는 아일랜드 키친. 침실 안쪽도 보인다.

문턱 없는 방
힐체이로 편하게 이동알 수 있도록 도로-포치-현관-LDK-우드 데크까지 평평하게 만들었다.

도로 쪽 외관

지하 취미실
거울을 단 수납문, 드라이 에어리어의 큰 창, 유리 블록을 통해 빛이 들어오는 계단 보이드로 인해 밝고 폐색감이 없다.

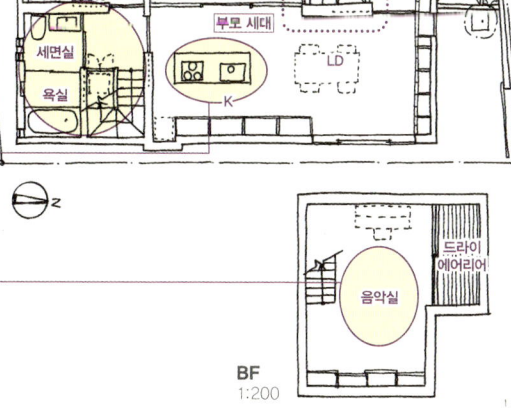

대지면적 136.94㎡ (41.42평)
연면적 199.32㎡ (60.29평)

065: 2세대

마주보기보다 같은 방향을 보는 두 세대

농가를 재건축한 2세대 주택. 두 가족이 정원을 사이에 두고 같은 방향을 보는 조건으로 대지의 길이를 이용해 남북으로 연결한 직렬형 평면. 입구는 따로 쓰고 한가운데의 욕실과 세면실은 공유한다. 톱날 모양 지붕은 두 개의 침실에서 건너편 전망을 볼 수 있게 하고, 지붕 사면에 설치된 톱라이트로 두 개의 DK에 싱그러운 빛이 들어온다.

남쪽으로 향한 톱날지붕

썬룸
가장 남쪽에 만든 썬룸에서 피부 관리도 한다. 자녀 세대 LDK에 밝은 빛을 전달한다.

손자와 조부모를 잇다
아이방은 계단홀 같은 장소로, 침실로 향하는 동선 위에 있다. 책상 앞의 창으로 다다미실과 연결된다.

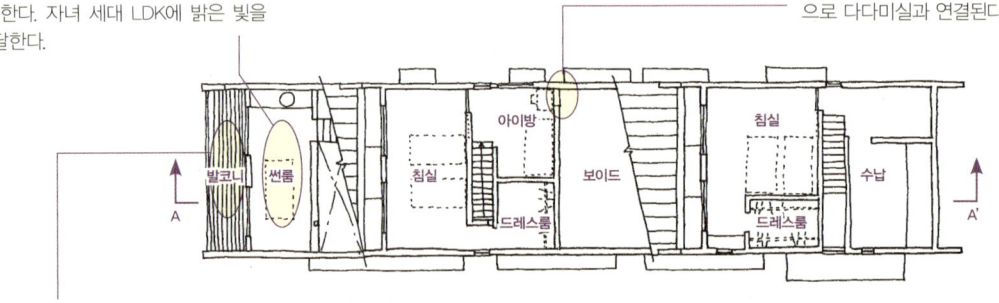

2F 1:250

외관 보정
발코니는 아래층 창고의 이미지를 보정하면서 외관을 꾸며준다.

농업용 창고
짐을 싣고 내리기 편하게 도로 쪽에 만들었다.

함께 쓰는 다다미실
다다미실은 부모 세대에 속하는 공간이지만 자녀 세대도 사용한다. 세대 간의 완충지대 역할을 한다.

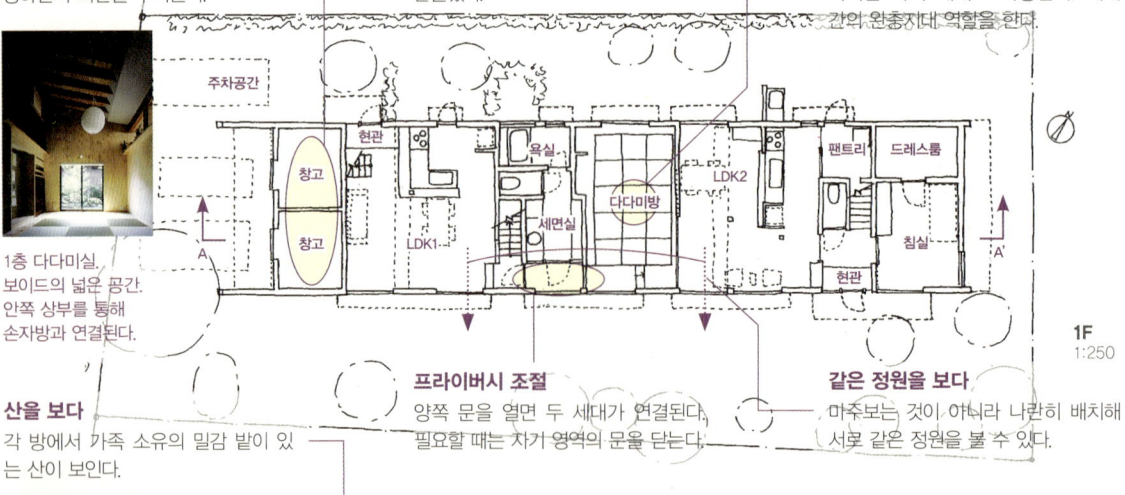

1층 다다미실. 보이드의 넓은 공간. 안쪽 상부를 통해 손자방과 연결된다.

1F 1:250

산을 보다
각 방에서 가족 소유의 밀감 밭이 있는 산이 보인다.

프라이버시 조절
양쪽 문을 열면 두 세대가 연결된다. 필요할 때는 자기 영역의 문을 닫는다.

같은 정원을 보다
마주보는 것이 아니라 나란히 배치해 서로 같은 정원을 볼 수 있다.

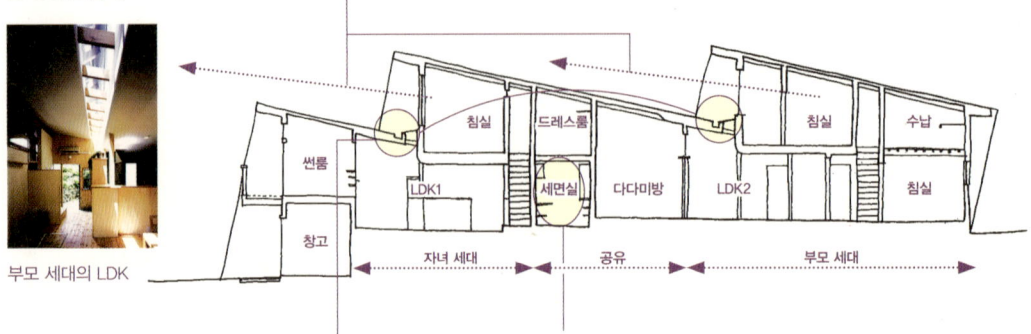

부모 세대의 LDK

자녀 세대 ◀ 공유 ▶ 부모 세대

A-A'단면 1:250

톱라이트
각각의 1층 LDK에는 톱라이트로 빛이 들어온다.

세면실에서 만나다
욕실과 세면실은 공용. 비용을 줄여주고 두 세대의 관계도 이어준다.

대지면적 355.05㎡ (107.40평)
연면적 221.10㎡ (66.88평)

분리된 두 동을 연결하는
유일한 정원

적당한 거리감을 유지하도록 배려한 2세대 주택.
생활 스타일이 다른 가족이 함께 사는 데는 거리감이 중요하다. 그래서 이 집은 현관 앞만 직접 왕래할 수 있도록 만들었다. 건물 자체는 세대별로 나뉘는데, 중앙에서 들어가면 오른쪽 동이 부모 세대, 왼쪽 동이 자녀 세대. 두 개의 동은 2층에서 만나 문(門)자 형 입면이 되는데, 2층에도 두 세대를 잇는 통로는 없다. 바로 옆에 살면서도 가끔 마주치는 시선과 불빛만으로 인기척을 느낀다.

자녀 세대 LDK. 구배 천장에 둘러싸인 넓은 공간

다목적 공간
다양한 용도로 쓰려고 LDK 한쪽 모퉁이에 다다미실을 만들었다. 응접실, 작업공간, 낮잠 자는 곳으로 쓰인다.

부모 세대를 보다
부엌에서 작업하며 부모 세대의 거실을 볼 수 있는 작은 창. 서로 인기척을 느끼며 안심할 수 있다.

건너편 공원으로
자녀 세대의 LDK는 다락까지 덮는 큰 지붕에 둘러싸인 원룸이다. 정원이 아닌 테라스 건너편으로 보이는 공원으로 시야가 트여 있다.

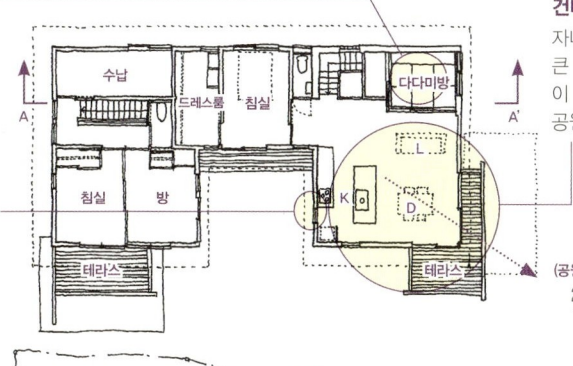

정원과 하나
오랜 세월 정원을 관리해온 부모 세대는 1층에 LDK를 배치해 정원과 하나 된 생활을 한다. 정원을 보면서 느긋하게 지낼 수 있는 공간.

차분한 다다미실
남편의 방. 우진 지붕의 반자틀 천장으로, 테라스를 사이에 두고 정원을 즐기는 공간.

평상의 역할
집 안에서는 만나는 곳이 없지만 정원은 함께 쓴다. 자녀나 손자와의 놀이터가 되거나 이웃과 소통하는 장소로 이용된다.

만남의 장소
두 세대가 유일하게 만나는 장소로 가족이 매일 지나는 통로다. 휴일이면 취미공간이 되기도. 보행자에게는 액자틀처럼 보인다.

일도 취미도
넉넉한 크기의 현관과 홀은 취미로 모은 물건을 장식하거나 일을 하는 곳이다.

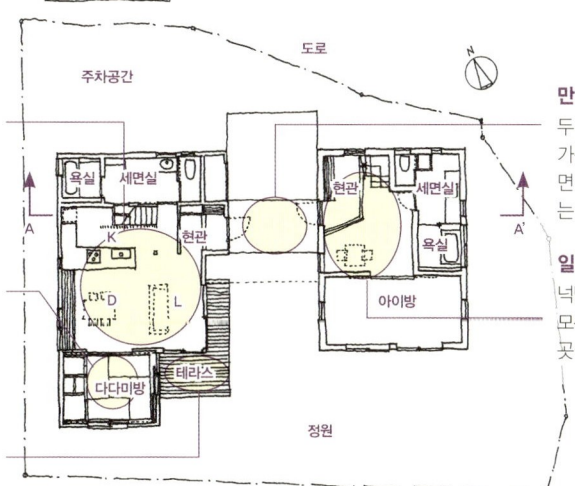

거실을 어긋나게 배치
LDK를 부모 세대는 1층에, 자녀 세대는 2층에 두고 자녀 세대 쪽은 큰 개구부를 정원과 반대 방향으로 설치했다. 서로 간섭하지 않고 간섭받지 않는 관계.

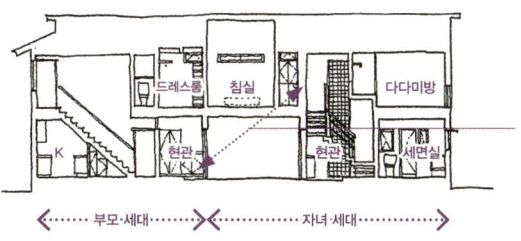

A-A'단면
1:250

정원을 향해 개방된 부모 세대의 LDK

대지면적 375.20㎡ (113.50평)
연면적   227.00㎡ (68.67평)

067: 2세대

동서로 뻗은 복도에서 서로를 느끼다

두 세대를 구부러진 복도 혹은 복도 위 2층 브리지로 연결하는 긴 동선을 계획했다. 복도에는 툇마루를 만들고, 2층 브리지에는 아이 공부방을 배치해 서로 소통할 수 있는 장소로 만들었다. 두 세대의 거실은 복도를 사이에 두고 격자로 막아 서로의 인기척을 부드럽게 느낄 수 있다. 집 안 곳곳으로 정원과 중정, 사방의 다채로운 풍경과 빛이 들어오는 2세대 주택이다.

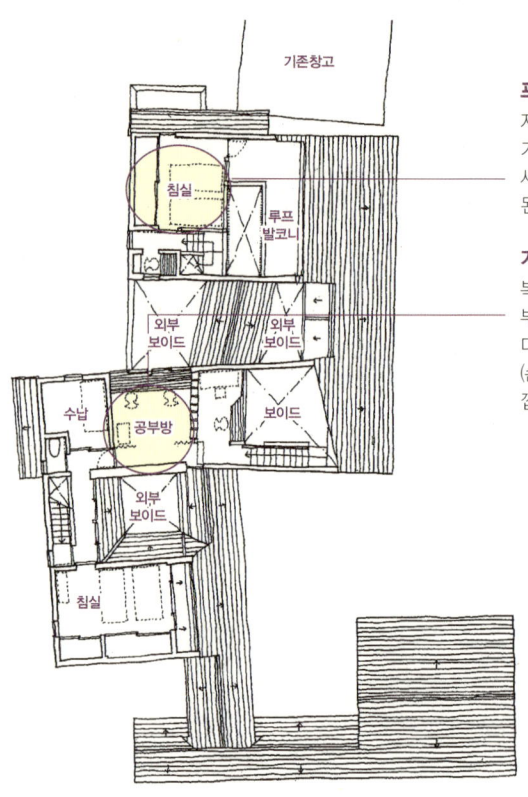

2F 1:300

세대를 잇는 복도

두 세대의 진입로. 왼쪽이 복도이고 오른쪽이 차고

프라이버시 배려
자녀 세대의 침실은 부모 세대와 가장 거리가 먼 곳에 배치했다. 침실은 자녀 세대의 현관 상부 보이드를 통해 연결된다.

가족 간 교류
복도 위에 걸쳐 있는 브리지 부분에서 부모와 자녀 세대가 만난다. 부모 세대와 가장 많이 교류하는 것은 아이(손자)이므로 아이 공부방을 가장 가깝게 배치했다.

복도의 연장
자녀 세대의 현관문을 열면 회랑이 안쪽 뒷문까지 뻗어 있다. 이 봉당이 개인공간과 공용공간을 나누는 역할을 한다.

자녀 세대의 다다미실
1평 정도의 톱라이트가 있는 공간. 중정을 보며 낮잠을 자거나 책을 읽는 틈새 공간이다.

생활 속 정원
중정에서는 복도와 건너편 나무 덕분에 도로의 시선을 신경 쓰지 않고 가족이 복도를 지나다니는 것을 볼 수 있다.

부모 세대의 다다미실
부모 세대의 다다미방은 다목적실. 툇마루를 설치한 회랑의 깊은 차양과 열주 너머로 정원을 볼 수 있다.

두 세대의 대문
두 세대의 인터폰, 문패, 우체통이 놓인 포치이자 집의 상징인 대문. 이곳으로 들어오면 비가 내려도 젖지 않고 현관까지 갈 수 있다.

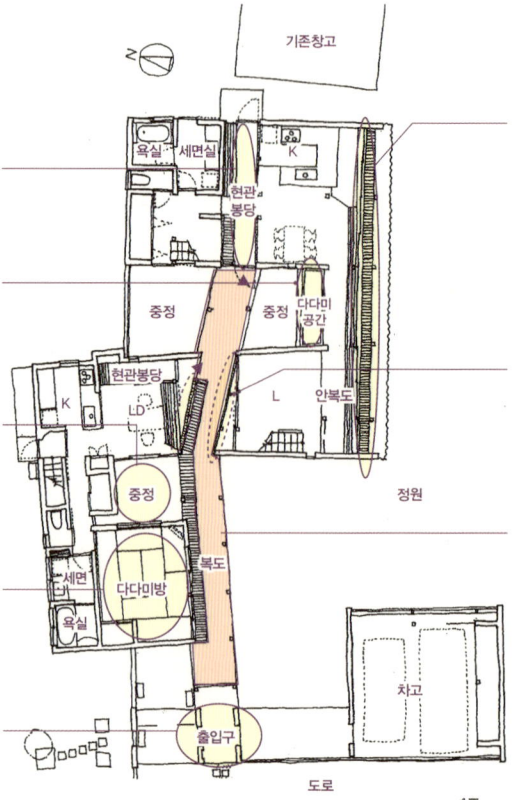

1F 1:300

정원과 툇마루
자녀 세대의 공용공간에는 남쪽을 향해 툇마루를 설치해 DK, 다다미실, 거실에서 정원을 볼 수 있게 만들었다.

적당한 거리감
복도 양 옆에 설치한 이중 격자가 부모 세대의 거실과 자녀 세대의 거실을 부드럽게 막는다. 인기척이 자연스럽게 전달되고 복도를 오가는 모습도 보인다.

부모와 자식을 잇는 복도
부모 세대와 자녀 세대의 현관으로 이어지는 긴 복도. 앞쪽에 부모세대 현관이, 제일 안쪽에 자녀 세대 현관이 있다. 그 복도와 접한 긴 툇마루에서 두 세대가 만난 대화를 나눈다.

대지면적 635.20㎡ (192.15평)
연면적 296.57㎡ (89.71평)

중정과 유공벽돌로 나누고 연결하다

외부로는 닫혀 있지만 내부는 정원과 연결돼 빛과 바람이 잘 통하는 넓은 공간이다. 2세대 주택이기 때문에 입구는 별도의 진입로로 되어 있지만 정원은 두 세대가 공유하면서 공간적으로 연결된다. 인기척이 느껴지면서도 적당한 관계를 유지할 수 있도록 배려했다.

왼쪽: 부모 세대 가족실에서 본 중정1
오른쪽: 테라스에서 본 가족실1. 왼쪽이 부모 세대와 공간을 구분하는 유공벽돌담

보이드의 넓은 공간
가족실 상부는 큰 보이드로 되어 있는 넓고 큰 공간으로 집의 중심이다.

테라스와 연결되다
침실로 사용되는 방2는 외부 테라스와 연결해 넓게 사용한다.

회유동선
유틸리티는 복도나 부엌 쪽에서 들어갈 수 있다.

연락 통로
평소에는 닫혀 있지만 일이 있을 때는 세대 간 연락 통로가 된다.

집의 중심
집 중심에 있는 자녀 세대의 넓은 가족실. 필요에 따라 칸막이를 한다.

다다미실을 위한 정원
다다미실 앞 정원은 일본식으로. 집 안에서 다양한 식재와 풍경을 즐길 수 있다.

애매하게 칸막이 하다
마주한 가족실 사이에 유공벽돌담을 세워 애매하게 공간을 구분했다. 보이는 듯 보이지 않는 관계.

거리를 만들다 2
부모 세대의 진입로는 현관 앞에 벽을 세우고 그 벽을 돌 듯 들어간다.

넓은 욕실
자녀 세대의 욕실 앞에 욕실정원을 만들어 공간감 있는 욕실을 만들었다.

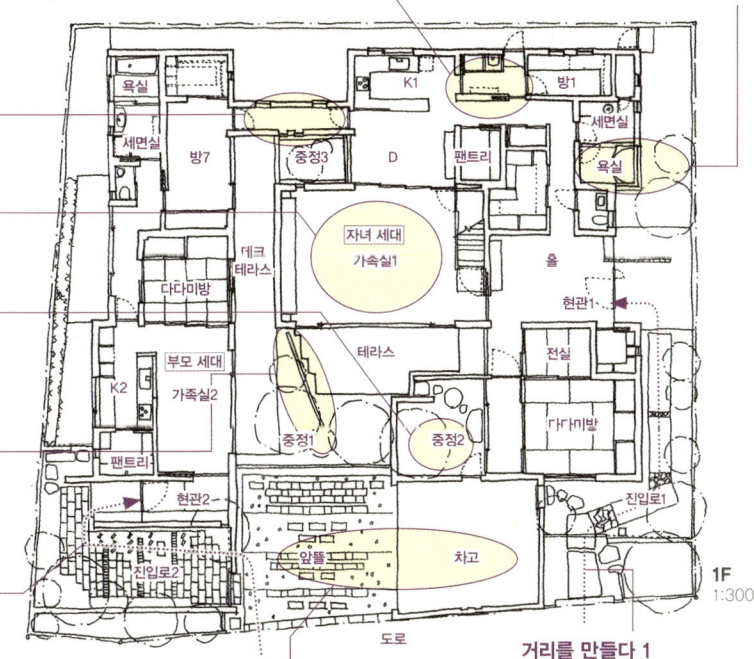

앞뜰을 경유하여
전면도로는 교통량이 많기 때문에 일단 앞뜰로 들어간 후 차고로 들어간다.

거리를 만들다 1
자연석을 이용한 자녀 세대의 진입로는 다다미실을 돌 듯 안으로 들어간다.

외관. 오른쪽 자녀 세대 건물은 2층 건물이지만 지붕은 단층집처럼 보인다.

대지면적	661.25㎡ (200.03평)
연면적	432.57㎡ (130.85평)

INDEX

찾아보기

건물 외관이 독특한 집
21, 24, 25, 27, 28, 29, 30, 31, 32, 33, 34, 35, 36, 37, 38, 39, 157, 207, 212, 242, 247, 257, 262

100㎡ 이하의 대지에 지은 집
10, 11, 12, 13, 14, 15, 16, 17, 28, 30, 40, 41, 42, 43, 44, 45, 46, 47, 48, 49, 50, 51, 52, 53, 54, 55, 56, 57, 58, 59, 60, 78, 83, 87, 88, 89, 90, 91, 92, 94, 98, 101, 105, 107, 116, 117, 118, 119, 122, 123, 130, 131, 138, 140, 150, 155, 158, 159, 160, 165, 166, 167, 171, 172, 173, 174, 176, 177, 181, 185, 188, 190, 205, 242, 245, 263

좁고 긴 집
40, 42, 56, 57, 58, 59, 60, 61, 62, 63, 64, 65, 66, 67, 68, 88, 90, 96, 101, 116, 117, 119, 154, 158, 169, 181, 189, 190, 242, 267, 298

단층집
33, 37, 69, 70, 71, 72, 73, 74, 75, 76, 106, 120, 149, 213, 224, 260, 275, 276, 277, 278

커다란 보이드가 있는 집

LDK 위
17, 18, 19, 25, 28, 29, 35, 41, 42, 51, 52, 53, 55, 56, 62, 66, 67, 70, 71, 77, 81, 82, 83, 84, 85, 88, 96, 99, 103, 104, 121, 132, 133, 135, 137, 138, 139, 141, 142, 143, 146, 147, 148, 150, 151, 153, 156, 157, 160, 162, 169, 175, 177, 182, 185, 187, 189, 193, 194, 197, 203, 207, 209, 235, 247, 251, 256, 258, 266, 270, 271, 272, 278, 282, 283, 284, 285, 286, 291, 294, 300, 301

다락 옆
13, 16, 50, 78, 79, 80, 84, 92, 97, 98, 105, 106, 110, 122, 136, 144, 155, 163, 184, 200, 206, 211, 222, 227, 240, 254, 255, 268, 274, 279, 281

식재를 위한 보이드
86

현관과 계단홀 보이드
20, 95, 101, 116, 128, 201, 245, 252, 287

스킵 플로어를 적용한 집
11, 25, 31, 43, 51, 53, 56, 57, 58, 59, 65, 68, 79, 87, 88, 89, 90, 91, 92, 93, 94, 95, 96, 97, 98, 99, 100, 101, 102, 103, 104, 130, 158, 163, 174, 185, 190, 193, 196, 200, 216, 237, 246, 250, 251, 264, 276, 297

조망을 고려한 집
23, 25, 26, 37, 75, 84, 93, 103, 105, 106, 107, 108, 109, 110, 111, 112, 113, 162, 170, 194, 196, 199, 204, 218, 219, 231, 250, 283, 298

진입로와 현관이 특징적인 집
15, 17, 19, 25, 52, 57, 65, 69, 73, 78, 94, 96, 110, 112, 116, 117, 118, 119, 120, 121, 122, 123124, 125, 126, 127, 128, 129, 147, 148, 158, 161, 163, 164, 170, 173, 176, 181, 183, 186, 193

LDK의 관계가 인상적인 집
32, 33, 37, 74, 120, 130, 131, 132, 133, 134, 135, 136, 137, 138, 139, 140, 141, 142, 143, 144, 145, 146, 147, 148, 149, 150, 162, 169, 172, 201, 206, 221, 228, 238, 243, 282

부엌에 특별한 장치가 있는 집
15, 20, 69, 103, 147, 151, 152, 153, 154, 155, 156, 157, 165, 168, 171, 176, 206, 243, 248, 268

개인 방의 배치를 중시한 집
158, 159, 160, 161, 162, 163, 164, 197, 236, 279, 295

욕실과 화장실이 독특한 집
37, 38, 51, 83, 149, 165, 166, 167, 168, 169, 170, 228, 247, 254

계단이 큰 역할을 하는 집
11, 38, 42, 47, 52, 56, 57, 58, 59, 79, 89, 90, 100, 117, 122, 123, 158, 167, 170, 171, 172, 173, 174, 175, 176, 177, 178, 220, 226, 251, 274

수납에 충실한 집

13, 16, 17, 18, 19, 35, 39, 43, 44, 45, 46, 47, 49, 51, 52, 53, 54, 55, 56, 59, 60, 63, 64, 69, 70, 71, 72, 73, 78, 82, 83, 84, 87, 91, 92, 93, 94, 95, 98, 100, 104, 105, 108, 109, 111, 113, 116, 117, 118, 119, 121, 125, 129, 130, 132, 133, 134, 136, 137, 138, 140, 141, 142, 143, 149, 152, 153, 156, 157, 160, 161, 162, 163, 164, 165, 166, 167, 168, 170, 172, 173, 174, 175, 176, 178, 179, 180, 182, 183, 187, 188, 189, 190, 195, 199, 204, 205, 206, 210, 214, 216, 218, 219, 221, 223, 224, 227, 230, 234, 235, 236, 237, 238, 240, 244, 245, 247, 248, 250, 253, 254, 255, 257, 258, 261, 264, 266, 268, 271, 273, 277, 278, 279, 280, 284, 285, 286, 288, 290, 291, 292, 293, 295, 297, 298

차를 사랑하는 가족의 집

31, 36, 44, 79, 155, 181, 182, 183, 184, 185, 186, 187, 198, 212

옥상에서 놀 수 있는 집

11, 17, 21, 28, 36, 38, 40, 42, 44, 51, 56, 58, 59, 61, 71, 78, 81, 83, 84, 94, 95, 101, 126, 138, 166, 167, 168, 175, 188, 189, 190, 191, 204, 222, 251, 260, 267, 289

테라스와 반옥외공간을 즐길 수 있는 집

21, 26, 43, 45, 52, 61, 63, 66, 67, 68, 72, 73, 77, 80, 87, 89, 92, 94, 95, 96, 98, 99, 100, 101, 104, 105, 106, 108, 110, 111, 112, 113, 116, 125, 128, 129, 131, 132, 134, 135, 136, 137, 139, 140, 141, 142, 148, 151, 153, 156, 158, 164, 166, 168, 177, 178, 181, 184, 192, 193, 194, 195, 196, 197, 198, 199, 200, 201, 202, 203, 204, 205, 206, 207, 212, 214, 215, 217, 219, 222, 224, 226, 227, 229, 230, 235, 236, 241, 245, 247, 249, 252, 253, 254, 256, 260, 261, 264, 265, 266, 268, 269, 270, 273, 278, 279, 281, 284, 285, 287, 292, 297

중정이 매력적인 집

12, 29, 40, 62, 64, 67, 71, 75, 76, 78, 93, 95, 126, 127, 145, 146, 158, 163, 164, 168, 169, 189, 191, 201, 207, 208, 209, 210, 211, 212, 213, 214, 215, 216, 217, 218, 219, 220, 221, 231, 242, 251, 262, 266, 267, 268, 281, 283, 289, 294, 295, 296, 297, 300, 301

정원을 우선한 집

33, 66, 68, 70, 73, 88, 108, 112, 136, 142, 156, 174, 196, 205, 206, 215, 222, 223, 224, 225, 226, 227, 228, 229, 230, 231, 236, 256, 265, 268, 276, 277, 285, 290, 298

동선에 신경 쓴 집

18, 31, 32, 36, 51, 60, 61, 70, 72, 73, 74, 77, 82, 94, 104, 108, 119, 122, 131, 132, 134, 143, 145, 146, 148, 150, 154, 160, 161, 166, 167, 170, 172, 179, 186, 188, 199, 205, 209, 210, 211, 215, 217, 218, 224, 226, 227, 229, 234, 235, 236, 237, 238, 239, 240, 241, 242, 243, 244, 248, 252, 253, 254, 255, 257, 259, 264, 270, 273, 277, 278, 282, 284, 285, 291, 292, 293, 294, 297, 301

취미를 반영한 평면의 집

15, 25, 27, 28, 33, 57, 58, 85, 97, 105, 108, 113, 121, 152, 167, 178, 187, 204, 208, 225, 228, 237, 244, 245, 246, 247, 248, 249, 250, 251, 252, 253, 254, 255, 256, 257, 258, 266, 275, 297, 299

프라이버시를 중시한 집

18, 19, 28, 48, 51, 53, 57, 58, 59, 60, 62, 63, 71, 78, 81, 82, 92, 93, 94, 95, 102, 103, 109, 123, 139, 141, 142, 155, 167, 173, 175, 177, 184, 185, 195, 201, 202, 207, 208, 210, 212, 213, 218, 219, 220, 221, 223, 259, 260, 261, 262, 263, 264, 265, 266, 267, 268, 283, 296, 298, 300

반려동물과 함께 사는 집

102, 173, 241, 243, 244, 269, 270, 271, 272, 273

일본 전통이 살아 있는 집

274, 275, 276, 277, 278, 279, 280, 281, 282

다양한 2세대 주택

동거형
47, 80, 102, 147, 214, 283, 284, 285, 290

분리형
35, 83, 128, 177, 190, 191, 213, 225, 229, 244, 282, 286, 287, 288, 289, 291, 292, 293, 294, 296, 297, 298

독립형(분동)
295, 299, 300, 301

SAIKO NI SUTEKI NA MADORI NO ZUKAN
© thehouse 2012

Originally published in Japan in 2012 by X-Knowledge Co., Ltd.
Korean translation rights arranged through BC Agency. SEOUL

이 책의 한국어 판 저작권은 BC 에이전시를 통한 저작권자와의 독점 계약으로 도서출판 마티에 있습니다. 저작권법에 의해 한국 내에서 보호를 받는 저작물이므로 무단전재와 복제를 금합니다.

평면 정복
공간을 구성하는 거의 모든 법칙

더 하우스 편저 / 박승희 옮김

초판 1쇄 발행   2015년 7월 20일
초판 2쇄 발행   2016년 8월 24일

발행처: 도서출판 마티
출판등록: 2005년 4월 13일
등록번호: 제2005-22호
발행인: 정희경
편집장: 박정현
편집: 서성진
마케팅: 최정이
디자인: 스튜디오에이비

주소: 서울시 마포구 동교로12안길 31 2층 (04029)
전화: 02-333-3110
팩스: 02-333-3169
이메일: matibook@naver.com
블로그: blog.naver.com/matibook
트위터: twitter.com/matibook

ISBN   979-11-86000-18-2 (13610)
값   33,000원

이 도서의 국립중앙도서관 출판예정도서목록(CIP)은 서지정보유통지원시스템 홈페이지 (http://seoji.nl.go.kr)와 국가자료공동목록시스템(http://www.nl.go.kr/kolisnet)에서 이용하실 수 있습니다. (CIP제어번호 : CIP2015018296)